#실력향상
#고득점

내신전략
고등 생명과학 I

Chunjae
Makes
Chunjae

[내신전략] 고등 생명과학 I

저자 강필원, 권오민, 권주희, 민재식
편집개발 김은숙, 김용하, 민경미
디자인총괄 김희정
표지디자인 윤순미, 심지영
내지디자인 박희춘, 이혜미
제작 황성진, 조규영

발행일 2022년 10월 17일 초판 2022년 10월 17일 1쇄
발행인 (주)천재교육
주소 서울시 금천구 가산로9길 54
신고번호 제2001-000018호
고객센터 1577-0902
교재 내용문의 (02)3282-8739

※ 정답 분실 시에는 천재교육 교재 홈페이지에서 내려받으세요.

시험적중

내신전략

고등 생명과학 I

BOOK 1

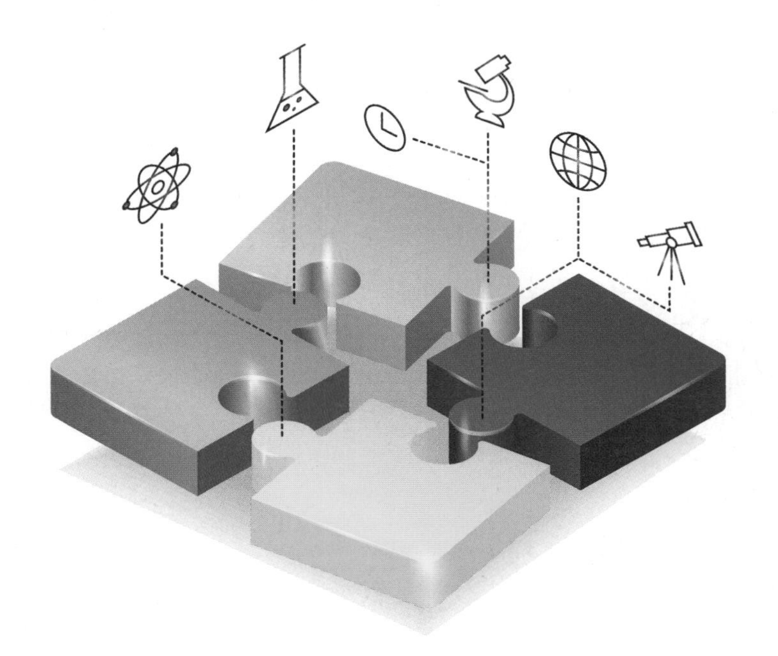

이 책의

구성과 활용

1주 4일, 2+2주의 체계적 학습 계획에 따라 생명과학Ⅰ의 기초를 다질 수 있어요.

주 도입

이번 주에 배울 내용이 무엇인지 안내하는 부분입니다. 재미있는 삽화를 보며 한 주에 공부할 내용을 미리 떠올려 확인해 볼 수 있습니다.

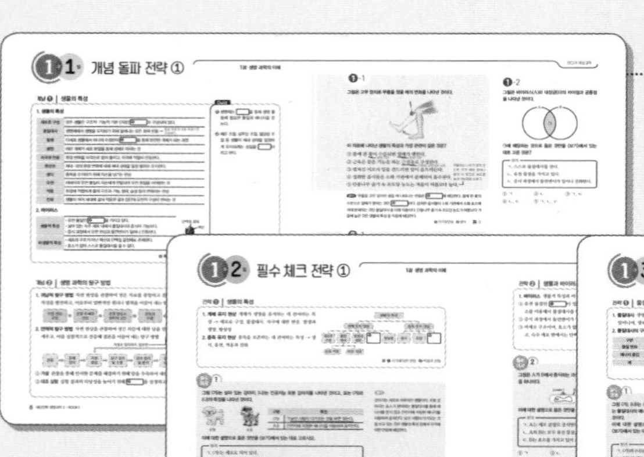

1일 개념 돌파 전략

시험에 꼭 나오는 핵심 개념을 익힌 뒤, 문제로 개념을 잘 이해했는지 확인할 수 있습니다.

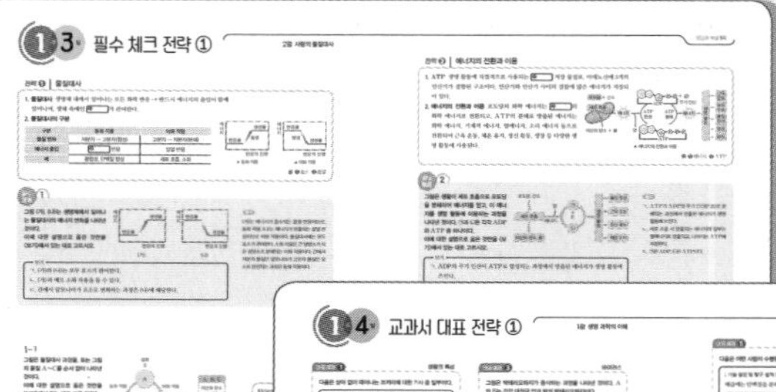

2일 3일 필수 체크 전략

기출문제를 분석하여 뽑은 핵심 개념과 자료를 익힌 뒤, 개념을 문제에 적용하는 과정을 체계적으로 익힐 수 있습니다.

4일 교과서 대표 전략

학교 기출문제로 자주 나오는 대표 유형의 문제를 풀어볼 수 있습니다. 개념 가이드를 통해 핵심 개념을 잘 이해했는지 확인할 수 있습니다.

부록 시험에 잘 나오는 개념BOOK 1, 2

시험에 잘 나오는 핵심 개념을 모은 미니북입니다.
휴대하며 틈틈이 개념을 익혀 보세요.

다양한 유형의 문제로 한 주를 마무리하고, 권 마무리 학습으로 시험을 대비하세요.

주 마무리 학습

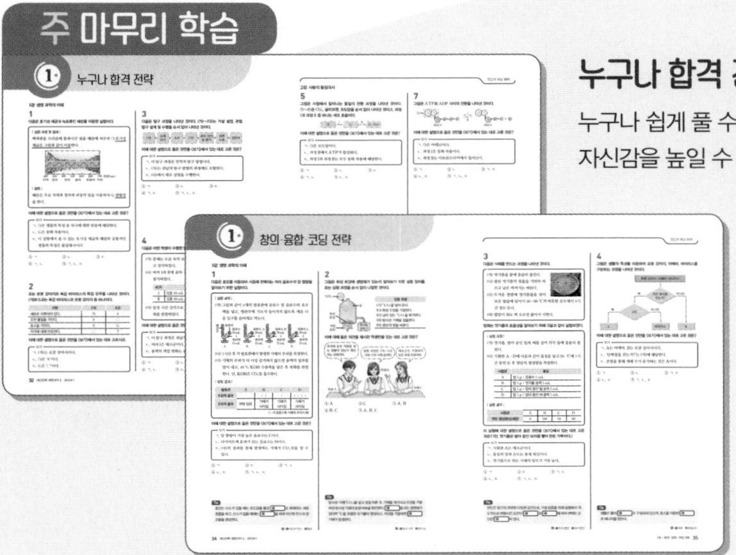

누구나 합격 전략

누구나 쉽게 풀 수 있는 쉬운 문제로 학습 자신감을 높일 수 있습니다.

창의·융합·코딩 전략

융복합적 사고력과 문제 해결력을 길러 주는 문제로 창의력을 기를 수 있습니다.

권 마무리 학습

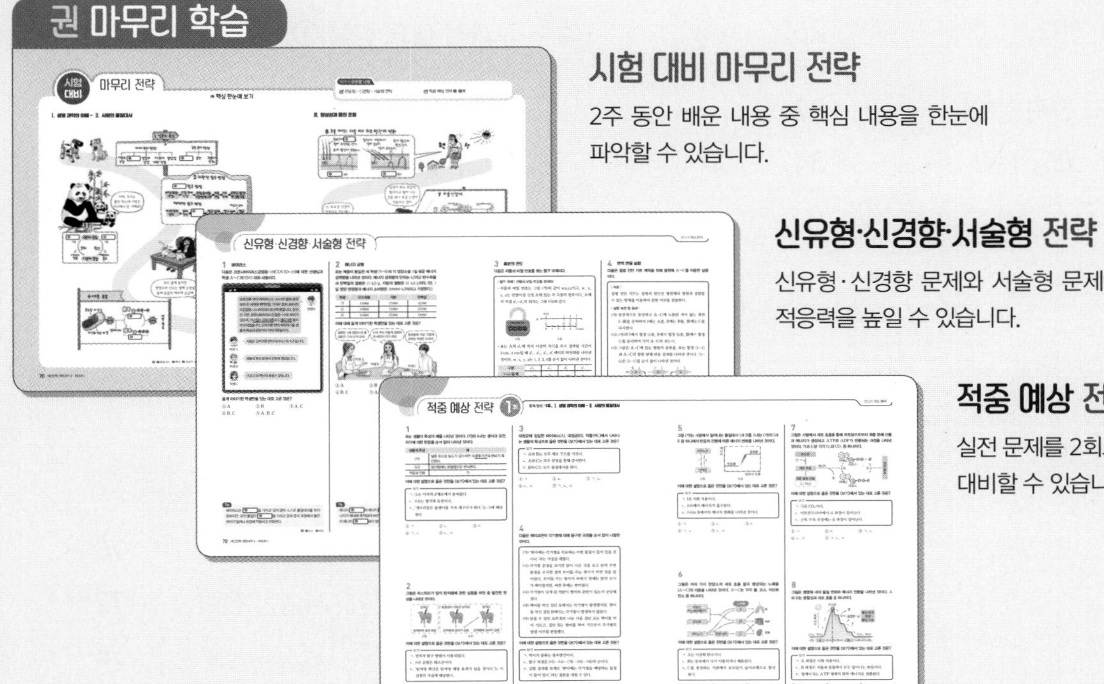

시험 대비 마무리 전략

2주 동안 배운 내용 중 핵심 내용을 한눈에 파악할 수 있습니다.

신유형·신경향·서술형 전략

신유형·신경향 문제와 서술형 문제에 대한 적응력을 높일 수 있습니다.

적중 예상 전략

실전 문제를 2회로 구성하여 실제 시험에 대비할 수 있습니다.

이 책의

차례

BOOK 1

1주 Ⅰ. 생명 과학의 이해~ Ⅱ. 사람의 물질대사

1강 생명 과학의 이해
2강 사람의 물질대사

2주 Ⅲ. 항상성과 몸의 조절

3강 자극의 전달과 신경계
4강 항상성과 우리 몸의 방어 작용

권 마무리 학습

BOOK 2

1주 Ⅳ. 유전

5강 염색체와 세포 분열
6강 사람의 유전

2주 Ⅴ. 생태계와 상호 작용

7강 생태계의 구성과 기능 (1)
8강 생태계의 구성과 기능 (2), 생물 다양성

권 마무리 학습

Ⅰ. 생명 과학의 이해 ~ Ⅱ. 사람의 물질대사

1강 생명 과학의 이해

공부할 내용 **1강** 생명 과학의 이해 **2강** 사람의 물질대사

2강 사람의 물질대사

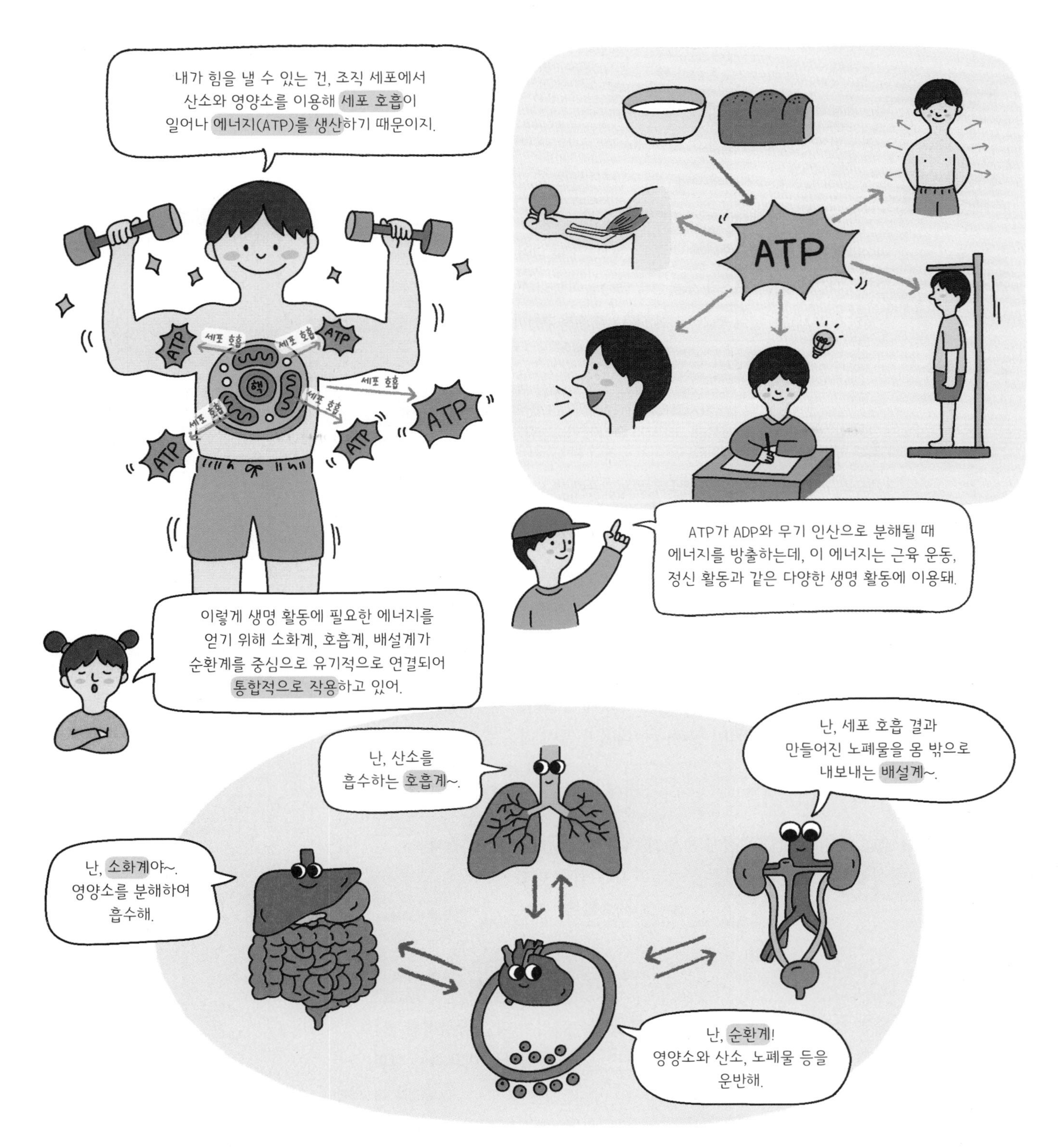

개념 돌파 전략 ①

개념 ❶ 생물의 특성

1. 생물의 특성

세포로 구성	모든 생물은 구조적·기능적 기본 단위인 ❶ ( ) 로 구성되어 있다.
물질대사	생명체에서 생명을 유지하기 위해 일어나는 모든 화학 반응 → 동화 작용과 이화 작용으로 구분된다.
발생	다세포 생물에서 하나의 수정란이 ❷ ( ) 을 통해 완전한 개체가 되는 과정
생장	어린 개체가 세포 분열을 통해 성체로 자라는 것
자극과 반응	환경 변화를 자극으로 받아 들이고, 자극에 적절히 반응한다.
항상성	체내·외의 환경 변화에 대해 체내 상태를 일정 범위로 유지한다.
생식	종족을 유지하기 위해 자손을 남기는 현상
유전	어버이의 유전 물질이 자손에게 전달되어 유전 형질을 이어받는 것
적응	환경에 적합하게 몸의 구조와 기능, 형태, 습성 등이 변화하는 현상
진화	생물이 여러 세대에 걸쳐 적응한 결과 집단의 유전적 구성이 변하는 것

2. 바이러스

생물적 특성	• 유전 물질인 ❸ ( ) 을 가지고 있다. • 살아 있는 숙주 세포 내에서 물질대사와 증식이 가능하다. • 증식 과정에서 유전 현상과 돌연변이가 일어나 진화한다.
비생물적 특성	• 세포의 구조가 아닌 핵산과 단백질 결정체로 존재한다. • 효소가 없어 스스로 물질대사를 할 수 없다.

단백질 껍질
핵산

답 ❶ 세포 ❷ 세포 분열 ❸ 핵산

Quiz

❶ 생명체는 ( ) 를 통해 생명 활동에 필요한 물질과 에너지를 얻는다.

❷ 체온 조절, 삼투압 조절, 혈당량 조절 등 생물이 체내 상태를 일정하게 유지하려는 성질을 ( ) 이라고 한다.

답 ❶ 물질대사 ❷ 항상성

개념 ❷ 생명 과학의 탐구 방법

1. 귀납적 탐구 방법 자연 현상을 관찰하여 얻은 자료를 종합하고 분석하는 과정에서 규칙성을 발견하고, 이로부터 일반적인 원리나 법칙을 이끌어 내는 탐구 방법

자연 현상 관찰 → 관찰 주제의 선정 → 관찰 방법과 절차의 고안 → 관찰의 수행 → 관찰 결과 분석 및 결론 도출

2. 연역적 탐구 방법 자연 현상을 관찰하여 생긴 의문에 대한 답을 얻기 위해 ❶ ( ) 을 세우고, 이를 실험적으로 검증해 결론을 이끌어 내는 탐구 방법

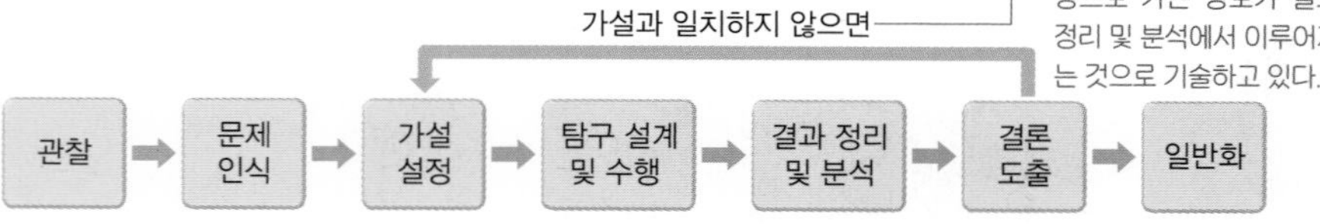

일부 교과서에서는 가설 수정으로 가는 경로가 결과 정리 및 분석에서 이루어지는 것으로 기술하고 있다.

① **가설** 관찰을 통해 인식한 문제를 해결하기 위해 답을 추측하여 내린 잠정적인 결론

② **대조 실험** 실험 결과의 타당성을 높이기 위해 ❷ ( ) 을 설정하고 비교하는 실험

답 ❶ 가설 ❷ 대조군

Quiz

❶ 실험에서 검증하고자 하는 요인을 의도적으로 변화시킨 집단을 (실험군, 대조군), 비교를 위해 조건을 변화시키지 않은 집단을 (실험군, 대조군)이라고 한다.

답 ❶ 실험군, 대조군

❶-1

그림은 고무 망치로 무릎을 쳤을 때의 변화를 나타낸 것이다.

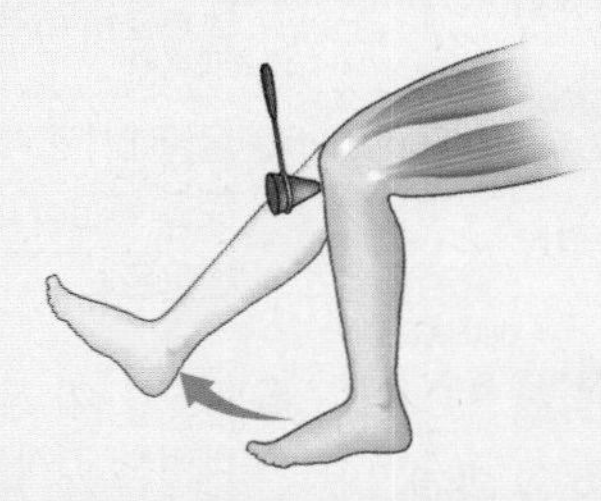

이 자료에 나타난 생물의 특성과 가장 관련이 깊은 것은?

① 봄에 핀 꽃이 수분되면 열매가 맺힌다.
(꽃 → 생식 기관, 열매 → 생식 기관)
② 근육은 같은 기능을 하는 근섬유로 구성된다.
(근섬유 → 근육을 구성하는 세포)
③ 펼쳐진 미모사 잎을 건드리면 잎이 움츠러든다.
④ 섭취한 음식물은 소화 기관에서 분해되어 흡수된다.
⑤ 단풍나무 줄기 속 포도당 농도는 겨울이 여름보다 높다.
(겨울에는 나무가 얼지 않도록 하기 위해 잎이나 줄기 속 포도당 농도를 높여 어는점을 낮춘다.)

풀이 무릎을 고무 망치로 쳤을 때 나타나는 반응은 [❶] 에 해당한다. 봄에 핀 꽃의 수분으로 열매가 맺히는 것은 [❷] 이다. 섭취한 음식물이 소화 기관에서 소화 효소에 의해 분해되는 것은 물질대사 중 이화 작용이다. 단풍나무 줄기 속 포도당 농도가 여름보다 겨울에 높은 것은 생물의 특성 중 적응에 해당한다.

❶ 자극과 반응 ❷ 생식 답 ③

❶-2

그림은 바이러스(A)와 대장균(B)의 차이점과 공통점을 나타낸 것이다.

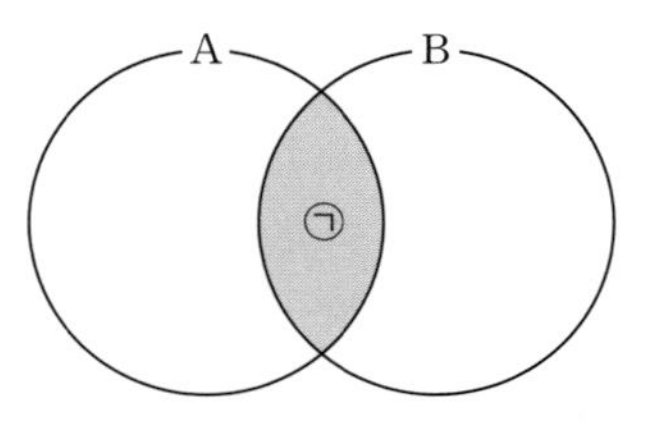

㉠에 해당하는 것으로 옳은 것만을 〈보기〉에서 있는 대로 고른 것은?

보기
ㄱ. 스스로 물질대사를 한다.
ㄴ. 유전 물질을 가지고 있다.
ㄷ. 증식 과정에서 돌연변이가 일어나 진화한다.

① ㄱ ② ㄴ ③ ㄱ, ㄷ
④ ㄴ, ㄷ ⑤ ㄱ, ㄴ, ㄷ

❷-1

다음은 파스퇴르의 탐구 과정을 순서없이 나타낸 것이다.

(가) 탄저병 백신을 주사한 집단(ⓐ)과 탄저병 백신을 주사하지 않은 집단(ⓑ)을 설정하여 탄저균에 노출시켰다.
(나) 탄저병 백신은 탄저병을 예방하는 효과가 있다는 결론을 내렸다.
(다) 탄저병 백신을 주사한 동물은 모두 건강하였고, 백신을 주사하지 않은 동물은 죽었거나 죽어가고 있었다.
(라) 탄저병 백신을 양에게 주사하면 탄저병 예방 효과가 있을 것이라고 가정하였다.

이에 대한 설명으로 옳은 것만을 〈보기〉에서 있는 대로 고른 것은?

보기
ㄱ. ⓐ는 대조군이다.
(대조군 → 실험의 비교 기준이 되는 집단이다.)
ㄴ. 연역적 탐구 방법이 이용되었다.
(귀납적 탐구 과정과 연역적 탐구 과정은 보통 가설 설정 과정의 유무로 구분한다.)
ㄷ. 탐구 과정은 (라) → (가) → (나) → (다) 순이다.

① ㄱ ② ㄴ ③ ㄱ, ㄷ ④ ㄴ, ㄷ ⑤ ㄱ, ㄴ, ㄷ

풀이 (가)는 탐구 수행, (나)는 결론 도출, (다)는 탐구 결과, (라)는 [❶] 과정이다. 탄저병 예방 효과를 검증하고자 하는 실험이므로 ⓐ는 [❷], ⓑ는 대조군이다. 탐구 과정은 (라) → (가) → (다) → (나) 순이다.

❶ 가설 설정 ❷ 실험군 답 ②

❷-2

다음 귀납적 탐구 과정을 순서대로 옳게 나타낸 것은?

(가) 관찰의 수행
(나) 관찰 주제의 선정
(다) 관찰 방법과 절차 고안
(라) 자연 현상의 관찰
(마) 결과 분석 및 결론 도출

① (가) → (나) → (다) → (라) → (마)
② (나) → (다) → (라) → (마) → (가)
③ (다) → (가) → (라) → (나) → (마)
④ (라) → (나) → (다) → (가) → (마)
⑤ (마) → (나) → (가) → (라) → (다)

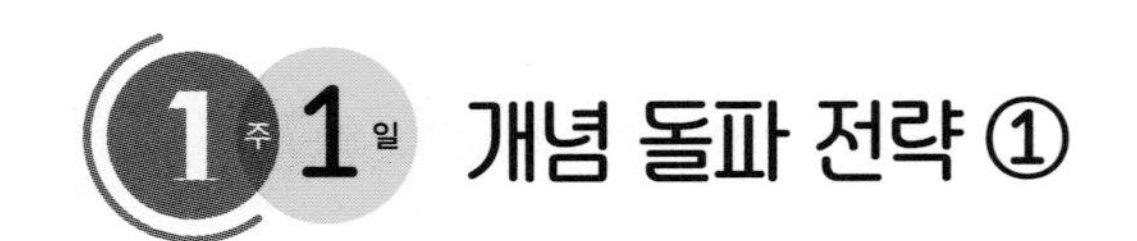

개념 돌파 전략 ①

개념 ❸ 생명 활동과 에너지

1. 물질대사 생명체에서 일어나는 화학 반응으로, ❶ [ ]가 관여하며 에너지 출입이 동반된다.

동화 작용	• 작은 물질을 큰 물질로 합성하는 반응 • 에너지를 흡수하는 흡열 반응
이화 작용	• 큰 물질을 작은 물질로 분해하는 반응 • 에너지를 방출하는 발열 반응

고분자 물질
이화 작용 / 동화 작용
분해 / 합성
에너지 방출 / 에너지 흡수
저분자 물질

2. 세포 호흡 세포 내에서 영양소를 분해하여 ❷ [ ]를 얻는 과정으로, 세포 호흡 과정에서 방출된 에너지의 일부는 ❸ [ ]에 저장되고, 나머지는 열로 방출된다.

포도당 + 산소(O_2) ⟶ 이산화 탄소(CO_2) + 물(H_2O) + 에너지(ATP, 열)

• **ATP(아데노신 삼인산)** 생명 활동에 직접 이용되는 에너지 저장 물질

3. 에너지의 전환과 이용 ATP의 화학 에너지는 다양한 생명 활동에 사용된다.

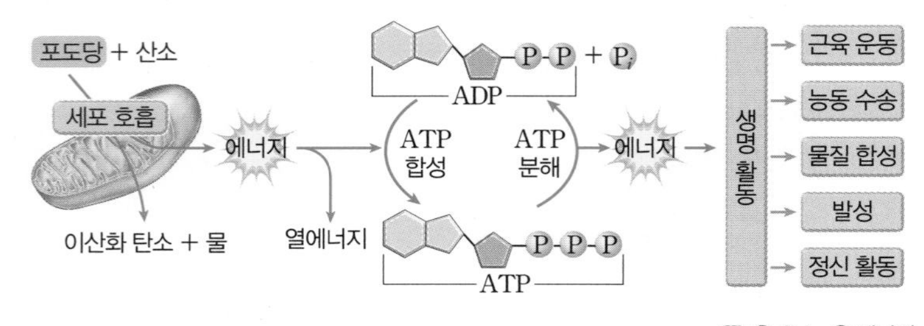

답 ❶ 효소 ❷ 에너지 ❸ ATP

Quiz

❶ 효소는 화학 반응의 [ ]를 낮춤으로써 반응을 촉매한다.

❷ 물질대사 중에서 간단하고 작은 물질을 복잡하고 큰 물질로 합성하는 반응은 [ ]이다.

❸ [ ]에 저장된 에너지는 화학 에너지, 기계적 에너지, 소리 에너지 등 다양한 에너지로 전환되어 생명 활동에 이용된다.

답 ❶ 활성화 에너지 ❷ 동화 작용 ❸ ATP

개념 ❹ 기관계의 통합적 작용

1. 노폐물의 생성과 배설

영양소	노폐물	배설 기관	배설 경로
탄수화물, 지방, 단백질	이산화 탄소	폐	날숨을 통해 배출
	물	폐, 콩팥	날숨과 오줌을 통해 배출
단백질	❶ [ ]	콩팥	간에서 요소로 전환된 후 오줌으로 배설

2. 기관계의 통합적 작용

① **소화계** 음식물 속의 영양소를 작은 영양소로 분해하여 몸속으로 흡수한다.

② **호흡계** 세포 호흡에 필요한 산소를 흡수하고 세포 호흡으로 발생한 ❷ [ ]를 몸 밖으로 내보낸다.

③ **순환계** 영양소와 산소를 조직 세포로 운반하고, 조직 세포에서 발생한 이산화 탄소와 노폐물을 호흡계와 배설계로 운반한다.

④ **배설계** 세포 호흡의 결과 생성된 노폐물을 걸러 오줌의 형태로 몸 밖으로 내보낸다.

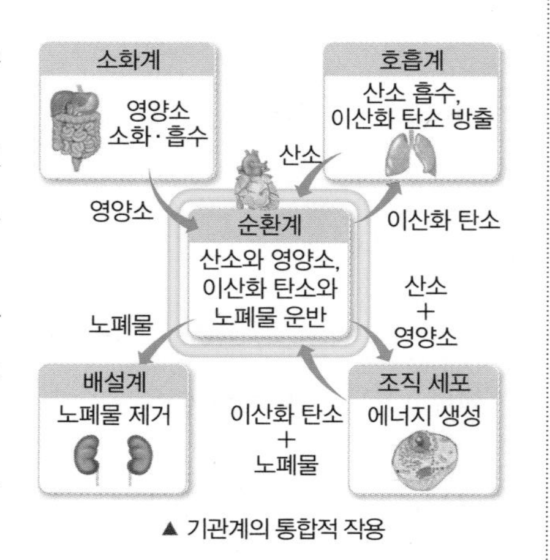

▲ 기관계의 통합적 작용

답 ❶ 암모니아 ❷ 이산화 탄소

Quiz

❶ 3대 영양소가 분해될 때 공통적으로 생성되는 노폐물은 [ ]과 [ ]이다.

❷ 순환계는 [ ]를 통해 흡수된 영양소와 [ ]를 통해 흡수된 산소를 조직 세포로 운반한다.

답 ❶ 물, 이산화 탄소 ❷ 소화계, 호흡계

❸-1

그림은 ATP의 합성과 분해 반응을 나타낸 것이다. ㉠과 ㉡은 각각 ATP와 ADP 중 하나이다.

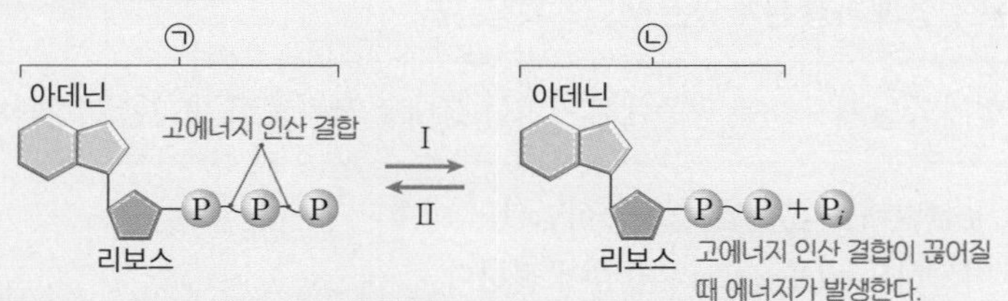

이에 대한 설명으로 옳은 것만을 〈보기〉에서 있는 대로 고른 것은?

〈보기〉
ㄱ. 세포 호흡 과정에서 과정 I이 활발하게 일어난다.
ㄴ. 미토콘드리아에서 과정 II가 진행된다.
ㄷ. ㉡은 ATP이다.

① ㄱ ② ㄴ ③ ㄱ, ㄴ ④ ㄴ, ㄷ ⑤ ㄱ, ㄴ, ㄷ

풀이 ㉠은 ATP이고, ㉡은 ADP이다. I은 ATP가 ADP와 무기 인산(P_i)으로 분해되는 과정이고, II는 ADP와 P_i가 결합하여 ATP가 되는 과정이다. ATP는 세포 호흡 과정에서 영양소가 분해될 때 생성된다. 세포 호흡 결과 발생한 에너지의 일부는 ❶ [   ]에 저장되고 나머지는 ❷ [   ]로 방출된다.

❶ ATP ❷ 열에너지 답 ②

❸-2

표는 세포 내에서 일어나는 물질대사 A, B를 나타낸 것이다.

구분	물질의 변화
A	ADP+P_i ⟶ ATP
B	포도당 ⟶ 물, 이산화 탄소

이에 대한 설명으로 옳은 것만을 〈보기〉에서 있는 대로 고른 것은?

〈보기〉
ㄱ. A는 이화 작용이다.
ㄴ. B는 발열 반응이다.
ㄷ. A, B 모두 효소가 관여한다.

① ㄱ ② ㄷ ③ ㄱ, ㄴ
④ ㄴ, ㄷ ⑤ ㄱ, ㄴ, ㄷ

❹-1

그림은 사람의 체내에서 영양소가 세포 호흡으로 분해되어 생성된 노폐물의 배설 과정을 나타낸 것이다. (가)~(라)는 각각 물, 암모니아, 요소, 이산화 탄소 중 하나이다.

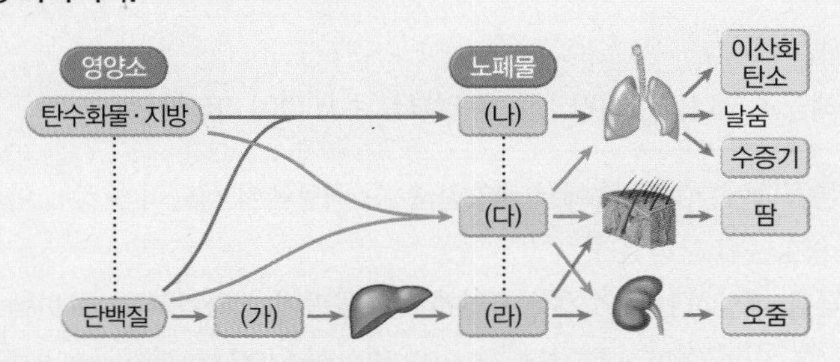

이에 대한 설명으로 옳은 것만을 〈보기〉에서 있는 대로 고른 것은?

〈보기〉
ㄱ. (가)는 요소이다.
ㄴ. (다)는 물이다.
ㄷ. (가)에서 (라)로 되는 것은 동화 작용이다.

① ㄱ ② ㄷ ③ ㄱ, ㄷ ④ ㄴ, ㄷ ⑤ ㄱ, ㄴ, ㄷ

풀이 ㄱ. (가)는 단백질 분해 시 생성되는 것으로 ❶ [   ]이다. ㄴ. (다)는 폐의 날숨과 콩팥을 통해 몸 밖으로 나가므로 물이다. ㄷ. 단백질의 노폐물인 암모니아는 간에서 ❷ [   ]로 합성된다. 따라서 (가) → (라)는 동화 작용이다.

❶ 암모니아 ❷ 요소 답 ④

❹-2

그림은 사람 몸에 있는 순환계와 기관계 A~C의 통합적 작용을 나타낸 것이다. A~C는 각각 배설계, 소화계, 호흡계 중 하나이다.

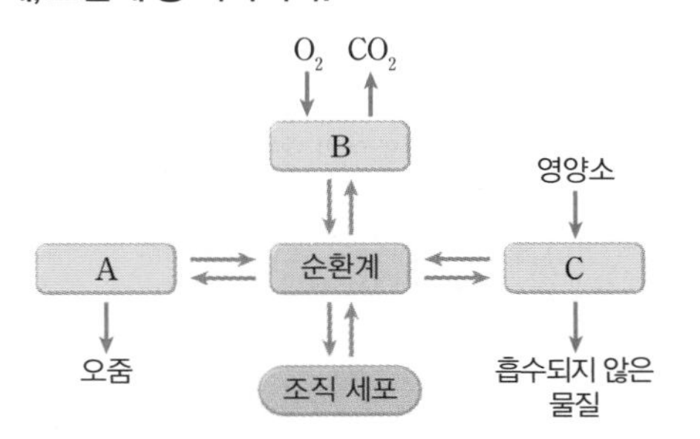

이에 대한 설명으로 옳은 것만을 〈보기〉에서 있는 대로 고른 것은?

〈보기〉
ㄱ. A를 통해 요소가 배설된다.
ㄴ. 폐는 B에 속한다.
ㄷ. 대장은 C에 해당한다.

① ㄱ ② ㄷ ③ ㄱ, ㄴ
④ ㄴ, ㄷ ⑤ ㄱ, ㄴ, ㄷ

개념 돌파 전략 ②

1강 생명 과학의 이해

바탕 문제

다음 각 설명과 관련 있는 생물의 특성을 쓰시오.
❶ 소나무는 빛을 흡수하여 포도당을 합성한다.
❷ 핀치는 먹이의 종류에 따라 부리 모양이 다르다.
❸ 적록 색맹인 어머니에게서 적록 색맹인 아들이 태어난다.

답 ❶ 물질대사 ❷ 진화 ❸ 유전

1 다음 설명과 가장 관계 있는 생물의 특성은?

벌새의 날개 구조는 공중에서 정지한 상태로 꿀을 빨아 먹기에 적합하다.

① 짚신벌레는 분열법으로 증식한다.
② 미모사의 잎을 건드리면 잎이 접힌다.
③ 콩은 저장된 녹말을 이용하여 발아한다.
④ 물을 많이 마시면 오줌의 양이 많아진다.
⑤ 더운 지역에 사는 사막여우는 열 방출에 효과적인 큰 귀를 갖는다.

바탕 문제

그림 (가)와 (나)는 바이러스와 동물 세포 중 하나를 나타낸 것이다. (가)와 (나) 중 핵산을 가지고 있는 것의 기호를 모두 쓰시오.

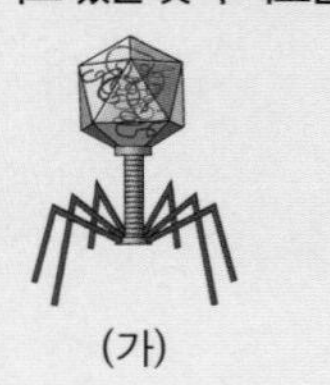
(가)

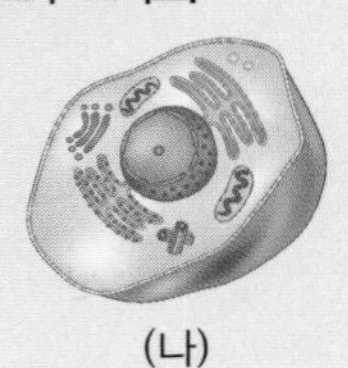
(나)

답 (가), (나)

2 그림은 박테리오파지(A)와 짚신벌레(B)의 공통점과 차이점을 나타낸 것이다.
이에 대한 설명으로 옳은 것만을 〈보기〉에서 있는 대로 고른 것은?

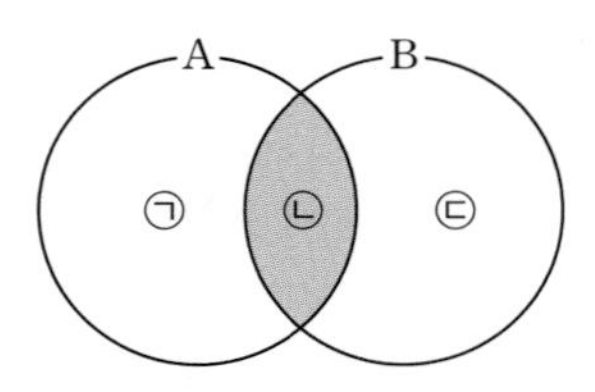

보기
ㄱ. '세포 분열로 증식한다.'는 ㉠에 해당한다.
ㄴ. '핵산을 가지고 있다.'는 ㉡에 해당한다.
ㄷ. '스스로 물질대사를 한다.'는 ㉢에 해당한다.

① ㄱ ② ㄷ ③ ㄱ, ㄷ ④ ㄴ, ㄷ ⑤ ㄱ, ㄴ, ㄷ

바탕 문제

파스티르는 탄저병 백신의 예방 효과를 검증하기 위해 (가) 탄저병 백신을 주사한 25마리의 양과 (나) 백신을 주사하지 않은 25마리의 양에게 동시에 탄저병균을 주사하였다. (가)와 (나) 중 실험군과 대조군은?

➡ 실험군은 인위적으로 실험 요인을 변경 또는 제거한 집단이므로 ❶ ______ 이고, 대조군은 실험군과 비교하기 위한 기준이 되는 집단이므로 ❷ ______ 이다.

답 ❶ (가) ❷ (나)

3 다음은 플레밍의 페니실린 발견 실험 중 일부를 순서 없이 나타낸 것이다.

(가) 푸른곰팡이를 액체 속에서 배양한 후 이 배양액이 세균의 증식에 미치는 영향을 조사하였다.
(나) 세균을 배양하던 배지에서 우연히 푸른곰팡이가 자랐고 그 주변에서는 세균이 증식하지 않았다. 왜 이런 현상이 일어났을까?라는 의문을 가졌다.
(다) '푸른곰팡이는 세균 증식을 멈추게 하는 물질을 만든다.'라는 가설을 세웠다.

이에 대한 설명으로 옳은 것만을 〈보기〉에서 있는 대로 고른 것은?

보기
ㄱ. 연역적 탐구 방법을 사용하였다.
ㄴ. 탐구 과정의 순서는 (다) → (나) → (가) 순이다.
ㄷ. 종속변인은 배양액의 종류이다.

① ㄱ ② ㄷ ③ ㄱ, ㄷ ④ ㄴ, ㄷ ⑤ ㄱ, ㄴ, ㄷ

2강 사람의 물질대사

바탕 문제

그림은 채내에서 일어나는 물질 변화를 나타낸 것이다.

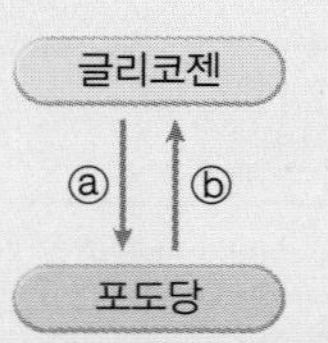

❶ ⓐ와 ⓑ 중 간단한 물질을 복잡한 물질로 만드는 반응을 고르시오.

❷ 에너지양은 (글리코젠, 포도당)이 (글리코젠, 포도당)보다 많다.

답 ❶ ⓑ ❷ 글리코젠, 포도당

4 그림은 광합성과 세포 호흡에서의 에너지와 물질의 이동을 나타낸 것이다. ⓐ와 ⓑ는 각각 광합성과 세포 호흡 중 하나이다.

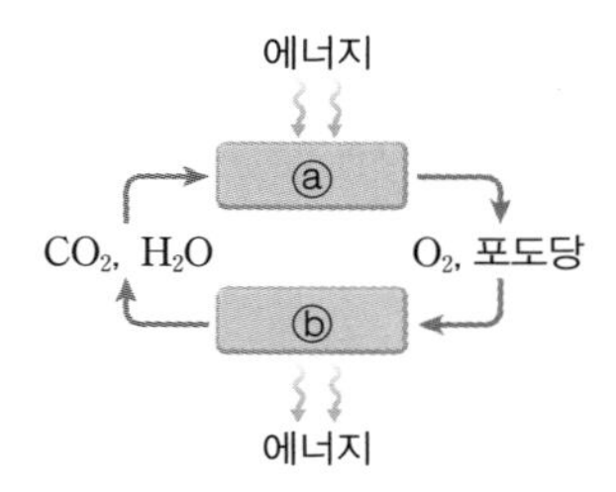

이에 대한 설명으로 옳은 것만을 〈보기〉에서 있는 대로 고른 것은?

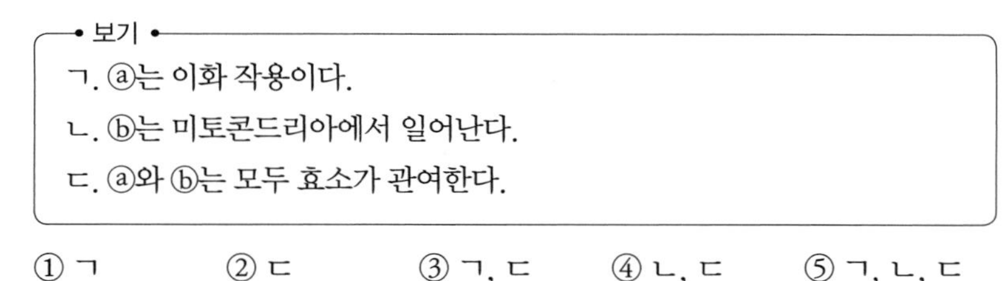

보기

ㄱ. ⓐ는 이화 작용이다.

ㄴ. ⓑ는 미토콘드리아에서 일어난다.

ㄷ. ⓐ와 ⓑ는 모두 효소가 관여한다.

① ㄱ ② ㄷ ③ ㄱ, ㄷ ④ ㄴ, ㄷ ⑤ ㄱ, ㄴ, ㄷ

바탕 문제

그림은 ATP와 ADP 사이의 전환을 나타낸 것이다. ㉠과 ㉡은 각각 ADP와 ATP 중 하나이다.

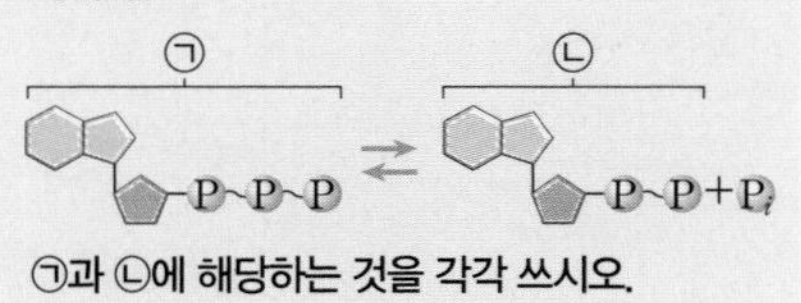

㉠과 ㉡에 해당하는 것을 각각 쓰시오.

답 ㉠: ATP, ㉡: ADP

5 그림은 ATP와 ADP 사이의 전환을 나타낸 것이다.

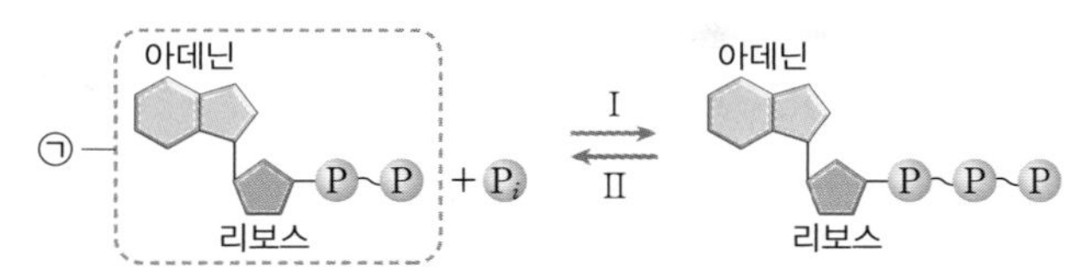

이에 대한 설명으로 옳은 것만을 〈보기〉에서 있는 대로 고른 것은?

보기

ㄱ. ㉠은 ADP이다.

ㄴ. 미토콘드리아에서 과정 I이 일어난다.

ㄷ. 과정 II에서 방출되는 에너지는 근수축 과정에 사용될 수 있다

① ㄱ ② ㄷ ③ ㄱ, ㄷ ④ ㄴ, ㄷ ⑤ ㄱ, ㄴ, ㄷ

바탕 문제

그림은 사람 몸에 있는 각 기관계의 통합적 작용을 나타낸 것이다. (가)~(라)는 각각 배설계, 소화계, 호흡계, 순환계 중 하나이다. (가)~(라)에 해당하는 기관계를 각각 쓰시오.

영양소
(가) (나) (다) → 오줌
(라) → CO_2 ← O_2
흡수되지 않은 물질
조직 세포

답 (가) 소화계, (나) 순환계, (다) 배설계, (라) 호흡계

6 그림은 사람 몸의 호흡계와 기관계 A~C의 통합적 작용을 나타낸 것이다. 이에 대한 설명으로 옳지 않은 것은?

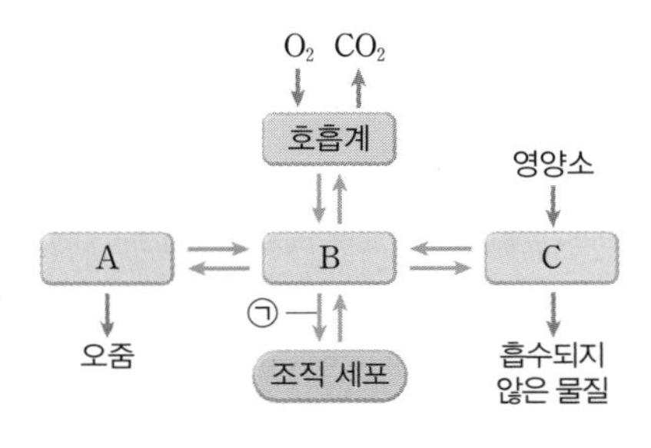

① ㉠에는 O_2의 이동이 포함된다.

② 콩팥과 방광은 A에 속하는 기관이다.

③ 심장은 B에 속하는 기관이다.

④ C에서는 이화 작용이 일어난다.

⑤ 암모니아는 C에서 생성되어 B에서 방출된다.

필수 체크 전략 ①

전략 ❶ | 생물의 특성

1. **개체 유지 현상** 개체가 생명을 유지하는 데 관여하는 특성 → 세포로 구성, 물질대사, 자극에 대한 반응, 발생과 생장, 항상성
2. **종족 유지 현상** 종족을 보존하는 데 관여하는 특성 → 생식, 유전, 적응과 진화

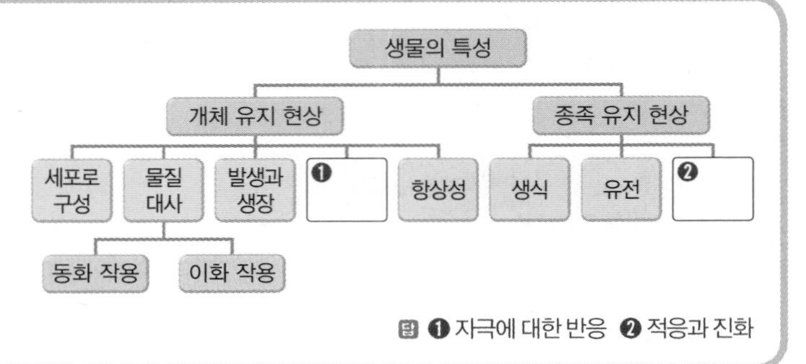

답 ❶ 자극에 대한 반응 ❷ 적응과 진화

필수 예제 1

그림 (가)는 살아 있는 강아지, (나)는 인공지능 로봇 강아지를 나타낸 것이고, 표는 (가)와 (나)의 특징을 나타낸 것이다.

(가)

(나)

구분	특징
(가)	㉠낯선 사람이 다가오는 것을 보면 짖는다.
(나)	건전지에 저장된 에너지를 이용하여 움직인다.

이에 대한 설명으로 옳은 것만을 〈보기〉에서 있는 대로 고르시오.

보기
ㄱ. (가)는 세포로 되어 있다.
ㄴ. (나)는 물질대사를 통해 에너지를 얻는다.
ㄷ. ㉠과 가장 관련이 깊은 생물의 특성은 자극에 대한 반응이다.

풀이
강아지는 세포로 이루어진 생물이다. 로봇 강아지는 효소가 관여하는 물질대사를 통해 에너지를 얻지 않고 건전지에 저장된 에너지를 이용하여 움직인다. 낯선 사람이 다가오는 것을 보고 짖는 것은 생물의 특성 중에서 자극에 대한 반응에 해당한다.

답 ㄱ, ㄷ

1-1

표는 생물의 특성의 예를 나타낸 것이다. (가)와 (나)는 물질대사, 발생과 생장을 순서 없이 나타낸 것이다.

생물의 특성	예
(가)	소나무는 빛을 흡수하여 포도당을 합성한다.
(나)	올챙이가 자라서 개구리가 된다.
적응과 진화	㉠

이에 대한 설명으로 옳은 것만을 〈보기〉에서 있는 대로 고른 것은?

보기
ㄱ. (가)에서 효소가 이용된다.
ㄴ. (나)는 발생과 생장이다.
ㄷ. '핀치는 먹이의 종류에 따라 부리 모양이 다르다.'는 ㉠에 해당한다.

① ㄱ ② ㄷ ③ ㄱ, ㄴ ④ ㄴ, ㄷ ⑤ ㄱ, ㄴ, ㄷ

소나무는 광합성을 통해 포도당을 합성하는데 이는 물질대사 중에서 동화 작용에 해당해. 모든 물질대사에는 효소가 관여해.

전략 ❷ | 생물과 바이러스의 비교

1. 바이러스 생물적 특성과 비생물적 특성을 모두 가지고 있다.

① 유전 물질인 ❶ (   )이 있어 숙주 세포 내에서 숙주 세포의 효소를 이용해서 물질대사를 하고 증식한다.

② 증식 과정에서 돌연변이가 일어나 진화한다.

③ 비세포 구조이며, 효소가 없어 독립적으로 물질대사를 하지 못하고, 숙주 세포 밖에서는 단백질 결정체로 존재한다.

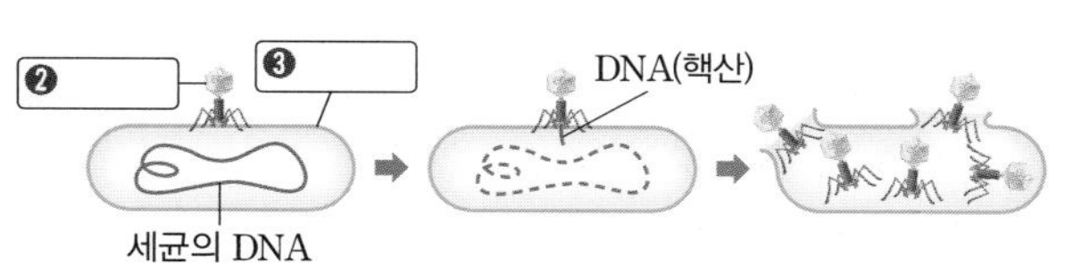

▲ 대장균(숙주세포)에서 바이러스의 증식 과정

답 ❶ 핵산 ❷ 바이러스 ❸ 대장균

그림은 A가 B에서 증식하는 과정을 나타낸 것이다. A와 B는 각각 대장균과 박테리오파지 중 하나이다.

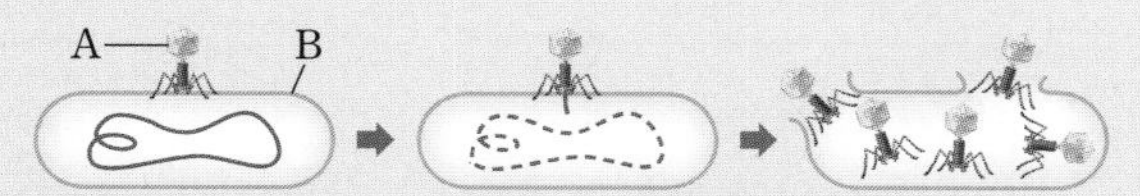

이에 대한 설명으로 옳은 것만을 〈보기〉에서 있는 대로 고른 것은?

보기
ㄱ. A는 세포 분열로 증식한다.
ㄴ. A와 B는 모두 유전 물질을 갖는다.
ㄷ. B는 효소를 가지고 있어 스스로 물질대사를 할 수 있다.

① ㄱ ② ㄴ ③ ㄷ ④ ㄴ, ㄷ ⑤ ㄱ, ㄴ, ㄷ

풀이
A는 박테리오파지이고, B는 대장균이다. 박테리오파지는 세포가 아닌 핵산과 단백질 껍질로 구성되어 있으며, 스스로 물질대사를 하지 못한다.

답 ④

2-1

그림 (가)와 (나)는 각각 대장균과 코로나 바이러스 중 하나를 나타낸 것이고, 표는 대장균과 코로나 바이러스의 특성 A~C의 유무를 나타낸 것이다.

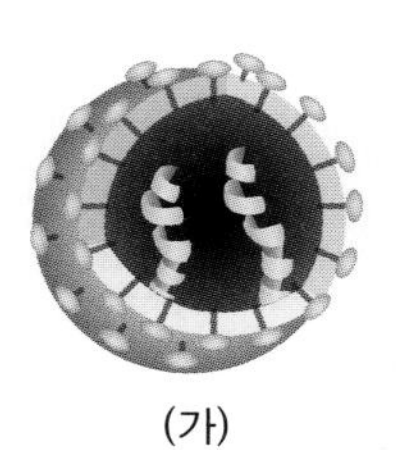
(가)

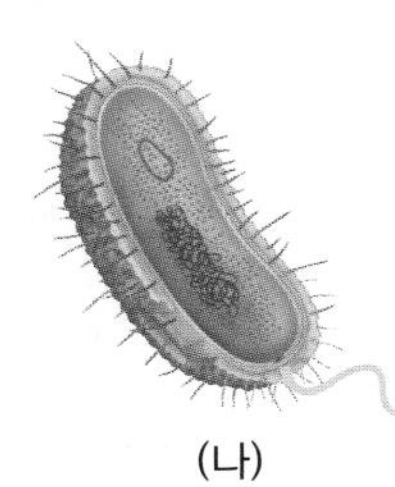
(나)

구분	A	B	C
(가)	○	○	X
(나)	○	X	○

(○: 있음, X: 없음)

이에 대한 설명으로 옳은 것만을 〈보기〉에서 있는 대로 고른 것은?

보기
ㄱ. '핵산을 갖는다.'는 A에 해당하는 특성이다.
ㄴ. '스스로 물질대사를 한다.'는 B에 해당하는 특성이다.
ㄷ. '세포 분열을 통해 증식한다.'는 C에 해당하는 특성이다.

① ㄱ ② ㄷ ③ ㄱ, ㄴ ④ ㄱ, ㄷ ⑤ ㄴ, ㄷ

바이러스와 대장균의 외형을 알고, 바이러스와 생물의 특징을 구분하면 알아낼 수 있지.

필수 체크 전략 ①

전략 ❸ 귀납적 탐구 방법과 연역적 탐구 방법

1. 귀납적 탐구 방법

자연 현상 관찰 → ❶ [   ] 선정 → 관찰 등 자료 수집 방법 고안 → 관찰 수행, 자료 수집 → 관찰 결과 및 자료 해석 → 규칙성 발견 및 결론 도출

2. 연역적 탐구 방법

관찰 및 문제 인식 → ❷ [   ] → 탐구 설계 및 수행 → 탐구 결과 정리 및 해석 → (가설과 일치하면) 결론 도출

(가설과 일치하지 않으면 → ❷로 돌아감)

귀납적 탐구 방법은 일반적으로 실험을 통해 검증하기 어려운 주제를 탐구하는 방법으로 가설 설정 단계가 없어.

답 ❶ 관찰 주제 ❷ 가설 설정

필수 예제 3

다음은 과학자들의 탐구 사례이다.

(가) 구달은 아프리카의 침팬지 보호 구역에서 10여 년간 침팬지를 관찰한 결과 침팬지는 육식을 즐기고 도구를 사용하는 등 다양한 행동 특성이 있음을 알아냈다.

(나) 에이크만은 닭장에서 기르던 닭이 사람의 각기병과 비슷한 증세를 보이는 것을 관찰하고 이는 먹이와 관련이 있다고 여겼다. 이후 건강한 닭을 두 집단으로 나누어 각각 현미와 백미를 먹여 기른 결과를 관찰하였다.

이에 대한 설명으로 옳은 것만을 〈보기〉에서 있는 대로 고르시오.

보기

ㄱ. (가)에는 가설 설정 단계가 존재한다.

ㄴ. (나)에서 대조 실험이 실시되었다.

ㄷ. (가)와 (나)는 모두 관찰에서 탐구 과정을 시작한다.

풀이

ㄱ. (가)는 귀납적 탐구 방법이다. 따라서 가설 설정 단계가 존재하지 않는다.

ㄴ. (나)는 연역적 탐구 방법으로 의문에 대한 잠정적인 답인 가설을 설정하고 대조 실험과 변인 통제를 통해 가설을 증명해 간다.

ㄷ. (가)와 (나) 모두 탐구의 시작은 관찰로부터 시작한다.

답 ㄴ, ㄷ

3-1

다음은 어떤 과학자가 참새목의 새를 관찰하고 수행한 탐구이다.

(가) [㉠]라는 가설을 세웠다.

(나) 36마리의 수컷 새를 4개의 집단으로 나누고, 원래 상태의 수컷 집단(ⓐ), 꼬리를 자른 수컷 집단(ⓑ), 다른 수컷의 꼬리를 덧붙여 길게 만들어 준 수컷 집단(ⓒ), 꼬리를 자른 후 다시 접착제로 붙인 수컷 집단(ⓓ)으로 구성하였다.

(다) 각 집단의 수컷들 중에서 어떤 수컷 새가 암컷 새에 더 많이 선택되는지 관찰한 결과 ⓒ를 가장 많이 선택하였고, ⓑ는 선택하지 않았다.

이에 대한 설명으로 옳은 것만을 〈보기〉에서 있는 대로 고르시오.

보기

ㄱ. 연역적 탐구 방법이 이용되었다.

ㄴ. 조작 변인은 짝짓기 빈도이다.

ㄷ. ㉠은 '암컷이 배우자로 꼬리가 긴 수컷을 좋아할 것이다.'이다.

가설을 설정하는 과정이 있는 탐구 방법은 연역적 탐구 방법이야.

전략 ❹ 대조 실험과 변인

대조 실험	실험군	실험 조건을 인위적으로 변화시킨 집단
	대조군	실험군과 비교하기 위해 실험 조건을 변화시키지 않은 집단
변인	독립변인	• 조작 변인: 가설 검증을 위해 실험에서 의도적으로 변화시킨 변인 • 통제 변인: 실험에서 일정하게 유지시키는 변인
	종속변인	독립변인에 따라 변화되는 요인으로, ❶ ______ 에 해당한다.

조작 변인은 실험 과정에서 조작한 것, 종속 변인은 조작 변인에 따라 변한 실험 결과, 즉 조작 변인에 종속된 것이 ❷ ______ 이야.

답 ❶ 실험 결과 ❷ 종속변인

필수 예제 4

다음은 세균 A가 우유를 상하게 하는지 알아보기 위해 어떤 사람이 수행한 탐구 과정을 순서 없이 나열한 것이다.

(가) 세균 A는 우유를 상하게 한다는 결론을 내렸다.
(나) 세균 A가 우유를 상하게 하였을 것이라고 가정하였다.
(다) 세균 A를 넣은 우유는 상하였고 세균 A가 많이 관찰되었으나, 세균 A를 넣지 않은 우유에서는 아무런 변화가 없었다.
(라) 완전히 멸균한 우유가 든 병 두 개 중 한 병에만 상한 우유에서 분리한 세균 A를 넣고, 두 병 모두 적당한 온도를 유지하였다.

이에 대한 설명으로 옳은 것만을 〈보기〉에서 있는 대로 고르시오.

• 보기 •
ㄱ. 탐구 과정을 순서대로 나열하면 (나) – (라) – (다) – (가) 이다.
ㄴ. 실험군은 세균 A를 넣은 우유이고, 대조군은 세균 A를 넣지 않은 우유이다.
ㄷ. 완전히 멸균하는 작업과 적당한 온도는 조작 변인이다.

풀이
ㄱ. 이 과정은 연역적 탐구 과정으로 (나) → (라) → (다) → (가) 순이다.
ㄴ. 대조군은 실험군과 비교하기 위해 실험 조건을 변화시키지 않은 집단으로 세균 A를 넣지 않은 우유이다.
ㄷ. 완전히 멸균하는 작업과 적당한 온도를 유지하는 것은 통제 변인이다.

답 ㄱ, ㄴ

4-1

다음은 파스퇴르의 탐구 과정 중 일부를 순서에 관계 없이 나열한 것이다.

(가) 탄저병 백신을 주사한 동물은 모두 건강하였고, 백신을 주사하지 않은 동물은 죽었거나 죽어가고 있었다.
(나) 탄저병 백신은 탄저병을 예방하는 효과가 있다는 결론을 내렸다.
(다) 탄저병 백신을 주사한 집단(A)과 탄저병 백신을 주사하지 않은 집단(B)을 설정하여 탄저균에 노출시켰다.
(라) 탄저병 백신을 양에게 주사하면 탄저병 예방 효과가 있을 것이라고 가정하였다.

이에 대한 설명으로 옳은 것만을 〈보기〉에서 있는 대로 고르시오.

• 보기 •
ㄱ. A는 대조군, B는 실험군이다.
ㄴ. 종속변인은 탄저병의 발병 여부이다.
ㄷ. (라) 단계는 가설을 설정하는 단계이다.

가설은 자연 현상을 관찰하면서 생긴 의문에 대한 답을 추측하여 내린 잠정적인 결론이야.

필수 체크 전략 ②

1 그림은 서식 환경에 따른 두 토끼의 생김새를 나타낸 것이다.

사막 지역

북극 지역

이 자료에 나타난 생물의 특성과 가장 관련이 깊은 것은?

① 짚신벌레는 분열법으로 증식한다.
② 효모는 포도당을 분해하여 에너지를 얻는다.
③ 선인장에는 잎이 변한 가시가 있어 물의 손실이 최소화된다.
④ 파리지옥은 잎 안에 벌레를 가둔 후 소화액을 분비해 벌레를 분해하거나 소화시킨다.
⑤ 빅토리아 여왕의 딸들이 유럽의 다른 왕족과 결혼하여 태어난 아들들에게서 혈우병이 나타났다.

Tip
서식 환경에 적합하도록 생물의 몸 형태, 기능, 생활 습성이 변하는 현상을 ❶ [　　] 이라고 하며, 생물이 오랜 시간에 걸쳐 환경 변화에 적응하면서 집단의 유전자 구성이 변화되어 새로운 종이 나타나는 현상을 ❷ [　　] 라고 한다.

답 ❶ 적응 ❷ 진화

2 다음은 어떤 바이러스 X에 대한 설명이다.

> X는 유전자 변이에 의해 나타난 신종 바이러스로 유행성 질병을 유발한다. 빠른 전파와 함께 호흡기 질환을 나타내는 환자 수가 늘어나면서 전 세계적으로 큰 사회적 문제를 야기하고 있다. ㉠X는 시간이 지나면서 증상과 감염율이 다른 다양한 변이종이 발생했다.

이에 대한 설명으로 옳은 것만을 <보기>에서 있는 대로 고른 것은?

보기

ㄱ. X는 핵산을 갖는다.
ㄴ. X는 숙주 세포 내에서만 ㉠의 특성을 나타낸다.
ㄷ. ㉠은 생물의 특성 중에서 진화에 해당한다.

① ㄱ　② ㄴ　③ ㄱ, ㄷ　④ ㄴ, ㄷ　⑤ ㄱ, ㄴ, ㄷ

Tip
바이러스는 ❶ [　　] 과 단백질을 가져 환경에 적응하고 진화하며, 독자적으로 ❷ [　　] 를 하지 못하고, 숙주 밖에서는 단백질 결정 상태로 존재한다.

답 ❶ 핵산 ❷ 물질대사

3 다음은 어떤 과학자가 수행한 탐구 과정 중 일부를 순서 없이 나타낸 것이다.

(가) 일정 시간 동안 불가사리에게 잡아먹힌 산호의 비율은 딱총새우를 제거한 집단에서가 딱총새우를 제거하지 않은 집단에서보다 높았다.
(나) 딱총새우가 서식하는 산호의 주변에는 산호의 천적인 불가사리가 적게 관찰되는 것을 보고, 딱총새우가 산호를 불가사리로부터 보호해 줄 것이라고 생각했다.
(다) 같은 지역에 있는 산호들을 두 집단으로 나눈 후, 한 집단에서는 딱총새우를 그대로 두고, 나머지 집단에서는 딱총새우를 제거하였다.

이에 대한 설명으로 옳은 것만을 〈보기〉에서 있는 대로 고른 것은?

보기
ㄱ. 실험의 결과는 가설을 지지한다.
ㄴ. (나)는 가설을 설정하는 단계이다.
ㄷ. 탐구 과정은 (나) → (다) → (가) 순이다.

① ㄴ ② ㄱ, ㄴ ③ ㄱ, ㄷ ④ ㄴ, ㄷ ⑤ ㄱ, ㄴ, ㄷ

Tip
자연 현상을 관찰하면서 생긴 의문을 해결하기 위해 ❶ ______ 을 세우고 실험을 통해 이를 증명하는 것은 연역적 탐구 방법이고, 관찰을 통해 얻은 다양한 자료(증거)를 종합하고 분석한 후 일반화된 결론을 이끌어 내는 것은 ❷ ______ 이다.

답 ❶ 가설 ❷ 귀납적 탐구 방법

4 다음은 지방의 소화에 관해 알아보기 위한 실험이다.

| 실험 과정 |
(가) 4개의 시험관(A~D)에 같은 양의 지방을 넣는다.
(나) 표와 같이 시험관에 십이지장에서 채취한 물질 X, Y와 증류수를 각각 5 mL씩 넣고, pH 8로 맞춘다.

시험관	첨가 용액
A	물질 X+증류수
B	물질 Y+증류수
C	물질 X+물질 Y
D	물질 X+끓인 물질 Y

(다) 4개의 시험관을 37 ℃에서 30분간 유지한다.

| 실험 결과 |
시험관에 남아 있는 지방의 양을 측정하여 그래프와 같은 결과를 얻었다.

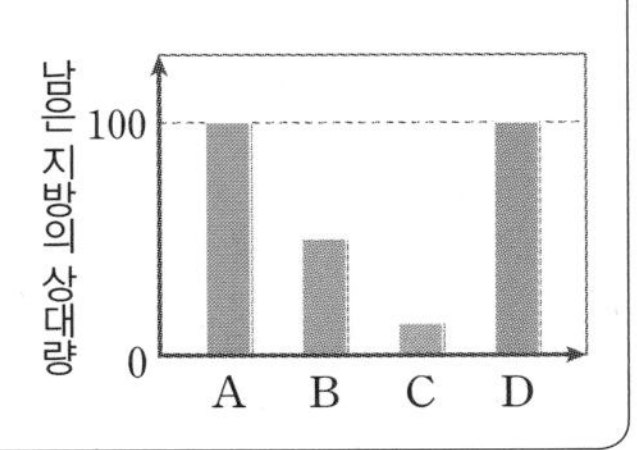

이에 대한 설명으로 옳은 것만을 〈보기〉에서 있는 대로 고르시오.

보기
ㄱ. 종속 변인은 남은 지방의 상대량이다.
ㄴ. 물질 Y는 지방 분해에 관여하지 않는다.
ㄷ. 이 실험에서 통제 변인은 온도와 pH이다.

Tip
연역적 탐구 방법은 실험 결과의 타당성을 높이기 위해 실험 조건을 변화시키지 않은 ❶ ______ 을 설정하여 실험 조건을 인위적으로 변화시킨 ❷ ______ 과 비교하는 대조 실험을 한다.

답 ❶ 대조군 ❷ 실험군

필수 체크 전략 ①

전략 ❶ | 물질대사

1. 물질대사 생명체 내에서 일어나는 모든 화학 반응 → 반드시 에너지의 출입이 함께 일어나며, 생체 촉매인 ❶ [ ]가 관여한다.

2. 물질대사의 구분

구분	동화 작용	이화 작용
물질 변화	저분자 → 고분자(합성)	고분자 → 저분자(분해)
에너지 출입	❷ [ ] 반응	발열 반응
예	광합성, 단백질 합성	세포 호흡, 소화

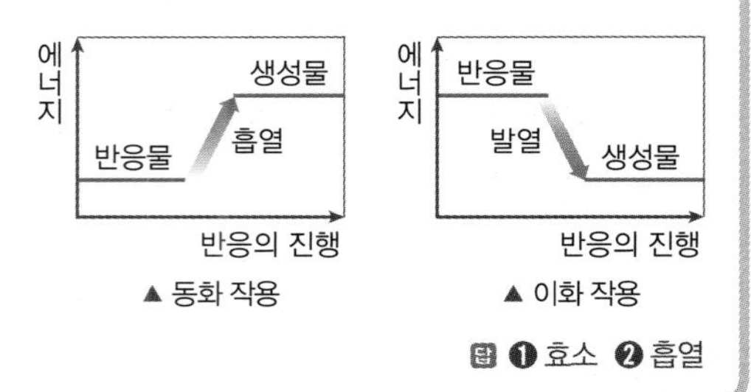

▲ 동화 작용 ▲ 이화 작용

답 ❶ 효소 ❷ 흡열

필수 예제 1

그림 (가), (나)는 생명체에서 일어나는 물질대사의 에너지 변화를 나타낸 것이다.
이에 대한 설명으로 옳은 것만을 〈보기〉에서 있는 대로 고르시오.

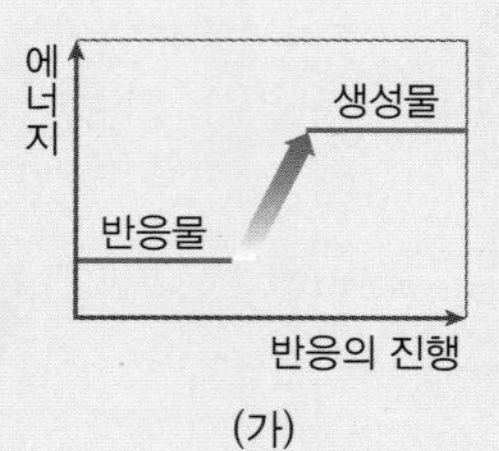

(가)

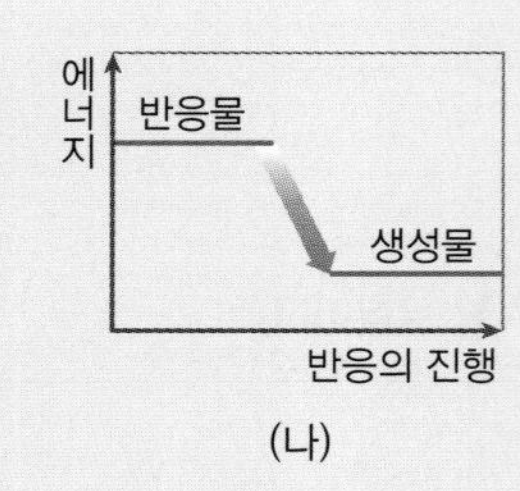

(나)

보기
ㄱ. (가)와 (나)는 모두 효소가 관여한다.
ㄴ. (가)의 예로 소화 작용을 들 수 있다.
ㄷ. 간에서 암모니아가 요소로 변화하는 과정은 (나)에 해당한다.

풀이
(가)는 에너지가 흡수되는 흡열 반응이므로, 동화 작용, (나)는 에너지가 방출되는 발열 반응이므로 이화 작용이다. 물질대사에는 모두 효소가 관여한다. 소화 작용은 큰 영양소가 작은 영양소로 분해되는 이화 작용이다. 간에서 저분자 물질인 암모니아가 고분자 물질인 요소로 합성되는 과정은 동화 작용이다.

답 ㄱ

1-1

그림은 물질대사 과정을, 표는 그림의 물질 A~C를 순서 없이 나타낸 것이다.
이에 대한 설명으로 옳은 것만을 〈보기〉에서 있는 대로 고른 것은?

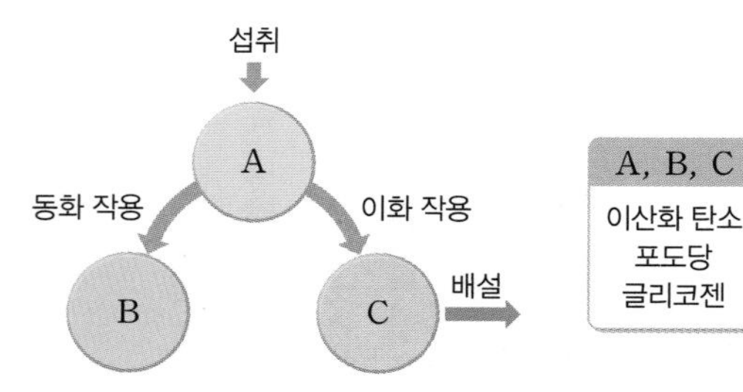

A, B, C
이산화 탄소
포도당
글리코젠

보기
ㄱ. B는 글리코젠, C는 포도당이다.
ㄴ. A가 B가 되는 반응은 흡열 반응이다.
ㄷ. A가 B로 되는 과정과 A가 C로 되는 과정에서 모두 효소가 관여한다.

① ㄱ ② ㄴ ③ ㄷ ④ ㄱ, ㄴ ⑤ ㄴ, ㄷ

포도당이 분해되면 물과 이산화 탄소가 생성되지.

전략 ❷ | 에너지의 전환과 이용

1. **ATP** 생명 활동에 직접적으로 사용되는 ❶ [　　] 저장 물질로, 아데노신에 3개의 인산기가 결합된 구조이다. 인산기와 인산기 사이의 결합에 많은 에너지가 저장되어 있다.

2. **에너지의 전환과 이용** 포도당의 화학 에너지는 ❷ [　　]의 화학 에너지로 전환되고, ATP의 분해로 방출된 에너지는 화학 에너지, 기계적 에너지, 열에너지, 소리 에너지 등으로 전환되어 근육 운동, 체온 유지, 정신 활동, 생장 등 다양한 생명 활동에 사용된다.

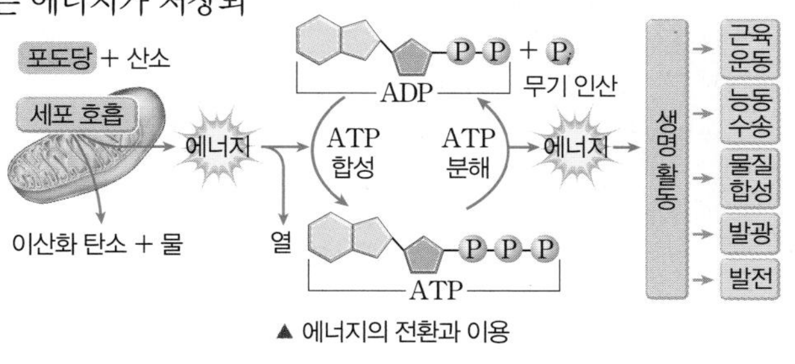

▲ 에너지의 전환과 이용

답 ❶ 에너지 ❷ ATP

필수 예제 2

그림은 생물이 세포 호흡으로 포도당을 분해하여 에너지를 얻고, 이 에너지를 생명 활동에 이용하는 과정을 나타낸 것이다. ㉠과 ㉡은 각각 ADP와 ATP 중 하나이다.
이에 대한 설명으로 옳은 것만을 〈보기〉에서 있는 대로 고르시오.

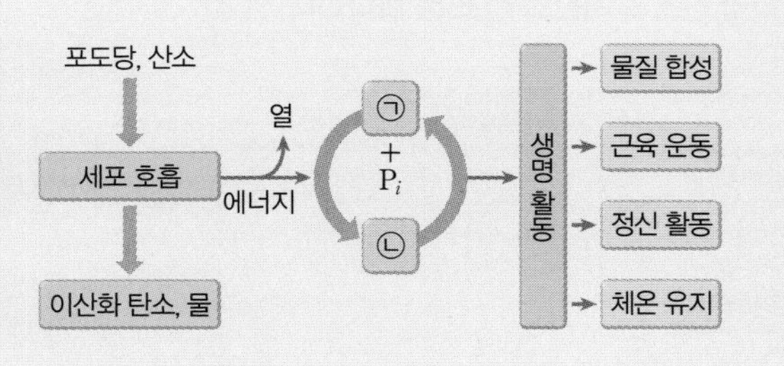

보기
ㄱ. ADP와 무기 인산이 ATP로 합성되는 과정에서 방출된 에너지가 생명 활동에 쓰인다.
ㄴ. 세포 호흡 시 방출되는 모든 에너지는 ATP에 저장된다.
ㄷ. ㉠은 ADP이다.

풀이
ㄱ. ATP가 ADP와 무기 인산(P_i)으로 분해되는 과정에서 방출된 에너지가 생명 활동에 쓰인다.
ㄴ. 세포 호흡 시 방출되는 에너지의 일부는 열에너지로 방출되고, 나머지는 ATP에 저장된다.
ㄷ. ㉠은 ADP, ㉡은 ATP이다.

답 ㄷ

2-1

그림은 세포 호흡과 에너지 전환 과정을 나타낸 것이다. ㉠과 ㉡은 각각 산소와 이산화 탄소 중 하나이고, ⓐ와 ⓑ는 각각 ATP와 ADP+무기 인산 중 하나이다.

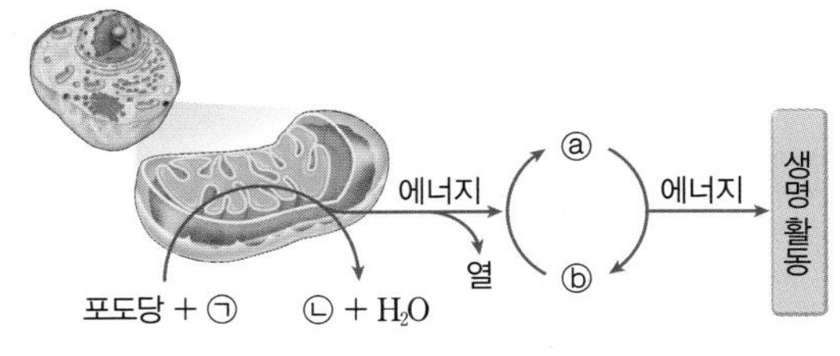

이에 대한 설명으로 옳은 것만을 〈보기〉에서 있는 대로 고른 것은?

보기
ㄱ. ㉠은 이산화 탄소, ㉡은 산소이다.
ㄴ. ⓐ가 ⓑ로 되는 과정은 동화 작용이다.
ㄷ. ATP가 분해될 때 방출되는 에너지는 생명 활동에 이용된다.

① ㄱ　② ㄴ　③ ㄷ　④ ㄱ, ㄴ　⑤ ㄴ, ㄷ

ATP가 분해되는 과정에서 방출되는 에너지가 생명 활동에 이용된다는 것을 기억하자.

전략 ❸ 기관계의 통합적 작용

소화계	세포 호흡에 필요한 영양소를 소화·흡수한다.
호흡계	세포 호흡에 필요한 산소를 흡수하고, ❶ ( ) 으로 생성된 이산화 탄소를 몸 밖으로 내보낸다.
순환계	세포 호흡에 필요한 영양소와 산소를 조직 세포에 운반하고, 세포 호흡으로 생성된 노폐물을 호흡계나 배설계로 운반한다.
배설계	요소와 같은 노폐물을 걸러 ❷ ( ) 의 형태로 몸 밖으로 내보낸다.

생명 활동에 필요한 에너지를 얻는 과정에서 우리 몸의 소화계, 호흡계, 배설계는 순환계를 중심으로 유기적으로 연결되어 통합적으로 작용해.

답 ❶ 세포 호흡 ❷ 오줌

그림은 사람 몸에 있는 각 기관계의 통합적 작용을 나타낸 것이다. (가)~(다)는 각각 배설계, 소화계, 호흡계 중 하나이다. ⓐ와 ⓑ는 각각 산소와 이산화 탄소 중 하나이다.

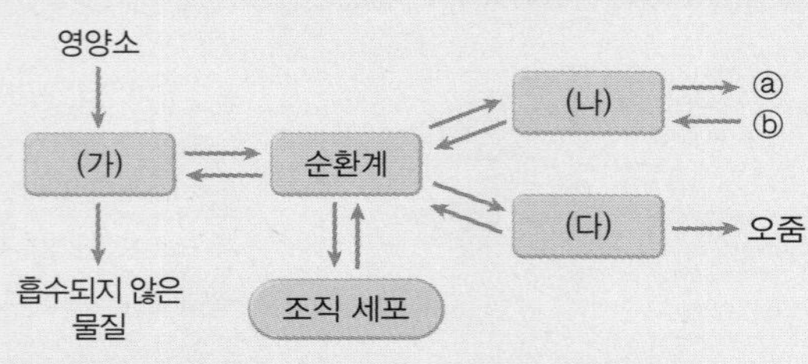

이에 대한 설명으로 옳은 것만을 〈보기〉에서 있는 대로 고른 것은?

보기

ㄱ. ⓐ는 산소, ⓑ는 이산화 탄소이다.
ㄴ. (가)는 소화계, (나)는 호흡계이다.
ㄷ. 대장은 (다)에 속한다.

① ㄱ ② ㄴ ③ ㄱ, ㄷ ④ ㄴ, ㄷ ⑤ ㄱ, ㄴ, ㄷ

풀이

(가)는 소화계, (나)는 호흡계, (다)는 배설계이다. 호흡계에서 산소를 흡수하고 이산화 탄소를 방출한다. 대장은 소화계인 (가)에 속한다.

답 ②

3-1

그림은 사람의 기관계 A~D를 나타낸 것이다. A~D는 각각 소화계, 호흡계, 순환계, 배설계 중 하나이다.
이에 대한 설명으로 옳은 것만을 〈보기〉에서 있는 대로 고른 것은?

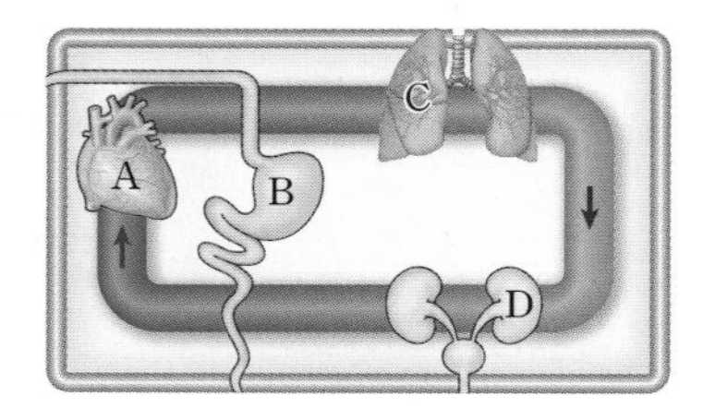

보기

ㄱ. 조직 세포에서 생성된 이산화 탄소를 호흡계로 운반하는 것은 A이다.
ㄴ. 조직 세포에서 생성된 암모니아는 B에서 요소로 전환된 후 D를 통해 배설된다.
ㄷ. C에서 기체 교환이 일어난다.

① ㄱ ② ㄴ ③ ㄱ, ㄷ ④ ㄴ, ㄷ ⑤ ㄱ, ㄴ, ㄷ

단백질이 분해될 때 만들어지는 암모니아는 간에서 요소로 합성되어 배설계를 통해 배출되지.

전략 ❹ 물질대사와 건강

기초 대사량	체온 조절, 심장 박동 등 ❶ 유지에 필요한 최소한의 에너지양
활동 대사량	다양한 신체 활동을 하는 데 소모되는 에너지양
1일 대사량	기초 대사량+활동 대사량+음식물의 소화·흡수에 필요한 에너지양
대사성 질환	❷ 에 이상이 생겨 발생하는 질병 예 고혈압, 당뇨병, 고지혈증 등

대사성 질환은 균형 잡힌 식사와 규칙적인 운동을 통해 예방할 수 있어.

답 ❶ 생명 활동 ❷ 물질대사

필수 예제 4

표는 사람의 질환 A~C의 특징을 나타낸 것이다. A~C는 고지혈증(고지질 혈증), 고혈압, 당뇨병을 순서 없이 나타낸 것이다.

질환	특징
A	호르몬 ㉠의 분비 부족이나 작용 이상으로 혈당량이 조절되지 못하고 오줌에서 포도당이 검출된다.
B	혈액에 콜레스테롤과 중성 지방 등이 정상 범위 이상으로 많이 들어 있다.
C	혈압이 정상 범위보다 높은 상태이다.

이에 대한 설명으로 옳은 것만을 〈보기〉에서 있는 대로 고른 것은?

보기
ㄱ. ㉠은 이자의 α세포에서 분비된다.
ㄴ. B는 동맥 경화의 원인에 해당한다.
ㄷ. 대사성 질환 중에는 C가 있다.

① ㄱ ② ㄴ ③ ㄷ ④ ㄱ, ㄴ ⑤ ㄴ, ㄷ

풀이
A는 당뇨병, B는 고지혈증, C는 고혈압이다.
ㄱ. 인슐린은 혈당량을 감소시키는 작용을 하는 호르몬으로 이자의 β세포에서 분비된다.
ㄴ. 혈액 속에 있던 콜레스테롤이나 중성 지방과 같은 지질 성분이 혈관 내벽에 쌓이면 혈관벽의 탄력이 떨어지고 혈관의 지름이 좁아지는 동맥 경화의 원인이 된다.
ㄷ. 대사성 질환에는 고혈압, 고지혈증, 당뇨병 등이 있다.

답 ⑤

4-1

그림 (가)와 (나)는 에너지 섭취량과 에너지 소비량을 비교하여 나타낸 것이다.
이에 대한 설명으로 옳은 것만을 〈보기〉에서 있는 대로 고른 것은?

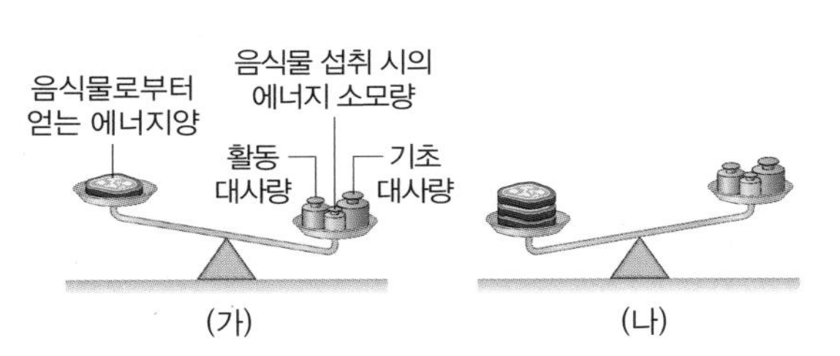

보기
ㄱ. (가)의 상태가 오래 지속되면 면역력이 높아져 각종 질병에 걸릴 확률이 낮아진다.
ㄴ. (나)의 상태가 지속되면 비만이 될 확률이 높다.
ㄷ. 활동 대사량은 생명 활동을 유지하는 데 필요한 최소한의 에너지양이다.

① ㄱ ② ㄴ ③ ㄱ, ㄷ ④ ㄴ, ㄷ ⑤ ㄱ, ㄴ, ㄷ

1일 대사량보다 적은 에너지를 섭취하면 체중이 줄어들고, 1일 대사량보다 많은 에너지를 섭취하면 비만이 되기 쉬워.

필수 체크 전략 ②

1 표는 물질대사의 종류와 예를 나타낸 것이다. (가)와 (나)는 동화 작용과 이화 작용을 순서 없이 나타낸 것이다.

종류	예
(가)	㉠ 간에서 글리코젠이 포도당으로 분해된다.
(나)	?

이에 대한 설명으로 옳은 것만을 <보기>에서 있는 대로 고른 것은?

보기

ㄱ. (가)는 이화 작용이다.

ㄴ. 인슐린은 ㉠을 촉진한다.

ㄷ. '식물이 빛과 이산화 탄소를 이용하여 포도당을 합성한다.'는 (나)의 예에 해당한다.

① ㄱ ② ㄴ ③ ㄱ, ㄷ ④ ㄴ, ㄷ ⑤ ㄱ, ㄴ, ㄷ

Tip

간단하고 작은 물질을 복잡하고 큰 물질로 합성하는 반응은 ❶ ______ 이고, 복잡하고 큰 물질을 간단하고 작은 물질로 분해하는 반응은 ❷ ______ 이다.

답 ❶ 동화 작용 ❷ 이화 작용

2 그림은 세포에서 일어나는 ATP와 ADP 사이의 전환을 나타낸 것이다. ㉠과 ㉡은 각각 ATP와 ADP 중 하나이다.

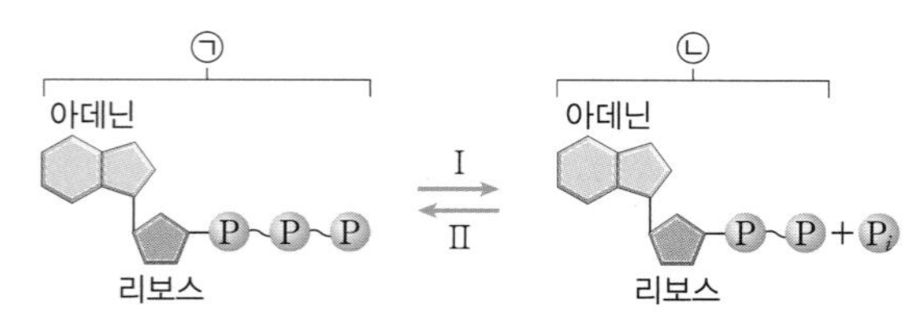

이에 대한 설명으로 옳은 것만을 <보기>에서 있는 대로 고른 것은?

보기

ㄱ. 과정 Ⅰ에서 방출되는 에너지는 다양한 생명 활동에 이용된다.

ㄴ. 1분자당 에너지양은 ㉡이 ㉠보다 많다.

ㄷ. 과정 Ⅱ는 이화 작용이다.

① ㄱ ② ㄴ ③ ㄱ, ㄷ ④ ㄴ, ㄷ ⑤ ㄱ, ㄴ, ㄷ

Tip

미토콘드리아에서는 유기물이 분해되면서 방출된 에너지를 이용하여 ❶ ______ 와 무기 인산을 ❷ ______ 로 합성하는 반응이 일어난다.

답 ❶ ADP ❷ ATP

3 그림은 사람에서 일어나는 에너지 대사 과정과 물질 이동의 일부를 나타낸 것이다. (가)와 (나)는 소화계와 호흡계를 순서 없이 나타낸 것이고, ㉠~㉢은 산소, CO_2와 아미노산을 순서 없이 나타낸 것이다.

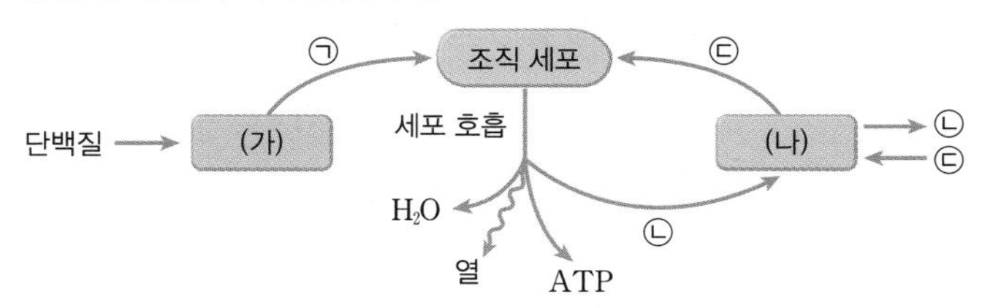

이에 대한 설명으로 옳은 것만을 <보기>에서 있는 대로 고른 것은?

보기
ㄱ. ㉠은 산소이다.
ㄴ. (가)를 통해 아미노산이 흡수된다.
ㄷ. 호흡계를 통해 ㉡과 ㉢의 교환이 이루어진다.

① ㄱ ② ㄴ ③ ㄱ, ㄷ ④ ㄴ, ㄷ ⑤ ㄱ, ㄴ, ㄷ

Tip
기관계 중에서 ❶ ( ) 는 음식물 속의 영양소를 작은 영양소로 분해하여 몸속으로 흡수하고, ❷ ( ) 는 세포 호흡에 필요한 산소를 흡수하고 세포 호흡으로 발생한 이산화 탄소를 몸 밖으로 내보낸다.

답 ❶ 소화계 ❷ 호흡계

4 그림은 어떤 사람이 Ⅰ~Ⅲ과 같이 에너지 소비와 섭취를 하였을 때를, 표는 Ⅰ~Ⅲ의 에너지 소비량과 에너지 섭취량이 그림과 같이 일정 기간 동안 지속되었을 때의 체중 변화를 나타낸 것이다. ㉠과 ㉡은 에너지 소비량과 에너지 섭취량을 순서 없이 나타낸 것이다.

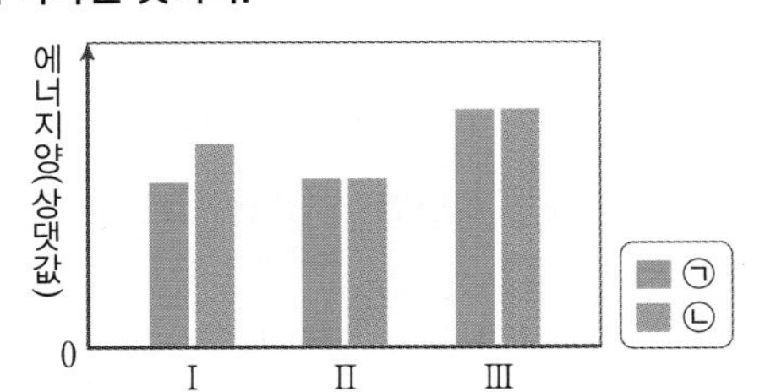

조건	체중 변화
Ⅰ	증가함
Ⅱ	?
Ⅲ	변화 없음

이에 대한 설명으로 옳은 것만을 <보기>에서 있는 대로 고른 것은?

보기
ㄱ. ㉠은 에너지 섭취량이다.
ㄴ. Ⅱ에서 체중은 감소한다.
ㄷ. Ⅲ에서 에너지 소비량과 에너지 섭취량이 균형을 이루고 있다.

① ㄱ ② ㄷ ③ ㄱ, ㄴ ④ ㄴ, ㄷ ⑤ ㄱ, ㄴ, ㄷ

Tip
에너지 섭취량이 에너지 소비량보다 많은 상태가 지속되면 체중이 ❶ ( ) 하고, 에너지 섭취량이 에너지 소비량보다 적은 상태가 지속되면 체중이 ❷ ( ) 한다.

답 ❶ 증가 ❷ 감소

교과서 대표 전략 ①

대표 예제 1 생물의 특성

다음은 상아 없이 태어나는 코끼리에 대한 기사 중 일부이다.

> 모잠비크 내전 기간 동안 상아 밀렵이 성행하면서 암컷 아프리카 사바나 코끼리의 진화에 영향을 미쳤다는 연구 결과가 발표됐다. 밀렵 탓에 상아 없이 태어나는 코끼리가 늘었다는 연구 결과이다.

이 자료에 나타난 생명 현상의 특성과 가장 관련이 깊은 것은?

① 짚신벌레는 분열법으로 번식한다.
② 장구벌레는 번데기를 거쳐 모기가 된다.
③ 소나무는 빛을 흡수하여 포도당을 합성한다.
④ 핀치는 먹이의 종류에 따라 부리 모양이 다르다.
⑤ 적록 색맹인 어머니에게서 적록 색맹인 아들이 태어난다.

개념 가이드
생물은 환경에 ❶ [ ]하면서 여러 세대에 걸쳐 집단의 유전적 구성이 변하는 ❷ [ ]가 일어난다.

답 ❶ 적응 ❷ 진화

대표 예제 2 생물과 무생물의 비교

그림 (가)는 석회암 동굴에서 자라는 석순을, (나)는 대나무 숲에서 자라는 죽순을 나타낸 것이다.

(가)

(나)

이에 대한 설명으로 옳은 것만을 〈보기〉에서 있는 대로 고르시오.

보기
ㄱ. (가)와 (나) 모두 물질대사를 통해 생장한다.
ㄴ. (나)에서 동화 작용이 일어난다.
ㄷ. (나)에서만 세포의 수가 증가한다.

개념 가이드
생물은 ❶ [ ]로 구성되어 있고, ❷ [ ]를 통해 얻은 에너지로 생명 활동을 한다.

답 ❶ 세포 ❷ 물질대사

대표 예제 3 바이러스

그림은 박테리오파지가 증식하는 과정을 나타낸 것이다. A와 B는 각각 대장균 안과 밖의 박테리오파지이다.

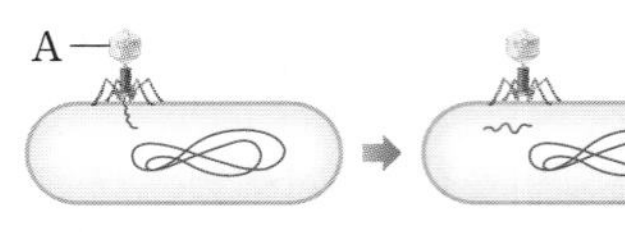

이에 대한 설명으로 옳은 것만을 〈보기〉에서 있는 대로 고른 것은?

보기
ㄱ. A는 독립적으로 물질대사를 할 수 있다.
ㄴ. B는 세포 분열을 통해 증식한다.
ㄷ. A와 B는 모두 단백질과 핵산으로 구성되어 있다.

① ㄱ ② ㄷ ③ ㄱ, ㄴ
④ ㄴ, ㄷ ⑤ ㄱ, ㄴ, ㄷ

개념 가이드
박테리오파지는 유전 물질인 ❶ [ ]과 ❷ [ ]로 구성되어 있으며, 대장균은 생물이다.

답 ❶ 핵산 ❷ 단백질

대표 예제 4 생물과 바이러스의 비교

그림은 짚신벌레(A)와 독감 바이러스(B)의 공통점과 차이점을 나타낸 것이다.
이에 대한 설명으로 옳은 것만을 〈보기〉에서 있는 대로 고른 것은?

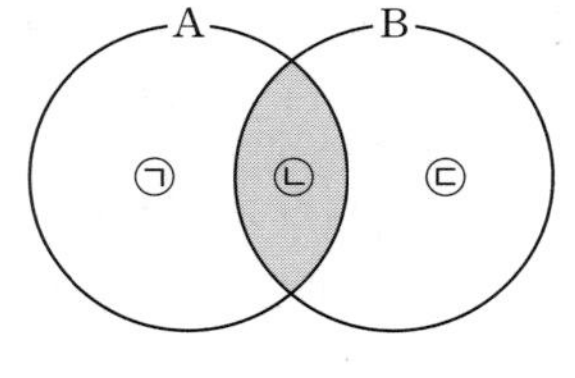

보기
ㄱ. '세포 분열을 한다.'는 ㉠에 해당한다.
ㄴ. '증식 과정에서 돌연변이가 일어난다.'는 ㉡에 해당한다.
ㄷ. '효소를 가진다.'는 ㉢에 해당한다.

① ㄱ ② ㄷ ③ ㄱ, ㄴ
④ ㄱ, ㄷ ⑤ ㄴ, ㄷ

개념 가이드
바이러스는 숙주 세포 내 증식 과정에서 유전 현상과 ❶ [ ]가 일어나 ❷ [ ]한다.

답 ❶ 돌연변이 ❷ 진화

대표 예제 5 변인

다음은 어떤 사람이 수행한 탐구 과정의 일부이다.

| 가설 설정 및 탐구 설계 |

배즙에는 단백질을 분해하는 물질이 들어 있을 것이다.

구분	넣은 물질	온도
시험관 A	배즙과 달걀 흰자	27 ℃
시험관 B	(가)	(나)

| 결과 |

시험관 B보다 시험관 A에서 아미노산이 더 많이 검출되었다.

(1) (가), (나)에 들어갈 내용을 쓰시오.

(2) 위 실험의 결론을 서술하시오.

개념 가이드

가설 검증을 위해 실험에서 의도적으로 변화시킨 변인을 ❶ 이라고 하고, 실험에서 일정하게 유지시키는 변인을 ❷ 이라고 한다.

답 ❶ 조작 변인 ❷ 통제 변인

대표 예제 6 탐구 방법 비교

그림 (가)와 (나)는 귀납적 탐구 방법과 연역적 탐구 방법을 순서 없이 나타낸 것이다.

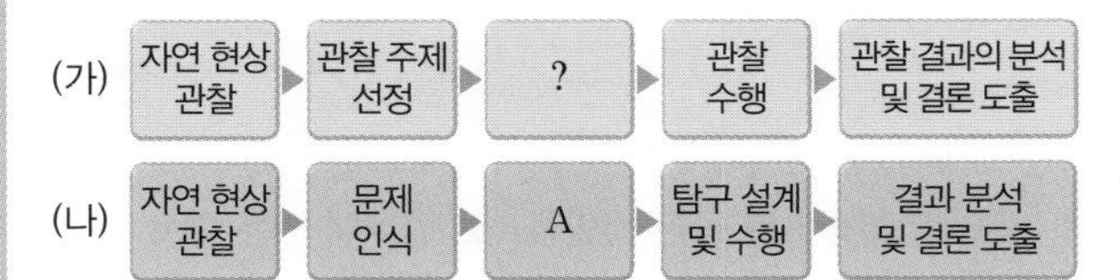

이에 대한 설명으로 옳은 것만을 〈보기〉에서 있는 대로 고르시오.

보기

ㄱ. (가)는 귀납적 탐구 방법이다.

ㄴ. (나)에서는 대조 실험을 한다.

ㄷ. A는 가설 설정 단계이다.

개념 가이드

가설 설정 단계는 ❶ 탐구 방법에는 없고, ❷ 탐구 방법에만 있다.

답 ❶ 귀납적 ❷ 연역적

대표 예제 7 귀납적 탐구 방법

다음은 과학자들이 수행한 탐구 과정이다.

(가) 다윈은 갈라파고스 군도의 각 섬에 사는 핀치의 부리 모양이 서로 다른 것을 보고, 다양한 환경에 서식하는 핀치의 부리를 관찰하였다. 그 결과 서식 지역과 먹이에 따라 핀치의 부리 모양이 달라졌다는 결론을 내렸다.

(나) 레디는 2개의 병에 작은 고기 조각을 넣은 후 한 병은 입구를 막지 않고, ㉠다른 한 병은 천으로 입구를 막았다. 며칠 후 입구를 막지 않은 병의 고기 조각에만 구더기가 발생하였다. 이를 통해 고기 조각에 생긴 구더기는 파리로부터 발생하였다는 결론을 내렸다.

(다) 카로 박사는 오랜 시간 동안 가젤 영양이 공중으로 뛰어 오르며 하얀 엉덩이를 치켜드는 뜀뛰기 행동을 다양한 상황에서 관찰하였다. 관찰된 특성을 종합한 결과 가젤 영양은 포식자가 주변에 나타나면 엉덩이를 치켜드는 뜀뛰기 행동을 한다는 결론을 내렸다.

이에 대한 설명으로 옳은 것만을 〈보기〉에서 있는 대로 고른 것은?

보기

ㄱ. (가)에서는 대조 실험을 수행하였다.

ㄴ. (가)와 (다) 모두 귀납적 탐구 방법이다.

ㄷ. (나)에서는 가설 설정 단계를 가진다.

ㄹ. ㉠은 대조군이다.

① ㄱ, ㄴ ② ㄴ, ㄷ ③ ㄷ, ㄹ
④ ㄱ, ㄴ, ㄷ ⑤ ㄴ, ㄷ, ㄹ

개념 가이드

실험을 할 때는 실험 결과의 타당성을 높이기 위해 ❶ 을 설정하여 실험군과 비교하는 ❷ 을 한다.

답 ❶ 대조군 ❷ 대조 실험

대표 예제 8 물질대사

그림 (가)와 (나)는 동화 작용과 이화 작용에서의 에너지 변화를 순서 없이 나타낸 것이다.

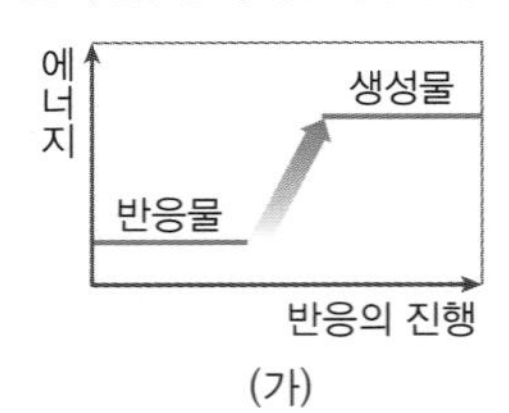

(가)

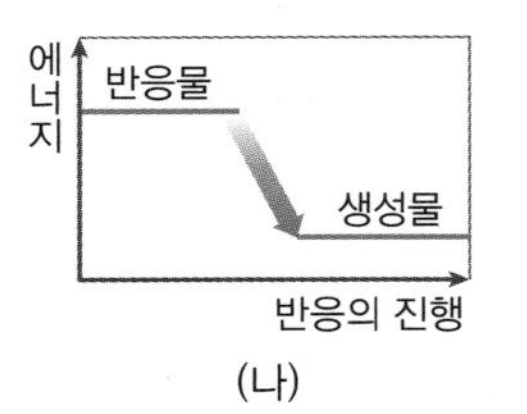

(나)

이에 대한 설명으로 옳은 것만을 〈보기〉에서 있는 대로 고르시오.

보기
ㄱ. (가)는 이화 작용이다.
ㄴ. 광합성 과정은 (나)에 해당한다.
ㄷ. (가)와 (나)에서 모두 효소가 작용한다.

개념 가이드

물질대사 중에서 에너지를 흡수하는 흡열 반응은 ❶ [ ]이고, 에너지를 방출하는 발열 반응은 ❷ [ ]이다.

답 ❶ 동화 작용 ❷ 이화 작용

대표 예제 10 세포 호흡

그림은 어떤 세포 소기관에서 일어나는 세포 호흡을 나타낸 것이다. ⓐ와 ⓑ는 O_2와 CO_2를 순서 없이 나타낸 것이다.
이에 대한 설명으로 옳은 것만을 〈보기〉에서 있는 대로 고르시오.

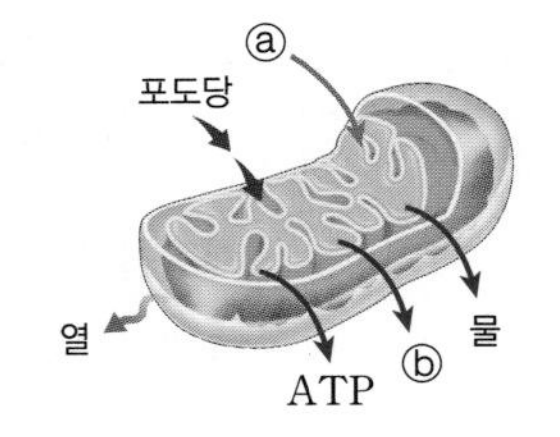

보기
ㄱ. ⓐ는 CO_2이다.
ㄴ. 이 세포 소기관은 동물 세포와 식물 세포에 모두 존재한다.
ㄷ. 세포 호흡에서 방출하는 모든 에너지는 ATP에 저장된다.

개념 가이드

세포 호흡 과정에서 방출된 에너지의 일부는 ❶ [ ]에 저장되고, 나머지는 ❷ [ ]로 방출된다.

답 ❶ ATP ❷ 열

대표 예제 9 물질대사와 에너지

그림은 식물 세포에서 일어나는 광합성과 세포 호흡에서의 물질과 에너지의 이동을 나타낸 것이다. (가)와 (나)는 각각 광합성과 세포 호흡 중 하나이다. 이에 대한 설명으로 옳은 것만을 〈보기〉에서 있는 대로 고른 것은?

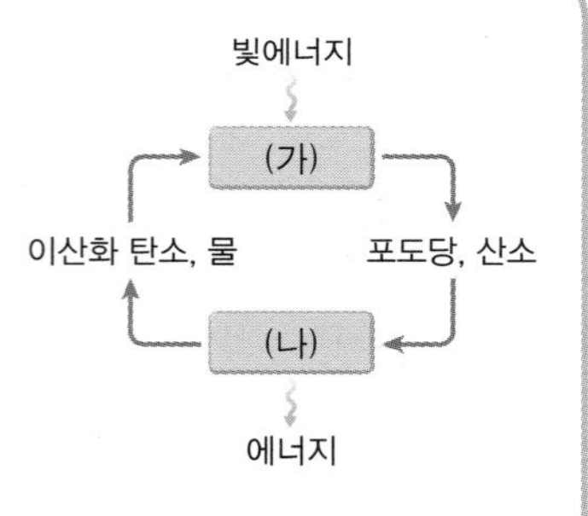

보기
ㄱ. (가)와 (나)에 모두 효소가 관여한다.
ㄴ. (가)에서 빛에너지가 화학 에너지로 전환된다.
ㄷ. 근육 세포에서 (나)가 일어난다.

① ㄱ ② ㄷ ③ ㄱ, ㄴ
④ ㄴ, ㄷ ⑤ ㄱ, ㄴ, ㄷ

개념 가이드

식물은 물과 이산화 탄소를 이용하여 ❶ [ ]을 하여 포도당을 합성하고, 포도당을 이용하여 ❷ [ ]을 하여 에너지를 얻는다.

답 ❶ 광합성 ❷ 세포 호흡

대표 예제 11 에너지의 전환과 이용

그림은 세포 호흡과 에너지 전환 과정을 나타낸 것이다.

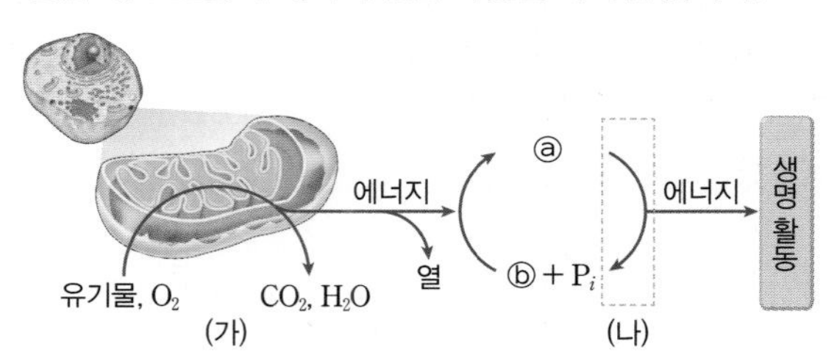

이에 대한 설명으로 옳은 것만을 〈보기〉에서 있는 대로 고르시오.

보기
ㄱ. (가)와 (나)는 모두 이화 작용이다.
ㄴ. ⓐ는 ⓑ보다 고에너지 인산 결합이 많다.
ㄷ. ATP가 분해될 때 방출되는 에너지의 일부는 체온 유지에 이용된다.

개념 가이드

세포 호흡은 주로 ❶ [ ]에서 일어나고, 세포 호흡을 통해 생성된 ❷ [ ]의 화학 에너지는 여러 생명 활동에 사용된다.

답 ❶ 미토콘드리아 ❷ ATP

대표 예제 12 **노폐물의 생성과 배설**

그림은 사람의 물질대사 과정 일부를 나타낸 것이다. ㉠과 ㉡은 각각 암모니아와 이산화 탄소 중 하나이다.

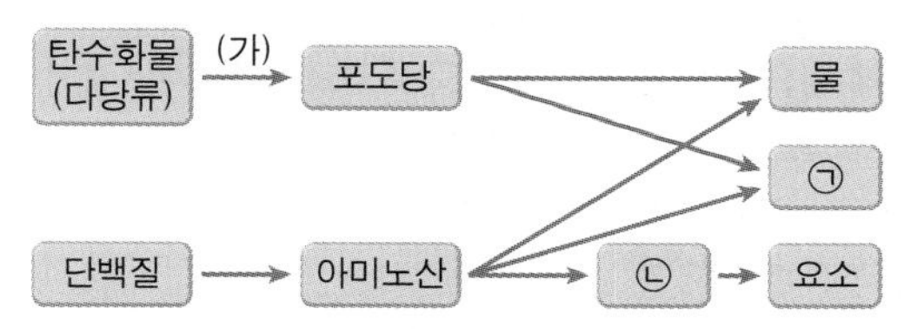

이에 대한 설명으로 옳은 것만을 〈보기〉에서 있는 대로 고르시오.

보기
ㄱ. (가)는 소화계에서 일어난다.
ㄴ. ㉠은 배설계를 통해 몸 밖으로 배출된다.
ㄷ. ㉡은 간에서 요소로 전환된다.

개념 가이드
포도당과 아미노산이 분해되는 과정에서 공통으로 생성되는 것은 ❶ [ ]과 ❷ [ ]이다.

답 ❶ 물 ❷ 이산화 탄소

대표 예제 13 **기관계의 통합적 작용**

그림은 사람 몸에 있는 각 기관계의 통합적 작용을 나타낸 것이며, 설명은 기관계 (가)~(다)에 대한 자료이다. (가)~(다)는 배설계, 소화계, 순환계를 순서 없이 나타낸 것이다.

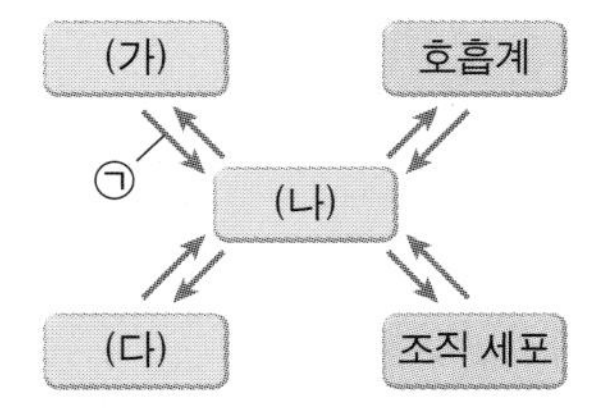

- (가)에서 영양소의 소화가 일어난다.
- (나)는 영양소를 운반한다.
- (다)를 통해 질소성 노폐물이 배설된다.

이에 대한 설명으로 옳은 것만을 〈보기〉에서 있는 대로 고르시오.

보기
ㄱ. ㉠에는 요소의 이동이 포함된다.
ㄴ. (나)는 조직 세포에서 생성된 CO_2를 호흡계로 운반한다.
ㄷ. 소장은 (다)에 속한다.

개념 가이드
세포 호흡에 필요한 영양소와 ❶ [ ]는 ❷ [ ]를 통해 온몸의 조직 세포에 운반한다.

답 ❶ 산소 ❷ 순환계

대표 예제 14 **에너지 대사의 균형**

그림 (가)~(다)는 에너지 섭취량과 에너지 소비량을 비교하여 나타낸 것이다.

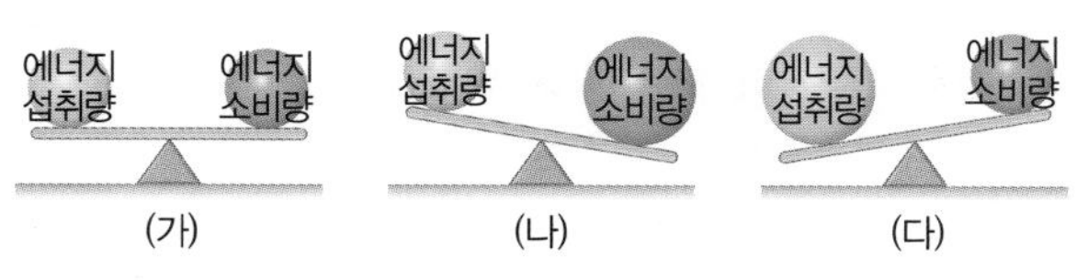

(1) (가)~(다)가 지속될 때 예상되는 체중 변화에 대해 각각 서술하시오.

(2) (나)와 (다)가 지속될 때 나타날 수 있는 질환에 대해 각각 서술하시오.

개념 가이드
에너지 ❶ [ ]이 에너지 ❷ [ ]보다 많으면 남은 에너지가 축적되어 비만이 될 수 있다.

답 ❶ 섭취량 ❷ 소비량

대표 예제 15 **대사성 질환**

다음은 에너지 대사와 건강에 대한 학생 A~C의 발표 내용이다.

제시한 내용이 옳은 학생만을 있는 대로 고른 것은?

① A ② B ③ C
④ A, C ⑤ B, C

개념 가이드
물질대사 이상으로 발생하는 질환을 ❶ [ ]이라고 하며, 혈당 조절이 되지 않아 혈당이 높아지는 ❷ [ ]도 대사성 질환에 해당한다.

답 ❶ 대사성 질환 ❷ 당뇨병

교과서 대표 전략 ②

1강 생명 과학의 이해

1

다음은 식충 식물인 파리지옥에 대한 설명이다.

파리지옥의 잎에는 3쌍의 감각모가 있어서 ㉠잎에 곤충이 앉으면 잎이 갑자기 접히며, 안쪽의 돋은 선에서 ㉡산과 소화액을 분비하여 곤충을 분해한다.

㉠과 ㉡에 나타난 생물의 특성으로 가장 적절한 것은?

	㉠	㉡
①	자극과 반응	물질대사
②	적응과 진화	항상성
③	물질대사	유전과 진화
④	자극과 반응	항상성
⑤	적응과 진화	물질대사

Tip
생물은 환경 변화를 ❶ [　　] 으로 받아들이고, 적절히 ❷ [　　] 하여 생명을 보호한다.

답 ❶ 자극 ❷ 반응

2

그림은 박테리오파지가 증식하는 과정을 나타낸 것이다

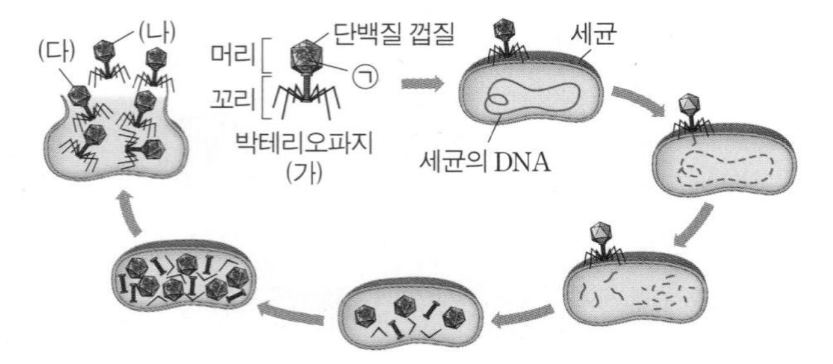

이에 대한 설명으로 옳은 것만을 〈보기〉에서 있는 대로 고르시오.

보기
ㄱ. ㉠은 RNA이다.
ㄴ. (가)~(다)는 유전적으로 항상 동일하다.
ㄷ. 박테리오파지는 증식 과정에서 세균의 효소를 이용한다.

Tip
바이러스는 유전 물질을 가지므로 증식 과정에서 ❶ [　　] 가 일어나 새로운 형질이 나타나면서 환경에 적응하고 ❷ [　　] 한다.

답 ❶ 돌연변이 ❷ 진화

3

다음은 세 명의 과학자가 수행한 탐구 자료이다. (가)~(다) 중 귀납적 탐구 방법을 찾아 쓰시오. (정답 2개)

(가) 아리스토텔레스는 여러 종류의 썩은 고기에서 구더기가 생기는 과정을 관찰한 후 생물의 자연 발생설을 주장하였다.
(나) 다윈은 비글호를 타고 동식물을 채집해 관찰한 것을 정리하여 '생물은 진화한다.'라는 결론을 도출하였다.
(다) 파스퇴르는 '탄저병 백신을 양에게 주사하면 예방의 효과가 있다.'라는 가설을 세우고 실험을 통하여 백신에 예방 효과가 있다는 결론을 도출하였다.

Tip
귀납적 탐구 방법은 자연 현상을 ❶ [　　] 하여 얻은 자료를 종합하고 분석하는 과정에서 ❷ [　　] 을 발견하여 일반적인 원리나 법칙을 이끌어 내는 탐구 방법이다.

답 ❶ 관찰 ❷ 규칙성

4

다음은 효모를 이용한 물질대사 실험이다.

(가) 발효관 A와 B에 표와 같이 용액을 넣고, 맹관부에 공기가 들어가지 않도록 발효관을 세운 후, 입구를 솜으로 막는다.

발효관	용액
A	증류수 20 mL + 효모액 20 mL
B	5 % 포도당 수용액 20 mL + 효모액 20 mL

(나) A와 B를 37 ℃로 맞춘 항온기에 두고 일정 시간이 지난 후 ㉠맹관부에 모인 기체의 양을 측정한다.

이에 대한 설명으로 옳은 것만을 〈보기〉에서 있는 대로 고르시오.

보기
ㄱ. A는 대조군이다.
ㄴ. ㉠은 종속변인이다.
ㄷ. 발효관 내에서 물질대사가 일어난다.

Tip
탐구 결과에 영향을 미치는 요인 중 ❶ [　　] 은 의도적으로 변화시키는 변인이고, ❷ [　　] 은 일정하게 유지하는 변인이다.

답 ❶ 조작 변인 ❷ 통제 변인

2강 사람의 물질대사

5

그림은 사람에서 일어나는 물질대사 과정 (가)와 (나)를 나타낸 것이다. ㉠은 암모니아와 녹말 중 하나이다.

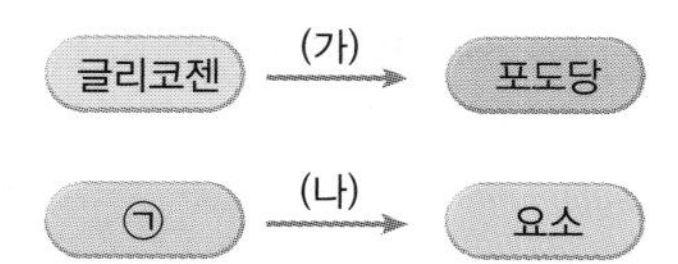

이에 대한 설명으로 옳은 것만을 〈보기〉에서 있는 대로 고른 것은?

보기
ㄱ. (가)와 (나)는 모두 간에서 일어난다.
ㄴ. (가)는 이화 작용, (나)는 동화 작용이다.
ㄷ. ㉠은 포도당이 세포 호흡에 사용된 결과 생성되는 노폐물이다.

① ㄱ ② ㄷ ③ ㄱ, ㄴ
④ ㄴ, ㄷ ⑤ ㄱ, ㄴ, ㄷ

Tip
고분자 물질인 ❶ ____ 이 포도당으로 분해되는 과정은 이화 작용이고, 저분자 물질인 ❷ ____ 가 요소로 합성되는 과정은 동화 작용이다.

답 ❶ 글리코젠 ❷ 암모니아

6

그림 (가)는 포도당이 녹말(다당류)이 되는 과정을, (나)는 미토콘드리아에서 일어나는 세포 호흡을 나타낸 것이다.

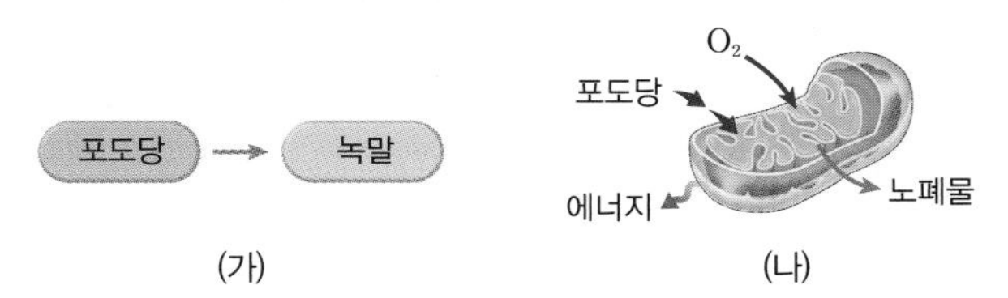

이에 대한 설명으로 옳은 것만을 〈보기〉에서 있는 대로 고른 것은?

보기
ㄱ. (가)는 (나)에서 일어난다.
ㄴ. (가)는 이화 작용이다.
ㄷ. (나)에서 생성된 노폐물에는 H_2O이 있다.

① ㄱ ② ㄷ ③ ㄱ, ㄴ
④ ㄴ, ㄷ ⑤ ㄱ, ㄴ, ㄷ

Tip
미토콘드리아에서는 광합성을 통해 생성된 ❶ ____ 을 저분자 물질인 이산화 탄소와 물로 분해하는 ❷ ____ 이 일어나 에너지가 방출된다.

답 ❶ 포도당 ❷ 이화 작용

7

그림은 건강한 사람의 혈액 순환 경로를 간단히 나타낸 것이다. A~D는 각각 폐동맥, 폐정맥, 콩팥 동맥, 콩팥 정맥 중 하나이다.

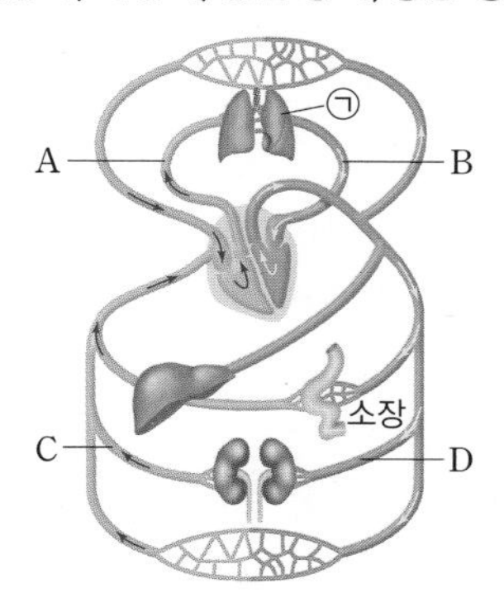

이에 대한 설명으로 옳은 것만을 〈보기〉에서 있는 대로 고르시오.

보기
ㄱ. ㉠은 호흡계에 속한다.
ㄴ. 혈액의 단위 부피당 O_2의 양은 A>B이다.
ㄷ. 혈액의 단위 부피당 $\frac{O_2\text{의 양}}{CO_2\text{의 양}}$은 A>B이다.
ㄹ. 혈액의 단위 부피당 요소의 양은 C<D 이다.

Tip
소화계에서 흡수한 ❶ ____ 와 호흡계에서 흡수한 ❷ ____ 는 순환계를 통해 온몸의 조직 세포에 공급된다.

답 ❶ 영양소 ❷ 산소

8

에너지 대사에 대한 설명으로 옳은 것만을 〈보기〉에서 있는 대로 고른 것은?

보기
ㄱ. 몸무게가 동일한 남자와 여자의 1일 대사량은 같다.
ㄴ. 1일 대사량은 기초 대사량+활동 대사량이다.
ㄷ. 수면 중에 사용되는 에너지도 활동 대사량에 포함된다.

① ㄱ ② ㄷ ③ ㄱ, ㄴ
④ ㄴ, ㄷ ⑤ ㄱ, ㄴ, ㄷ

Tip
1일 대사량은 생명 현상을 유지하는 데 필요한 최소한의 에너지양인 ❶ ____ , 생명 활동을 위해 소모하는 에너지양인 ❷ ____ , 음식물의 소화·흡수에 필요한 에너지양을 모두 합한 값이다.

답 ❶ 기초 대사량 ❷ 활동 대사량

누구나 합격 전략

1강 생명 과학의 이해

1

다음은 호기성 세균과 녹조류인 해캄을 이용한 실험이다.

| 실험 과정 및 결과 |

백색광을 프리즘에 통과시킨 빛을 해캄에 비추면 ㉠호기성 세균은 그림과 같이 이동한다.

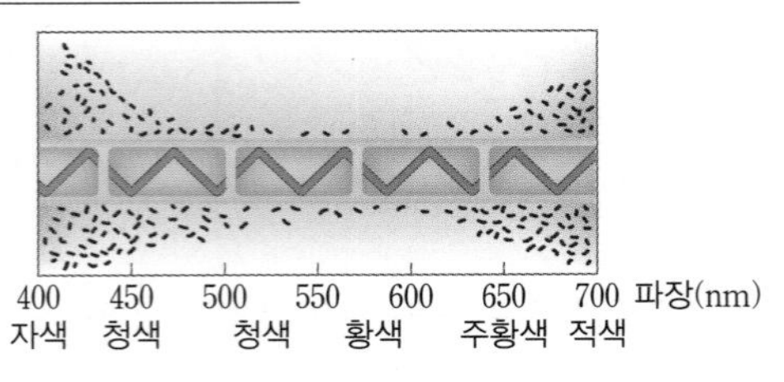

| 결론 |

해캄은 주로 적색과 청자색 파장의 빛을 이용하여 ㉡광합성을 한다.

이에 대한 설명으로 옳은 것만을 〈보기〉에서 있는 대로 고른 것은?

보기

ㄱ. ㉠은 생물의 특성 중 자극에 대한 반응에 해당한다.
ㄴ. ㉡은 동화 작용이다.
ㄷ. 이 실험에서 볼 수 있는 호기성 세균과 해캄의 공통적인 생물의 특성은 물질대사이다.

① ㄱ ② ㄴ ③ ㄷ
④ ㄱ, ㄴ ⑤ ㄱ, ㄴ, ㄷ

2

표는 로봇 강아지와 독감 바이러스의 특징 유무를 나타낸 것이다. (가)와 (나)는 독감 바이러스와 로봇 강아지 중 하나이다.

구분	(가)	(나)
세포로 이루어져 있다.	㉠	X
유전 물질을 가진다.	X	○
효소를 가진다.	X	㉡
자극에 대해 반응한다.	○	?

이에 대한 설명으로 옳은 것만을 〈보기〉에서 있는 대로 고르시오.

보기

ㄱ. (가)는 로봇 강아지이다.
ㄴ. ㉠은 'X'이다.
ㄷ. ㉡은 '○'이다.

3

다음은 탐구 과정을 나타낸 것이다. (가)~(다)는 가설 설정, 관찰, 탐구 설계 및 수행을 순서 없이 나타낸 것이다.

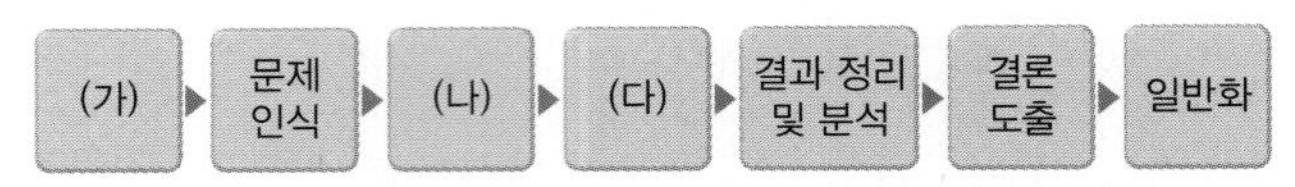

이에 대한 설명으로 옳은 것만을 〈보기〉에서 있는 대로 고른 것은?

보기

ㄱ. 이 탐구 과정은 연역적 탐구 방법이다.
ㄴ. (가)는 귀납적 탐구 방법의 과정에도 포함된다.
ㄷ. (다)에서 대조 실험을 수행한다.

① ㄱ ② ㄴ ③ ㄷ
④ ㄱ, ㄷ ⑤ ㄱ, ㄴ, ㄷ

4

다음은 어떤 학생이 수행한 탐구 활동이다.

(가) 콩에는 오줌 속의 요소를 분해하는 물질이 있을 것이라고 생각하였다.
(나) 비커 Ⅰ과 Ⅱ에 표와 같이 물질을 넣은 후 BTB 용액을 첨가하였다.

비커	물질
Ⅰ	오줌 20 mL+증류수 3 mL
Ⅱ	오줌 20 mL+증류수 1 mL+생콩즙 2 mL

(다) 일정 시간 간격으로 Ⅰ과 Ⅱ에 들어 있는 용액의 색깔 변화를 관찰하였다.

이에 대한 설명으로 옳은 것만을 〈보기〉에서 있는 대로 고른 것은?

보기

ㄱ. 이 탐구 과정은 귀납적 탐구 방법이다.
ㄴ. 비커 Ⅰ은 대조군이다.
ㄷ. 용액의 색깔 변화는 종속변인에 해당한다.

① ㄱ ② ㄴ ③ ㄷ
④ ㄱ, ㄴ ⑤ ㄴ, ㄷ

5

그림은 사람에서 일어나는 물질의 전환 과정을 나타낸 것이다. ㉠~㉢은 CO_2, 글리코젠, 포도당을 순서 없이 나타낸 것이고, 과정 Ⅰ과 과정 Ⅱ 중 하나는 세포 호흡이다.

이에 대한 설명으로 옳은 것만을 〈보기〉에서 있는 대로 고른 것은?

보기
ㄱ. ㉠은 포도당이다.
ㄴ. 과정 Ⅱ에서 ATP가 합성된다.
ㄷ. 과정 Ⅰ과 과정 Ⅱ는 모두 동화 작용에 해당한다.

① ㄱ ② ㄴ ③ ㄷ
④ ㄱ, ㄴ ⑤ ㄴ, ㄷ

6

그림 (가)와 (나)는 각각 사람의 소화계와 호흡계를 나타낸 것이다. A와 B는 각각 간과 폐 중 하나이다.

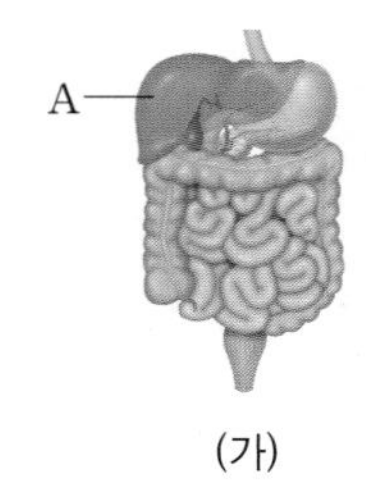

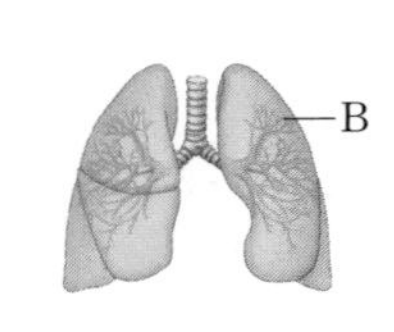

(가) (나)

이에 대한 설명으로 옳은 것만을 〈보기〉에서 있는 대로 고른 것은?

보기
ㄱ. A에서는 동화 작용과 이화 작용이 모두 일어난다.
ㄴ. B에서 기체 교환이 일어난다.
ㄷ. (가)에서 흡수된 영양소 중 일부는 (나)에서 사용된다.

① ㄱ ② ㄷ ③ ㄱ, ㄴ
④ ㄴ, ㄷ ⑤ ㄱ, ㄴ, ㄷ

7

그림은 ATP와 ADP 사이의 전환을 나타낸 것이다.

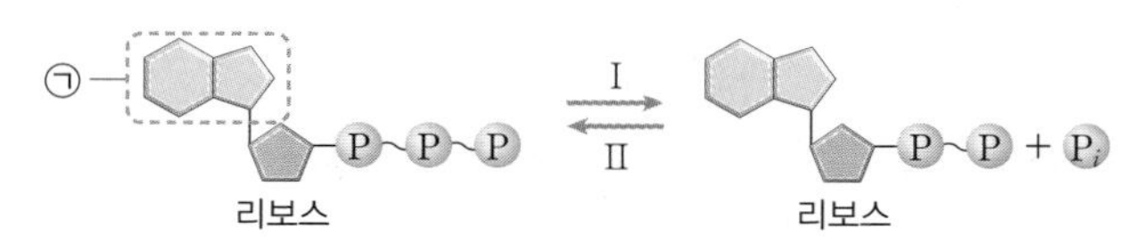

이에 대한 설명으로 옳은 것만을 〈보기〉에서 있는 대로 고른 것은?

보기
ㄱ. ㉠은 아데닌이다.
ㄴ. 과정 Ⅰ은 동화 작용이다.
ㄷ. 과정 Ⅱ는 미토콘드리아에서 일어난다.

① ㄱ ② ㄴ ③ ㄱ, ㄷ
④ ㄴ, ㄷ ⑤ ㄱ, ㄴ, ㄷ

8

표는 사람의 질환 (가)와 (나)의 특징을 나타낸 것이다. (가)와 (나)는 당뇨병과 고혈압을 순서 없이 나타낸 것이다.

질환	특징
(가)	혈압이 정상보다 높은 질환이다.
(나)	호르몬 ㉠의 분비량 부족이나 작용 이상으로 혈당량이 조절되지 못하고 오줌에서 포도당이 검출된다.

이에 대한 설명으로 옳은 것만을 〈보기〉에서 있는 대로 고른 것은?

보기
ㄱ. (가)는 심혈관계 질환 및 뇌혈관계 질환의 원인이 된다.
ㄴ. (나)는 대사성 질환에 해당하지 않는다.
ㄷ. ㉠은 간에서 생성된다.

① ㄱ ② ㄴ ③ ㄱ, ㄷ
④ ㄴ, ㄷ ⑤ ㄱ, ㄴ, ㄷ

창의·융합·코딩 전략

1강 생명 과학의 이해

1

다음은 효모를 이용하여 시중에 판매되는 여러 음료수의 당 함량을 알아보기 위한 실험이다.

| 실험 과정 |

(가) 그림과 같이 4개의 발효관에 증류수 및 음료수와 효모액을 넣고, 맹관부에 기포가 들어가지 않도록 세운 다음 입구를 솜마개로 막는다.

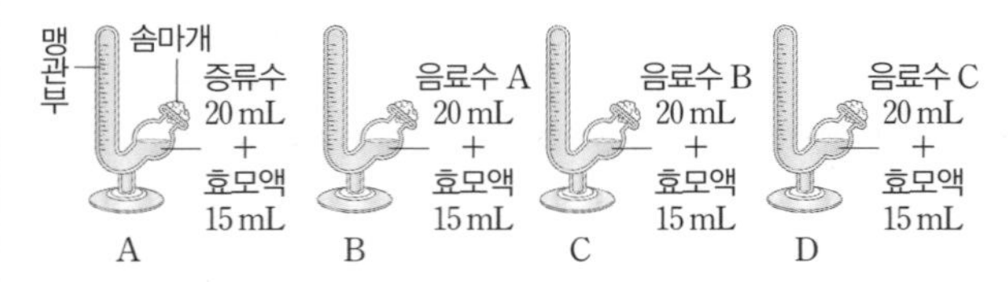

(나) 1시간 후 각 발효관에서 발생한 기체의 부피를 측정한다.

(다) 기체의 부피가 더 이상 증가하지 않으면 용액의 일부를 덜어 내고, 40 % KOH 수용액을 넣은 후 변화를 관찰한다. 단, KOH은 CO_2를 흡수한다.

| 실험 결과 |

발효관	A	B	C	D
(나)의 결과	−	++	+	++++
(다)의 결과	변화 없음	기체가 사라짐	기체가 사라짐	기체가 사라짐

(+가 많을수록 기체의 부피가 큼)

이에 대한 설명으로 옳은 것만을 〈보기〉에서 있는 대로 고른 것은?

보기

ㄱ. 당 함량이 가장 높은 음료수는 C이다.

ㄴ. 다이어트에 효과가 있는 음료수는 D이다.

ㄷ. (다)의 결과를 통해 발생하는 기체가 CO_2임을 알 수 있다.

① ㄱ ② ㄷ ③ ㄱ, ㄴ ④ ㄴ, ㄷ ⑤ ㄱ, ㄴ, ㄷ

Tip

효모는 산소가 있을 때는 포도당을 물과 ❶ [　　] 로 분해하는 세포 호흡을 하고, 산소가 없을 때에는 ❷ [　　] 를 하여 이산화 탄소와 알코올을 생성한다.

답 ❶ 이산화 탄소 ❷ 발효

2

그림은 화성 토양에 생명체가 있는지 알아보기 위한 실험 장치를, 표는 실험 과정을 순서 없이 나열한 것이다.

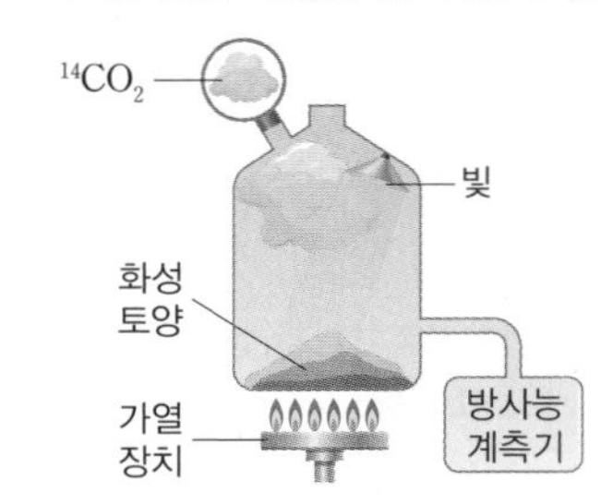

실험 과정
(가) $^{14}CO_2$를 넣어 준다.
(나) 화성 토양을 가열한다.
(다) 남아 있는 $^{14}CO_2$를 제거한다.
(라) 방사성 기체를 검출한다.
(마) 램프의 빛을 비춘다.

이에 대해 옳은 의견을 제시한 학생만을 있는 대로 고른 것은?

① A ② C ③ A, B ④ B, C ⑤ A, B, C

Tip

방사성 기체($^{14}CO_2$)를 넣고 빛을 비춘 후, 기체를 제거하고 토양을 가열하여 방사성 기체의 발생 여부를 확인한다. ❶ [　　] 을 하는 생명체가 있다면 ^{14}C를 포함한 유기물이 합성되고, 이것을 가열하면 ❷ [　　] 기체가 발생한다.

답 ❶ 동화 작용 ❷ 방사성

3

다음은 식혜를 만드는 과정을 나타낸 것이다.

(가) 엿기름을 물에 충분히 불린다.
(나) 불린 엿기름의 윗물을 가만히 따르고 남은 찌꺼기는 버린다.
(다) 뜨거운 쌀밥에 엿기름물을 섞어 보온 밥솥에 담아서 50~60 ℃의 따뜻한 온도에서 4시간 정도 둔다.
(라) 밥알이 위로 떠 오르면 끓여서 식힌다.

영희는 엿기름의 효율성을 알아보기 위해 다음과 같이 실험하였다.

| 실험 과정 |

(가) 엿기름, 발아 중인 밀과 벼를 갈아 각각 물에 충분히 불린다.
(나) 시험관 A~D에 다음과 같이 물질을 넣고 55 ℃에 1시간 동안 둔 후 엿당의 생성량을 측정한다.

시험관	물질
A	밥 5 g+증류수 5 mL
B	밥 5 g+엿기름 용액 5 mL
C	밥 5 g+발아 중인 밀 용액 5 mL
D	밥 5 g+발아 중인 벼 용액 5 mL

| 실험 결과 |

시험관	A	B	C	D
엿당 생성량(상대량)	0	100	70	60

이 실험에 대한 설명으로 옳은 것만을 〈보기〉에서 있는 대로 고른 것은? (단, 엿기름은 발아 중인 보리를 빻아 만든 가루이다.)

보기
ㄱ. 시험관 A는 대조군이다.
ㄴ. 물질의 양과 온도는 통제 변인이다.
ㄷ. 엿기름으로 만든 식혜의 당도가 가장 높다.

① ㄱ ② ㄷ ③ ㄱ, ㄴ
④ ㄴ, ㄷ ⑤ ㄱ, ㄴ, ㄷ

Tip
변인은 탐구와 관련된 다양한 요인으로, 가설 검증을 위해 실험에서 의도적으로 변화시킨 요인인 ❶ ( ) 과 ❶ ( ) 에 따라 변하는 요인인 ❷ ( ) 이 있다.

답 ❶ 조작 변인 ❷ 종속변인

4

그림은 생물의 특성을 이용하여 로봇 강아지, 아메바, 바이러스를 구분하는 과정을 나타낸 것이다.

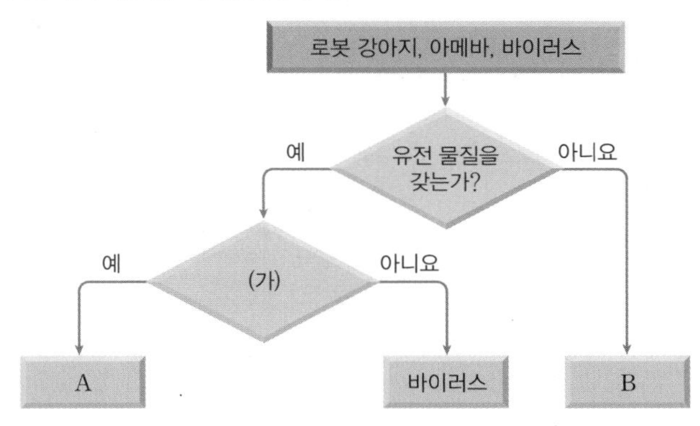

이에 대한 설명으로 옳은 것만을 〈보기〉에서 있는 대로 고른 것은?

보기
ㄱ. A는 아메바, B는 로봇 강아지이다.
ㄴ. '단백질을 갖는가?'는 (가)에 해당한다.
ㄷ. 분열을 통해 개체 수가 증가하는 것은 A이다.

① ㄱ ② ㄴ ③ ㄱ, ㄷ
④ ㄴ, ㄷ ⑤ ㄱ, ㄴ, ㄷ

Tip
생물은 몸이 ❶ ( ) 로 구성되어 있으며, 효소를 이용한 ❷ ( ) 로 에너지를 얻는다.

답 ❶ 세포 ❷ 물질대사

2강 사람의 물질대사

5

다음은 박테리오파지 모형을 만드는 과정이다.

| 탐구 과정 |

(가) 전개도를 가위로 자른 후 점선을 따라 접어 정이십면체 머리를 만든다.

(나) 가는 철사를 말아 정이십면체 머리 안에 넣고 셀로판 테이프로 붙인다.

(다) 굵은 철사를 구부려 꼬리를 6개 만들어서 모은 후, 털실 철사를 감아 고정하여 그림과 같이 완성한다.

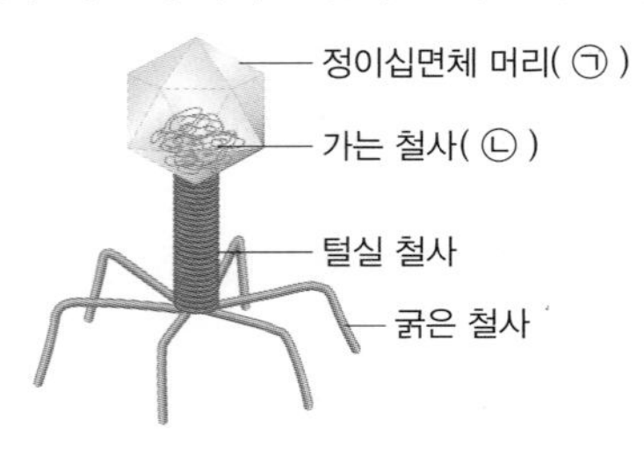

이 실험에 대한 설명으로 옳은 것만을 〈보기〉에서 있는 대로 고른 것은?

보기

ㄱ. ㉠은 박테리오파지의 단백질 껍질에 해당한다.

ㄴ. ㉡은 박테리오파지의 핵산에 해당한다.

ㄷ. 바이러스는 숙주 세포 안에서는 물질대사를 하고 증식과 복제도 가능하다.

① ㄱ ② ㄷ ③ ㄱ, ㄴ
④ ㄴ, ㄷ ⑤ ㄱ, ㄴ, ㄷ

Tip

바이러스는 비생물적 특성과 생물적 특성을 모두 나타내며, 유전 물질인 ❶ [ ] 과 이를 둘러싸고 있는 ❷ [ ] 껍질로 구성되어 있다.

답 ❶ 핵산 ❷ 단백질

6

다음은 진통제가 작용하는 원리에 대해 교사가 설명하는 내용이다.

• 진통제는 통증을 느끼는 신경계에 작용해서 두뇌에서 통증을 인지하지 못하게 합니다.
• 진통제에는 ㉠경구 투여를 통해 섭취하는 내복약이 있고, ㉡혈류에 주사하여 투여하는 방법도 있어요.
• 주사하는 방법은 일반 주사기로 한번에 넣는 방법과 링거처럼 장치를 이용해서 장시간 동안 일정한 양이 지속적으로 체내에 들어가게 하는 방법도 있습니다.

이에 대해 제시한 내용이 옳은 학생만을 있는 대로 고른 것은?

① A ② B ③ C
④ A, B ⑤ B, C

Tip

입으로 들어온 영양소와 약물 등은 기관계 중에서 ❶ [ ] 를 통해 흡수된 후 ❷ [ ] 를 통해 온몸의 조직 세포로 운반된다.

답 ❶소화계 ❷순환계

7

다음은 SF 공상 과학 영화 매트릭스의 줄거리 중 일부이다.

서기 2199년 인류는 놀라운 과학 문명을 수립하고 AI 로봇을 만들게 된다. AI가 점차 인간처럼 생각하고 자의식을 가지게 되지만, 기계가 사람을 죽이는 사건이 발생하게 되자 이 사건을 계기로 AI 로봇에 대한 반감을 가지고 엄청난 탄압을 하게 된다.

지성을 가진 기계들이 대량 폐기됐지만 일부는 도망쳐 도시를 만들고 엄청난 발전을 하는 것에 위기감을 느낀 인간은 도시를 공격하여 인간과 AI 로봇과의 전쟁이 일어난다. 기계들의 거센 반격으로 위기에 몰린 인간들은 기계들의 전력 공급을 끊기 위해 에너지 공급원인 태양을 검은 구름으로 덮어버리기로 결정하지만 결국 인간과 기계의 전쟁에서 기계들이 승리하게 된다.

태양광이 차단된 기계들은 새로운 에너지 공급원으로 인간이 ㉠세포 호흡을 통해 발생하는 에너지를 사용하기 위해 인간을 캡슐에 넣고 전원으로 활용하기 시작한다.

이에 대한 설명으로 옳은 것만을 〈보기〉에서 있는 대로 고른 것은?

보기

ㄱ. AI 로봇은 효소를 이용하여 ATP를 생성한다.
ㄴ. 모든 에너지의 근원은 생체 에너지이다.
ㄷ. ㉠의 일부는 ATP에 저장되고 나머지는 열에너지 형태로 체온 유지를 위해 사용된다.

① ㄱ ② ㄷ ③ ㄱ, ㄴ
④ ㄴ, ㄷ ⑤ ㄱ, ㄴ, ㄷ

Tip
생태계에서 에너지의 근원은 ❶ [　　] 로 이를 이용하여 식물은 영양소를 합성하고, 이 영양소가 ❷ [　　] 를 통해 동물에게 이동한다.

답 ❶ 태양 에너지 ❷ 먹이 연쇄

8

다음은 원격 수업 중 선생님이 제시한 자료와 SNS 대화 내용이다.

| 자료 |

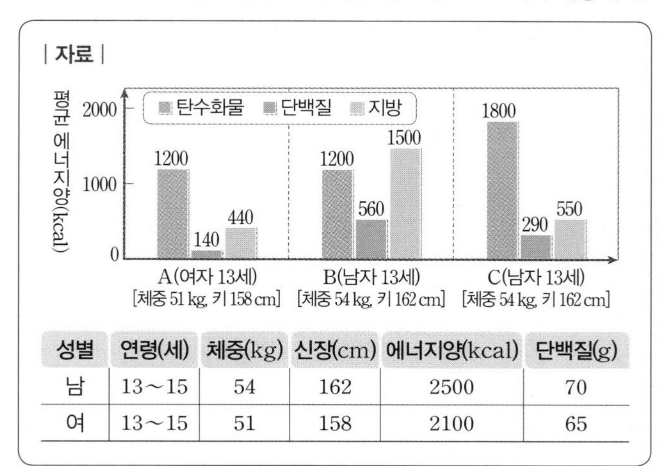

성별	연령(세)	체중(kg)	신장(cm)	에너지양(kcal)	단백질(g)
남	13~15	54	162	2500	70
여	13~15	51	158	2100	65

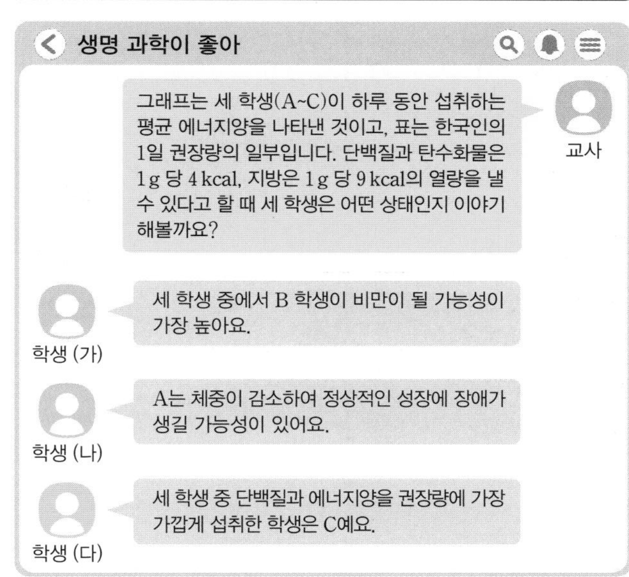

제시한 내용이 옳은 학생만을 있는 대로 고른 것은?

① (가) ② (다) ③ (가), (나)
④ (나), (다) ⑤ (가), (나), (다)

Tip
우리 몸에서 물질대사 장애에 의해 발생하는 질환을 모두 일컬어 ❶ [　　] 이라고 하고, 에너지 섭취량이 에너지 소비량보다 많으면 ❷ [　　] 에 걸리기 쉽다.

답 ❶ 대사성 질환 ❷ 비만

Ⅲ. 항상성과 몸의 조절

3강 자극의 전달과 신경계

3강 자극의 전달과 신경계　4강 항상성과 우리 몸의 방어 작용

4강 항상성과 우리 몸의 방어 작용

개념 돌파 전략 ①

개념 ❶ 흥분의 발생과 근육의 구조

1. 뉴런 → 신경계를 구성하는 구조적, 기능적 기본 단위인 신경 세포

- **종류** 말이집 유무에 따라 민말이집 뉴런과 말이집 뉴런, 기능에 따라 구심성 뉴런(감각 뉴런), 원심성 뉴런(운동 뉴런), ❶ ____ 으로 구분

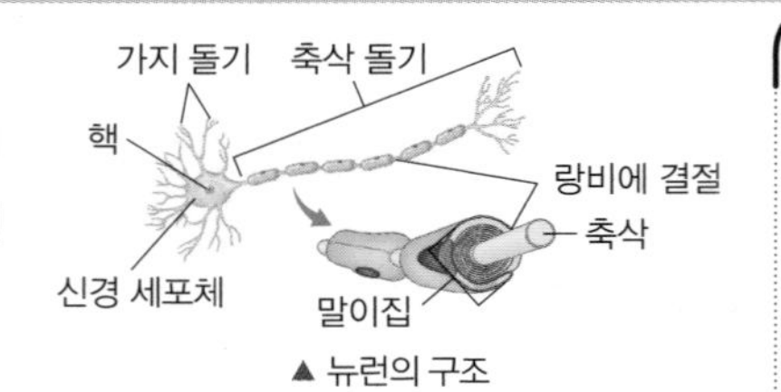

▲ 뉴런의 구조

2. 흥분(활동 전위)의 발생

분극	자극을 받지 않은 뉴런에서 상대적으로 세포 안은 음(−)전하, 세포 밖은 양(+)전하를 띠고 있는 상태 → 휴지 전위 형성
탈분극	Na^+ 통로가 열려 Na^+이 세포 안으로 확산되면서 상대적으로 세포 안은 양(+)전하, 세포 밖은 음(−)전하로 바뀜 → 막전위 상승
재분극	• Na^+ 통로가 닫히고, K^+ 통로가 열려 K^+이 세포 밖으로 확산 → 막전위 하강 • 막전위가 휴지 전위보다 더 낮게 하강하는 과분극이 일어남 → K^+ 통로가 닫히며 다시 분극 상태로 돌아감

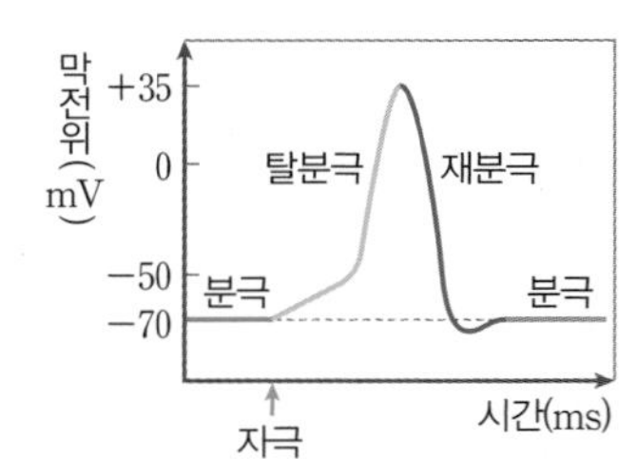

▲ 흥분(활동 전위)의 발생 과정

3. 근육(골격근)의 구조 골격근⊃근육 섬유 다발⊃근육 섬유(근육 세포)⊃근육 원섬유⊃액틴 필라멘트, ❷ ____ 필라멘트

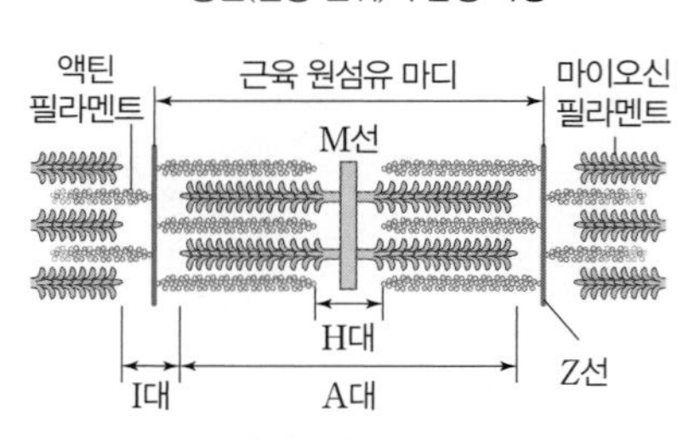

▲ 근육 원섬유 마디의 구조

답 ❶ 연합 뉴런 ❷ 마이오신

Quiz

❶ 뉴런에서 ____에 핵과 세포 소기관이 있다.

❷ 휴지 상태의 뉴런에 역치 이상의 자극이 가해져 일어나는 막전위의 변화를 ____라고 한다.

❸ 근육 원섬유 마디에서 ____는 액틴 필라멘트만 있는 부분이다.

흥분(활동 전위)이 발생하는 동안에도 Na^+-K^+ 펌프는 항상 작동해서 세포 안팎의 Na^+과 K^+의 농도 차이를 유지시켜!

답 ❶ 신경 세포체 ❷ 활동 전위 ❸ I대(명대)

개념 ❷ 신경계

1. 중추 신경계 뇌와 ❶ ____ 로 구성, 정보를 받아들여 통합하고 처리 → 연합 뉴런이 존재

2. 말초 신경계 중추 신경계와 몸의 각 부분을 연결

① **구심성 신경(뉴런)** 감각기에서 받아들인 자극을 중추 신경계로 전달

② **원심성 신경(뉴런)** 중추 신경계에서 내린 반응 명령을 전달받아 반응기에 전달

3. 신경계 이상과 질환

① **중추 신경계 이상** 알츠하이머병, 파킨슨병 등

② **말초 신경계 이상** 근위축성 측삭 경화증 등

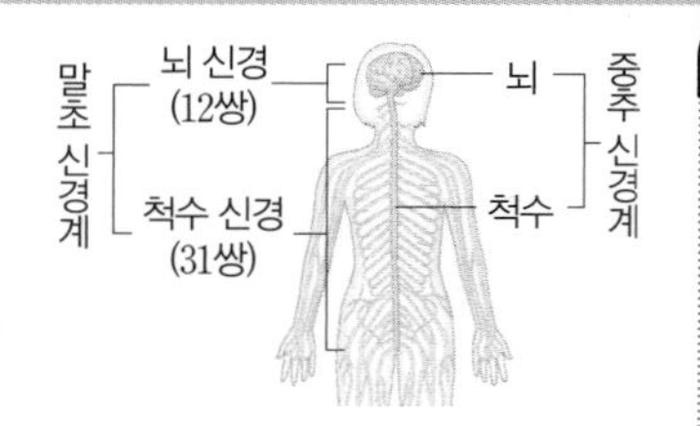

▲ 사람의 신경계

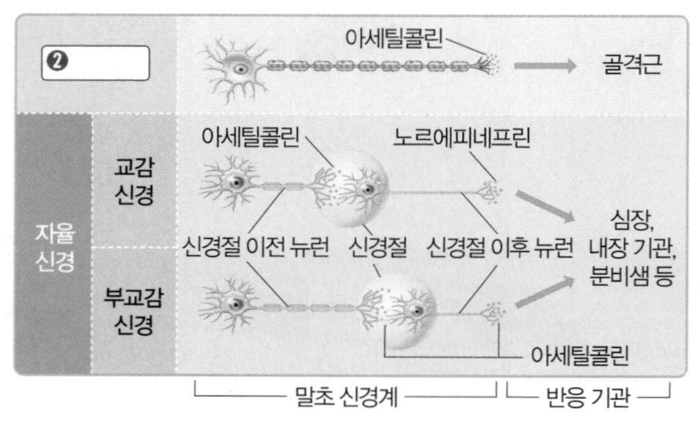

원심성 신경의 구분 ▶

답 ❶ 척수 ❷ 체성 신경

Quiz

❶ 사람의 (중추 / 말초) 신경계는 뇌 신경과 척수 신경으로 구분된다.

❷ 교감 신경에서 신경절 이전 뉴런은 신경절 이후 뉴런보다 (길다 / 짧다).

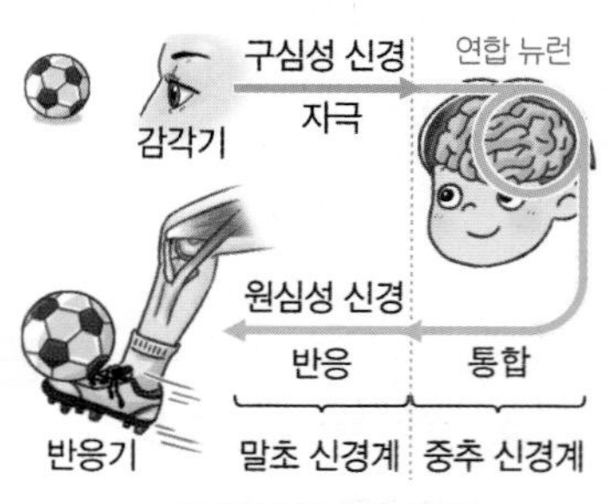

▲ 신경계에 따른 정보 전달

답 ❶ 말초 ❷ 짧다

❶-1

그림은 어떤 뉴런에 역치 이상의 자극을 주었을 때 이 뉴런의 축삭 돌기 한 지점에서 시간에 따른 막전위를 나타낸 것이다.

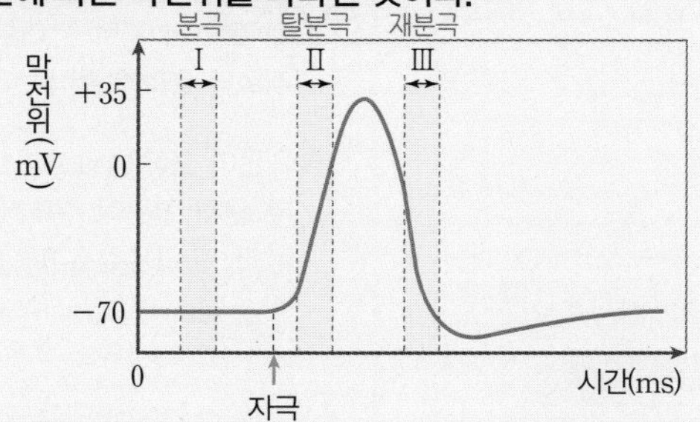

이에 대한 설명으로 옳은 것만을 〈보기〉에서 있는 대로 고르시오.

보기
ㄱ. 구간 Ⅰ에서 세포막을 통한 Na^+의 이동은 없다.
ㄴ. 구간 Ⅱ에서 탈분극이 일어나고 있다. → 막전위가 상승하여 분극에서 벗어난 상태
ㄷ. 구간 Ⅲ에서 K^+은 K^+통로를 통해 세포 안에서 세포 밖으로 능동 수송된다. → 에너지(ATP)를 소모하여 농도 차를 거슬러 물질을 수송하는 방식

풀이 뉴런의 세포막에 있는 ❶ ______ 는 항상 Na^+을 세포 밖으로, K^+을 세포 안으로 능동 수송시켜 Na^+의 농도는 세포 밖이 더 높고, K^+의 농도는 세포 안이 더 높게 유지한다. 재분극이 일어나고 있는 구간 Ⅲ에서 K^+은 K^+ 통로를 통해 세포 안에서 세포 밖으로 ❷ ______ 된다.

❶ Na^+-K^+ 펌프 ❷ 확산 답 ㄴ

❶-2

표는 골격근을 이루는 ⓐ~ⓒ에서 액틴 필라멘트와 마이오신 필라멘트의 유무를 나타낸 것이다. ⓐ~ⓒ는 A대, H대, I대를 순서 없이 나타낸 것이다.

구분	액틴 필라멘트	마이오신 필라멘트
ⓐ	있음	㉠
ⓑ	없음	?
ⓒ	있음	있음

이에 대한 설명으로 옳은 것만을 〈보기〉에서 있는 대로 고른 것은?

보기
ㄱ. ㉠은 '없음'이다.
ㄴ. 전자 현미경으로 관찰할 때 ⓐ는 ⓒ보다 어둡게 보인다.
ㄷ. ⓑ는 H대이다.

① ㄱ ② ㄴ ③ ㄱ, ㄷ
④ ㄴ, ㄷ ⑤ ㄱ, ㄴ, ㄷ

❷-1

그림은 사람의 신경계를 구분하여 나타낸 것이다. A~C는 구심성 신경, 자율 신경, 중추 신경계를 순서 없이 나타낸 것이다.

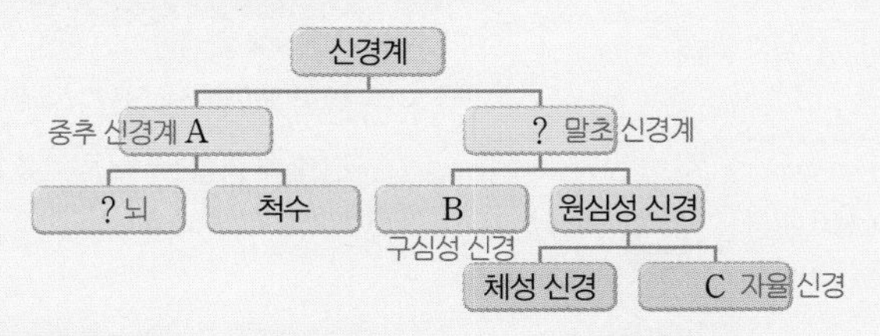

이에 대한 설명으로 옳은 것만을 〈보기〉에서 있는 대로 고르시오.

보기
ㄱ. 뇌 신경은 A에 속한다. → 뇌에 연결된 12쌍의 뇌 신경은 말초 신경계에 속한다.
ㄴ. 감각 신경은 B에 해당한다. → 감각기에서 받아들인 자극을 중추 신경계에 전달한다.
ㄷ. 교감 신경은 C에 속한다.

풀이 A는 ❶ ______, B는 구심성 신경, C는 자율 신경이다. 뇌 신경과 척수 신경은 말초 신경계에 속하고, 감각 신경은 구심성 신경에 해당하며, 운동 신경은 체성 신경에 해당한다. 교감 신경과 ❷ ______ 은 모두 자율 신경에 속한다.

❶ 중추 신경계 ❷ 부교감 신경 답 ㄴ, ㄷ

❷-2

표는 신경계 질환 A와 B의 원인을 나타낸 것이다. A와 B는 알츠하이머병과 근위축성 측삭 경화증을 순서 없이 나타낸 것이다.

구분	원인
A	㉠체성 신경의 손상
B	대뇌의 신경 세포 손상

이에 대한 설명으로 옳은 것만을 〈보기〉에서 있는 대로 고른 것은?

보기
ㄱ. A는 알츠하이머병이다.
ㄴ. ㉠은 말초 신경계에 속한다.
ㄷ. B는 중추 신경계 이상에 의한 질환이다.

① ㄱ ② ㄴ ③ ㄱ, ㄷ
④ ㄴ, ㄷ ⑤ ㄱ, ㄴ, ㄷ

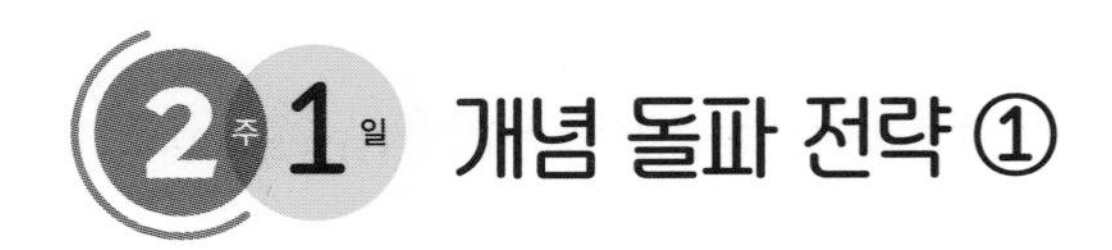

개념 돌파 전략 ①

개념 ❸ | 호르몬과 항상성 유지

1. 호르몬 내분비샘에서 생성되어 혈액을 통해 운반되며 표적 기관(세포)에만 작용

- **호르몬 분비 이상과 질환** 인슐린 결핍(당뇨병), ❶ [   ] 분비 이상(갑상샘 기능 항진증/갑상샘 기능 저하증) 등

2. 항상성 유지 간뇌의 ❷ [   ]가 조절 중추 → 신경계와 호르몬의 작용으로 항상성 유지

① **항상성 유지의 원리** 대부분 음성 피드백과 길항 작용으로 이루어짐

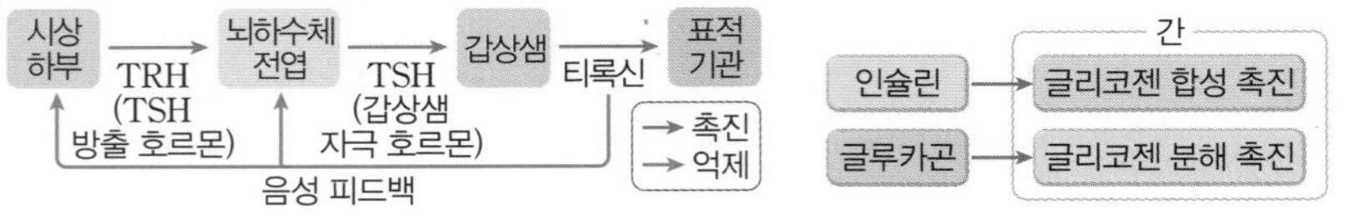

▲ 음성 피드백에 의한 티록신 분비 조절　　▲ 인슐린과 글루카곤의 길항 작용

② **체온 조절** 자율 신경과 호르몬의 작용으로 열 발생량과 열 발산량을 조절하여 체온을 일정하게 유지

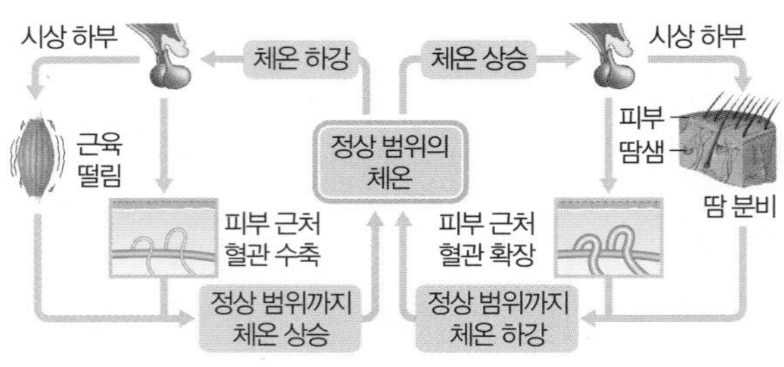

▲ 체온 조절 과정

답 ❶ 티록신 ❷ 시상 하부

Quiz

❶ 항상성 유지 원리 중 (음성 피드백 / 길항 작용)은 같은 기관에 두 가지 요인이 서로 반대로 작용하여 서로의 효과를 줄이는 것이다.

❷ 체온이 정상 범위보다 낮아지면 피부 근처 혈관이 수축하여 열 발산량이 (증가 / 감소)한다.

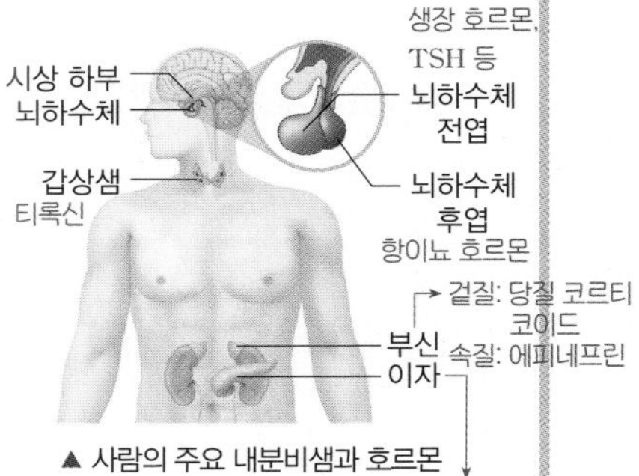

▲ 사람의 주요 내분비샘과 호르몬

답 ❶ 길항 작용 ❷ 감소

개념 ❹ | 질병과 방어 작용

1. 질병의 구분 감염성 질병과 비감염성 질병으로 구분
(감염성 질병: 체내에 침입한 병원체에 의해 발병되며, 다른 사람에게 전염됨)
(비감염성 질병: 병원체에 감염되지 않아도 발병되며, 다른 사람에게 전염되지 않음)

2. 병원체의 종류 세균, ❶ [   ], 원생생물, 균류, 변형된 프라이온 등

3. 방어 작용

비특이적 방어 작용	• 병원체의 종류나 감염 경험과 관계없이 감염 발생 시 신속하게 반응 • 피부, 점막, 분비액(땀, 눈물, 침 등), 식세포 작용(식균 작용), 염증 반응
특이적 방어 작용	• 세포성 면역: 활성화된 ❷ [ ]가 병원체에 감염된 세포를 직접 제거 • 체액성 면역: 형질 세포에서 생성된 항체가 항원을 무력화

→ 특정 항원을 인식하여 제거하는 방어 작용이며 B림프구와 T림프구가 관여

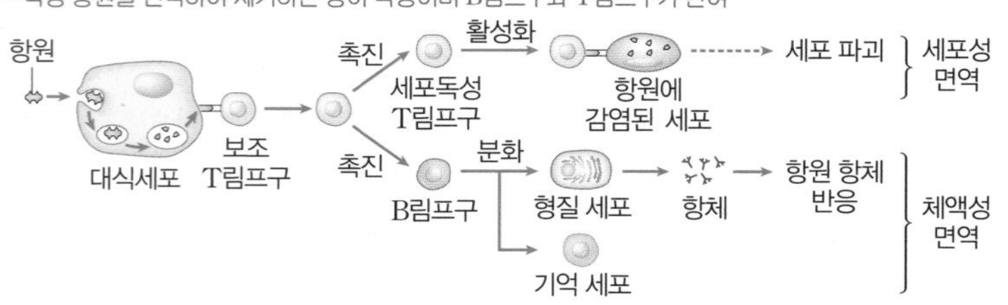

▲ 세포성 면역과 체액성 면역

4. 혈액형 적혈구 막 표면에 응집원(항원)이, 혈장에 응집소(항체)가 있음 → 응집원(항원)에 따라 혈액형 구분

구분	A형	B형	AB형	O형
응집원	A	B	A, B	없음
응집소	β	α	없음	α, β

구분	Rh^+형	Rh^-형
응집원	있음	없음
응집소	없음	Rh 응집원에 노출 시 생성

답 ❶ 바이러스 ❷ 세포독성 T림프구

Quiz

❶ 고혈압과 혈우병은 모두 (감염성 / 비감염성) 질병이다.

❷ 피부가 손상되어 병원체가 침입하면 열, 부어오름, 통증 등의 증상이 나타나는 [   ] 반응이 나타난다.

❸ ABO식 혈액형이 A형인 사람은 적혈구 표면에 응집원 [   ]를, 혈장 속에 응집소 [   ]를 가진다.

답 ❶ 비감염성 ❷ 염증 ❸ A, β

❸-1

그림은 건강한 사람에서 체온 조절 중추 X의 온도에 따른 근육에서의 열 발생량과 피부 근처에서의 열 발산량을 나타낸 것이다. ㉠과 ㉡은 근육에서의 열 발생량과 피부 근처에서의 열 발산량을 순서 없이 나타낸 것이다.

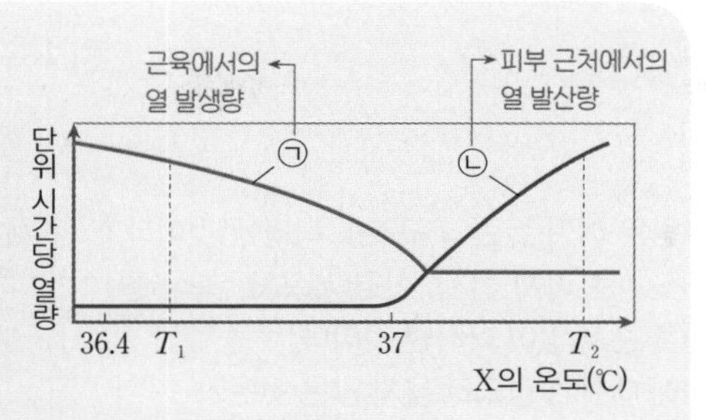

이에 대한 설명으로 옳은 것만을 〈보기〉에서 있는 대로 고르시오.

보기
ㄱ. X는 연수이다.
ㄴ. 피부에서 단위 시간당 땀 생성량은 T_1일 때가 T_2일 때보다 적다.
ㄷ. 단위 시간당 피부 근처 혈관을 흐르는 혈액량은 T_1일 때가 T_2일 때보다 많다.
→ 피부 근처 혈관이 수축하면 단위 시간당 피부 근처 혈관을 흐르는 혈액량이 적어져 열 발산량이 감소한다.

풀이 체온 조절 중추 X는 간뇌의 ❶ ____이고, ㉠은 X의 온도가 낮아질수록 커지므로 근육에서의 열 발생량, ㉡은 X의 온도가 높아질수록 커지므로 피부 근처에서의 열 발산량이다. X의 온도가 정상 범위보다 높아지면 체온을 낮추기 위해 땀 분비가 촉진되고, 피부 근처 혈관이 ❷ ____되어 열 발산량이 증가한다. 따라서 단위 시간당 피부 근처 혈관을 흐르는 혈액량은 T_1일 때가 T_2일 때보다 적다.

❶ 시상 하부 ❷ 확장 답 ㄴ

❸-2

표는 사람의 내분비샘 A와 B의 특징을 나타낸 것이다. A와 B는 갑상샘과 시상 하부를 순서 없이 나타낸 것이다.

내분비샘	특징
A	㉠티록신 분비
B	㉡TRH 분비

이에 대한 설명으로 옳은 것만을 〈보기〉에서 있는 대로 고른 것은?

보기
ㄱ. 음성 피드백에 의해 ㉠의 분비가 조절된다.
ㄴ. ㉠과 ㉡은 모두 혈액을 통해 표적 세포로 이동한다.
ㄷ. 뇌하수체 전엽은 ㉡의 표적 기관이다.

① ㄱ ② ㄷ ③ ㄱ, ㄴ
④ ㄴ, ㄷ ⑤ ㄱ, ㄴ, ㄷ

❹-1

그림 (가)와 (나)는 사람의 면역 반응 일부를 나타낸 것이다. (가)와 (나)는 세포성 면역과 체액성 면역을 순서 없이 나타낸 것이고, ⓐ와 ⓑ는 세포독성 T림프구와 형질 세포를 순서 없이 나타낸 것이다.

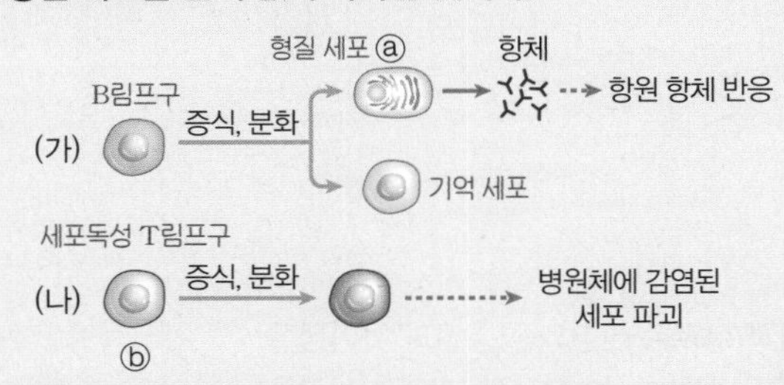

이에 대한 설명으로 옳은 것만을 〈보기〉에서 있는 대로 고르시오.

보기
ㄱ. (나)는 세포성 면역이다.
ㄴ. (가)에서 B림프구가 ⓐ와 기억 세포로 분화된다.
ㄷ. (가)와 (나)는 모두 비특이적 방어 작용에 해당한다.

풀이 ⓐ(형질 세포)로부터 생성된 항체가 항원을 무력화시키는 (가)는 ❶ ____, ⓑ(세포독성 T림프구)가 병원체에 감염된 세포를 제거하는 (나)는 세포성 면역이다. (가)와 (나)는 모두 ❷ ____에 해당한다.

❶ 체액성 면역 ❷ 특이적 방어 작용 답 ㄱ, ㄴ

❹-2

그림은 철수와 영희의 ABO식 혈액형과 Rh식 혈액형 판정 결과를 나타낸 것이다.

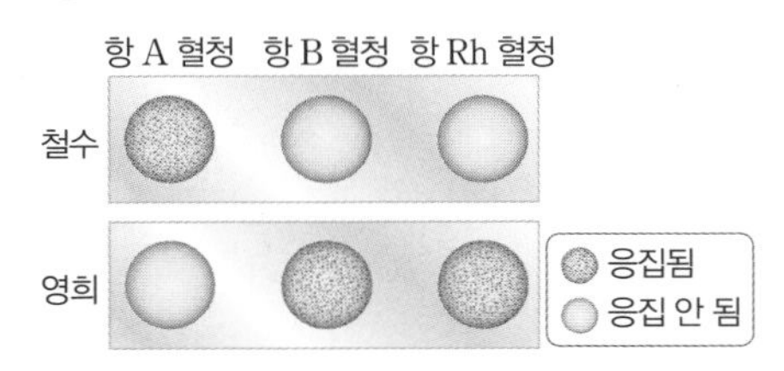

이에 대한 설명으로 옳은 것만을 〈보기〉에서 있는 대로 고른 것은? (단, 돌연변이는 고려하지 않는다.)

보기
ㄱ. 철수의 ABO식 혈액형은 A형이다.
ㄴ. 영희의 혈장에는 응집소 β가 있다.
ㄷ. 영희의 적혈구 표면에 Rh 응집원이 있다.

① ㄱ ② ㄴ ③ ㄷ
④ ㄱ, ㄷ ⑤ ㄴ, ㄷ

개념 돌파 전략 ②

3강 자극의 전달과 신경계

바탕 문제

말이집 뉴런에서는 민말이집 뉴런과 달리 도약전도가 일어나 흥분 전도 속도가 더 빠르다. 말이집 뉴런에서 도약전도가 일어나는 까닭은?

➡ 말이집 뉴런에서는 축삭 돌기가 ❶ [   ]에 싸여 절연된 부분에서는 흥분이 발생하지 않고, 말이집에 싸여 있지 않은 ❷ [   ]에서만 흥분이 발생하기 때문이다.

답 ❶ 말이집 ❷ 랑비에 결절

1 그림은 어떤 뉴런의 구조를 나타낸 것이다. ㉠~㉢은 가지 돌기, 신경 세포체, 축삭 돌기를 순서 없이 나타낸 것이다.

이에 대한 설명으로 옳지 <u>않은</u> 것은?

① ㉠은 가지 돌기이다.

② ㉡은 뉴런의 생명 활동을 조절한다.

③ ㉢의 말단에서 흥분을 다른 뉴런이나 세포로 전달한다.

④ 지점 A에 역치 이상의 자극을 주면 지점 B와 지점 C에서 모두 활동 전위가 발생한다.

⑤ 이 뉴런은 말이집 뉴런이다.

바탕 문제

그림 (가)와 (나)는 근육 원섬유 마디 X에서 I대와 A대의 단면을 순서 없이 나타낸 것이다. (가)와 (나)는 각각 어느 부분의 단면에 해당하는지 쓰시오.

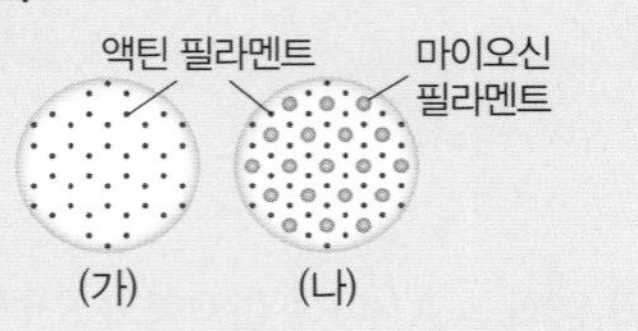

답 (가) I대의 단면, (나) A대의 단면

2 그림은 전자 현미경으로 관찰한 근육 원섬유 마디를 나타낸 것이다. ㉠과 ㉡은 A대와 I대를 순서 없이 나타낸 것이다.

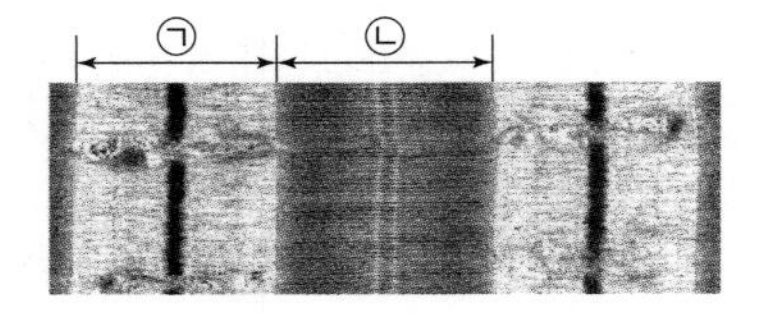

이에 대한 설명으로 옳은 것만을 〈보기〉에서 있는 대로 고른 것은?

보기

ㄱ. ㉠에 Z선이 있다.

ㄴ. ㉠에 마이오신 필라멘트가 있다.

ㄷ. ㉡에 H대가 포함된다.

① ㄱ ② ㄴ ③ ㄱ, ㄷ ④ ㄴ, ㄷ ⑤ ㄱ, ㄴ, ㄷ

바탕 문제

그림은 중추 신경계와 반응기 사이에 연결된 신경 ㉠~㉢을 나타낸 것이다. ㉠~㉢은 교감 신경, 부교감 신경, 체성 신경을 순서 없이 나타낸 것이다.

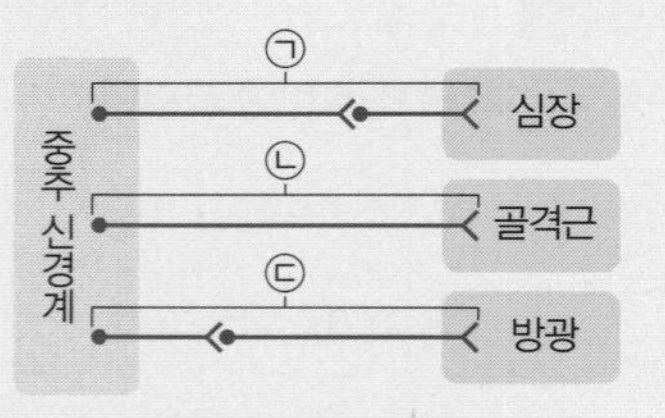

㉠~㉢에 해당하는 신경을 각각 쓰시오.

답 ㉠ 부교감 신경, ㉡ 체성 신경, ㉢ 교감 신경

3 그림은 체성 신경과 부교감 신경의 공통점과 차이점을 나타낸 것이다. A와 B는 체성 신경과 부교감 신경을 순서 없이 나타낸 것이고, B는 운동 뉴런으로 이루어져 있다.

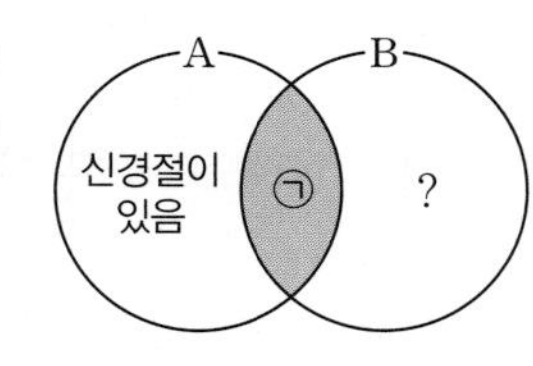

이에 대한 설명으로 옳은 것만을 〈보기〉에서 있는 대로 고른 것은?

보기

ㄱ. A는 신경절 이전 뉴런이 신경절 이후 뉴런보다 짧다.

ㄴ. '말초 신경계에 속한다.'는 ㉠에 해당한다.

ㄷ. B의 말단에서는 노르에피네프린이 분비된다.

① ㄱ ② ㄴ ③ ㄱ, ㄷ ④ ㄴ, ㄷ ⑤ ㄱ, ㄴ, ㄷ

4강 항상성과 우리 몸의 방어 작용

바탕 문제

❶ 항상성 유지 원리 중 반응의 결과가 다시 그 반응을 억제하는 것을 무엇이라고 하는지 쓰시오.

❷ 표는 내분비계 질환 A와 B의 원인을 나타낸 것이다. A와 B는 갑상샘 기능 항진증과 소인증을 순서 없이 나타낸 것이다.

질환	원인
A	티록신 과다 분비
B	생장 호르몬 결핍

A와 B에 해당하는 질환을 각각 쓰시오.

답 ❶ 음성 피드백 ❷ A: 갑상샘 기능 항진증, B: 소인증

4 그림은 학생 A~C가 사람의 호르몬과 내분비계 질환에 대해 이야기한 내용이다.

옳게 이야기한 학생만을 있는 대로 고른 것은?

① A ② C ③ A, B ④ B, C ⑤ A, B, C

바탕 문제

그림은 어떤 사람이 온도 T_1과 T_2에 각각 노출되었을 때 피부 근처 혈관 일부를 나타낸 것이다. T_1과 T_2는 15 ℃와 40 ℃를 순서 없이 나타낸 것이고, 이 사람의 정상 체온 범위는 36.5~37.5 ℃이다.

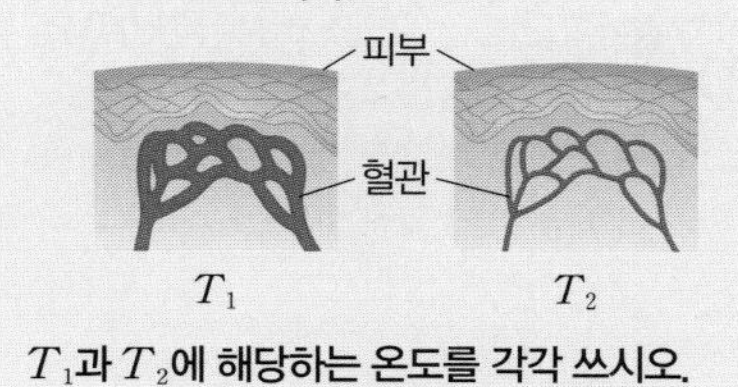

T_1과 T_2에 해당하는 온도를 각각 쓰시오.

답 T_1: 40 ℃, T_2: 15 ℃

5 그림은 건강한 사람에게 자극 ㉠이 주어졌을 때 일어나는 체온 조절 과정 일부를 나타낸 것이다. ㉠은 고온 자극과 저온 자극 중 하나이고, 반응 A는 피부 근처 혈관 수축과 피부 근처 혈관 확장 중 하나이다. 이에 대한 설명으로 옳은 것만을 〈보기〉에서 있는 대로 고른 것은?

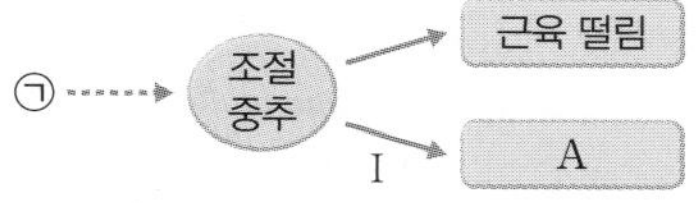

보기

ㄱ. ㉠은 저온 자극이다.

ㄴ. A가 일어나면 피부 근처에서의 열 발산량이 줄어든다.

ㄷ. 과정 I에 교감 신경이 관여한다.

① ㄱ ② ㄴ ③ ㄱ, ㄷ ④ ㄴ, ㄷ ⑤ ㄱ, ㄴ, ㄷ

바탕 문제

❶ 우리 몸의 방어 작용 중 대식세포와 같은 백혈구가 체내에 침입한 병원체나 손상된 세포를 세포 안으로 들여와 제거하는 작용을 무엇이라고 하는지 쓰시오.

❷ 비특이적 방어 작용에는 어떤 것들이 있는지 세 가지만 쓰시오.

답 ❶ 식세포 작용(식균 작용) ❷ 피부, 점막, 분비액(땀, 눈물, 침 등), 염증 반응, 식세포 작용(식균 작용) 등

6 그림은 어떤 사람이 항원 X에 감염된 후 나타나는 방어 작용의 일부를 나타낸 것이다. ㉠~㉢은 B림프구, 보조 T림프구, 대식세포를 순서 없이 나타낸 것이다.

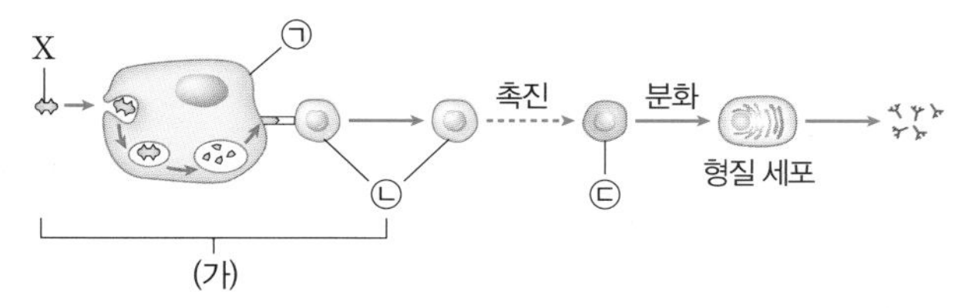

이에 대한 설명으로 옳은 것만을 〈보기〉에서 있는 대로 고른 것은?

보기

ㄱ. (가)에서 비특이적 방어 작용이 일어났다.

ㄴ. ㉠은 보조 T림프구이다.

ㄷ. ㉡과 ㉢은 모두 가슴샘에서 성숙(분화)한다.

① ㄱ ② ㄴ ③ ㄱ, ㄷ ④ ㄴ, ㄷ ⑤ ㄱ, ㄴ, ㄷ

2주 2일 필수 체크 전략 ①

전략 ❶ | 흥분의 전도와 전달

1. **흥분(활동 전위)의 전도** 뉴런의 한 지점에 활동 전위가 발생하면 일정 시간이 지난 후, 인접한 부위에도 탈분극이 일어나 활동 전위가 발생
   → 만일 축삭 돌기의 중간 지점에서 활동 전위가 발생하면 흥분은 ❶ ______ 으로 전도
2. **흥분의 전달** 신경 전달 물질이 들어 있는 시냅스 소포는 ❷ ______ 말단에만 있으므로 흥분은 시냅스 이전 뉴런의 축삭 돌기 말단에서 시냅스 이후 뉴런의 가지 돌기나 신경 세포체로만 전달

답 ❶ 양방향 ❷ 축삭 돌기

그림은 시냅스로 연결된 두 뉴런 A와 B에서 흥분이 전달되는 과정을 나타낸 것이다. A와 B는 각각 시냅스 이전 뉴런과 시냅스 이후 뉴런 중 하나이고, ㉠과 ㉡은 A의 가지 돌기와 B의 축삭 돌기 말단을 순서 없이 나타낸 것이다.
이에 대한 설명으로 옳은 것만을 〈보기〉에서 있는 대로 고르시오.

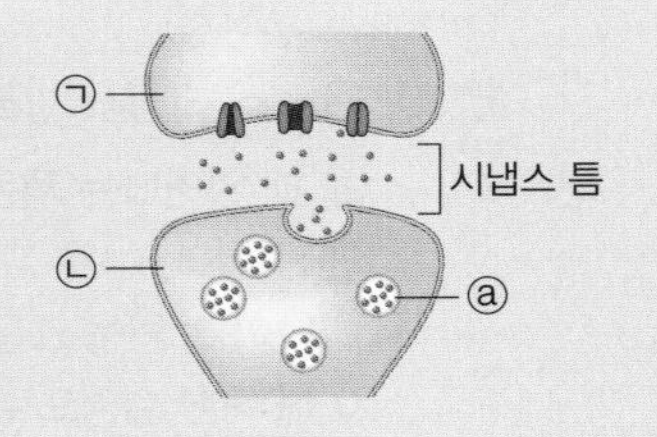

보기
- ㄱ. B는 시냅스 이전 뉴런이다.
- ㄴ. ⓐ에 신경 전달 물질이 들어 있다.
- ㄷ. A에 역치 이상의 자극이 주어지면 흥분은 A에서 B로 전달된다.

풀이
신경 전달 물질이 들어 있는 ⓐ(시냅스 소포)는 축삭 돌기 말단에만 있으므로 흥분은 시냅스 이전 뉴런의 축삭 돌기 말단에서 시냅스 이후 뉴런의 가지 돌기나 신경 세포체로만 전달된다. 따라서 ㉠은 시냅스 이후 뉴런인 A의 가지 돌기이고, ㉡은 시냅스 이전 뉴런인 B의 축삭 돌기 말단이다.
ㄷ. 흥분은 B(시냅스 이전 뉴런)에서 A(시냅스 이후 뉴런)로만 전달된다.

답 ㄱ, ㄴ

1-1

그림 (가)는 시냅스로 연결된 두 뉴런에서 지점 d_1~d_3을, (나)는 (가)의 지점 X를 자극하여 흥분의 전도가 1회 일어날 때 d_1~d_3에서 동시에 같은 시간 동안 측정한 막전위 변화를 나타낸 것이다. ⓐ~ⓒ는 d_1~d_3에서의 막전위 변화를 순서 없이 나타낸 것이다.

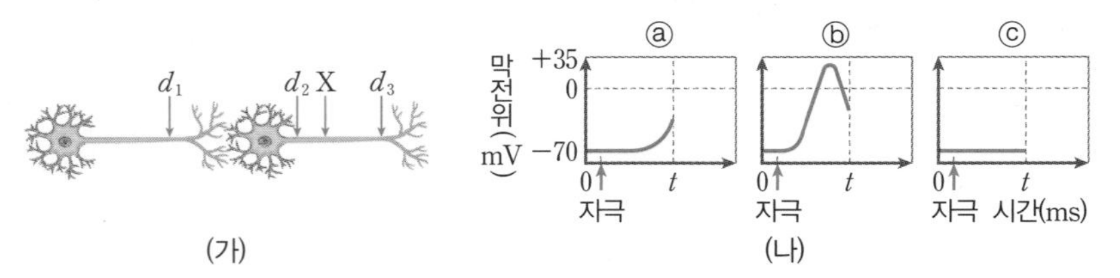

이에 대한 설명으로 옳은 것만을 〈보기〉에서 있는 대로 고르시오.

보기
- ㄱ. ⓐ는 d_1에서의 막전위 변화를 나타낸 것이다.
- ㄴ. t일 때 d_2에서 재분극이 일어나고 있다.
- ㄷ. t일 때 Na^+의 막 투과도는 d_1에서가 d_3에서보다 높다.

한 뉴런에서 흥분의 전도는 양방향으로 일어나지만, 흥분의 전달은 시냅스 이전 뉴런에서 시냅스 이후 뉴런으로만 일어나!

전략 ❷ | 근육(골격근)의 수축 - 활주설

1. 근육(골격근)의 수축 액틴 필라멘트가 마이오신 필라멘트 사이로 미끄러져 들어가면서 수축 ➡ 근육이 수축하기 위해서는 에너지(ATP)가 공급되어야 한다.

2. 수축 결과

① 액틴 필라멘트와 마이오신 필라멘트 자체의 길이는 변하지 않으므로 ❶ ____의 길이도 변하지 않는다.

② 액틴 필라멘트와 마이오신 필라멘트가 겹치는 구간의 길이는 길어진다.

③ 근육 원섬유 마디의 길이, I대(명대), ❷ ____의 길이는 짧아진다.

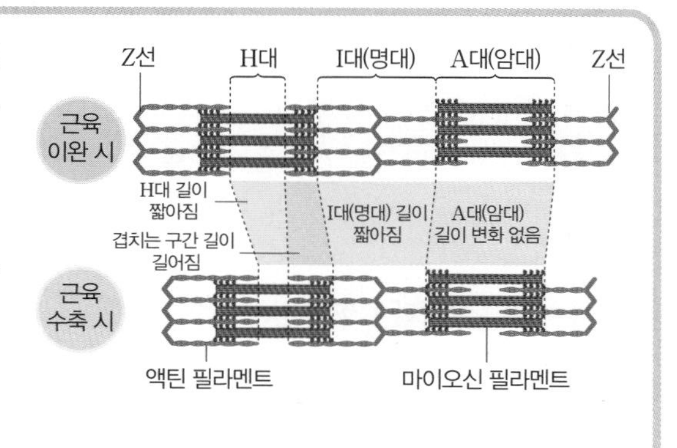

답 ❶ A대(암대) ❷ H대

필수 예제 2

표 (가)는 좌우 대칭인 근육 원섬유 마디 X의 수축 과정에서 시점 t_1과 t_2일 때 X에서 ㉠과 ㉡의 길이를, 그림 (나)는 X의 한 지점에서 관찰되는 단면을 나타낸 것이다. ㉠과 ㉡은 A대와 H대를 순서 없이 나타낸 것이다.

시점	㉠의 길이	㉡의 길이
t_1	0.8 μm	1.6 μm
t_2	0.4 μm	?

(가)

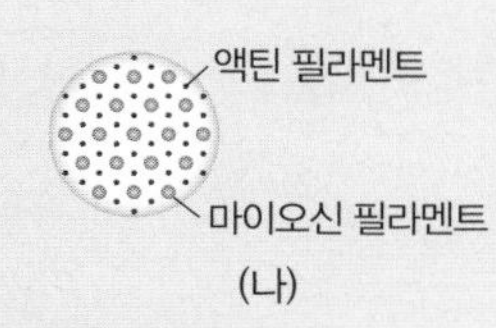

(나)

이에 대한 설명으로 옳은 것만을 〈보기〉에서 있는 대로 고르시오.

• 보기 •

ㄱ. ㉠은 H대이다.

ㄴ. X에서 (나)와 같은 단면을 가지는 부분의 길이는 t_1일 때가 t_2일 때보다 길다.

ㄷ. X에서 $\frac{\text{마이오신 필라멘트의 길이}}{\text{I대의 길이}}$는 t_1일 때가 t_2일 때보다 작다.

풀이

X의 수축 과정에서 액틴 필라멘트와 마이오신 필라멘트 자체의 길이는 변하지 않으므로 A대의 길이도 변하지 않는다. 따라서 ㉠은 H대, ㉡은 A대이다. ㉠(H대)의 길이는 t_1일 때가 t_2일 때보다 길므로 X의 길이와 I대의 길이는 모두 t_1일 때가 t_2일 때보다 길다.

ㄴ. X의 길이는 t_1일 때가 t_2일 때보다 길므로 X에서 (나)와 같은 단면을 가지는 부분(액틴 필라멘트와 마이오신 필라멘트가 겹치는 부분)의 길이는 t_1일 때가 t_2일 때보다 짧다.

답 ㄱ, ㄷ

2-1

그림은 좌우 대칭인 근육 원섬유 마디 X의 구조를, 표는 시점 t_1과 t_2일 때 ㉠~㉢의 길이를 나타낸 것이다. ㉠은 액틴 필라멘트와 마이오신 필라멘트가 겹치는 부분이고, ㉡은 마이오신 필라멘트만 있는 부분이며, ㉢은 액틴 필라멘트만 있는 부분이다.

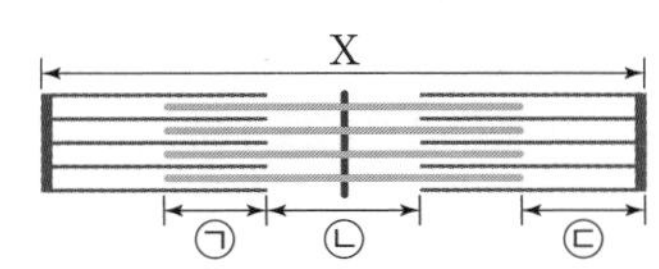

시점	㉠의 길이	㉡의 길이	㉢의 길이
t_1	?	0.2 μm	0.5 μm
t_2	0.4 μm	?	0.8 μm

이에 대한 설명으로 옳은 것만을 〈보기〉에서 있는 대로 고르시오.

• 보기 •

ㄱ. X가 수축할 때 ATP에 저장된 에너지가 사용된다.

ㄴ. t_1일 때 A대의 길이는 t_2일 때 H대의 길이보다 0.8 μm 길다.

ㄷ. t_2일 때 X의 길이는 3.2 μm이다.

좌우 대칭인 X가 수축하여 길이가 $2d$만큼 짧아질 때 ㉠의 길이는 d만큼 길어지고, ㉡의 길이는 $2d$만큼 짧아지며, ㉢의 길이는 d만큼 짧아져! 꼭 기억해 두자!

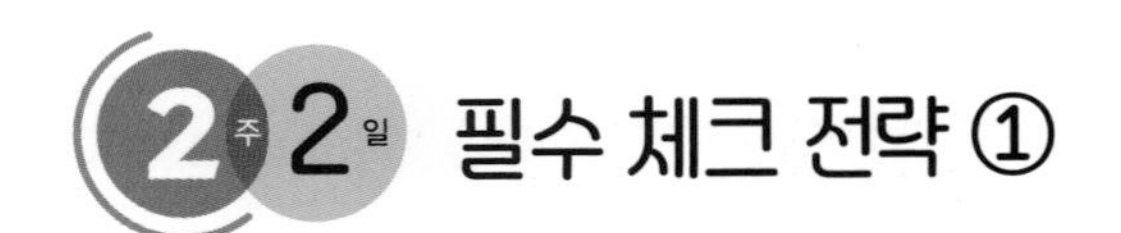

필수 체크 전략 ①

전략 ❸ 중추 신경계의 구조와 기능

1. 중추 신경계

① **뇌** 대뇌, 소뇌, 간뇌, ❶ [   ], 뇌교, 연수로 구성

② **척수** 대뇌와 반대로 겉질은 백색질, 속질은 ❷ [   ]이며, 원심성 뉴런 다발이 전근, 구심성 뉴런 다발이 후근을 이룬다.

대뇌
간뇌
뇌줄기 - 중간뇌, 뇌교, 연수
소뇌

▲ 뇌의 구조

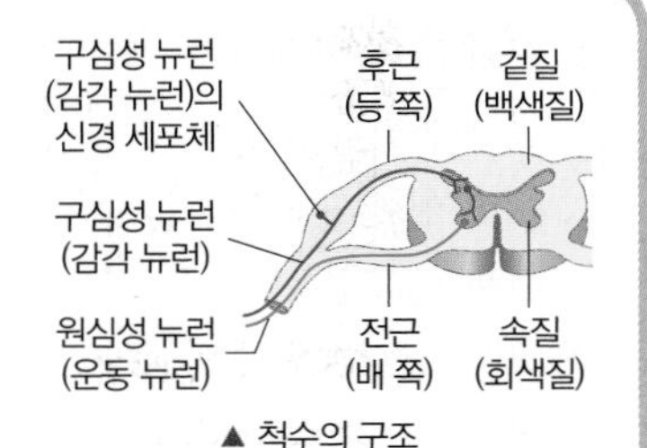

▲ 척수의 구조

2. 의식적인 반응과 무조건 반사

① **의식적인 반응** 대뇌가 중추가 되어 일어나는 반응

② **무조건 반사** 대뇌가 관여하지 않고, 뇌의 다른 부위가 중추가 되어 일어나는 반응

- 연수 반사: 기침, 재채기, 하품 등
- ❸ [   ] 반사: 무릎 반사, 회피 반사, 배뇨 반사, 배변 반사 등
- 중간뇌 반사: 동공 반사, 안구 운동 등

답 ❶ 중간뇌 ❷ 회색질 ❸ 척수

필수 예제 3

그림은 중추 신경계의 구조를 나타낸 것이다. A~D는 간뇌, 대뇌, 소뇌, 연수를 순서 없이 나타낸 것이다.
이에 대한 설명으로 옳지 않은 것은?

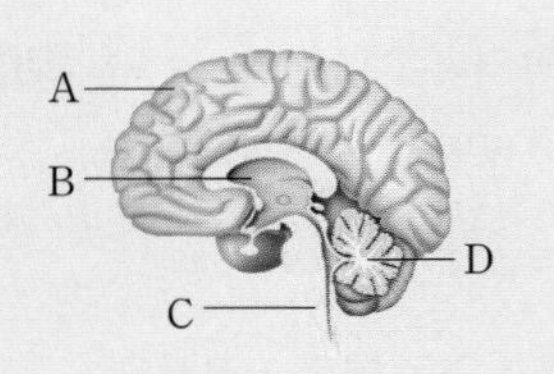

① A에는 청각 기관으로부터 오는 정보를 받아들이는 영역이 있다.
② B에는 자율 신경과 내분비샘의 조절 중추가 있다.
③ C는 호흡 운동의 조절 중추이다.
④ C와 D는 모두 뇌줄기에 속한다.
⑤ D는 몸의 자세와 균형을 유지하는 데 관여한다.

풀이

A는 대뇌, B는 간뇌, C는 연수, D는 소뇌이다.
④ C(연수)는 중간뇌, 뇌교와 함께 뇌줄기에 속하지만, D(소뇌)는 뇌줄기에 속하지 않는다.

답 ④

3-1

그림은 무릎 반사가 일어나는 과정에서 흥분 전달 경로를 나타낸 것이다.

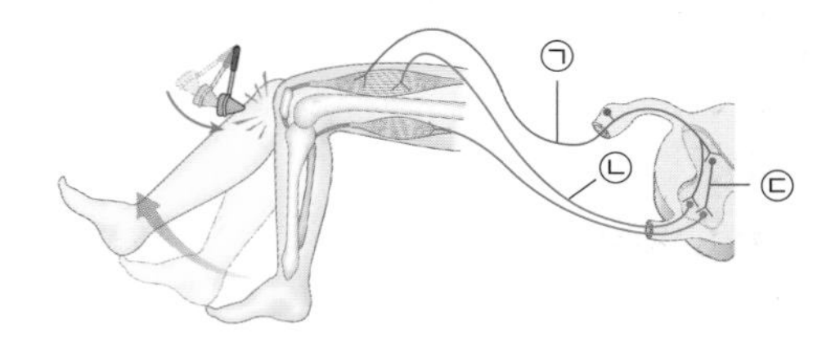

이에 대한 설명으로 옳은 것만을 〈보기〉에서 있는 대로 고르시오.

• 보기 •
ㄱ. ㉠은 척수 신경에 속한다.
ㄴ. ㉡은 후근을 통해 나온다.
ㄷ. ㉢은 원심성 뉴런이다.

무릎 반사의 조절 중추는 척수야! 척추 마디마다 배 쪽으로 원심성 뉴런(운동 뉴런) 다발이 전근을 이루고, 등 쪽으로 구심성 뉴런(감각 뉴런) 다발이 후근을 이뤄!

전략 ❹ | 말초 신경계의 분포와 기능

1. 체성 신경 중추와 반응기(골격근) 사이를 한 개의 신경이 연결하며, 신경 말단에서 ❶ ______ 분비

2. 자율 신경 중추와 반응기 사이를 두 개의 신경이 연결하므로 신경절이 존재

① **교감 신경** 척수와 연결, 신경절 이전 뉴런이 신경절 이후 뉴런보다 짧다.

② **부교감 신경** 중간뇌, 연수, 척수와 연결, 신경절 이전 뉴런이 신경절 이후 뉴런보다 길다.

③ 교감 신경과 부교감 신경은 ❷ ______ 작용을 하며 반응 기관을 조절

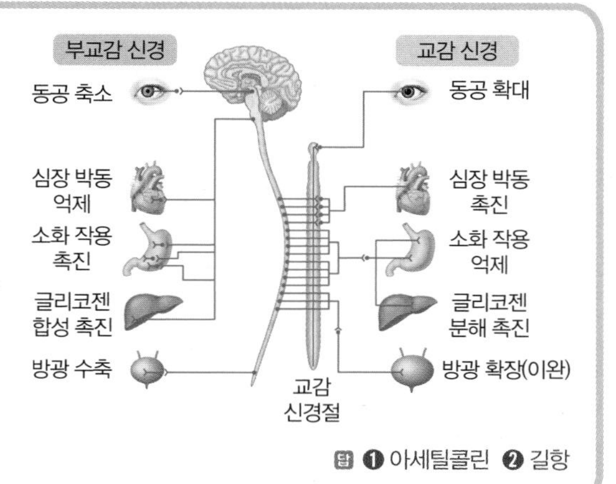

답 ❶ 아세틸콜린 ❷ 길항

필수 예제 4

그림 (가)는 동공의 크기 조절에 관여하는 자율 신경 ㉠과 ㉡이 중추 신경계에 연결된 경로를, (나)는 ㉠과 ㉡ 중 ㉡을 자극했을 때 일어나는 반응을 나타낸 것이다. ㉠과 ㉡은 교감 신경과 부교감 신경을 순서 없이 나타낸 것이다.

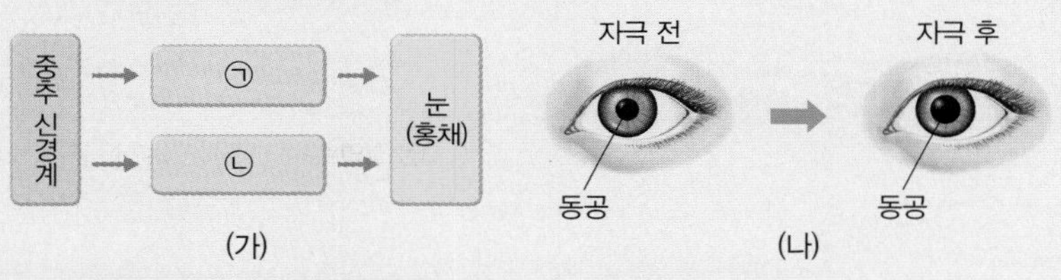

이에 대한 설명으로 옳은 것만을 〈보기〉에서 있는 대로 고르시오.

보기

ㄱ. ㉠의 신경절 이후 뉴런의 축삭 돌기 말단에서 아세틸콜린이 분비된다.

ㄴ. ㉡의 신경절 이전 뉴런의 신경 세포체는 중간뇌에 있다.

ㄷ. $\frac{\text{신경절 이전 뉴런의 길이}}{\text{신경절 이후 뉴런의 길이}}$는 ㉠이 ㉡보다 작다.

풀이

눈(홍채)에 연결된 ㉡을 자극했을 때 동공의 크기가 커지므로 ㉠은 부교감 신경, ㉡은 교감 신경이다.

ㄴ. 눈(홍채)에 연결된 ㉠과 ㉡ 중 ㉠(부교감 신경)의 신경절 이전 뉴런의 신경 세포체는 중간뇌에 있고, ㉡(교감 신경)의 신경절 이전 뉴런의 신경 세포체는 척수에 있다.

ㄷ. ㉠(부교감 신경)은 신경절 이전 뉴런의 길이가 신경절 이후 뉴런의 길이보다 길고, ㉡(교감 신경)은 신경절 이전 뉴런의 길이가 신경절 이후 뉴런의 길이보다 짧다.

답 ㄱ

4-1

그림은 중추 신경계로부터 나온 말초 신경을 통해 위, A, B에 연결된 경로를 나타낸 것이다. A와 B는 심장근과 다리의 골격근을 순서 없이 나타낸 것이다.

이에 대한 설명으로 옳은 것만을 〈보기〉에서 있는 대로 고르시오.

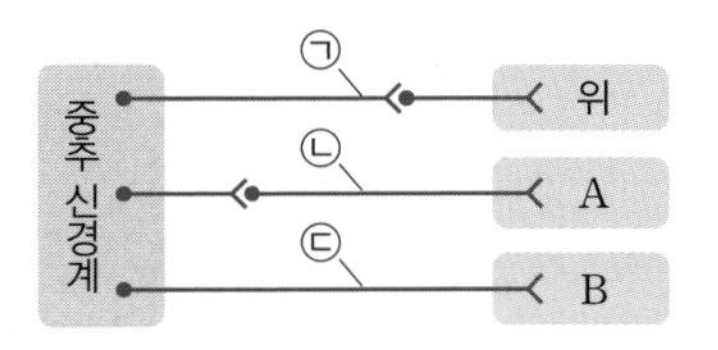

보기

ㄱ. A는 심장근이다.

ㄴ. 뉴런 ㉠에서 흥분 발생 빈도가 증가하면 위에서 소화액의 분비가 억제된다.

ㄷ. 뉴런 ㉡과 ㉢의 축삭 돌기 말단에서 분비되는 신경 전달 물질은 같다.

골격근은 체성 신경의 조절을 받아! 체성 신경은 중추 신경계와 반응기 사이가 한 개의 신경으로 연결되어 있고, 신경 전달 물질로 아세틸콜린을 분비하니까 자율 신경과 구분할 수 있겠지?

필수 체크 전략 ②

1 그림 (가)는 시냅스로 연결된 민말이집 신경 ㉠과 ㉡에서 ⓐ지점 P와 Q 중 한 지점에 역치 이상의 자극을 1회 주고 경과된 시간이 4 ms일 때 지점 d_1~d_3에서 각각 측정한 막전위를, (나)는 ㉠과 ㉡에서 활동 전위가 발생했을 때 각 지점에서의 막전위 변화를 나타낸 것이다.

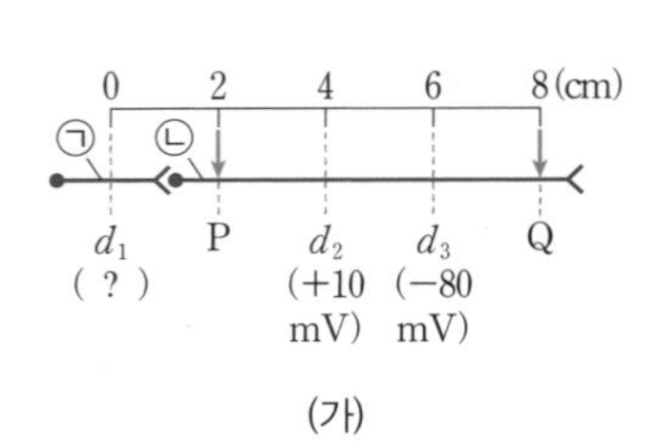

(가)

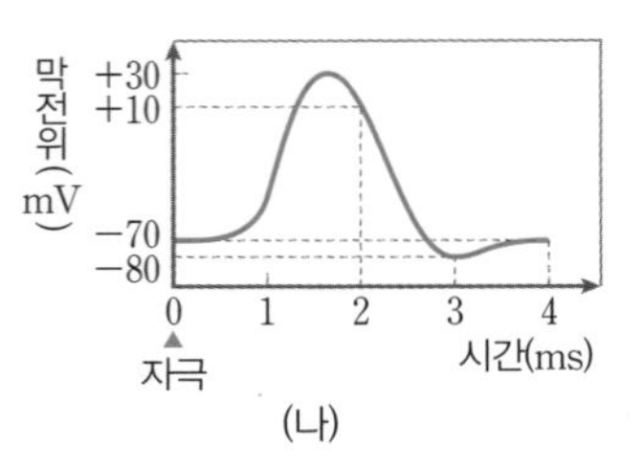

(나)

이에 대한 설명으로 옳은 것만을 〈보기〉에서 있는 대로 고른 것은? (단, 흥분의 전도는 1회만 일어났고, 휴지 전위는 −70 mV이다.)

보기

ㄱ. 자극을 준 지점은 P이다.

ㄴ. ㉡에서 흥분 전도 속도는 2 cm/ms이다.

ㄷ. ⓐ가 3 ms일 때 $\frac{㉡의\ d_2에서의\ 막전위}{㉠의\ d_1에서의\ 막전위}$는 1보다 작다.

① ㄱ ② ㄴ ③ ㄱ, ㄷ ④ ㄴ, ㄷ ⑤ ㄱ, ㄴ, ㄷ

Tip

휴지 상태인 뉴런의 한 지점에 역치 이상의 자극이 가해지면, 그 지점에서의 막전위는 분극 → ❶ [ ] → ❷ [ ] 순으로 변화한다.

답 ❶ 탈분극 ❷ 재분극

2 다음은 골격근의 수축 과정에 대한 자료이다.

• 그림은 좌우 대칭인 근육 원섬유 마디 X의 구조를 나타낸 것이다.

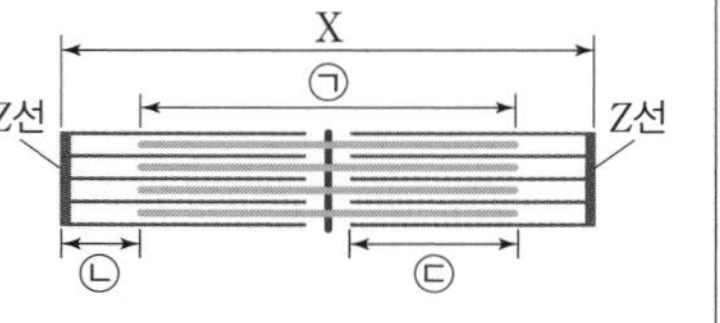

• 구간 ㉠은 마이오신 필라멘트가 있는 부분이고, ㉡은 액틴 필라멘트만 있는 부분이며, ㉢은 액틴 필라멘트와 마이오신 필라멘트가 겹치는 구간이다.

• 표는 골격근 수축 과정의 두 시점 t_1, t_2일 때 구간 ⓐ~ⓒ의 길이를 나타낸 것이다. ⓐ~ⓒ는 ㉠~㉢을 순서 없이 나타낸 것이며, X의 길이는 t_1일 때가 t_2일 때보다 길고, t_2일 때 H대의 길이는 0 μm보다 크다.

시점	ⓐ의 길이	ⓑ의 길이	ⓒ의 길이
t_1	0.8 μm	0.2 μm	?
t_2	?	0.6 μm	1.6 μm

이에 대한 설명으로 옳은 것만을 〈보기〉에서 있는 대로 고른 것은?

보기

ㄱ. ⓐ는 ㉡이다.

ㄴ. t_2일 때 X의 길이는 2.8 μm이다.

ㄷ. t_1일 때 H대의 길이는 t_2일 때 ⓐ의 길이보다 0.8 μm 길다.

① ㄱ ② ㄴ ③ ㄱ, ㄷ ④ ㄴ, ㄷ ⑤ ㄱ, ㄴ, ㄷ

Tip

근수축이 일어날 때 A대, I대, H대 중 ❶ [ ]의 길이는 변하지 않지만, I대와 ❷ [ ]의 길이는 줄어든다.

답 ❶ A대 ❷ H대

3 그림은 중추 신경계의 구조를, 표는 중추 신경계에 속한 A~C의 특징을 나타낸 것이다. ㉠~㉢은 각각 대뇌, 연수, 척수 중 하나이고, A~C는 ㉠~㉢을 순서 없이 나타낸 것이다.

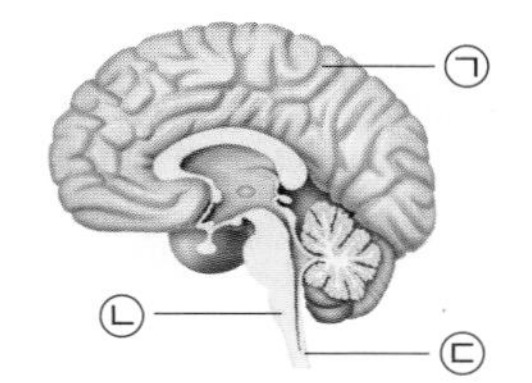

구분	특징
A	하품, 침 분비에 관여한다.
B	겉질이 회색질, 속질이 백색질이다.
C	회피 반사의 중추이다.

이에 대한 설명으로 옳은 것만을 〈보기〉에서 있는 대로 고른 것은?

보기

ㄱ. A는 B와 연결된 대부분의 신경이 교차되는 장소이다.
ㄴ. 알츠하이머병은 B의 기능이 저하되어 인지 기능과 기억력이 약화되는 질환이다.
ㄷ. A는 ㉡, C는 ㉢이다.

① ㄱ ② ㄴ ③ ㄱ, ㄷ ④ ㄴ, ㄷ ⑤ ㄱ, ㄴ, ㄷ

Tip
무릎 반사, 회피 반사, 배뇨·배변 반사의 중추는 ❶ [ ]이고, 기침, 하품, 재채기, 침 분비의 중추는 ❷ [ ]이다.

답 ❶ 척수 ❷ 연수

4 그림은 중추 신경계에 속한 A와 B로부터 자율 신경을 통해 방광과 소장에 연결된 경로를 나타낸 것이다. 뉴런 ㉠과 ㉡의 축삭 돌기 말단에서 분비되는 신경 전달 물질은 다르며, A와 B는 연수와 척수를 순서 없이 나타낸 것이다.

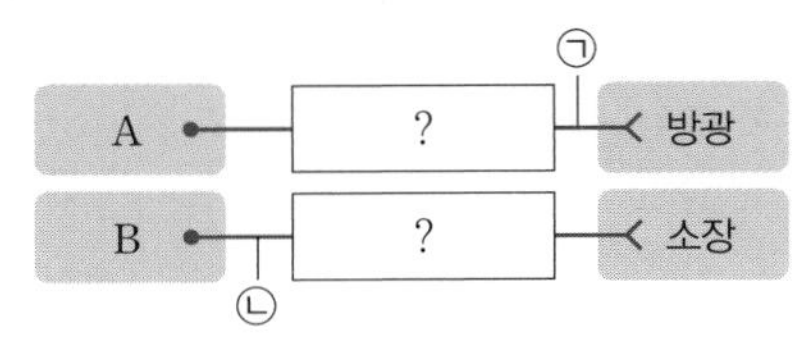

이에 대한 설명으로 옳은 것만을 〈보기〉에서 있는 대로 고른 것은?

보기

ㄱ. A는 연수이다.
ㄴ. B는 뇌줄기에 속한다.
ㄷ. ㉠이 흥분하면 방광이 수축한다.

① ㄱ ② ㄴ ③ ㄱ, ㄷ ④ ㄴ, ㄷ ⑤ ㄱ, ㄴ, ㄷ

Tip
자율 신경은 대뇌의 직접적인 지배를 받지 않으며, 자율 신경 중에서 ❶ [ ]은 척수와 연결되어 있고, ❷ [ ]은 중간뇌, 연수, 척수와 연결되어 있다.

답 ❶ 교감 신경 ❷ 부교감 신경

2주 3일 필수 체크 전략 ①

전략 ❶ | 혈당량 조절과 당뇨병

1. 혈당량 조절

① 이자에서 분비되는 인슐린과 ❶ ____의 음성 피드백과 길항 작용으로 조절

② 부신 속질에서 분비되는 에피네프린은 간에 저장된 글리코젠을 ❷ ____으로 분해 → 혈당량 증가

2. 당뇨병

1형 당뇨병	이자의 ❸ ____가 파괴되어 인슐린을 생성하지 못하여 발병
2형 당뇨병	인슐린의 표적 세포가 인슐린에 정상적으로 반응하지 못하여 발병

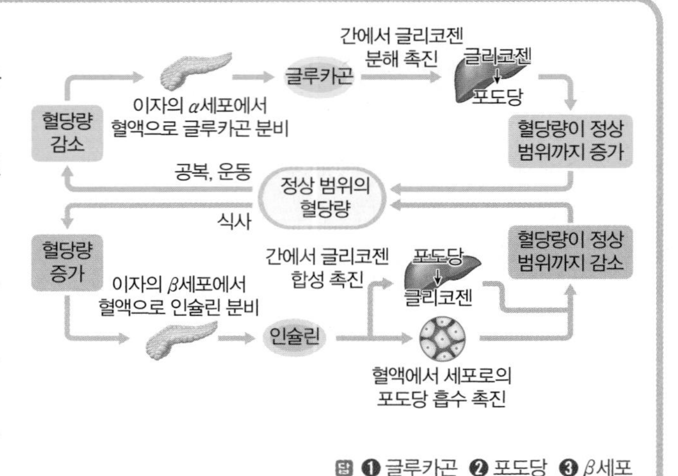

답 ❶ 글루카곤 ❷ 포도당 ❸ β세포

필수 예제 1

그림은 건강한 사람이 탄수화물을 섭취한 후 시간에 따른 혈중 호르몬 ㉠과 ㉡의 농도를 나타낸 것이다. ㉠과 ㉡은 글루카곤과 인슐린을 순서 없이 나타낸 것이다.

이에 대한 설명으로 옳은 것만을 〈보기〉에서 있는 대로 고르시오.

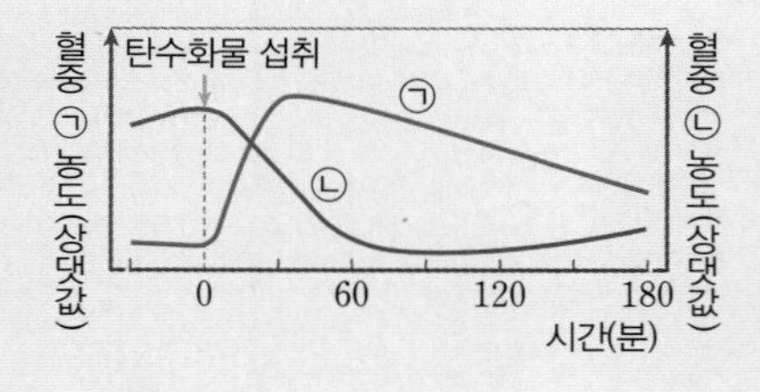

• 보기 •

ㄱ. 이자의 α세포에서 ㉠이 분비된다.

ㄴ. ㉡은 간에서 글리코젠의 합성을 촉진한다.

ㄷ. ㉠과 ㉡은 혈중 포도당 농도 조절에 길항적으로 작용한다.

풀이

탄수화물 섭취 후 혈당량이 높아짐에 따라 혈중 농도가 높아지는 ㉠이 인슐린이고, 혈중 농도가 낮아지는 ㉡이 글루카곤이다.

ㄱ. 이자의 α세포에서 ㉡(글루카곤)이, β세포에서 ㉠(인슐린)이 분비된다.

ㄴ. ㉡(글루카곤)은 간에서 글리코젠이 포도당으로 분해되는 과정을 촉진한다.

답 ㄷ

1-1

그림은 어떤 세포에 호르몬 X를 처리했을 때와 처리하지 않았을 때 세포 밖 포도당 농도에 따른 세포 안 포도당 농도를 나타낸 것이다. X는 글루카곤과 인슐린 중 하나이다.

이에 대한 설명으로 옳은 것만을 〈보기〉에서 있는 대로 고르시오.

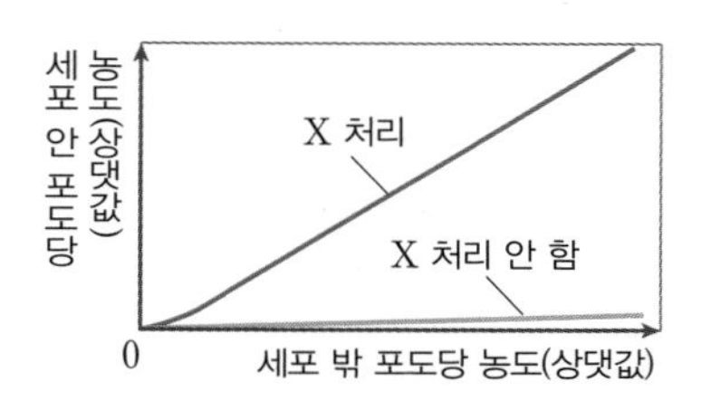

• 보기 •

ㄱ. X는 인슐린이다.

ㄴ. 간에서 X는 글리코젠이 포도당으로 전환되는 과정을 촉진한다.

ㄷ. 1형 당뇨병은 X는 정상적으로 분비되지만, X의 표적 세포가 X에 정상적으로 반응하지 못할 때 발병한다.

인슐린은 간에서 글리코젠의 합성을 촉진하고, 혈액에서 조직 세포로의 포도당 흡수를 촉진해서 혈당량을 감소시켜!

전략 ❷ | 혈장 삼투압 조절

• **혈장 삼투압 조절** 뇌하수체 후엽에서 분비되는 ❶ [   ] 호르몬(ADH)의 작용으로 조절

혈장 삼투압이 정상보다 높을 때	항이뇨 호르몬(ADH) 분비량 증가 → 콩팥에서 물의 재흡수량 증가 → 혈액 내 물의 양 증가, 오줌 내 물의 양 감소 → 혈장 삼투압 ❷ [ ], 혈압 증가, 오줌 삼투압 증가, 오줌 생성량 감소
혈장 삼투압이 정상보다 낮을 때	항이뇨 호르몬(ADH) 분비량 감소 → 콩팥에서 물의 재흡수량 감소 → 혈액 내 물의 양 감소, 오줌 내 물의 양 증가 → 혈장 삼투압 ❸ [ ], 오줌 삼투압 감소, 오줌 생성량 증가

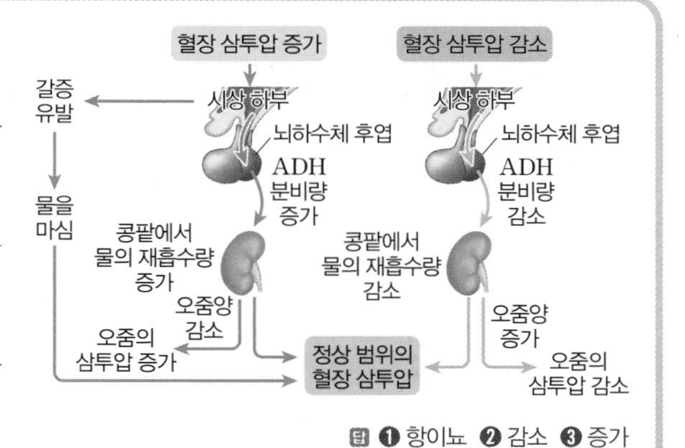

답 ❶ 항이뇨 ❷ 감소 ❸ 증가

필수 예제 2

그림 (가)는 호르몬 X의 분비와 작용을, (나)는 건강한 사람이 1 L의 물을 섭취한 후 생성되는 오줌의 삼투압을 시간에 따라 나타낸 것이다.

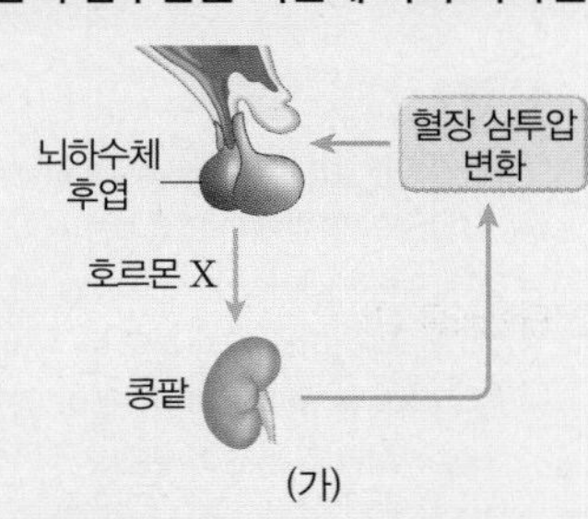

(가)

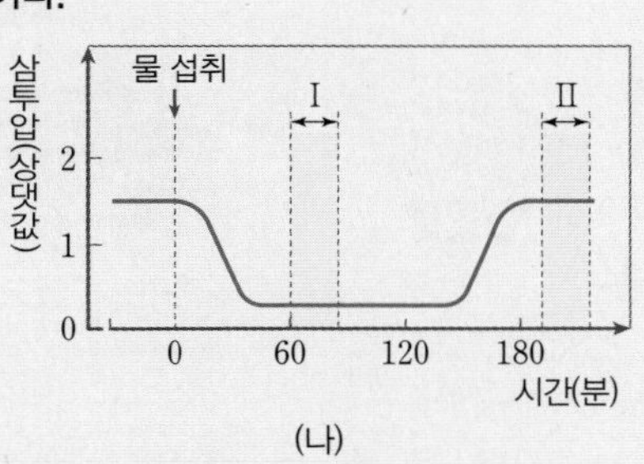

(나)

이에 대한 설명으로 옳은 것만을 〈보기〉에서 있는 대로 고르시오. (단, 제시된 자료 이외에 체내 수분량에 영향을 미치는 요인은 없다.)

• 보기 •

ㄱ. 시상 하부는 X의 분비를 조절한다.
ㄴ. 혈장 삼투압은 구간 I에서가 구간 II에서보다 높다.
ㄷ. 단위 시간당 오줌 생성량은 구간 I에서가 구간 II에서보다 적다.

풀이

X는 항이뇨 호르몬(ADH)이다. 물을 다량 섭취하면 혈장 삼투압이 낮아져 X(ADH)의 분비량이 감소하므로 콩팥에서 물의 재흡수량이 줄어든다. 따라서 생성되는 오줌의 삼투압은 낮아지고 단위 시간당 오줌 생성량은 많아진다.

ㄴ, ㄷ. 생성되는 오줌의 삼투압은 구간 I에서가 구간 II에서보다 낮으므로 혈장 삼투압은 구간 I에서가 구간 II에서보다 낮고, 단위 시간당 오줌 생성량은 구간 I에서가 구간 II에서보다 많다.

답 ㄱ

2-1

그림은 건강한 사람이 1 L의 물을 섭취한 후 ㉠과 ㉡을 시간에 따라 나타낸 것이다. ㉠과 ㉡은 혈장 삼투압과 단위 시간당 오줌 생성량을 순서 없이 나타낸 것이다.
이에 대한 설명으로 옳은 것만을 〈보기〉에서 있는 대로 고르시오. (단, 제시된 자료 이외에 체내 수분량에 영향을 미치는 요인은 없다.)

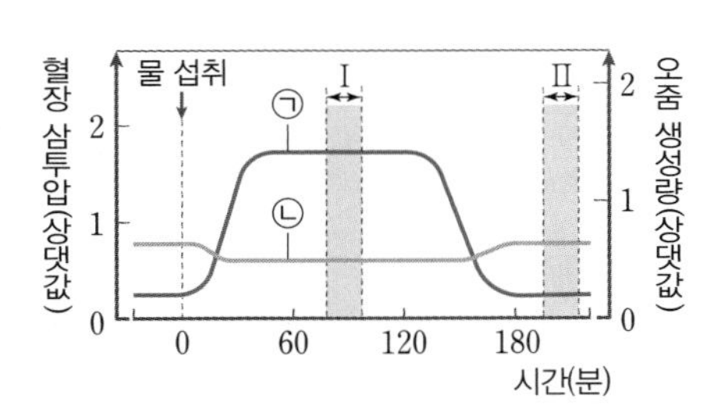

• 보기 •

ㄱ. ㉠은 혈장 삼투압이다.
ㄴ. 혈중 항이뇨 호르몬(ADH)의 농도는 구간 I에서가 구간 II에서보다 낮다.
ㄷ. 생성되는 오줌의 삼투압은 구간 I에서가 구간 II에서보다 낮다.

혈중 ADH 농도가 높아지면 콩팥에서 물의 재흡수가 촉진되니까 혈장 삼투압은 낮아지고, 단위 시간당 오줌 생성량은 줄어들지만, 생성되는 오줌의 삼투압은 높아져!

전략 ❸ | 병원체와 감염성 질병

병원체	특징
세균	• 핵이 없는 원핵생물이며, 분열법으로 번식 • ❶ ______ 로 치료 예 결핵, 파상풍, 탄저병, 콜레라
바이러스	• 세포로 이루어져 있지 않으며, 단백질 껍질 속에 유전 물질인 핵산이 들어 있는 구조로 되어 있음 • 스스로 ❷ ______ 를 하지 못해 살아 있는 숙주 세포에서만 증식 • 항바이러스제로 치료 예 감기, 독감, 홍역, 후천성 면역 결핍증(AIDS)
원생생물	• 핵을 가지는 진핵생물이며, 매개 곤충을 통하여 사람 몸에 침입해 질병 유발 예 말라리아, 수면병
변형된 프라이온	• 단백질로만 이루어져 있으며, 정상 프라이온이 변형된 프라이온과 접촉하면 변형된 프라이온으로 변화 ➡ 변형된 프라이온이 축적되어 질병 유발 예 광우병(소), 크로이츠펠트·야코프병(사람)

무좀을 일으키는 무좀균은 곰팡이에 속해. 곰팡이는 세균과 달리 핵을 가지고 있는 진핵생물이야.

답 ❶ 항생제 ❷ 물질대사

필수 예제 3

그림 (가)와 (나)는 결핵의 병원체와 후천성 면역 결핍증(AIDS)의 병원체를 순서 없이 나타낸 것이다. (나)는 분열법으로 스스로 증식한다.
이에 대한 설명으로 옳은 것만을 〈보기〉에서 있는 대로 고른 것은?

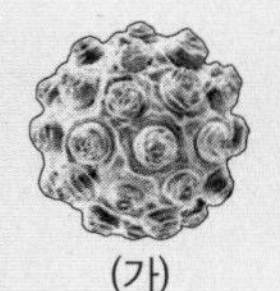
(가)

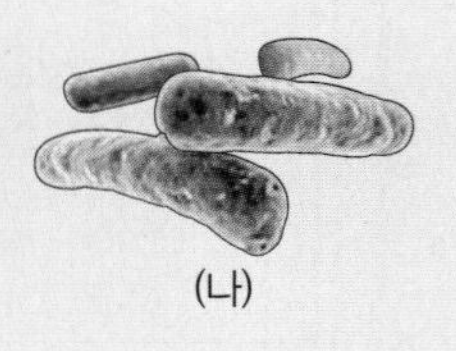
(나)

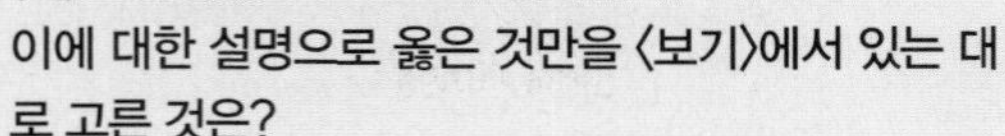

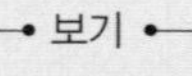

보기
ㄱ. (가)는 독립적으로 물질대사를 한다.
ㄴ. (가)와 (나)는 모두 핵산을 가지고 있다.
ㄷ. (나)는 세균에 속한다.

① ㄱ ② ㄷ ③ ㄱ, ㄴ ④ ㄴ, ㄷ ⑤ ㄱ, ㄴ, ㄷ

풀이
(가)는 바이러스에 속하는 후천성 면역 결핍증(AIDS)의 병원체이고, (나)는 세균에 속하는 결핵의 병원체이다.
ㄱ. (가)는 바이러스에 속하므로 독립적으로 물질대사를 하지 못하며, 살아 있는 숙주 세포에서만 증식이 가능하다.

답 ④

3-1

표는 질병 A~C의 특징을 나타낸 것이다. A~C는 독감, 무좀, 탄저병을 순서 없이 나타낸 것이다.
이에 대한 설명으로 옳은 것만을 〈보기〉에서 있는 대로 고른 것은?

질병	특징
A	병원체가 핵막을 가진다.
B	?
C	병원체가 세포로 되어 있다.

보기
ㄱ. A는 탄저병이다.
ㄴ. A와 B는 모두 다른 사람에게 전염될 수 있다.
ㄷ. B와 C의 병원체는 모두 단백질을 가지고 있다.

① ㄱ ② ㄴ ③ ㄷ ④ ㄱ, ㄴ ⑤ ㄴ, ㄷ

병원체 중에서 바이러스는 세포 구조로 되어 있지 않고, 단백질 껍질 속에 핵산이 들어 있는 구조로 되어 있어!

전략 ❹ | 면역 반응과 백신, 면역 관련 질병

1. 1차 면역 반응 항원이 처음 침입했을 때 일어나는 반응

2. 2차 면역 반응 동일한 항원이 재침입했을 때 일어나는 반응

- 1차 면역 반응에서 생성된 ❶ ______ 가 형질 세포로 빠르게 분화 ➡ 형질 세포에서 많은 양의 항체 생성

3. 백신 1차 면역 반응을 일으키기 위해 체내에 주사하는 항원을 포함하는 물질

- 백신 주사 → 주입한 항원에 대한 기억 세포 형성 → 동일한 항원의 침입 시 ❷ ______ 이 일어나 신속하게 다량의 항체 생성 → 질병 예방

4. 면역 관련 질병 알레르기, 류머티즘 관절염(자가 면역 질병), 후천성 면역 결핍증(AIDS) 등

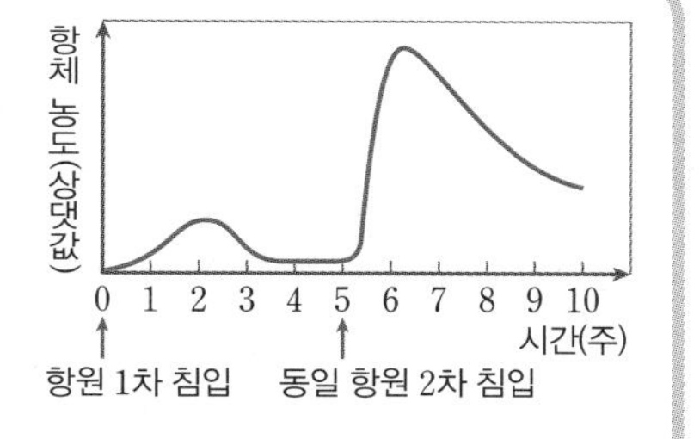

답 ❶ 기억 세포 ❷ 2차 면역 반응

필수 예제 4

그림은 사람의 체내에 항원 X가 침입했을 때 일어나는 방어 작용 중 일부를 나타낸 것이다. ㉠과 ㉡은 X에 대한 기억 세포와 형질 세포를 순서 없이 나타낸 것이다.
이에 대한 설명으로 옳은 것만을 〈보기〉에서 있는 대로 고른 것은?

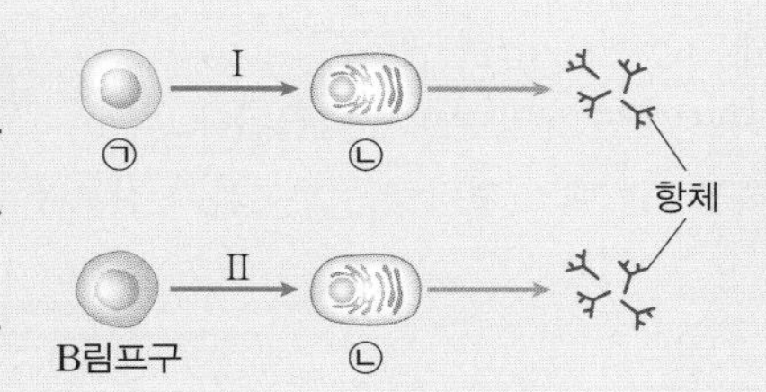

보기
ㄱ. X에 대한 2차 면역 반응에서 과정 Ⅰ이 일어난다.
ㄴ. ㉡은 체액성 면역에 관여한다.
ㄷ. 활성화된 보조 T림프구는 과정 Ⅱ를 촉진한다.

① ㄱ ② ㄷ ③ ㄱ, ㄴ ④ ㄴ, ㄷ ⑤ ㄱ, ㄴ, ㄷ

풀이
㉠은 X에 대한 기억 세포, ㉡은 형질 세포이다.
ㄱ. X가 재침입하면 ㉠(X에 대한 기억 세포)이 ㉡(형질 세포)으로 빠르게 분화(과정 Ⅰ)되어 신속하게 다량의 항체를 생성하는 2차 면역 반응이 일어난다.
ㄴ. ㉡(형질 세포)은 항체를 생성하므로 체액성 면역에 관여한다.
ㄷ. 대식세포와 같은 항원 제시 세포가 제시한 항원 조각을 인식하여 활성화된 보조 T림프구는 B림프구가 ㉠(X에 대한 기억 세포)과 ㉡(형질 세포)으로 분화하는 과정 Ⅱ를 촉진한다.

답 ⑤

4-1

그림은 병원체 ⓐ에 감염된 적이 없는 어떤 건강한 사람에게 ⓐ에 대한 백신을 주사한 후, ⓐ의 침입에 의해 생성되는 ⓐ에 대한 혈중 항체 농도 변화를 나타낸 것이다.

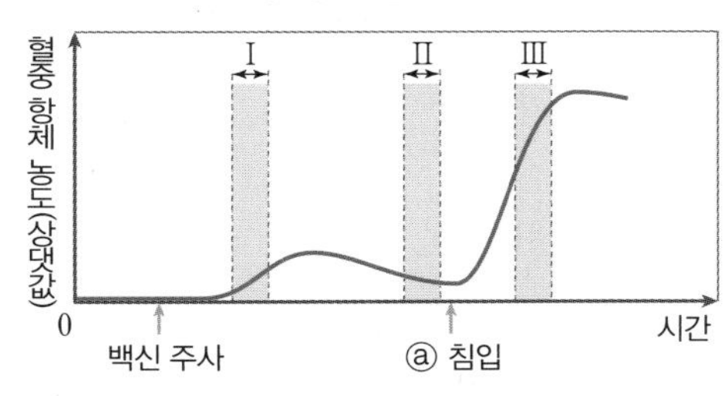

이에 대한 설명으로 옳은 것만을 〈보기〉에서 있는 대로 고른 것은?

보기
ㄱ. 구간 Ⅰ에서 ⓐ에 대한 1차 면역 반응이 일어났다.
ㄴ. 구간 Ⅱ에는 ⓐ에 대한 기억 세포가 있다.
ㄷ. 구간 Ⅲ에서는 형질 세포가 ⓐ에 대한 기억 세포로 빠르게 분화한다.

① ㄱ ② ㄷ ③ ㄱ, ㄴ ④ ㄴ, ㄷ ⑤ ㄱ, ㄴ, ㄷ

백신을 주사하면 백신에 포함된 항원에 대한 1차 면역 반응이 일어나 적은 양의 항체와 기억 세포가 만들어져. 그래서 동일한 항원이 침입했을 때 2차 면역 반응이 일어나게 하는 거야!

필수 체크 전략 ②

1 그림은 건강한 사람과 당뇨병 환자 A가 동일한 식사를 한 후 시간에 따른 호르몬 ㉠의 혈중 농도를, 표는 당뇨병 (가)와 (나)의 원인을 나타낸 것이다. ㉠은 글루카곤과 인슐린 중 하나이고, A의 당뇨병은 (가)와 (나) 중 하나이며, (가)와 (나)는 1형 당뇨병과 2형 당뇨병을 순서 없이 나타낸 것이다.

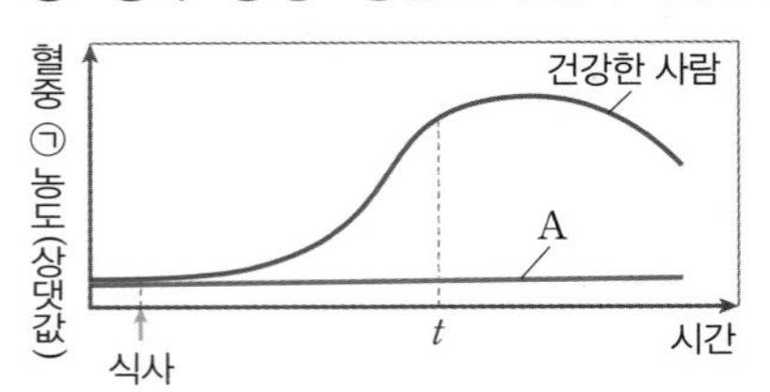

당뇨병	원인
(가)	㉠의 표적 세포가 ㉠에 반응하지 못함
(나)	이자의 β세포가 파괴됨

이에 대한 설명으로 옳은 것만을 〈보기〉에서 있는 대로 고른 것은? (단, 제시된 조건 이외는 고려하지 않는다.)

보기
ㄱ. A의 당뇨병은 (가)에 해당한다.
ㄴ. 이자에 연결된 부교감 신경이 흥분하면 ㉠의 분비가 촉진된다.
ㄷ. 식사 직후 A에게 ㉠을 투여하면 t일 때의 혈당량은 투여하기 전보다 낮아진다.

① ㄱ ② ㄴ ③ ㄱ, ㄷ ④ ㄴ, ㄷ ⑤ ㄱ, ㄴ, ㄷ

Tip
이자에 연결된 교감 신경은 이자의 α세포에서 [❶] 의 분비를 촉진하고, 이자에 연결된 부교감 신경은 이자의 β세포에서 [❷] 의 분비를 촉진한다.

답 ❶ 글루카곤 ❷ 인슐린

2 그림 (가)는 호르몬 X의 분비와 작용을, (나)는 건강한 사람에서 ⓐ의 변화량에 따른 혈중 X의 농도를 나타낸 것이다. 내분비샘 ㉠에서 X가 분비되며, ⓐ는 혈장 삼투압과 전체 혈액량 중 하나이다.

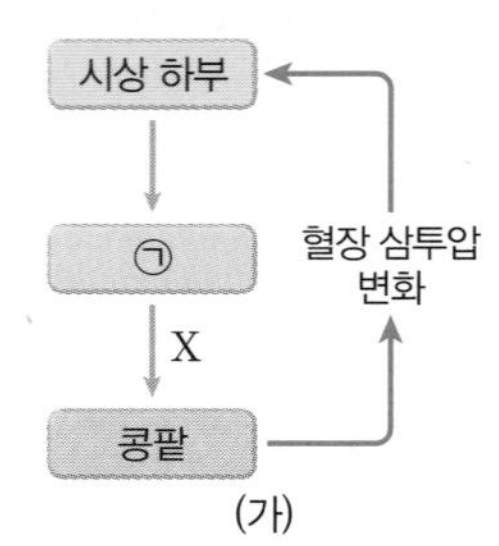

(가)

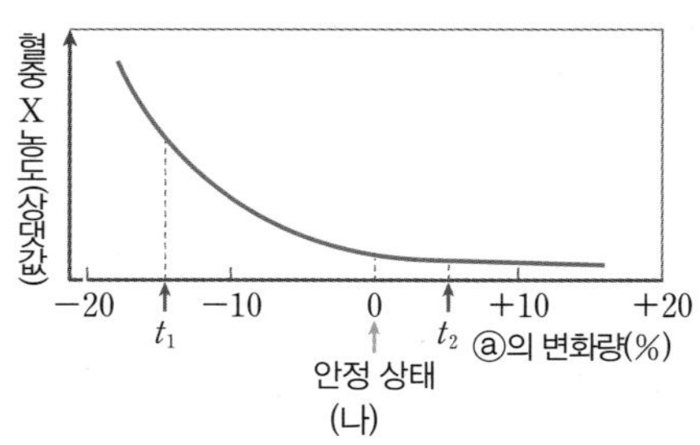

(나)

이에 대한 설명으로 옳은 것만을 〈보기〉에서 있는 대로 고른 것은? (단, 제시된 자료 이외에 체내 수분량에 영향을 미치는 요인은 없다.)

보기
ㄱ. 뇌하수체 후엽은 ㉠에 해당한다.
ㄴ. ⓐ는 혈장 삼투압이다.
ㄷ. 단위 시간당 오줌 생성량은 t_1일 때가 t_2일 때보다 많다.

① ㄱ ② ㄴ ③ ㄱ, ㄷ ④ ㄴ, ㄷ ⑤ ㄱ, ㄴ, ㄷ

Tip
혈장 삼투압이 높아지면 ADH(항이뇨 호르몬)의 분비량이 [❶] 하고, 전체 혈액량이 많아지면 ADH의 분비량은 [❷] 한다.

답 ❶ 증가 ❷ 감소

3 **그림은 세 가지 질병 A~C의 공통점과 차이점을, 표는 특징 ㉠~㉢을 순서 없이 나타낸 것이다. A~C는 광우병, 말라리아, 홍역을 순서 없이 나타낸 것이다.**

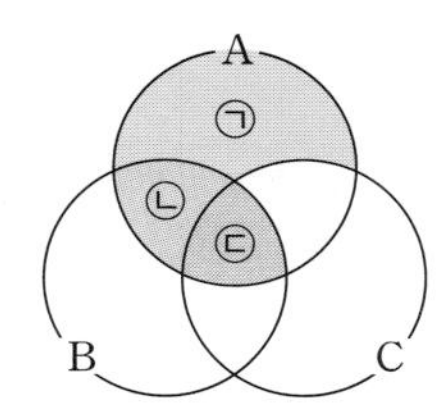

특징(㉠~㉢)
• 감염성 질병이다.
• 병원체가 핵산을 가진다.
• 병원체가 원생생물에 속한다.

이에 대한 설명으로 옳은 것만을 〈보기〉에서 있는 대로 고른 것은?

보기

ㄱ. A는 모기를 매개로 전염된다.
ㄴ. ㉢은 '병원체가 핵산을 가진다.'이다.
ㄷ. B와 C의 병원체는 모두 독립적으로 물질대사를 하지 못한다.

① ㄱ ② ㄴ ③ ㄱ, ㄷ ④ ㄴ, ㄷ ⑤ ㄱ, ㄴ, ㄷ

Tip

감염성 질병 중에서 말라리아, 수면병의 병원체는 모두 진핵생물인 ❶ ______ 이고, 광우병의 병원체는 단백질성 감염 입자인 변형된 ❷ ______ 이다.

답 ❶ 원생생물 ❷ 프라이온

4 **그림은 항원 X를 주사한 생쥐 A의 혈액에서 ㉠과 ㉡을 분리하여 각각 생쥐 B와 C에 주사하고 일정 시간이 지난 후 X를 각각 주사한 실험을 나타낸 것이다. 실험 결과 X를 주사한 B와 C 중 B에서만 X에 대한 2차 면역 반응이 일어났으며, ㉠과 ㉡은 X에 대한 기억 세포와 X에 대한 항체를 순서 없이 나타낸 것이다.**

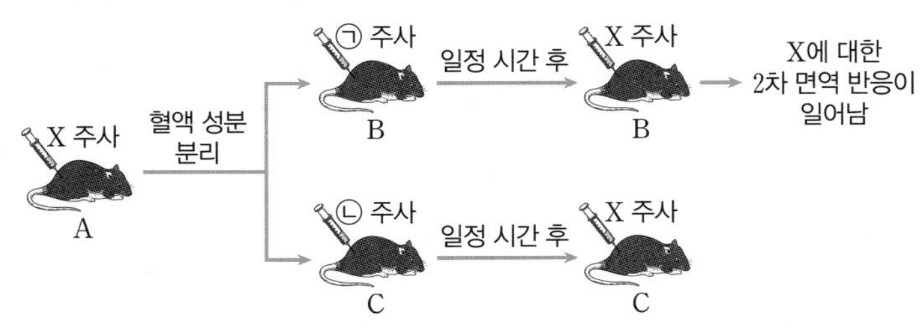

이에 대한 설명으로 옳은 것만을 〈보기〉에서 있는 대로 고른 것은? (단, A~C는 모두 유전적으로 동일하며, 실험 전 X에 노출된 적이 없다.)

보기

ㄱ. ㉠은 X에 대한 기억 세포이다.
ㄴ. ㉡이 X와 결합하여 X를 무력화시키는 방어 작용은 세포성 면역에 해당한다.
ㄷ. X를 주사한 A에서 보조 T림프구의 활성화가 일어난다.

① ㄱ ② ㄴ ③ ㄱ, ㄷ ④ ㄴ, ㄷ ⑤ ㄱ, ㄴ, ㄷ

Tip

2차 면역 반응에서는 동일한 항원이 재침입했을 때 1차 면역 반응에서 생성된 그 항원에 대한 ❶ ______ 가 빠르게 ❷ ______ 로 분화하여 다량의 항체가 신속하게 생성된다.

답 ❶ 기억 세포 ❷ 형질 세포

교과서 대표 전략 ①

대표 예제 1 뉴런의 구조와 종류

그림은 뉴런 (가)~(다)를 나타낸 것이다. (가)~(다)는 구심성 뉴런, 원심성 뉴런, 연합 뉴런을 순서 없이 나타낸 것이다.

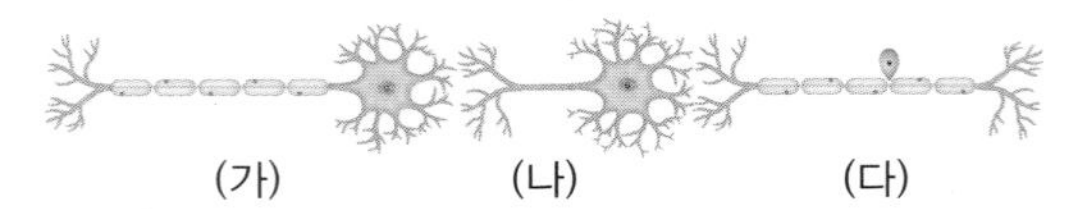

이에 대한 설명으로 옳은 것만을 〈보기〉에서 있는 대로 고르시오.

보기

ㄱ. (가)는 구심성 뉴런이다.

ㄴ. 척수에 (나)가 있다.

ㄷ. 감각기에서 발생한 흥분은 (가)에서 (나)를 거쳐 (다)로 전달된다.

개념 가이드

감각기에서 발생한 흥분은 ❶ [ ] → 연합 뉴런 → ❷ [ ] 순으로 전달된다.

답 ❶ 구심성 뉴런 ❷ 원심성 뉴런

대표 예제 2 흥분의 발생

그림은 어떤 뉴런에 역치 이상의 자극을 주었을 때, 이 뉴런 세포막의 한 지점에서 이온 ㉠과 ㉡의 막 투과도 변화를 나타낸 것이다. ㉠과 ㉡은 각각 K^+과 Na^+ 중 하나이다.

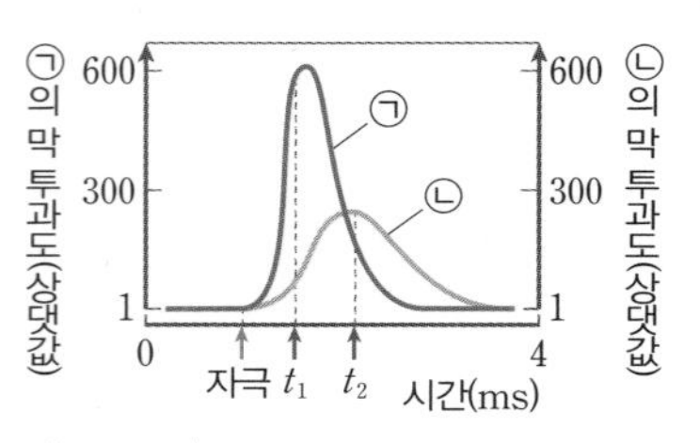

이에 대한 설명으로 옳은 것만을 〈보기〉에서 있는 대로 고르시오.

보기

ㄱ. ㉠은 K^+이다.

ㄴ. t_1일 때 이온 통로를 통해 ㉠이 세포 밖에서 세포 안으로 확산된다.

ㄷ. t_2일 때 ㉡의 농도는 세포 밖에서가 세포 안에서보다 낮다.

개념 가이드

뉴런에 역치 이상의 자극이 주어지면 ❶ [ ] 통로가 열리면서 막전위가 상승하고, 이후 ❷ [ ] 통로가 열려 막전위가 하강한다.

답 ❶ Na^+ ❷ K^+

대표 예제 3 흥분의 전도와 전달

다음은 민말이집 신경 A와 B의 흥분 이동에 대한 자료이다.

- 그림은 A와 B의 지점 d_1~d_4의 위치를, 표는 ⓐA와 B의 X에 역치 이상의 자극을 동시에 1회 주고 경과한 시간이 4 ms일 때 d_2~d_4에서 측정한 막전위를 나타낸 것이다. X는 d_2와 d_4 중 하나이다.

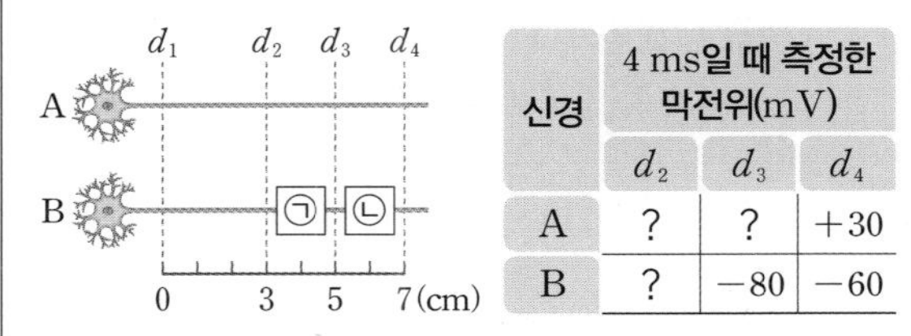

신경	4 ms일 때 측정한 막전위(mV)		
	d_2	d_3	d_4
A	?	?	+30
B	?	−80	−60

- ⓐ가 4 ms일 때 B의 d_4에서는 탈분극이 일어나고 있다.
- ㉠과 ㉡ 중 한 곳에만 시냅스가 있으며, A와 B를 구성하는 뉴런의 흥분 전도 속도는 모두 같다.
- A와 B 각각에서 활동 전위가 발생했을 때 각 지점에서의 막전위 변화는 그림과 같다.

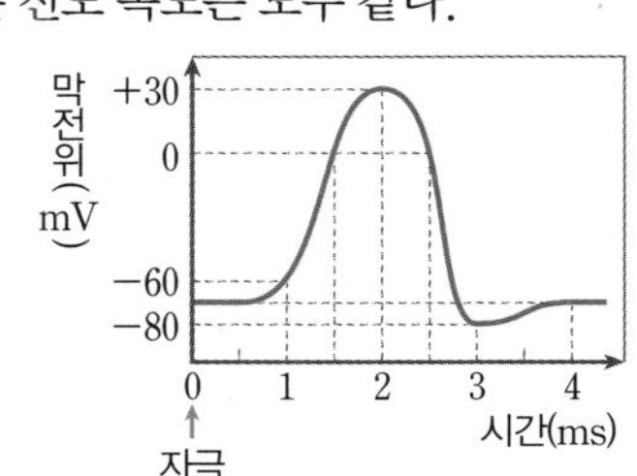

이에 대한 설명으로 옳은 것만을 〈보기〉에서 있는 대로 고른 것은? (단, A와 B를 구성하는 뉴런에서 흥분의 전도는 각각 1회 일어났고, 휴지 전위는 −70 mV이다.)

보기

ㄱ. X는 d_2이다.

ㄴ. ㉠에 시냅스가 있다.

ㄷ. B의 d_3에 역치 이상의 자극을 주고 경과한 시간이 4 ms일 때 B의 d_4에서의 막전위는 −80 mV이다.

① ㄱ ② ㄷ ③ ㄱ, ㄴ ④ ㄴ, ㄷ ⑤ ㄱ, ㄴ, ㄷ

개념 가이드

한 뉴런 내에서 흥분은 양방향으로 전도되고, 축삭 돌기 말단으로 전도된 흥분은 ❶ [ ]에서 ❷ [ ]으로만 전달된다.

답 ❶ 시냅스 이전 뉴런 ❷ 시냅스 이후 뉴런

대표 예제 4 골격근의 수축

그림은 좌우 대칭인 근육 원섬유 마디 X의 구조를, 표는 시점 t_1과 t_2일 때 ㉠의 길이, ㉡의 길이와 ㉢의 길이를 더한 값(㉡+㉢)을 나타낸 것이다. ㉠은 액틴 필라멘트만 있는 구간이고, ㉡은 마이오신 필라멘트만 있는 구간이며, ㉢은 액틴 필라멘트와 마이오신 필라멘트가 겹치는 구간이다. t_1일 때 ㉢의 길이는 t_2일 때 ㉡의 길이보다 $0.2\ \mu m$ 길다.

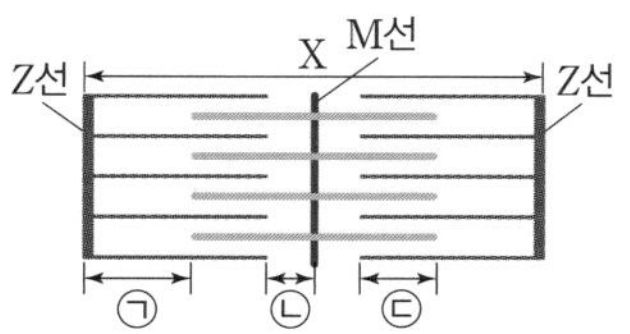

시점	㉠의 길이	㉡+㉢
t_1	$0.5\ \mu m$	?
t_2	$0.3\ \mu m$	$0.8\ \mu m$

이에 대한 설명으로 옳은 것만을 〈보기〉에서 있는 대로 고르시오.

보기

ㄱ. X가 수축할 때 ATP에 저장된 에너지가 사용된다.

ㄴ. t_1일 때 H대의 길이는 t_2일 때 ㉢의 길이보다 $0.2\ \mu m$ 짧다.

ㄷ. t_2일 때 X의 길이는 $2.2\ \mu m$이다.

개념 가이드

근수축 과정에서 ❶ [　　] 에 저장된 에너지가 사용되며, 근수축이 일어나 근육 원섬유 마디의 길이가 감소한 만큼, I대와 H대의 길이가 ❷ [　　] 한다.

답 ❶ ATP ❷ 감소

대표 예제 5 신경계의 구조와 신경계 이상

그림은 학생 A~C가 신경계의 구조와 신경계 이상에 대해 이야기한 내용이다.

대뇌에 의식적인 반응인 수의 운동의 중추가 있어.

뇌 신경은 중추 신경계에 속해.

파킨슨병은 골격근에 연결된 체성 신경이 손상되어 나타나는 질병이야.

옳게 이야기한 학생만을 있는 대로 고르시오.

개념 가이드

말초 신경계에는 뇌와 주변 기관 사이를 연결하는 12쌍의 ❶ [　　] 과, 척수와 주변 기관 사이를 연결하는 31쌍의 ❷ [　　] 이 속한다.

답 ❶ 뇌 신경 ❷ 척수 신경

대표 예제 6 중추 신경계의 구조와 기능

그림은 중추 신경계의 구조를 나타낸 것이다. A~C는 간뇌, 연수, 중간뇌를 순서 없이 나타낸 것이다. 이에 대한 설명으로 옳은 것만을 〈보기〉에서 있는 대로 고르시오.

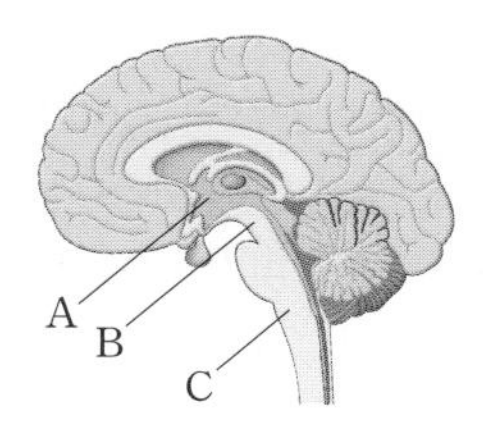

보기

ㄱ. A에 시상 하부가 있다.

ㄴ. B에서 부교감 신경이 나온다.

ㄷ. C는 배뇨 반사의 중추이다.

개념 가이드

간뇌는 대뇌와 동공 반사의 중추인 ❶ [　　] 사이에 위치한다. 간뇌는 시상과 시상 하부로 구분되며, ❷ [　　] 는 자율 신경과 내분비샘의 조절 중추이다.

답 ❶ 중간뇌 ❷ 시상 하부

대표 예제 7 말초 신경계의 구조와 기능

그림은 심장과 방광에 각각 연결된 자율 신경을 나타낸 것이다. 뉴런 ㉠~㉣은 자율 신경을 구성하는 서로 다른 뉴런이다.

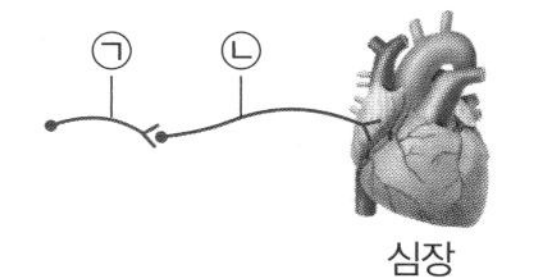

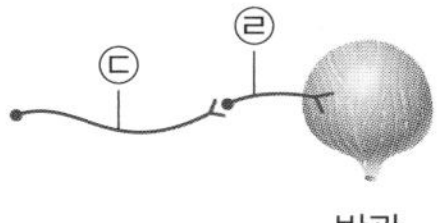

(1) ㉠과 ㉢의 신경 세포체가 있는 곳을 〈보기〉에서 찾아 각각 쓰시오.

보기

간뇌, 뇌교, 대뇌, 중간뇌, 소뇌, 연수, 척수

(2) ㉡과 ㉣에 각각 역치 이상의 자극이 주어졌을 때 심장과 방광에서 일어나는 변화를 각각 서술하시오.

개념 가이드

방광에 연결된 교감 신경이 흥분하면 방광은 ❶ [　　] 되고, 부교감 신경이 흥분하면 방광은 ❷ [　　] 된다.

답 ❶ 확장(이완) ❷ 수축

대표 예제 8 항상성 유지 원리(음성 피드백)

그림은 티록신 분비 조절 과정의 일부를 나타낸 것이다. A와 B는 뇌하수체 전엽과 시상 하부를 순서 없이 나타낸 것이다.

A → TRH → B → TSH → 갑상샘 → 티록신 → 표적 세포

(→ 촉진, ⇢ 억제)

이에 대한 설명으로 옳은 것만을 〈보기〉에서 있는 대로 고른 것은?

보기

ㄱ. A는 시상 하부이다.

ㄴ. 혈중 티록신의 농도가 낮아지면 B에서 TSH의 분비가 억제된다.

ㄷ. 티록신은 표적 세포에 작용하여 물질대사를 촉진한다.

① ㄱ ② ㄴ ③ ㄱ, ㄷ
④ ㄴ, ㄷ ⑤ ㄱ, ㄴ, ㄷ

개념 가이드

항상성 유지 원리 중에서 어느 과정의 산물이 그 반응을 억제하는 것을 [   ]이라고 하며, 대표적인 예로 티록신의 분비 조절이 있다.

답 음성 피드백

대표 예제 10 혈당량 조절과 당뇨병

그림은 건강한 사람과 당뇨병 환자 A에서 동일한 식사를 한 후 시간에 따른 혈당량과 혈중 인슐린의 농도를 각각 나타낸 것이다. A의 당뇨병은 1형 당뇨병과 2형 당뇨병 중 하나이다.

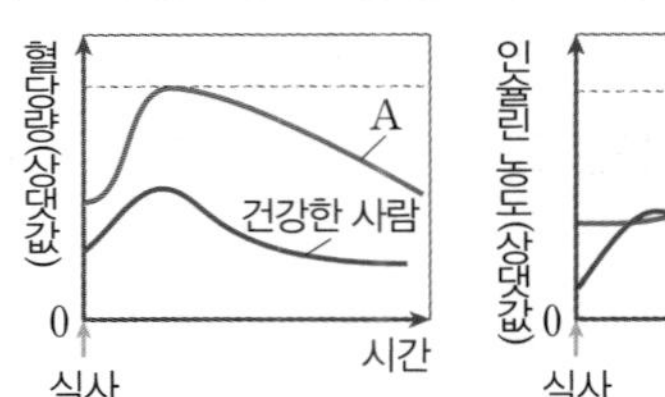

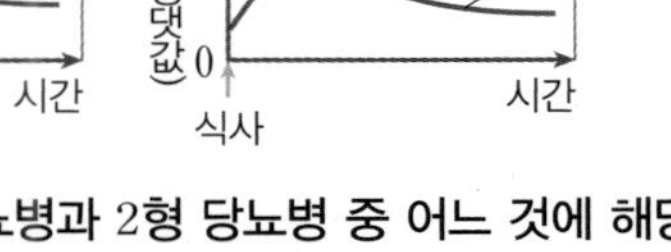

A의 당뇨병은 1형 당뇨병과 2형 당뇨병 중 어느 것에 해당하는지 쓰고, 그렇게 판단한 까닭을 서술하시오.

개념 가이드

이자의 β세포가 파괴되어 인슐린을 생성하지 못해 나타나는 당뇨병은 ❶ [   ] 당뇨병이고, 인슐린의 표적 세포가 인슐린에 정상적으로 반응하지 못해 나타나는 당뇨병은 ❷ [   ] 당뇨병이다.

답 ❶ 1형 ❷ 2형

대표 예제 9 체온 조절

그림은 사람의 체온 조절 중추 X에 설정된 온도에 따른 체온 변화를 나타낸 것이다. X에 설정된 온도는 체온을 조절하는 데 기준이 되는 온도이다.

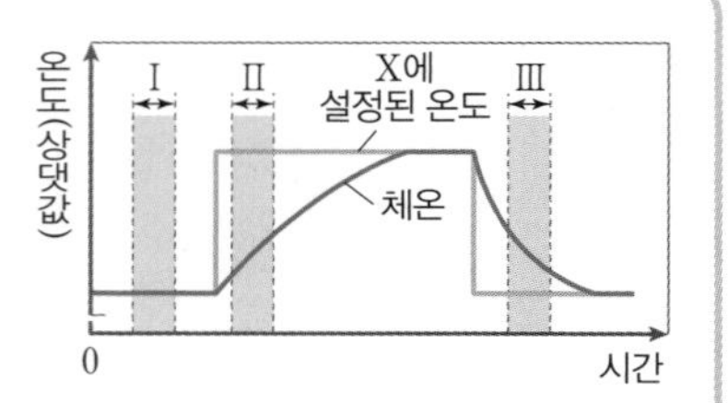

이에 대한 설명으로 옳은 것만을 〈보기〉에서 있는 대로 고르시오.

보기

ㄱ. X는 간뇌의 시상 하부이다.

ㄴ. $\frac{\text{열 발산량}}{\text{열 발생량}}$은 구간 Ⅰ에서가 구간 Ⅱ에서보다 크다.

ㄷ. 골격근의 떨림은 구간 Ⅲ에서가 구간 Ⅱ에서보다 활발하게 일어난다.

개념 가이드

체온 조절 중추인 간뇌의 ❶ [   ]에 설정된 온도가 높아지면 피부 근처 혈관이 ❷ [   ]하고, 골격근의 떨림이 일어난다.

답 ❶ 시상 하부 ❷ 수축

대표 예제 11 혈장 삼투압 조절

그림은 건강한 사람이 1 L의 물을 섭취한 후 시간에 따른 ㉠과 ㉡을 나타낸 것이다. ㉠과 ㉡은 오줌 삼투압과 단위 시간당 오줌 생성량을 순서 없이 나타낸 것이다.

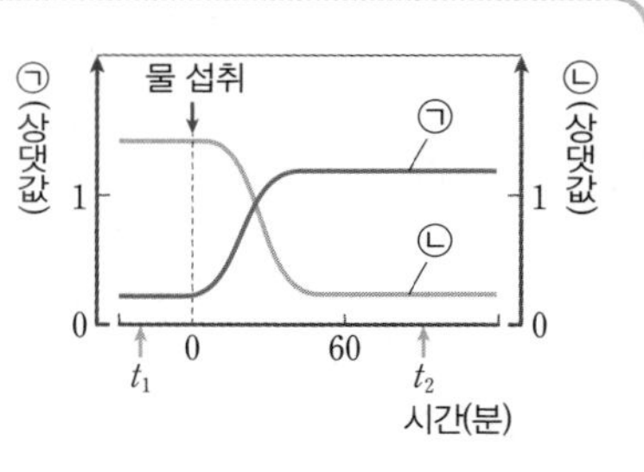

이에 대한 설명으로 옳은 것만을 〈보기〉에서 있는 대로 고르시오. (단, 제시된 자료 이외에 체내 수분량에 영향을 미치는 요인은 없다.)

보기

ㄱ. ㉠은 오줌 삼투압이다.

ㄴ. 혈중 ADH의 농도는 t_1일 때가 t_2일 때보다 높다.

ㄷ. 혈장 삼투압은 t_1일 때가 t_2일 때보다 낮다.

개념 가이드

혈중 ADH의 농도가 높아지면 ❶ [   ] 삼투압은 낮아지고, ❷ [   ] 삼투압은 높아진다.

답 ❶ 혈장 ❷ 오줌

대표 예제 12 병원체와 질병

표는 사람의 질병을 I~III으로 구분하여 나타낸 것이다.

구분	I	II	III
질병	㉠결핵, 콜레라	당뇨병, 고지혈증	독감, 홍역

이에 대한 설명으로 옳은 것만을 〈보기〉에서 있는 대로 고른 것은?

보기
ㄱ. ㉠의 치료에 항생제가 사용된다.
ㄴ. II의 질병은 모두 대사성 질환에 속한다.
ㄷ. I과 III의 병원체는 모두 세포막을 가진다.

① ㄱ ② ㄴ ③ ㄷ ④ ㄱ, ㄴ ⑤ ㄴ, ㄷ

개념 가이드

세균성 질병의 치료에는 주로 [❶] 가 사용되고, 바이러스성 질병의 치료에는 주로 [❷] 가 사용된다.

답 ❶ 항생제 ❷ 항바이러스제

대표 예제 13 방어 작용

그림 (가)와 (나)는 어떤 사람이 병원체 X에 감염되었을 때 일어나는 세포성 면역과 염증 반응을 순서 없이 나타낸 것이다. ⓐ는 형질 세포와 세포독성 T림프구 중 하나이다.

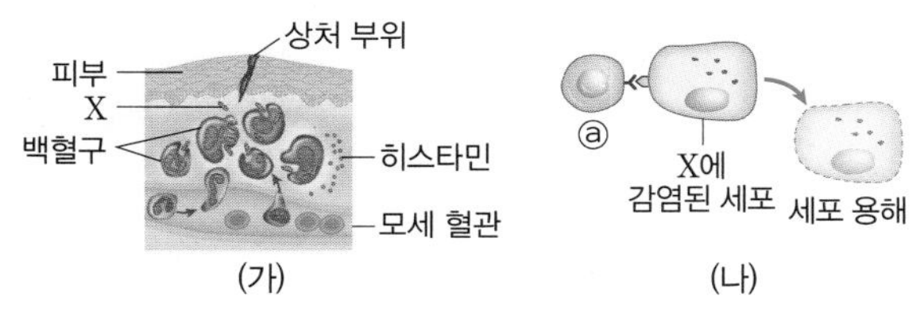

이에 대한 설명으로 옳은 것만을 〈보기〉에서 있는 대로 고른 것은?

보기
ㄱ. (가)와 (나)는 모두 특이적 방어 작용에 해당한다.
ㄴ. ⓐ는 세포독성 T림프구이다.
ㄷ. 보조 T림프구는 ⓐ를 활성화시키는 과정에 관여한다.

① ㄱ ② ㄴ ③ ㄷ ④ ㄱ, ㄴ ⑤ ㄴ, ㄷ

개념 가이드

우리 몸의 방어 작용에서 [❶] 방어 작용은 병원체의 종류나 감염 경험의 유무와 관계없이 일어나고, [❷] 방어 작용은 특정 항원을 인식하여 제거한다.

답 ❶ 비특이적 ❷ 특이적

대표 예제 14 2차 면역 반응

그림 (가)는 항원 X에 노출된 적이 없는 어떤 사람에 X가 침입했을 때 일어나는 방어 작용 중 일부를, (나)는 이 사람에서 X의 침입 후 생성되는 X에 대한 혈중 항체 농도 변화를 나타낸 것이다. ㉠과 ㉡은 X에 대한 기억 세포와 형질 세포를 순서 없이 나타낸 것이다.

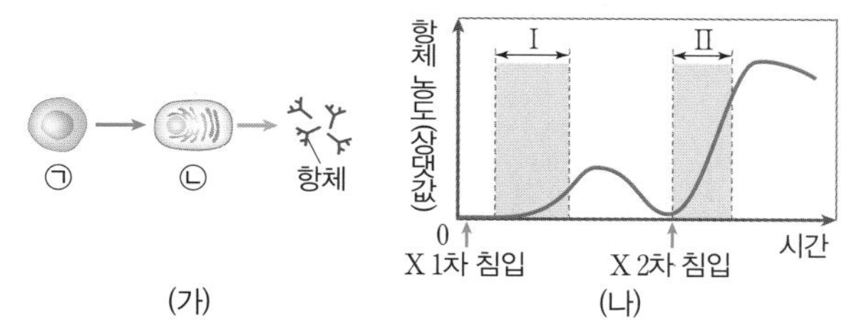

이에 대한 설명으로 옳은 것만을 〈보기〉에서 있는 대로 고르시오.

보기
ㄱ. ㉠은 형질 세포이다.
ㄴ. 구간 I에서 B림프구가 ㉡으로 분화한다.
ㄷ. 구간 I과 II에서 모두 (가)가 일어난다.

개념 가이드

항원이 처음 침입했을 때 일어나는 면역 반응을 [❶] 면역 반응, 동일한 항원이 재침입했을 때 일어나는 면역 반응을 [❷] 면역 반응이라고 한다.

답 ❶ 1차 ❷ 2차

대표 예제 15 ABO식 혈액형

표는 사람 (가)~(다) 사이의 ABO식 혈액형에 대한 혈액 응집 반응 결과를, 그림은 (가)의 혈액과 (나)의 혈장을 섞은 결과를 나타낸 것이다.

구분	(가)의 혈장	(나)의 혈장	항B 혈청
(나)의 적혈구	×	?	×
(다)의 적혈구	○	○	○

(○: 응집됨, ×: 응집 안 됨)

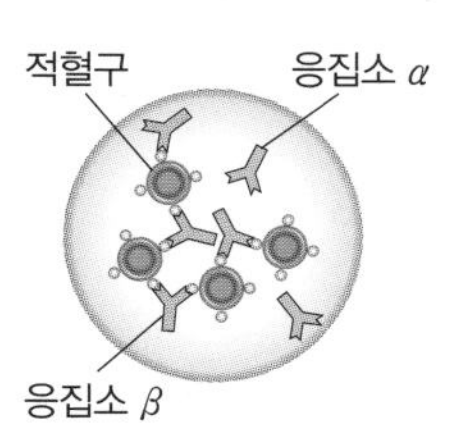

(가)~(다)의 ABO식 혈액형을 각각 쓰시오. (단, ABO식 혈액형만 고려하며, 돌연변이는 고려하지 않는다.)

개념 가이드

ABO식 혈액형에서 응집원(항원) A와 B는 [❶] 의 막 표면에 있고, 응집소(항체) α와 β는 [❷] 에 있다.

답 ❶ 적혈구 ❷ 혈장

교과서 대표 전략 ②

3강 자극의 전달과 신경계

1

그림 (가)는 활동 전위가 발생한 어떤 뉴런의 축삭 돌기 한 지점에서 측정한 막전위 변화를, (나)는 (가)에서 t_1일 때 Na^+ 통로를 통한 Na^+의 확산을 나타낸 것이다. ㉠과 ㉡은 세포 밖과 세포 안을 순서 없이 나타낸 것이다.

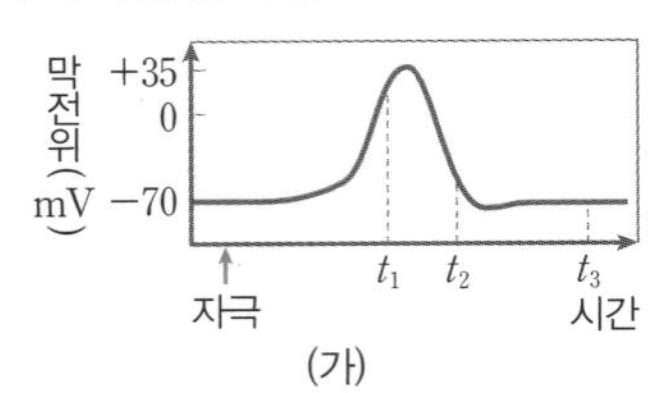

(가)

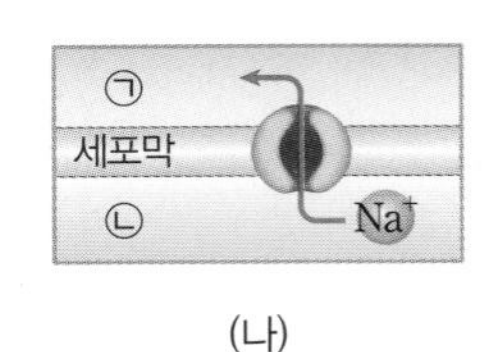

(나)

이에 대한 설명으로 옳은 것만을 〈보기〉에서 있는 대로 고르시오.

보기
ㄱ. Na^+의 막 투과도는 t_1일 때가 t_3일 때보다 크다.
ㄴ. t_2일 때 K^+통로를 통해 K^+이 ㉠에서 ㉡으로 확산된다.
ㄷ. t_3일 때 세포막을 통한 Na^+의 이동이 있다.

Tip
뉴런의 세포막에 있는 Na^+-K^+ 펌프는 항상 [❶]은 세포 밖으로, [❷]은 세포 안으로 능동 수송시킨다.

답 ❶ Na^+ ❷ K^+

2

그림 (가)는 민말이집 신경 A와 B의 동일한 지점에 역치 이상의 자극을 동시에 1회 주고 경과된 시간이 ㉠일 때 지점 P_1과 P_2에서의 막전위를, (나)는 A와 B에서 활동 전위가 발생했을 때 각 지점에서의 막전위 변화를 나타낸 것이다. 흥분 전도 속도는 A에서가 B에서의 1.5배이다.

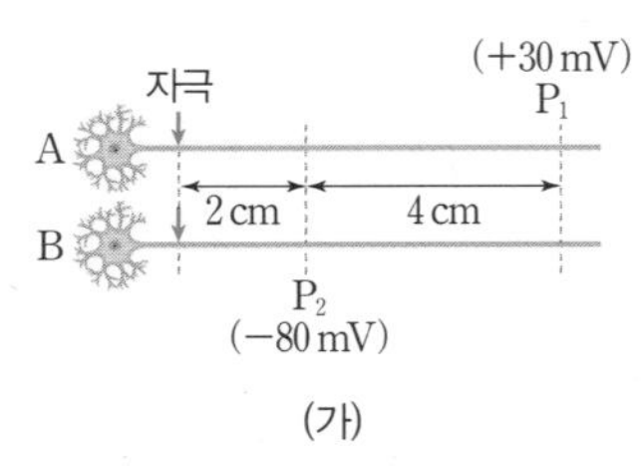

(가)

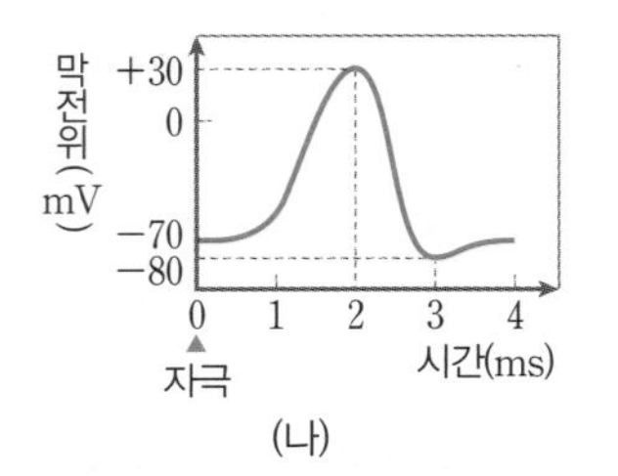

(나)

㉠과 A에서의 흥분 전도 속도를 각각 구하시오. (단, A와 B에서 흥분의 전도는 각각 1회만 일어났다.)

Tip
흥분 전도 속도는 두 지점 사이의 [❶]를 흥분이 두 지점을 이동하는 데 걸린 [❷]으로 나누어 구할 수 있다.

답 ❶ 거리 ❷ 시간

3

그림은 자극에 대한 반사가 일어날 때 흥분 전달 경로를 나타낸 것이다. ⓐ는 골격근이다.

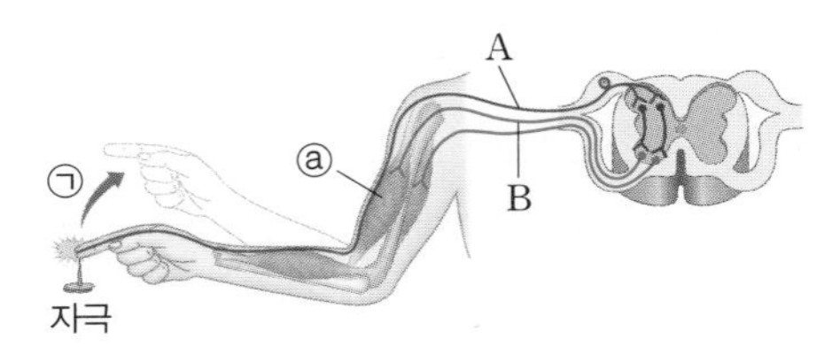

이에 대한 설명으로 옳은 것만을 〈보기〉에서 있는 대로 고르시오.

보기
ㄱ. A와 B는 모두 말초 신경계에 속한다.
ㄴ. 이 반사의 조절 중추는 뇌줄기에 속한다.
ㄷ. ㉠이 일어나는 동안 ⓐ의 근육 원섬유 마디에서 액틴 필라멘트의 길이는 줄어든다.

Tip
회피 반사의 중추는 [❶]이고, 뇌줄기는 중간뇌, [❷], 연수로 구성된다.

답 ❶ 척수 ❷ 뇌교

4

그림 (가)는 위에 연결된 자율 신경을, (나)는 B를 자극했을 때 위 내부의 pH 변화를 나타낸 것이다. A와 B는 서로 다른 뉴런이고, ㉠과 ㉡ 중 한 곳에 신경절이 있다.

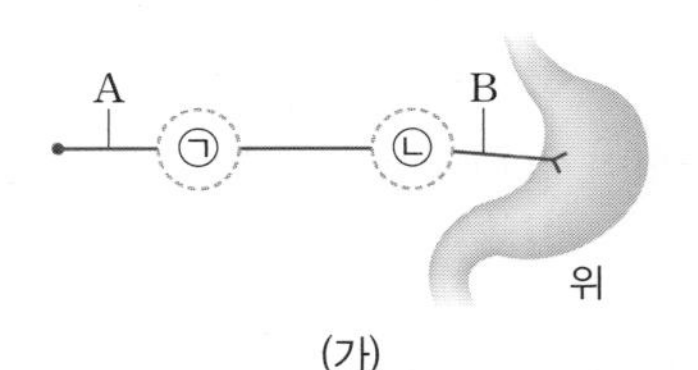

(가)

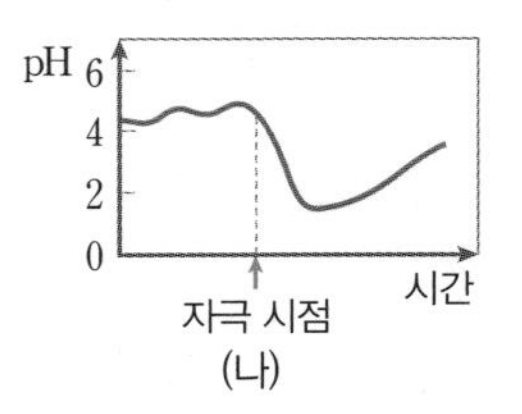

(나)

이에 대한 설명으로 옳은 것만을 〈보기〉에서 있는 대로 고르시오.

보기
ㄱ. ㉠에 신경절이 있다.
ㄴ. A의 신경 세포체는 연수에 있다.
ㄷ. A와 B의 축삭 돌기 말단에서 모두 아세틸콜린이 분비된다.

Tip
위에 연결된 교감 신경이 흥분하면 소화 작용이 [❶]되고, 부교감 신경이 흥분하면 소화 작용이 [❷]된다.

답 ❶ 억제 ❷ 촉진

4강 항상성과 우리 몸의 방어 작용

5

그림 (가)는 이자에서 분비되는 호르몬 ㉠과 ㉡을, (나)는 건강한 사람에서 ㉠의 농도에 따른 혈액으로부터 조직 세포로의 포도당 유입량을 나타낸 것이다. X와 Y는 각각 α세포와 β세포 중 하나이고, ㉠과 ㉡은 글루카곤과 인슐린을 순서 없이 나타낸 것이다.

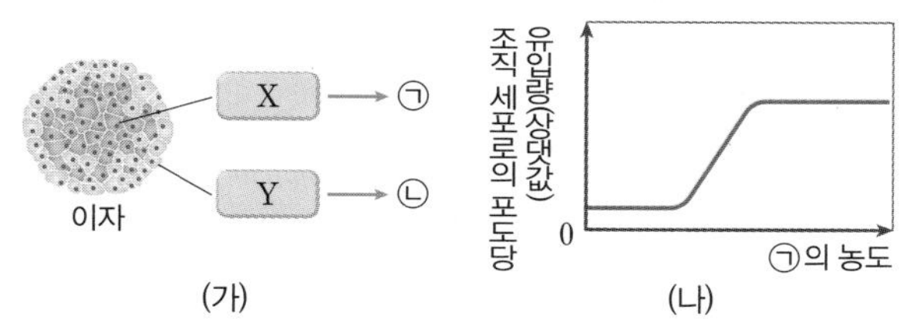

이에 대한 설명으로 옳은 것만을 〈보기〉에서 있는 대로 고르시오.

보기
ㄱ. X는 α세포이다.
ㄴ. 이자에 연결된 교감 신경이 흥분하면 ㉡의 분비가 촉진된다.
ㄷ. 간에서 ㉠은 글리코젠의 합성을 촉진한다.

Tip
인슐린은 혈액에서 조직 세포로 ❶ ____ 의 흡수를 촉진하고, 간에서 ❷ ____ 의 합성을 촉진하여 혈당량을 감소시킨다.

답 ❶ 포도당 ❷ 글리코젠

6

그림은 사람에서 전체 혈액량이 정상 상태일 때와 ㉠일 때 혈장 삼투압에 따른 혈중 ADH의 농도를 나타낸 것이다. ㉠은 전체 혈액량이 정상보다 감소한 상태와 정상보다 증가한 상태 중 하나이다.

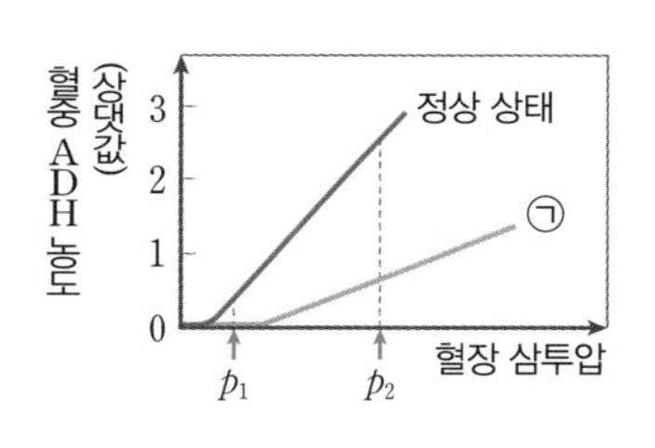

이에 대한 설명으로 옳은 것만을 〈보기〉에서 있는 대로 고르시오. (단, 제시된 자료 이외에 체내 수분량에 영향을 미치는 요인은 없다.)

보기
ㄱ. ㉠은 전체 혈액량이 정상보다 증가한 상태이다.
ㄴ. ㉠일 때 생성되는 오줌의 삼투압은 p_1일 때가 p_2일 때보다 높다.
ㄷ. 전체 혈액량이 정상 상태일 때 콩팥에서 단위 시간당 물의 재흡수량은 p_1일 때가 p_2일 때보다 적다.

Tip
혈중 ADH의 농도가 높아지면 ❶ ____ 에서 물의 재흡수량이 증가하여 전체 혈액량이 ❷ ____ 한다.

답 ❶ 콩팥 ❷ 증가

7

표는 사람의 질병 (가)~(다)의 특징을 나타낸 것이다. (가)~(다)는 알레르기, 파상풍, 후천성 면역 결핍증(AIDS)을 순서 없이 나타낸 것이다.

질병	특징
(가)	병원체가 분열법으로 스스로 증식한다.
(나)	특정 항원에 대한 면역 반응이 과민하게 나타난다.
(다)	다른 사람에게 전염된다.

이에 대한 설명으로 옳은 것만을 〈보기〉에서 있는 대로 고르시오.

보기
ㄱ. (가)와 (나)는 모두 감염성 질병이다.
ㄴ. 꽃가루는 (나)를 일으키는 원인 중 하나이다.
ㄷ. (다)의 병원체는 독립적으로 물질대사를 한다.

Tip
면역 관련 질환 중 외부에서 침입한 ❶ ____ 에 대항하는 과정에서 면역 반응이 과민하게 나타나는 질환을 ❷ ____ 라고 한다.

답 ❶ 항원 ❷ 알레르기

8

그림은 병원체 X에 노출된 적이 없는 어떤 사람에서 X의 침입에 의해 생성되는 X에 대한 혈중 항체 농도 변화를 나타낸 것이다.

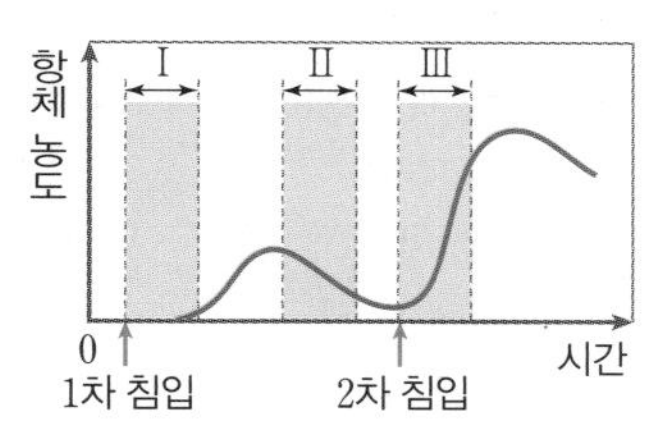

이에 대한 설명으로 옳은 것만을 〈보기〉에서 있는 대로 고르시오.

보기
ㄱ. 구간 Ⅰ에서 비특이적 방어 작용이 일어난다.
ㄴ. 구간 Ⅱ와 Ⅲ에서 모두 체액성 면역이 일어난다.
ㄷ. 구간 Ⅲ에서 X에 대한 형질 세포가 기억 세포로 빠르게 분화된다.

Tip
형질 세포에서 생성된 ❶ ____ 가 항원과 결합하여 항원을 무력화시키는 면역 반응을 ❷ ____ 이라고 한다.

답 ❶ 항체 ❷ 체액성 면역

누구나 합격 전략

3강 자극의 전달과 신경계

1

그림은 시냅스를 이루고 있는 두 뉴런을 나타낸 것이다. ㉠은 가지 돌기, 신경 세포체, 축삭 돌기 중 하나이며, B와 C 사이의 거리와 C와 D 사이의 거리는 같다.

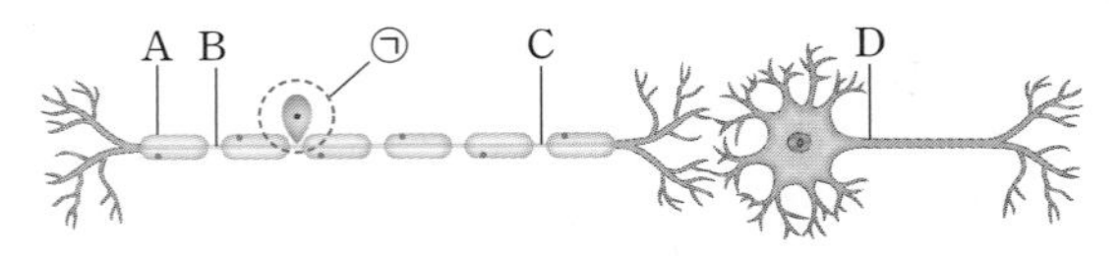

이에 대한 설명으로 옳은 것만을 〈보기〉에서 있는 대로 고른 것은?

보기
ㄱ. ㉠에서 생명 활동에 필요한 물질대사가 일어난다.
ㄴ. B에 역치 이상의 자극을 주었을 때 A와 C에서 모두 활동 전위가 발생한다.
ㄷ. C에 역치 이상의 자극을 주었을 때 활동 전위는 B보다 D에서 먼저 발생한다.

① ㄱ ② ㄴ ③ ㄱ, ㄷ
④ ㄴ, ㄷ ⑤ ㄱ, ㄴ, ㄷ

2

그림은 어떤 뉴런 X에 역치 이상의 자극을 주었을 때, X의 축삭 돌기 한 지점에서 막전위 변화를, 표는 t_3일 때 세포 안과 밖의 이온 분포를 나타낸 것이다. ㉠과 ㉡은 Na^+과 K^+을 순서 없이 나타낸 것이다.

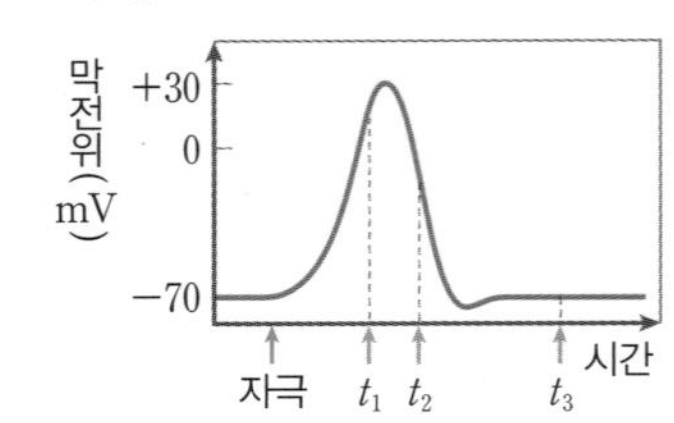

이온	세포 안 (mM)	세포 밖 (mM)
㉠	?	5
㉡	15	145

이에 대한 설명으로 옳은 것만을 〈보기〉에서 있는 대로 고른 것은?

보기
ㄱ. ㉠의 막 투과도는 t_2일 때가 t_3일 때보다 크다.
ㄴ. t_1일 때 ㉡의 농도는 세포 안에서가 세포 밖에서보다 높다.
ㄷ. t_3일 때 세포막을 통한 ㉡의 이동이 일어난다.

① ㄱ ② ㄴ ③ ㄱ, ㄷ
④ ㄴ, ㄷ ⑤ ㄱ, ㄴ, ㄷ

3

그림 (가)는 근육 원섬유 마디 X의 구조를, (나)의 I과 II는 X를 ⓐ 방향으로 잘랐을 때 관찰되는 단면을 나타낸 것이다.

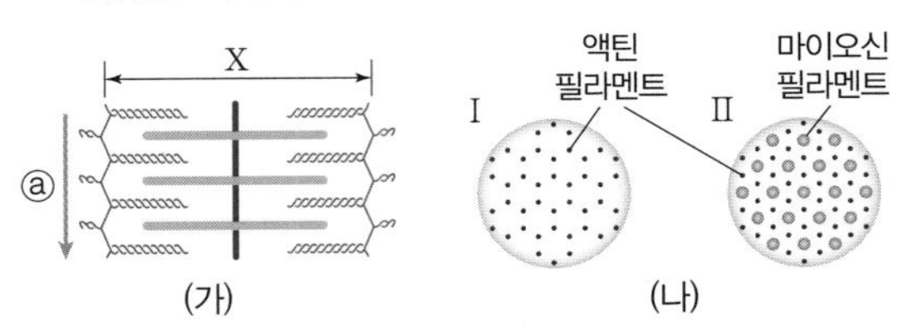

이에 대한 설명으로 옳은 것만을 〈보기〉에서 있는 대로 고른 것은?

보기
ㄱ. II는 H대의 단면에 해당한다.
ㄴ. X가 수축할 때 단면이 I과 같은 부분의 길이는 짧아진다.
ㄷ. 전자 현미경으로 관찰했을 때 단면이 I과 같은 부분은 단면이 II와 같은 부분보다 밝게 보인다.

① ㄱ ② ㄴ ③ ㄱ, ㄷ
④ ㄴ, ㄷ ⑤ ㄱ, ㄴ, ㄷ

4

그림은 사람의 중추 신경계와 심장을 연결하는 자율 신경을 나타낸 것이다. (가)와 (나)는 연수와 척수를 순서 없이 나타낸 것이다.

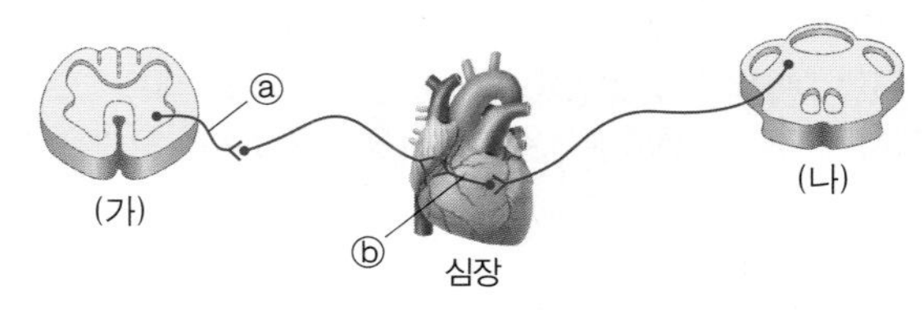

이에 대한 설명으로 옳은 것만을 〈보기〉에서 있는 대로 고른 것은?

보기
ㄱ. (가)의 겉질은 백색질이다.
ㄴ. (나)는 재채기, 하품 등의 반사에 관여한다.
ㄷ. 뉴런 ⓐ와 ⓑ의 축삭 돌기 말단에서는 모두 아세틸콜린이 분비된다.

① ㄱ ② ㄴ ③ ㄱ, ㄷ
④ ㄴ, ㄷ ⑤ ㄱ, ㄴ, ㄷ

4강 항상성과 우리 몸의 방어 작용

5

그림 (가)와 (나)는 항상성 유지에 관여하는 호르몬에 의한 조절 방법과 신경에 의한 조절 방법을 순서 없이 나타낸 것이다.

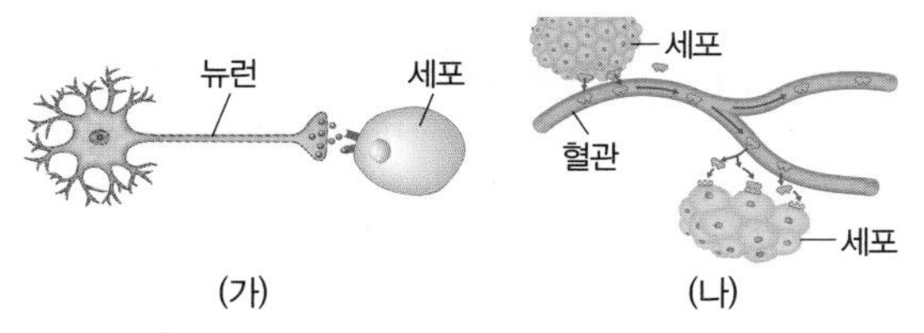

이에 대한 설명으로 옳은 것만을 <보기>에서 있는 대로 고른 것은?

보기
ㄱ. (가)는 호르몬에 의한 조절 방법이다.
ㄴ. 신호 전달 속도는 (가)가 (나)보다 빠르다.
ㄷ. 효과 지속 시간은 (나)가 (가)보다 길다.

① ㄱ ② ㄴ ③ ㄷ
④ ㄱ, ㄴ ⑤ ㄴ, ㄷ

6

그림 (가)는 체온 조절 과정의 일부를, (나)는 어떤 사람의 체온 조절 중추에 ⓐ와 ⓑ를 주었을 때 체온 변화를 나타낸 것이다. ⓐ와 ⓑ는 고온 자극과 저온 자극을 순서 없이 나타낸 것이다.

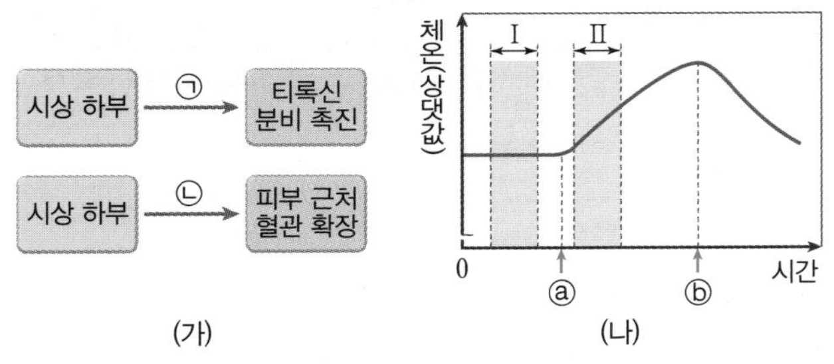

이에 대한 설명으로 옳은 것만을 <보기>에서 있는 대로 고른 것은?

보기
ㄱ. ⓐ는 저온 자극이다.
ㄴ. 과정 ㉠은 구간 Ⅰ에서가 구간 Ⅱ에서보다 활발하게 일어난다.
ㄷ. 과정 ㉡은 부교감 신경에 의해 조절된다.

① ㄱ ② ㄷ ③ ㄱ, ㄴ
④ ㄴ, ㄷ ⑤ ㄱ, ㄴ, ㄷ

7

그림은 건강한 사람의 혈중 ADH 농도에 따른 ㉠의 변화를 나타낸 것이다. ㉠은 혈장 삼투압과 오줌 삼투압 중 하나이다.
이에 대한 설명으로 옳은 것만을 <보기>에서 있는 대로 고른 것은? (단, 제시된 자료 이외에 체내 수분량에 영향을 미치는 요인은 없다.)

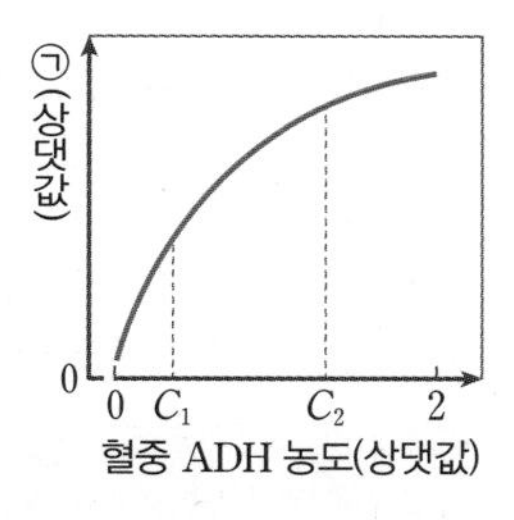

보기
ㄱ. ㉠은 혈장 삼투압이다.
ㄴ. 간뇌의 시상 하부는 ADH의 분비를 조절한다.
ㄷ. 단위 시간당 오줌 생성량은 C_1일 때가 C_2일 때보다 많다.

① ㄱ ② ㄷ ③ ㄱ, ㄴ
④ ㄴ, ㄷ ⑤ ㄱ, ㄴ, ㄷ

8

그림 (가)~(라)는 병원체 X에 감염된 적이 없는 어떤 사람 P의 체내에 X가 침입했을 때 일어나는 방어 작용의 일부를 나타낸 것이다. ⓐ~ⓒ는 B림프구, 보조 T림프구, 형질 세포를 순서 없이 나타낸 것이다.

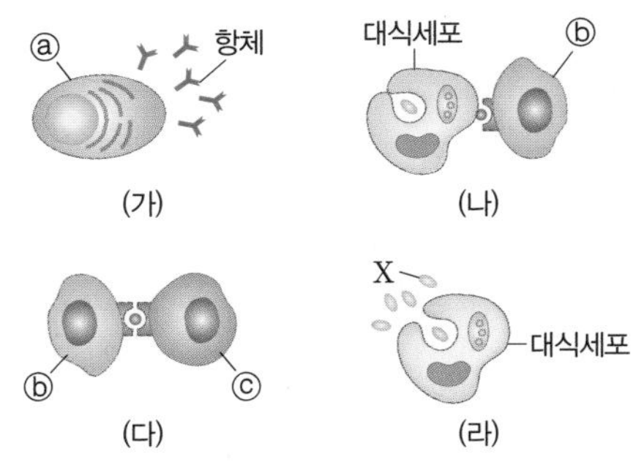

이에 대한 설명으로 옳은 것만을 <보기>에서 있는 대로 고른 것은?

보기
ㄱ. ⓐ는 체액성 면역에 관여한다.
ㄴ. ⓑ와 ⓒ는 모두 골수에서 성숙(분화)한다.
ㄷ. P의 체내에 X가 침입했을 때 일어나는 방어 작용은 (라) → (다) → (나) → (가) 순으로 진행된다.

① ㄱ ② ㄷ ③ ㄱ, ㄴ
④ ㄴ, ㄷ ⑤ ㄱ, ㄴ, ㄷ

창의·융합·코딩 전략

3강 자극의 전달과 신경계

1

다음은 뉴런의 구조와 신경계 기능에 영향을 주는 약물에 대한 선생님과 학생 A~C의 SNS 대화 내용이다.

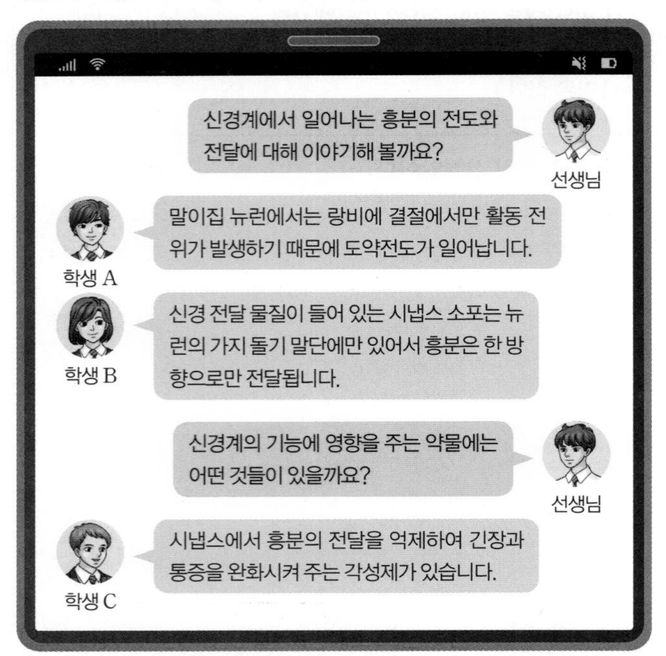

옳게 이야기한 학생만을 있는 대로 고른 것은?

① A ② B ③ A, C
④ B, C ⑤ A, B, C

Tip
신경의 흥분을 촉진하여 각성을 일으키는 약물은 ❶ [　　] 이고, 신경의 흥분을 억제하여 긴장과 통증을 완화하거나 수면을 유도하는 약물은 ❷ [　　] 이다.

답 ❶ 각성제 ❷ 진정제

2

다음은 골격근의 수축 과정에 대한 자료이다.

• 그림 (가)는 좌우 대칭인 근육 원섬유 마디 X의 구조를, (나)의 ㉠~㉢은 X를 ㉮ 방향으로 잘랐을 때 관찰되는 단면 모양을 나타낸 것이다.

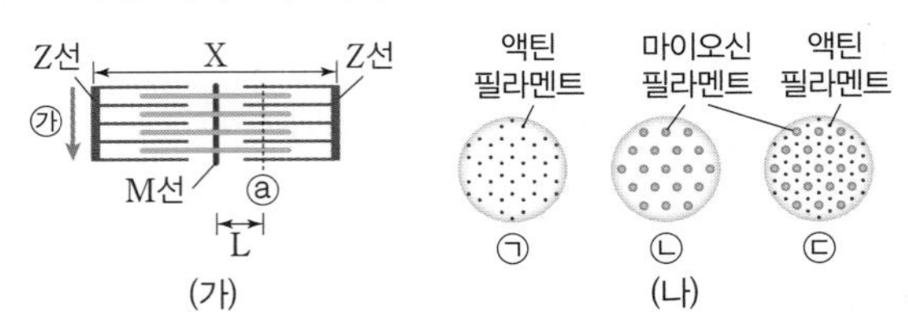

• 표는 골격근 수축 과정의 두 시점 t_1과 t_2일 때 M선으로부터 거리가 L인 지점 ⓐ에서 관찰된 단면 모양을 나타낸 것이다.

시점	t_1	t_2
단면 모양	㉡	㉢

이 자료에 대해 옳게 이야기한 학생만을 있는 대로 고른 것은?

① A ② C ③ A, B
④ B, C ⑤ A, B, C

Tip
액틴 필라멘트만 있는 ㉠은 ❶ [　　] 에서 관찰된다. M선으로부터 일정한 거리에 있는 지점 ⓐ에서 관찰되는 단면 모양이 ㉡에서 ㉢이 되었으므로 X는 t_1일 때가 t_2일 때보다 ❷ [　　] 된 상태이다.

답 ❶ I대 ❷ 이완

3

다음은 중추 신경계의 구조와 기능을 알기 위한 활동 과정과 결과 일부를 나타낸 것이다.

| 활동 과정 |

(가) 도미노 카드 중 시작이라고 적힌 카드를 찾아 A4 용지 왼쪽 윗부분에 붙인다.

(나) 도미노 카드에 적힌 문제를 풀고, 그 문제에 대한 정답이 적힌 카드를 찾아 화살표 방향에 맞추어서 이어 붙인다.

(다) 과정 (나)를 반복하여 모든 카드를 이어 붙인다.

| 활동 결과 |

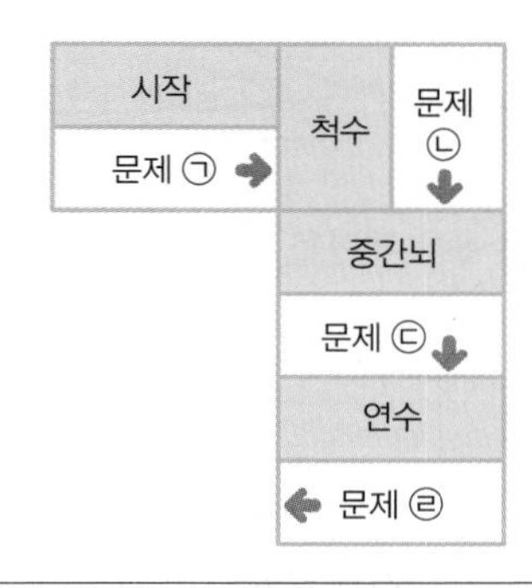

이에 대한 설명으로 옳은 것만을 〈보기〉에서 있는 대로 고른 것은?

보기

ㄱ. '뇌교, 연수와 함께 뇌줄기를 구성하는 부위는?'은 문제 ㉠에 해당한다.

ㄴ. '안구 운동과 홍채 운동을 조절하는 중추는?'은 문제 ㉡에 해당한다.

ㄷ. '소화 운동과 소화액 분비를 조절하는 중추는?'은 문제 ㉢에 해당한다.

① ㄱ ② ㄴ ③ ㄱ, ㄷ
④ ㄴ, ㄷ ⑤ ㄱ, ㄴ, ㄷ

Tip

뇌줄기는 뇌교, 동공 반사의 조절 중추인 ❶ [   ], 심장 박동, 호흡 운동, 소화 운동 등의 조절 중추인 ❷ [   ]로 구성된다.

답 ❶ 중간뇌 ❷ 연수

4

다음은 자율 신경에 의한 심장 박동 조절에 대한 실험이다.

| 실험 과정 |

(가) 자율 신경 ⓐ와 ⓑ가 연결된 두 개의 심장을 준비한다. ⓐ와 ⓑ는 교감 신경과 부교감 신경을 순서 없이 나타낸 것이다.

(나) Ⅰ에는 ⓐ에, Ⅱ에는 ⓑ에 각각 전기 자극을 준 후, 심장 세포에서 활동 전위가 발생하는 빈도를 측정한다.

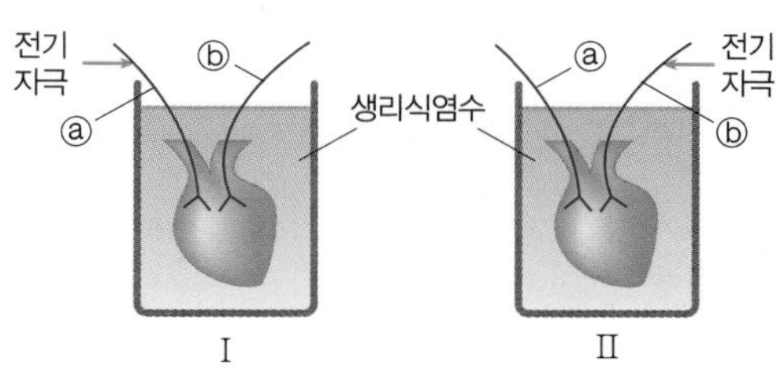

| 실험 결과 |

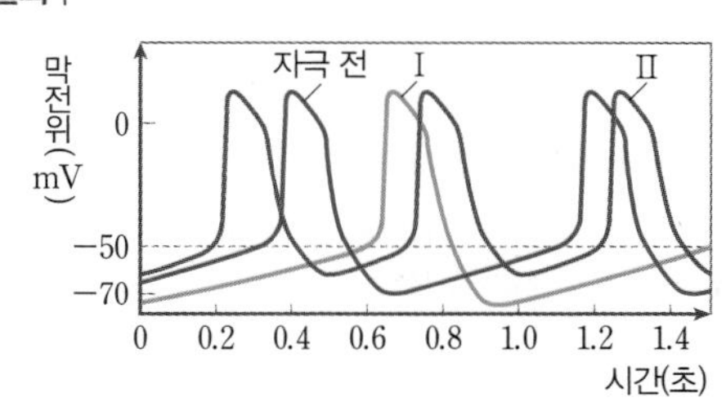

이 실험에 대한 설명으로 옳은 것만을 〈보기〉에서 있는 대로 고른 것은? (단, 제시된 조건 이외는 고려하지 않는다.)

보기

ㄱ. ⓐ의 신경절 이전 뉴런의 신경 세포체는 척수에 있다.

ㄴ. $\frac{\text{신경절 이후 뉴런의 길이}}{\text{신경절 이전 뉴런의 길이}}$는 ⓐ가 ⓑ보다 크다.

ㄷ. ⓑ의 신경절 이후 뉴런의 축삭 돌기 말단에서 심장으로 노르에피네프린이 분비된다.

① ㄱ ② ㄷ ③ ㄱ, ㄴ
④ ㄴ, ㄷ ⑤ ㄱ, ㄴ, ㄷ

Tip

ⓐ를 자극했을 때 심장 세포에서의 활동 전위 발생 빈도가 자극 전보다 감소하므로 ⓐ는 심장 박동을 억제하는 ❶ [   ]이고, ⓐ는 ❷ [   ]에서 나온다.

답 ❶ 부교감 신경 ❷ 연수

4강 항상성과 우리 몸의 방어 작용

5

그림은 건강한 사람에서 티록신의 분비량이 감소했을 때 호르몬의 분비 조절 과정을, 표는 갑상샘 기능 저하증 환자 I과 II에서 혈중 호르몬 ㉠~㉢의 농도를 건강한 사람과 비교하여 나타낸 것이다. I과 II는 각각 A와 B 중 서로 다른 한 부위에만 이상이 있으며, A와 B는 갑상샘과 뇌하수체 전엽을 순서 없이 나타낸 것이다. ㉠~㉢은 티록신, TRH, TSH를 순서 없이 나타낸 것이다.

촉진 → 시상 하부
TRH ↓
촉진 → A
TSH ↓
B
티록신 ↓
(분비량 감소) 표적 기관 X

구분	I	II
㉠	−	−
㉡	+	+
㉢	+	−

(+ : 건강한 사람보다 높음, − : 건강한 사람보다 낮음)

이에 대한 설명으로 옳은 것만을 〈보기〉에서 있는 대로 고른 것은? (단, I과 II에서 이상이 있는 부위를 제외한 다른 부위는 정상이다.)

보기
ㄱ. I은 A에 이상이 있다.
ㄴ. B는 ㉢의 표적 기관이다.
ㄷ. X에서의 물질대사는 II에서가 건강한 사람에서보다 적게 일어난다.

① ㄱ ② ㄴ ③ ㄷ
④ ㄱ, ㄴ ⑤ ㄴ, ㄷ

Tip
시상 하부에서 분비된 ❶ ______는 뇌하수체 전엽을 자극하고, 뇌하수체 전엽에서 분비된 ❷ ______는 갑상샘을 자극하여 티록신 분비를 촉진한다. 티록신은 표적 세포에서 물질대사를 촉진시키므로 갑상샘 기능 저하증 환자는 건강한 사람보다 대사량이 적다.

답 ❶ TRH(갑상샘 자극 호르몬 방출 호르몬) ❷ TSH(갑상샘 자극 호르몬)

6

그림은 철수가 목욕탕에서 체온과 다른 온도의 물 ㉠에 들어갔을 때 체온, A, B의 변화를 나타낸 것이다. ㉠은 '체온보다 낮은 온도의 물'과 '체온보다 높은 온도의 물' 중 하나이고, A와 B는 땀 분비량과 열 발생량을 순서 없이 나타낸 것이다.

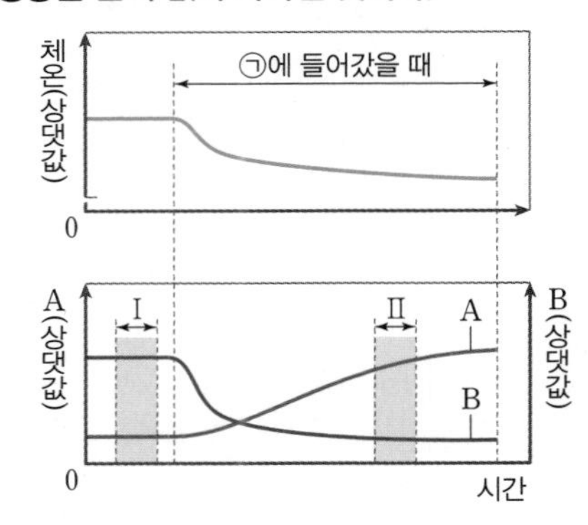

이에 대한 설명으로 옳은 것만을 〈보기〉에서 있는 대로 고른 것은? (단, 철수의 체온 조절 기능은 정상이며, 제시된 조건 이외는 고려하지 않는다.)

보기
ㄱ. ㉠은 '체온보다 낮은 온도의 물'이다.
ㄴ. A는 땀 분비량이다.
ㄷ. 골격근의 떨림은 구간 I에서가 구간 II에서보다 활발하게 일어난다.

① ㄱ ② ㄴ ③ ㄷ
④ ㄱ, ㄴ ⑤ ㄴ, ㄷ

Tip
체온 조절 중추인 간뇌의 ❶ ______가 체온보다 낮은 온도를 감지하면 땀 분비량은 ❷ ______하고, 열 발생량은 ❸ ______한다.

답 ❶ 시상 하부 ❷ 감소 ❸ 증가

7

그림은 구분 기준에 따라 사람의 네 가지 질병을 구분하는 과정을 나타낸 것이다.

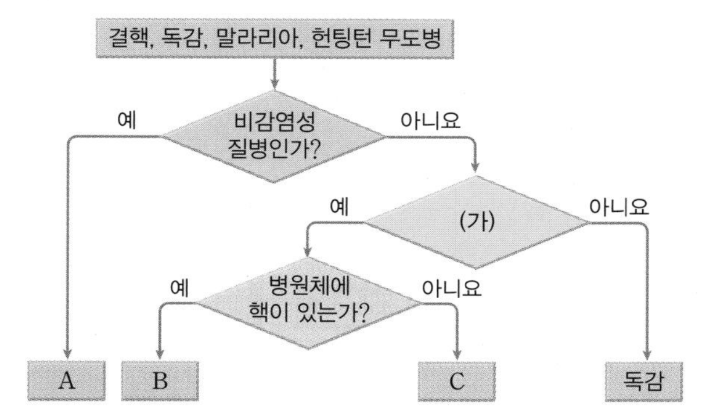

이에 대한 설명으로 옳은 것만을 〈보기〉에서 있는 대로 고른 것은?

보기

ㄱ. A는 헌팅턴 무도병이다.
ㄴ. '병원체가 세포 분열을 하는가?'는 (가)에 해당한다.
ㄷ. B의 병원체는 곰팡이, C의 병원체는 세균이다.

① ㄱ ② ㄷ ③ ㄱ, ㄴ
④ ㄴ, ㄷ ⑤ ㄱ, ㄴ, ㄷ

Tip

말라리아의 병원체는 진핵생물인 ❶ (   )이고, 결핵의 병원체는 원핵생물인 ❷ (   )이며, 독감의 병원체는 세포 구조를 가지지 않는 ❸ (   )이다.

답 ❶ 원생생물 ❷ 세균 ❸ 바이러스

8

다음은 어떤 가족의 ABO식 혈액형에 대한 자료이다.

- 이 가족의 ABO식 혈액형은 서로 다르다.
- 아버지와 자녀 1의 혈액을 항 A 혈청과 섞으면 모두 응집 반응이 일어난다.
- 표는 이 가족 구성원에서 ㉠과 ㉡의 유무를 나타낸 것이다. ㉠은 응집원 A와 응집원 B 중 하나이고, ㉡은 응집소 α와 응집소 β 중 하나이다.

구분	아버지	어머니	자녀 1	자녀 2
㉠	?	X	○	?
㉡	X	?	○	X

(○: 있음, X: 없음)

이에 대한 설명으로 옳은 것만을 〈보기〉에서 있는 대로 고른 것은? (단, ABO식 혈액형만 고려하며, 돌연변이는 고려하지 않는다.)

보기

ㄱ. 자녀 1의 ABO식 혈액형은 AB형이다.
ㄴ. 어머니의 혈액에는 ㉡이 있다.
ㄷ. 아버지의 적혈구를 자녀 2의 혈장과 섞으면 응집 반응이 일어난다.

① ㄱ ② ㄷ ③ ㄱ, ㄴ
④ ㄴ, ㄷ ⑤ ㄱ, ㄴ, ㄷ

Tip

항 A 혈청은 ABO식 혈액형이 ❶ (   )인 사람의 혈청으로, 응집소 ❷ (   )가 들어 있어 응집원 ❸ (   )를 가지는 혈액과 섞었을 때 응집 반응이 일어난다.

답 ❶ B형 ❷ α ❸ A

마무리 전략

● 핵심 한눈에 보기

Ⅰ. 생명 과학의 이해 ~ Ⅱ. 사람의 물질대사

답 ❶ 물질대사 ❷ 생식 ❸ 귀납적 ❹ 가설 설정 ❺ 이화 ❻ 동화 ❼ ADP ❽ ATP

이어서 공부할 내용

✔ 신유형 · 신경향 · 서술형 전략

✔ 적중 예상 전략 ❶, ❷회

Ⅲ. 항상성과 몸의 조절

답 ❶ 감각 신경 ❷ 연합 신경 ❸ 운동 신경 ❹ 액틴 ❺ 마이오신 ❻ 아세틸콜린 ❼ 추울 ❽ 수축하고 ❾ 더울

신유형·신경향·서술형 전략

1 바이러스

다음은 코로나바이러스감염증-19(COVID-19)에 대한 선생님과 학생 A~C의 SNS 대화 내용이다.

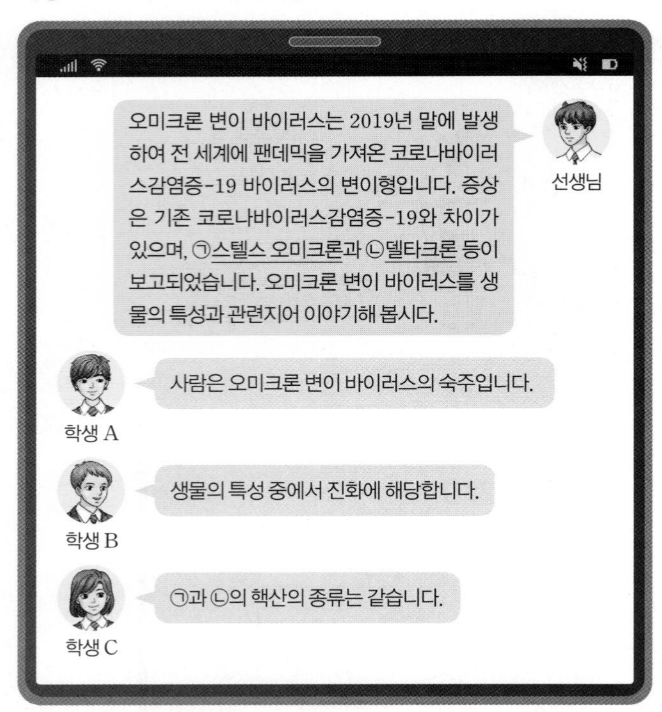

옳게 이야기한 학생만을 있는 대로 고른 것은?

① A　　② B　　③ A, C
④ B, C　　⑤ A, B, C

Tip
바이러스는 ❶ ______ 를 가지고 있지 않아 스스로 물질대사를 하지 못하지만, 유전 물질인 ❷ ______ 을 가지고 있어 증식 과정에서 돌연변이가 일어나 환경에 적응하고 진화한다.

답 ❶ 효소 ❷ 핵산

2 에너지 균형

표는 체중이 동일한 세 학생 ㉠~㉢의 각 영양소별 4일 평균 에너지 섭취량을 나타낸 것이다. 에너지 섭취량의 단위는 kJ이고 탄수화물과 단백질의 열량은 17 kJ/g, 지방의 열량은 37 kJ/g이다. (단, 1일 영양 권장량과 에너지 소비량은 100000 kJ이라고 가정한다.)

학생	탄수화물	지방	단백질
㉠	34000	37000	42500
㉡	34000	74000	25500
㉢	34000	37000	34000

이에 대해 옳게 이야기한 학생만을 있는 대로 고른 것은?

① A　　② B　　③ A, C
④ B, C　　⑤ A, B, C

Tip
에너지 ❶ ______ 이 에너지 ❷ ______ 보다 많을 때 사용하고 남은 에너지가 체내에 축적되어 비만이 될 수 있다. 반대로 에너지 ❷ ______ 이 에너지 ❶ ______ 보다 많을 때는 영양 부족 상태가 될 수 있다.

답 ❶ 섭취량 ❷ 소비량

3 흥분의 전도

다음은 자물쇠 비밀 번호를 찾는 탐구 과제이다.

| **탐구 과제** | **자물쇠 비밀 번호를 찾아라!**

- 자물쇠 비밀 번호는 그림 (가)와 같이 wxyz이고, w, x, y, z는 민말이집 신경 A에 있는 각 지점의 번호이다. A에서 지점 d_1~d_4의 위치는 그림 (나)와 같다.

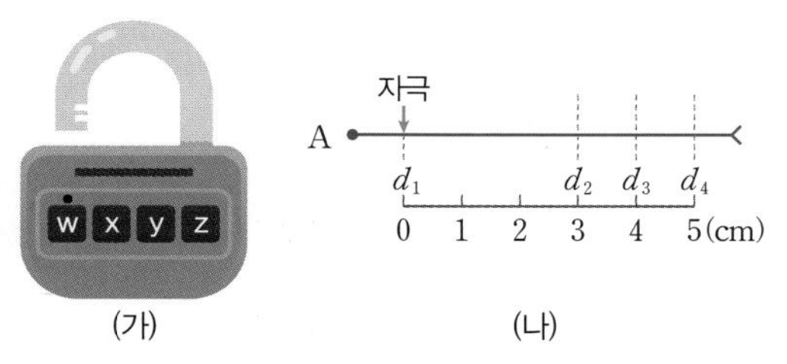

(가) (나)

- 표는 A의 d_1에 역치 이상의 자극을 주고 경과된 시간이 3 ms, 4 ms일 때 d_w, d_x, d_y, d_z에서의 막전위를 나타낸 것이다. w, x, y, z는 1, 2, 3, 4를 순서 없이 나타낸 것이다.

구분	d_w	d_x	d_y	d_z
3 ms일 때 막전위(mV)	−60	?	−80	0
4 ms일 때 막전위(mV)	+30	0	−70	0

- A에서 활동 전위가 발생했을 때 각 지점에서의 막전위 변화는 그림 (다)와 같다.

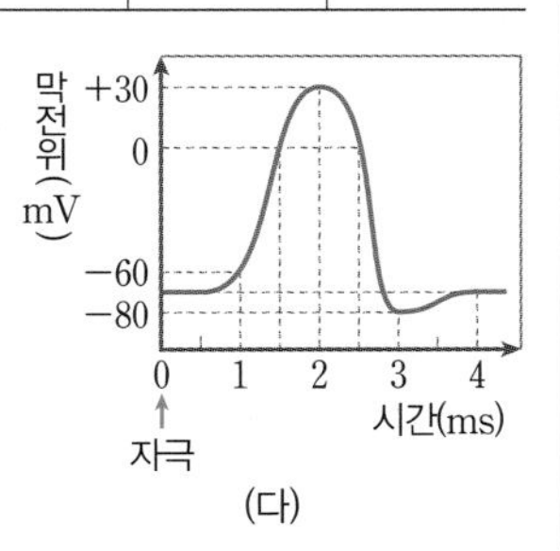

(다)

자물쇠의 비밀 번호로 옳은 것은? (단, A에서 흥분의 전도는 1회 일어났고, 휴지 전위는 −70 mV이다.)

① 1 2 3 4 ② 2 3 1 4 ③ 3 2 1 4
④ 3 4 1 2 ⑤ 4 3 2 1

Tip
한 뉴런 내에서 연속적으로 ❶ [   ]가 발생하여 흥분이 뉴런 내에서 이동하는 현상을 흥분의 ❷ [   ]라고 하며, 자극을 준 지점으로부터 가까운 지점일수록 활동 전위가 먼저 발생한다.

답 ❶ 활동 전위 ❷ 전도

4 면역 반응 실험

다음은 질병 진단 키트 제작을 위해 병원체 A~C를 이용한 실험이다.

| **자료** |
질병 진단 키트는 질병의 원인인 병원체의 항원과 결합할 수 있는 항체를 이용하여 감염 여부를 검출한다.

| **실험 과정 및 결과** |
(가) 유전적으로 동일하고 A~C에 노출된 적이 없는 생쥐 I~III을 준비하여 I에는 A를, II에는 B를, III에는 C를 주사한다.
(나) (가)의 I에서 혈청 ⓐ를, II에서 혈청 ⓑ를, III에서 혈청 ⓒ를 분리하여 각각 A~C와 섞는다.
(다) 그림은 A~C에 있는 항원의 종류를, 표는 혈청 ㉠~㉢과 A~C의 항원 항체 반응 결과를 나타낸 것이다. ㉠~㉢은 ⓐ~ⓒ를 순서 없이 나타낸 것이다.

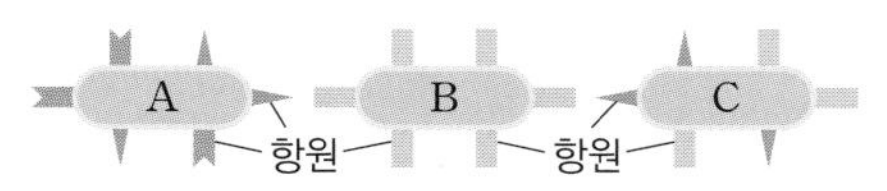

구분	A	B	C
㉠	X	○	○
㉡	○	X	○
㉢	○	○	○

(○: 반응함, X: 반응 안 함)

이에 대한 설명으로 옳은 것만을 〈보기〉에서 있는 대로 고른 것은? (단, 제시된 항원과 조건 이외는 고려하지 않는다.)

보기
ㄱ. ㉠은 ⓑ이다.
ㄴ. ㉡과 ㉢을 섞으면 항원 항체 반응이 일어난다.
ㄷ. ⓐ에 있는 항체를 이용하여 진단 키트를 제작하면 A~C의 감염 여부를 모두 검출할 수 있다.

① ㄱ ② ㄷ ③ ㄱ, ㄴ
④ ㄴ, ㄷ ⑤ ㄱ, ㄴ, ㄷ

Tip
항체는 자신이 가진 결합 부위와 맞는 특정 ❶ [   ]에만 작용하는데, 이를 항원 항체 반응의 ❷ [   ]이라고 한다.

답 ❶ 항원 ❷ 특이성

● 서술형 ●

5 기관계의 통합적 작용

그림은 건강한 사람이 음식물을 섭취했을 때 일어나는 기관계의 통합적 작용을 나타낸 것이다.

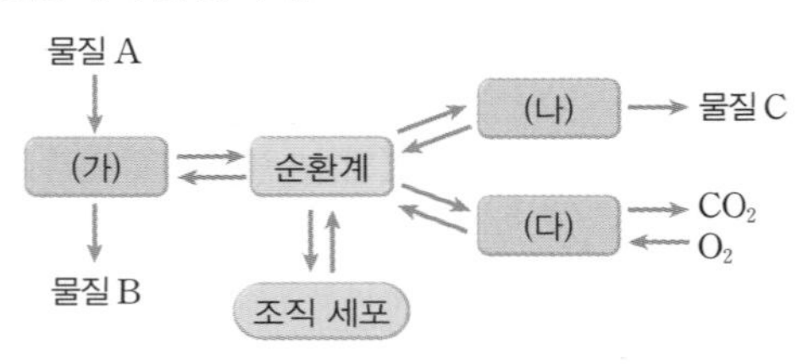

(1) (가)~(다) 기관계의 이름을 각각 쓰시오.

(2) 물질 A가 단백질일 때, (가)에서부터 조직 세포로 이동하여 세포 호흡 과정을 거친 후 물질 C가 생성되는 과정을 기관계를 포함하여 간단히 서술하시오.

Tip

단백질이 세포 호흡으로 분해되면 이산화 탄소, 물, ❶ ____ 가 생성되며, ❶ ____ 는 간에서 독성이 약한 ❷ ____ 로 전환된다.

답 ❶ 암모니아 ❷ 요소

6 배설계

비커 A에 증류수를, B에 요소 용액을 넣고 용액의 pH를 각각 측정한 후, 두 비커에 생콩즙을 넣어 잘 섞은 다음 10분 후에 다시 pH를 측정했다.

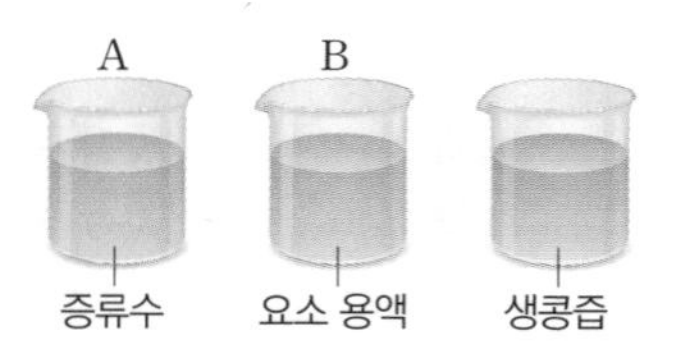

비커 A와 B에 들어 있는 용액의 pH는 어떻게 변했을지 추론하여 쓰고, 그렇게 판단한 까닭을 서술하시오.

Tip

B에서는 생콩즙 속에 들어 있는 ____ 가 요소를 분해하여 생성된 암모니아가 pH를 높아지게 한다.

답 효소

7 생명 과학의 탐구 방법

다음은 효모를 이용한 발효 실험이다.

| 과정 |

(가) 발효관 A~C에 표와 같은 용액을 각각 넣는다.

발효관	용액
A	10 % 포도당 용액 15 mL+효모액 15 mL
B	5 % 포도당 용액 15 mL+효모액 15 mL
C	증류수 15 mL+효모액 15 mL

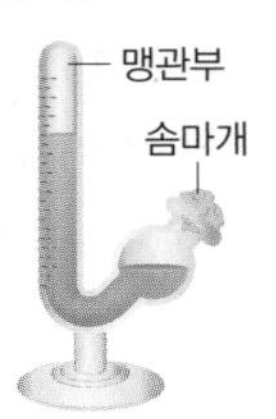

(나) 각 발효관의 입구를 솜으로 막은 후 맹관부에 모인 기체의 부피를 5분 간격으로 측정한다.

(다) 기체가 충분히 모이면 발효관의 용액을 일정량 덜어 내고 KOH 수용액을 첨가한 후 맹관부에 모인 기체 부피 변화를 측정한다.

| 결과 |

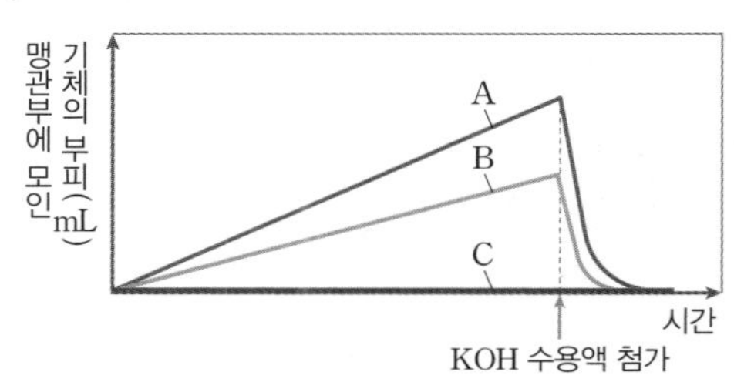

(1) 맹관부에 모인 기체가 이산화 탄소임을 확인할 수 있는 실험 과정을 쓰고, 그 원리를 서술하시오.

(2) 위의 실험으로 알 수 있는 내용을 두 가지 이상 쓰시오.

Tip

A와 B에서는 포도당을 분해할 수 있는 ❶ ____ 를 가진 효모가 세포 호흡을 한 결과 ❷ ____ 가 발생한다.

답 ❶ 효소 ❷ 이산화 탄소

8 중추 신경계의 구조와 기능

그림은 환자 A와 B의 뇌에서 기능이 상실된 부위를 나타낸 것이다. (단, 제시된 자료 이외는 고려하지 않는다.)

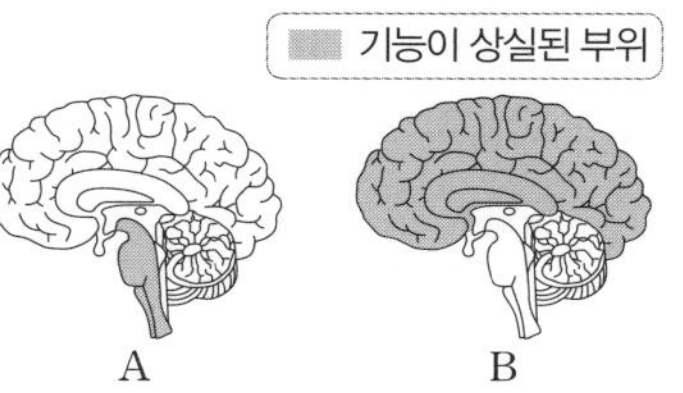

(1) A와 B 중 동공 반사가 일어나는 환자를 쓰고, 그렇게 판단한 까닭을 서술하시오.

(2) A와 B 중 생명 유지를 위해 인공 호흡기가 필요한 환자를 쓰고, 그렇게 판단한 까닭을 서술하시오.

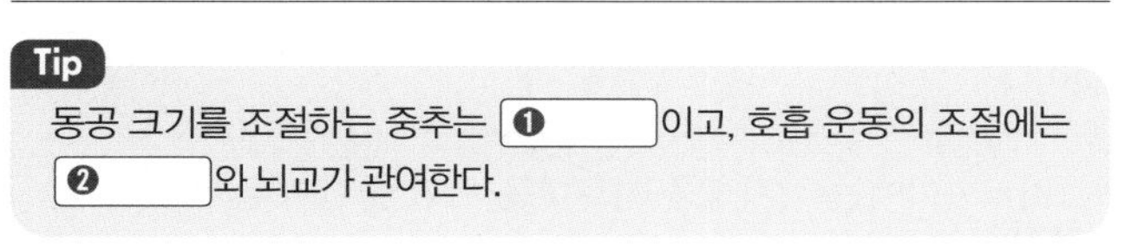

Tip
동공 크기를 조절하는 중추는 ❶ ____ 이고, 호흡 운동의 조절에는 ❷ ____ 와 뇌교가 관여한다.

답 ❶ 중간뇌 ❷ 연수

9 자율 신경의 구조와 기능

그림 (가)는 연수와 척수로부터 자율 신경 ㉠과 ㉡을 통해 소장에 연결된 경로를, (나)는 뉴런 A와 B 중 하나를 자극했을 때 소장 근육의 수축력(운동 정도) 변화를 나타낸 것이다.

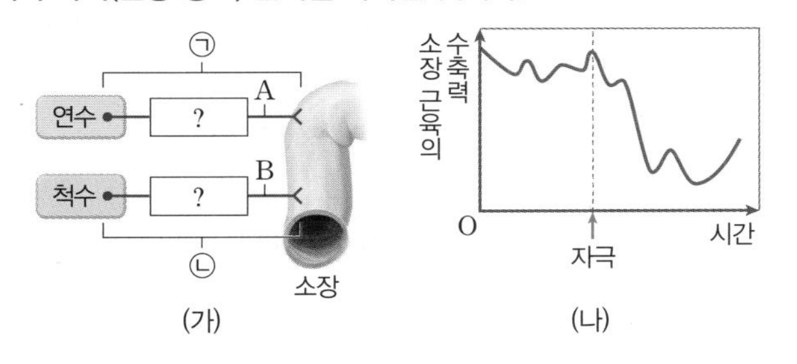

(1) ㉠과 ㉡ 중 $\frac{\text{신경절 이전 뉴런의 길이}}{\text{신경절 이후 뉴런의 길이}}$의 값이 큰 자율 신경은 어느 것인지 쓰고, 그렇게 판단한 까닭을 서술하시오.

(2) (나)에서 A와 B 중 자극을 준 뉴런은 어느 것인지 쓰고, 그렇게 판단한 까닭을 서술하시오.

Tip
자율 신경 중 척수와 소장 사이에 연결된 ❶ ____ 이 흥분하면 소장 근육의 수축력이 줄어들어 소화 운동이 ❷ ____ 된다.

답 ❶ 교감 신경 ❷ 억제

10 혈장 삼투압 조절

다음은 어떤 동물 P의 혈장 삼투압 조절에 대한 자료이다. (단, 제시된 조건 이외에 체내 수분량에 영향을 미치는 요인은 없다.)

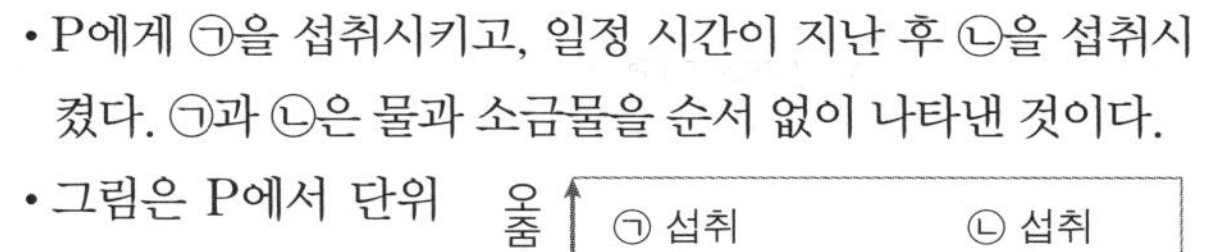

- P에게 ㉠을 섭취시키고, 일정 시간이 지난 후 ㉡을 섭취시켰다. ㉠과 ㉡은 물과 소금물을 순서 없이 나타낸 것이다.
- 그림은 P에서 단위 시간당 오줌 생성량을 시간에 따라 나타낸 것이다.

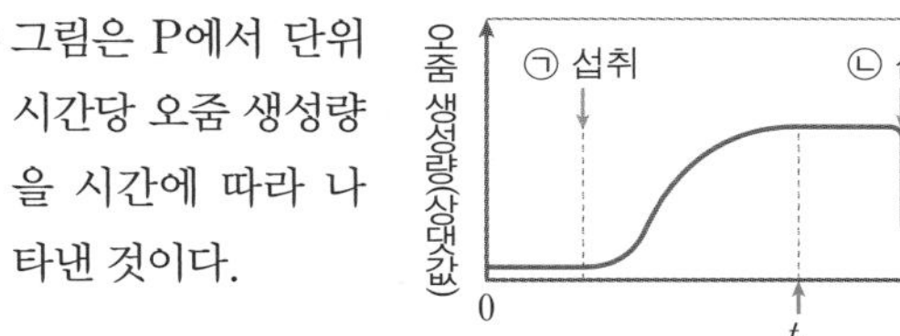

(1) ㉠과 ㉡은 각각 무엇인지 쓰고, 그렇게 판단한 까닭을 서술하시오.

(2) t_1과 t_2 중 혈중 ADH 농도가 높은 시점을 쓰고, 그렇게 판단한 까닭을 ADH의 기능과 관련지어 서술하시오.

Tip
혈장 삼투압이 높아지면 뇌하수체 후엽에서 ❶ ____ 의 분비량이 증가하여 단위 시간당 오줌 생성량이 ❷ ____ 한다.

답 ❶ ADH(항이뇨 호르몬) ❷ 감소

적중 예상 전략 1회

출제 범위 | 1주_ Ⅰ. 생명 과학의 이해 ~ Ⅱ. 사람의 물질대사

1

표는 생물의 특성의 예를 나타낸 것이다. (가)와 (나)는 생식과 유전, 자극에 대한 반응을 순서 없이 나타낸 것이다.

생물의 특성	예
(가)	혈중 포도당 농도가 감소하면 ⓐ글루카곤의 분비가 촉진된다.
(나)	짚신벌레는 분열법으로 번식한다.
적응과 진화	㉠

이에 대한 설명으로 옳은 것만을 〈보기〉에서 있는 대로 고른 것은?

보기
ㄱ. ⓐ는 이자의 β세포에서 분비된다.
ㄴ. (나)는 생식과 유전이다.
ㄷ. '개구리알은 올챙이를 거쳐 개구리가 된다.'는 ㉠에 해당한다.

① ㄱ ② ㄴ ③ ㄷ
④ ㄱ, ㄴ ⑤ ㄴ, ㄷ

2

그림은 파스퇴르가 양의 탄저병에 관한 실험을 하던 중 발견한 현상을 나타낸 것이다.

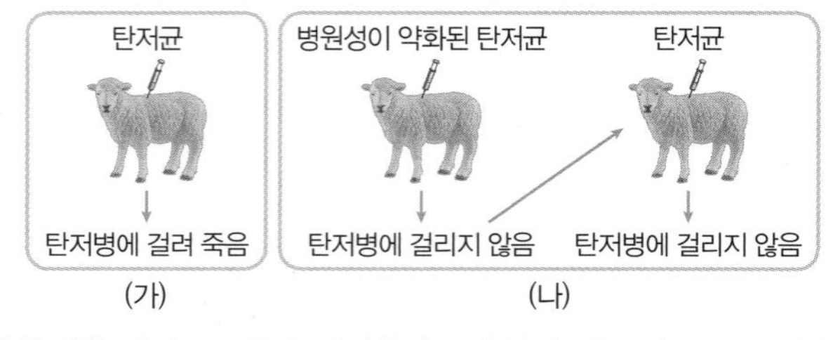

(가) (나)

이에 대한 설명으로 옳은 것만을 〈보기〉에서 있는 대로 고른 것은?

보기
ㄱ. 연역적 탐구 방법이 이용되었다.
ㄴ. (나) 실험은 대조군이다.
ㄷ. '탄저병 백신은 탄저병 예방 효과가 있을 것이다.'는 이 실험의 가설에 해당한다.

① ㄱ ② ㄴ ③ ㄱ, ㄷ
④ ㄴ, ㄷ ⑤ ㄱ, ㄴ, ㄷ

3

대장균에 침입한 바이러스(A), 대장균(B), 적혈구(C)에서 나타나는 생물의 특성으로 옳은 것만을 〈보기〉에서 있는 대로 고른 것은?

보기
ㄱ. A와 B는 모두 세포 구조를 가진다.
ㄴ. A와 C는 모두 분열을 통해 증식한다.
ㄷ. B와 C는 모두 물질대사를 한다.

① ㄱ ② ㄷ ③ ㄱ, ㄴ
④ ㄴ, ㄷ ⑤ ㄱ, ㄴ, ㄷ

4

다음은 에이크만이 각기병에 대해 탐구한 과정을 순서 없이 나열한 것이다.

(가) '현미에는 각기병을 치료하는 어떤 물질이 들어 있을 것이다.'라는 가설을 세웠다.
(나) 각기병 증상을 보이던 닭이 나은 것을 보고 닭의 주변 환경을 조사한 결과 모이를 주는 병사가 바뀐 것을 알아냈다. 모이를 주는 병사가 바뀌기 전에는 닭의 모이가 백미였지만, 바뀐 후에는 현미였다.
(다) 각기병이 낫게 된 까닭이 현미와 관련이 있는지 궁금해졌다.
(라) 백미를 먹인 집단 A에서는 각기병이 발생했지만, 현미를 먹인 집단 B에서는 각기병이 발생하지 않았다.
(마) 닭을 두 집단 A와 B로 나눈 다음 집단 A는 백미를 먹여 기르고, 집단 B는 현미를 먹여 기르면서 각기병의 발생 여부를 관찰했다.

이에 대한 설명으로 옳은 것만을 〈보기〉에서 있는 대로 고른 것은?

보기
ㄱ. 먹이의 종류는 종속변인이다.
ㄴ. 탐구 과정은 (다)－(나)－(가)－(마)－(라)의 순이다.
ㄷ. 실험 결과를 토대로 '현미에는 각기병을 예방하는 물질이 들어 있다.'라는 결론을 내릴 수 있다.

① ㄱ ② ㄷ ③ ㄱ, ㄴ
④ ㄴ, ㄷ ⑤ ㄱ, ㄴ, ㄷ

5

그림 (가)는 사람에서 일어나는 물질대사 Ⅰ과 Ⅱ를, (나)는 (가)의 Ⅰ과 Ⅱ 중 하나에서 반응의 진행에 따른 에너지 변화를 나타낸 것이다.

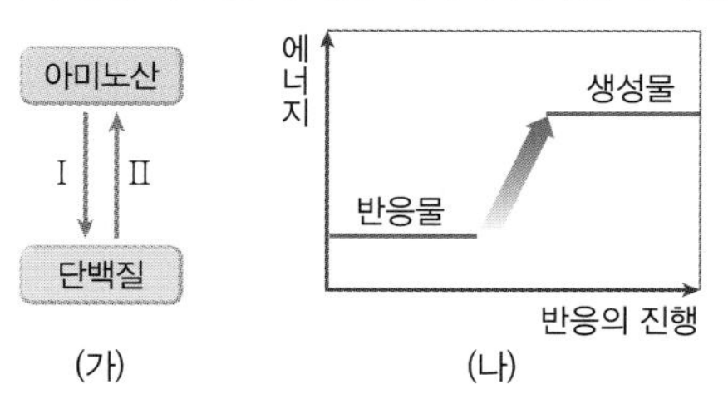

이에 대한 설명으로 옳은 것만을 〈보기〉에서 있는 대로 고른 것은?

보기

ㄱ. Ⅰ은 이화 작용이다.
ㄴ. (나)에서 에너지가 흡수된다.
ㄷ. (나)는 Ⅱ에서의 에너지 변화를 나타낸 것이다.

① ㄱ ② ㄴ ③ ㄷ
④ ㄱ, ㄴ ⑤ ㄴ, ㄷ

6

그림은 여러 가지 영양소의 세포 호흡 결과 생성되는 노폐물(A~C)의 이동을 나타낸 것이다. A~C는 각각 물, 요소, 이산화 탄소 중 하나이다.

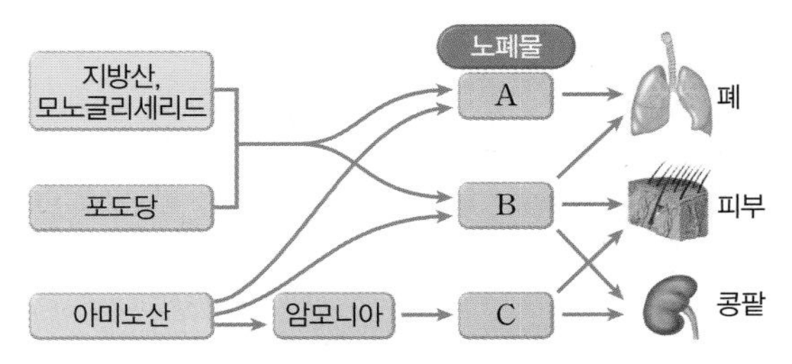

이에 대한 설명으로 옳은 것만을 〈보기〉에서 있는 대로 고른 것은?

보기

ㄱ. A는 이산화 탄소이다.
ㄴ. B는 몸속에서 다시 이용되거나 배출된다.
ㄷ. C를 생성하는 기관에서 포도당이 글리코젠으로 합성된다.

① ㄱ ② ㄷ ③ ㄱ, ㄴ
④ ㄴ, ㄷ ⑤ ㄱ, ㄴ, ㄷ

7

그림은 사람에서 세포 호흡을 통해 포도당으로부터 최종 분해 산물과 에너지가 생성되고 ATP와 ADP가 전환되는 과정을 나타낸 것이다. ㉠과 ㉡은 각각 O_2와 CO_2 중 하나이다.

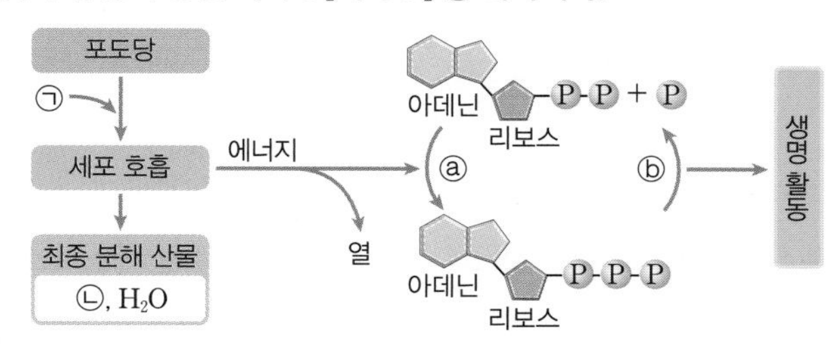

이에 대한 설명으로 옳은 것만을 〈보기〉에서 있는 대로 고른 것은?

보기

ㄱ. ㉠은 CO_2이다.
ㄴ. 미토콘드리아에서 ⓐ 과정이 일어난다.
ㄷ. 근육 수축 과정에는 ⓑ 과정이 일어난다.

① ㄱ ② ㄷ ③ ㄱ, ㄴ
④ ㄴ, ㄷ ⑤ ㄱ, ㄴ, ㄷ

8

그림은 생명체 내의 물질 변화와 에너지 전환을 나타낸 것이다. A와 B는 광합성과 세포 호흡 중 하나이다.

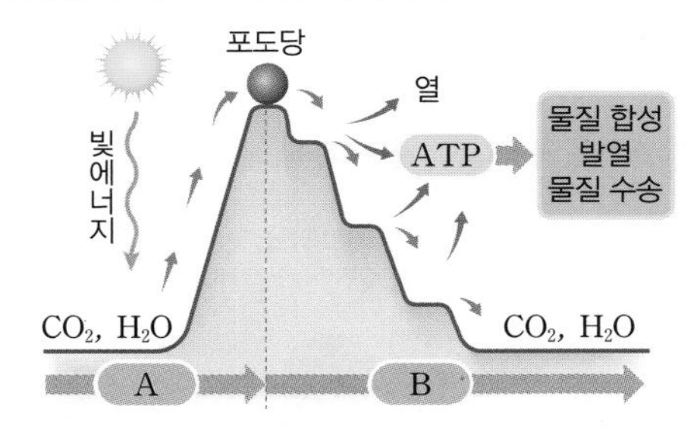

이에 대한 설명으로 옳은 것만을 〈보기〉에서 있는 대로 고른 것은?

보기

ㄱ. A 과정은 이화 작용이다.
ㄴ. B 과정은 식물과 동물에서 모두 일어나는 반응이다.
ㄷ. 열에너지는 ATP 형태의 화학 에너지로 전환된다.

① ㄱ ② ㄴ ③ ㄷ
④ ㄱ, ㄴ ⑤ ㄴ, ㄷ

9

그림은 사람이 세포 호흡을 통해 영양소 ㉠으로부터 ATP를 생성하고, 이 ATP를 생명 활동에 이용하는 과정을 나타낸 것이다. ㉠과 ㉡은 아미노산과 요소 중 하나이다.

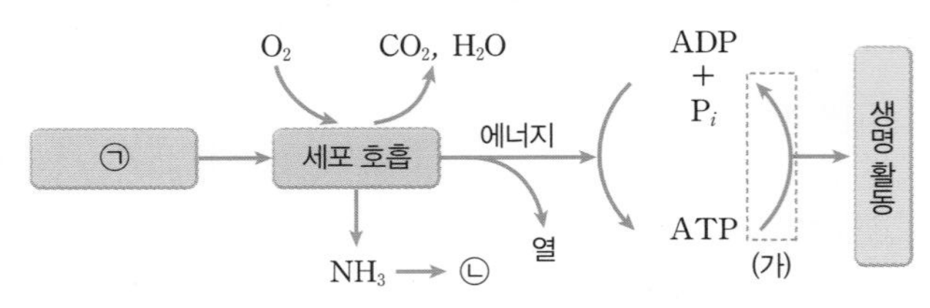

이에 대한 설명으로 옳은 것만을 <보기>에서 있는 대로 고른 것은?

보기
ㄱ. ㉠은 요소이다.
ㄴ. 이자에서 ㉡이 생성된다.
ㄷ. 체온 유지에 (가) 과정에서 방출된 에너지가 이용된다.

① ㄱ ② ㄷ ③ ㄱ, ㄴ
④ ㄴ, ㄷ ⑤ ㄱ, ㄴ, ㄷ

10

그림은 학생 A~C가 대사성 질환에 대해 이야기한 내용이다.

옳게 이야기한 학생만을 있는 대로 고른 것은?

① A ② C ③ A, B
④ B, C ⑤ A, B, C

11

그림은 사람 몸에 있는 여러 기관계의 통합적 작용을 나타낸 것이다. A와 B는 배설계와 소화계를 순서 없이 나타낸 것이다.

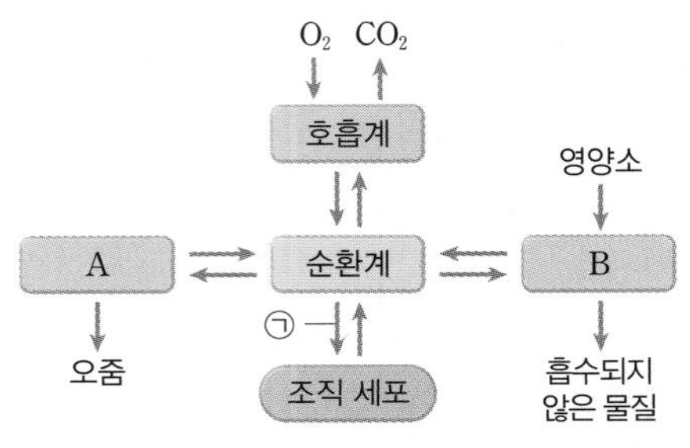

이에 대한 설명으로 옳은 것만을 <보기>에서 있는 대로 고른 것은?

보기
ㄱ. 대장은 A에 속한다.
ㄴ. B에는 교감 신경이 작용하는 기관이 있다.
ㄷ. ㉠에는 아미노산의 이동이 포함된다.

① ㄱ ② ㄴ ③ ㄱ, ㄷ ④ ㄴ, ㄷ ⑤ ㄱ, ㄴ, ㄷ

12

다음은 생콩즙을 이용한 요소 분해 실험이다.

| 실험 과정 |

시험관 A~E에 표와 같이 용액을 넣은 후 BTB 용액을 떨어뜨려 색깔 변화를 관찰한다.

시험관	A	B	C	D	E
용액	요소 용액 +증류수	요소 용액 +생콩즙	오줌 +생콩즙	증류수	증류수 +생콩즙

| 실험 결과 |

시험관	A	B	C	D	E
시험관 색깔	연두색	파란색	파란색	초록색	노란색

※ BTB 용액은 산성에서 노란색, 중성에서 초록색, 염기성에서 파란색을 띠는 지시약이다.

이에 대한 설명을 옳은 것만을 <보기>에서 있는 대로 고른 것은?

보기
ㄱ. A와 B에서 효소에 의한 촉매 반응이 일어난다.
ㄴ. B와 C에서 모두 암모니아가 생성되었다.
ㄷ. '생콩즙에는 요소를 분해하는 효소가 있다.'는 가설을 검증하기 위한 실험군은 B, 대조군은 E이다.

① ㄱ ② ㄴ ③ ㄱ, ㄷ ④ ㄴ, ㄷ ⑤ ㄱ, ㄴ, ㄷ

• 서술형 •

13

다음은 식충 식물인 파리지옥에 대한 설명이다.

식물 중에는 질소, 인과 같은 무기물을 뿌리를 통해 흡수하는 것이 아니라 파리지옥처럼 동물성 단백질을 생존에 필요한 질소원으로 활용하는 식물도 있다. 파리지옥의 잎에는 세 쌍의 감각모가 있어서 잎에 곤충이 앉으면 잎이 갑자기 접히며, 안쪽의 돋은 선에서 ㉠소화액을 분비하여 곤충을 소화시킨다. 파리지옥을 기를 때는 씨나 포기나누기로 번식시킨다.

(1) 위 자료에서 생물의 특성 중 자극과 반응을 나타내는 부분을 찾아 쓰시오.

(2) 생물의 특성 중에서 ㉠에 해당하는 사례를 두 가지 이상 서술하시오.

14

그림은 병원체 X와 Y가 숙주가 없을 때와 숙주가 있을 때의 특성을 나타낸 것이다. 병원체 X와 Y는 각각 바이러스와 세균 중 하나이다.

숙주가 없을 때	숙주가 있을 때
X: 개체 수 증가	개체 수 증가
Y: 개체 수 증가하지 않음	개체 수 증가

(1) X와 Y 중에서 바이러스에 해당하는 것을 쓰고, 그렇게 판단한 근거를 서술하시오.

(2) 바이러스가 지구상에 생긴 최초의 생물이라고 볼 수 없는 까닭을 서술하시오.

15

그림은 동물(A)에서 여러 가지 기관계의 통합적 작용을 나타낸 것이다. (가)~(라)는 각각 배설계, 소화계, 순환계, 호흡계 중 하나이다.

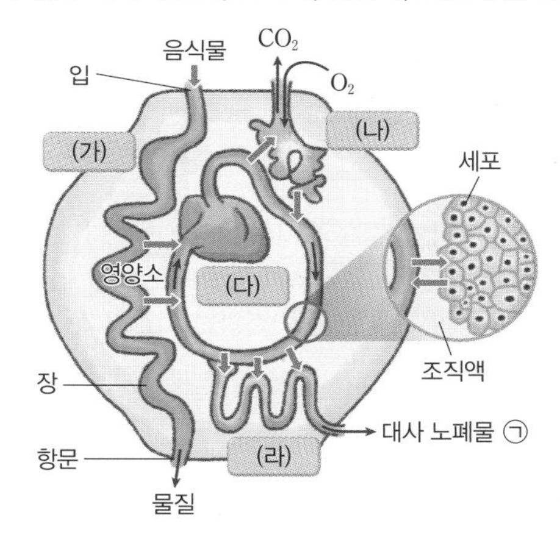

(1) (가)~(라)에 해당하는 기관계를 각각 쓰시오.

(2) A가 음식물을 섭취해서 노폐물 ㉠을 내보내기까지 몸에서 일어나는 물질의 이동을 다음의 단어를 모두 사용하여 서술하시오.

소화,　　순환,　　호흡,　　배설

적중 예상 전략 2회

1

그림 (가)는 어떤 뉴런 X에 역치 이상의 자극을 주었을 때 X의 한 지점에서 ㉠과 ㉡의 막 투과도 변화를, (나)는 이 지점에서 Na^+-K^+ 펌프를 통한 이온의 이동 방향을 나타낸 것이다. ㉠과 ㉡은 K^+과 Na^+을 순서 없이 나타낸 것이고, Ⅰ과 Ⅱ는 각각 세포 안과 세포 밖 중 하나이며, t_2일 때 X에서는 재분극이 일어나고 있다.

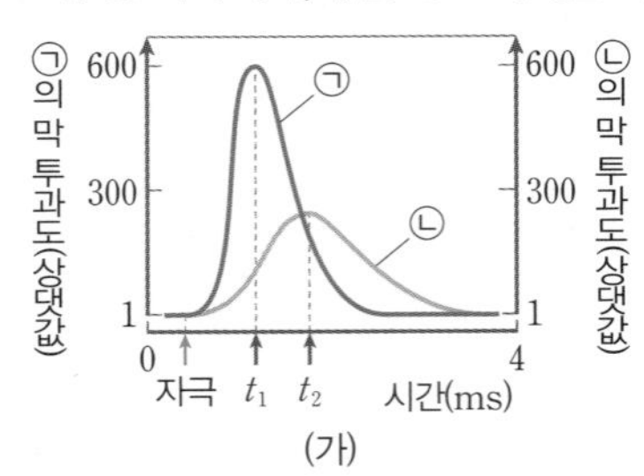

(가)

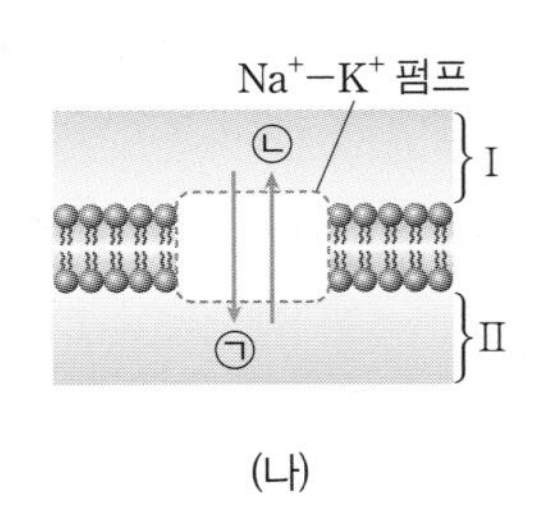

(나)

이에 대한 설명으로 옳은 것만을 〈보기〉에서 있는 대로 고른 것은?

보기
ㄱ. ㉠은 K^+이다.
ㄴ. t_1일 때 ㉠의 농도는 Ⅰ에서가 Ⅱ에서보다 낮다.
ㄷ. t_2일 때 이온 통로를 통해 ㉡이 Ⅰ에서 Ⅱ로 확산된다.

① ㄱ ② ㄷ ③ ㄱ, ㄴ
④ ㄴ, ㄷ ⑤ ㄱ, ㄴ, ㄷ

2

그림 (가)는 민말이집 신경 A의 지점 d_1~d_3을, (나)는 A에서 활동 전위가 발생했을 때 각 지점에서의 막전위 변화를 나타낸 것이다. ㉠ d_1에 역치 이상의 자극을 주고 경과된 시간이 3 ms일 때 d_2에서의 막전위와 ㉠이 4 ms일 때 d_3에서의 막전위는 모두 +30 mV이다.

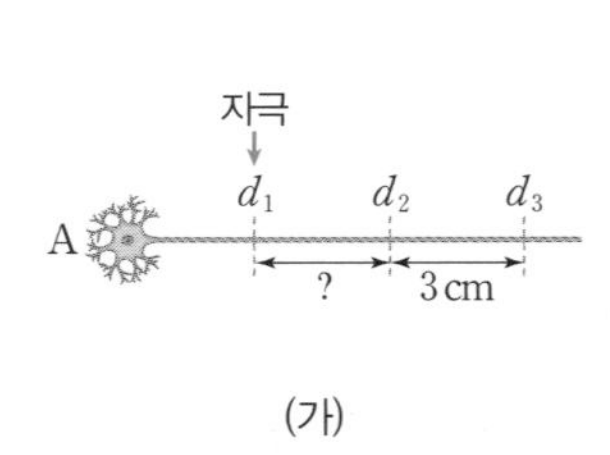

(가)

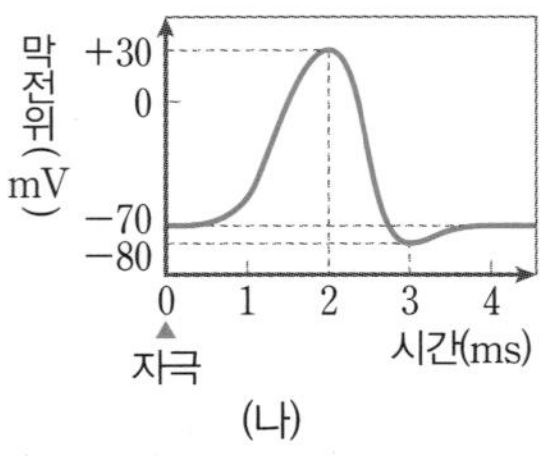

(나)

이에 대한 설명으로 옳은 것만을 〈보기〉에서 있는 대로 고른 것은? (단, A에서 흥분 전도는 1회 일어났고, 휴지 전위는 −70 mV이다.)

보기
ㄱ. A에서 흥분 전도 속도는 3 cm/ms이다.
ㄴ. ㉠이 4 ms일 때 d_2에서의 막전위는 −80 mV이다.
ㄷ. ㉠이 6 ms일 때 d_3에서 세포막을 통한 Na^+의 이동은 없다.

① ㄱ ② ㄷ ③ ㄱ, ㄴ
④ ㄴ, ㄷ ⑤ ㄱ, ㄴ, ㄷ

3

다음은 골격근의 수축 과정에 대한 자료이다.

• 그림은 좌우 대칭인 근육 원섬유 마디 X의 구조를 나타낸 것이다.

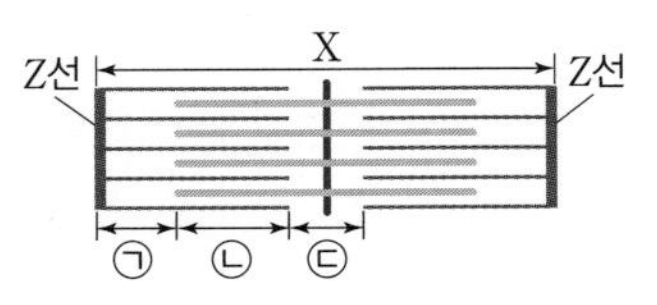

• 구간 ㉠은 액틴 필라멘트만 있는 부분이고, ㉡은 액틴 필라멘트와 마이오신 필라멘트가 겹치는 부분이며, ㉢은 마이오신 필라멘트만 있는 부분이다.
• 표는 골격근 수축 과정의 두 시점 t_1, t_2일 때 X의 길이에서 ⓐ의 길이를 뺀 값(X−ⓐ)과 ⓑ의 길이에서 ⓒ의 길이를 뺀 값(ⓑ−ⓒ)을 나타낸 것이다. ⓐ~ⓒ는 ㉠~㉢을 순서 없이 나타낸 것이며, ⓒ에 마이오신 필라멘트가 있다.

시점	X−ⓐ	ⓑ−ⓒ
t_1	2.6 μm	0.1 μm
t_2	2.6 μm	0.5 μm

이에 대한 설명으로 옳은 것만을 〈보기〉에서 있는 대로 고른 것은?

보기
ㄱ. ㉠은 ⓑ이다.
ㄴ. X의 길이는 t_1일 때가 t_2일 때보다 0.4 μm 짧다.
ㄷ. t_2일 때 ㉠의 길이는 t_1일 때 ㉡의 길이의 2배이다.

① ㄱ ② ㄷ ③ ㄱ, ㄴ ④ ㄴ, ㄷ ⑤ ㄱ, ㄴ, ㄷ

4

다음은 사람의 뇌를 구성하는 A~C에 대한 설명이다. A~C는 간뇌, 대뇌, 소뇌를 순서 없이 나타낸 것이다.

• A는 C와 함께 수의 운동을 조절한다.
• B는 시상과 시상 하부로 구성된다.
• C에는 학습, 언어, 기억 등 고도의 정신 활동을 담당하는 영역이 있다.

이에 대한 설명으로 옳은 것만을 〈보기〉에서 있는 대로 고른 것은?

보기
ㄱ. A는 몸의 평형 유지에 관여한다.
ㄴ. B는 체온과 혈장 삼투압을 조절하는 중추이다.
ㄷ. C에는 시각 기관으로부터 오는 정보를 받아들이는 영역이 있다.

① ㄱ ② ㄷ ③ ㄱ, ㄴ ④ ㄴ, ㄷ ⑤ ㄱ, ㄴ, ㄷ

5

그림은 무릎 반사가 일어나는 과정에서 흥분 전달 경로를 나타낸 것이다.

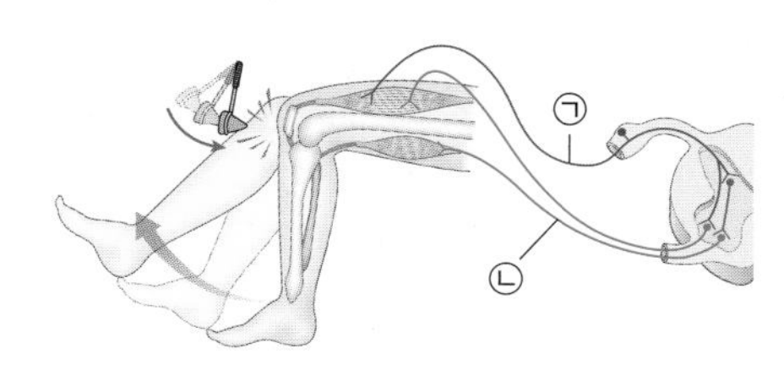

이에 대한 설명으로 옳은 것만을 〈보기〉에서 있는 대로 고른 것은?

보기
ㄱ. ㉠은 전근을 이룬다.
ㄴ. ㉡의 신경 세포체는 척수의 회색질에 있다.
ㄷ. ㉡은 자율 신경에 속한다.

① ㄱ ② ㄴ ③ ㄷ
④ ㄱ, ㄴ ⑤ ㄴ, ㄷ

6

그림 (가)는 중추 신경계의 구조를, (나)는 중추 신경계와 방광, 요도의 골격근을 연결하는 말초 신경을 나타낸 것이다. A와 B는 연수와 척수를 순서 없이 나타낸 것이고, ㉠은 A와 B 중 하나이다.

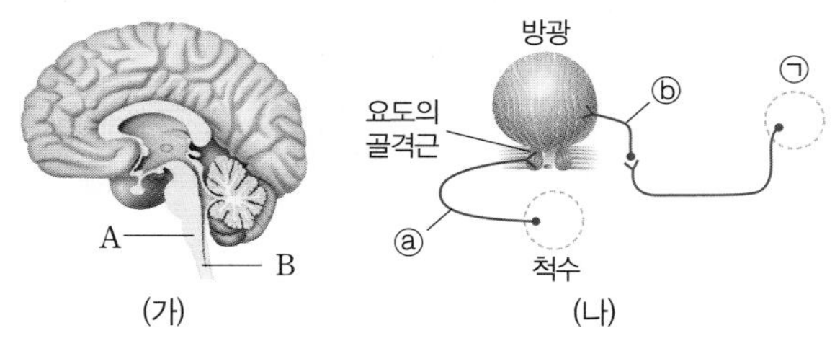

이에 대한 설명으로 옳은 것만을 〈보기〉에서 있는 대로 고른 것은?

보기
ㄱ. ㉠은 뇌줄기에 속한다.
ㄴ. A는 배뇨 반사의 중추이다.
ㄷ. ⓐ와 ⓑ의 축삭 돌기 말단에서는 모두 아세틸콜린이 분비된다.

① ㄱ ② ㄷ ③ ㄱ, ㄴ
④ ㄴ, ㄷ ⑤ ㄱ, ㄴ, ㄷ

7

표는 사람 몸에서 분비되는 호르몬 A～C의 특징을 나타낸 것이다. A～C는 에피네프린, 티록신, 갑상샘 자극 호르몬(TSH)을 순서 없이 나타낸 것이다.

호르몬	특징
A	㉠뇌하수체 전엽에서 분비된다.
B	부신에서 분비되며 혈당량을 높인다.
C	?

이에 대한 설명으로 옳은 것만을 〈보기〉에서 있는 대로 고른 것은?

보기
ㄱ. ㉠에서 생장 호르몬이 분비된다.
ㄴ. B는 에피네프린이다.
ㄷ. 건강한 사람에서 C의 혈중 농도가 높아지면 A의 분비가 억제된다.

① ㄱ ② ㄷ ③ ㄱ, ㄴ
④ ㄴ, ㄷ ⑤ ㄱ, ㄴ, ㄷ

8

그림은 어떤 동물의 시상 하부에 온도를 변화시킬 수 있는 장치를 넣어 시상 하부의 온도를 변화시켰을 때 시상 하부의 온도 변화에 따른 체온 변화를 나타낸 것이다.

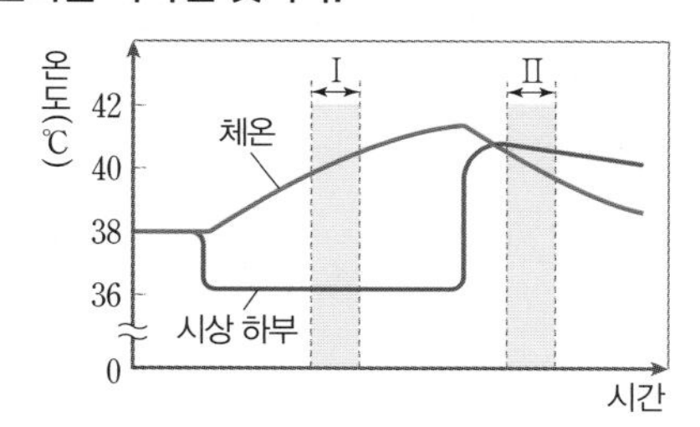

이에 대한 설명으로 옳은 것만을 〈보기〉에서 있는 대로 고른 것은? (단, 이 동물의 정상 체온은 38 ℃이다.)

보기
ㄱ. 시상 하부는 체온을 조절하는 중추이다.
ㄴ. 골격근의 떨림은 구간 Ⅰ에서가 구간 Ⅱ에서보다 활발하게 일어난다.
ㄷ. 피부 근처 혈관에 연결된 교감 신경에서의 활동 전위 발생 빈도는 구간 Ⅰ에서가 구간 Ⅱ에서보다 낮다.

① ㄱ ② ㄷ ③ ㄱ, ㄴ
④ ㄴ, ㄷ ⑤ ㄱ, ㄴ, ㄷ

9

그림은 건강한 사람에서 ⓐ에 따른 혈중 항이뇨 호르몬(ADH) 농도와 갈증을 느끼는 정도를 나타낸 것이다. ⓐ는 전체 혈액량과 혈장 삼투압 중 하나이다.

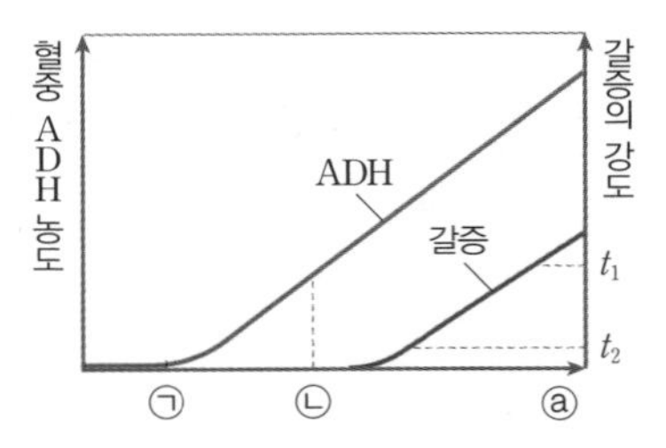

이에 대한 설명으로 옳은 것만을 〈보기〉에서 있는 대로 고른 것은? (단, 제시된 자료 이외에 체내 수분량에 영향을 미치는 요인은 없다.)

보기
ㄱ. ⓐ는 전체 혈액량이다.
ㄴ. 단위 시간당 오줌 생성량은 ⓐ가 ㉠일 때가 ㉡일 때보다 많다.
ㄷ. 생성되는 오줌의 삼투압은 갈증의 강도가 t_1일 때가 t_2일 때보다 높다.

① ㄱ ② ㄴ ③ ㄷ
④ ㄱ, ㄴ ⑤ ㄴ, ㄷ

10

표 (가)는 사람 Ⅰ~Ⅲ의 혈액에서 응집소 α와 응집원 B의 유무를, (나)는 Ⅰ과 Ⅱ의 혈액을 Ⅰ과 Ⅲ의 혈청과 각각 섞었을 때 ABO식 혈액형에 대한 응집 반응 결과를 나타낸 것이다.

구분	응집소 α	응집원 B
Ⅰ	×	×
Ⅱ	○	?
Ⅲ	?	○

(○: 있음, ×: 없음)

(가)

구분	Ⅰ의 혈청	Ⅲ의 혈청
Ⅰ의 혈액	?	−
Ⅱ의 혈액	+	−

(+: 응집됨, −: 응집 안 됨)

(나)

이에 대한 설명으로 옳은 것만을 〈보기〉에서 있는 대로 고른 것은? (단, ABO식 혈액형만 고려하며, 돌연변이는 고려하지 않는다.)

보기
ㄱ. Ⅱ는 B형이다.
ㄴ. Ⅲ의 혈액에는 응집소 α가 있다.
ㄷ. Ⅰ의 적혈구와 Ⅱ의 혈장을 섞으면 응집 반응이 일어난다.

① ㄱ ② ㄴ ③ ㄱ, ㄷ
④ ㄴ, ㄷ ⑤ ㄱ, ㄴ, ㄷ

11

표는 병원체 X에 처음 감염된 사람에서 일어나는 방어 작용에 관여하는 세포 ㉠~㉣의 특징을 나타낸 것이다. ㉠~㉣은 대식세포, 보조 T림프구, 세포독성 T림프구, 형질 세포를 순서 없이 나타낸 것이며, 이 사람에 X가 재침입하면 2차 면역 반응이 일어난다.

세포	특징
㉠	X에 대한 항체를 생성한다.
㉡	X를 삼킨 후 분해하여 항원 조각을 제시한다.
㉢	B림프구의 분화를 촉진한다.
㉣	X에 감염된 세포를 공격하여 제거한다.

이에 대한 설명으로 옳지 않은 것은?

① X에 대한 2차 면역 반응에서 X에 대한 기억 세포가 ㉠으로 분화한다.
② ㉡은 비특이적 방어 작용에 관여한다.
③ ㉡은 X에 대한 정보를 ㉢에 전달한다.
④ ㉣은 세포성 면역에 관여한다.
⑤ ㉢과 ㉣은 모두 골수에서 성숙(분화)한다.

12

다음은 항원 X에 대한 생쥐의 방어 작용 실험이다.

| 실험 과정 |
(가) 유전적으로 동일하고 X에 노출된 적이 없는 생쥐 A와 B를 준비한다.
(나) A에 X를 주사하고 일정 시간이 지난 후, ㉠을 분리하여 B에게 주사한다. ㉠은 혈청과 X에 대한 기억 세포 중 하나이다.
(다) 일정 시간이 지난 후, B에게 X를 2회에 걸쳐 주사한다.

| 실험 결과 |
B의 X에 대한 혈중 항체 농도 변화는 그림과 같다.

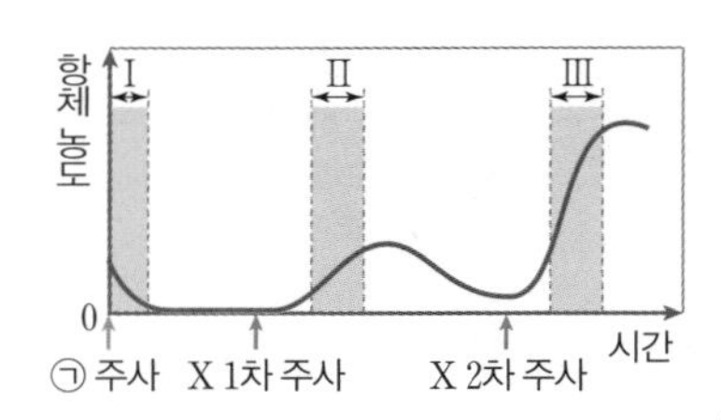

이에 대한 설명으로 옳은 것만을 〈보기〉에서 있는 대로 고른 것은?

보기
ㄱ. ㉠은 X에 대한 기억 세포이다.
ㄴ. 구간 Ⅰ과 Ⅱ에 모두 X에 대한 형질 세포가 있다.
ㄷ. 구간 Ⅲ에서 X에 대한 2차 면역 반응이 일어났다.

① ㄱ ② ㄷ ③ ㄱ, ㄴ
④ ㄴ, ㄷ ⑤ ㄱ, ㄴ, ㄷ

서술형

13

그림은 뉴런 (가)~(다)가 시냅스를 이루고 있는 모습을 나타낸 것이다.

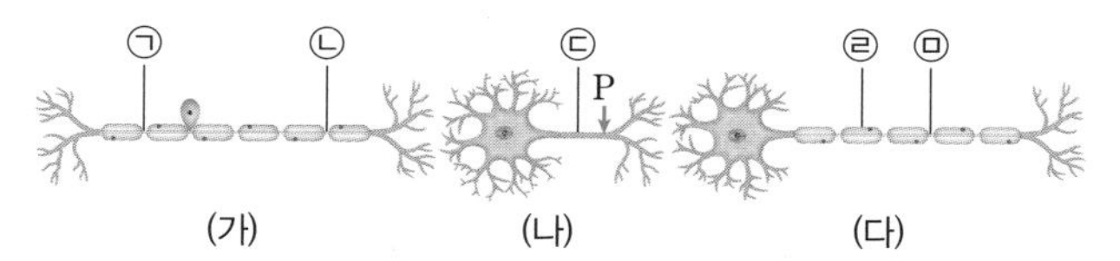

지점 P에 역치 이상의 자극을 1회 주었을 때 지점 ㉠~㉤ 중 두 지점에서만 활동 전위가 발생했다. ㉠~㉤ 중 활동 전위가 발생한 지점을 쓰고, 그렇게 판단한 까닭을 서술하시오.

14

그림 (가)는 동공의 크기 조절에 관여하는 자율 신경과 중추 A와 B에 연결된 경로를, (나)는 빛의 세기에 따른 동공의 크기 변화를 나타낸 것이다. A와 B는 각각 척수와 중간뇌 중 하나이다.

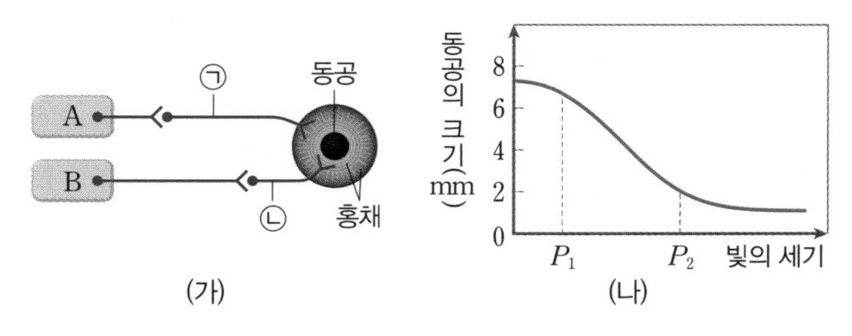

(1) A와 B는 각각 무엇인지 쓰시오.

(2) 뉴런 ㉠과 ㉡에서 분비되는 신경 전달 물질을 각각 쓰고, 빛의 세기가 P_1에서 P_2로 변할 때 ㉠과 ㉡에서 분비되는 신경 전달 물질의 양은 각각 어떻게 변화하는지 서술하시오.

15

그림은 건강한 사람이 운동을 하는 동안 호르몬 ㉠과 ㉡의 혈중 농도 변화를 나타낸 것이다. ㉠과 ㉡은 글루카곤과 인슐린을 순서 없이 나타낸 것이다.

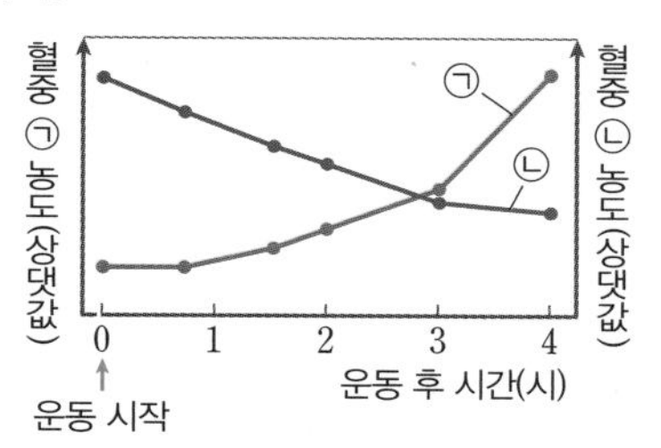

(1) ㉠은 무엇인지 쓰고, 그렇게 판단한 까닭을 서술하시오.

(2) ㉡은 무엇인지 쓰고, ㉡이 혈당량을 조절하는 작용을 두 가지 서술하시오.

16

표 (가)는 질병의 특징 세 가지를, (나)는 (가)에서 A~C에 해당하는 특징의 개수를 나타낸 것이다. A~C는 결핵, 무좀, 홍역을 순서 없이 나타낸 것이다.

특징
• 병원체가 세포 구조로 되어 있다.
• 병원체가 핵을 가진다.
• ㉠

(가)

질병	특징의 개수
A	3
B	1
C	2

(나)

(1) A~C에 해당하는 질병을 각각 쓰시오.

(2) ㉠에 해당하는 특징을 두 가지 서술하시오.

book.chunjae.co.kr

교재 내용 문의 ······························ 교재 홈페이지 ▸ 고등 ▸ 교재상담
교재 내용 외 문의 ························· 교재 홈페이지 ▸ 고객센터 ▸ 1:1문의
발간 후 발견되는 오류 ··················· 교재 홈페이지 ▸ 고등 ▸ 학습지원 ▸ 학습자료실

★고등 **8종** 생명과학I 교과서
필수 학습 내용 반영!

중간고사 기말고사 고득점을 예약하자!

시험적중

내신전략

고등 **생명과학 I**

BOOK 2

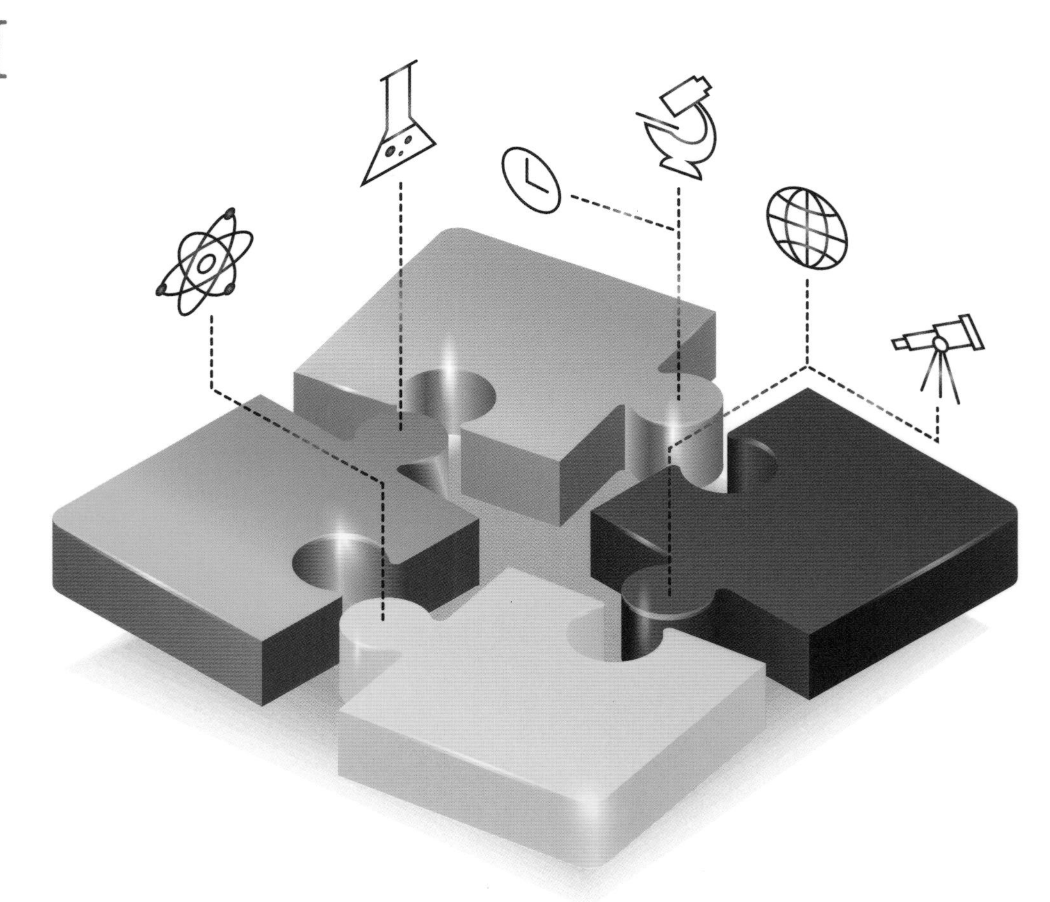

천재교육

시험적중

내신전략

고등 생명과학 I

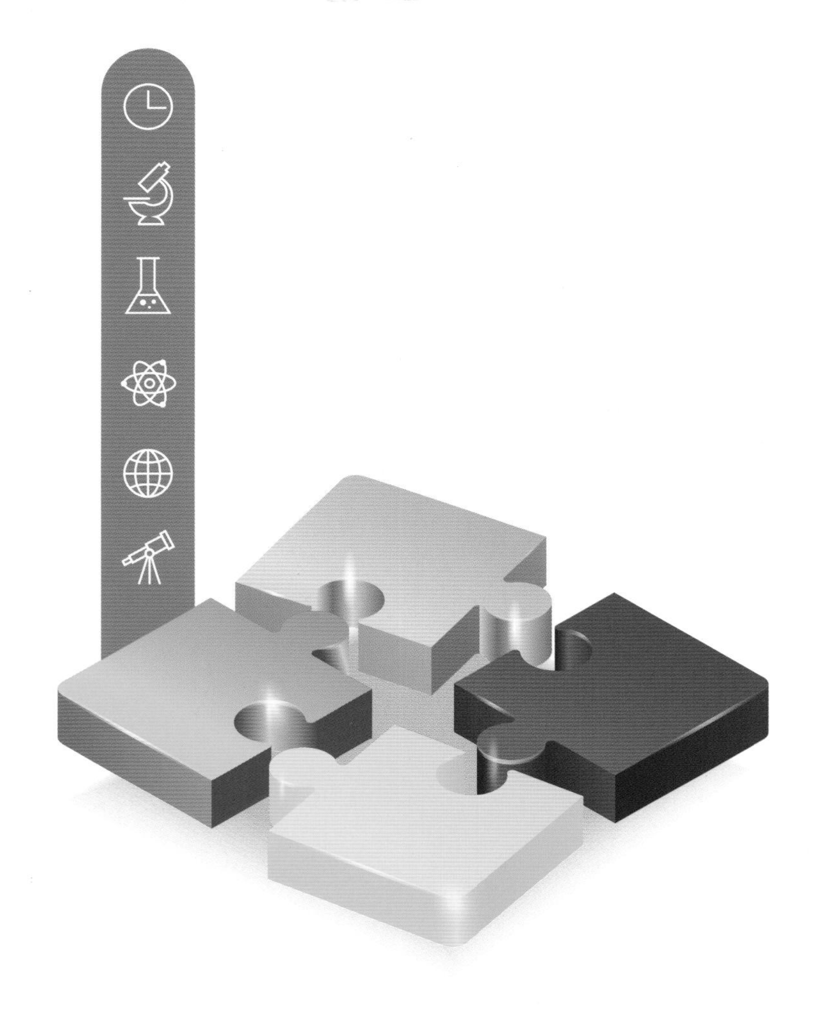

시험적중

내신전략

고등 생명과학 I

BOOK 2

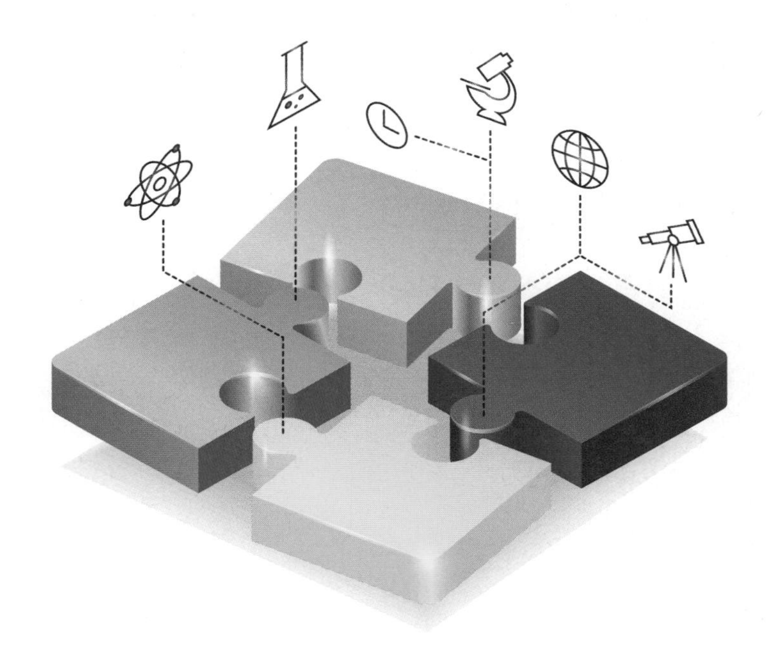

이 책의

구성과 활용

BOOK 1 (1주, 2주)

BOOK 2 (1주, 2주)

BOOK 3 (정답과 해설)

1주 4일, 2+2주의 체계적 학습 계획에 따라 **생명과학 I** 의 기초를 다질 수 있어요.

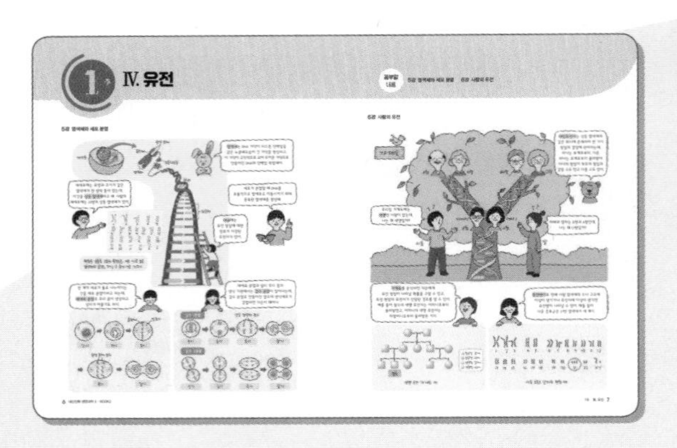

주 도입

이번 주에 배울 내용이 무엇인지 안내하는 부분입니다. 재미있는 삽화를 보며 한 주에 공부할 내용을 미리 떠올려 확인해 볼 수 있습니다.

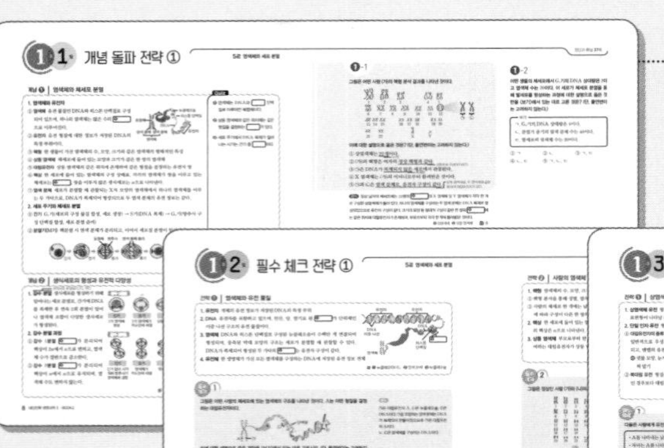

1일 개념 돌파 전략

시험에 꼭 나오는 핵심 개념을 익힌 뒤, 문제로 개념을 잘 이해했는지 확인할 수 있습니다.

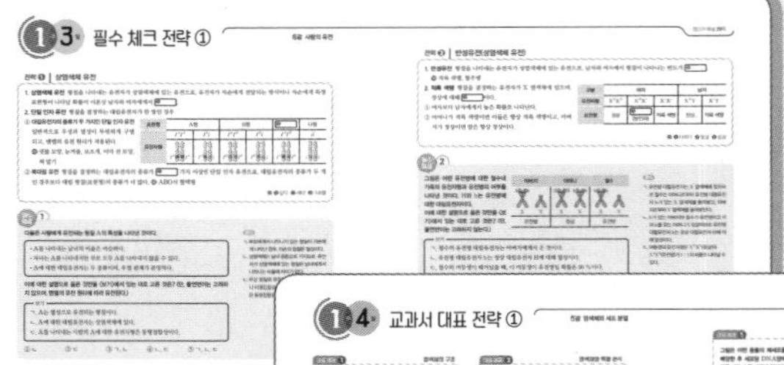

2일 3일 필수 체크 전략

기출문제를 분석하여 뽑은 핵심 개념과 자료를 익힌 뒤, 개념을 문제에 적용하는 과정을 체계적으로 익힐 수 있습니다.

4일 교과서 대표 전략

학교 기출문제로 자주 나오는 대표 유형의 문제를 풀어볼 수 있습니다. 개념 가이드를 통해 핵심 개념을 잘 이해했는지 확인할 수 있습니다.

부록 시험에 잘 나오는 개념BOOK 1, 2

시험에 잘 나오는 핵심 개념을 모은 미니북입니다.
휴대하며 틈틈이 개념을 익혀 보세요.

다양한 유형의 문제로 한 주를 마무리하고, 권 마무리 학습으로 시험을 대비하세요.

주 마무리 학습

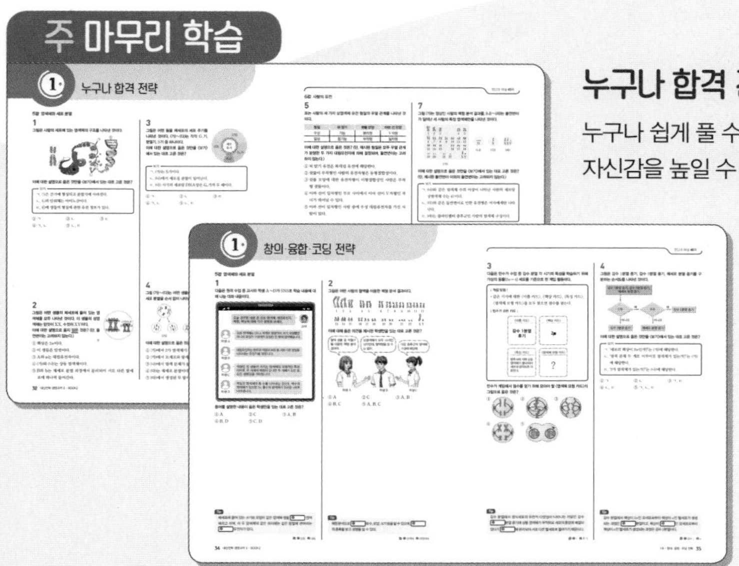

누구나 합격 전략

누구나 쉽게 풀 수 있는 쉬운 문제로 학습 자신감을 높일 수 있습니다.

창의·융합·코딩 전략

융복합적 사고력과 문제 해결력을 길러 주는 문제로 창의력을 기를 수 있습니다.

권 마무리 학습

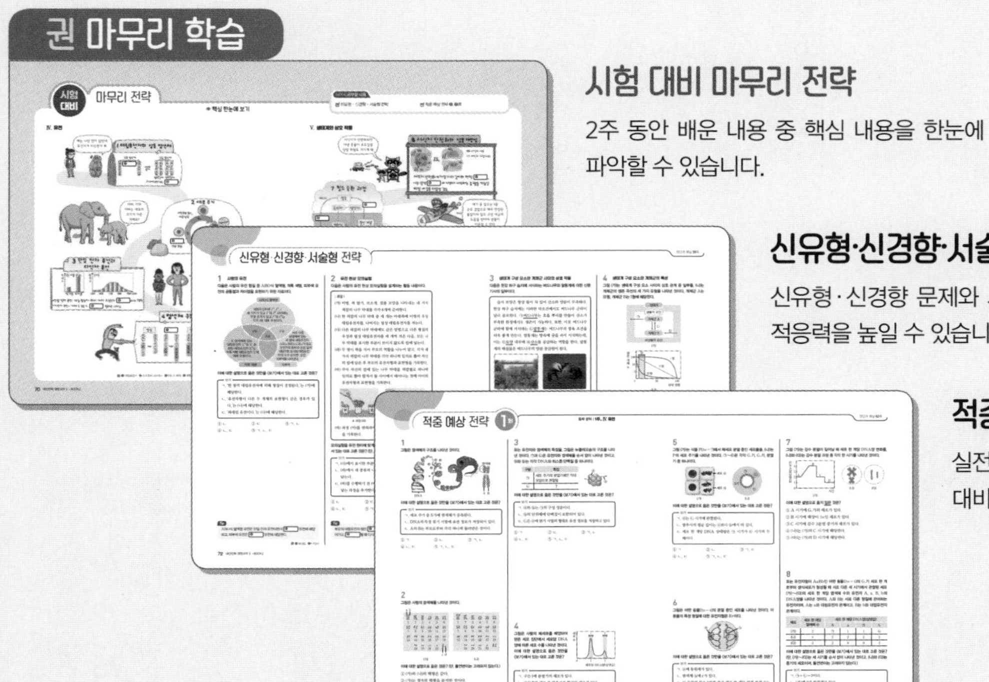

시험 대비 마무리 전략

2주 동안 배운 내용 중 핵심 내용을 한눈에 파악할 수 있습니다.

신유형·신경향·서술형 전략

신유형·신경향 문제와 서술형 문제에 대한 적응력을 높일 수 있습니다.

적중 예상 전략

실전 문제를 2회로 구성하여 실제 시험에 대비할 수 있습니다.

BOOK 1

1주 Ⅰ. 생명 과학의 이해~ Ⅱ. 사람의 물질대사

1강 생명 과학의 이해
2강 사람의 물질대사

2주 Ⅲ. 항상성과 몸의 조절

3강 자극의 전달과 신경계
4강 항상성과 우리 몸의 방어 작용

권 마무리 학습

BOOK 2

1주 Ⅳ. 유전

5강 염색체와 세포 분열
6강 사람의 유전

2주 Ⅴ. 생태계와 상호 작용

7강 생태계의 구성과 기능 (1)
8강 생태계의 구성과 기능 (2), 생물 다양성

권 마무리 학습

Ⅳ. 유전

5강 염색체와 세포 분열

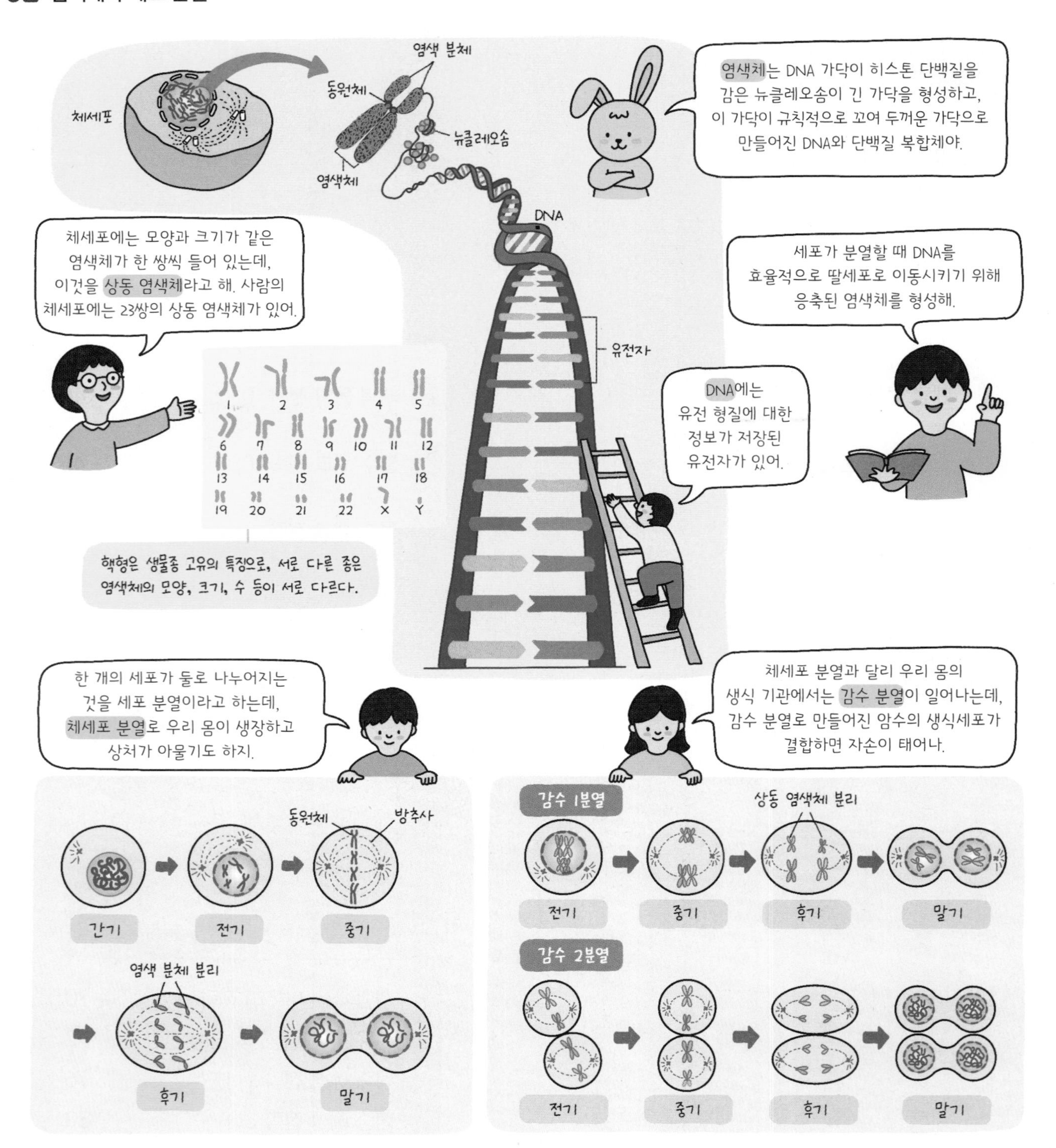

6강 사람의 유전

가계도
A형
B형
AB형
O형
대립유전자는 상동 염색체의 같은 위치에 존재하며 한 가지 형질의 결정에 관여하는데, 하나는 부계로부터, 다른 하나는 모계로부터 물려받아 자녀의 형질이 부모의 형질과 같을 수도 있고 다를 수도 있어.
우리집 가계도에는 색맹인 사람이 없는데, 나는 왜 색맹일까?
아버지
B형
어머니
A형
아빠와 엄마는 B형과 A형인데, 나는 왜 O형일까?
아들
딸
가계도를 분석하면 자손에게 유전 형질이 나타날 확률을 구할 수 있고, 특정 형질의 유전자가 전달된 경로를 알 수 있어. 예를 들어 철수의 색맹 유전자는 어머니로부터 물려받았고, 어머니의 색맹 유전자는 외할머니로부터 물려받은 거지.
돌연변이로 인해 사람 염색체의 수나 구조에 이상이 생기거나 유전자에 이상이 생기면 유전병이 나타날 수 있어. 예를 들어 다운 증후군은 21번 염색체가 세 개지.
정상인 남자
정상인 여자
색맹인 남자
색맹인 여자
철수
색맹 유전 가계도 예
1 2 3 4 5 6 7 8 9 10 11 12
13 14 15 16 17 18 19 20 21 22 X Y
다운 증후군 남자의 핵형 예

1주 1일 개념 돌파 전략 ①

개념 ❶ 염색체와 체세포 분열

1. 염색체와 유전자

① **염색체** 유전 물질인 DNA와 히스톤 단백질로 구성되어 있으며, 하나의 염색체는 많은 수의 ❶ ______ 으로 이루어진다.

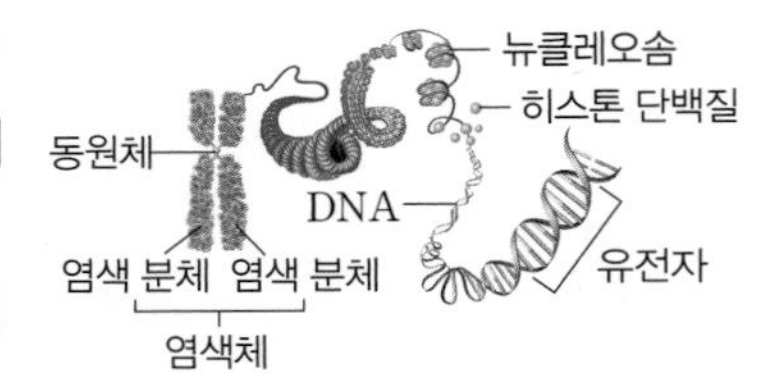

② **유전자** 유전 형질에 대한 정보가 저장된 DNA의 특정 부위이다.

③ **핵형** 한 생물이 가진 염색체의 수, 모양, 크기와 같은 염색체의 형태적인 특성

④ **상동 염색체** 체세포에 들어 있는 모양과 크기가 같은 한 쌍의 염색체

⑤ **대립유전자** 상동 염색체의 같은 위치에 존재하며 같은 형질을 결정하는 유전자 쌍

⑥ **핵상** 한 세포에 들어 있는 염색체의 구성 상태로, 각각의 염색체가 쌍을 이루고 있는 체세포는 ❷ ______, 쌍을 이루지 않은 생식세포는 n으로 나타낸다.

⑦ **염색 분체** 세포가 분열할 때 관찰되는 X자 모양의 염색체에서 하나의 염색체를 이루는 두 가닥으로, DNA가 복제되어 형성되므로 두 염색 분체의 유전 정보는 같다.

2. 세포 주기와 체세포 분열

① **간기** G_1기(세포의 구성 물질 합성, 세포 생장) → S기(DNA 복제) → G_2기(방추사 구성 단백질 합성, 세포 분열 준비)

② **분열기(M기)** 핵분열 시 염색 분체가 분리되고, 이어서 세포질 분열이 일어난다.

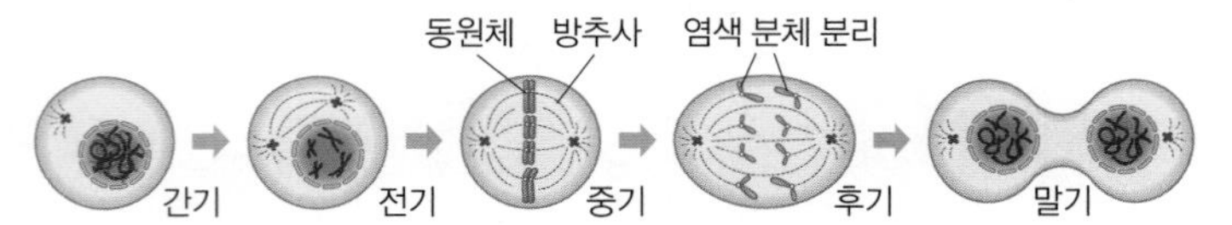

답 ❶ 뉴클레오솜 ❷ $2n$

Quiz

❶ 염색체는 DNA와 ______ 단백질로 이루어진 복합체이다.

❷ 상동 염색체의 같은 위치에는 같은 형질을 결정하는 ______가 있다.

❸ 세포 주기에서 DNA 복제가 일어나는 시기는 간기 중 ______이다.

답 ❶ 히스톤 ❷ 대립유전자 ❸ S기

개념 ❷ 생식세포의 형성과 유전적 다양성

1. 감수 분열

감수 분열(생식세포 분열이라고도 한다.) 생식세포를 형성하기 위해 일어나는 세포 분열로, 간기에 DNA를 복제한 후 연속 2회 분열이 일어나 염색체 조합이 다양한 생식세포가 형성된다.

2. 감수 분열 과정

① **감수 1분열** ❶ ______가 분리되어 핵상이 $2n$에서 n으로 변하고, 염색체 수가 절반으로 감소한다.

② **감수 2분열** ❷ ______가 분리되어 핵상이 n에서 n으로 유지되며, 염색체 수도 변하지 않는다.

감수 1분열

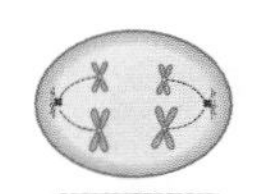
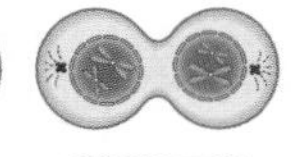

전기	중기	후기	말기
2가 염색체 형성	2가 염색체가 적도판에 배열	상동 염색체 분리	두 개의 딸세포 형성

감수 2분열

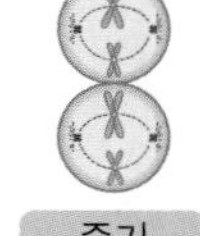
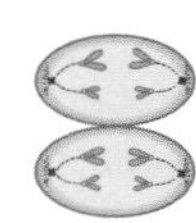
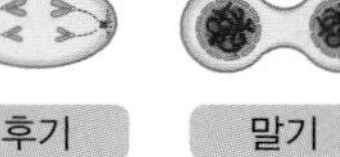

전기	중기	후기	말기
간기 없이 시작되며 방추사가 염색체에 결합	염색체가 적도판에 배열	염색 분체 분리	세포질 분열 시작 → 핵상이 n인 네 개의 생식세포(딸세포) 형성

답 ❶ 상동 염색체 ❷ 염색 분체

Quiz

감수 1분열 후기에 ❶(상동 염색체 / 염색 분체)가 분리되고, 감수 2분열 후기에 ❷(상동 염색체 / 염색 분체)가 분리된다.

답 ❶ 상동 염색체 ❷ 염색 분체

❶-1

그림은 어떤 사람 (가)의 핵형 분석 결과를 나타낸 것이다.

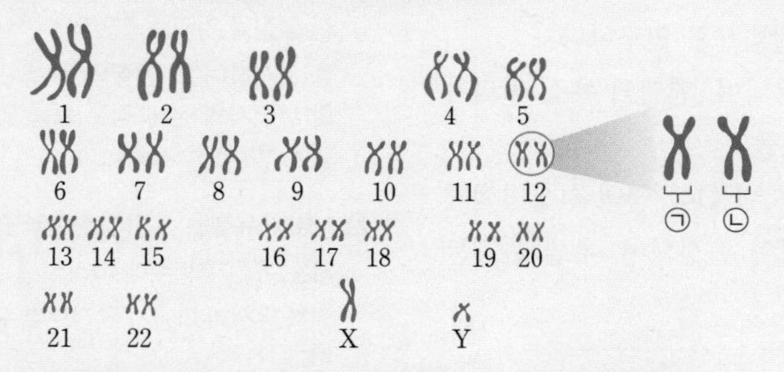

이에 대한 설명으로 옳은 것은? (단, 돌연변이는 고려하지 않는다.)

① 상염색체는 22개이다. (→ 44개)
② (가)의 핵형은 여자의 정상 핵형과 같다. (→ 성염색체 구성이 다르다.)
③ ㉠은 DNA가 복제되지 않은 세포에서 관찰된다. (→ 복제된)
④ X 염색체는 (가)의 어머니로부터 물려받은 것이다.
⑤ ㉠과 ㉡은 염색 분체로, 유전자 구성이 같다. (→ 상동 염색체로, 두 염색체의 같은 위치에 대립유전자가 있다.)

풀이 정상 남자의 체세포에는 22쌍의 ❶ ( ) 와 X 염색체 및 Y 염색체가 각각 한 개로 구성된 성염색체가 들어 있다. 하나의 염색체를 구성하는 두 염색 분체는 DNA 복제로 형성되었으므로 유전자 구성이 같다. 크기와 모양 등 형태적 구성이 같은 한 쌍의 ❷ ( ) 에는 같은 위치에 대립유전자가 존재하며, 부모로부터 각각 한 개씩 물려받은 것이다.

❶ 상염색체 ❷ 상동 염색체 답 ④

❶-2

어떤 생물의 체세포에서 G_1기의 DNA 상대량은 2이고 염색체 수는 20이다. 이 세포가 체세포 분열을 통해 딸세포를 형성하는 과정에 대한 설명으로 옳은 것만을 〈보기〉에서 있는 대로 고른 것은? (단, 돌연변이는 고려하지 않는다.)

보기

ㄱ. G_2기의 DNA 상대량은 4이다.
ㄴ. 분열기 중기의 염색 분체 수는 40이다.
ㄷ. 딸세포의 염색체 수는 20이다.

① ㄱ ② ㄴ ③ ㄱ, ㄷ
④ ㄴ, ㄷ ⑤ ㄱ, ㄴ, ㄷ

❷-1

그림은 어떤 동물의 세포 분열 과정의 일부를 나타낸 것이다.

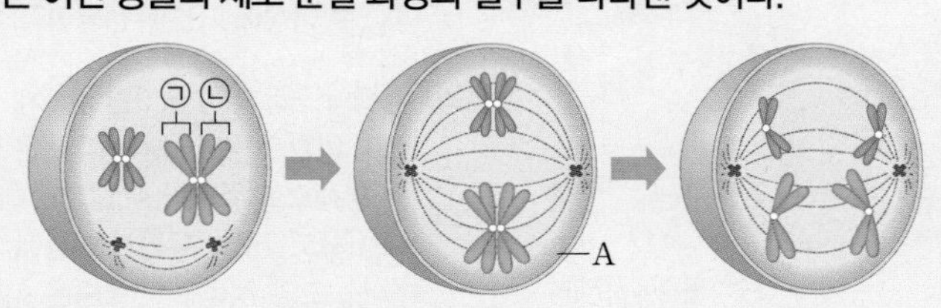

이에 대한 설명으로 옳은 것만을 〈보기〉에서 있는 대로 고르시오.

보기

ㄱ. ㉠과 ㉡은 상동 염색체이다.
ㄴ. A의 핵상은 n이다. (→ $2n$)
ㄷ. 감수 1분열 과정을 나타낸 것이다.

풀이 감수 1분열 전기에 상동 염색체가 접합하여 ❶ ( ) 가 형성되고, 중기에 적도판에 배열된다. 후기에 상동 염색체가 분리되어 핵상이 ❷ ( ) 인 딸세포가 형성되고, 감수 2분열이 연속적으로 진행된다. 감수 2분열 후기에 염색 분체가 분리되면서 핵상이 n인 네 개의 딸세포가 형성된다.

❶ 2가 염색체 ❷ n 답 ㄱ, ㄷ

❷-2

그림은 어떤 동물에서 감수 분열이 일어날 때 핵 한 개당 DNA 상대량의 변화를 나타낸 것이다.

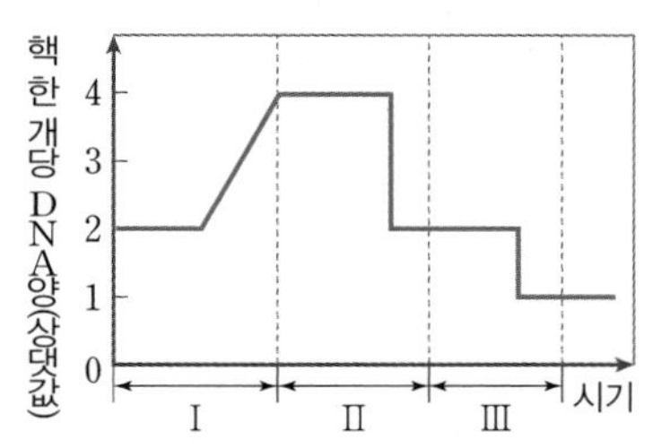

이에 대한 설명으로 옳은 것만을 〈보기〉에서 있는 대로 고르시오.

보기

ㄱ. Ⅰ 시기는 간기에 해당한다.
ㄴ. Ⅱ 시기에 세포 한 개당 염색체 수가 반으로 감소한다.
ㄷ. Ⅲ 시기에 2가 염색체가 관찰된다.

개념 돌파 전략 ①

개념 ❸ 사람의 유전

1. **사람의 유전 연구 방법** 사람의 유전은 형질이 복잡하고 유전자의 수가 많아 가계도 조사, 집단 조사, 쌍둥이 연구, 세포 및 분자생물학 연구 등의 방법으로 연구한다.
2. **단일 인자 유전** ❶ ____의 대립유전자에 의해 형질이 결정되며, 멘델의 유전 원리가 적용된다. 예 귓불 모양, 보조개, 혀 말기, 이마 선 모양, 눈꺼풀
3. **복대립 유전** 대립유전자의 종류가 세 가지 이상인 경우 예 ABO식 혈액형(상염색체에 존재하는 대립유전자 I^A, I^B, i 중 한 쌍에 의해 혈액형이 결정되며, 우열 관계는 $I^A = I^B > i$이다.)

유전자형	I^AI^A	I^Ai	I^BI^B	I^Bi	I^AI^B	ii
표현형	A형		B형		AB형	O형

4. **반성유전(성염색체 유전)** ❷ ____에 있는 유전자에 의해 형질이 결정되므로 성에 따라 형질 발현 빈도에 차이가 나타난다.
예 적록 색맹(유전자가 X 염색체에 있고, 정상에 대해 열성이다.)

구분	여자			남자	
유전자형	X^RX^R	X^RX^r	X^rX^r	X^RY	X^rY
표현형	정상	정상 (보인자)	적록 색맹	정상	적록 색맹

5. **다인자 유전** 여러 쌍의 대립유전자에 의해 형질이 결정되므로 대립 형질이 명확하게 구분되지 않으며, 변이가 다양하고 연속적이다. 예 피부색, 키

답 ❶ 한(1) 쌍 ❷ 성염색체

Quiz

❶ 사람의 유전 연구 방법 중 특정 유전 형질을 가지는 집안의 ____를 조사하여 그 형질의 우열 관계와 유전자의 전달 경로 등을 알아낼 수 있다.

❷ 사람의 유전은 한 가지 형질을 결정하는 유전자의 수에 따라 ____ 인자 유전과 다인자 유전으로 구분한다.

답 ❶ 가계도 ❷ 단일

개념 ❹ 돌연변이와 유전병

1. **염색체 수 이상에 따른 유전병**

① **염색체 수 이상** 감수 분열 과정에서 ❶ ____에 의해 일어난다.

② **염색체 수 이상에 의한 사람의 유전병**

다운 증후군	터너 증후군	클라인펠터 증후군
21번 염색체 3개	성염색체 X	성염색체 XXY

2n, 비분리, n+1, n−1, n+1 n+1 n−1 n−1

〈감수 1분열에서의 염색체 비분리〉

2n, n, 비분리, n, n n n−1 n+1

〈감수 2분열에서의 염색체 비분리〉

2. **염색체 ❷ ____ 이상에 따른 유전병**

결실	염색체의 일부가 떨어져 없어진다.
중복	염색체의 일부분과 같은 부분이 삽입되어 반복된다.
역위	염색체의 일부가 떨어졌다가 거꾸로 붙는다.
전좌	한 염색체의 일부가 상동이 아닌 다른 염색체에 붙는다.

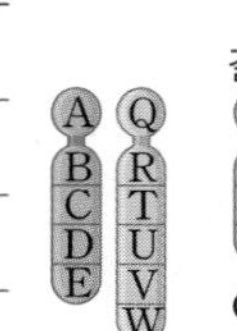

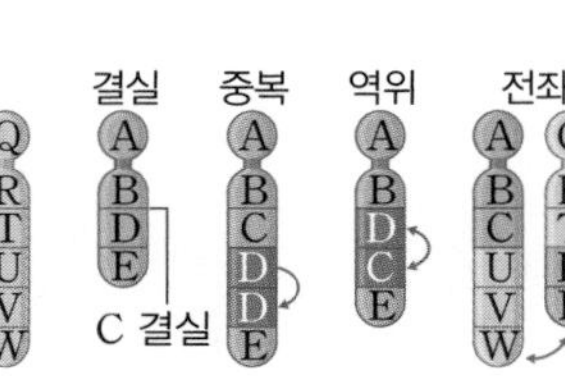

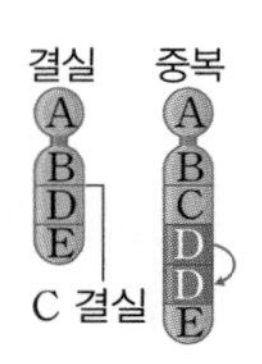

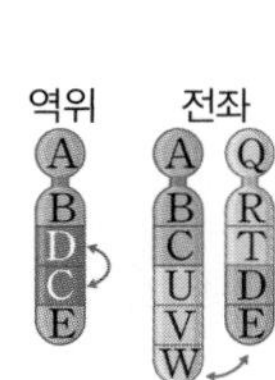

3. **유전자 이상에 따른 유전병** DNA 염기 서열에 돌연변이가 일어나 유전자의 기능에 이상이 생겨 형질이 변함 예 낫 모양 적혈구 빈혈증, 낭성 섬유증, 알비노증, 헌팅턴 무도병

답 ❶ 염색체 비분리 ❷ 구조

Quiz

❶ 다운 증후군은 (상염색체 / 성염색체) 수 이상에 따른 유전병이고, 터너 증후군은 (상염색체 / 성염색체) 수 이상에 따른 유전병이다.

❷ 염색체 구조 이상 중 5번 염색체 결실에 의한 고양이 울음 증후군은 핵형 분석으로 확인할 수 (있고 / 없고), 헤모글로빈 유전자 이상에 의한 낫 모양 적혈구 빈혈증은 핵형 분석으로 확인할 수 (있다 / 없다).

답 ❶ 상염색체, 성염색체 ❷ 있고, 없다

3-1

그림은 어떤 집안의 보조개 유전에 대한 가계도를 나타낸 것이다. 보조개는 상염색체에 있는 한 쌍의 대립유전자에 의해 결정된다.

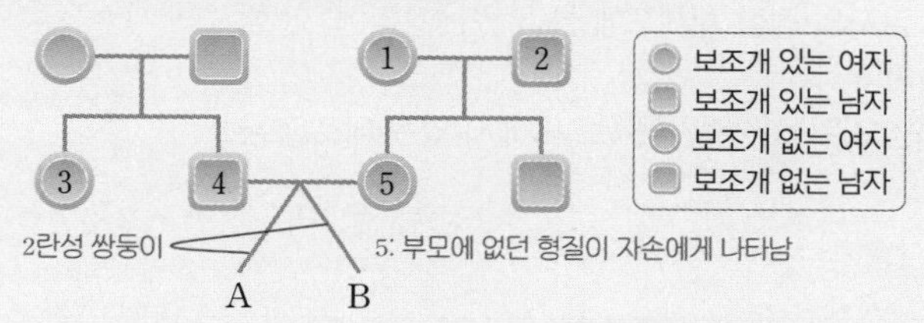

이에 대한 설명으로 옳은 것만을 〈보기〉에서 있는 대로 고른 것은? (단, 돌연변이는 고려하지 않는다.)

보기
ㄱ. 보조개가 있는 것은 없는 것에 대해 우성이다.
ㄴ. 1, 2, 3, 4의 보조개 유전자형은 모두 같다.
ㄷ. A와 B의 보조개 유전자형은 서로 같을 수도 있고 다를 수도 있다.

① ㄱ ② ㄴ ③ ㄱ, ㄷ ④ ㄴ, ㄷ ⑤ ㄱ, ㄴ, ㄷ

풀이 보조개가 있는 부모 1, 2로부터 보조개가 없는 자손 5가 나왔으므로 보조개가 있는 것이 없는 것에 대해 ❶ ( ) 이고, 부모 1, 2의 보조개 유전자형은 ❷ ( ) 이다. 2란성 쌍둥이 A, B의 보조개 유전자형은 서로 같을 수도 있고 다를 수도 있다.

❶ 우성 ❷ 이형접합성(잡종) 답 ⑤

3-2

단일 인자 유전에 대한 설명으로 옳은 것만을 〈보기〉에서 있는 대로 고른 것은?

보기
ㄱ. 한 개의 대립유전자에 의해 형질이 결정된다.
ㄴ. 형질을 결정하는 대립유전자가 항상 두 종류이다.
ㄷ. ABO식 혈액형 유전은 단일 인자 유전에 해당한다.

① ㄱ ② ㄷ ③ ㄱ, ㄴ
④ ㄴ, ㄷ ⑤ ㄱ, ㄴ, ㄷ

4-1

표는 유전 질환이 있는 사람 (가)~(다)의 유전 질환과 핵형 분석 결과를 나타낸 것이다. ㉠~㉢은 각각 다운 증후군(염색체 수 이상 (45+XX, 45+XY)), 만성 골수성 백혈병(염색체 구조 이상), 낫 모양 적혈구 빈혈증(유전자 이상) 중 하나이다.

사람	유전 질환	핵형 분석 결과
(가)	㉠	정상인과 핵형이 같다. → 낫 모양 적혈구 빈혈증
(나)	㉡	9번 염색체와 22번 염색체 끝부분이 전좌되었다. → 만성 골수성 백혈병
(다)	㉢	정상인보다 염색체가 한 개 많다. → 다운 증후군

이에 대한 설명으로 옳은 것만을 〈보기〉에서 있는 대로 고른 것은? (단, (가)~(다)는 각각 제시된 유전 질환 이외의 다른 유전 질환은 없다.)

보기
ㄱ. ㉠은 낫 모양 적혈구 빈혈증이다.
ㄴ. ㉡은 감수 분열 시 염색체 비분리 현상에 의해 발생한다.
ㄷ. (다)는 상염색체 수가 45개인 체세포를 가지고 있다.

① ㄱ ② ㄴ ③ ㄱ, ㄷ ④ ㄴ, ㄷ ⑤ ㄱ, ㄴ, ㄷ

풀이 낫 모양 적혈구 빈혈증은 유전자 이상에 의한 유전병이므로 핵형 분석 결과 정상인과 차이가 없다. 전좌는 염색체 ❶ ( ) 이상이며, 염색체 비분리는 염색체 수 이상의 원인이다. 다운 증후군은 ❷ ( ) 번 염색체가 세 개로, 염색체 수 이상에 의한 유전병이다.

❶ 구조 ❷ 21 답 ③

4-2

다음과 같은 유전병의 공통점으로 옳은 것은?

- 낫 모양 적혈구 빈혈증
- 헌팅턴 무도병
- 낭성 섬유증
- 알비노증

① 정상에 대해 열성으로 유전된다.
② 염색체 비분리에 의해 나타난다.
③ DNA 염기 서열의 이상으로 나타난다.
④ 염색체 구조에 이상이 있는 유전병이다.
⑤ 핵형 분석으로 확인이 가능한 유전병이다.

개념 돌파 전략 ②

5강 염색체와 세포 분열

바탕 문제

그림은 어떤 여자의 핵형 분석 결과를 나타낸 것이다.

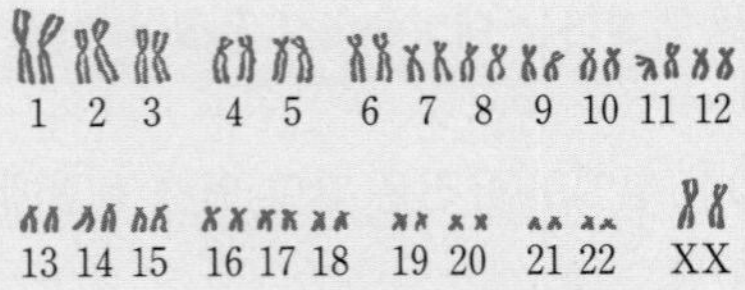

1 2 3 4 5 6 7 8 9 10 11 12

13 14 15 16 17 18 19 20 21 22 XX

$\dfrac{\text{상염색체 수}}{\text{성염색체의 염색 분체 수}}$는?

답 11

1 그림은 어떤 남자의 정상 체세포에 들어 있는 염색체 한 쌍을 나타낸 것이다.
이에 대한 설명으로 옳은 것만을 〈보기〉에서 있는 대로 고른 것은?

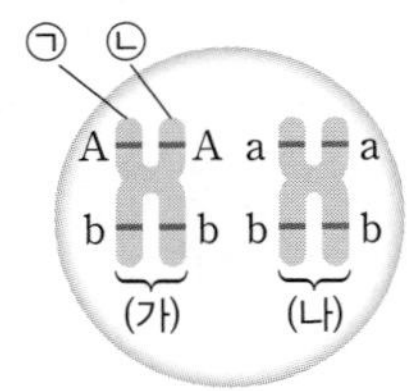

> 보기
> ㄱ. (가)와 (나)는 성염색체이다.
> ㄴ. ㉠과 ㉡은 체세포 분열 후기에 분리된다.
> ㄷ. A와 a는 같은 형질 결정에 관여하는 대립유전자이다.

① ㄱ ② ㄴ ③ ㄱ, ㄷ ④ ㄴ, ㄷ ⑤ ㄱ, ㄴ, ㄷ

바탕 문제

어떤 생물의 체세포의 G_1기 DNA양이 1이다. 이 세포의 G_2기와 분열기 후기의 세포당 DNA양을 각각 쓰시오.

답 2, 2

2 그림은 어떤 생물의 세포 주기를 나타낸 것이다.
이에 대한 설명으로 옳은 것만을 〈보기〉에서 있는 대로 고른 것은?

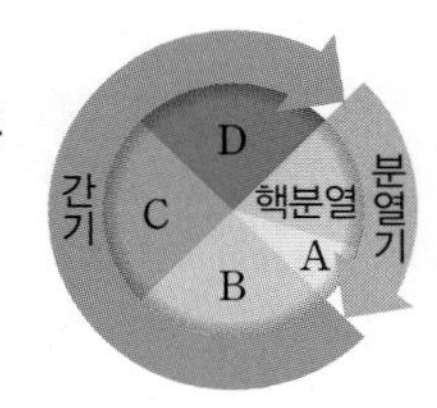

> 보기
> ㄱ. A는 세포질 분열이다.
> ㄴ. C 시기에 DNA가 복제된다.
> ㄷ. B 시기의 세포 한 개당 DNA양은 D 시기의 두 배이다.

① ㄱ ② ㄷ ③ ㄱ, ㄴ ④ ㄴ, ㄷ ⑤ ㄱ, ㄴ, ㄷ

바탕 문제

그림은 감수 분열 중인 세포를 순서 없이 나타낸 것이다.

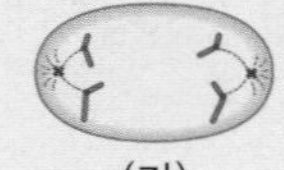
(가)

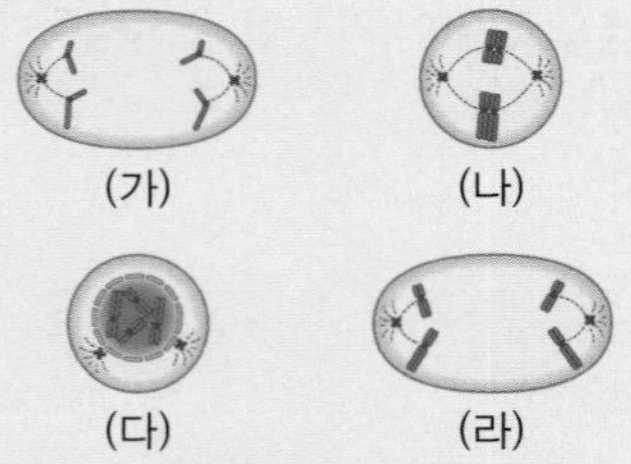

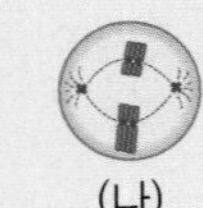
(나)

(다)

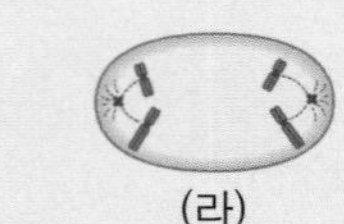
(라)

(가)~(라)를 순서대로 배열하시오.

답 (다) → (나) → (라) → (가)

3 그림은 분열 중인 어떤 세포의 염색체를 나타낸 것이다.
이에 대한 설명으로 옳지 않은 것은?

① 핵상이 $2n$인 상태이다.
② 2가 염색체가 관찰된다.
③ 감수 2분열 중기의 세포이다.
④ DNA양이 G_1기 세포의 두 배이다.
⑤ 생식 기관에서 관찰되는 세포이다.

6강 사람의 유전

바탕 문제

혀 말기는 상염색체에 있는 한 쌍의 대립유전자에 의해 나타나는 형질이다. 다음은 아버지, 어머니, 철수, 남동생으로 구성된 철수네 가족의 혀 말기에 대한 자료이다.

> 철수는 혀 말기를 할 수 없는데, 아버지, 어머니, 남동생은 모두 혀 말기를 할 수 있다.

철수네 가족 중 유전자형이 확실하게 잡종인 사람을 있는 대로 쓰시오.

답 아버지, 어머니

4 그림은 어떤 집안의 유전병에 대한 가계도를 나타낸 것이다. 이 유전병은 한 쌍의 대립유전자에 의해 결정되며, 대립유전자 사이의 우열이 뚜렷하다.
이 유전병에 대한 설명으로 옳은 것만을 〈보기〉에서 있는 대로 고른 것은? (단, 유전병 이외의 돌연변이는 고려하지 않는다.)

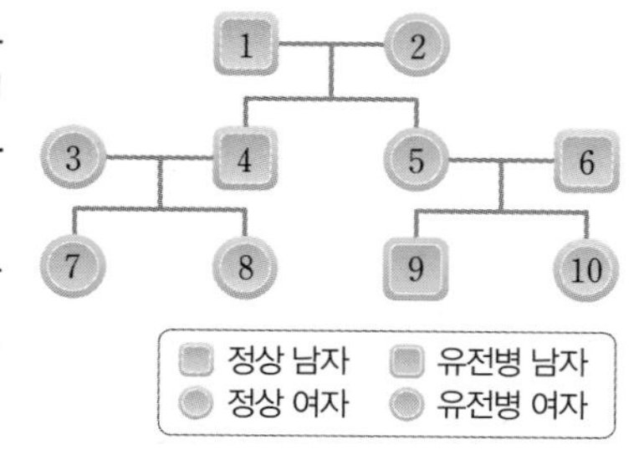

> 보기
> ㄱ. 정상에 대해 열성이다.
> ㄴ. 유전자는 성염색체에 있다.
> ㄷ. 1, 3, 4, 6, 10은 모두 유전병 대립유전자를 갖는다.

① ㄱ ② ㄴ ③ ㄱ, ㄷ ④ ㄴ, ㄷ ⑤ ㄱ, ㄴ, ㄷ

바탕 문제

다음은 사람의 어떤 유전병에 대한 설명이다.

> • 부모가 모두 유전병이면 자녀도 항상 유전병을 갖는다.
> • 정상인 아버지와 유전병인 어머니 사이에 태어난 아들은 항상 유전병을 갖는다.

유전병 유전자가 있는 염색체는 상염색체와 성염색체 중 무엇인지 쓰시오.

답 성염색체

5 그림은 철수네 가족과 영희네 가족의 적록 색맹 유전에 대한 가계도를 나타낸 것이다.

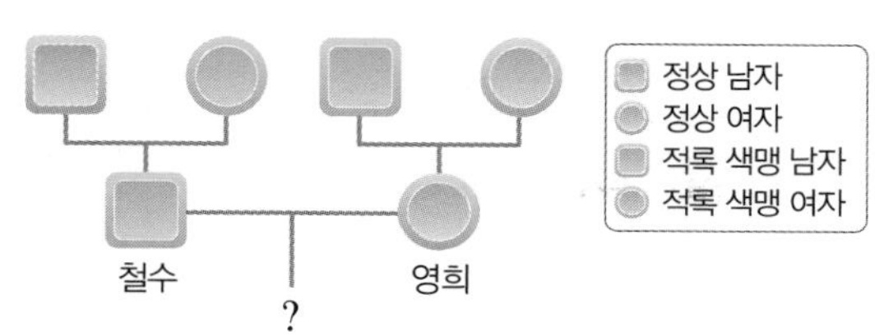

철수와 영희 사이에서 태어난 아들이 적록 색맹일 확률로 옳은 것은? (단, 돌연변이는 고려하지 않는다.)

① $\frac{1}{6}$ ② $\frac{1}{8}$ ③ $\frac{1}{4}$ ④ $\frac{3}{8}$ ⑤ $\frac{1}{2}$

바탕 문제

그림은 세 가지 유전병의 염색체 이상을 정상 염색체와 비교하여 나타낸 것이다.

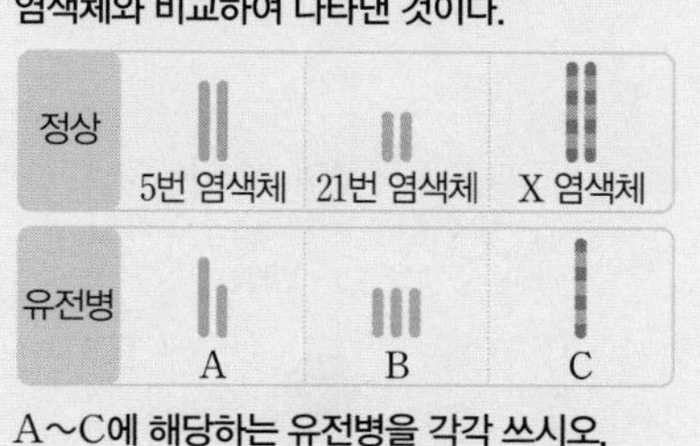

A~C에 해당하는 유전병을 각각 쓰시오.

답 A: 고양이 울음 증후군, B: 다운 증후군, C: 터너 증후군

6 표는 사람에게 나타나는 유전병 (가)~(다)의 특징을 나타낸 것이다. (가)~(다)는 낫 모양 적혈구 빈혈증, 고양이 울음 증후군, 클라인펠터 증후군을 순서 없이 나타낸 것이다.

유전병	특징
(가)	5번 염색체의 길이가 정상보다 짧다.
(나)	핵형 분석 결과가 정상인과 같다.
(다)	성염색체 XXY를 가지고 있다.

이에 대한 설명으로 옳은 것만을 〈보기〉에서 있는 대로 고른 것은?

> 보기
> ㄱ. (가)는 고양이 울음 증후군이다.
> ㄴ. (나)는 헤모글로빈 유전자에 이상이 있다.
> ㄷ. (다)는 감수 분열 시 성염색체가 비분리된 생식세포의 수정으로 나타난다.

① ㄱ ② ㄴ ③ ㄱ, ㄷ ④ ㄴ, ㄷ ⑤ ㄱ, ㄴ, ㄷ

필수 체크 전략 ①

전략 ❶ 염색체와 유전 물질

1. **유전자** 개체의 유전 정보가 저장된 DNA의 특정 부위
2. **DNA** 유전자를 포함하고 있으며, 인산, 당, 염기로 된 ❶ ______가 단위체인 이중 나선 구조의 유전 물질이다.
3. **염색체** DNA와 히스톤 단백질로 구성된 뉴클레오솜이 수백만 개 연결되어 형성되며, 응축된 막대 모양의 구조는 세포가 분열할 때 관찰할 수 있다. DNA가 복제되어 형성된 두 가닥의 ❷ ______는 유전자 구성이 같다.
4. **유전체** 한 생명체가 가진 모든 염색체를 구성하는 DNA에 저장된 유전 정보 전체

유전자 / 유전자 / DNA 이중 나선 / DNA / ❸ ______ / 히스톤 단백질 / 염색체

답 ❶ 뉴클레오타이드 ❷ 염색 분체 ❸ 뉴클레오솜

그림은 어떤 사람의 체세포에 있는 염색체의 구조를 나타낸 것이다. A는 어떤 형질을 결정하는 대립유전자이다.

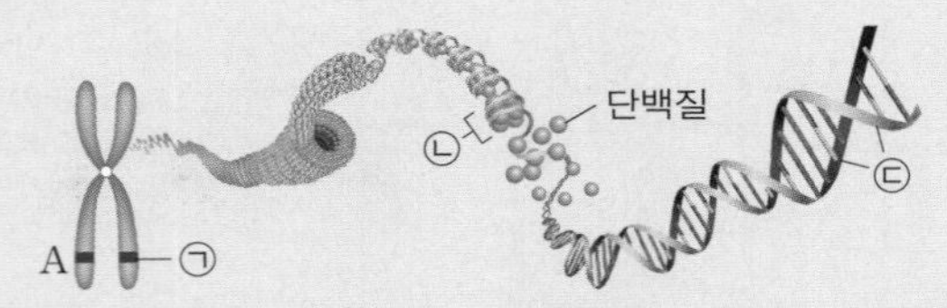

이에 대한 설명으로 옳은 것만을 〈보기〉에서 있는 대로 고르시오. (단, 돌연변이는 고려하지 않는다.)

보기
ㄱ. ㉠은 A이다.
ㄴ. ㉡은 뉴클레오솜이다.
ㄷ. ㉢은 염색체이다.

풀이
㉠은 대립유전자 A, ㉡은 뉴클레오솜, ㉢은 DNA이다. ㉠을 포함하는 염색 분체는 DNA가 복제되어 만들어졌으므로 ㉠은 대립유전자 A이다.
ㄷ. ㉢은 염색체를 구성하는 DNA이다.

답 ㄱ, ㄴ

1-1

그림은 어떤 동물의 체세포에서 염색체가 형성되는 과정을 나타낸 것이다.

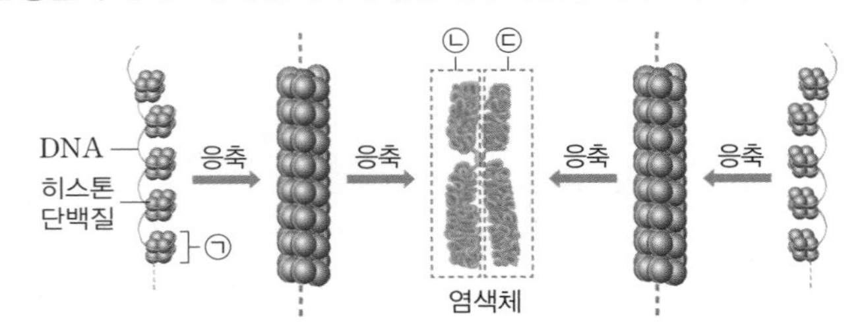

이 동물의 어떤 형질에 대한 유전자형은 Aa이며, ㉡에는 대립유전자 A가 존재한다. 이에 대한 설명으로 옳은 것만을 〈보기〉에서 있는 대로 고르시오. (단, 돌연변이는 고려하지 않는다.)

보기
ㄱ. ㉠에 뉴클레오타이드가 있다.
ㄴ. ㉢에는 대립유전자 a가 존재한다.
ㄷ. ㉡과 ㉢은 각각 부모로부터 하나씩 유래되었다.

전략 ❷ | 사람의 염색체

1. 핵형 염색체의 수, 모양, 크기 등 겉으로 관찰 가능한 염색체의 특성

① 핵형 분석을 통해 성별, 염색체의 수와 구조 이상 여부를 알 수 있다.

② 사람의 체세포 한 개에는 남자와 여자가 공통으로 가지는 22쌍의 ❶ [ ]와 성별에 따라 구성이 다른 한 쌍의 성염색체가 있다.

2. 핵상 한 세포에 들어 있는 염색체의 상대적인 수로, 체세포의 핵상은 $2n$, 생식세포의 핵상은 n으로 나타낸다.

3. 상동 염색체 부모로부터 한 개씩 물려받았으며, 크기와 모양이 같아 쌍을 이루는 두 염색체이다. 한 가지 형질의 결정에 관여하는 대립유전자가 상동 염색체의 같은 위치에 하나씩 존재한다.

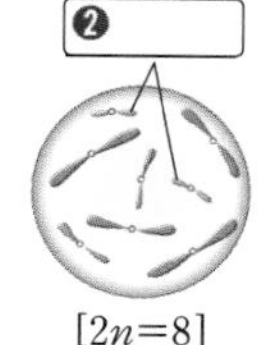

[$2n=8$]

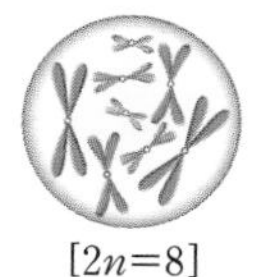
[$2n=8$]

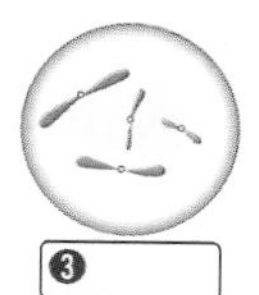
❸ [ ]

답 ❶ 상염색체 ❷ 상동 염색체 ❸ $n=4$

필수 예제 2

그림은 정상인 사람 (가)와 (나)의 핵형을 분석한 결과를 나타낸 것이다.

(가) (나)

이에 대한 설명으로 옳은 것만을 <보기>에서 있는 대로 고르시오.

• 보기 •
ㄱ. (가)의 상염색체는 44개이다.
ㄴ. (가)와 (나)의 핵형은 서로 같다.
ㄷ. A와 B의 유전자 구성은 서로 다르다.

풀이

ㄱ. 1번부터 22번까지 22쌍의 염색체는 남녀에게 공통으로 들어 있는 상염색체이다.

ㄴ. 성염색체 구성이 XX인 (가)는 여자, XY인 (나)는 남자의 핵형이므로 남자와 여자의 핵형은 서로 다르다.

ㄷ. 성염색체인 A는 X 염색체, B는 Y 염색체로 유전자 구성은 서로 다르다.

답 ㄱ, ㄷ

2-1

그림은 어떤 동물의 세포 (가)와 (나)에 들어 있는 모든 염색체를 나타낸 것이다. 이 동물의 성염색체는 XY이다.
이에 대한 설명으로 옳은 것만을 <보기>에서 있는 대로 고르시오.

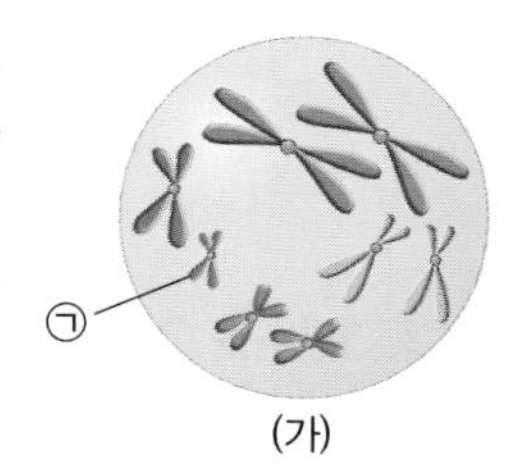

(가)

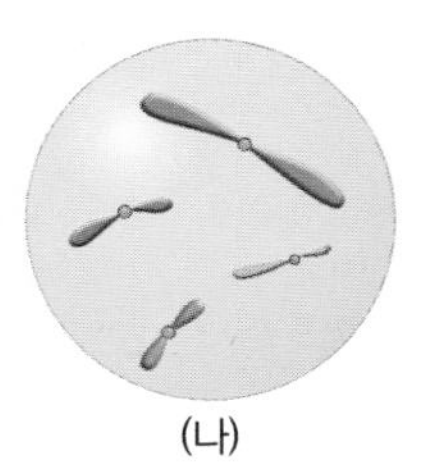
(나)

핵상과 염색체 수를 (가)는 '$2n=8$', (나)는 '$n=4$'로 나타낼 수 있어.

• 보기 •
ㄱ. ㉠은 성염색체이다.
ㄴ. (가)와 (나)의 핵상은 서로 다르다.
ㄷ. (가)의 염색체 수는 (나)의 염색체 수의 4배이다.

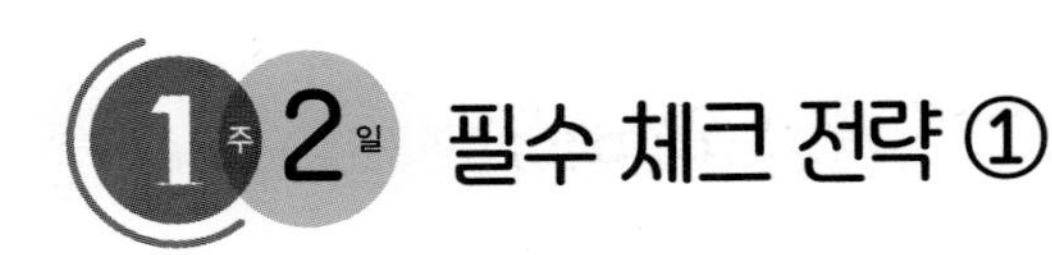

필수 체크 전략 ①

전략 ❸ | 세포 주기와 체세포 분열

1. 세포 주기 분열하는 세포에서 분열 결과 만들어진 딸세포가 생장 과정을 거쳐 다시 분열하기까지의 기간으로, 크게 간기(G_1기 → S기 → G_2기)와 분열기(M기)로 나뉜다.

2. 체세포 분열 DNA 복제 후 1회의 핵분열과 세포질 분열이 일어나며, ❶ ______가 분리되므로 모세포와 유전자 구성이 같은 두 개의 딸세포를 형성한다.

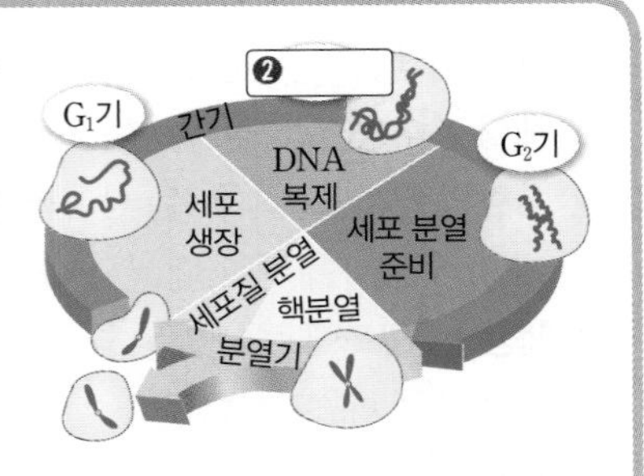

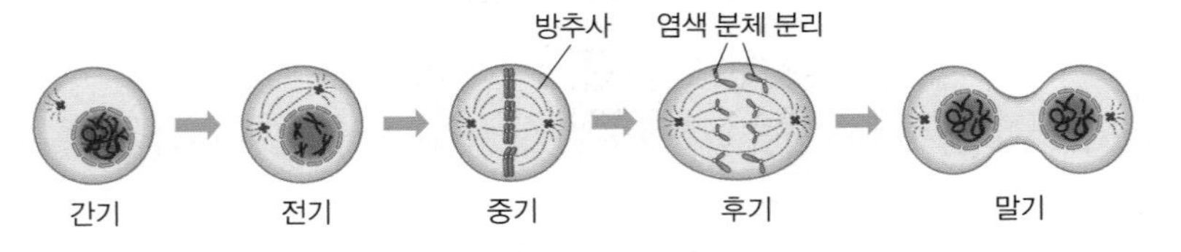

답 ❶ 염색 분체 ❷ S기

그림은 사람 체세포의 세포 주기를 나타낸 것이다. ㉠~㉢은 각각 G_2기, M기, S기 중 하나이다.
이에 대한 설명으로 옳은 것만을 〈보기〉에서 있는 대로 고르시오.

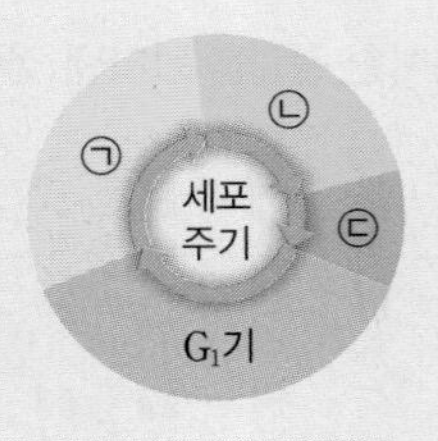

보기

ㄱ. ㉠ 시기에 핵막이 소실된다.

ㄴ. ㉢은 M기이다.

ㄷ. 세포 한 개당 DNA양은 ㉡ 시기 세포가 G_1기 세포의 두 배이다.

㉠은 S기, ㉡은 G_2기, ㉢은 M기이다.

ㄱ. 핵막은 M기(분열기) 전기에 소실되고 말기에 다시 형성된다. 간기의 세포에는 핵막이 존재한다.

ㄷ. S기에 DNA가 복제되어 G_2기(㉡) 세포의 DNA양은 G_1기의 두 배가 된다.

답 ㄴ, ㄷ

3-1

그림 (가)는 식물 P($2n$)의 체세포가 분열하는 동안 핵 한 개당 DNA양을, (나)는 P의 체세포 분열 과정에서 관찰되는 세포 ⓐ와 ⓑ를 나타낸 것이다. ⓐ와 ⓑ는 분열기의 전기와 중기의 세포를 순서 없이 나타낸 것이다.

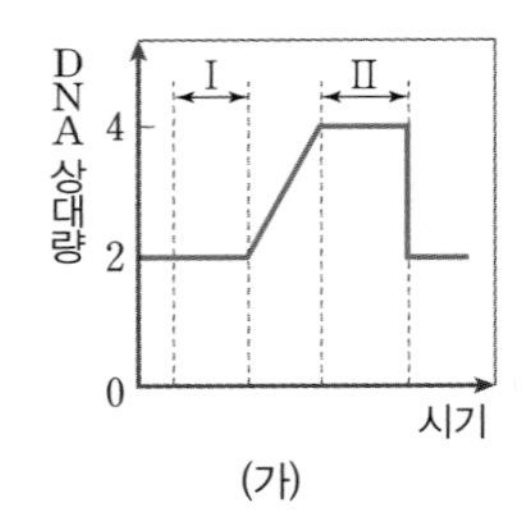

(가)

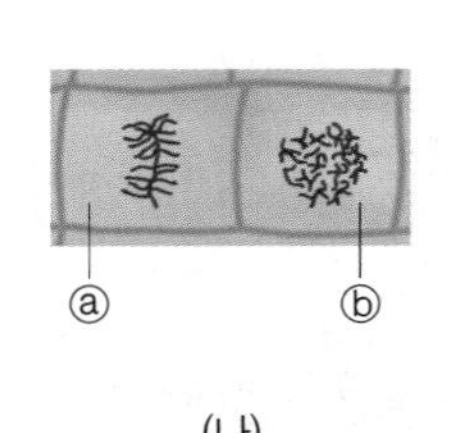

(나)

이에 대한 설명으로 옳은 것만을 〈보기〉에서 있는 대로 고르시오. (단, 돌연변이는 고려하지 않는다.)

보기

ㄱ. Ⅰ과 Ⅱ 시기의 세포에는 모두 뉴클레오솜이 있다.

ㄴ. ⓐ와 ⓑ는 모두 Ⅱ 시기에 관찰된다.

ㄷ. ⓑ 시기에 염색 분체가 분리된다.

체세포 분열의 전기에 ⓑ와 같이 염색 분체가 두 개인 염색체가 형성되고, 중기에 ⓐ와 같이 세포의 중앙에 염색체들이 배열되지.

전략 ❹ | 감수 분열과 유전적 다양성

1. 감수 분열 염색체 수가 모세포의 절반인 생식세포가 형성되는 세포 분열

① **감수 1분열** DNA 복제 후 상동 염색체가 접합하여 [❶] 가 형성된 다음, 후기에 상동 염색체가 분리된다. → $2n \rightarrow n$

② **감수 2분열** 감수 1분열 후 DNA 복제 없이 진행되며, 후기에 염색 분체가 분리된다. → $n \rightarrow n$

2. 유전적 다양성 감수 1분열에 [❸] 쌍이 무작위로 배열, 분리되어 생식세포의 염색체 조합(대립유전자 조합)이 다양해진다.

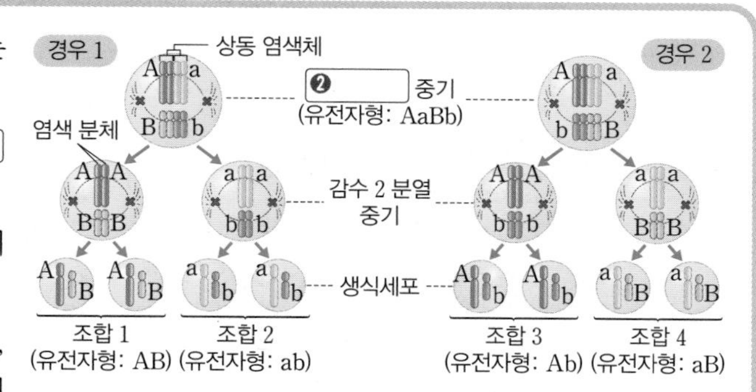

답 ❶ 2가 염색체 ❷ 감수 1분열 ❸ 상동 염색체

필수 예제 4

그림 (가)는 어떤 동물($2n=?$)의 G_1기 세포로부터 생식세포가 형성되는 동안 핵 한 개당 DNA 상대량을, (나)는 이 세포 분열 과정 중 일부를 나타낸 것이다. ⓐ와 ⓑ의 핵상은 다르고, ⓐ~ⓒ는 모두 중기의 세포이다.

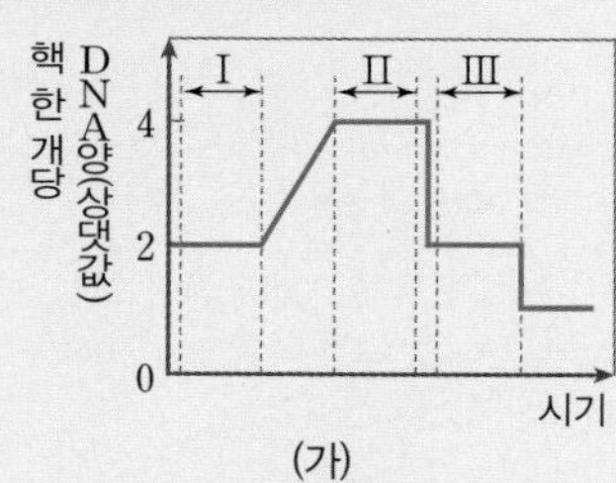

(가)

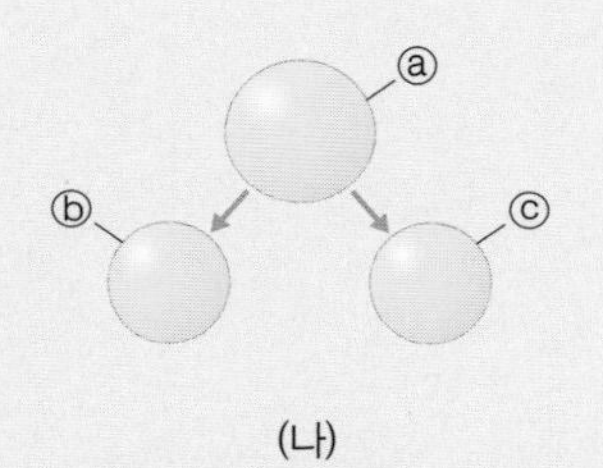

(나)

이에 대한 설명으로 옳은 것만을 〈보기〉에서 있는 대로 고르시오. (단, 돌연변이는 고려하지 않는다.)

보기
ㄱ. ⓐ에 2가 염색체가 있다.
ㄴ. ⓑ와 ⓒ의 유전자 구성은 같다.
ㄷ. ⓒ는 구간 Ⅱ에서 관찰된다.

풀이

ⓐ는 감수 1분열 중기, ⓑ와 ⓒ는 감수 2분열 중기의 세포이다.

ㄱ. 감수 1분열 중기에 2가 염색체가 세포 중앙에 배열된다.

ㄴ. 감수 1분열에서는 상동 염색체가 분리되므로 유전자 구성이 다른 딸세포가 생성된다.

ㄷ. Ⅰ 시기에는 G_1기, Ⅱ 시기에는 G_2기와 분열기 중 감수 1분열, Ⅲ 시기는 감수 2분열의 세포가 있다.

답 ㄱ

4-1

그림은 어떤 동물($2n=4$)의 분열 중인 세포 (가)와 (나)를 나타낸 것이다. A와 a는 대립유전자이다. 이에 대한 설명으로 옳은 것만을 〈보기〉에서 있는 대로 고르시오. (단, 돌연변이는 고려하지 않는다.)

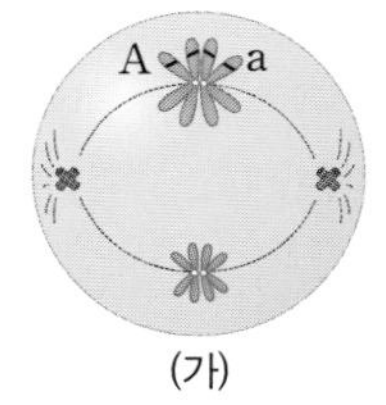

(가)

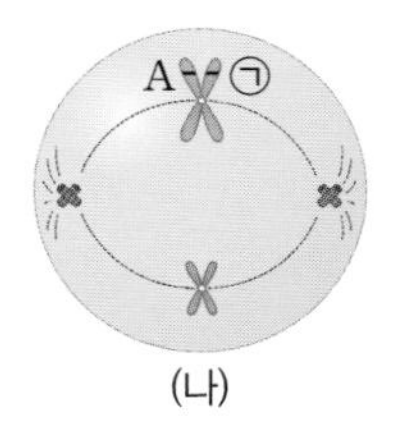

(나)

상동 염색체 쌍이 존재하는 세포의 핵상은 $2n$이니까 감수 1분열 중기 세포의 핵상은 $2n$이고, 감수 2분열 중기 세포의 핵상은 n이야.

보기
ㄱ. (가)와 (나)의 핵상은 같다.
ㄴ. ㉠은 A이다.
ㄷ. DNA양은 (가)가 (나)의 2배이다.

필수 체크 전략 ②

1 그림은 정상인의 핵형과 염색체 구조를 나타낸 것이다.

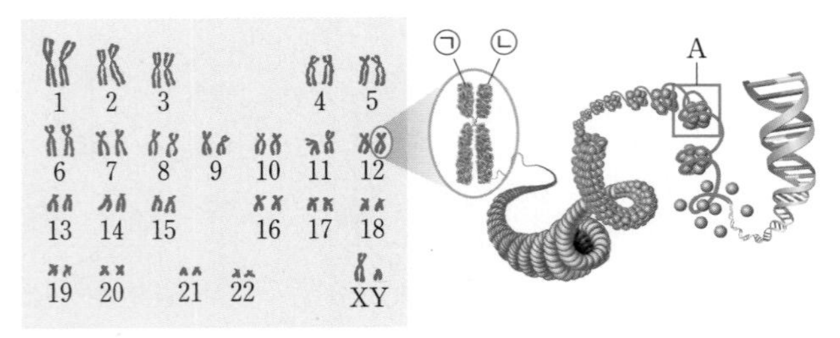

이에 대한 설명으로 옳은 것만을 〈보기〉에서 있는 대로 고른 것은?

보기
ㄱ. ㉠과 ㉡은 상동 염색체이다.
ㄴ. A는 DNA와 단백질 복합체이다.
ㄷ. 분열기의 세포로 핵형을 분석한 것이다

① ㄴ ② ㄷ ③ ㄱ, ㄴ ④ ㄱ, ㄷ ⑤ ㄴ, ㄷ

Tip
하나의 염색체를 구성하는 두 ❶ (   ) 는 DNA가 복제되어 형성된 것이므로 유전 정보가 같고, 크기와 모양이 같은 염색체 쌍인 ❷ (   ) 는 부모로부터 하나씩 물려받은 것이다.

답 ❶ 염색 분체 ❷ 상동 염색체

2 그림은 세포 (가)와 (나)에 들어 있는 모든 염색체를 나타낸 것이다. (가)와 (나)는 각각 동물 A($2n=6$)와 동물 B($2n=?$)의 세포 중 하나이다.

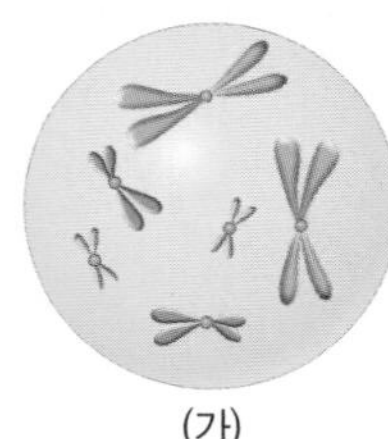
(가)

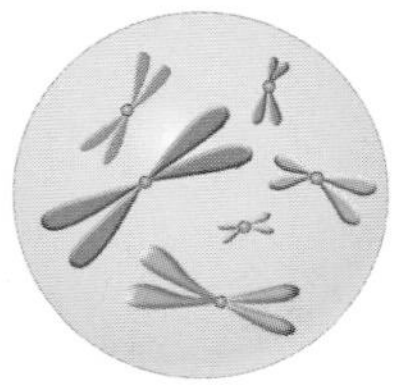
(나)

이에 대한 설명으로 옳은 것만을 〈보기〉에서 있는 대로 고른 것은? (단, 돌연변이는 고려하지 않는다.)

보기
ㄱ. (가)와 (나)의 핵상은 같다.
ㄴ. B의 체세포 한 개당 염색체 수는 12이다.
ㄷ. (가)의 감수 2분열 중기 세포 한 개당 염색 분체 수는 12이다.

① ㄴ ② ㄷ ③ ㄱ, ㄴ ④ ㄱ, ㄷ ⑤ ㄴ, ㄷ

Tip
체세포와 같이 상동 염색체 쌍이 들어 있는 세포의 ❶ (   ) 은 $2n$으로 나타내며, 감수 1분열에서 염색체 수가 반감되므로 감수 2분열 중기 세포의 핵상은 ❷ (   ) 이다.

답 ❶ 핵상 ❷ n

3 그림은 어떤 동물의 체세포를 일정 시간 동안 배양한 세포 집단에서 세포당 DNA 양에 따른 세포 수를 나타낸 것이다.

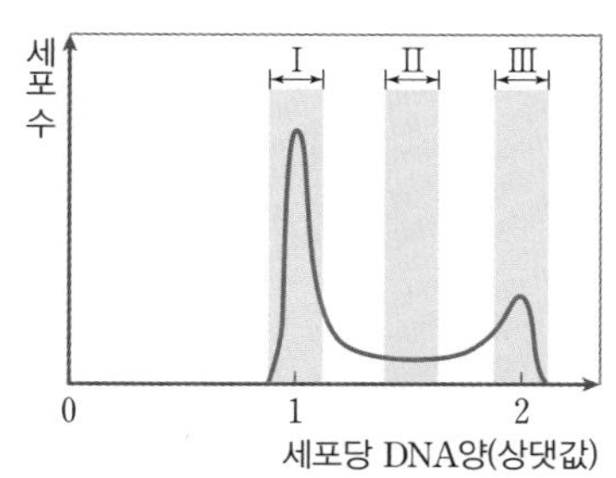

이에 대한 설명으로 옳은 것만을 〈보기〉에서 있는 대로 고른 것은?

보기
ㄱ. 구간 Ⅰ에 핵막을 갖는 세포가 있다.
ㄴ. G_1기의 세포 수는 구간 Ⅲ에서가 구간 Ⅰ에서보다 많다.
ㄷ. DNA 복제가 일어나고 있는 세포 수는 구간 Ⅱ에서가 구간 Ⅲ에서보다 많다.

① ㄴ ② ㄷ ③ ㄱ, ㄴ ④ ㄱ, ㄷ ⑤ ㄴ, ㄷ

Tip
세포 주기는 G_1기 → S기 → ❶ [ ] → 분열기의 순으로 진행되며, S기에 ❷ [ ] 가 일어나므로 G_2기와 분열기의 세포당 DNA양은 G_1기의 두 배이다.

답 ❶ G_2기 ❷ DNA 복제

4 그림은 유전자형이 AABb인 어떤 동물의 G_1기 세포 Ⅰ로부터 생식세포가 형성되는 과정을, 표는 세포 (가)~(다)의 세포 한 개당 대립유전자 A, b의 DNA 상대량을 나타낸 것이다. (가)~(다)는 각각 Ⅰ~Ⅲ 중 하나이며, Ⅱ는 중기의 세포이다.

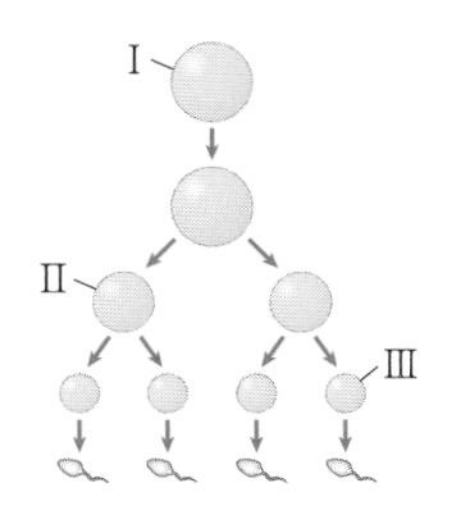

세포	DNA 상대량	
	A	b
(가)	2	0
(나)	㉠	1
(다)	2	1

이에 대한 설명으로 옳은 것만을 〈보기〉에서 있는 대로 고르시오. (단, 돌연변이는 고려하지 않으며, A, B, b 각각의 한 개당 DNA 상대량은 1이다.)

보기
ㄱ. Ⅰ은 (나)이다.
ㄴ. ㉠은 1이다.
ㄷ. (가)와 (다)의 핵상은 같다.

① ㄴ ② ㄷ ③ ㄱ, ㄴ ④ ㄱ, ㄷ ⑤ ㄴ, ㄷ

Tip
G_1기와 감수 1분열 중기 세포의 핵상은 ❶ [ ] 이고, 감수 2분열 중기 세포의 핵상은 n이다. 감수 1분열에서 ❷ [ ] 가 분리되어 유전자 구성이 서로 다르고 염색체 수가 모세포의 절반인 딸세포가 형성된다. 감수 2분열에서는 염색 분체가 분리되며, 염색체 수가 변하지 않는다.

답 ❶ $2n$ ❷ 상동 염색체

필수 체크 전략 ①

전략 ❶ | 상염색체 유전

1. 상염색체 유전 형질을 나타내는 유전자가 상염색체에 있는 유전으로, 유전자가 자손에게 전달되는 방식이나 자손에게 특정 표현형이 나타날 확률이 이론상 남자와 여자에게서 ❶ [ ].

2. 단일 인자 유전 형질을 결정하는 대립유전자가 한 쌍인 경우

① **대립유전자의 종류가 두 가지인 단일 인자 유전** 일반적으로 우성과 열성이 뚜렷하게 구별되고, 멘델의 유전 원리가 적용된다.

예 귓불 모양, 눈꺼풀, 보조개, 이마 선 모양, 혀 말기

표현형	A형		B형		❸ [ ]	O형
유전자형	I^AI^A	I^Ai	I^BI^B	I^Bi	I^AI^B	ii
	I^A I^A	I^A i	I^B I^B	I^B i	I^A I^B	i i

② **복대립 유전** 형질을 결정하는 대립유전자의 종류가 ❷ [ ] 가지 이상인 단일 인자 유전으로, 대립유전자의 종류가 두 개인 경우보다 대립 형질(표현형)의 종류가 더 많다. 예 ABO식 혈액형

답 ❶ 같다 ❷ 세(3) ❸ AB형

1

다음은 사람에게 유전되는 형질 A의 특성을 나타낸 것이다.

- A를 나타내는 남녀의 비율은 비슷하다.
- 자녀는 A를 나타내지만 부모 모두 A를 나타내지 않을 수 있다.
- A에 대한 대립유전자는 두 종류이며, 우열 관계가 분명하다.

이에 대한 설명으로 옳은 것만을 〈보기〉에서 있는 대로 고른 것은? (단, 돌연변이는 고려하지 않으며, 멘델의 유전 원리에 따라 유전된다.)

보기

ㄱ. A는 열성으로 유전되는 형질이다.
ㄴ. A에 대한 대립유전자는 상염색체에 있다.
ㄷ. A를 나타내는 사람의 A에 대한 유전자형은 동형접합성이다.

① ㄴ ② ㄷ ③ ㄱ, ㄴ ④ ㄴ, ㄷ ⑤ ㄱ, ㄴ, ㄷ

풀이

ㄱ. 부모에게서 나타나지 않는 형질이 자손에게 나타난 경우, 자손의 형질은 열성이다.
ㄴ. 상염색체는 남녀 공통으로 가지므로, 유전자가 상염색체에 있는 형질은 남녀에게서 나타나는 비율에 차이가 없다.
ㄷ. 우성 형질의 유전자형은 동형접합성이거나 이형접합성이고, 열성 형질의 유전자형은 동형접합성이다.

답 ⑤

1-1

다음은 유전 형질 (가)의 특성을 나타낸 것이다.

- 한 쌍의 대립유전자에 의해 결정된다.
- 대립유전자는 X, Y, Z이며, 우열 관계는 X=Y>Z이다.

(가)에 대한 설명으로 옳지 않은 것은? (단, 돌연변이는 고려하지 않는다.)

① 단일 인자 유전에 해당한다.
② 복대립 유전에 해당한다.
③ 표현형은 4종류이다.
④ 유전자형은 8종류이다.
⑤ 유전자형이 XZ인 개체와 YZ인 개체의 표현형은 서로 다르다.

한 쌍의 대립유전자에 의해 형질이 결정되는 것을 단일 인자 유전이라고 해.

전략 ❷ 반성유전(성염색체 유전)

1. 반성유전 형질을 나타내는 유전자가 성염색체에 있는 유전으로, 남자와 여자에서 형질이 나타나는 빈도가 ❶ ______.
예 적록 색맹, 혈우병

2. 적록 색맹 형질을 결정하는 유전자가 X 염색체에 있으며, 정상에 대해 ❷ ______이다.
① 여자보다 남자에게서 높은 확률로 나타난다.
② 어머니가 적록 색맹이면 아들은 항상 적록 색맹이고, 아버지가 정상이면 딸은 항상 정상이다.

구분	여자			남자	
유전자형	X^RX^R	X^RX^r	X^rX^r	X^RY	X^rY
표현형	정상	❸ ______ (보인자)	적록 색맹	정상	적록 색맹

답 ❶ 다르다 ❷ 열성 ❸ 정상

필수 예제 2

그림은 어떤 유전병에 대한 철수네 가족의 유전자형과 유전병의 여부를 나타낸 것이다. H와 h는 유전병에 대한 대립유전자이다.
이에 대한 설명으로 옳은 것만을 〈보기〉에서 있는 대로 고른 것은? (단, 돌연변이는 고려하지 않는다.)

아버지	어머니	철수
h h (X), Y	H H (X), h h (X)	h h (X), Y
유전병	정상	유전병

• 보기 •
ㄱ. 철수의 유전병 대립유전자는 아버지에게서 온 것이다.
ㄴ. 유전병 대립유전자 h는 정상 대립유전자 H에 대해 열성이다.
ㄷ. 철수의 여동생이 태어났을 때, 이 여동생이 유전병일 확률은 50 %이다.

① ㄴ ② ㄷ ③ ㄱ, ㄴ ④ ㄴ, ㄷ ⑤ ㄱ, ㄴ, ㄷ

풀이
ㄱ. 유전병 대립유전자는 X 염색체에 있으므로 철수는 어머니로부터 유전병 대립유전자 h가 있는 X 염색체를 물려받고, 아버지로부터 Y 염색체를 물려받았다.
ㄴ. h가 있는 아버지와 철수가 유전병이고 H와 h를 갖는 어머니가 정상이므로 유전병 대립유전자 h는 정상 대립유전자 H에 대해 열성이다.
ㄷ. 여동생의 유전자형은 X^HX^h(정상)와 X^hX^h(유전병)가 1 : 1의 비율로 나타날 수 있다.

답 ④

2-1

그림은 어떤 집안의 적록 색맹 유전에 대한 가계도를 나타낸 것이다.

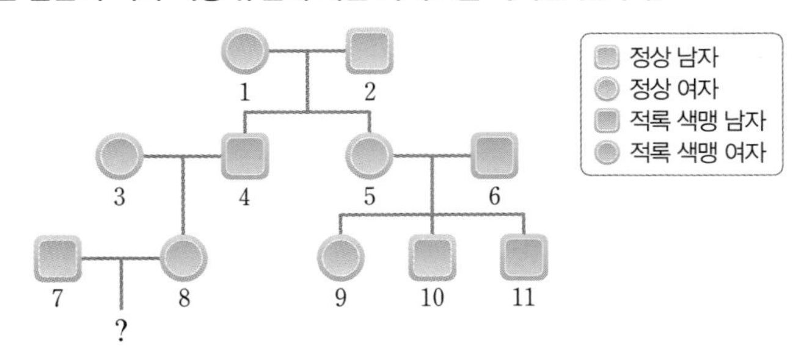

이에 대한 설명으로 옳은 것만을 〈보기〉에서 있는 대로 고르시오. (단, 돌연변이는 고려하지 않는다.)

• 보기 •
ㄱ. 1과 5의 적록 색맹 유전자형은 이형접합성이다.
ㄴ. 1의 적록 색맹 대립유전자는 5를 거쳐 11에게 전달되었다.
ㄷ. 7과 8 사이에서 적록 색맹인 딸이 태어날 확률은 50 %이다.

아버지가 정상이면 딸이 정상이고, 어머니가 적록 색맹이면 아들이 적록 색맹이야.

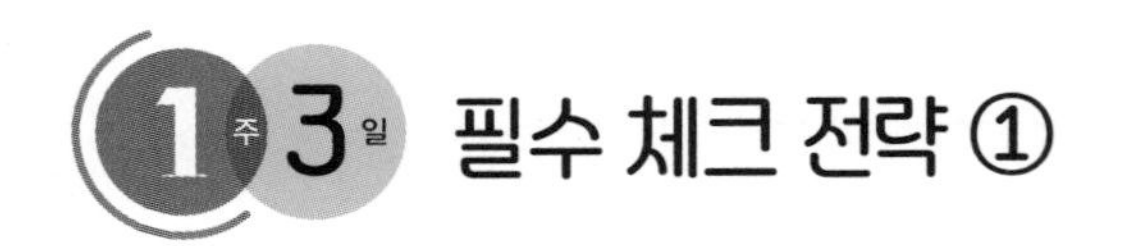

필수 체크 전략 ①

전략 ❸ | 다인자 유전

특징	하나의 형질이 ❶ ______ 이상의 대립유전자에 의해 결정된다. → 대립 형질이 명확하게 구분되지 않으며, 표현형이 다양하고 ❷ ______ 이다.
예	키, 몸무게, 피부색, 눈 색깔, 지문의 형태
형질 분포	정규 분포 곡선 형태로 나타난다.

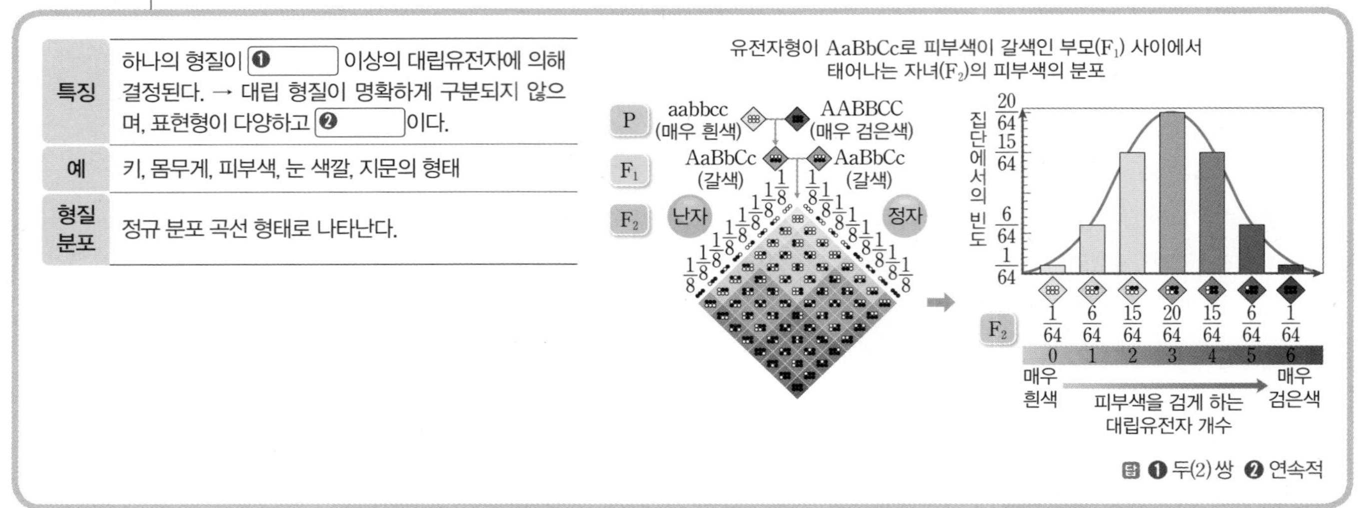

답 ❶ 두(2) 쌍 ❷ 연속적

필수 예제 3

그림 (가)는 어떤 학교에서 남학생의 키 분포를, (나)는 어떤 완두의 키 분포를 조사하여 얻은 결과를 나타낸 것이다.
이에 대한 설명으로 옳은 것만을 <보기>에서 있는 대로 고른 것은? (단, 돌연변이는 고려하지 않는다.)

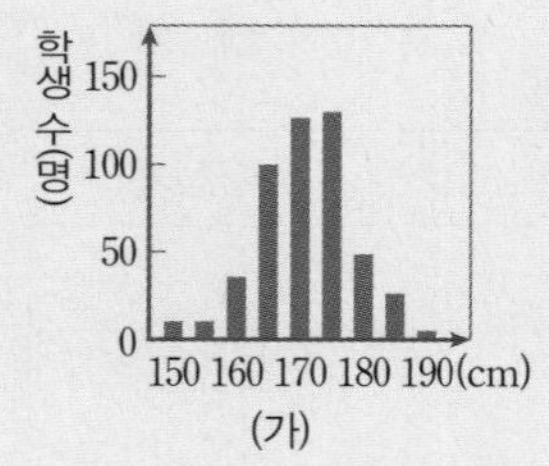

(가)

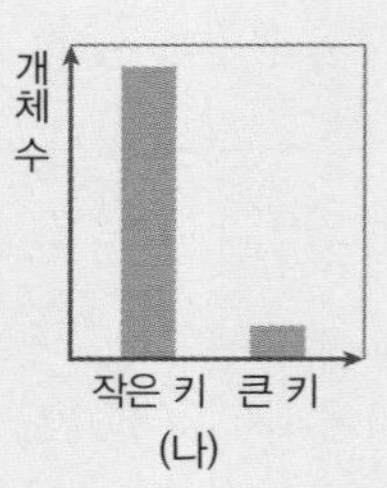

(나)

보기
ㄱ. 사람의 키는 다인자 유전 형질에 해당한다.
ㄴ. 완두의 키는 한 쌍의 대립유전자에 의해 결정된다.
ㄷ. 사람의 키는 우성 형질과 열성 형질이 뚜렷하게 구별된다.

① ㄴ ② ㄷ ③ ㄱ, ㄴ ④ ㄴ, ㄷ ⑤ ㄱ, ㄴ, ㄷ

풀이
ㄱ. 표현형이 다양하고 연속적인 것은 다인자 유전 형질의 특성이다.
ㄴ. 완두의 키는 표현형이 두 가지로 뚜렷하게 나타나므로 한 쌍의 대립유전자에 의해 결정되는 단일 인자 유전에 해당한다.
ㄷ. 여러 쌍의 대립유전자가 관여하는 다인자 유전에서 우성 형질과 열성 형질은 뚜렷하게 구별되지 않는다.

답 ③

3-1

다음은 사람에게 유전되는 형질 (가)의 특성을 나타낸 것이다.

- 서로 다른 상염색체에 있는 세 쌍의 대립유전자 A와 a, B와 b, C와 c에 의해 결정된다.
- 표현형은 유전자형에서 대문자로 표시된 대립유전자의 수에 의해서만 결정되며, 이 대립유전자의 수가 다르면 표현형도 다르다.

이에 대한 설명으로 옳은 것만을 <보기>에서 있는 대로 고르시오. (단, 돌연변이는 고려하지 않는다.)

보기
ㄱ. (가)의 유전은 복대립 유전에 해당한다.
ㄴ. 유전자형이 AaBbCc인 사람과 AaBBcc인 사람의 표현형은 같다.
ㄷ. 유전자형이 AaBbCc로 동일한 부모에게서 자손이 태어날 때, 이 자손에게서 나타날 수 있는 표현형은 최대 7가지이다.

자손의 표현형은 대문자의 수가 0, 1, 2, 3, 4, 5, 6인 경우로 최대 7가지가 가능해.

전략 ❹ 염색체 이상과 유전자 이상

염색체 이상	수 이상	감수 분열 과정에서 ❶ 에 의해 일어난다. 예 다운 증후군(21번 염색체 세 개), 터너 증후군(성염색체 X), 클라인펠터 증후군(성염색체 XXY)
	구조 이상	결실, 중복, 역위, ❷ 예 고양이 울음 증후군(5번 염색체 결실), 만성 골수성 백혈병(9번과 22번 염색체 끝부분 전좌)
유전자 이상		DNA 염기 서열에 돌연변이가 일어나 유전자의 기능에 이상이 생겨 형질이 변하게 되며, 우성과 열성이 있다. 예 낫 모양 적혈구 빈혈증, 낭성 섬유증, 헌팅턴 무도병, 알비노증

염색체 수 이상과 구조 이상은 핵형 분석을 통해 확인할 수 있고, 유전자 이상은 핵형 분석으로는 확인할 수 없어.

답 ❶ 염색체 비분리 ❷ 전좌

필수 예제 4

다음은 철수네 가족의 염색체를 분석한 내용이다.

- 철수 어머니와 아버지의 염색체 수는 정상이다.
- 철수는 21번 염색체를 세 개 가지고 있으며, 이 중 한 쌍은 어머니의 염색체와 일치한다.

이에 대한 설명으로 옳은 것만을 〈보기〉에서 있는 대로 고른 것은? (단, 제시된 돌연변이 이외의 다른 돌연변이는 고려하지 않는다.)

보기

ㄱ. 철수는 다운 증후군을 나타낸다.

ㄴ. 철수의 세포당 상염색체 수는 45이다.

ㄷ. 감수 분열 중 성염색체 비분리가 일어난 정자와 정상 난자의 수정으로 철수가 태어났다.

① ㄱ ② ㄴ ③ ㄷ ④ ㄱ, ㄴ ⑤ ㄴ, ㄷ

풀이

ㄱ. 21번 염색체가 세 개인 염색체 이상 질환을 다운 증후군이라고 한다.

ㄴ. 21번 상염색체가 세 개이므로 세포당 상염색체 수는 정상인보다 한 개 더 많은 45이다.

ㄷ. 감수 분열 중 상염색체 비분리가 일어난 난자와 정상 정자의 수정으로 철수가 태어났다.

답 ④

4-1

그림은 만성 골수성 백혈병 환자의 세 가지 세포에 들어 있는 9번과 22번 염색체의 모양을 나타낸 것이다.
이에 대한 설명으로 옳은 것만을 〈보기〉에서 있는 대로 고르시오. (단, 나타내지 않은 다른 염색체들은 모두 정상이며, 생식세포 형성 시 돌연변이는 일어나지 않는다.)

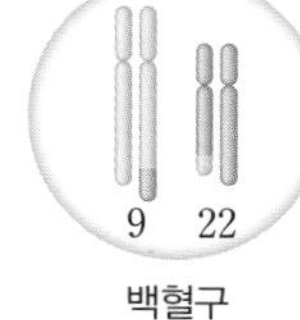

근육 세포

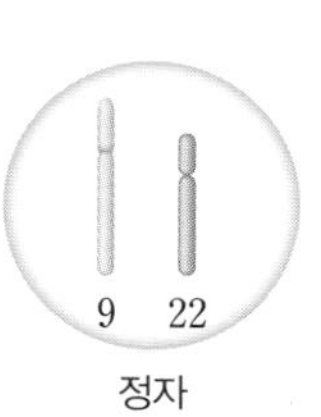

백혈구

9 22
정자

보기

ㄱ. 백혈구의 세포당 염색체 수는 46이다.

ㄴ. 이 환자의 만성 골수성 백혈병은 자손에게 유전된다.

ㄷ. 백혈구에 들어 있는 상동 염색체 사이에서 전좌가 일어났다.

백혈구와 같이 일부 체세포에 나타난 돌연변이는 자손에게 유전되지 않아.

필수 체크 전략 ②

1 표는 가족 I과 II의 쌍꺼풀과 보조개 유무를 나타낸 것이다. 쌍꺼풀과 보조개에 대한 대립유전자는 서로 다른 상염색체에 있다.

구분	가족 I			가족 II		
	부	모	아들 A	부	모	딸 B
쌍꺼풀	+	+	−	−	−	−
보조개	−	+	+	+	+	−

(+: 있음, −: 없음)

이에 대한 설명으로 옳은 것만을 〈보기〉에서 있는 대로 고른 것은? (단, 돌연변이는 고려하지 않는다.)

보기

ㄱ. A의 부모는 쌍꺼풀 유전자형이 서로 같다.
ㄴ. 보조개 있음이 보조개 없음에 대해 우성이다.
ㄷ. A와 B가 결혼하여 아이를 낳을 때, 이 아이가 쌍꺼풀이 없고 보조개가 있는 아들일 확률은 50 %이다.

① ㄴ ② ㄷ ③ ㄱ, ㄴ ④ ㄱ, ㄷ ⑤ ㄴ, ㄷ

Tip

자손이 가진 한 쌍의 ❶ ______ 중 하나는 부계로부터, 다른 하나는 모계로부터 물려받은 것이며, 유전자형이 이형접합성일 때 표현형으로 나타나지 않은 형질이 ❷ ______ 이다.

답 ❶ 대립유전자 ❷ 열성

2 다음은 초파리의 눈 색깔 유전에 관한 실험이다. 초파리 수컷의 성염색체는 XY이고, 암컷은 XX이다.

빨간색 눈 수컷 초파리와 주황색 눈 암컷 초파리를 교배했더니 F_1에서 수컷은 항상 주황색 눈, 암컷은 항상 빨간색 눈이었다. 이 F_1 초파리를 자가 교배하여 F_2 초파리를 얻었다.

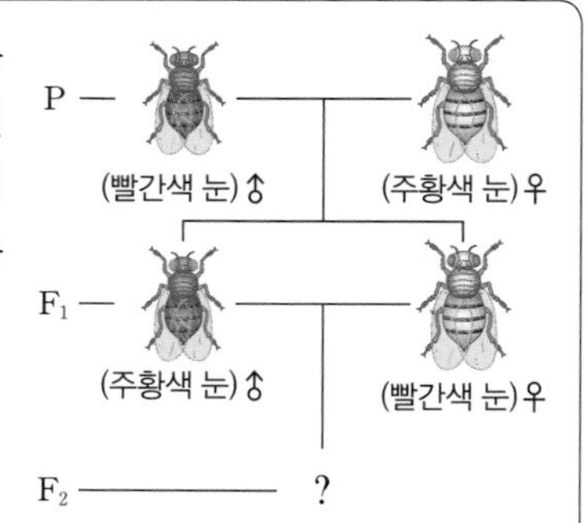

이에 대한 설명으로 옳은 것만을 〈보기〉에서 있는 대로 고른 것은?

보기

ㄱ. 빨간색 눈이 주황색 눈에 대해 우성이다.
ㄴ. F_2에서 빨간색 눈 초파리와 주황색 눈 초파리의 비는 1 : 1이다.
ㄷ. F_2에서 빨간색 눈 암컷 초파리의 유전자형은 F_1의 빨간색 눈 초파리와 같다.

① ㄱ ② ㄷ ③ ㄱ, ㄴ ④ ㄴ, ㄷ ⑤ ㄱ, ㄴ, ㄷ

Tip

아들의 X 염색체는 ❶ ______ 로부터 유래된 것이며, 유전자가 X 염색체에 있는 반성유전에서 이형접합성인 여자에게 나타나는 형질이 ❷ ______ 이다.

답 ❶ 어머니 ❷ 우성

3

다음은 사람의 피부색 유전에 관한 자료이다.

> • A, B, C는 피부색을 검게 하는 대립유전자이고 a, b, c는 피부색을 희게 하는 대립유전자이다. A~C는 서로 다른 상염색체에 존재한다.
> • 피부색은 세 쌍의 대립유전자 중 피부색을 검게 하는 대립유전자의 수에 의해서만 결정되며, 이외의 요인은 관여하지 않는다.
> • 매우 검은색 피부(AABBCC)의 남자와 매우 흰색 피부(aabbcc)의 여자 사이에서 갈색 피부의 딸(㉠)이 태어났다.
>
> 부모
> 매우 검은색 피부 (AABBCC)
> 매우 흰색 피부 (aabbcc)
> 딸(㉠)
> 갈색 피부 (AaBbCc)

이에 대한 설명으로 옳은 것만을 〈보기〉에서 있는 대로 고른 것은? (단, 돌연변이는 고려하지 않는다.)

> • 보기 •
> ㄱ. 피부색 유전은 다인자 유전이다.
> ㄴ. ㉠은 유전자형이 ABC인 생식세포를 생성할 수 있다.
> ㄷ. ㉠이 피부색에 대해 어머니와 같은 유전자형을 갖는 남자와 결혼했을 때 자손에서 나타날 수 있는 피부색은 7종류이다.

① ㄱ ② ㄷ ③ ㄱ, ㄴ ④ ㄴ, ㄷ ⑤ ㄱ, ㄴ, ㄷ

Tip

㉠에게서 생성될 수 있는 ❶ ____ 의 유전자형은 ABC, aBC, AbC, Abc, aBc, abC, ABc, abc의 8가지이고, abc인 생식세포와 수정되었을 때 나타날 수 있는 자손의 유전자형은 대립유전자 6개로 구성되어 있다. 이 유전자형에서 대문자로 표시된 유전자의 수는 0, 1, 2, 3으로 총 ❷ ____ 종류가 가능하다.

답 ❶ 생식세포 ❷ 4

4

그림은 어떤 사람에게서 감수 분열을 통해 정자가 형성되는 과정을, 표는 정자 ㉠과 ㉡의 X 염색체 수를 나타낸 것이다.

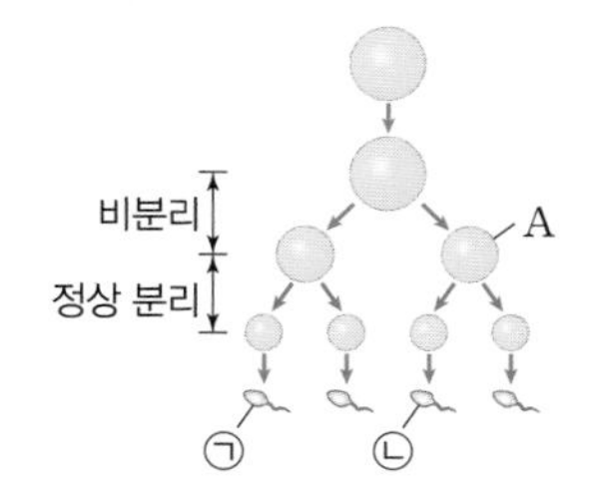

정자	X 염색체 수
㉠	1
㉡	0

이에 대한 설명으로 옳은 것만을 〈보기〉에서 있는 대로 고른 것은? (단, 성염색체에서만 비분리가 1회 일어났으며, 이외의 다른 돌연변이는 고려하지 않는다.)

> • 보기 •
> ㄱ. A의 총 염색체 수는 22이다.
> ㄴ. DNA양은 ㉠이 ㉡의 2배이다.
> ㄷ. ㉡과 정상 난자가 수정되어 아이가 태어날 때, 이 아이가 터너 증후군일 확률은 $\frac{1}{2}$이다.

① ㄱ ② ㄴ ③ ㄱ, ㄷ ④ ㄴ, ㄷ ⑤ ㄱ, ㄴ, ㄷ

Tip

정자 형성 과정 중 감수 1분열에서 성염색체 비분리가 일어난 생식세포가 정상 난자와 수정될 경우에는 성염색체 구성이 XXY인 ❶ ____ 증후군과 X 염색체 하나만 있는 ❷ ____ 증후군인 자녀가 나올 수 있다.

답 ❶ 클라인펠터 ❷ 터너

교과서 대표 전략 ①

대표 예제 1 염색체의 구조

그림은 염색체의 구조를 나타낸 것이다.
이에 대한 설명으로 옳은 것만을 〈보기〉에서 있는 대로 고르시오.

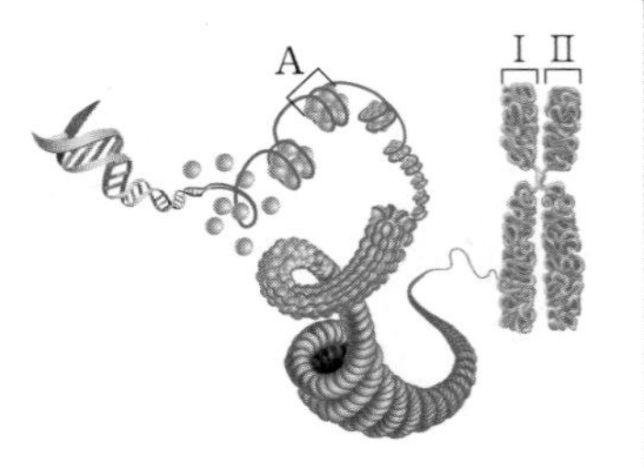

보기
ㄱ. A는 DNA와 단백질 복합체이다.
ㄴ. Ⅰ과 Ⅱ는 분열기에 관찰된다.
ㄷ. Ⅰ과 Ⅱ는 각각 부모로부터 하나씩 물려받았다.

개념 가이드
하나의 염색체를 이루고 있는 두 ❶ ______는 DNA 복제에 의해 형성되었으므로 유전자 구성이 서로 ❷ ______.

답 ❶ 염색 분체 ❷ 같다

대표 예제 2 염색체의 종류

그림 (가)와 (나)는 각각 동물 A($2n=6$)와 B($2n=?$)의 어떤 세포에 들어 있는 모든 염색체를 모식적으로 나타낸 것이다. A와 B의 성염색체는 XY이다.

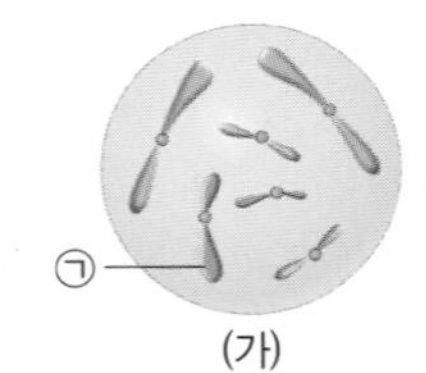

(가)

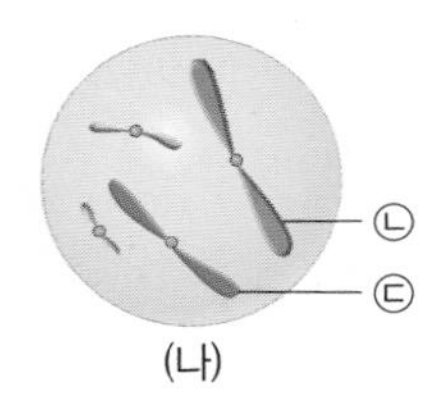

(나)

이에 대한 설명으로 옳은 것만을 〈보기〉에서 있는 대로 고르시오. (단, 돌연변이는 고려하지 않는다.)

보기
ㄱ. ㉠은 성염색체이다.
ㄴ. ㉡과 ㉢은 유전자 구성이 동일하다.
ㄷ. (가)와 (나)의 핵상은 같다.

개념 가이드
상동 염색체의 조합 상태에 따라 체세포는 ❶ ______, 생식세포는 n으로 나타내는 것을 ❷ ______이라고 한다.

답 ❶ $2n$ ❷ 핵상

대표 예제 3 염색체와 핵형 분석

다음은 염색체에 관한 세 학생의 설명이다.

옳게 설명한 학생을 있는 대로 고르시오.

개념 가이드
염색체의 수, 모양, 크기, 형태적 특징 등 겉으로 관찰 가능한 염색체의 특징을 ❶ ______이라고 하며, 핵형 분석은 염색체가 가장 뚜렷하게 관찰되는 체세포 분열 ❷ ______의 염색체를 이용한다.

답 ❶ 핵형 ❷ 중기

대표 예제 4 대립유전자와 상동 염색체

그림은 유전자형이 AaBbDd인 어떤 사람의 1번 염색체 한 쌍과 유전자를 나타낸 것이다.

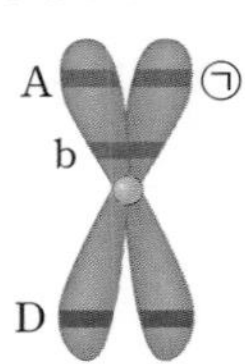

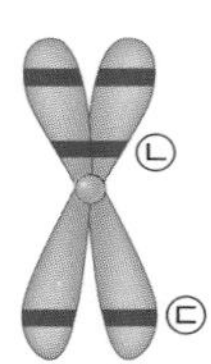

(1) ㉠~㉢에 들어갈 유전자를 각각 쓰시오. (단, 돌연변이는 고려하지 않는다.)

(2) 위 자료를 바탕으로 한 개체가 가지는 염색체의 수와 유전자의 수를 비교하고, 그렇게 판단한 까닭을 서술하시오

개념 가이드
한 가지 형질의 결정에 관여하는 유전자를 ❶ ______라고 하며, ❷ ______ 염색체의 같은 위치에 존재한다.

답 ❶ 대립유전자 ❷ 상동

대표 예제 5 체세포 분열 시 DNA양

그림은 어떤 동물의 체세포를 배양한 후 세포당 DNA양에 따른 세포 수를 나타낸 것이다. 이에 대한 설명으로 옳은 것만을 <보기>에서 있는 대로 고르시오. (단, 돌연변이는 고려하지 않는다.)

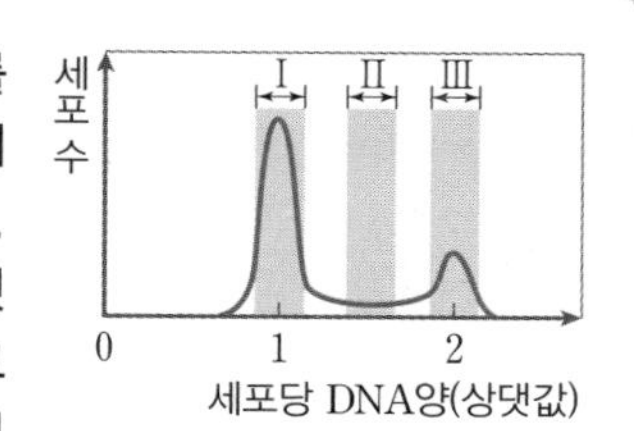

보기
ㄱ. G_1기 세포 수는 구간 Ⅰ이 구간 Ⅲ보다 많다.
ㄴ. 구간 Ⅱ에 DNA 복제가 일어나는 세포가 있다.
ㄷ. 분열기 세포는 구간 Ⅲ에 있다.

개념 가이드

세포 주기는 G_1기 – S기 – G_2기 – 분열기의 순으로 진행되며, ❶ [　　] 에 DNA가 복제되므로 G_2기와 분열기 세포의 DNA양은 ❷ [　　] 의 두 배이다.

답 ❶ S기 ❷ G_1기

대표 예제 6 세포 주기

그림은 사람 체세포의 세포 주기를, 표는 세포 주기 중 각 시기 Ⅰ~Ⅲ의 특징을 나타낸 것이다. ㉠~㉢은 각각 G_1기, S기, 분열기 중 하나이며, Ⅰ~Ⅲ은 ㉠~㉢을 순서 없이 나타낸 것이다.

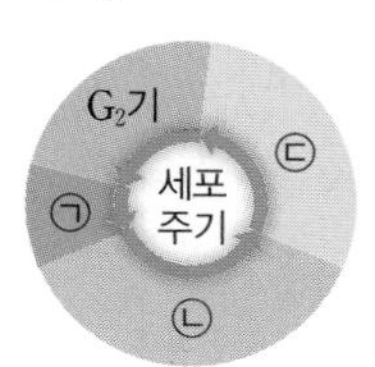

시기	특징
Ⅰ	?
Ⅱ	방추사가 관찰된다.
Ⅲ	DNA 복제가 일어난다.

이에 대한 설명으로 옳은 것만을 <보기>에서 있는 대로 고르시오.

보기
ㄱ. ㉠은 Ⅱ 시기이다.
ㄴ. ㉡ 시기의 세포에서 핵막이 관찰된다.
ㄷ. '세포의 생장이 일어난다.'는 Ⅰ 시기의 특징에 해당한다.

개념 가이드

세포 분열 시 ❶ [　　] 의 이동에 관여하는 방추사는 세포 주기 중 ❷ [　　] 에 관찰된다.

답 ❶ 염색체 ❷ 분열기

대표 예제 7 감수 분열 과정

그림은 백합의 어린 꽃봉오리 안의 수술에서 분열 중인 세포 A~D를 현미경으로 관찰한 것이다. A~D는 모두 같은 배율로 관찰한 것이다.

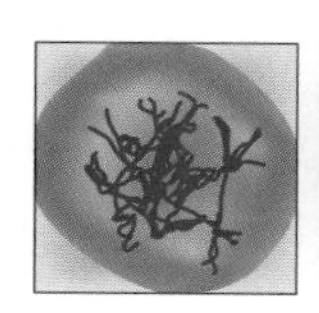
A

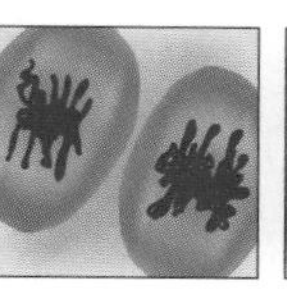
B

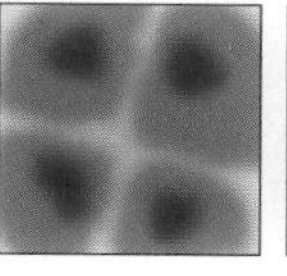
C

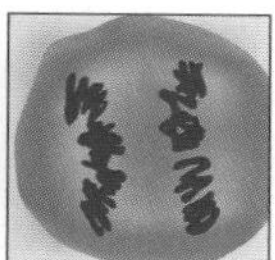
D

A~D를 세포 분열 순서에 맞게 나열하시오.

개념 가이드

생식 기관에서 일어나는 생식세포 분열인 감수 분열은 ❶ [　　] 번의 분열이 연속으로 일어나 한 개의 모세포로부터 ❷ [　　] 개의 딸세포가 형성된다.

답 ❶ 두(2) ❷ 네(4)

대표 예제 8 체세포 분열과 감수 분열의 비교

그림은 어떤 동물($2n=4$)의 분열 중인 세포 (가)와 (나)를 나타낸 것이다.

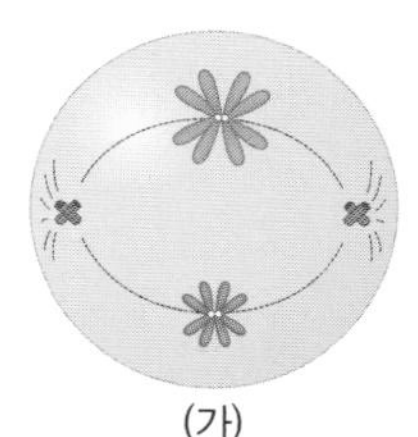
(가)

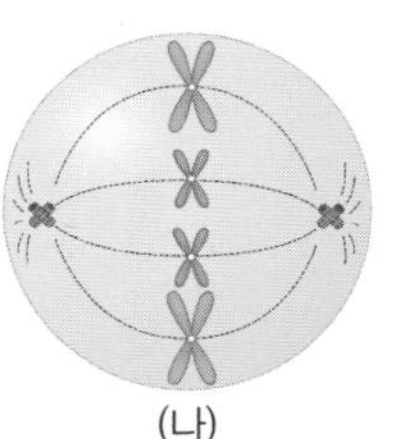
(나)

(가)와 (나)의 공통점으로 옳은 것만을 <보기>에서 있는 대로 고르시오.

보기
ㄱ. 핵상
ㄴ. 핵분열 중 해당하는 시기의 명칭
ㄷ. 염색 분체의 수
ㄹ. 2가 염색체의 존재 여부

개념 가이드

감수 ❶ [　　] 분열 전기에 상동 염색체가 접합하여 ❷ [　　] 염색체가 형성된 후, 중기에 세포 중앙에 배열된다.

답 ❶ 1 ❷ 2가

교과서 대표 전략 ①

대표 예제 9 단일 인자 유전

그림은 어떤 집안의 유전병에 대한 가계도를 나타낸 것이다. 이 유전병은 상염색체에 존재하는 우열 관계가 분명한 두 가지 대립유전자에 의해 결정된다.

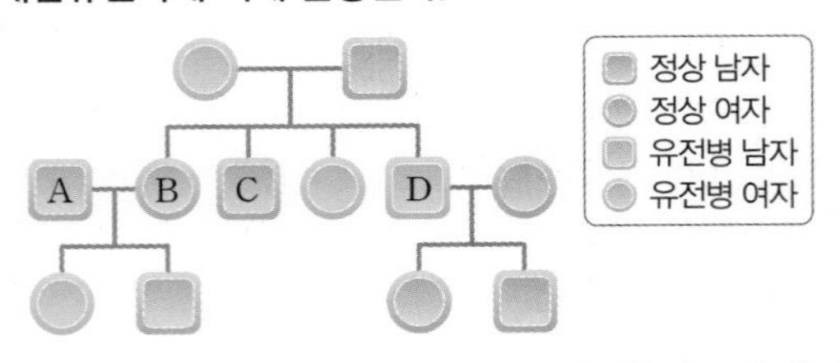

이 유전병 유전에 대한 설명으로 옳은 것만을 〈보기〉에서 있는 대로 고르시오. (단, 유전병 이외의 돌연변이는 없다.)

보기

ㄱ. 단일 인자 유전에 해당한다.
ㄴ. 유전병은 정상에 대해 우성이다.
ㄷ. A~D 중 유전자형이 동형접합성인 사람은 한 명이다.

개념 가이드

단일 인자 유전은 ❶ ____ 쌍의 ❷ ____에 의해 하나의 형질이 결정되는 유전자이다.

답 ❶ 한(1) ❷ 대립유전자

대표 예제 10 복대립 유전

그림은 세원이네 가족의 ABO식 혈액형을 조사한 가계도이다.

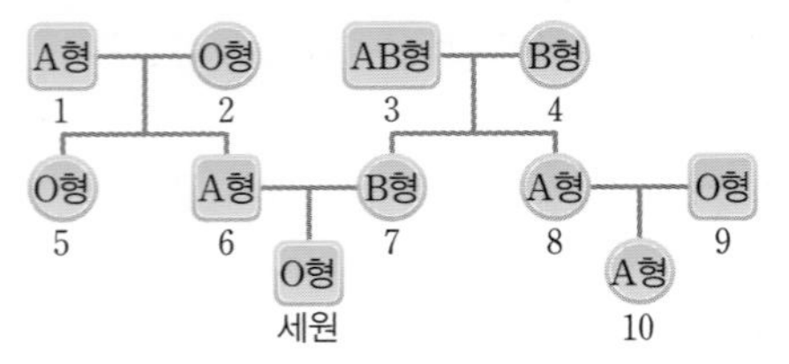

이에 대한 설명으로 옳은 것만을 〈보기〉에서 있는 대로 고르시오.

보기

ㄱ. 1과 6의 유전자형은 같다.
ㄴ. 세원이의 동생이 태어날 때, 이 아이가 AB형인 아들일 확률은 25 %이다.
ㄷ. 세원이가 4와 같은 유전자형을 가진 사람과 결혼하여 아이를 낳을 때, 이 아이가 B형일 확률은 50 %이다.

개념 가이드

ABO식 혈액형 유전은 ❶ ____ 인자 유전이면서 대립유전자의 종류가 세 가지인 ❷ ____ 유전이다.

답 ❶ 단일 ❷ 복대립

대표 예제 11 상염색체 유전

그림은 어떤 집안의 유전병 X와 ABO식 혈액형에 대한 가계도를 나타낸 것이다.

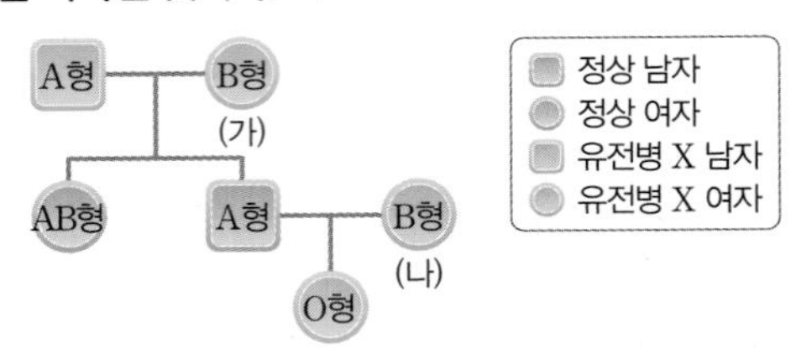

이에 대한 설명으로 옳은 것만을 〈보기〉에서 있는 대로 고르시오. (단, ABO식 혈액형 유전자와 유전병 X 유전자는 서로 다른 염색체에 존재하며, 유전병 이외의 돌연변이는 없다.)

보기

ㄱ. 유전병 X는 남자보다 여자에게서 나타날 확률이 높다.
ㄴ. (가)의 유전병 X에 대한 유전자형은 이형접합성이다.
ㄷ. (가)와 (나)의 ABO식 혈액형 유전자형은 같다.

개념 가이드

부모에 없는 형질의 자손이 나온 경우 자손의 형질이 ❶ ____이며, 부모의 유전자형은 ❷ ____ 접합성이다.

답 ❶ 열성 ❷ 이형

대표 예제 12 적록 색맹 유전

그림은 적록 색맹에 대한 가계도를 나타낸 것이다.

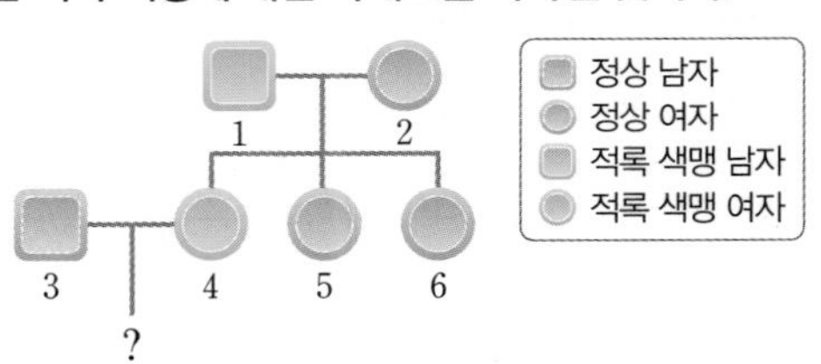

(1) 1~6 중 적록 색맹 대립유전자를 가진 사람을 모두 고르시오.

(2) 3과 4 사이에서 아이가 태어날 때, 이 아이가 정상 딸일 확률(%)을 쓰고, 풀이 과정을 서술하시오. (단, 돌연변이는 고려하지 않는다.)

개념 가이드

적록 색맹 대립유전자는 ❶ ____ 염색체에 있고, 정상 대립유전자에 대해 ❷ ____이다.

답 ❶ X ❷ 열성

대표 예제 13 반성유전

그림은 사람의 어떤 유전병의 발병에 관여하는 대립유전자 (D, d)의 위치를 한 쌍의 염색체에 나타낸 것이다.

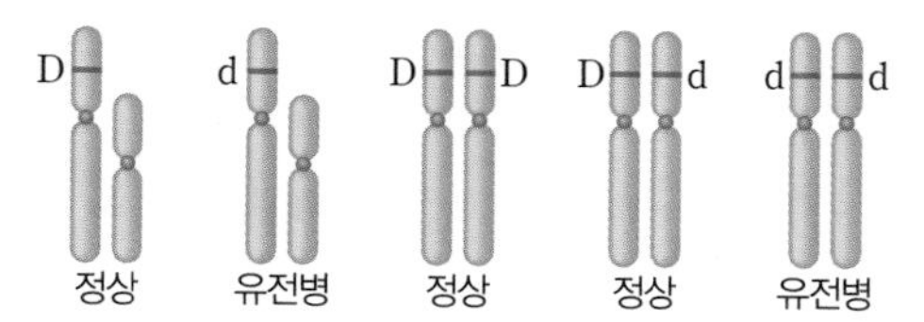

이 유전병에 대한 설명으로 옳은 것만을 〈보기〉에서 있는 대로 고르시오. (단, 이 유전병 이외의 돌연변이는 없다.)

보기
ㄱ. 반성유전 형질이다.
ㄴ. 유전병이 정상에 대해 우성이다.
ㄷ. 유전병이 나타날 확률은 여자보다 남자에서 높다.

개념 가이드

성염색체에 있는 유전자에 의한 유전을 ❶ ______ 유전이라고 하며, 열성으로 유전되는 경우 형질이 나타날 확률은 남자와 여자 중 ❷ ______ 에서 더 높다.

답 ❶ 반성 ❷ 남자

대표 예제 14 다인자 유전

다음은 사람의 유전 형질 X에 대한 자료이다.

- X는 서로 다른 상염색체에 존재하는 두 쌍의 대립유전자 A와 a, B와 b에 의해 결정된다.
- X의 표현형은 유전자형에서 대문자로 표시되는 대립유전자의 수에 의해서만 결정되며, 이 대립유전자의 수가 다르면 X의 표현형도 다르다.

X에 대한 설명으로 옳은 것은? (단, 돌연변이는 고려하지 않는다.)

① 표현형은 7가지가 있다.
② 유전자형은 8가지가 있다.
③ 복대립 유전의 원리에 따라 유전된다.
④ 유전자형이 AAbb인 사람과 AaBb인 사람의 표현형은 동일하다.
⑤ 유전자형이 AaBb인 사람에게서 형성되는 생식세포의 유전자형은 최대 5가지이다.

개념 가이드

여러 쌍의 대립유전자에 의해 형질이 결정되는 유전을 ❶ ______ 유전이라고 하며, 단일 인자 유전에 비해 표현형이 ❷ ______ 하다.

답 ❶ 다인자 ❷ 다양

대표 예제 15 염색체 구조 이상

그림 (가)는 어떤 생물의 정상 체세포를, (나)는 이 생물에서 염색체 구조 이상이 일어난 체세포를 나타낸 것이다. A~G, a~g는 유전자이다.

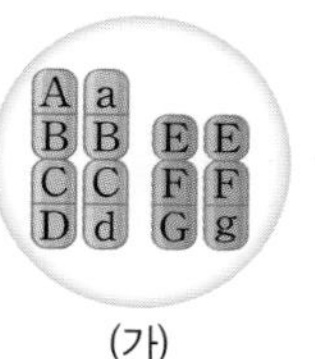

(가)

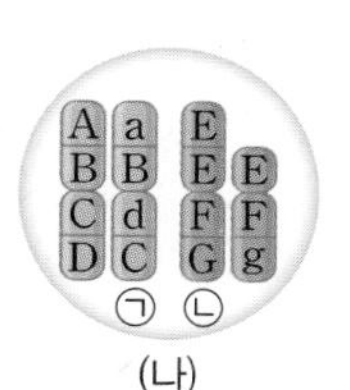

(나)

이 자료에 대한 설명으로 옳은 것만을 〈보기〉에서 있는 대로 고르시오. (단, 제시된 돌연변이 이외의 돌연변이는 고려하지 않는다.)

보기
ㄱ. (가)와 (나)의 염색체 수는 동일하다.
ㄴ. ㉠은 전좌가 일어난 염색체이다.
ㄷ. ㉡은 중복이 일어난 염색체이다.

개념 가이드

염색체 구조 이상 중 한 염색체의 일부가 ❶ ______ 염색체가 아닌 다른 염색체에 붙는 것을 ❷ ______ 라고 한다.

답 ❶ 상동 ❷ 전좌

대표 예제 16 유전자 이상과 염색체 이상

그림 (가)~(라)는 낫 모양 적혈구 빈혈증, 다운 증후군, 클라인펠터 증후군, 터너 증후군인 사람의 핵형 일부를 순서 없이 나타낸 것이다. (가)~(라)의 1~20번까지의 염색체 구성은 모두 정상이다.

(가) 21 22 XY　　(나) 21 22 X

(다) 21 22 XY　　(라) 21 22 XXY

(1) (가)~(라)의 유전병은 각각 무엇인지 쓰시오.

(2) (가)~(라)의 유전병 원인이 각각 DNA 염기 서열 이상에 의한 것과 염색체 비분리에 의한 것 중 무엇에 해당하는지 쓰시오.

개념 가이드

다운 증후군, 터너 증후군, 클라인펠터 증후군은 감수 분열 시 ❶ ______ 비분리로 나타나는 ❷ ______ 이상에 의한 유전병이다.

답 ❶ 염색체 ❷ 염색체 수

교과서 대표 전략 ②

5강 염색체와 세포 분열

1

그림은 사람의 체세포에 있는 염색체의 구조를 나타낸 것이다.
이에 대한 설명으로 옳은 것만을 〈보기〉에서 있는 대로 고른 것은?

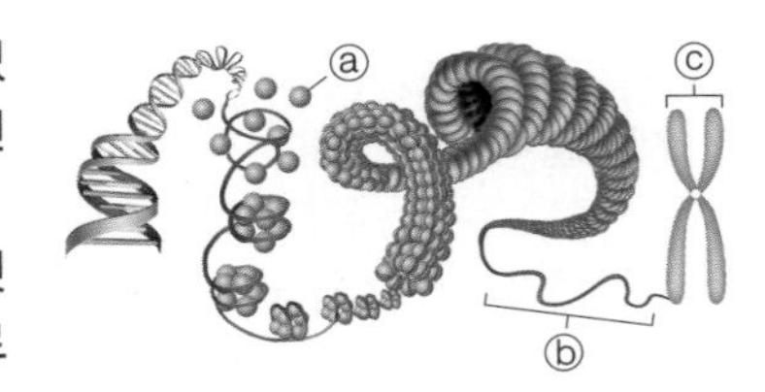

보기
ㄱ. ⓐ는 뉴클레오솜이다.
ㄴ. S기에 ⓑ가 ⓒ로 응축된다.
ㄷ. ⓒ는 두 개의 염색 분체로 이루어져 있다.

① ㄱ ② ㄴ ③ ㄷ
④ ㄱ, ㄴ ⑤ ㄴ, ㄷ

Tip
뉴클레오솜은 ❶ [ ]와 단백질로 구성되어 있으며, 하나의 염색체는 DNA가 복제되어 만들어진 두 개의 ❷ [ ]로 이루어진다.

답 ❶ DNA ❷ 염색 분체

2

그림 (가)는 어떤 동물($2n=4$)의 체세포가 분열하는 동안 세포 한 개당 DNA양을, (나)는 (가)의 구간 Ⅰ~Ⅲ 중 어느 한 구간의 특정 시기에서 관찰되는 세포의 모든 염색체를 나타낸 것이다.

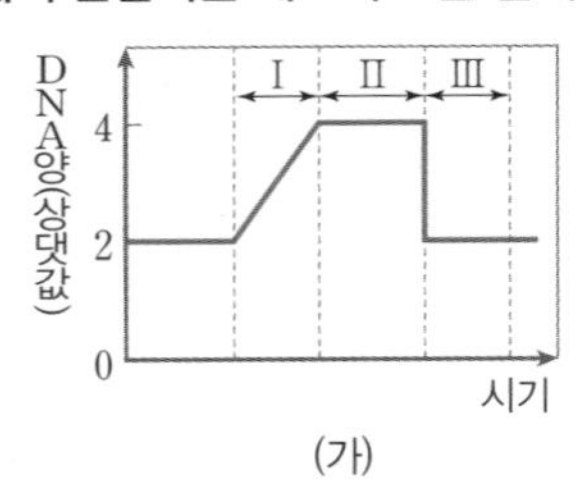

(가)

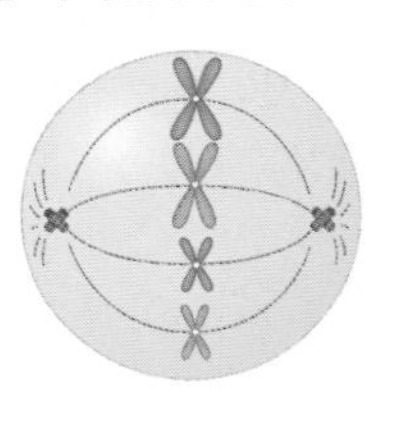
(나)

이에 대한 설명으로 옳은 것만을 〈보기〉에서 있는 대로 고른 것은?

보기
ㄱ. 구간 Ⅰ의 세포에서 핵막이 관찰된다.
ㄴ. (나)는 구간 Ⅱ에서 관찰된다.
ㄷ. 구간 Ⅲ의 세포에 2가 염색체가 형성되어 있다.

① ㄱ ② ㄴ ③ ㄷ
④ ㄱ, ㄴ ⑤ ㄴ, ㄷ

Tip
세포 주기에서 간기는 G_1기 – S기 – ❶ [ ]의 순으로 진행되며, ❷ [ ]에 DNA가 복제된다.

답 ❶ G_2기 ❷ S기

[3~4] 그림은 어떤 동물($2n$)의 G_1기 세포 ㉠으로부터 정자가 형성되는 과정을, 표는 세포 ⓐ~ⓓ가 갖는 대립유전자 H와 h의 DNA 상대량을 나타낸 것이다. ⓐ~ⓓ는 각각 세포 ㉠~㉣ 중 하나이다. 이 동물의 유전자형은 Hh이고, ㉡과 ㉢은 중기의 세포이며, 돌연변이는 고려하지 않는다.

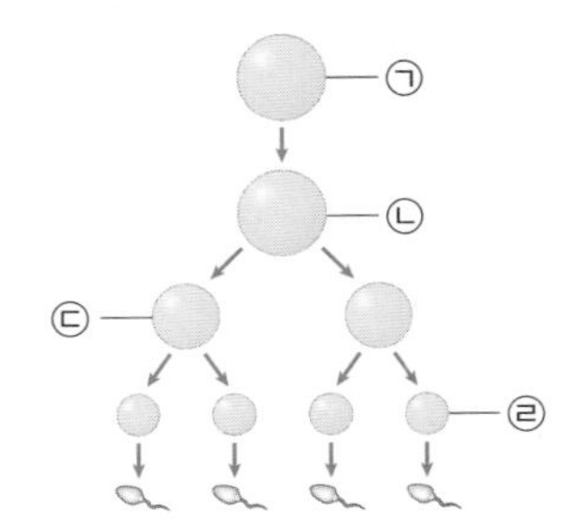

세포	DNA 상대량	
	H	h
ⓐ	2	2
ⓑ	2	0
ⓒ	1	1
ⓓ	0	?

3

세포 ㉠~㉣은 각각 ⓐ~ⓓ 중 무엇에 해당하는지 쓰시오.

Tip
감수 1분열에서 상동 염색체가 분리되어 핵상이 $2n$인 모세포로부터 핵상이 ❶ [ ]이면서 유전자 구성이 서로 ❷ [ ] 딸세포 두 개가 형성된다.

답 ❶ n ❷ 다른

4

이에 대한 설명으로 옳은 것만을 〈보기〉에서 있는 대로 고른 것은?

보기
ㄱ. ㉠에서 ㉡이 되는 과정에서 DNA 복제가 일어난다.
ㄴ. ㉡이 갖는 h의 DNA 상대량은 ㉣의 두 배이다.
ㄷ. ㉢과 ㉣의 핵상은 같다.

① ㄱ ② ㄷ ③ ㄱ, ㄴ
④ ㄴ, ㄷ ⑤ ㄱ, ㄴ, ㄷ

Tip
감수 1분열 ❶ [ ] 세포에는 2가 염색체가 세포의 중앙에 배열되어 있고, 세포의 핵상이 ❷ [ ]이다.

답 ❶ 중기 ❷ $2n$

6강 사람의 유전

5

다음 (가)~(다)는 사람에게 나타나는 유전 현상에 대한 설명이다. (가)~(다)는 각각 반성유전, 복대립 유전, 다인자 유전 중 하나에 해당하는 유전 현상이다.

(가) 세 쌍의 대립유전자에 의해 7가지 대립 형질이 결정되는 유전 현상이다.
(나) 두 가지 대립 형질이 성염색체에 있는 한 쌍의 대립유전자에 의해 결정되는 유전 현상이다.
(다) 세 가지 대립유전자가 한 쌍의 대립유전자를 구성하여 네 가지 대립 형질이 결정되는 유전 현상이다.

이에 대한 설명으로 옳은 것만을 〈보기〉에서 있는 대로 고른 것은?

보기
ㄱ. ABO식 혈액형 유전은 (가)에 해당한다.
ㄴ. (나)는 남자와 여자에게서 형질이 나타나는 빈도가 다르다.
ㄷ. (다)는 복대립 유전이다.

① ㄱ ② ㄷ ③ ㄱ, ㄴ
④ ㄴ, ㄷ ⑤ ㄱ, ㄴ, ㄷ

Tip
대립유전자 쌍을 구성하는 유전자의 종류가 ❶ [ ] 가지 이상인 유전을 ❷ [ ] 유전이라고 한다.

답 ❶ 세(3) ❷ 복대립

6

그림은 영희와 철수 가족의 유전병과 ABO식 혈액형에 대한 가계도를 나타낸 것이다. ㉠과 ㉡의 ABO식 혈액형의 유전자형은 같다.

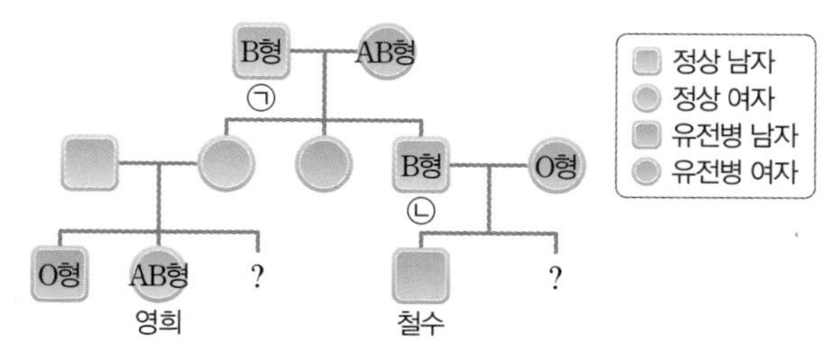

영희의 동생과 철수의 동생이 모두 유전병이면서 B형일 확률로 옳은 것은? (단, ABO식 혈액형 유전자와 유전병 유전자는 서로 다른 염색체에 존재하며, 유전병 외의 돌연변이는 없다.)

① $\frac{1}{64}$ ② $\frac{1}{32}$ ③ $\frac{1}{16}$ ④ $\frac{1}{8}$ ⑤ $\frac{1}{4}$

Tip
ABO식 혈액형 유전에서 AB형의 유전자형은 ❶ [ ] 접합성이고, O형은 ❷ [ ] 접합성이다.

답 ❶ 이형 ❷ 동형

7

다음은 어떤 동물의 털색 유전에 대한 자료이다.

- 털색은 서로 다른 상염색체에 존재하는 두 쌍의 대립유전자 A와 a, B와 b에 의해 결정된다.
- 털색은 유전자형에서 대문자로 표시되는 대립유전자의 수에 의해서만 결정되며, 대문자로 표시되는 대립유전자의 수가 다르면 털색이 서로 다르다.

유전자형이 AaBb인 암컷과 수컷을 교배하여 자손을 얻었을 때, 이 자손의 표현형이 부모와 같을 확률을 구하시오.

Tip
형질을 결정하는 대립유전자 쌍이 ❶ [ ] 쌍 이상인 유전을 ❷ [ ] 유전이라고 한다.

답 ❶ 두(2) ❷ 다인자

8

그림은 정상인 사람에게서 성염색체만 비분리가 일어나 형성된 정자 (가)~(다)의 성염색체 구성을 나타낸 것이다. 염색체 비분리는 각각의 정자 생성 시 1회만 일어났으며, 다른 돌연변이는 없다.

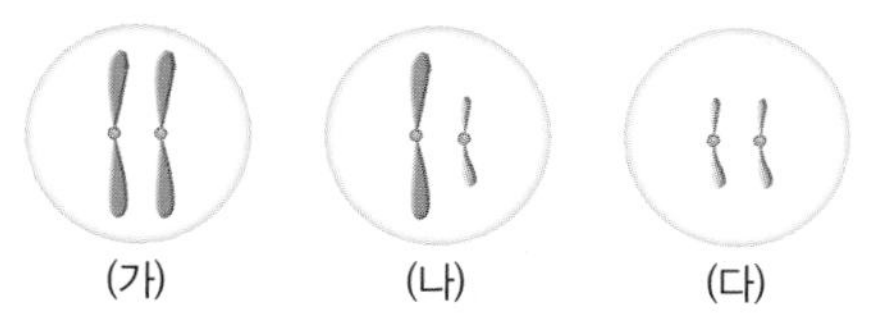

(가) (나) (다)

이에 대한 설명으로 옳은 것만을 〈보기〉에서 있는 대로 고른 것은?

보기
ㄱ. (가)는 감수 2분열에서 비분리가 일어날 때 형성될 수 있다.
ㄴ. (나)가 정상 난자와 수정되어 태어난 아이에게서 클라인펠터 증후군이 나타난다.
ㄷ. (다)의 DNA양은 정상 정자의 두 배이다.

① ㄱ ② ㄴ ③ ㄱ, ㄴ
④ ㄴ, ㄷ ⑤ ㄱ, ㄴ, ㄷ

Tip
정자 형성 과정에서 성염색체가 감수 ❶ [ ] 분열에서 비분리되어 형성된 XY가 있는 정자가 정상 난자와 수정되면 ❷ [ ] 증후군의 자녀가 나올 수 있다.

답 ❶ 1 ❷ 클라인펠터

누구나 합격 전략

5강 염색체와 세포 분열

1

그림은 사람의 세포에 있는 염색체의 구조를 나타낸 것이다.

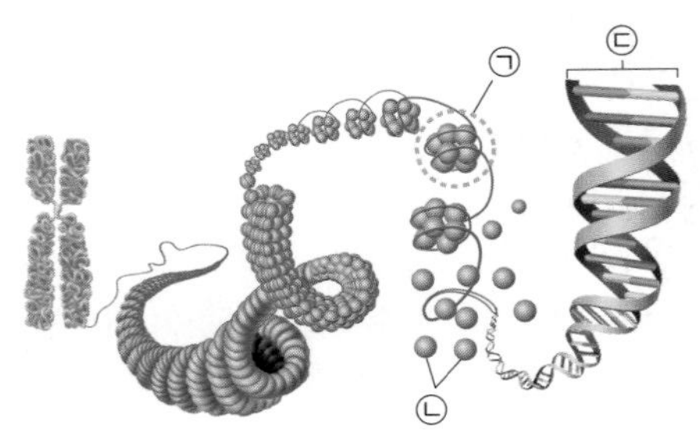

이에 대한 설명으로 옳은 것만을 〈보기〉에서 있는 대로 고른 것은?

보기
ㄱ. ㉠은 간기에 형성되고 분열기에 사라진다.
ㄴ. ㉡의 단위체는 아미노산이다.
ㄷ. ㉢에 생물의 형질에 관한 유전 정보가 있다.

① ㄱ ② ㄴ ③ ㄷ
④ ㄱ, ㄴ ⑤ ㄴ, ㄷ

2

그림은 어떤 생물의 체세포에 들어 있는 염색체를 모두 나타낸 것이다. 이 생물의 성염색체는 암컷이 XX, 수컷이 XY이다.
이에 대한 설명으로 옳지 않은 것은? (단, 돌연변이는 고려하지 않는다.)

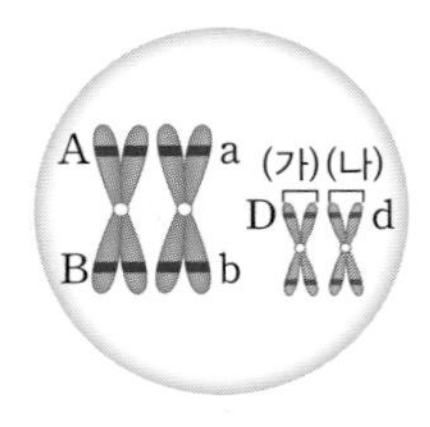

① 핵상은 $2n$이다.
② 이 생물은 암컷이다.
③ A와 a는 대립유전자이다.
④ (가)와 (나)는 상동 염색체이다.
⑤ B와 b는 체세포 분열 과정에서 분리되어 서로 다른 딸세포에 하나씩 들어간다.

3

그림은 어떤 동물 체세포의 세포 주기를 나타낸 것이다. (가)~(다)는 각각 G_1기, 분열기, S기 중 하나이다.
이에 대한 설명으로 옳은 것만을 〈보기〉에서 있는 대로 고른 것은?

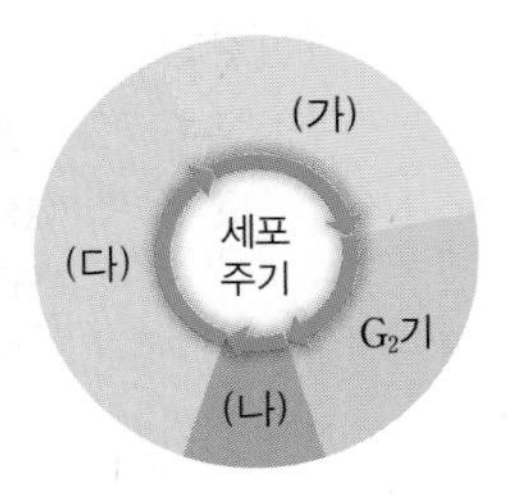

보기
ㄱ. (가)는 S기이다.
ㄴ. (나)에서 세포질 분열이 일어난다.
ㄷ. (다) 시기의 세포당 DNA양은 G_2기의 두 배이다.

① ㄱ ② ㄴ ③ ㄷ
④ ㄱ, ㄴ ⑤ ㄴ, ㄷ

4

그림 (가)~(다)는 어떤 생물($2n=4$)의 감수 1분열, 감수 2분열, 체세포 분열을 순서 없이 나타낸 것이다.

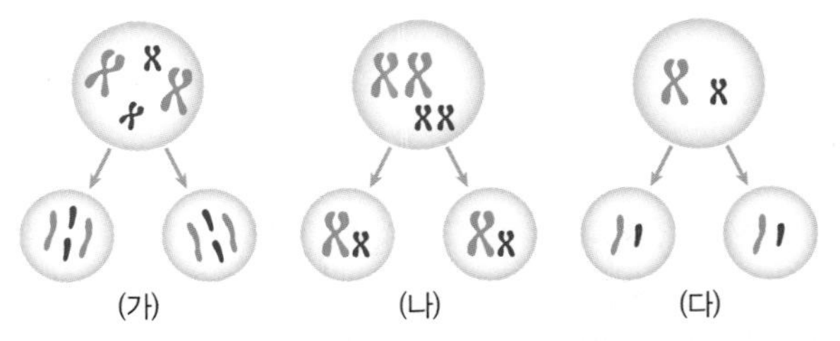

이에 대한 설명으로 옳은 것은? (단, 돌연변이는 고려하지 않는다.)

① (가)에서 2가 염색체가 형성된다.
② (가)에서 모세포와 딸세포의 핵상은 다르다.
③ (나)에서 염색 분체가 분리된다.
④ (다)는 체세포 분열이다.
⑤ (다)에서 생성된 두 딸세포의 유전자 구성은 같다.

6강 사람의 유전

5

표는 사람의 세 가지 상염색체 유전 형질의 우열 관계를 나타낸 것이다.

형질	혀 말기	귓불 모양	이마 선 모양
우성	가능	분리형	V자형
열성	불가능	부착형	일자형

이에 대한 설명으로 옳은 것은? (단, 제시된 형질은 모두 우열 관계가 분명한 두 가지 대립유전자에 의해 결정되며, 돌연변이는 고려하지 않는다.)

① 혀 말기 유전은 복대립 유전에 해당한다.
② 귓불이 부착형인 사람의 유전자형은 동형접합성이다.
③ 귓불 모양에 대한 유전자형이 이형접합성인 사람은 부착형 귓불이다.
④ 이마 선이 일자형인 부모 사이에서 이마 선이 V자형인 자녀가 태어날 수 있다.
⑤ 이마 선이 일자형인 사람 중에 우성 대립유전자를 가진 사람이 있다.

6

그림은 어떤 집안의 적록 색맹 유전에 대한 가계도를 나타낸 것이다.

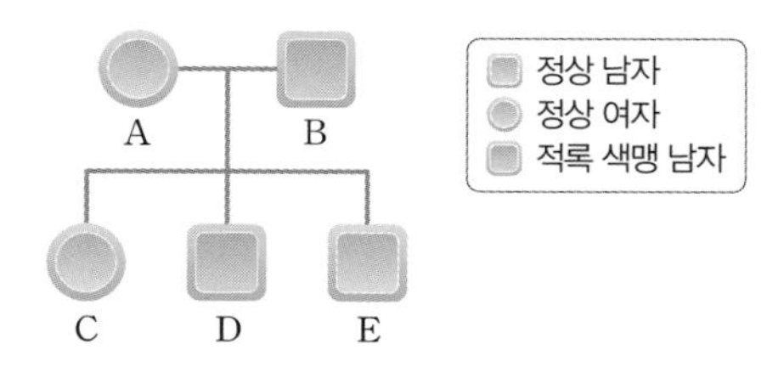

이에 대한 설명으로 옳은 것만을 <보기>에서 있는 대로 고른 것은?

보기

ㄱ. A와 C는 적록 색맹 유전자형이 이형접합성이다.
ㄴ. D는 B로부터 적록 색맹 대립유전자를 물려받았다.
ㄷ. E의 남동생이 태어날 때, 이 남동생이 적록 색맹일 확률은 50 %이다.

① ㄱ ② ㄴ ③ ㄱ, ㄷ
④ ㄴ, ㄷ ⑤ ㄱ, ㄴ, ㄷ

7

그림 (가)는 정상인 사람의 핵형 분석 결과를, (나)~(라)는 돌연변이가 일어난 세 사람의 특정 염색체만을 나타낸 것이다.

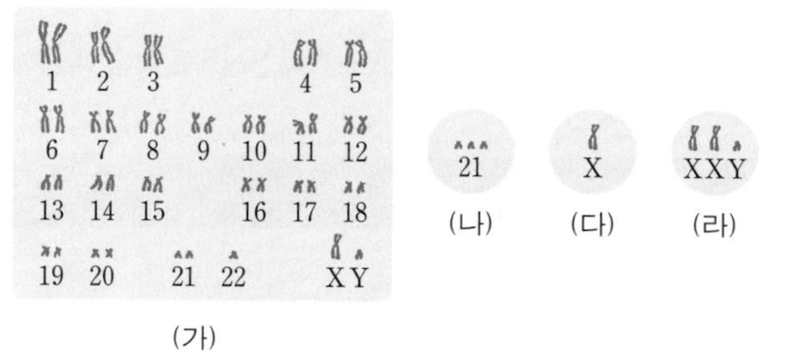

이에 대한 설명으로 옳은 것만을 <보기>에서 있는 대로 고른 것은? (단, 제시된 돌연변이 이외의 돌연변이는 고려하지 않는다.)

보기

ㄱ. (나)와 같은 염색체 수의 이상이 나타난 사람의 세포당 상염색체 수는 47이다.
ㄴ. (다)와 같은 돌연변이로 인한 유전병은 여자에게만 나타난다.
ㄷ. (라)는 클라인펠터 증후군인 사람의 염색체 구성이다.

① ㄱ ② ㄴ ③ ㄱ, ㄷ
④ ㄴ, ㄷ ⑤ ㄱ, ㄴ, ㄷ

8

그림은 염색체의 구조 이상 돌연변이를 나타낸 것이다.

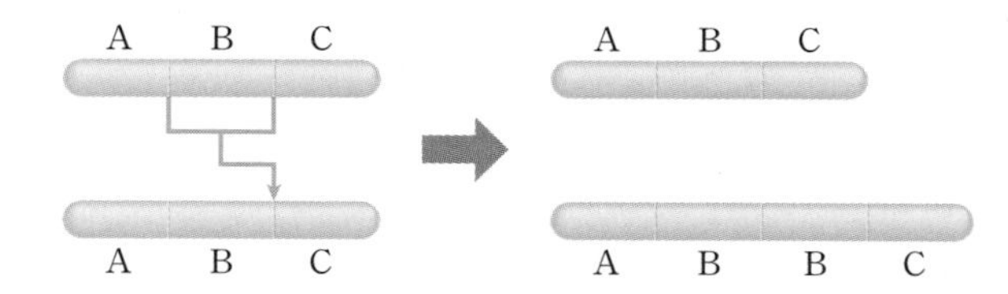

이에 대한 설명으로 옳은 것은?

① 염색체 수에 영향을 미치지 않는다.
② 감수 분열 중 염색체 비분리에 의해 일어난다.
③ 핵형 분석 결과가 정상인과 같아 확인할 수 없다.
④ 염색체의 구조 이상 돌연변이 중 전좌에 해당한다.
⑤ 위와 같은 돌연변이로 인한 유전병의 예로 낫 모양 적혈구 빈혈증이 있다.

창의·융합·코딩 전략

5강 염색체와 세포 분열

1

다음은 원격 수업 중 교사와 학생 A~D가 SNS로 학습 내용에 대해 나눈 대화 내용이다.

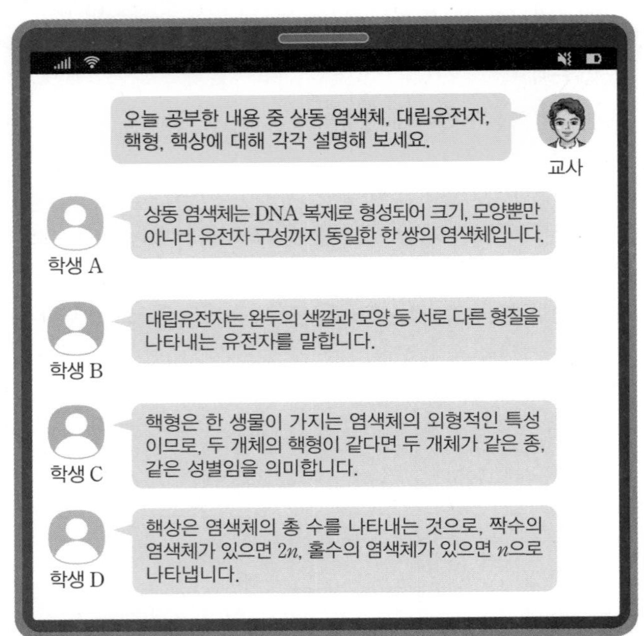

용어를 설명한 내용이 옳은 학생만을 있는 대로 고른 것은?

① A ② C ③ A, B
④ B, D ⑤ C, D

Tip
체세포에 들어 있는 크기와 모양이 같은 염색체 쌍을 ❶ 염색체라고 하며, 이 두 염색체의 같은 위치에는 같은 형질에 관여하는 ❷ 유전자가 있다.

답 ❶ 상동 ❷ 대립

2

그림은 어떤 사람의 혈액을 이용한 핵형 분석 결과이다.

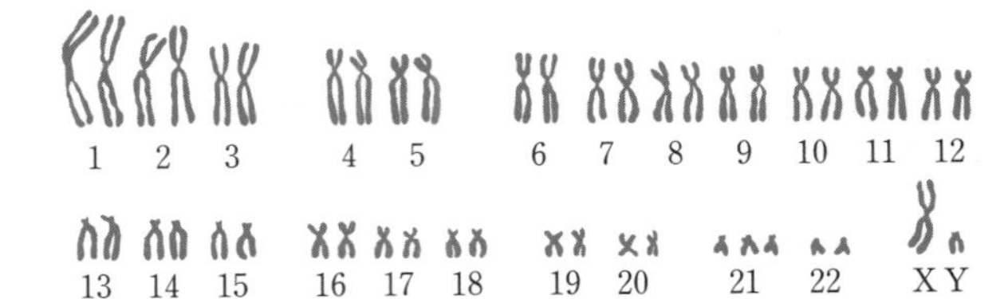

이에 대해 옳은 의견을 제시한 학생만을 있는 대로 고른 것은?

① A ② C ③ A, B
④ B, C ⑤ A, B, C

Tip
핵형 분석으로 ❶ 의 수, 모양, 크기 등을 알 수 있으며, ❷ 의 종류를 보고 성별을 알 수 있다.

답 ❶ 염색체 ❷ 성염색체

3

다음은 민수가 수업 중 감수 분열 각 시기의 특성을 학습하기 위해 가상의 동물($2n=4$) 세포를 기준으로 한 게임 활동이다.

| 게임 방법 |
- 같은 시기에 대한 〈이름 카드〉, 〈핵상 카드〉, 〈특징 카드〉, 〈염색체 모형 카드〉를 모두 찾으면 점수를 얻는다.

| 민수가 모은 카드 |

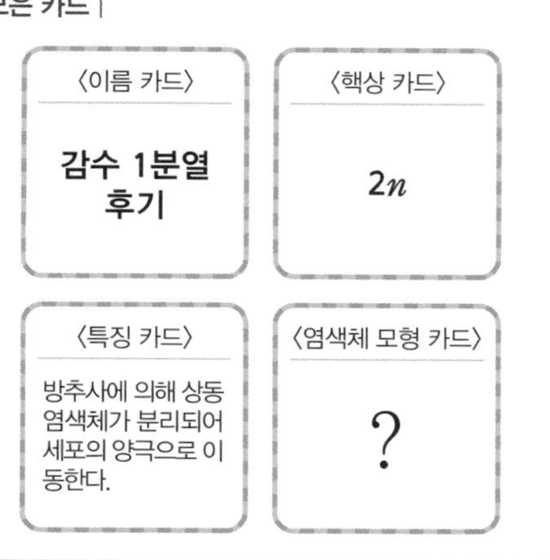

민수가 게임에서 점수를 얻기 위해 모아야 할 〈염색체 모형 카드〉의 그림으로 옳은 것은?

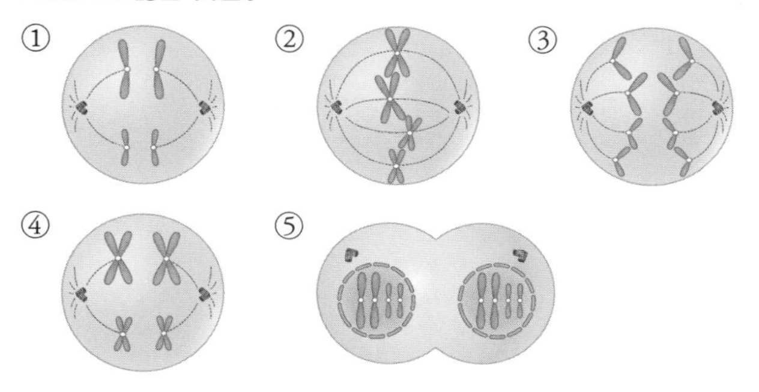

4

그림은 감수 1분열 중기, 감수 2분열 중기, 체세포 분열 중기를 구분하는 순서도를 나타낸 것이다.

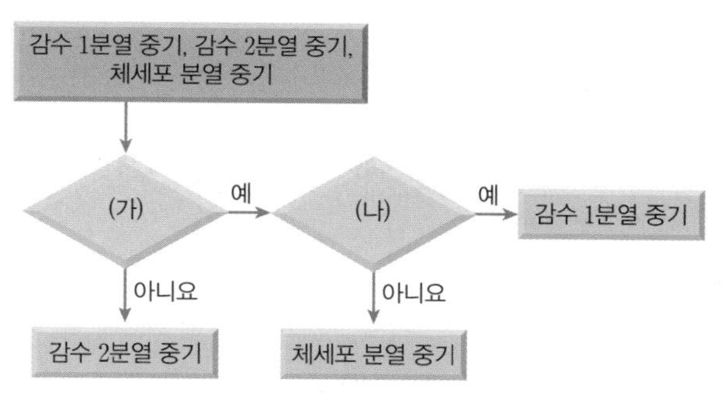

이에 대한 설명으로 옳은 것만을 〈보기〉에서 있는 대로 고른 것은?

보기

ㄱ. '세포의 핵상이 $2n$인가?'는 (가)에 해당한다.

ㄴ. '염색 분체 두 개로 이루어진 염색체가 있는가?'는 (가)에 해당한다.

ㄷ. '2가 염색체가 있는가?'는 (나)에 해당한다.

① ㄱ ② ㄴ ③ ㄱ, ㄷ
④ ㄴ, ㄷ ⑤ ㄱ, ㄴ, ㄷ

Tip

감수 분열에서 생식세포의 유전적 다양성이 나타나는 까닭은 감수 ❶ [ ] 분열 중기에 상동 염색체가 무작위로 세포의 중앙에 배열되었다가 ❷ [ ] 에 분리되어 서로 다른 딸세포로 들어가기 때문이다.

답 ❶ 1 ❷ 후기

Tip

감수 분열에서 핵상이 $2n$인 모세포로부터 핵상이 n인 딸세포가 생성되는 과정은 ❶ [ ] 분열이고, 핵상이 ❷ [ ] 인 모세포로부터 핵상이 n인 딸세포가 생성되는 과정은 감수 2분열이다.

답 ❶ 감수 1 ❷ n

6강 사람의 유전

5

다음은 유전 단원 수업에서 실시한 스피드 게임의 규칙과 수행 내용의 일부이다.

| 규칙 |

1. 모둠원 중 한 명이 제시된 용어를 설명하고 다른 모둠원들이 이를 맞춘다.
2. 1분 동안 맞춘 용어가 많을수록 순위가 높다.
3. 모둠원이 용어를 답했어도 설명이 옳지 않으면 맞춘 용어의 수에서 제외한다.

| A 모둠의 수행 내용 |

1분 동안 답을 말한 용어와 설명은 다음과 같다.

용어	설명
우성	잡종일 때 겉으로 나타나는 형질
반성유전	유전자가 성염색체에 있어 형질의 표현 빈도가 성별에 따라 다르게 나타나는 것
복대립 유전	여러 쌍의 유전자에 의해 형질이 결정되는 것
단일 인자 유전	한 개의 유전자에 의해 형질이 결정되는 것
전좌	상동 염색체끼리 서로 유전자를 교환하는 것
유전자형	유전자가 나타내는 형질

A 모둠이 맞춘 용어의 수와 이를 판단한 내용으로 옳은 것은?

① 6개 – 모든 용어에 대한 설명이 옳다.
② 5개 – 복대립 유전에 대한 설명만 틀렸다.
③ 4개 – 복대립 유전, 단일 인자 유전에 대한 설명이 틀렸다.
④ 3개 – 반성유전, 단일 인자 유전, 전좌에 대한 설명이 틀렸다.
⑤ 2개 – 복대립 유전, 단일 인자 유전, 전좌, 유전자형에 대한 설명이 틀렸다.

Tip

ABO식 혈액형 유전은 형질이 한 쌍의 대립유전자에 의해 결정되며, 대립유전자의 종류가 세 가지인 ❶ 유전이고, 사람의 피부색 유전은 형질에 관여하는 대립유전자 쌍이 여러 쌍인 ❷ 유전이다.

답 ❶ 복대립 ❷ 다인자

6

그림은 어떤 집안의 적록 색맹에 대한 가계도가 그려진 종이에서 일부분이 찢어진 것을 나타낸 것이다.

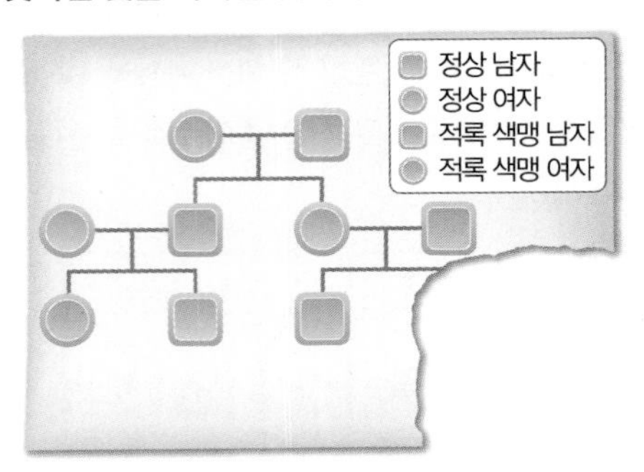

찢어져 나간 종이 부분으로 적절한 것은? (단, 돌연변이는 고려하지 않는다.)

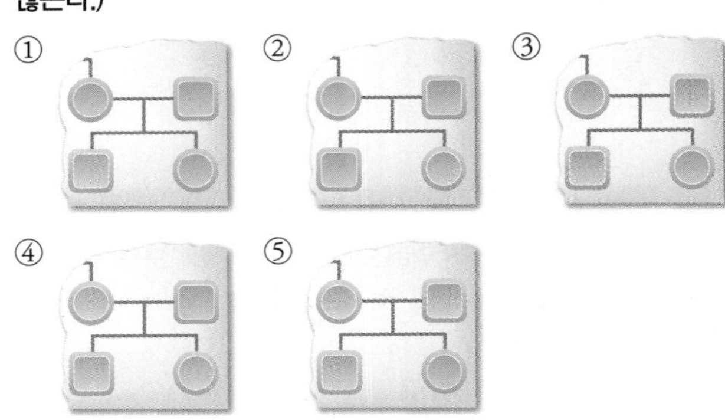

Tip

적록 색맹인 어머니로부터 태어나는 ❶ 은 항상 적록 색맹이고, 적록 색맹인 ❷ 의 아버지는 항상 적록 색맹이다.

답 ❶ 아들 ❷ 딸

7

다음은 사람에게서 나타나는 다양한 유전 형질에 대해 알아보기 위해 수업 중 실시한 탐구 활동이다.

| 과정 |

학급 학생 중에서 귓불 모양, 이마 선 모양, ABO식 혈액형, 키에 대해 각 형질을 나타내는 학생 수를 조사하여 그래프에 나타낸다.

| 결과 |

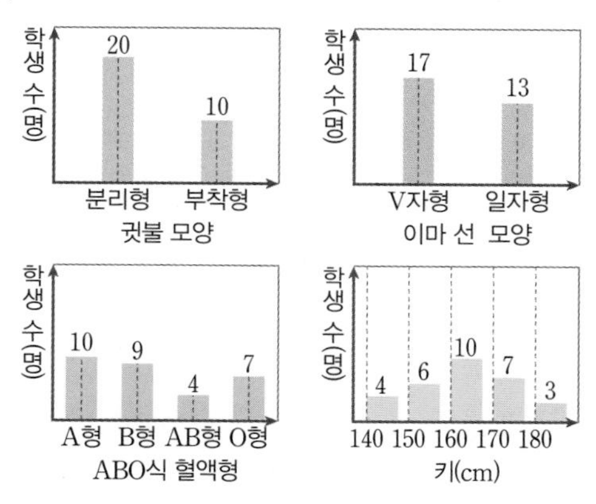

탐구 결과에 대해 옳은 의견을 제시한 학생만을 있는 대로 고른 것은?

① A ② C ③ A, B
④ B, C ⑤ A, B, C

Tip
한 쌍의 대립유전자에 의해 형질이 결정되는 유전을 ❶ ______ 유전이라고 하며, ABO식 혈액형 유전의 표현형은 ❷ ______ 가지이다.

답 ❶ 단일 인자 ❷ 네(4)

8

다음은 유전자 돌연변이에 의한 유전병이 발현되는 과정을 애니메이션으로 표현하기 위한 코딩 중 일부를 나타낸 것이다.

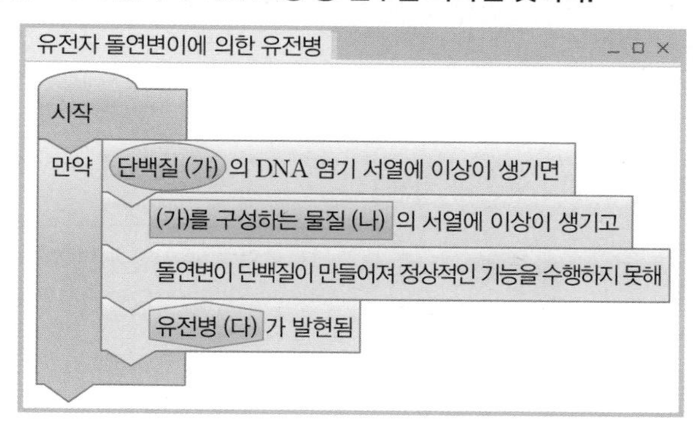

이에 대한 설명으로 옳은 것만을 〈보기〉에서 있는 대로 고른 것은?

보기
ㄱ. (가)가 헤모글로빈일 때 낫 모양 적혈구 빈혈증은 (다)에 해당한다.
ㄴ. (나)는 아미노산이다.
ㄷ. 페닐케톤뇨증은 (다)의 예이다.

① ㄱ ② ㄴ ③ ㄱ, ㄷ
④ ㄴ, ㄷ ⑤ ㄱ, ㄴ, ㄷ

Tip
낫 모양 적혈구 빈혈증은 ❶ ______ 이상으로 나타나는 유전병이고, 다운 증후군은 ❷ ______ 수 이상으로 나타나는 유전병이다.

답 ❶ 유전자 ❷ 염색체

V. 생태계와 상호 작용

7강 생태계의 구성과 기능 (1)

공부할 내용 **7강** 생태계의 구성과 기능 (1) **8강** 생태계의 구성과 기능 (2), 생물 다양성

8강 생태계의 구성과 기능 (2), 생물 다양성

개념 돌파 전략 ①

개념 ❶ | 개체군

1. 생태계

① **생태계의 구성 요소**

- 생물적 요인: 생태계의 모든 생물로, 역할에 따라 생산자, ❶ [　　], 분해자로 구분된다.
- 비생물적 요인: 빛, 온도, 물, 공기, 토양과 같이 생물을 둘러싼 환경을 말한다.

② **생태계의 구성 요소 사이의 상호 관계** 생물적 요인과 비생물적 요인 사이, 생물적 요인 사이에 서로 영향을 주고 받는다.

▲ 사막여우

▲ 북극여우

포유류는 서식지의 기온에 따라 몸 크기와 몸 말단 부위의 크기가 다르다.

2. 개체군의 특성과 개체군 내의 상호 작용

① **개체군의 특성** 개체군의 밀도, 생장 곡선, 생존 곡선, 연령 분포, 주기적 변동 등을 통해 그 개체군의 특성을 알 수 있다.

② **개체군 내 상호 작용** 개체군 내의 ❷ [　　]을 피하고 질서를 유지하기 위해 텃세, 순위제, 리더제, 사회생활, 가족생활과 같은 다양한 상호 작용이 일어난다.

답 ❶ 소비자 ❷ 경쟁

Quiz

❶ 생태계의 구성 요소 중 [　　] 요인에는 빛, 온도, 물, 공기, 토양이 있다.

❷ 같은 시기에 태어난 개체 중 시간에 따라 생존한 개체 수를 그래프로 나타낸 것을 개체군의 (생장 / 생존) 곡선이라고 한다.

❸ 여왕개미, 일개미, 병정개미와 같이 개미 개체군에서 여러 개체가 일을 분담하고 협력하여 전체적으로 조화롭게 역할이 분화된 구조를 형성하는 것은 개체군 내의 상호 작용 중 [　　]이다.

답 ❶ 비생물적 ❷ 생존 ❸ 사회생활

개념 ❷ | 군집

1. 군집의 특성과 구조

① **군집의 구조와 분포** 군집이란 일정한 지역에 모여 생활하는 여러 개체군들의 집합으로, 각 개체군은 역할에 따라 생산자, 소비자, 분해자로 구분되고 이들은 서로 먹고 먹히는 관계인 먹이 사슬과 먹이 그물을 형성한다.

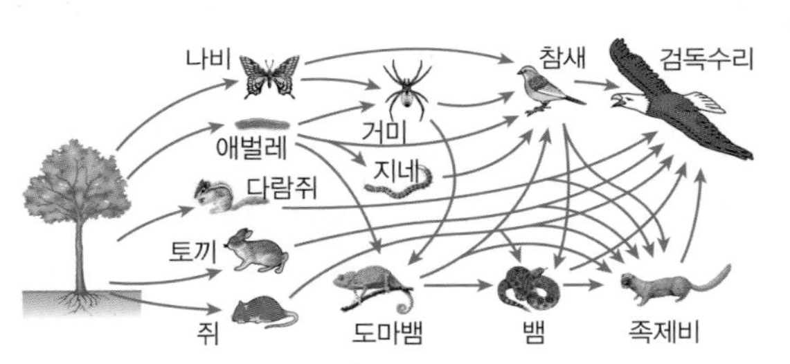

② **군집의 구조**

- 우점종: 상대 밀도, 상대 빈도, 상대 피도를 합한 값인 ❶ [　　]가 가장 큰 식물종이다.
- 핵심종: 우점종은 아니지만 군집의 구조에 중요한 역할을 하는 종이다.

2. 군집 내 개체군 사이의 상호 작용과 군집의 천이

① **군집 내 개체군 사이의 상호 작용의 종류** 종간 경쟁, 분서(생태 지위 분화), 포식과 피식, 공생, 기생

② **군집의 천이** 군집의 종 구성과 특성이 시간에 따라 변하는 과정

- 1차 천이: 생명체가 없고, 토양의 발달이 미약한 곳에서 시작하는 천이로서, 건조한 지역에서 일어나는 건성 천이와 호수나 연못과 같이 습한 곳에서 일어나는 습성 천이가 있다.
- 2차 천이: 산불, 산사태, 홍수, 벌목 등이 일어나 식물 군집이 파괴된 후 기존에 남아 있던 ❷ [　　]에서 시작하는 천이이다.

답 ❶ 중요치 ❷ 토양

Quiz

❶ 군집을 구성하는 각 개체군이 차지하는 먹이 그물에서의 위치, 서식 공간, 생물적·비생물적 요인과의 관계 등 군집 내에서 개체군이 갖는 위치와 역할을 [　　]라고 한다.

❷ 방형구법에서 상대 밀도, 상대 빈도, 상대 피도를 더한 값을 (우점종 / 중요치)라고 한다.

❸ 포식과 [　　]은 군집을 구성하는 두 개체군 사이의 먹고 먹히는 관계이다.

답 ❶ 생태적 지위 ❷ 중요치 ❸ 피식

❶-1

그림은 바다 속에 사는 홍조류(홍조소를 가져 붉은 색을 띠는 조류)와 녹조류(다량의 엽록소를 가져 녹색을 띠는 조류) 개체의 사진이다.

▲ 홍조류

▲ 녹조류

이에 대한 설명으로 옳은 것만을 〈보기〉에서 있는 대로 고른 것은?

• 보기 •
ㄱ. 두 개체는 각각 다른 개체군에 속한다.
ㄴ. 두 개체는 모두 생태계에서 생산자에 속한다.
ㄷ. 비생물적 요인인 빛의 파장은 두 개체의 분포에 영향을 주었다.

① ㄱ ② ㄴ ③ ㄱ, ㄷ ④ ㄴ, ㄷ ⑤ ㄱ, ㄴ, ㄷ

풀이 홍조류와 녹조류 개체는 각각 서로 다른 종이므로 서로 다른 ❶ ______ 에 속한다. 해양 생태계에서 녹조류와 홍조류 같은 조류는 광합성 색소를 이용한 광합성을 통해 유기물을 생산하는 ❷ ______ 의 기능을 하는 생물이다. 깊은 바다에는 적색광보다 주로 청색광이 도달하므로 이를 이용할 수 있는 홍조류가 분포한다.

❶ 개체군 ❷ 생산자 답 ⑤

❶-2

그림은 어떤 개체군의 이론적 생장 곡선과 실제 생장 곡선을 나타낸 것이다.

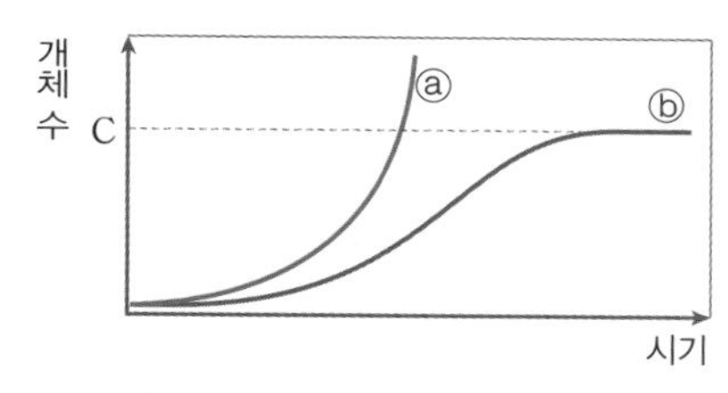

이에 대한 설명으로 옳은 것만을 〈보기〉에서 있는 대로 고른 것은?

• 보기 •
ㄱ. C는 환경 수용력이다.
ㄴ. ⓐ는 실제 생장 곡선이다.
ㄷ. ⓑ는 환경 저항에 의한 결과이다.

① ㄱ ② ㄴ ③ ㄱ, ㄷ ④ ㄴ, ㄷ ⑤ ㄱ, ㄴ, ㄷ

❷-1

다음은 개체군 사이에 나타나는 상호 작용의 예이다.

(가) 특정 종의 세균이 소의 소화 기관에 서식하며 섬유소(물에 녹지 않는 다당류)의 분해를 도와주고 양분을 얻는다.
(나) 가문비나무에 서식하는 여러 종류의 솔새는 같은 가문비나무의 서로 다른 공간에서 살아간다.
(다) 같은 세균을 먹는 두 종의 짚신벌레를 한곳에 혼합 배양하면 두 종 중 한 종만 살아남는다.

이에 대한 설명으로 옳은 것만을 〈보기〉에서 있는 대로 고른 것은?

• 보기 •
ㄱ. (가)에서 나타난 개체군 사이의 상호 작용은 편리 공생이다.
ㄴ. (나)에서 여러 종류의 솔새는 서식 공간을 나누어 경쟁을 피한다.
ㄷ. (다)에서의 종간 경쟁은 두 종 사이의 생태적 지위가 겹치기 때문에 발생한다.

① ㄱ ② ㄴ ③ ㄱ, ㄷ ④ ㄴ, ㄷ ⑤ ㄱ, ㄴ, ㄷ

풀이 (가)는 두 종의 생물이 서로 이득을 얻는 ❶ ______ 에 해당한다. (나)와 같이 생태적 지위가 비슷한 개체군은 서로 서식지나 먹이의 종류, 활동 시간 등을 달리하여 경쟁을 피하는데, 이와 같은 현상을 분서(생태 지위 분화)라고 한다. (다)와 같이 종간 경쟁을 통해 생태적 지위가 같은 두 종 중 한 종이 사라지는 것을 ❷ ______ 라고 한다.

❶ 상리 공생 ❷ 경쟁·배타 원리 답 ④

❷-2

군집을 구성하는 주요 종에 대한 설명으로 옳은 것만을 〈보기〉에서 있는 대로 고른 것은?

• 보기 •
ㄱ. 식물 군집의 우점종은 상대 밀도가 가장 큰 종이다.
ㄴ. 식물 군집의 특정 종의 피도는 단위 면적당 특정 종의 개체 수이다.
ㄷ. 지의류는 대기 오염에 대한 지표종이다.

① ㄴ ② ㄷ ③ ㄱ, ㄴ ④ ㄱ, ㄷ ⑤ ㄴ, ㄷ

개념 ❸ 물질 순환과 에너지 흐름

1. 물질 순환 생태계의 물질 생산과 물질 소비는 균형을 이루고 있다.

① **물질의 생산과 소비** 식물(생산자)의 피식량은 초식 동물(1차 소비자)의 섭식량이다.

② 탄소와 질소와 같은 ❶ [   ]은 생물과 환경 사이를 순환한다.

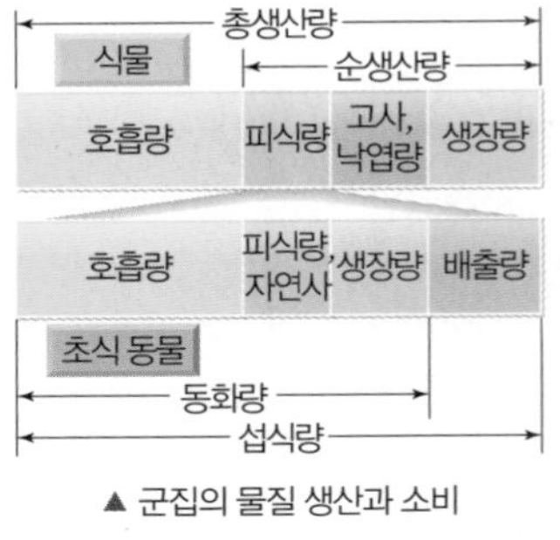

▲ 군집의 물질 생산과 소비

2. 에너지 흐름 생태계 내에서 에너지는 순환하지 않고 한 방향으로만 흐른다.

① **에너지 효율** 생태계의 한 영양 단계에서 다음 영양 단계로 이동하는 ❷ [   ]의 비율

② **생태 피라미드** 개체 수 피라미드, 생물량 피라미드, 에너지 피라미드가 있다.

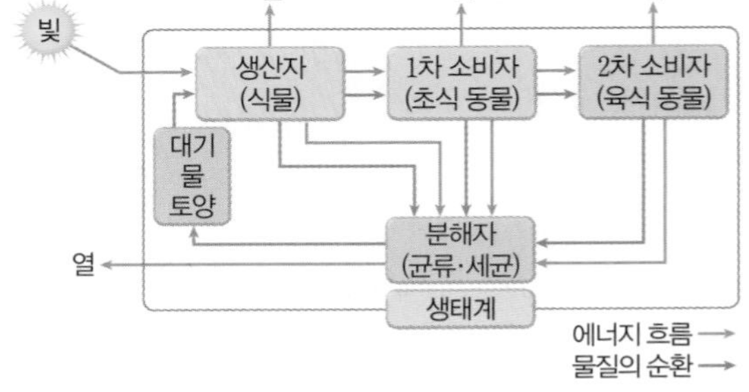

③ **생태계의 평형** 생태계의 생물 군집의 구성, 개체 수, 물질의 양, 에너지 흐름이 일정하게 유지되는 안정된 상태

답 ❶ 물질 ❷ 에너지

Quiz

❶ 식물의 총생산량에서 호흡량을 제외한 유기물의 양을 [   ]이라고 한다.

❷ 대기 중의 [   ]는 생산자의 광합성을 통해 유기물로 전환된다.

❸ 대기 중의 약 78 %는 [   ] 기체로 이루어져 있다.

답 ❶ 순생산량 ❷ 이산화 탄소 ❸ 질소

개념 ❹ 생물 다양성

1. 생물 다양성 생태계에 존재하는 생물의 다양한 정도를 말한다.

① 유전적 다양성, 종 다양성, ❶ [   ] 다양성을 포함한다.

② 생물 다양성은 생태계의 기능 및 안정성 유지에 중요하며, 생물 자원으로서 인류에게 경제적·사회적·심미적·윤리적 측면에서 다양한 가치를 제공한다.

유전적 다양성	종 다양성	생태계 다양성
토끼 개체군의 유전적 다양성	숲 생태계의 종 다양성	넓은 지역에서 환경에 따라 분포하는 생태계 다양성

2. 생물 다양성의 보전

① **생물 다양성의 감소 원인** 외래종의 도입, ❷ [   ] 파괴와 단편화, 남획, 환경 오염 등

② **생물 다양성 보전을 위한 실천 방안**

- 개인적 수준: 에너지 절약, 자원 재활용 등
- 사회적 수준: 대정부 감시를 위한 비정부 기구(NGO) 활동 등
- 국가적 수준: 관련 법률 제정, 국립 공원 지정 및 관리, 멸종 위기종 복원 등
- 국제적 수준: 생물 다양성 보전을 위한 국제 협약 제정을 통한 활동 등

답 ❶ 생태계 ❷ 서식지

Quiz

❶ 같은 종이라도 개체군 내의 개체들이 다양한 형질을 나타내는 것은 생물 다양성 중 [   ] 다양성을 의미한다.

❷ 종 다양성이 (높은 / 낮은) 생태계는 먹이 사슬이 단순하여 한 종이 사라지면 생태계 평형이 깨지기 쉽다.

답 ❶ 유전적 ❷ 낮은

3-1

그림은 탄소 순환 과정의 일부를 나타낸 것이다. (가)~(다)는 각각 세포 호흡, 연소, 광합성 중 하나이다.
이에 대한 설명으로 옳은 것만을 〈보기〉에서 있는 대로 고른 것은?

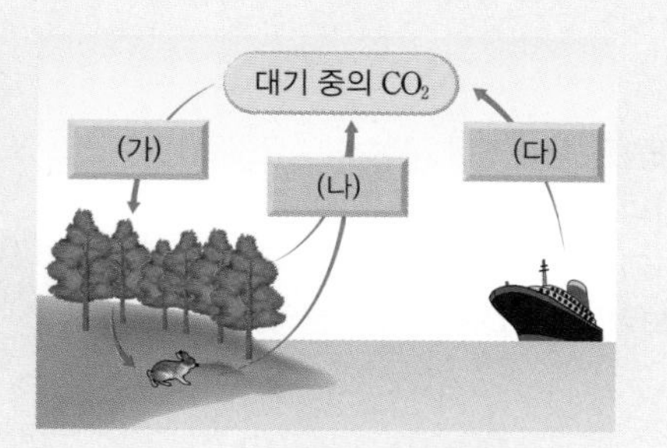

보기

ㄱ. (가)를 통해 대기 중의 이산화 탄소는 포도당과 같은 유기물로 전환된다.
(유기물: 분자 구조의 기본 골격으로 탄소 원자를 갖는 화합물을 통틀어 부름)

ㄴ. (나)는 분해자에게서도 일어난다.

ㄷ. (다)는 화석 연료가 합성되면서 일어나는 과정이다.

① ㄱ ② ㄷ ③ ㄱ, ㄴ ④ ㄴ, ㄷ ⑤ ㄱ, ㄷ

풀이 (가)는 식물의 광합성에 의해 대기 중의 이산화 탄소가 포도당과 같은 ❶ [ ] 로 전환되는 과정이다. (나)는 생물의 호흡 과정으로 유기물이 이산화 탄소로 분해되어 대기 중으로 방출되는 과정이다. (다)와 같이 화석 연료가 ❷ [ ] 되는 과정에서도 대기 중으로 이산화 탄소가 방출된다

❶ 유기물 ❷ 연소 답 ③

3-2

생태 피라미드에 대한 설명으로 옳은 것만을 〈보기〉에서 있는 대로 고른 것은?

보기

ㄱ. 영양 단계가 높아질수록 각 단계의 에너지양은 증가한다.

ㄴ. 에너지 효율은 상위 영양 단계로 올라갈수록 반드시 높아진다.

ㄷ. 개체 수, 생물량, 에너지양 등을 하위 영양 단계에서 상위 영양 단계로 쌓아 올린 것이다.

① ㄱ ② ㄷ ③ ㄱ, ㄴ
④ ㄴ, ㄷ ⑤ ㄱ, ㄴ, ㄷ

4-1

그림 (가)~(다)는 생물 다양성을 나타낸 것이다. (가)~(다)는 각각 생태계 다양성, 유전적 다양성, 종 다양성 중 하나이다.

(가)

(나)

(다)

이에 대한 설명으로 옳은 것만을 〈보기〉에서 있는 대로 고른 것은?

보기

ㄱ. (가)는 유전적 다양성이다.

ㄴ. (나)가 높은 지역에서는 다양한 생태계가 존재한다.

ㄷ. 종의 수가 많을수록 (다)가 높다.

① ㄱ ② ㄴ ③ ㄱ, ㄷ ④ ㄴ, ㄷ ⑤ ㄱ, ㄴ, ㄷ

풀이 (가)는 종 다양성, (나)는 생태계 다양성, (다)는 유전적 다양성을 나타낸 것이다. 종 다양성은 종의 수가 많을수록, 종의 비율이 ❶ [ ] 높다. 생태계 다양성이 높을수록 그 지역의 유전적 다양성과 종 다양성도 높아진다. 유전적 다양성이 높은 종의 개체군에는 다양한 ❷ [ ] 을 가진 개체들이 존재한다.

❶ 고를수록(균등할수록) ❷ 형질 답 ②

4-2

표는 생물 다양성 보전을 위한 다양한 노력들을 나타낸 것이다. (가)~(다)는 개인적 노력, 국가적 노력, 국제적 노력을 순서 없이 나타낸 것이다.

구분	노력
(가)	습지의 보전 및 현명한 이용에 관한 람사르 협약 체결
(나)	쓰레기 분리수거 실천
(다)	국립 공원 지정 관리

이에 대한 설명으로 옳은 것만을 〈보기〉에서 있는 대로 고른 것은?

보기

ㄱ. (가)는 국제적 노력이다.

ㄴ. (나)는 자원을 재활용하는 방법에 해당한다.

ㄷ. '멸종 위기종 복원 사업 추진'은 (다)의 예에 해당한다.

① ㄱ ② ㄷ ③ ㄱ, ㄴ
④ ㄴ, ㄷ ⑤ ㄱ, ㄴ, ㄷ

개념 돌파 전략 ②

7강 생태계의 구성과 기능 (1)

바탕 문제

다음 설명과 관련 있는 개체군 내의 상호 작용을 쓰시오.

❶ 개체군의 구성원 사이에서 힘의 서열에 따라 일정한 순위를 결정하여 집단 내 질서를 유지한다.

❷ 개체군 내의 각 개체가 개체군의 일을 분담하고 협력하여 조화를 이루어 살아간다.

답 ❶ 순위제 ❷ 사회생활

1 그림은 생태계를 구성하는 요소 사이의 상호 관계를 나타낸 것이다. 이에 대한 설명으로 옳은 것만을 〈보기〉에서 있는 대로 고른 것은?

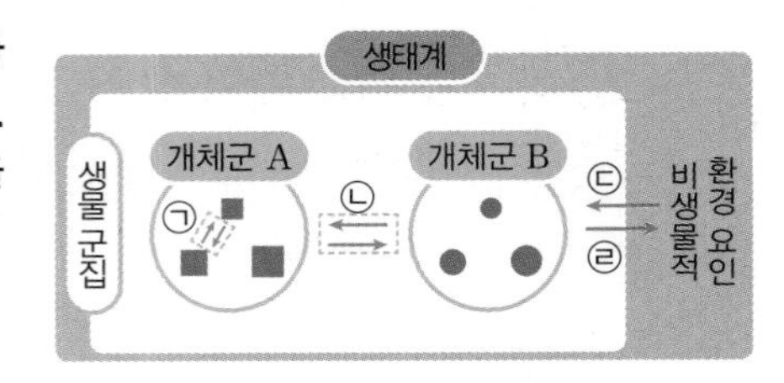

보기

ㄱ. 은어가 텃세권을 형성하는 것은 ㉡에 해당한다.

ㄴ. 위도에 따라 식물 군집의 분포가 달라지는 현상은 ㉢에 해당한다.

ㄷ. 곰팡이는 비생물적 환경 요인에 해당한다.

① ㄱ ② ㄴ ③ ㄱ, ㄷ ④ ㄴ, ㄷ ⑤ ㄱ, ㄴ, ㄷ

바탕 문제

그림과 같이 위도마다 기온과 강수량이 달라 서로 다른 생물 군집이 나타나는 군집의 분포를 무엇이라고 하는지 쓰시오.

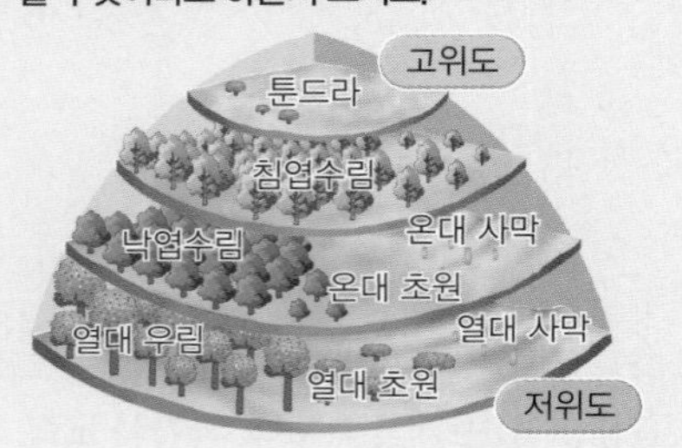

답 수평 분포

2 그림은 어떤 식물 군집의 수직 분포를 나타낸 것이다. A~C는 낙엽활엽수림, 침엽수림, 관목대를 순서 없이 나타낸 것이다. 이에 대한 설명으로 옳은 것만을 〈보기〉에서 있는 대로 고른 것은?

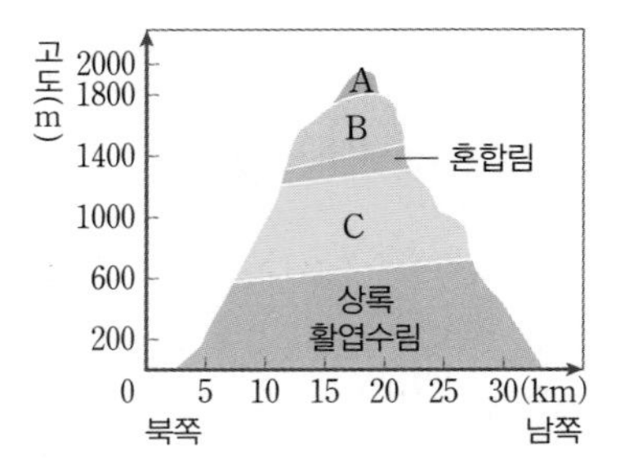

보기

ㄱ. C는 낙엽 활엽수림이다.

ㄴ. 우점종의 평균 키는 B에서가 A에서보다 크다.

ㄷ. 이 식물 군집의 수직 분포는 주로 고도에 따른 강수량의 차이로 나타난다.

① ㄱ ② ㄴ ③ ㄱ, ㄴ ④ ㄴ, ㄷ ⑤ ㄱ, ㄴ, ㄷ

바탕 문제

군집의 천이에 대한 다음 물음에 맞는 답을 쓰시오.

❶ 1차 천이 중 건성 천이에서 개척자는 무엇인가?

❷ 기존의 식물 군집이 있던 곳에서 시작하는 천이는 무엇인가?

❸ 천이의 마지막 단계로 안정된 상태를 무엇이라고 하는가?

답 ❶ 지의류 ❷ 2차 천이 ❸ 극상

3 그림은 어떤 지역에서 진행된 천이 과정을 나타낸 것이다. A~B는 각각 양수림, 음수림 중 하나이다.

이에 대한 설명으로 옳지 않은 것은?

① 1차 천이이다.

② 건성 천이이다.

③ A는 양수림이다.

④ 지의류는 개척자로서 토양을 형성한다.

⑤ 혼합림에서 A의 묘목은 B의 묘목보다 더 잘 자란다.

8강 생태계의 구성과 기능 (2), 생물 다양성

바탕 문제

❶ 생태계의 생산자가 일정 기간 동안 광합성을 통해 합성한 유기물의 총량을 무엇이라고 하는지 쓰시오.

❷ 식물의 총생산량에서 호흡량을 제외한 유기물의 총량을 무엇이라고 하는지 쓰시오.

답 ❶ 총생산량 ❷ 순생산량

4 그림은 어떤 생태계에서 생산자의 물질 생산과 소비의 관계를 나타낸 것이다. A~C는 호흡량, 순생산량, 총생산량을 순서 없이 나타낸 것이다.

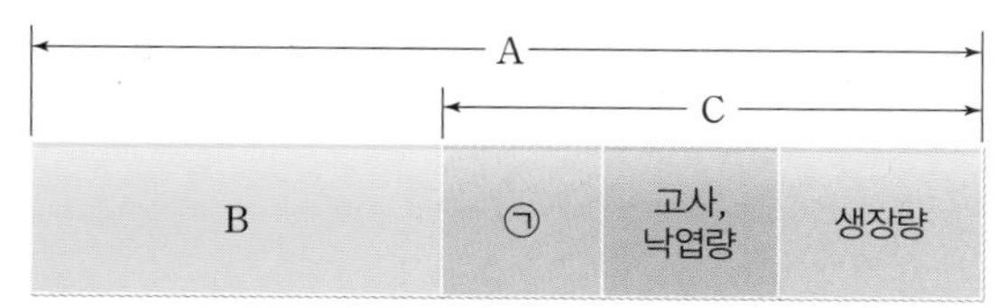

이에 대한 설명으로 옳은 것만을 〈보기〉에서 있는 대로 고른 것은?

보기
ㄱ. A는 순생산량이다.
ㄴ. 호흡량은 B에서 C를 제외한 유기물의 양이다.
ㄷ. 초식 동물의 동화량은 ㉠에 포함된다.

① ㄱ ② ㄷ ③ ㄱ, ㄴ ④ ㄴ, ㄷ ⑤ ㄱ, ㄴ, ㄷ

바탕 문제

생태계에서 에너지와 물질의 이동과 전환에 대해 비교하여 쓰시오.

생태계 내에서 에너지는 ❶ ____ 하지 않고, 한 방향으로만 흐른다. 반면, 물질은 유기물과 무기물로 ❷ ____ 되면서 생물과 환경 사이를 순환한다.

답 ❶ 순환 ❷ 전환

5 그림은 어떤 생태계에서 생산자와 1~3차 소비자인 A~C의 에너지양을 상댓값으로 나타낸 생태 피라미드이다. C의 에너지 효율은 10 %이고 A의 에너지 효율은 C의 두 배이다. ㉠과 ㉡은 에너지양이다.

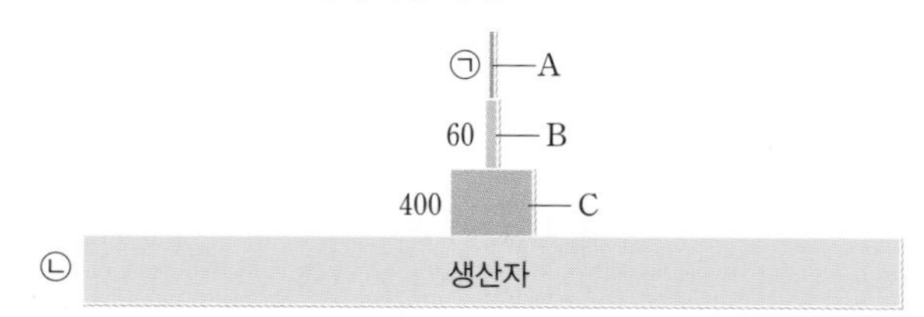

이에 대한 설명으로 옳은 것만을 〈보기〉에서 있는 대로 고른 것은?

보기
ㄱ. ㉠은 12이고, ㉡은 4000이다.
ㄴ. B의 에너지 효율은 30 %이다.
ㄷ. 이 생태계에서 에너지 효율은 상위 영양 단계로 갈수록 감소한다.

① ㄱ ② ㄴ ③ ㄱ, ㄷ ④ ㄴ, ㄷ ⑤ ㄱ, ㄴ, ㄷ

바탕 문제

생물 다양성은 지구의 다양한 환경에 다양한 생물이 살고 있는 것을 의미한다. 생물 다양성의 하위 범주 세 가지를 쓰시오.

답 유전적 다양성, 종 다양성, 생태계 다양성

6 다음은 생물 다양성에 대한 세 학생의 대화이다.

학생 A	개체군 내에 다양한 대립유전자가 있으면 유전적 다양성이 높다고 할 수 있어.
학생 B	종 다양성은 종의 수뿐만 아니라 각각의 종의 비율도 고려해야 해.
학생 C	생태계 다양성이 높은 지역은 유전적 다양성과 종 다양성도 높은 경향이 있어.

대화 내용이 옳은 학생을 있는 대로 고른 것은?

① A ② C ③ A, B ④ B, C ⑤ A, B, C

2주 2일 필수 체크 전략 ①

전략 ❶ 생태계 구성 요소 사이의 상호 관계

1. **작용** 비생물적 요인이 생물적 요인에 영향을 미치는 것 예 빛의 세기에 따라 식물 잎의 두께가 다름, 가을에 토끼가 털갈이를 함
2. **반작용** 생물적 요인이 ❶ ______ 요인에 영향을 주는 것 예 세균과 버섯에 의해 토양 속 무기물이 증가함, 지렁이가 토양의 통기성을 높여줌
3. **상호 작용** 생태계 내 ❷ ______ 요인이 서로 영향을 주고받으며 살아가는 것 예 뿌리혹박테리아가 공기 중의 질소를 고정시켜 콩과식물에게 공급함

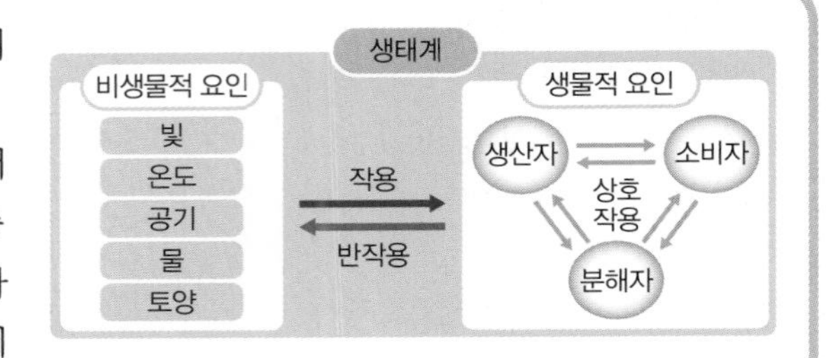

답 ❶ 비생물적 ❷ 생물적

필수 예제 1

그림은 생태계를 구성하는 요소 사이의 관계를 나타낸 것이다.
이에 대한 설명으로 옳은 것만을 〈보기〉에서 있는 대로 고르시오.

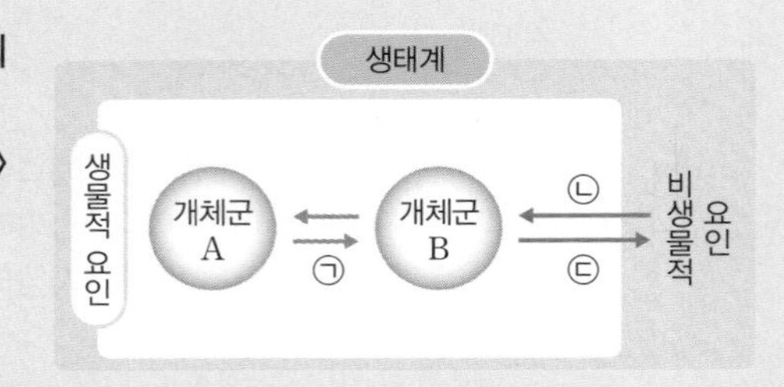

보기
ㄱ. 기생은 ㉠에 해당한다.
ㄴ. 개체군 A와 B는 군집을 구성한다.
ㄷ. 고산 지대인 티베트에 사는 사람이 저지대 사람보다 표면적이 더 넓은 폐를 가지고 있는 것은 ㉢의 예이다.

① ㄱ ② ㄷ ③ ㄱ, ㄴ ④ ㄴ, ㄷ ⑤ ㄱ, ㄴ, ㄷ

풀이 ㉠은 군집을 구성하는 개체군 사이의 상호 작용이고, ㉡은 비생물적 요인이 생물적 요인에 영향을 미치는 작용을, ㉢은 생물적 요인이 비생물적 요인에 영향을 미치는 반작용을 의미한다. 고산 지대인 티베트에 사는 사람이 저지대 사람보다 표면적이 더 넓은 폐를 가지고 있는 것은 작용의 예이다.

답 ③

1-1

그림은 어떤 생태계에서 에너지와 물질의 이동을 나타낸 것이다. A~C는 먹이 사슬 관계에 있는 생물이다.
이에 대한 설명으로 옳은 것만을 〈보기〉에서 있는 대로 고르시오.

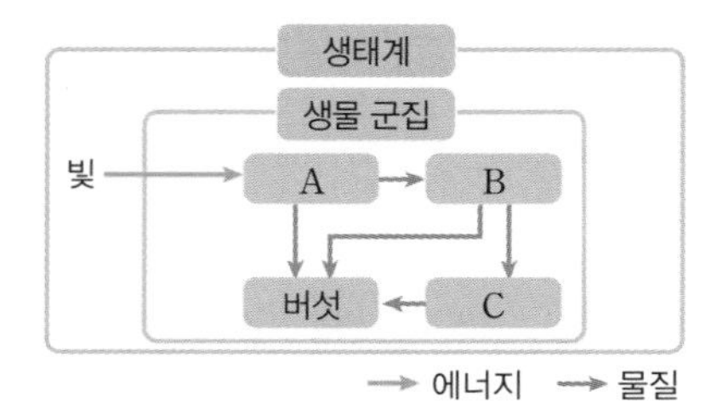

보기
ㄱ. 버섯은 분해자에 해당한다.
ㄴ. B에서 C로 유기물이 이동한다.
ㄷ. 빛이 강한 곳에 위치한 A의 잎의 조직이 두껍게 발달하는 것은 작용의 예이다.

① ㄱ ② ㄷ ③ ㄱ, ㄴ ④ ㄴ, ㄷ ⑤ ㄱ, ㄴ, ㄷ

생태계의 모든 생물은 역할에 따라 생산자, 소비자, 분해자로 구분되지. 생태계 내의 생물적 요인과 비생물적 요인은 서로 영향을 주고받는데, 비생물적 요인이 생물적 요인에 영향을 주는 것을 작용이라고 해.

전략 ❷ | 개체군의 특성

1. **개체군의 밀도** 개체군이 서식하는 공간의 단위 ❶ [ ] 당 개체 수이다.
2. **개체군 생장 곡선** 개체군의 개체 수 변화를 ❷ [ ] 에 따라 나타낸 그래프이다.
3. **개체군 생존 곡선** 같은 시기에 태어난 개체 중 시간에 따라 생존한 개체 수를 나타낸 그래프이다.
4. **개체군의 연령 분포** 한 개체군 내에서 전체 개체 수에 대한 각 연령대별 개체 수의 비율을 나타낸 것이다. 이를 낮은 연령층부터 차례대로 쌓아 올린 그림을 ❸ [ ] 라고 한다.
5. **개체군의 주기적 변동** 개체군의 크기는 계절적 환경 요인이나 먹이, 포식자 등의 변화에 따라 주기적으로 변동한다.

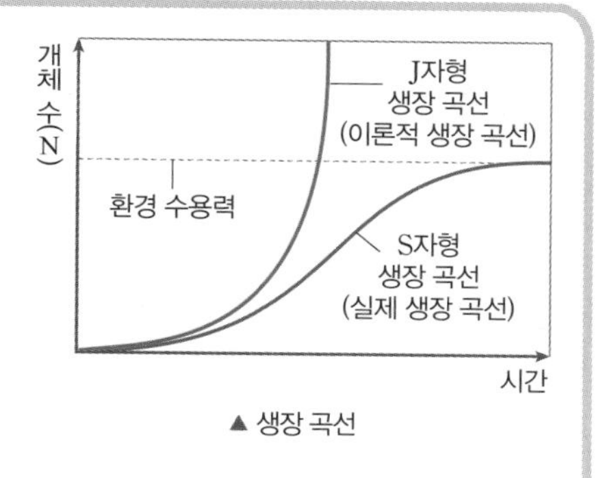

▲ 생장 곡선

답 ❶ 면적 ❷ 시간 ❸ 연령 피라미드

표는 개체군 P에서 같은 해에 태어난 개체의 시간에 따른 생존 개체 수를, 그림은 생존 곡선의 세 가지 유형을 나타낸 것이다.

시간(년)	개체수
0	1000
3	854
6	786
9	120
12	0

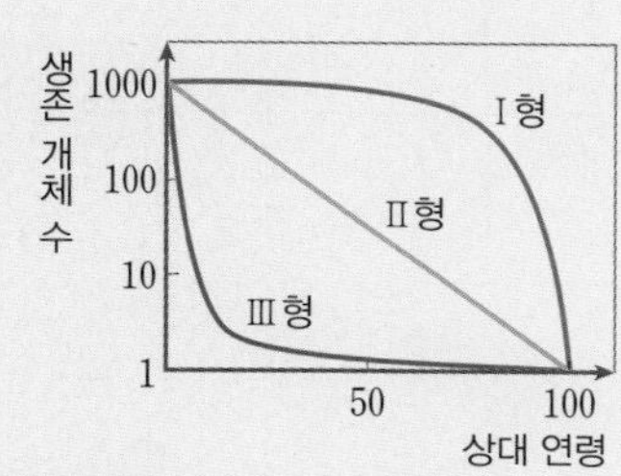

이에 대한 설명으로 옳은 것만을 〈보기〉에서 있는 대로 고르시오.

보기
ㄱ. P의 생존 곡선은 Ⅰ형에 해당한다.
ㄴ. 사람의 생존 곡선은 Ⅲ형에 해당한다.
ㄷ. P의 사망률은 6~9년일 때가 0~3년일 때보다 낮다.

① ㄱ ② ㄷ ③ ㄱ, ㄴ ④ ㄴ, ㄷ ⑤ ㄱ, ㄴ, ㄷ

풀이
Ⅰ형 생존 곡선에 해당하는 생물은 새끼 때 부모의 보호를 받아 초기 사망률이 낮고 수명이 길며 자손의 수가 적다. 사람, 코끼리, 사자와 같은 대형 포유류가 이 유형에 해당한다. 개체군 P는 이러한 Ⅰ형의 특징을 갖는다.

답 ①

2-1

그림은 어떤 개체군의 생장 곡선 A와 B를 나타낸 것이다. A와 B는 각각 실제 생장 곡선과 이론적 생장 곡선 중 하나이다.
이에 대한 설명으로 옳은 것은?

개체 수 / Ⅰ Ⅱ Ⅲ / A / B / 시간

① A는 실제 생장 곡선이다.
② 환경 수용력은 A가 B보다 작다.
③ B에서 종 내의 개체 간 경쟁은 구간 Ⅲ이 구간 Ⅰ보다 심하다.
④ B에서 개체 수의 증가 속도는 구간 Ⅱ가 구간 Ⅰ보다 빠르다.
⑤ 구간 Ⅰ에서 개체 수가 A보다 B에서 적은 것은 B의 환경 저항이 더 작기 때문이다.

먹이 부족, 노폐물 축적 등 개체군 생장을 제한하는 요인을 환경 저항이라 하고, 한 서식지에서 증가할 수 있는 개체 수의 한계를 환경 수용력이라고 하지.

전략 ❸ 방형구법을 이용한 식물 군집 조사

• 상대 밀도, 상대 빈도, 상대 피도를 합한 값인 중요치가 가장 큰 식물종이 조사한 군집의 ❶ ______ 이다.

• 밀도 $= \dfrac{\text{특정 종의 개체 수}}{\text{전체 방형구의 면적(m}^2\text{)}}$

• 빈도 $= \dfrac{\text{특정 종이 출현한 방형구의 수}}{\text{전체 방형구의 수}}$

• 피도 $= \dfrac{\text{특정 종의 점유 면적(m}^2\text{)}}{\text{전체 방형구의 면적(m}^2\text{)}}$

• 상대 밀도(%) $= \dfrac{\text{특정 종의 밀도}}{\text{모든 종의 밀도 합}} \times 100$

• 상대 빈도(%) $= \dfrac{\text{특정 종의 빈도}}{\text{모든 종의 빈도 합}} \times 100$

• 상대 피도(%) $= \dfrac{\text{특정 종의 피도}}{\text{모든 종의 피도 합}} \times 100$

조간대 군집의 불가사리나 강가의 비버처럼 우점종은 아니지만 군집의 구조에 중요한 역할을 하는 종을 ❶  이라고 해.

답 ❶ 우점종 ❷ 핵심종

필수 예제 3

표는 어떤 지역에 면적이 1 m^2인 방형구 10개를 설치하여 식물 군집을 조사한 결과를 나타낸 것이다.
이에 대한 설명으로 옳은 것만을 〈보기〉에서 있는 대로 고르시오. (단, A～C 이외의 종은 고려하지 않는다.)

종	밀도	빈도	피도
A	1.2	0.3	0.03
B	2	0.5	0.01
C	0.8	0.2	0.16

보기
ㄱ. 밀도의 단위는 '개체 수/m^2'이다.
ㄴ. A의 중요치는 65이다.
ㄷ. 이 식물 군집에서 우점종은 B이다.

① ㄱ ② ㄷ ③ ㄱ, ㄴ ④ ㄴ, ㄷ ⑤ ㄱ, ㄴ, ㄷ

풀이
중요치는 상대 밀도, 상대 빈도, 상대 피도를 합한 값이며, 식물 군집에서 중요치가 가장 높은 식물종이 그 식물 군집의 우점종이다.
A의 상대 밀도는 $\dfrac{1.2}{2.0} \times 100 = 30(\%)$,
상대 빈도는 $\dfrac{0.3}{1.0} \times 100 = 30(\%)$,
상대 피도는 $\dfrac{0.03}{0.2} \times 100 = 15(\%)$이므로
중요치는 30+30+15=75이다. 마찬가지로 B의 중요치는 105, C의 중요치는 120으로, 이 군집의 우점종은 C이다.

답 ①

3-1

표는 어떤 식물 군집에서 크기가 동일한 방형구를 이용하여 4회에 걸쳐 조사한 종 A～C의 개체 수와 이 과정을 통해 조사한 종 A～C의 상대 피도를 나타낸 것이다.
이에 대한 설명으로 옳은 것만을 〈보기〉에서 있는 대로 고르시오. (단, A～C 이외의 종은 고려하지 않는다.)

구분		A	B	C
방형구 (개체 수)	1회	15	14	0
	2회	10	6	10
	3회	13	9	10
	4회	12	1	0
상대 피도(%)		10	55	35

보기
ㄱ. A의 상대 빈도는 C의 상대 빈도의 2배이다.
ㄴ. B의 중요치는 A의 중요치보다 크다.
ㄷ. 이 식물 군집의 우점종은 B이다.

① ㄱ ② ㄴ ③ ㄱ, ㄷ ④ ㄴ, ㄷ ⑤ ㄱ, ㄴ, ㄷ

빈도는 특정 종이 출현한 방형구의 수를 전체 방형구의 수로 나눈 값이야.

전략 ❹ 군집 내 개체군 사이의 상호 작용

종간 경쟁	먹이와 서식지처럼 생존에 필요한 자원이 비슷한 두 개체군, 즉 ❶ (　　)가 유사한 두 개체군이 함께 있을 때 그들이 자원을 두고 경쟁하는 것
분서 (생태 지위 분화)	필요한 자원이 비슷한 개체군이 서로 서식지나 먹이의 종류, 활동 시간 등을 달리하여 경쟁을 피하는 것
포식과 피식	개체군 사이에서 형성되는 먹고 먹히는 관계
공생	군집 내 두 종이 서로 밀접한 영향을 미치며 함께 생활하는 것을 공생이라고 하며, 공생에는 상리 공생과 편리 공생이 있다.
기생	한 종이 다른 종에게 ❷ (　　)를 주면서 먹이나 서식지를 공급받는 관계

상리 공생은 두 종의 생물이 서로 이득을 얻는 경우이고, ❸ (　　)은 한 종은 이득을 얻지만 다른 종은 영향을 받지 않는 경우야.

답 ❶ 생태적 지위 ❷ 피해 ❸ 편리 공생

필수 예제 4

표 (가)는 군집 내 종 사이의 상호 작용을, (나)는 종 사이의 상호 작용에 대한 자료이다. ㉠~㉢은 종간 경쟁, 상리 공생, 포식과 피식을 순서 없이 나타낸 것이다.

상호 작용	종Ⅰ	종Ⅱ
㉠	+	+
㉡	−	+
㉢	−	−
기생	+	−

(+: 이익, −: 손해)

(가)

- ⓐ말미잘은 ⓑ흰동가리가 유인한 먹이를 먹고, 흰동가리는 말미잘의 보호를 받는다.
- ⓒ기생벌은 다른 곤충의 애벌레에 알을 낳고, 알에서 깨어난 기생벌 유충은 숙주 애벌레의 양분을 섭취하며 성장한다.

(나)

이에 대한 설명으로 옳은 것만을 〈보기〉에서 있는 대로 고르시오.

보기
ㄱ. ⓐ와 ⓑ의 관계는 ㉠의 예에 해당한다.
ㄴ. ⓒ는 기생 생물이다.
ㄷ. 두 종 사이의 생태적 지위가 중복될수록 ㉡이 일어날 가능성이 높아진다.

① ㄱ ② ㄷ ③ ㄱ, ㄴ ④ ㄴ, ㄷ ⑤ ㄱ, ㄴ, ㄷ

풀이
㉠은 상리 공생, ㉡은 포식과 피식, ㉢은 종간 경쟁을 의미한다. 두 종 사이의 생태적 지위가 중복되어 먹이와 서식지 등의 자원을 두고 경쟁하는 것을 종간 경쟁이라고 한다. 종간 경쟁을 통해 두 종의 개체군 모두 어느 정도 피해가 있으며, 경쟁에서 이긴 종이 살아남고, 진 종이 사라지는 것을 경쟁·배타 원리라고 한다.

답 ③

4-1

표는 서로 다른 종 A~C를 각각 단독 배양, 혼합 배양했을 때 각각의 종 최대 개체 수를 나타낸 것이다. A와 B, A와 C의 관계는 각각 포식과 피식, 편리 공생 중 하나이다. A가 다른 개체군과 포식과 피식 관계일 때 A는 피식자이다.

단독 배양			A와 B 혼합 배양		A와 C 혼합 배양	
A	B	C	A	B	A	C
100	150	100	㉠	㉡	㉢	100

이에 대한 설명으로 옳은 것만을 〈보기〉에서 있는 대로 고르시오.(단, 배양 조건 외의 다른 조건은 같다.)

보기
ㄱ. ㉠>㉢이다.
ㄴ. B는 A의 포식자이다.
ㄷ. A와 C의 관계는 편리 공생이다.

① ㄱ ② ㄴ ③ ㄱ, ㄷ ④ ㄴ, ㄷ ⑤ ㄱ, ㄴ, ㄷ

편리 공생은 한 종은 이득을 얻지만 다른 종은 영향을 받지 않는 경우야.

2주 2일 필수 체크 전략 ②

1 그림은 1년 중 돌말의 개체 수 변화와 돌말이 서식하는 생태계에서 환경 요인의 변화를 나타낸 것이다.

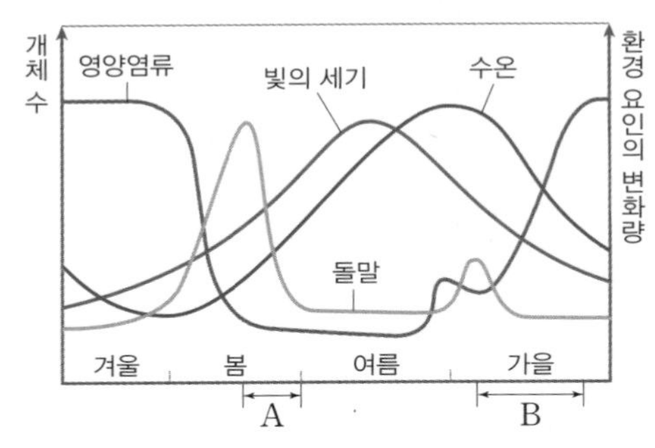

이에 대한 설명으로 옳은 것만을 〈보기〉에서 있는 대로 고른 것은?

보기

ㄱ. A 구간에서 영양염류의 양이 증가하면 돌말의 개체 수는 증가할 것이다.
ㄴ. B 구간에서 돌말의 개체 수가 감소하는 것은 수온이 낮아지고 빛의 세기가 감소하기 때문이다.
ㄷ. 돌말의 개체군 변동은 먹이와 포식자에 따른 장기적 변동이다.

① ㄱ ② ㄷ ③ ㄱ, ㄴ ④ ㄱ, ㄷ ⑤ ㄴ, ㄷ

Tip
식물 플랑크톤인 돌말의 경우 영양염류의 농도, 수온, 빛의 세기와 같은 환경 요인의 영향으로 ❶ ☐ 에 따라 개체 수가 변한다. 돌말 개체군처럼 변동 주기가 ❷ ☐ 예도 있지만, 포식자와 피식자의 개체 수 변화처럼 수십 년에 걸쳐 일어나는 장기적인 변동도 있다.

답 ❶ 계절 ❷ 짧은

2 표는 어떤 산 A의 식물 군집을 방형구법으로 조사한 결과를 나타낸 것이다.

종	밀도	빈도	피도	상대 밀도	상대 빈도	상대 피도
상수리나무	0.04	0.7	55	11.4	17.1	52.9
신갈나무	0.02	0.5	30	5.7	12.2	28.8
아까시나무	0.01	0.3	10	2.8	7.3	9.6
덜꿩나무	0.08	0.8	5	22.9	19.5	4.8
청미래덩굴	0.10	1.0	3	28.6	24.4	2.9
주름조개풀	0.10	0.8	1	28.6	19.5	1.0

이에 대한 설명으로 옳은 것만을 〈보기〉에서 있는 대로 고른 것은? (단, 상수리나무와 신갈나무는 음수림에, 아까시나무는 양수림에, 덜꿩나무는 관목에 속한다.)

보기

ㄱ. 우점종은 중요치가 55.90인 상수리나무이다.
ㄴ. 일정 공간에 서식하는 개체 수가 가장 적은 종은 아까시나무이다.
ㄷ. A의 식물 군집은 천이의 가장 초기 단계로 군집의 생장 속도가 매우 빠르다.

① ㄱ ② ㄴ ③ ㄱ, ㄷ ④ ㄴ, ㄷ ⑤ ㄱ, ㄴ, ㄷ

Tip
일정 공간에 서식하는 개체 수는 개체군의 밀도를 의미하며, 아까시나무의 밀도는 ❶ ☐ 로 조사한 종 중 가장 낮다. 우점종은 중요치가 가장 높은 ❷ ☐ 이다. A의 식물 군집은 음수림이 우점종을 이루고 있는 ❸ ☐ 단계에 가까운 식물 군집이다.

답 ❶ 0.01 ❷ 상수리나무 ❸ 극상

3 그림은 하천에서 은어의 세력권을, 표는 생물의 상호 작용 ㉠~㉢의 특징을 나타낸 것이다. ㉠~㉢은 각각 텃세, 포식과 피식, 분서 중 하나이다.

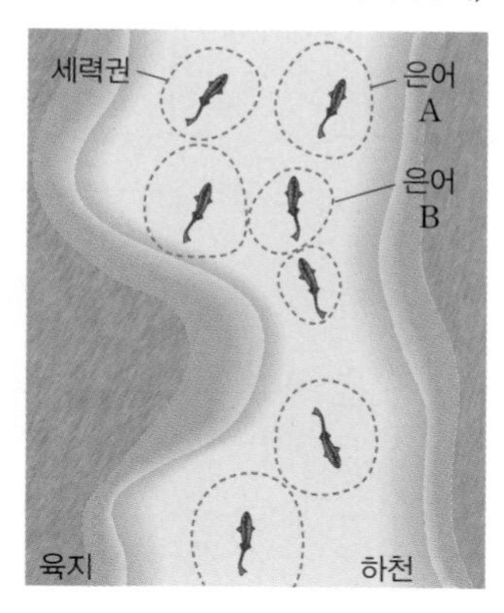

상호 작용	특징
㉠	한 개체가 일정한 생활 공간을 확보하고 다른 개체의 침입을 막는다.
㉡	두 개체군 사이에 먹고 먹히는 관계가 형성된다.
㉢	생태적 지위가 비슷한 개체군들이 서식지, 먹이, 활동 시기 등을 달리하여 경쟁을 피한다.

이에 대한 설명으로 옳은 것만을 〈보기〉에서 있는 대로 고른 것은?

보기

ㄱ. A와 B는 같은 개체군을 이룬다.
ㄴ. A와 B가 세력권을 형성하는 것은 ㉠의 예이다.
ㄷ. ㉡과 ㉢은 모두 군집 내 개체군 사이의 상호 작용의 예이다.

① ㄱ ② ㄴ ③ ㄱ, ㄷ ④ ㄴ, ㄷ ⑤ ㄱ, ㄴ, ㄷ

Tip

개체군 내 상호 작용에는 텃세, [❶], 리더제, 사회생활, 가족생활 등이 있고, 군집 내 개체군 사이의 상호 작용에는 [❷], 종간 경쟁, 포식과 피식, 공생, 기생 등이 있다.

답 ❶ 순위제 ❷ 분서(생태 지위 분화)

4 그림은 서로 다른 천이 과정 I과 II를 나타낸 것이다. A~F는 각각 초원, 지의류, 관목림, 양수림, 음수림, 혼합림 중 하나이다.

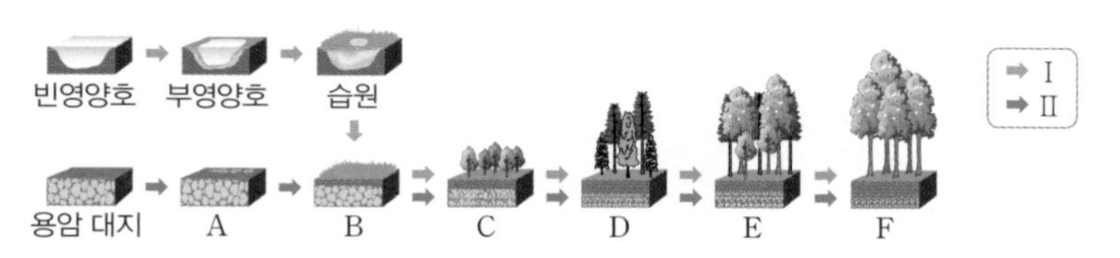

이에 대한 설명으로 옳지 않은 것은?

① I은 습성 천이 과정이다.
② A는 개척자 생물로서 토양을 형성한다.
③ 극상인 지역에서 산불이 난 후 2차 천이가 일어나면 개척자는 주로 B를 구성하는 식물이다.
④ C는 D보다 숲의 하층에 도달하는 빛의 세기가 약하다.
⑤ F는 천이의 마지막 단계로서 안정적인 상태인 극상을 이룬다.

Tip

1차 천이에는 습성 천이와 [❶]가 있다. 양수림이 발달하면 숲의 [❷]에서 많은 빛을 흡수하여 하층으로 도달하는 빛의 양이 크게 줄어든다.

답 ❶ 건성 천이 ❷ 상층

필수 체크 전략 ①

8강 생태계의 구성과 기능 (2), 생물 다양성

전략 ❶ 물질의 생산과 소비

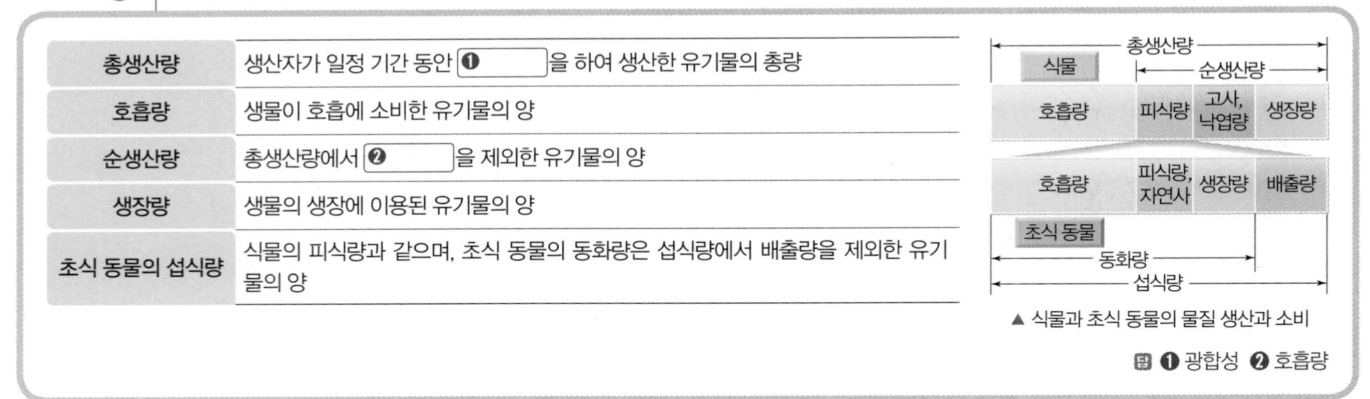

총생산량	생산자가 일정 기간 동안 ❶ ______ 을 하여 생산한 유기물의 총량
호흡량	생물이 호흡에 소비한 유기물의 양
순생산량	총생산량에서 ❷ ______ 을 제외한 유기물의 양
생장량	생물의 생장에 이용된 유기물의 양
초식 동물의 섭식량	식물의 피식량과 같으며, 초식 동물의 동화량은 섭식량에서 배출량을 제외한 유기물의 양

▲ 식물과 초식 동물의 물질 생산과 소비

답 ❶ 광합성 ❷ 호흡량

필수 예제 1

그림은 어떤 식물 군집의 총생산량(A)을 나타낸 것이다. B와 C는 각각 순생산량, 피식량 중 하나이다.
이에 대한 설명으로 옳은 것만을 〈보기〉에서 있는 대로 고른 것은?

호흡량	B	㉠

(A: 전체, C: B와 ㉠)

보기
ㄱ. B에는 초식 동물의 생장량이 포함된다.
ㄴ. ㉠에는 고사량 및 낙엽량이 포함된다.
ㄷ. C는 순생산량이다.

① ㄴ ② ㄷ ③ ㄱ, ㄴ ④ ㄴ, ㄷ ⑤ ㄱ, ㄴ, ㄷ

풀이
B는 피식량으로, 초식 동물의 섭식량과 같다. 초식 동물의 섭식량은 호흡량, 피식·자연사량, 생장량으로 이루어진 동화량과 섭식량에서 동화량을 제외한 배출량으로 이루어져 있다. C는 식물 군집의 순생산량이다.

답 ⑤

1-1

그림은 어떤 식물 군집의 시간에 따른 생물량, ㉠, ㉡을 나타낸 것이다. ㉠과 ㉡은 각각 총생산량과 호흡량 중 하나이다.
이에 대한 설명으로 옳은 것만을 〈보기〉에서 있는 대로 고른 것은?

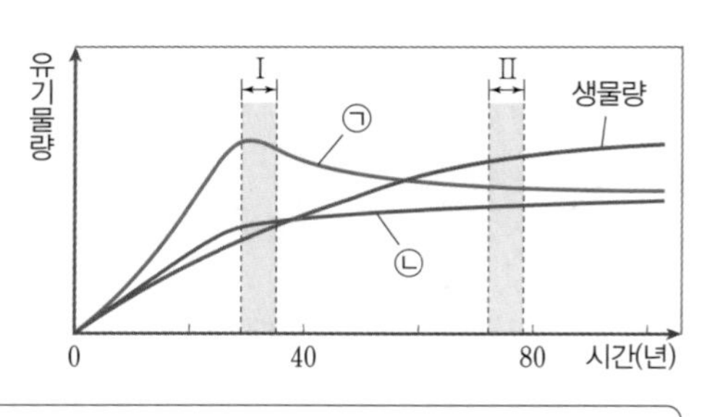

보기
ㄱ. ㉠은 호흡량이다.
ㄴ. ㉡은 총생산량에서 호흡량을 제외한 유기물의 양이다.
ㄷ. $\frac{\text{순생산량}}{\text{총생산량}}$은 구간 I이 구간 II보다 크다.

① ㄴ ② ㄷ ③ ㄱ, ㄴ ④ ㄴ, ㄷ ⑤ ㄱ, ㄴ, ㄷ

호흡량은 생물이 호흡에 소비한 유기물의 양을 의미하지. 총생산량에서 호흡량을 뺀 값이 순생산량이야.

전략 ❷ | 탄소와 질소 순환

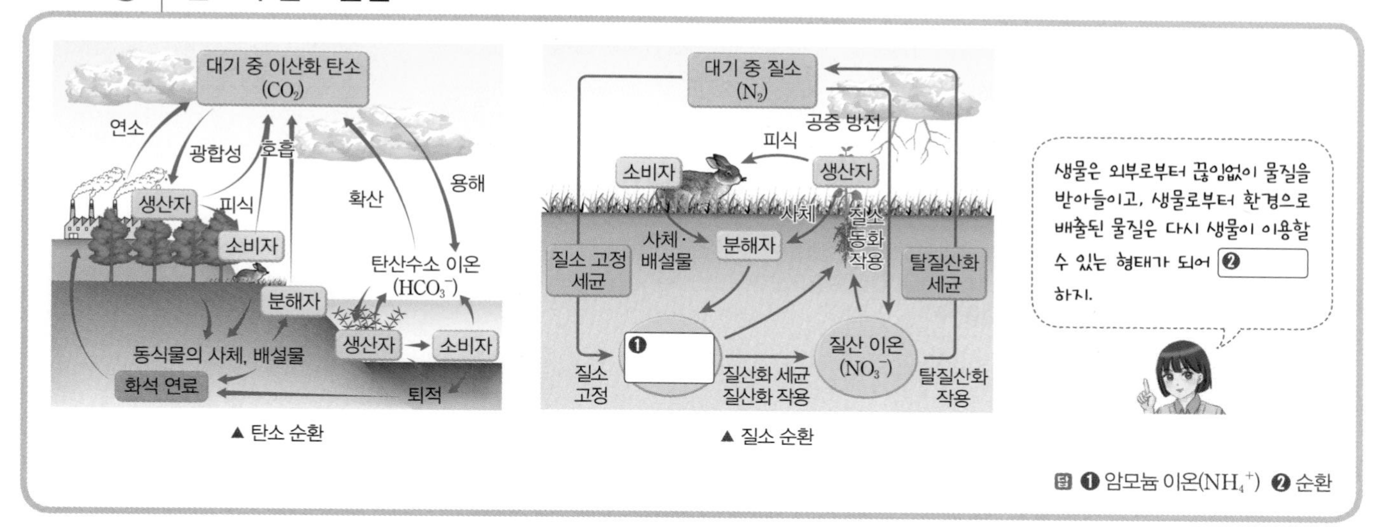

▲ 탄소 순환 ▲ 질소 순환

답 ❶ 암모늄 이온(NH_4^+) ❷ 순환

필수 예제 2

그림은 생태계에서 탄소가 순환하는 과정의 일부를 나타낸 것이다. ㉠~㉢은 광합성, 연소, 호흡을 순서 없이 나타낸 것이다.
이에 대한 설명으로 옳은 것만을 〈보기〉에서 있는 대로 고른 것은?

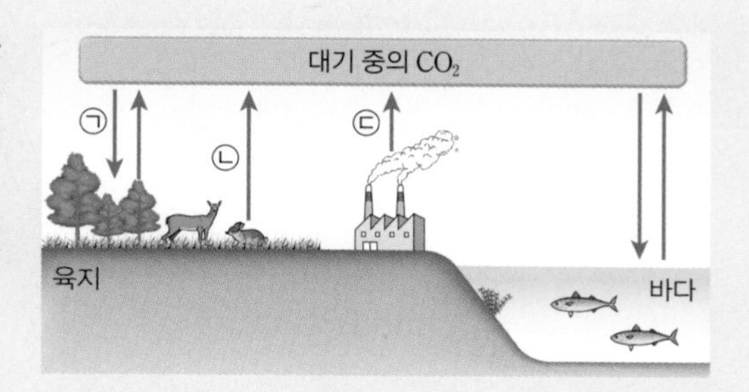

보기
ㄱ. ㉠을 통해 대기 중의 이산화 탄소가 유기물로 전환된다.
ㄴ. ㉡은 동물에서만 일어나는 현상이다.
ㄷ. ㉢을 통해 화석 연료가 이산화 탄소로 분해되어 대기로 돌아간다.

① ㄱ ② ㄴ ③ ㄱ, ㄷ ④ ㄴ, ㄷ ⑤ ㄱ, ㄴ, ㄷ

풀이
㉠은 생산자의 광합성에 의해 대기 중의 이산화 탄소가 유기물로 전환되는 과정이고, ㉡은 생물의 호흡을 통해 유기물이 이산화 탄소로 분해되어 대기로 돌아가는 과정이며, ㉢은 화석 연료가 연소를 통해 이산화 탄소로 분해되어 대기로 돌아가는 과정이다.

답 ③

2-1

그림은 생태계에서 일어나는 질소 순환 과정 중 일부를 나타낸 것이다. A와 B는 생산자와 분해자를 순서 없이 나타낸 것이다.
이에 대한 설명으로 옳은 것만을 〈보기〉에서 있는 대로 고른 것은?

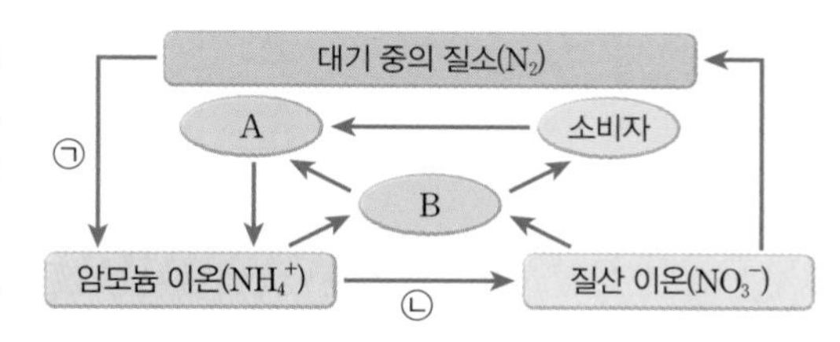

보기
ㄱ. A는 분해자이다.
ㄴ. ㉠은 바이러스에 의해 일어나는 현상이다.
ㄷ. ㉡은 질소 고정 세균에 의해 일어나는 현상이다.

① ㄱ ② ㄷ ③ ㄷ ④ ㄱ, ㄴ ⑤ ㄴ, ㄷ

질소 기체는 대부분 남세균, 아조토박터, 뿌리혹박테리아와 같은 질소 고정 세균에 의해 암모늄 이온으로 고정된 후 질산화 세균에 의해 질산 이온으로 전환되지.

전략 ❸ 생태계 내에서의 에너지 흐름과 물질 순환

에너지 흐름	물질과 함께 이동한 에너지는 순환하지 않고 한 방향으로만 이동하여 ❶ ____ 의 형태로 생태계 밖으로 빠져나간다. 따라서 생태계가 유지되려면 끊임없이 태양의 빛에너지가 유입되어야 한다.
물질 순환	식물이 생산한 유기물이나 외부에서 흡수한 물질은 먹이 사슬을 따라 이동하면서 다시 비생물 환경으로 방출되며 생물과 환경 사이를 ❷ ____ 한다.

답 ❶ 열에너지 ❷ 순환

필수 예제 3

그림은 안정된 생태계에서 일어나는 물질과 에너지의 이동 경로를 나타낸 것이다. A~C는 개구리, 벼, 메뚜기를 순서 없이 나타낸 것이고, 경로 X와 Y는 각각 물질의 이동 경로와 에너지의 이동 경로 중 하나이다. 이에 대한 설명으로 옳은 것만을 〈보기〉에서 있는 대로 고른 것은?

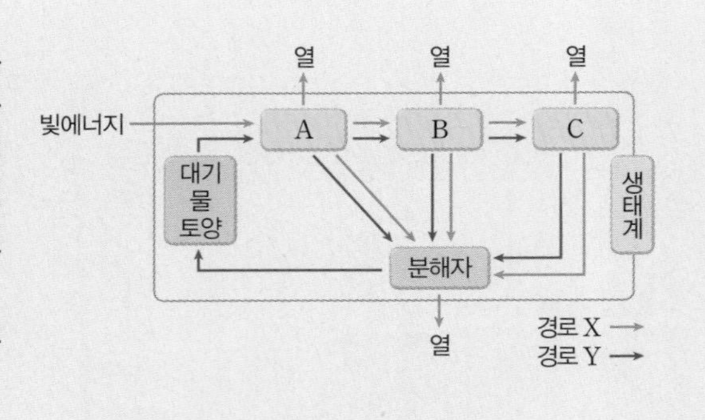

보기
ㄱ. A는 광합성을 통해 빛에너지를 화학 에너지로 전환한다.
ㄴ. B는 메뚜기이다.
ㄷ. 경로 Y는 생물과 환경 사이를 순환하는 물질의 이동 경로이다.

① ㄱ ② ㄷ ③ ㄱ, ㄴ ④ ㄴ, ㄷ ⑤ ㄱ, ㄴ, ㄷ

답 ⑤

풀이
A는 생산자인 벼, B는 1차 소비자인 메뚜기, C는 2차 소비자인 개구리이다. 생산자는 광합성을 통해 빛에너지를 화학 에너지로 전환한다. 물질은 에너지가 한 방향으로 흐르는 것과 달리 생태계 내에서 생물과 환경 사이를 순환한다.

3-1

그림은 어떤 안정된 생태계에서 에너지 흐름을 나타낸 것이다. A~C는 1차 소비자, 2차 소비자, 생산자를 순서 없이 나타낸 것이고, ㉠은 에너지양이다.
이에 대한 설명으로 옳은 것만을 〈보기〉에서 있는 대로 고른 것은? (단, 에너지양은 상댓값으로 나타낸 것이다.)

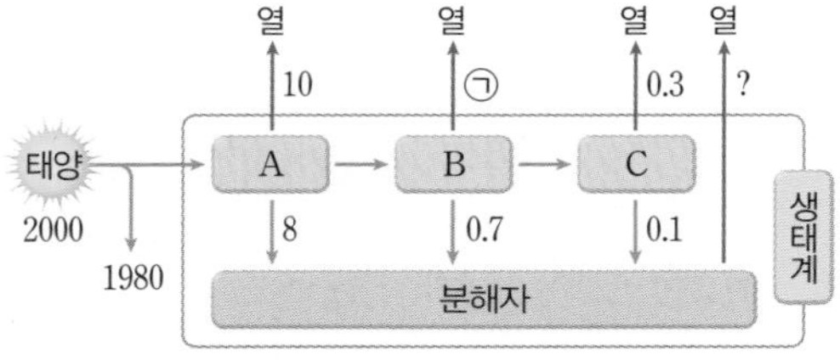

보기
ㄱ. ㉠은 0.9이다.
ㄴ. 1차 소비자의 에너지 효율은 20 %이다.
ㄷ. A에서 B로 유기물의 형태로 에너지가 이동한다.

① ㄱ ② ㄴ ③ ㄱ, ㄷ ④ ㄴ, ㄷ ⑤ ㄱ, ㄴ, ㄷ

에너지 효율은 전 영양 단계가 보유한 에너지양에 대한 현 영양 단계가 보유한 에너지양의 비율을 백분율로 나타낸 것이야.

전략 ❹ 생물 다양성

유전적 다양성	한 개체군에서 개체 사이의 유전적 ❶ ____ 로 인해 다양한 형질이 나타나는 것을 말한다.
종 다양성	한 지역에 사는 ❷ ____ 의 다양한 정도와 각각의 종 개체 수가 균등한 정도를 의미한다.
생태계 다양성	일정 지역에서 나타나는 생태계의 다양함을 의미하며, 생태계의 종류에 따라 서식지의 환경 특성과 생물의 종류, 생물의 상호 작용이 다양하게 나타난다.

생물 다양성이란 지구의 다양한 환경에 다양한 생물이 사는 것을 의미해.

답 ❶ 변이 ❷ 생물종(종)

필수 예제 4

그림은 생태계 A의 먹이 사슬과 생태계 B의 먹이 그물을 나타낸 것이다.
이에 대한 설명으로 옳은 것만을 〈보기〉에서 있는 대로 고른 것은? (단, 제시된 종 이외의 다른 종은 고려하지 않는다.)

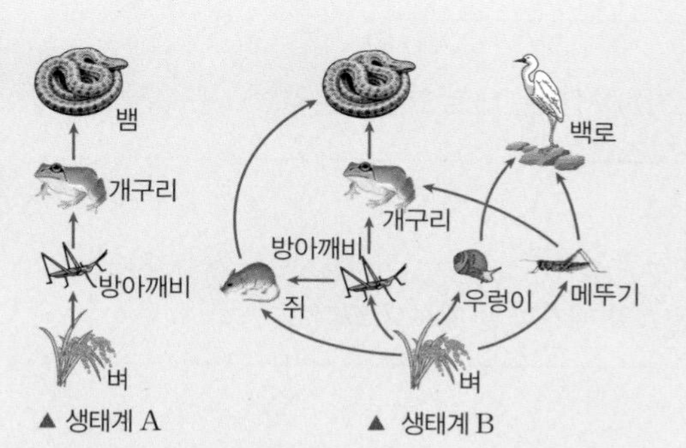

보기
ㄱ. A는 B에 비해 종 다양성이 낮다.
ㄴ. B는 A보다 생태계 평형이 깨지기 쉽다.
ㄷ. B에서 개구리는 1차 소비자이기도 하고 2차 소비자이기도 하다.

① ㄱ ② ㄴ ③ ㄷ ④ ㄱ, ㄴ ⑤ ㄴ, ㄷ

풀이
B는 A보다 생태계를 구성하는 개체군 사이의 피식, 포식 관계가 다양하여 먹이 그물을 이루고 있으며, 상대적으로 종 다양성이 높은 생태계이다. 종 다양성이 높은 생태계는 일시적으로 생태계 평형에 변동이 생기더라도 시간이 지나면 평형이 회복된다.

답 ①

4-1

그림은 면적이 같은 서로 다른 지역 (가)와 (나)에서 서식하는 식물종 A~D를 나타낸 것이다.
이에 대한 설명으로 옳은 것만을 〈보기〉에서 있는 대로 고른 것은? (단, 제시된 종 이외의 다른 종은 고려하지 않는다.)

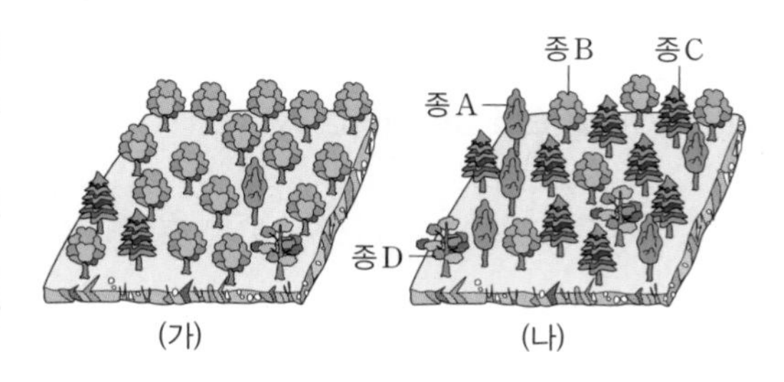

보기
ㄱ. 종 다양성은 (가)가 (나)보다 높다.
ㄴ. B의 상대 밀도는 (가)가 (나)보다 낮다.
ㄷ. 환경이 급격히 변하거나 전염병이 발생했을 때 (나)보다 (가)에서 식물종이 멸종될 확률이 높다.

① ㄱ ② ㄷ ③ ㄱ, ㄴ ④ ㄴ, ㄷ ⑤ ㄱ, ㄴ, ㄷ

서로 다른 두 군집에서 종의 수와 전체 개체 수가 같으면 생물종이 더 고르게 분포된 군집에서 종 다양성이 높아.

필수 체크 전략 ②

8강 생태계의 구성과 기능 (2), 생물 다양성

1 그림은 어떤 식물 군집 A에서 시간에 따른 유기물량을 나타낸 것이다. ㉠~㉢은 각각 생장량, 순생산량, 총생산량 중 하나이다.

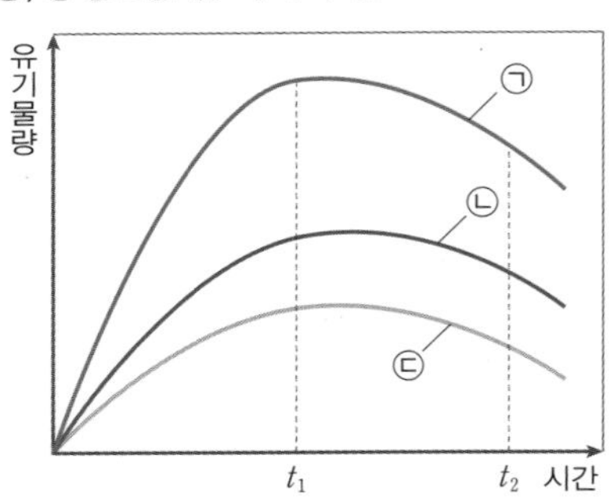

이에 대한 설명으로 옳은 것만을 〈보기〉에서 있는 대로 고른 것은?

보기
ㄱ. ㉠은 ㉡과 ㉢을 합한 양이다.
ㄴ. 1차 소비자의 동화량은 ㉡에 포함된다.
ㄷ. 지표면에 도달하는 빛의 양은 t_1일 때가 t_2일 때보다 크다.

① ㄴ ② ㄷ ③ ㄱ, ㄴ ④ ㄱ, ㄷ ⑤ ㄴ, ㄷ

Tip
생산자의 총생산량에서 호흡량을 제외한 유기물의 양을 ❶ [ ]이라고 한다. 순생산량 중 ❷ [ ]은 1차 소비자의 섭식량과 같으며, 섭식량은 동화량과 배출량으로 이루어져 있다.

답 ❶ 순생산량 ❷ 피식량

2 그림 (가)와 (나)는 각각 어떤 생태계에서 일어나는 탄소 순환 과정의 일부와 질소 순환 과정의 일부를 순서 없이 나타낸 것이다. A~D는 식물, 초식 동물, 질소 고정 세균, 질산화 세균을 순서 없이 나타낸 것이고, ㉠~㉤은 포도당, 질소(N_2), 이산화 탄소(CO_2), 암모늄 이온(NH_4^+), 질산 이온(NO_3^-)을 순서 없이 나타낸 것이다.

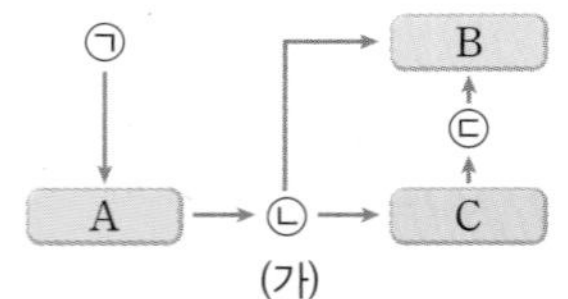

(가)

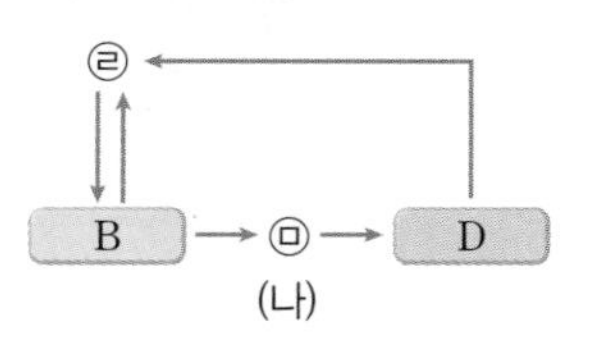

(나)

이에 대한 설명으로 옳은 것만을 〈보기〉에서 있는 대로 고른 것은?

보기
ㄱ. (가)는 탄소 순환 과정이다.
ㄴ. ㉢은 NO_3^-이다.
ㄷ. B는 초식 동물이다.

① ㄴ ② ㄷ ③ ㄱ, ㄴ ④ ㄱ, ㄷ ⑤ ㄴ, ㄷ

Tip
대기 중의 질소 기체(N_2)는 매우 안정하여 대부분의 생물이 직접 이용할 수 ❶ [ ]. 이러한 질소 기체를 ❷ [ ] 이온이나 질산 이온으로 전환하면 식물이 질소 동화 작용에 이용할 수 있다.

답 ❶ 없다 ❷ 암모늄

3 그림은 어떤 안정된 생태계에서의 에너지 흐름을 나타낸 것이다. A~C는 1차 소비자, 2차 소비자, 생산자를 순서 없이 나타낸 것이다. A에서 B로 전달되는 에너지양은 B에서 C로 전달되는 에너지양의 5배이다.

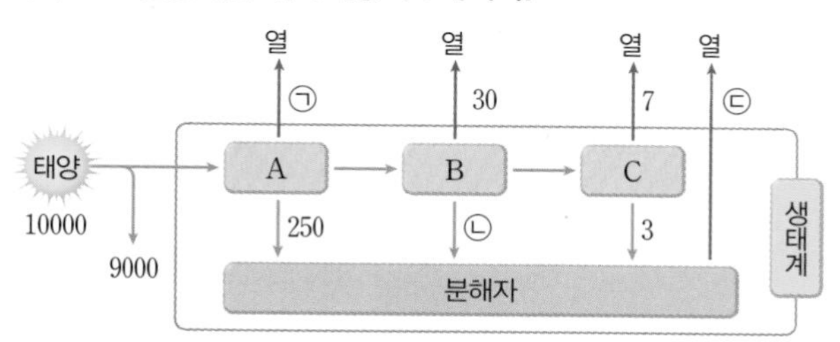

이에 대한 설명으로 옳은 것만을 <보기>에서 있는 대로 고른 것은? (단, 에너지양은 상댓값으로 나타낸 것이다.)

보기
ㄱ. ㉠은 20이다.
ㄴ. 1차 소비자의 에너지 효율은 5 %이다.
ㄷ. 2차 소비자의 에너지 효율은 1차 소비자의 에너지 효율보다 높다.

① ㄱ ② ㄴ ③ ㄱ, ㄷ ④ ㄴ, ㄷ ⑤ ㄱ, ㄴ, ㄷ

Tip
에너지 효율은 전 영양 단계가 보유한 에너지양에 대한 현 영양 단계가 보유한 에너지양의 비율을 백분율로 나타낸 것이다. 1차 소비자인 B의 에너지 효율은 ❶ ____ %, 2차 소비자인 C의 에너지 효율은 ❷ ____ %이다.

답 ❶ 5 ❷ 20

4 그림 (가)는 어떤 생태계에서 서식지 단편화가 단계적으로 일어난 서식지 A~C를, (나)는 (가)의 서식지 단편화 과정에서 이 지역에 서식하는 동물종 ㉠과 ㉡의 개체군 밀도 변화를 나타낸 것이다.

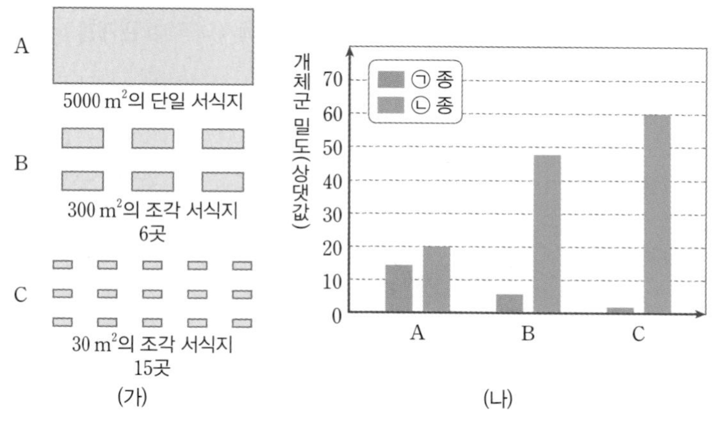

이에 대한 설명으로 옳은 것만을 <보기>에서 있는 대로 고른 것은? (단, 제시된 종 이외의 다른 종은 고려하지 않는다.)

보기
ㄱ. A가 C보다 종 다양성이 높을 가능성이 크다.
ㄴ. ㉠은 ㉡보다 좁은 서식지에서 살기에 적합하다.
ㄷ. ㉡은 서식지가 단편화될수록 개체군 밀도가 증가한다.

① ㄱ ② ㄴ ③ ㄱ, ㄷ ④ ㄴ, ㄷ ⑤ ㄱ, ㄴ, ㄷ

Tip
숲의 벌채, 도로 건설 등으로 서식지 면적이 감소되면 그 서식지에 있는 생물의 생존에 어려움이 생기고 생물 다양성이 감소한다. A에서 C로 서식지 ❶ ____가 일어날 때 동물종의 수는 변화가 없으나 각각의 종이 차지하는 비율에 차이가 커져서 ❷ ____이 감소한다.

답 ❶ 단편화 ❷ 종 다양성

교과서 대표 전략 ①

대표 예제 1 — 생태계의 구성 요소

그림은 생태계 구성 요소의 상호 작용을 나타낸 것이다.

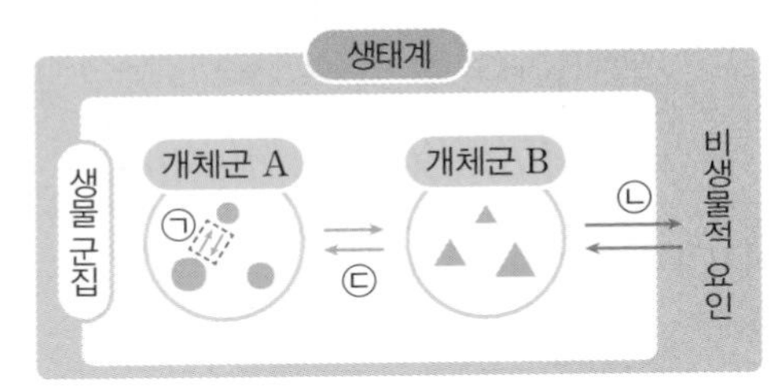

이에 대한 설명으로 옳은 것만을 〈보기〉에서 있는 대로 고르시오.

보기

ㄱ. 사회생활, 텃세, 분서는 ㉠에 해당한다.

ㄴ. 지렁이에 의해 토양의 통기성이 증가하는 것은 ㉡에 해당한다.

ㄷ. 얼룩말이 일정한 서식 공간을 차지하고 다른 얼룩말 개체의 침입을 경계하는 것은 ㉢에 해당한다.

개념 가이드

군집은 일정한 지역에 모여 생활하는 여러 [　　　] 들의 집합이다.

답 개체군

대표 예제 2 — 개체군 내의 상호 작용

표는 생물의 상호 작용의 예를 나타낸 것이다. (가)~(다)는 리더제, 텃세, 사회생활을 순서 없이 나타낸 것이다.

상호 작용	예
(가)	㉠
(나)	개미는 여왕개미, 병정개미, 일개미가 각각의 역할을 분담하여 생활한다.
(다)	우두머리 늑대가 무리의 사냥 시기나 사냥감 등을 정한다.

이에 대한 설명으로 옳은 것만을 〈보기〉에서 있는 대로 고르시오.

보기

ㄱ. 두 개체군 사이의 먹고 먹히는 관계는 ㉠의 예이다.

ㄴ. 꿀벌에서 나타나는 분업화는 (나)의 예이다.

ㄷ. (가)~(다)는 모두 개체군 내의 상호 작용이다.

개념 가이드

개체군 내의 상호 작용 중 서식지의 확보, 먹이 획득, 배우자 독점 등을 위해 [❶　　　] 을 차지하고 다른 개체의 침입을 적극적으로 막는 것을 [❷　　　] 라고 한다.

답 ❶ 세력권 ❷ 텃세

대표 예제 3 — 개체군의 연령 분포

그림은 우리나라 인구의 연령 피라미드를 나타낸 것이다.

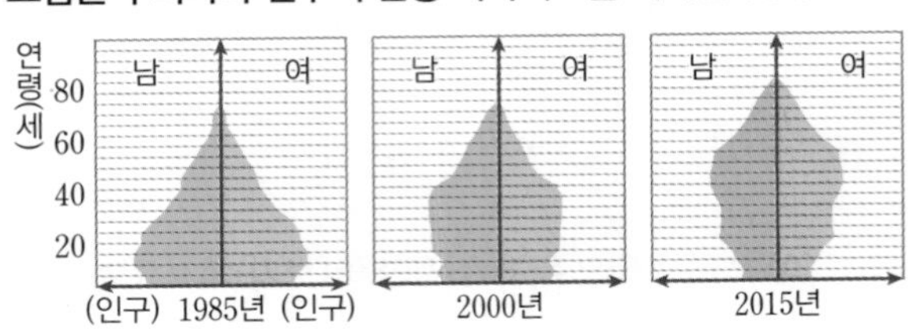

이에 대한 설명으로 옳은 것만을 〈보기〉에서 있는 대로 고르시오.

보기

ㄱ. 1985년의 인구 피라미드는 발전형에 해당한다.

ㄴ. 전체 인구 대비 생식 전 연령층이 차지하는 비율은 1985년보다 2015년이 높다.

ㄷ. 2015년의 연령 분포로 보아 우리나라 인구는 앞으로 크게 증가할 것이다.

개념 가이드

개체군의 연령 분포를 나타내는 연령 피라미드는 발전형, 안정형, [　　　] 으로 구분된다.

답 쇠퇴형

대표 예제 4 — 생물 다양성

그림은 생태계 (가)와 (나)에서의 먹이 관계를 나타낸 것이다.

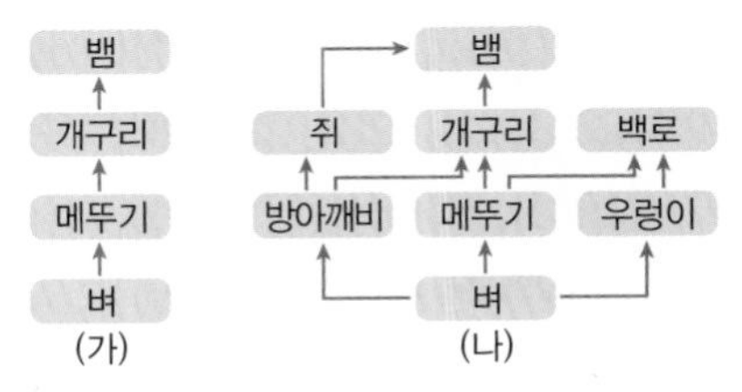

이에 대한 설명으로 옳은 것만을 〈보기〉에서 있는 대로 고르시오.

보기

ㄱ. 개구리는 (가)와 (나) 모두에서 3차 소비자이다.

ㄴ. 메뚜기가 사라지면 (가)와 (나) 모두에서 개구리가 사라질 것이다.

ㄷ. (나)에서 쥐의 개체 수가 증가하면 방아깨비의 개체 수가 일시적으로 감소할 것이다.

개념 가이드

먹이 사슬의 각 단계를 이루는 종이 [❶　　　] 할수록 복잡한 [❷　　　] 이 형성되어 군집이 더 안정해진다.

답 ❶ 다양 ❷ 먹이 그물

대표 예제 5 군집 내 개체군 사이의 상호 작용

그림은 서로 다른 종의 산호 1, 2를 서식지로 삼는 권총새우가 있을 때와 없을 때, 산호 1, 2가 포식자에게 포식되는 비율(%)을 나타낸 것이다.

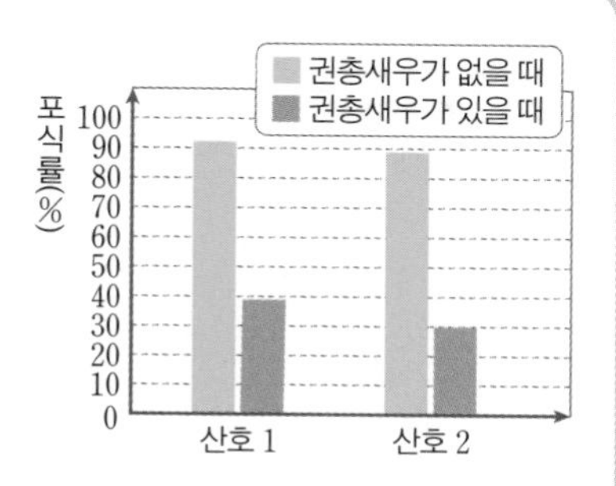

이에 대한 설명으로 옳은 것만을 〈보기〉에서 있는 대로 고르시오.

보기

ㄱ. 산호 1은 산호 2의 천적이다.

ㄴ. 권총새우와 산호 2는 상리 공생 관계이다.

ㄷ. 권총새우와 산호 1은 먹이 지위가 겹쳐서 생태 지위 분화로 경쟁을 피하였다.

개념 가이드

공생 중 ❶ [   ]은 두 종의 생물이 서로 이득을 얻는 경우이다. 반면, ❷ [   ]은 한 종은 이득을 얻지만, 다른 종은 영향을 받지 않는 경우이다.

답 ❶ 상리 공생 ❷ 편리 공생

대표 예제 6 군집의 천이

그림은 A 지역에서 천이가 일어날 때 군집의 높이 변화를 나타낸 것이다. ㉠~㉢은 각각 양수림, 음수림, 지의류 중 하나이다.

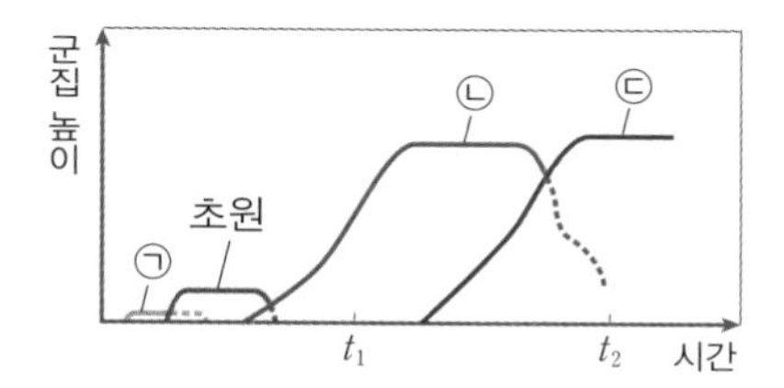

이에 대한 설명으로 옳은 것만을 〈보기〉에서 있는 대로 고르시오.

보기

ㄱ. ㉠은 개척자이다.

ㄴ. A에서 일어난 천이는 1차 천이이다.

ㄷ. 지표면에 도달하는 빛의 세기는 t_2일 때가 t_1일 때보다 강하다.

개념 가이드

천이 과정 중 ❶ [   ]림이 발달하면서 숲의 하층으로 도달하는 빛의 양이 크게 줄어들게 되고 점차 숲의 하층에서는 비교적 약한 빛에서도 잘 자라는 나무인 ❷ [   ]가 늘어난다.

답 ❶ 양수 ❷ 음수

대표 예제 7 군집의 구조

표는 어떤 식물 군집을 방형구법으로 조사한 결과를 나타낸 것이다. 조사 결과 식물종 A~D가 서식하는 것으로 밝혀졌다. 방형구는 총 네 곳에 한 개씩 설치하여 조사하였으며 방형구 한 개의 면적은 250 cm^2이다. (단, A~D 이외의 종은 고려하지 않는다.)

구분		A	B	C	D
방형구 1	개체 수	10	40	20	30
	출현 여부	○	○	○	○
	점유 면적	30	60	50	60
방형구 2	개체 수	15	60	60	40
	출현 여부	○	○	○	○
	점유 면적	45	90	150	80
방형구 3	개체 수	15	50	10	20
	출현 여부	○	○	○	○
	점유 면적	45	75	25	40
방형구 4	개체 수	10	50	10	60
	출현 여부	○	○	○	○
	점유 면적	30	75	25	120

※출현 여부는 출현하면 '○', 출현하지 않으면 'X'이며, 점유 면적 단위는 cm^2이다.

(1) A의 밀도, B의 빈도, D의 피도를 쓰시오. (단, 단위가 있으면 단위를 포함하여 쓰시오.)

(2) A~D의 상대 피도(%)를 쓰시오.

(3) A~D 중 우점종을 쓰고, 우점종의 중요치를 쓰시오.

개념 가이드

• 밀도 $= \dfrac{\text{특정 종의 개체 수}}{\text{전체 방형구의 ❶ [   ]}(m^2)}$

• 빈도 $= \dfrac{\text{특정 종이 출현한 방형구의 수}}{\text{전체 방형구의 수}}$

• 피도 $= \dfrac{\text{특정 종의 점유 면적}(m^2)}{\text{전체 방형구의 면적}(m^2)}$

• 상대 밀도(%) $= \dfrac{\text{특정 종의 밀도}}{\text{모든 종의 밀도 합}} \times 100$

• 상대 빈도(%) $= \dfrac{\text{특정 종의 빈도}}{\text{모든 종의 ❷ [   ] 합}} \times 100$

• 상대 피도(%) $= \dfrac{\text{특정 종의 피도}}{\text{모든 종의 피도 합}} \times 100$

• 중요치 = 상대 밀도 + 상대 빈도 + ❸ [   ]

답 ❶ 면적 ❷ 빈도 ❸ 상대 피도

대표 예제 8 생태계의 물질의 생산과 소비

그림은 어떤 생태계의 식물 군집 A에서 시간에 따른 유기물량을 나타낸 것이다.

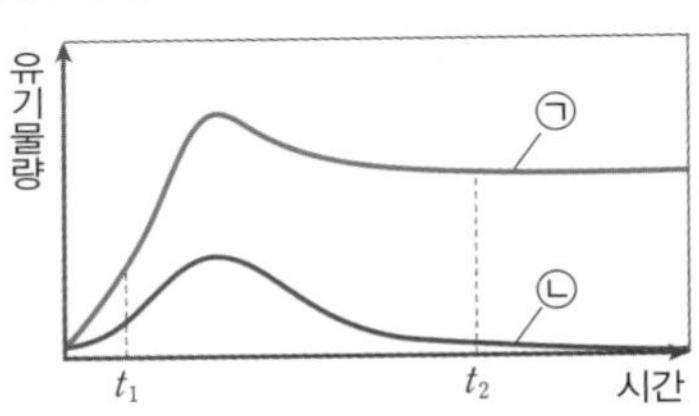

㉠과 ㉡은 각각 순생산량과 총생산량 중 하나이다. 이에 대한 설명으로 옳은 것만을 <보기>에서 있는 대로 고르시오.

보기

ㄱ. ㉠은 총생산량이다.

ㄴ. t_1에서 A의 피식량은 순생산량에 포함된다.

ㄷ. $\frac{호흡량}{총생산량}$은 t_1일 때가 t_2일 때보다 크다.

개념 가이드

식물 군집의 총생산량 중 ❶ ( ) 에 속하는 피식량은 초식 동물의 ❷ ( ) 과 같다.

답 ❶ 순생산량 ❷ 섭식량

대표 예제 9 물질 순환

그림은 질소 순환의 일부를 나타낸 것이다. 생물 ⓐ, ⓑ는 각각 뿌리혹박테리아와 완두 중 하나이며, 물질 ㉠과 ㉡은 각각 단백질과 NH_4^+ 중 하나이다.

이에 대한 설명으로 옳은 것만을 <보기>에서 있는 대로 고르시오.

보기

ㄱ. ⓐ는 완두이다.

ㄴ. ⓑ에서 질소 동화 작용을 통해 ㉠이 ㉡으로 전환된다.

ㄷ. 버섯은 유기물을 무기물로 분해한다.

개념 가이드

질산화 작용은 암모늄 이온이 ❶ ( ) 이온으로 전환되는 과정으로, 아질산균이나 질산균 같은 ❷ ( ) 세균에 의해 일어난다.

답 ❶ 질산 ❷ 질산화

대표 예제 10 생태 피라미드와 에너지 효율

그림 (가)와 (나)는 각각 서로 다른 생태계에서 생산자, 1차 소비자, 2차 소비자, 3차 소비자의 에너지양을 상댓값으로 나타낸 생태 피라미드이다.

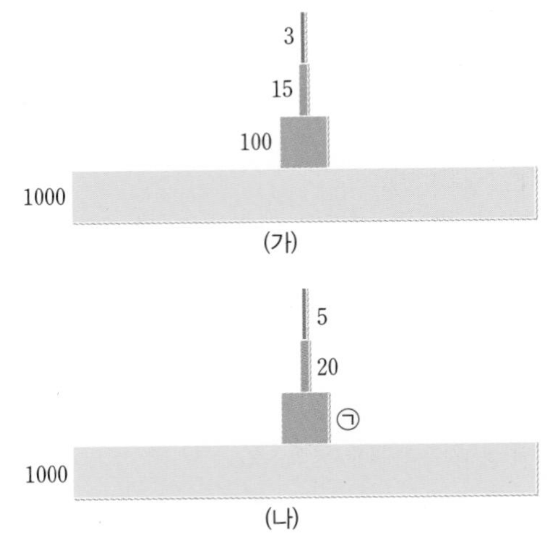

(1) (나)의 1차 소비자의 에너지 효율이 10 %일 때 ㉠의 값을 구하시오.

(2) (가)의 3차 소비자의 에너지 효율과 (나)의 2차 소비자의 에너지 효율을 비교하여 서술하시오. (단, 에너지 효율 단위를 포함한다.)

(3) (가)와 (나)에서 상위 영양 단계로 갈수록 에너지 효율의 증감에 대해 간단히 서술하시오.

개념 가이드

에너지 효율(%)은 $\frac{현 영양 단계의 에너지양}{전 영양 단계의 에너지 양}$의 비율이며, 일반적으로 상위 영양 단계로 갈수록 ( ) 한다.

답 증가

대표 예제 11 에너지 흐름

표는 어떤 생태계를 구성하는 영양 단계에서 에너지양과 에너지 효율을 나타낸 것이다. A~C는 1차 소비자, 2차 소비자, 3차 소비자 중 하나이고, 에너지 효율은 2차 소비자가 1차 소비자의 1.5배이다.

영양 단계	에너지양(상댓값)	에너지 효율(%)
A	?	10
B	㉠	20
C	15	?
생산자	1000	?

이에 대한 설명으로 옳은 것만을 〈보기〉에서 있는 대로 고르시오.

보기

ㄱ. A는 2차 소비자이다.
ㄴ. ㉠은 3이다.
ㄷ. 2차 소비자의 에너지 효율은 10 %이다.

개념 가이드

에너지 효율은 생태계의 한 영양 단계에서 다음 영양 단계로 이동하는 에너지의 ❶ [　　] 이며, 일반적으로 상위 영양 단계로 갈수록 ❷ [　　] 하는 경향이 있다.

답 ❶ 비율 ❷ 증가

대표 예제 12 생물 다양성

생물 다양성에 대한 설명으로 옳은 것만을 〈보기〉에서 있는 대로 고르시오.

보기

ㄱ. 어떤 지역에 사는 사람들의 눈동자 색깔이 다양한 것은 유전적 다양성에 해당한다.
ㄴ. 한 지역에서 종의 수가 일정할 때, 각각의 종 개체 수 비율이 균등할수록 종 다양성이 낮다.
ㄷ. 생태계 다양성이 높으면 서식지의 환경 특성과 생물의 종류, 생물의 상호 작용이 다양하게 나타난다.

개념 가이드

종 다양성은 종의 다양한 정도를 의미하는데, 종의 수가 ❶ [　　], 종의 비율이 ❷ [　　] 종 다양성이 높다.

답 ❶ 많을수록 ❷ 고를수록(균등할수록)

대표 예제 13 생물 다양성 감소 원인

다음은 가시박에 대한 설명이다.

> 현재 우리나라에 급속히 퍼지고 있는 외래종인 ㉠가시박의 원산지는 북아메리카로, 2009년 생태계 교란종으로 지정되었다. 번식력이 왕성하고 빛을 독점하여 가시박 아래 서식하는 ㉡여러 종의 작은 식물은 말라 죽고 만다. 가시박은 특히 인간의 개발로 인해 취약해진 생태계에서 더 잘 번식하여 ㉢생물 다양성을 감소시키고 있다.

이에 대한 설명으로 옳은 것만을 〈보기〉에서 있는 대로 고르시오.

보기

ㄱ. ㉠은 포식자이다.
ㄴ. ㉠과 ㉡의 상호 작용은 상리 공생이다.
ㄷ. 종 다양성은 ㉢에 포함된다.

개념 가이드

가시박과 기존에 서식하던 여러 종의 작은 식물 사이에 ❶ [　　] 이 일어나는 과정에서 경쟁·배타 원리에 의해 경쟁에서 진 종이 사라지면서 생물 다양성이 ❷ [　　] 한다.

답 ❶ 종간 경쟁 ❷ 감소

대표 예제 14 생물 다양성의 보전

생물 다양성의 보전에 대한 설명으로 옳은 것만을 〈보기〉에서 있는 대로 고르시오.

보기

ㄱ. 외래종의 도입, 무분별한 남획, 환경 오염은 모두 생물 다양성을 감소시키는 원인이다.
ㄴ. 서식지 단편화가 일어난 곳에 생태 통로를 만드는 것은 생물 다양성 보전을 위한 실천 방안이다.
ㄷ. 습지 보호를 위한 람사르 협약은 생물 다양성을 보전하기 위한 국제적인 차원의 노력에 해당한다.

개념 가이드

서식지 단편화는 농경지 및 도시 개발이나 벌채로 생물 군집의 서식지가 작은 규모로 ❶ [　　] 되어 생물의 서식 면적이 감소하는 현상이며, ❷ [　　] 은 개체군의 크기가 회복되지 못할 정도로 과도하게 생물을 포획하는 것이다.

답 ❶ 단편화 ❷ 남획

교과서 대표 전략 ②

7강 생태계의 구성과 기능 (1)

1

일조 시간이 식물의 개화에 미치는 영향을 알아보기 위하여 식물종 A의 개체 ㉠~㉣에 빛 조건을 다르게 하여 개화 여부를 관찰하였다. 그림은 빛 조건 Ⅰ~Ⅳ를, 표는 Ⅰ~Ⅳ에서 ㉠~㉣의 개화 여부를 나타낸 것이다. ⓐ는 A가 개화하는 데 필요한 최소한의 '연속적인 빛 없음' 기간이다.

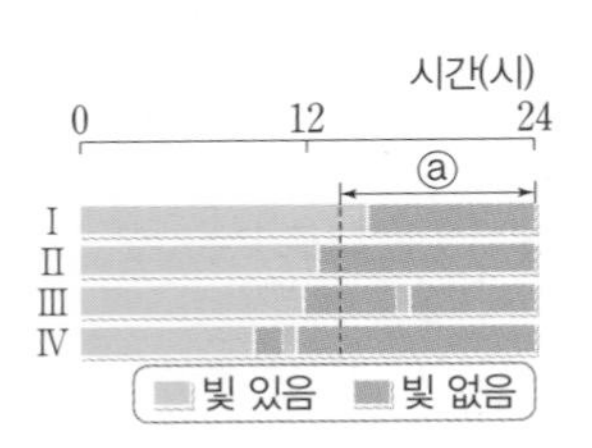

조건	개체	개화 여부
Ⅰ	㉠	X
Ⅱ	㉡	○
Ⅲ	㉢	X
Ⅳ	㉣	?

(○: 개화함, X: 개화 안 함)

이에 대한 설명으로 옳은 것만을 〈보기〉에서 있는 대로 고른 것은? (단, 제시된 조건 이외에는 고려하지 않는다.)

보기

ㄱ. Ⅳ에서 ㉣은 개화한다.
ㄴ. 생물이 비생물적 환경 요인에 영향을 주는 예이다.
ㄷ. A는 '빛 없음' 시간의 합이 ⓐ보다 길 때 항상 개화한다.

① ㄱ ② ㄴ ③ ㄱ, ㄷ
④ ㄴ, ㄷ ⑤ ㄱ, ㄴ, ㄷ

Tip

비생물적 요인이 생물에게 영향을 미치는 것을 ❶ [ ]이라 하고, 생물이 비생물적 요인에게 영향을 미치는 것을 ❷ [ ]이라 한다.

답 ❶ 작용 ❷ 반작용

2

다음은 생물 사이의 상호 작용에 대한 자료이다.

- 3종의 새 A~C는 생태적 지위가 중복된다.
- 어떤 숲에 서식하는 ㉠A~C는 경쟁을 피하기 위해 활동 영역을 나누어 나무의 서로 다른 구역에서 산다.

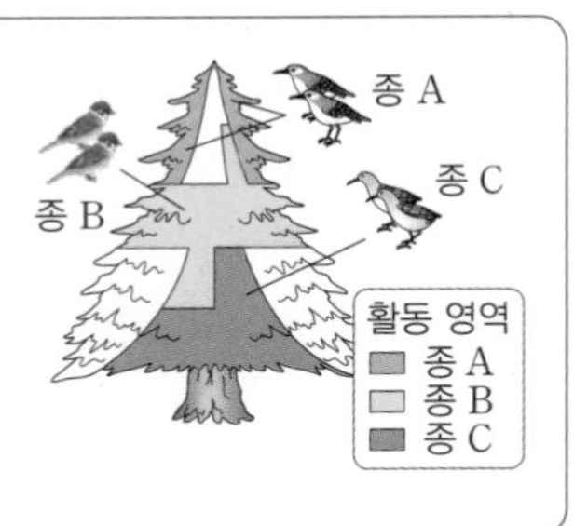

㉠과 같은 상호 작용의 종류를 쓰고, 그 의미를 서술하시오. (단, 제시된 조건 이외에는 고려하지 않는다.)

Tip

개체군이 차지하는 서식 공간 등 군집 내에서 개체군이 갖는 위치와 역할을 [ ]라고 한다.

답 생태적 지위

3

그림은 같은 지역에서 시간에 따른 개체군 A와 B의 개체 수를 나타낸 것이다. t_1일 때 A가 서식하는 지역에 B를 도입하였다. 이에 대한 설명으로 옳은 것만을 〈보기〉에서 있는 대로 고른 것은? (단, 이 지역의 면적은 일정하다.)

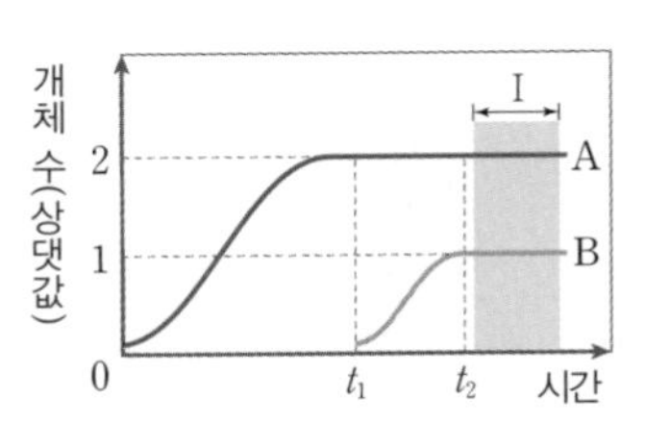

보기

ㄱ. A의 생장 곡선은 실제 생장 곡선이다.
ㄴ. t_2일 때 개체군의 밀도는 A가 B의 두 배이다.
ㄷ. 구간 Ⅰ에서 A와 B 사이에 경쟁·배타가 일어났다.

① ㄱ ② ㄷ ③ ㄱ, ㄴ
④ ㄴ, ㄷ ⑤ ㄱ, ㄴ, ㄷ

Tip

생태적 지위가 같은 두 종이 함께 서식할 때 경쟁에서 이긴 종이 살아남고 진 종이 사라지는 것을 [ ]라고 한다.

답 경쟁·배타 원리

4

그림은 생태계 A에서 식물 군집의 천이 과정에 따른 유기물량을 나타낸 것이다. ㉠과 ㉡은 각각 순생산량과 총생산량 중 하나이다.

이에 대한 설명으로 옳은 것은?

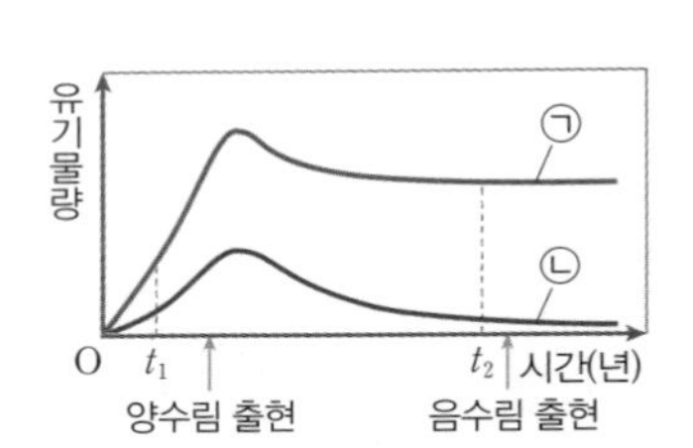

① t_1일 때 우점종은 음수림이다.
② t_1일 때 A에서 1차 소비자의 호흡량은 ㉡보다 크다.
③ 이 식물 군집에서의 $\frac{\text{호흡량}}{\text{총생산량}}$은 t_1일 때가 t_2일 때보다 크다.
④ 이 식물 군집에서의 생체량(생물량)은 t_1일 때가 t_2일 때보다 많다.
⑤ 이 식물 군집에서의 $\frac{\text{순생산량}}{\text{총생산량}}$은 음수림이 출현하는 시점일 때가 t_1일 때보다 작다.

Tip

생태계에서 생산자가 광합성을 하여 생산한 유기물의 총량을 ❶ [ ]이라고 하며, 총생산량은 생산자 자신의 호흡으로 소비되는 유기물의 양인 ❷ [ ]과 호흡량을 제외한 유기물의 양인 ❸ [ ]의 합이다.

답 ❶ 총생산량 ❷ 호흡량 ❸ 순생산량

8강 생태계의 구성과 기능 (2), 생물 다양성

5

그림은 생태계에서 일어나는 탄소 순환과 질소 순환 과정의 일부를 나타낸 것이다.

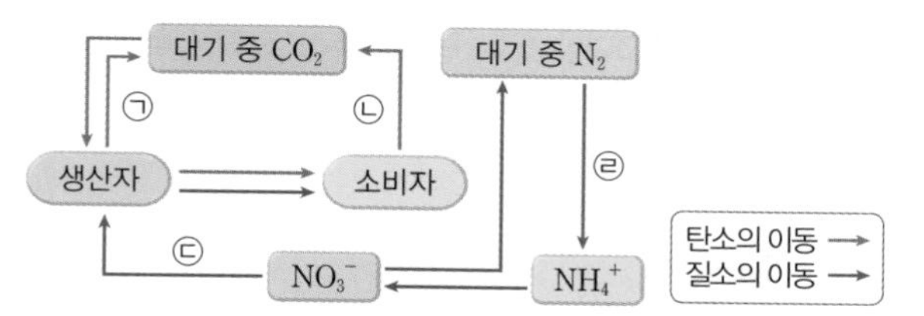

이에 대한 설명으로 옳은 것만을 〈보기〉에서 있는 대로 고른 것은?

보기
ㄱ. ㉠과 ㉡은 모두 세포 호흡에 의한 것이다.
ㄴ. ㉢은 질산화 세균에 의한 질산화 작용을 나타낸다.
ㄷ. ㉣은 탈질산화 작용을 나타낸다.

① ㄱ ② ㄴ ③ ㄱ, ㄷ
④ ㄴ, ㄷ ⑤ ㄱ, ㄴ, ㄷ

Tip
대기 중의 질소는 ❶ [　　] 에 의해 암모늄 이온이 되고, 암모늄 이온은 ❷ [　　] 에 의해 질산 이온으로 전환되어 각각 식물에 이용된다.

답 ❶ 질소 고정 세균 ❷ 질산화 세균

6

그림은 안정된 생태계 X에서 이동하는 에너지양을 상댓값으로 나타낸 것이다. A~C는 분해자, 생산자, 소비자를 순서 없이 나타낸 것이며, ㉡은 ㉠의 2배이고, ㉣은 ㉢의 3배다. 이에 대한 설명으로 옳은 것은? (단, X에서 유입되는 에너지 총량과 유출되는 에너지 총량은 같다.)

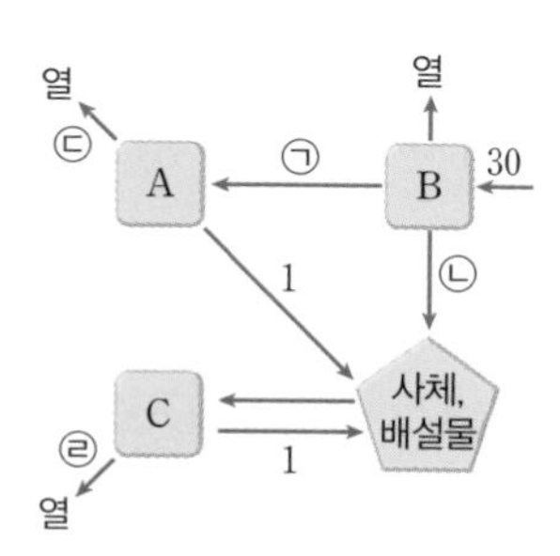

① ㉠은 3이다.
② ㉢은 4이다.
③ ㉣은 다시 A~C의 에너지원으로 사용된다.
④ B는 A의 유기물 섭취를 통해 에너지를 얻는다.
⑤ C는 유기물을 무기물로 분해한다.

Tip
생태계에 공급되는 빛에너지는 ❶ [　　] 에 의해 화학 에너지로 전환되어 ❷ [　　] 에게 전달된다.

답 ❶ 생산자 ❷ (1차)소비자

7

그림은 평형 상태인 어떤 생태계에서 1차 소비자의 개체 수가 일시적으로 증가한 후 A~C 단계를 거쳐 다시 원래의 평형 상태로 회복되는 과정을 에너지 피라미드로 나타낸 것이며, 표는 과정 (가)~(다)에서 이 생태계를 구성하는 생물적 요인의 개체 수 변화를 나타낸 것이다. A~C는 각각 (가)~(다) 중 하나이며, ⓐ는 '증가' 또는 '감소' 중 하나이다.

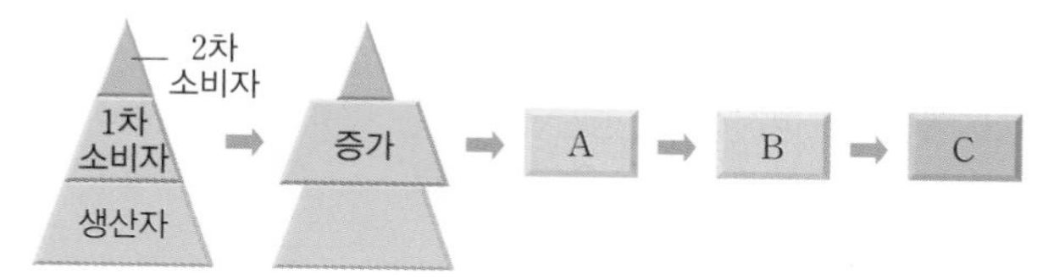

구분	개체 수 변화		
	(가)	(나)	(다)
2차 소비자	증가	변화 없음	ⓑ
1차 소비자	변화 없음	감소	변화 없음
생산자	ⓐ	변화 없음	증가

이에 대한 설명으로 옳은 것만을 〈보기〉에서 있는 대로 고른 것은?

보기
ㄱ. A는 (다)이다.
ㄴ. ⓐ와 ⓑ는 모두 '감소'이다.
ㄷ. C에서 2차 소비자의 에너지 효율은 감소한다.

① ㄱ ② ㄷ ③ ㄱ, ㄴ
④ ㄴ, ㄷ ⑤ ㄱ, ㄴ, ㄷ

Tip
생태계의 평형은 생태계 내 생물 군집의 구성, 개체 수, ❶ [　　] 의 양, ❷ [　　] 의 흐름이 일정하게 유지되는 안정된 상태를 말한다.

답 ❶ 물질 ❷ 에너지

8

그림은 생물 다양성을 보전하기 위한 기술적인 노력의 일부이다. 이 구조물의 이름과 역할을 서술하시오.

Tip
생물 다양성은 유전적 다양성, 종 다양성, [　　] 다양성을 포함한다.

답 생태계

누구나 합격 전략

7강 생태계의 구성과 기능 (1)

1

다음은 생태계 구성 요인 사이의 상호 관계에 대한 사례이다.

(가) 가을이 되면 ㉠은행나무 잎에 단풍이 든다.
(나) 사막에 사는 여우는 몸집이 작고, 귀와 주둥이 등 몸의 말단부가 크다.
(다) 물 위에 떠서 사는 ㉡부레옥잠은 뿌리가 잘 발달되지 않고, 통기 조직이 발달되어 있다.

이에 대한 설명으로 옳은 것만을 〈보기〉에서 있는 대로 고른 것은?

보기

ㄱ. ㉠과 ㉡은 모두 생산자에 해당한다.
ㄴ. (가)~(다)는 모두 반작용의 사례이다.
ㄷ. (나)와 가장 관련이 깊은 비생물적 요인은 온도이다.

① ㄱ ② ㄷ ③ ㄱ, ㄴ
④ ㄴ, ㄷ ⑤ ㄱ, ㄷ

2

표는 어떤 저수지의 같은 지점에서 계절별로 물 1 L를 채집한 후, 물속에 들어 있는 동물 플랑크톤 종 A~D의 개체 수를 조사한 결과이다.

계절 \ 종	A	B	C	D
봄	4003	1650	850	2956
여름	4565	1485	851	3455
가을	3160	1570	848	1444

이에 대한 설명으로 옳은 것만을 〈보기〉에서 있는 대로 고른 것은?

보기

ㄱ. 봄에 밀도가 가장 높은 종은 A이다.
ㄴ. B의 상대 밀도는 봄과 가을에서 서로 같다.
ㄷ. 가을에 A의 밀도는 B의 밀도보다 두 배 이상 크다.

① ㄴ ② ㄷ ③ ㄱ, ㄷ
④ ㄴ, ㄷ ⑤ ㄱ, ㄴ, ㄷ

3

표는 생물 사이의 상호 작용을 (가)와 (나)로 구분하여 나타낸 것이다.

구분	상호 작용
(가)	㉠텃세, 순위제
(나)	분서, ㉡공생

이에 대한 설명으로 옳은 것만을 〈보기〉에서 있는 대로 고른 것은?

보기

ㄱ. (가)는 개체군 내의 상호 작용이다.
ㄴ. ㉡의 관계인 두 종에서는 손해를 입는 종이 있다.
ㄷ. 얼룩말이 일정한 서식 공간을 차지하고 다른 개체가 침입하는 것을 경계하는 것은 ㉠의 예이다.

① ㄱ ② ㄷ ③ ㄱ, ㄴ
④ ㄱ, ㄷ ⑤ ㄴ, ㄷ

4

그림은 어떤 지역의 식물 군집에서 산불이 난 후의 천이 과정을 나타낸 것이다. A~C는 각각 양수림, 음수림, 초원 중 하나이다.

A ➡ 관목림 ➡ B ➡ 혼합림 ➡ C

이에 대한 설명으로 옳은 것만을 〈보기〉에서 있는 대로 고른 것은?

보기

ㄱ. A는 초원이다.
ㄴ. 약한 빛에서 B의 묘목은 C의 묘목보다 잘 자란다.
ㄷ. 이미 토양이 형성된 곳에서 시작하는 습성 천이를 나타낸 것이다.

① ㄱ ② ㄴ ③ ㄱ, ㄷ
④ ㄴ, ㄷ ⑤ ㄱ, ㄴ, ㄷ

8강 생태계의 구성과 기능 (2), 생물 다양성

5

그림은 어떤 군집에서 생산자의 물질 생산과 소비를 나타낸 것이다. ㉠~㉢은 각각 생장량, 순생산량, 호흡량 중 하나이다.

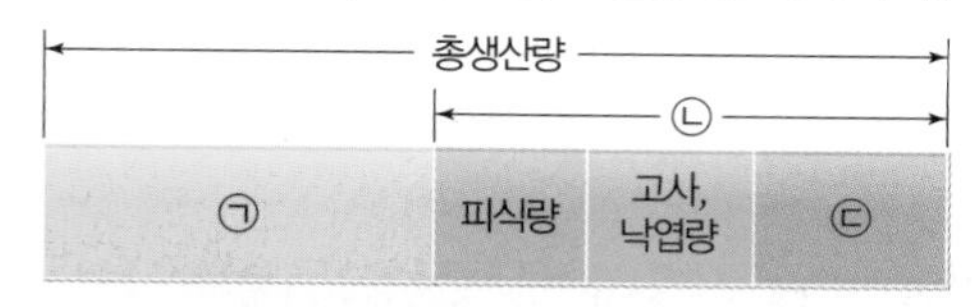

이에 대한 설명으로 옳은 것만을 〈보기〉에서 있는 대로 고른 것은?

보기
ㄱ. ㉠은 호흡량이다.
ㄴ. ㉡은 생산자가 광합성을 통해 생산한 유기물의 총량이다.
ㄷ. ㉢은 1차 소비자의 동화량과 같다.

① ㄱ ② ㄴ ③ ㄷ
④ ㄱ, ㄴ ⑤ ㄴ, ㄷ

6

다음은 생태계에서 물질의 순환에 대한 학생 A~C의 발표 내용이다.

제시한 내용이 옳은 학생만을 있는 대로 고른 것은?

① A ② C ③ A, B
④ B, C ⑤ A, B, C

7

그림은 어떤 생태계에서 각 영양 단계의 에너지양을 상댓값으로 나타낸 생태 피라미드이다.

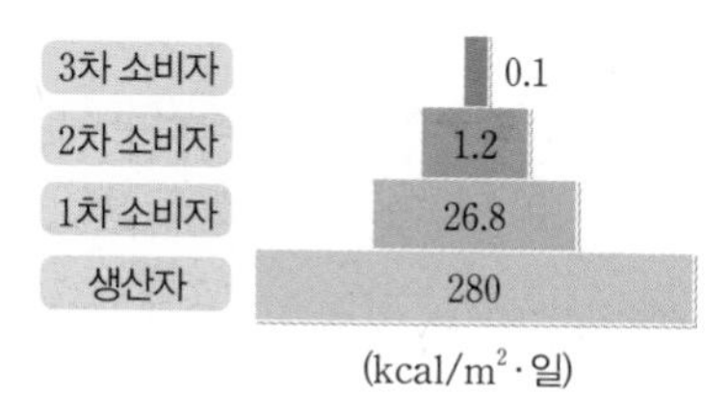

이에 대한 설명으로 옳은 것만을 〈보기〉에서 있는 대로 고른 것은?

보기
ㄱ. 에너지는 먹이 사슬을 거쳐 순환한다.
ㄴ. 상위 영양 단계로 갈수록 에너지양은 감소한다.
ㄷ. 에너지 효율은 1차 소비자가 2차 소비자보다 크다.

① ㄱ ② ㄴ ③ ㄷ
④ ㄱ, ㄴ ⑤ ㄴ, ㄷ

8

표는 서로 다른 지역 ㉠~㉢에 서식하는 식물종 A~D의 개체 수를 나타낸 것이다. ㉠~㉢의 면적은 모두 같다.

지역 \ 식물종	A	B	C	D
㉠	20	0	19	11
㉡	29	0	26	25
㉢	29	18	0	23

이에 대한 설명으로 옳은 것만을 〈보기〉에서 있는 대로 고른 것은? (단, 제시된 종 이외의 종은 고려하지 않는다.)

보기
ㄱ. 종 다양성은 ㉠이 ㉡보다 높다.
ㄴ. A의 상대 밀도는 ㉡과 ㉢에서 같다.
ㄷ. ㉠~㉢ 중 가장 안정적인 생태계는 ㉡이다.

① ㄱ ② ㄴ ③ ㄷ
④ ㄱ, ㄴ ⑤ ㄴ, ㄷ

창의·융합·코딩 전략

7강 생태계의 구성과 기능 (1)

1

다음은 효모 개체군의 생장 곡선에 대한 탐구이다.

| 문제 인식 |

효모 개체군의 증식 과정에서 개체 수가 늘어날수록 개체군의 생장 곡선은 어떻게 달라질까?

| 가설 |

개체군의 개체 수가 늘어날수록 환경 저항으로 (㉠) 모양의 생장 곡선을 나타낼 것이다.

| 탐구 설계 |

배양액에 효모를 넣고 배양기에서 배양하며 현미경을 이용하여 두 시간마다 효모의 단위 부피당 개체 수를 측정한다.

| 탐구 결과 |

시간(h)	0	2	4	6	8
개체 수/단위 부피	10	29	71	175	350
시간(h)	10	12	14	16	18
개체 수/단위 부피	513	595	641	656	662

이에 대해 옳은 의견을 제시한 학생만을 있는 대로 고른 것은?

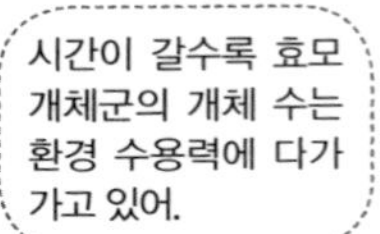

① A　② B　③ A, C
④ B, C　⑤ A, B, C

> **Tip**
> 개체군의 개체 수가 시간에 따라 증가하는 것을 개체군의 (❶) 이라 하고, 개체군의 (❶) 을 그래프로 나타낸 것을 개체군의 (❷) 이라고 한다.

답 ❶ 생장 ❷ 생장 곡선

2

다음은 군집의 종류에 대한 교사와 학생 A～D의 SNS 대화 내용이다.

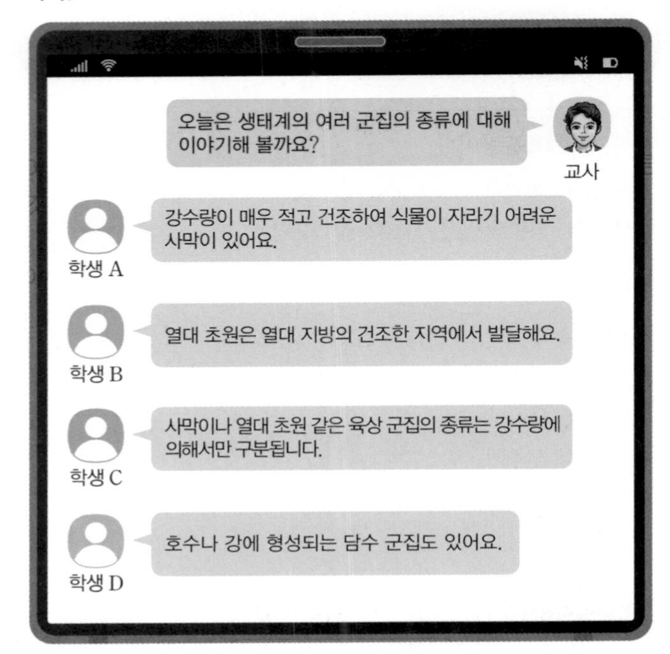

대화 내용이 옳은 학생을 모두 고른 것은?

① A, B　② B, C　③ C, D
④ A, B, D　⑤ B, C, D

> **Tip**
> 군집은 생물의 서식 환경에 따라 크게 육상 군집과 (❶) 으로 구분할 수 있다. 육상 군집은 (❷) 과 강수량에 따라 삼림, 초원, 사막으로 구분한다.

답 ❶ 수생 군집 ❷ 기온

3

다음은 어떤 섬에 서식하는 동물종 A~C 사이의 상호 작용에 대한 자료이다.

- A와 B는 같은 먹이를 먹는 생태적 지위가 비슷한 종이고, C는 A와 B의 천적이다.
- 그림은 시간에 따른 I~IV 시기에 섬의 서로 다른 영역 (가)와 (나) 각각에 서식하는 종의 분포 변화를 나타낸 것이다.

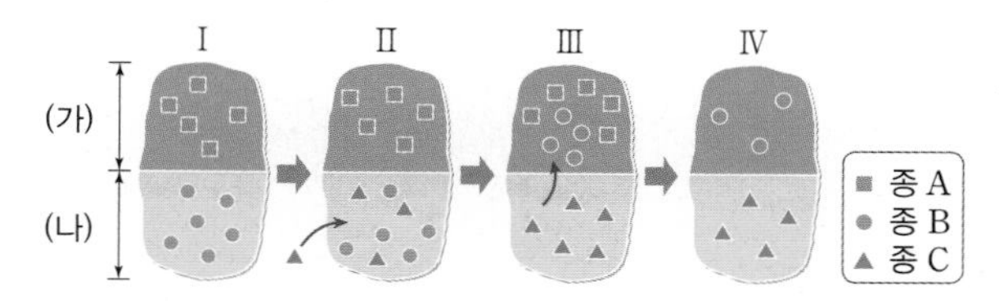

- I 시기에 A는 (가)에, B는 (나)에 서식하였다.
- II 시기에 C가 (나)로 유입되었다.
- III 시기에 B는 C를 피해 (가)로 이주하였다.
- IV 시기에 (가)에서 (　㉠　)에 의해 A가 사라졌다.

이에 대해 옳은 의견을 제시한 학생만을 있는 대로 고른 것은?

① A　② B　③ A, C　④ B, C　⑤ A, B, C

Tip

생태적 지위가 유사한 두 개체군이 같은 장소에 서식할 때 나타나는 상호 작용으로는 ❶ ______ 와 종간 ❷ ______ 이 있다.

답 ❶ 분서(생태 지위 분화) ❷ 경쟁

4

그림은 군집의 천이 과정의 특징을 이용하여 건성 천이, 습성 천이, 2차 천이를 구분하는 과정을 나타낸 것이다.

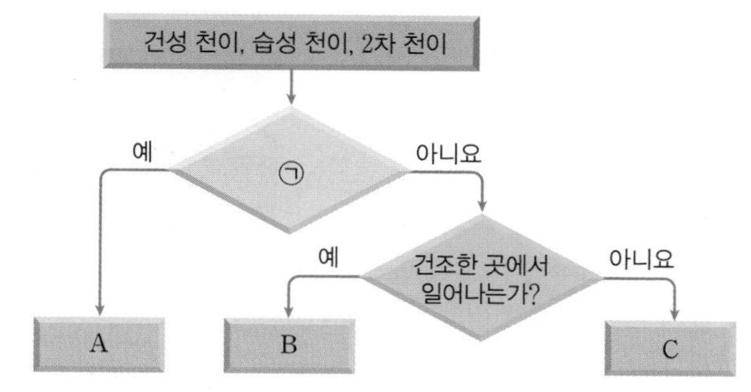

이에 대한 설명으로 옳은 것만을 〈보기〉에서 있는 대로 고른 것은?

보기

ㄱ. A는 2차 천이이다.
ㄴ. '기존에 남아 있던 토양에서 시작하는가?'는 ㉠에 해당한다.
ㄷ. C는 보통 지의류가 개척자로 들어온다.

① ㄱ　② ㄴ　③ ㄷ　④ ㄱ, ㄴ　⑤ ㄴ, ㄷ

Tip

생물이 없고 토양이 형성되지 않은 곳에서 ❶ ______ 의 형성 과정부터 시작하는 천이를 1차 천이라고 하며, 건조한 지역에서 시작하는 ❷ ______ 천이와 습한 곳에서 시작하는 ❸ ______ 천이로 나뉜다.

답 ❶ 토양 ❷ 건성 ❸ 습성

8강 생태계의 구성과 기능 (2), 생물 다양성

5

다음은 어떤 논농사 농법에 대한 글이다.

우리나라 일부 지방에서는 벼 수확을 끝낸 논에 물을 빼고 콩과식물인 ㉠자운영을 심어 겨우내 기른다. 그리고 이듬해 6월 자운영의 꽃이 필 때 밭을 갈아엎고 논을 만들어 모내기하는 논농사는 생태계 내 질소 순환의 원리를 활용한 농법이다.

이에 대해 옳은 의견을 제시한 학생만을 있는 대로 고른 것은?

① A ② B ③ A, C
④ B, C ⑤ A, B, C

Tip
대기 중의 질소는 생물이 직접 이용할 수 없으며, 콩과식물과 공생하는 ❶ ____ 와 같은 ❷ ____ 세균에 의해 암모늄 이온으로 고정된다.

답 ❶ 뿌리혹박테리아 ❷ 질소 고정

6

다음은 식물종별 개체 수를 조사하는 탐구이다.

| 과정 |
면적이 같은 서로 다른 지역 ㉠과 ㉡에 서식하고 있는 모든 식물종 A～F의 개체 수를 조사한다.

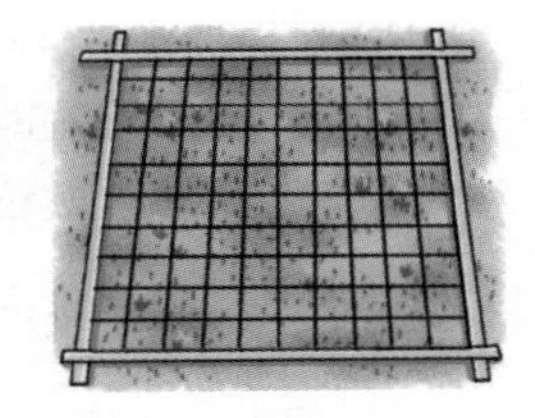

| 결과 |
(1) 지역에 따른 식물종의 개체 수

지역 \ 식물종	A	B	C	D	E	F
㉠	50	40	35	45	55	75
㉡	110	35	10	0	45	0

(2) 지역별 종 다양성 비교
㉠이 종 풍부도와 (ⓐ) 모두 ㉡보다 높으므로 종 다양성이 (ⓑ).

이에 대한 설명으로 옳은 것만을 〈보기〉에서 있는 대로 고른 것은?

보기
ㄱ. ⓐ는 종 균등도이다.
ㄴ. ⓑ는 '높다'이다.
ㄷ. ㉠에서 B의 상대 밀도는 ㉡에서 E의 상대 밀도보다 작다.

① ㄴ ② ㄷ ③ ㄱ, ㄴ
④ ㄴ, ㄷ ⑤ ㄱ, ㄴ, ㄷ

Tip
서로 다른 두 군집의 ❶ ____ 은 군집에 서식하는 종의 수와 각각의 종 개체 수가 ❷ ____ 정도를 모두 고려하여 나타낸다.

답 ❶ 종 다양성 ❷ 균등한(고른)

7

다음은 어느 삼림 지역에 서식하는 조류(새) 종 Q에 대한 자료이다.

- 표는 시기에 따른 Q의 개체 수, 형질당 대립유전자의 평균 개수, 알의 부화율을 나타낸 것이다. t_1과 t_2 사이에 ㉠서식지 파괴가 일어났다.

시기	개체 수	형질당 대립유전자의 평균 개수	알의 부화율
t_1	25000	5.4	91 %
t_2	50 미만	2.7	53 % 미만

- 이 지역의 Q 개체군을 복원하기 위해 ㉡다른 지역에 살고 있던 Q 개체군 일부를 이 지역으로 이주시켰다. 그 결과 몇 년 후에는 이 지역 Q의 알의 부화율이 이전 상태로 회복되었고 개체 수도 증가하게 되었다.

이에 대한 설명으로 옳은 것만을 〈보기〉에서 있는 대로 고른 것은? (단, 복원을 위한 조치로 이주 이외의 조건에는 변화가 없다고 가정한다.)

보기

ㄱ. 숲의 벌채나 습지의 매립은 ㉠의 예이다.

ㄴ. t_1일 때가 t_2일 때보다 유전적 다양성이 낮다.

ㄷ. ㉡은 이 지역의 Q 개체군 멸종을 막을 수 있는 대책에 해당한다.

① ㄱ ② ㄴ ③ ㄱ, ㄷ
④ ㄴ, ㄷ ⑤ ㄱ, ㄴ, ㄷ

Tip

생물 다양성 중 유전적 다양성은 개체군 내의 유전자의 변이로 인해 다양한 ❶ [ ]이 나타나는 것을 의미한다. 서식지 파괴는 개체군의 유전적 다양성을 ❷ [ ]시켜 생물 다양성의 위기를 초래할 수 있다.

답 ❶ 형질 ❷ 감소

8

다음은 서식지 단편화가 생물 다양성에 미치는 영향을 조사하는 탐구 활동 과정과 결과이다.

| 과정 |

(가) 우리 고장의 시민 단체, 관청 등에서 동물 군집 서식지인 삼림 지역 P에 도로가 생기면서 진행된 서식지 단편화를 조사한다.

(나) 조사를 통해 P에 서식하고 있는 동물종 A~C의 개체 수가 서식지 단편화 전후에 어떻게 변하는지 알아본다.

| 결과 |

(1) P의 서식지 단편화 과정

P는 원래 하나의 서식지(가)였는데 도로가 생기면서 (나)와 (다)로 나누어졌다.

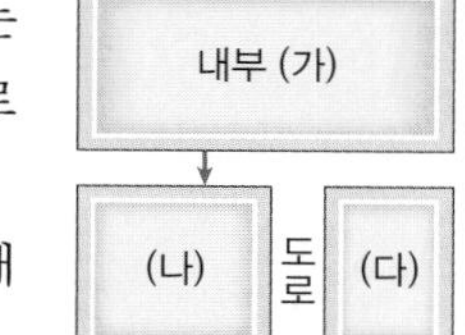

(2) 서식지 단편화 전후 동물종의 개체 수 변화

지역 \ 동물종	A	B	C
(가)	273	173	89
(나)	41	3	52
(다)	12	0	27

이에 대한 설명으로 옳은 것만을 〈보기〉에서 있는 대로 고른 것은?

보기

ㄱ. A~C 중 C의 상대 밀도 감소폭이 가장 크다.

ㄴ. 서식지 단편화 이후 종 다양성이 감소하였다.

ㄷ. 서식지가 분할되면 분할 전보다 $\frac{\text{가장자리 면적}}{\text{내부 면적}}$이 증가한다.

① ㄴ ② ㄷ ③ ㄱ, ㄴ
④ ㄴ, ㄷ ⑤ ㄱ, ㄴ, ㄷ

Tip

도로 건설, 택지 개발, 공단 건설 등으로 큰 생태계가 작은 생태계로 나누어지는 서식지 ❶ [ ]가 일어나면 생물의 종 다양성이 ❷ [ ]하게 된다.

답 ❶ 단편화 ❷ 감소

시험 대비 마무리 전략

● 핵심 한눈에 보기

Ⅳ. 유전

답 ❶ 대립유전자 ❷ AABbCcDdEe ❸ DNA 복제 ❹ 세포 생장 ❺ 뚜렷 ❻ 정규 분포 곡선 ❼ 중복 ❽ 전좌

이어서 공부할 내용

✔ 신유형 · 신경향 · 서술형 전략

✔ 적중 예상 전략 ❶, ❷회

V. 생태계와 상호 작용

답 ❶ 작용 ❷ 반작용 ❸ 총생산량 ❹ 섭식량 ❺ 탈질산화 작용 ❻ 질소 고정 ❼ 증가 ❽ 감소

신유형·신경향·서술형 전략

1 사람의 유전

다음은 사람의 유전 형질 중 ABO식 혈액형, 적록 색맹, 피부색 유전의 공통점과 차이점을 표현하기 위한 자료이다.

ABO식 혈액형

대립유전자에 I^A, I^B, i 세 가지가 있고 I^A와 I^B 사이에는 우열 관계가 없고 I^A와 I^B는 각각 i에 대해 우성이다.

(가) (나) (다)

X 염색체에 있는 대립유전자 X^R와 X^r 중 정상 대립유전자 X^R는 적록 색맹 대립유전자 X^r에 대해 우성이다.

서로 다른 상염체에 있는 세 쌍의 대립유전자 A와 a, B와 b, C와 c가 있고, 유전자의 종류와 상관 없이 대문자로 표시된 대립유전자의 수가 같으면 같은 피부색을 나타낸다.

적록 색맹 피부색

이에 대한 설명으로 옳은 것만을 〈보기〉에서 있는 대로 고른 것은?

보기

ㄱ. '한 쌍의 대립유전자에 의해 형질이 결정된다.'는 (가)에 해당한다.

ㄴ. '유전자형이 다른 두 개체의 표현형이 같은 경우가 있다.'는 (나)에 해당한다.

ㄷ. '복대립 유전이다.'는 (다)에 해당한다.

① ㄴ ② ㄷ ③ ㄱ, ㄴ
④ ㄴ, ㄷ ⑤ ㄱ, ㄴ, ㄷ

Tip
ABO식 혈액형 유전은 단일 인자 유전이면서 ❶ ______ 유전에 해당하고, 피부색 유전은 ❷ ______ 유전에 해당한다.

답 ❶ 복대립 ❷ 다인자

2 유전 현상 모의실험

다음은 사람의 유전 현상 모의실험을 설계하는 활동 내용이다.

| 과정 |

(가) 미맹, 혀 말기, 보조개, 귓불 모양을 나타내는 네 가지 색깔의 나무 막대를 각각 6개씩 준비한다.

(나) 한 색깔의 나무 막대 중 세 개는 아래쪽에 미맹의 우성 대립유전자를, 나머지는 열성 대립유전자를 적는다.

(다) 다른 색깔의 나무 막대에도 같은 방법으로 다른 형질의 우성과 열성 대립유전자를 세 개씩 적은 다음, 모든 나무 막대를 표시한 부분이 보이지 않도록 컵에 넣는다.

(라) 두 명이 짝을 지어 부모의 역할을 나누어 맡고, 각자 네 가지 색깔의 나무 막대를 각각 하나씩 임의로 뽑아 자신의 컵에 담은 후 부모의 유전자형과 표현형을 기록한다.

(마) 각자 자신의 컵에 있는 나무 막대를 색깔별로 하나씩 임의로 뽑아 합쳐서 둘 사이에서 태어나는 첫째 아이의 유전자형과 표현형을 기록한다.

▲ 과정 (라) ▲ 과정 (마)

(바) 과정 (마)를 반복하여 둘째 아이의 유전자형과 표현형을 기록한다.

모의실험을 유전 원리에 맞게 수정할 내용으로 옳은 것만을 〈보기〉에서 있는 대로 고른 것은? (단, 제시된 조건 이외는 고려하지 않는다.)

보기

ㄱ. (다)에서 표시한 부분이 보이도록 나무 막대를 넣는다.

ㄴ. (라)에서 네 종류의 나무 막대를 각각 두 개씩 뽑아 컵에 담는다.

ㄷ. (바)를 수행하기 전 (마)에서 뽑은 나무 막대를 다시 컵에 넣는 과정을 추가한다.

① ㄴ ② ㄷ ③ ㄱ, ㄴ
④ ㄴ, ㄷ ⑤ ㄱ, ㄴ, ㄷ

Tip
부모의 대립유전자 쌍은 ❶ ______ 시 분리되어 생식세포에 하나씩 들어가고, ❷ ______ 될 때 다시 쌍을 이룬다.

답 ❶ 감수 분열 ❷ 수정

3 생태계 구성 요소와 개체군 사이의 상호 작용

다음은 한강 하구 습지에 서식하는 버드나무와 말똥게에 대한 신문 기사의 일부이다.

습지 토양은 항상 물이 차 있어 산소와 양분이 부족하다. 한강 하구 습지에는 이러한 악조건에서도 버드나무 군락이 널리 분포한다. ㉠버드나무는 호흡 뿌리를 만들어 산소가 부족한 환경에서도 생존이 가능하다. 또한, 이곳 버드나무 군락에 함께 서식하는 ㉡말똥게는 버드나무의 생육 조건을 더욱 좋게 만든다. 말똥게는 땅속에 굴을 파서 서식하는데, 이는 ㉢토양 내부에 ㉣산소를 공급하는 역할을 한다. 말똥게의 배설물은 버드나무의 양분 공급원이 된다.

▲ 버드나무

▲ 말똥게

이에 대한 설명으로 옳은 것만을 <보기>에서 있는 대로 고른 것은?

보기
ㄱ. 한강 하구 습지의 ㉠과 ㉡은 상리 공생 관계이다.
ㄴ. ㉠, ㉡은 생물적 요인이고, ㉢, ㉣은 비생물적 요인이다.
ㄷ. 생물적 요인인 ㉡은 비생물적 요인인 ㉢에게 영향을 준다.

① ㄴ ② ㄷ ③ ㄱ, ㄴ
④ ㄴ, ㄷ ⑤ ㄱ, ㄴ, ㄷ

Tip
두 개체군이 서로 밀접하게 관계를 맺으며 함께 살아가는 것을 ❶ [ ]이라 하고, ❶ [ ] 관계 중 두 개체군이 서로 이익을 얻는 경우를 ❷ [ ] 공생이라고 한다.

답 ❶ 공생 ❷ 상리

4 생태계 구성 요소와 개체군의 특성

그림 (가)는 생태계 구성 요소 사이의 상호 관계 중 일부를, (나)는 개체군의 생존 곡선의 세 가지 유형을 나타낸 것이다. 개체군 A는 Ⅲ형, 개체군 B는 Ⅰ형에 해당한다.

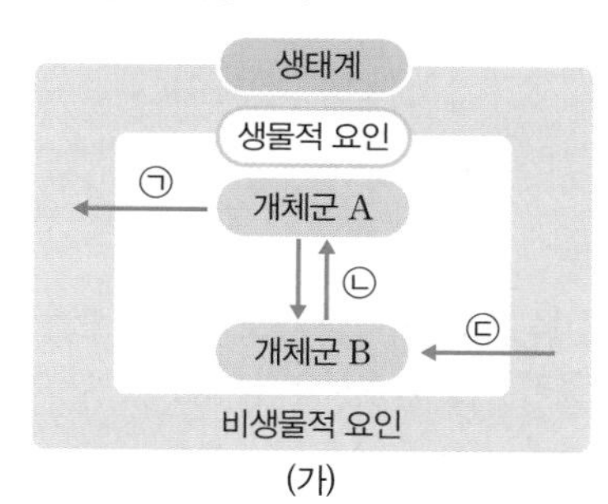

(가)

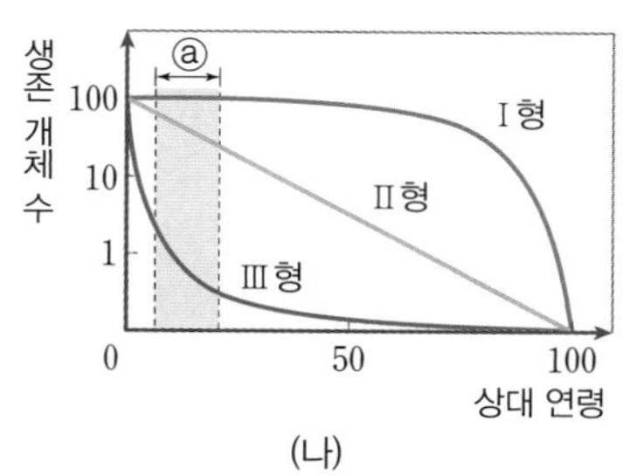

(나)

이에 대한 설명으로 옳은 것만을 <보기>에서 있는 대로 고른 것은?

보기
ㄱ. (나)의 구간 ⓐ에서 사망률은 A가 B보다 낮다.
ㄴ. B는 대부분의 개체가 생리적 수명을 다하고 죽는다.
ㄷ. 어류가 집단으로 죽어 물속 산소의 양이 줄어드는 것은 ㉠의 예에 해당한다.

① ㄴ ② ㄷ ③ ㄱ, ㄴ
④ ㄴ, ㄷ ⑤ ㄱ, ㄴ, ㄷ

Tip
생태계에서 ❶ [ ] 요인과 비생물적 요인은 서로 영향을 주고받는다. 동시에 생물적 요인 사이에서도 서로 영향을 주고받는다. 개체군을 구성하는 개체 중 생존한 개체 수를 ❷ [ ]에 따라 그래프로 나타낸 것이 개체군의 생존 곡선이다.

답 ❶ 생물적 ❷ 상대 연령

신유형·신경향·서술형 전략

서술형

5 세포 주기와 세포 분열

그림은 체세포의 세포 주기를 나타낸 것이고, 표는 세포의 구성 요소를 나타낸 것이다. (가)~(다)는 각각 G_1기, 분열기, S기 중 하나이다.

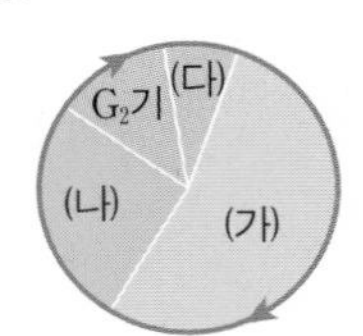

세포의 구성 요소
핵막, 뉴클레오솜, 방추사, 응축된 염색체

(가)~(다)의 명칭을 쓰고, 제시된 세포의 구성 요소 중 (가)~(다)의 각 시기에 있는 것이 무엇인지 서술하시오.

Tip
세포 주기는 G_1기 - ❶ ______ - G_2기 - 분열기의 순으로 진행되고, 방추사는 ❷ ______ 에 형성되어 염색체의 이동에 관여한다.

답 ❶ S기 ❷ 분열기

6 체세포 분열과 감수 분열의 비교

그림은 사람의 분열 중인 어떤 세포에서 시간에 따른 핵 한 개당 DNA 상대량 변화를 나타낸 것이다.
구간 Ⅰ~Ⅲ의 특징을 중심으로 이 세포 분열이 체세포 분열과 감수 분열 중 무엇에 해당하는지 서술하시오.

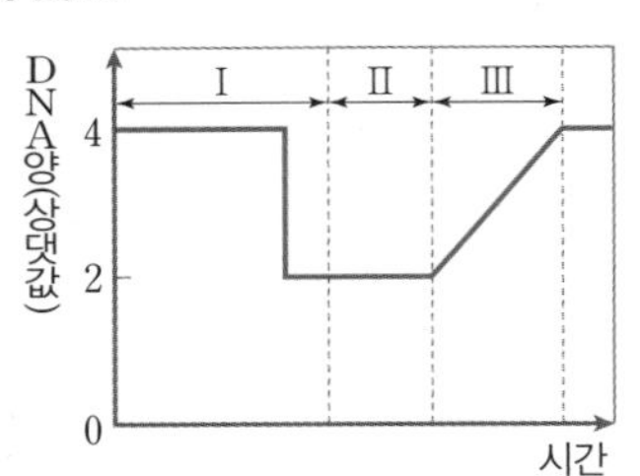

Tip
생장이나 세포의 재생 과정에서 일어나는 세포 분열은 ❶ ______ 이고, 생식 기관에서 생식세포를 만들 때 일어나는 세포 분열은 ❷ ______ 이다.

답 ❶ 체세포 분열 ❷ 감수 분열

7 감수 분열과 염색체 비분리

그림은 어떤 동물의 정자 형성 과정을, 표는 세포 ㉠~㉣에서 대립유전자 A와 a의 DNA 상대량을 나타낸 것이다. (가)는 염색체 수에 이상이 있는 정자이고, (가)가 형성되는 과정에서 염색체 비분리가 1회 일어났다. Ⅰ~Ⅳ는 각각 ㉠~㉣ 중 하나이고, Ⅳ는 a를 갖는다. A와 a 각각의 한 개당 DNA 상대량은 1이고, Ⅱ와 Ⅲ은 중기의 세포이며, 염색체 비분리 이외의 돌연변이는 없다.

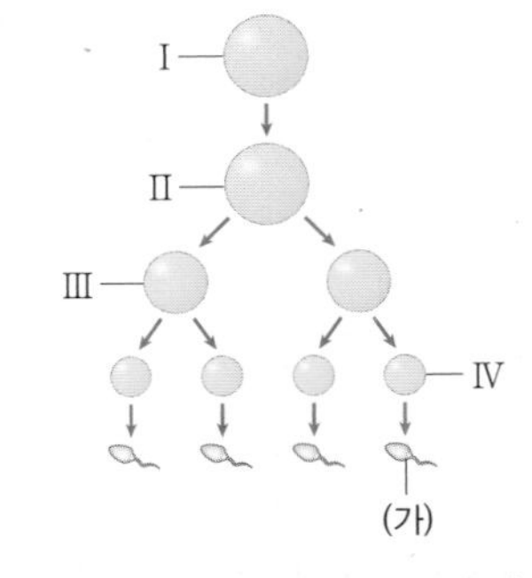

세포	DNA 상대량	
	A	a
㉠	2	0
㉡	2	2
㉢	1	1
㉣	0	2

(1) ㉠~㉣을 각각 Ⅰ~Ⅳ와 옳게 연결하시오.

(2) 염색체 비분리는 감수 1분열과 감수 2분열 중 어디에서 일어났는지 쓰고, 그렇게 판단한 까닭을 서술하시오.

Tip
감수 1분열에서 ❶ ______ 가 분리되고, 감수 2분열에서 ❷ ______ 가 분리된다.

답 ❶ 상동 염색체 ❷ 염색 분체

8 개체군의 생장 곡선

그림은 물벼룩을 배양 용기에 배양할 때의 생장 곡선을, 표는 물벼룩을 배양한 조건을 정리한 것이다.

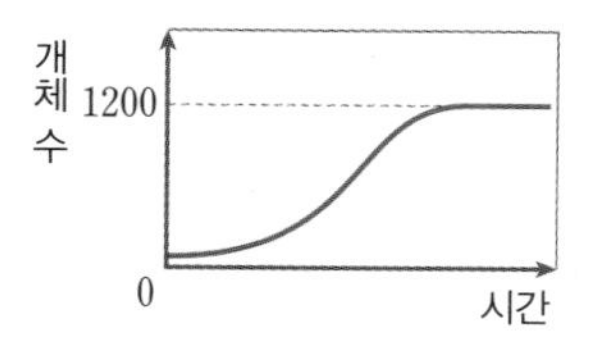

구분	조건
먹이 공급	1회/12시간
노폐물 제거	1회/12시간
용기 부피	200 mL

물벼룩의 개체 수가 일정 시간 이후 1200마리 이상 증가하지 않고 일정하게 유지되는 까닭을 서술하시오. (단, 제시된 이외의 조건은 고려하지 않는다.)

Tip
개체군의 밀도가 높아지면 ❶ [ ] 이 증가하면서 개체군의 생장은 점차 둔화되어 나중에는 개체군의 크기가 ❷ [ ] 에 다다르게 되면서 더 이상 증가하지 않고 일정하게 유지된다.

답 ❶ 환경 저항 ❷ 환경 수용력

9 방형구를 이용한 식물 군집 조사

그림은 어떤 지역에 $1\ m \times 1\ m$ 크기의 방형구를 설치하여 조사한 식물종의 분포를 나타낸 것이다. (단, 제시된 종 이외의 종은 고려하지 않는다.)

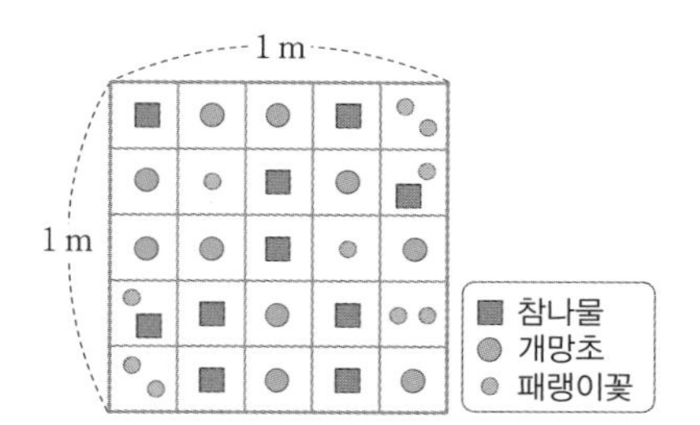

조사 결과로부터 이 지역의 참나물, 개망초, 패랭이꽃의 상대 밀도를 비교하되, 각각의 종 상대 밀도를 포함하여 서술하시오.

Tip
상대 밀도는 특정 종의 밀도를 조사한 모든 종의 [ ] 으로 나눈 값에 100을 곱한 값이다.

답 밀도의 합

10 생태계에서의 물질 순환

그림은 생태계에서 일어나는 탄소 순환 과정 일부와 질소 순환 과정 일부를 나타낸 것이다. ㉠~㉢은 CO_2, N_2, NH_4^+을, (가)와 (나)는 각각 탄소와 질소를 순서 없이 나타낸 것이다.

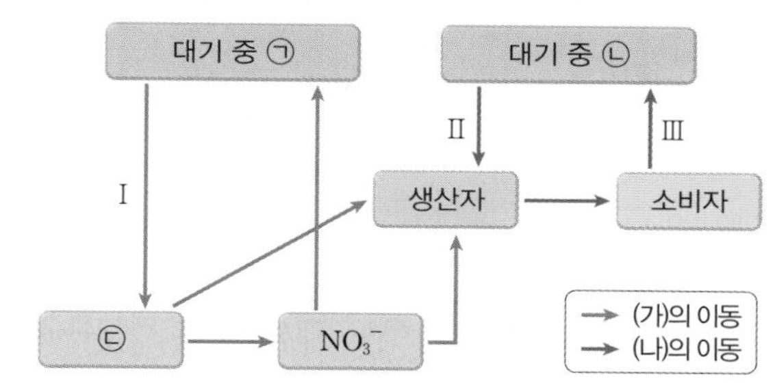

(1) ㉠~㉢을 각각 쓰시오.

(2) Ⅰ은 무엇에 의한 어떤 작용인지 서술하시오.

(3) (나)의 이동 중 Ⅱ와 Ⅲ의 차이점을 서술하시오.

Tip
대기 중의 이산화 탄소는 생산자의 ❶ [ ] 을 통해 유기물로 전환되어 소비자에게 전달된다. 식물이 이용할 수 있는 질소 화합물은 ❷ [ ] 이온이나 질산 이온의 형태이다.

답 ❶ 광합성 ❷ 암모늄

적중 예상 전략 1회

1

그림은 염색체의 구조를 나타낸 것이다.

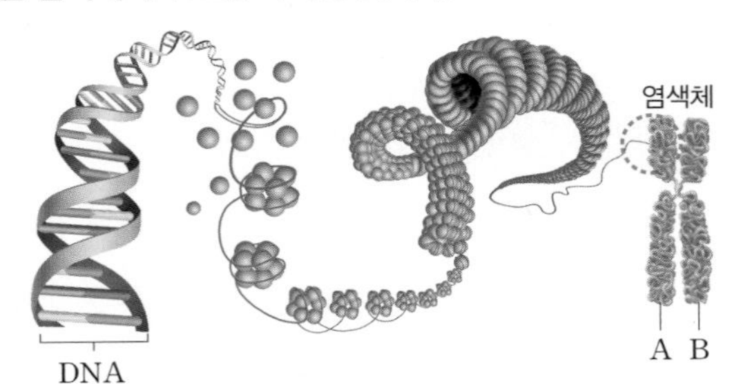

이에 대한 설명으로 옳은 것만을 〈보기〉에서 있는 대로 고른 것은?

보기
ㄱ. 세포 주기 중 S기에 염색체가 응축된다.
ㄴ. DNA의 특정 염기 서열에 유전 정보가 저장되어 있다.
ㄷ. A와 B는 부모로부터 각각 하나씩 물려받은 것이다.

① ㄱ ② ㄴ ③ ㄱ, ㄴ
④ ㄴ, ㄷ ⑤ ㄱ, ㄴ, ㄷ

2

그림은 사람의 염색체를 나타낸 것이다.

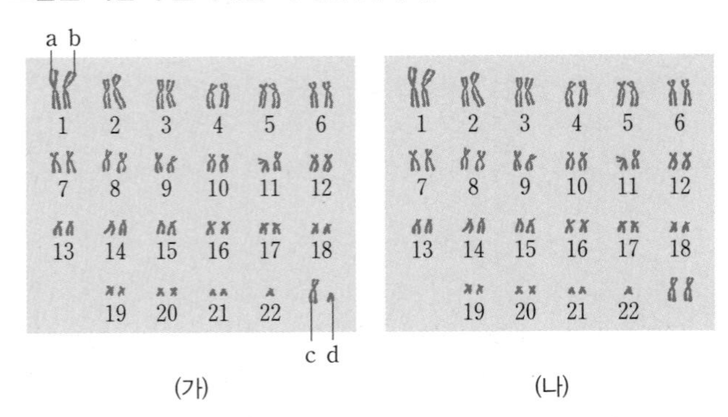

이에 대한 설명으로 옳은 것은? (단, 돌연변이는 고려하지 않는다.)

① (가)와 (나)의 핵형은 같다.
② (가)는 정자의 핵형을 분석한 것이다.
③ (나)는 간기의 G_1기 세포에서 얻은 것이다.
④ a와 b는 DNA 복제로 형성되어 유전자 구성이 동일하다.
⑤ c와 d는 감수 1분열에서 분리되어 서로 다른 생식세포로 들어간다.

3

표는 유전자와 염색체의 특징을, 그림은 뉴클레오솜의 구조를 나타낸 것이다. ㉠과 ㉡은 유전자와 염색체를 순서 없이 나타낸 것이고, ⓐ와 ⓑ는 각각 DNA와 히스톤 단백질 중 하나이다.

구분	특징
㉠	세포 주기의 분열기에만 막대 모양으로 관찰됨
㉡	?

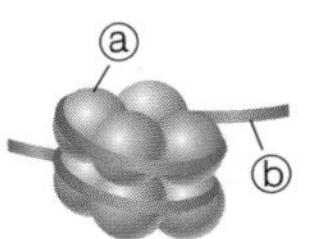

이에 대한 설명으로 옳은 것만을 〈보기〉에서 있는 대로 고른 것은?

보기
ㄱ. ⓐ와 ⓑ는 ㉠의 구성 성분이다.
ㄴ. ⓑ의 단위체에 단백질이 포함되어 있다.
ㄷ. ㉡은 ⓐ에 염기 서열의 형태로 유전 정보를 저장하고 있다.

① ㄱ ② ㄷ ③ ㄱ, ㄴ
④ ㄴ, ㄷ ⑤ ㄱ, ㄴ, ㄷ

4

그림은 사람의 체세포를 배양하여 얻은 세포 집단에서 세포당 DNA 양에 따른 세포 수를 나타낸 것이다. 이에 대한 설명으로 옳은 것만을 〈보기〉에서 있는 대로 고른 것은?

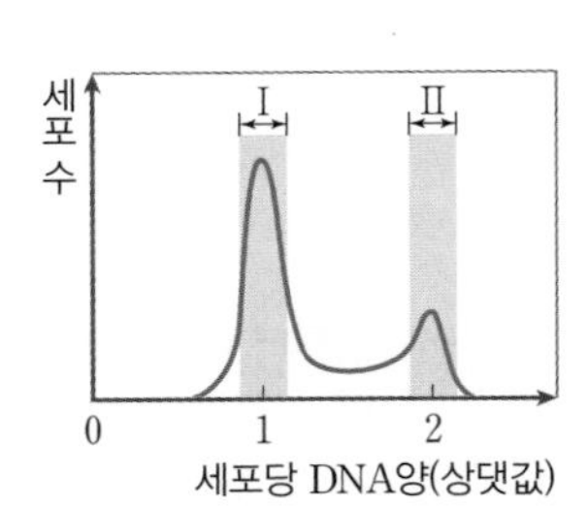

보기
ㄱ. 구간 Ⅰ에 분열기의 세포가 있다.
ㄴ. 구간 Ⅱ의 세포 중 방추사가 형성된 세포가 있다.
ㄷ. 핵막이 있는 세포는 구간 Ⅱ보다 구간 Ⅰ에 많다.

① ㄱ ② ㄷ ③ ㄱ, ㄴ
④ ㄴ, ㄷ ⑤ ㄱ, ㄴ, ㄷ

5

그림 (가)는 식물 P($2n$=?)에서 체세포 분열 중인 세포들을, (나)는 P의 세포 주기를 나타낸 것이다. ㉠~㉢은 각각 G_1기, G_2기, 분열기 중 하나이다.

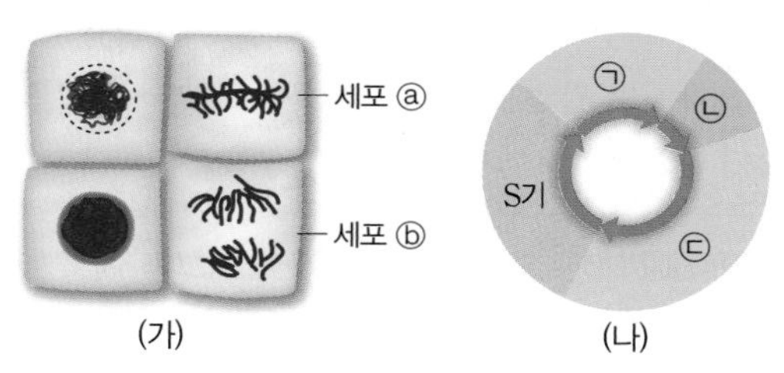

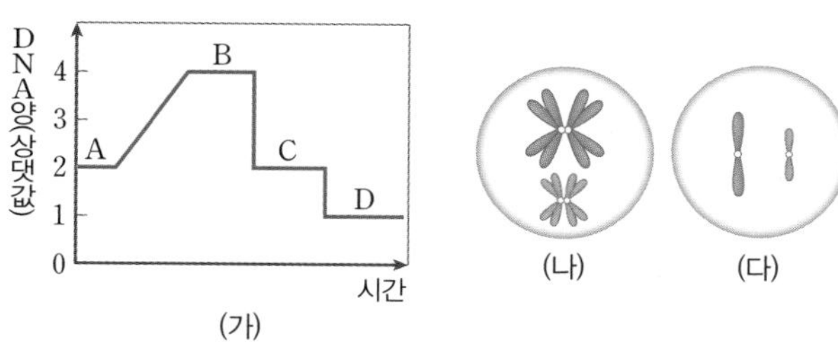

이에 대한 설명으로 옳은 것만을 〈보기〉에서 있는 대로 고른 것은?

보기

ㄱ. ⓐ는 ㉡ 시기에 관찰된다.
ㄴ. 방추사의 평균 길이는 ⓐ보다 ⓑ에서 더 길다.
ㄷ. 세포 한 개당 DNA 상대량은 ㉠ 시기가 ㉢ 시기의 두 배이다.

① ㄱ ② ㄴ ③ ㄱ, ㄷ
④ ㄴ, ㄷ ⑤ ㄱ, ㄴ, ㄷ

6

그림은 어떤 동물($2n=4$)의 분열 중인 세포를 나타낸 것이다. 이 동물의 특정 형질에 대한 유전자형은 Rr이다.

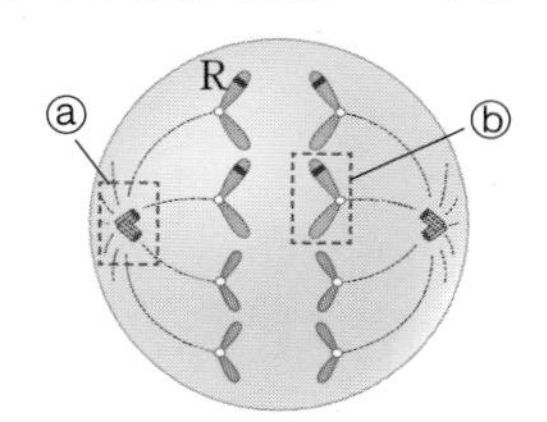

이에 대한 설명으로 옳은 것만을 〈보기〉에서 있는 대로 고른 것은?

보기

ㄱ. ⓐ에 동원체가 있다.
ㄴ. 염색체 ⓑ에 r가 있다.
ㄷ. 이 동물의 감수 2분열 중기 세포 한 개당 염색 분체 수는 4이다.

① ㄱ ② ㄴ ③ ㄱ, ㄷ
④ ㄴ, ㄷ ⑤ ㄱ, ㄴ, ㄷ

7

그림 (가)는 감수 분열이 일어날 때 세포 한 개당 DNA양 변화를, (나)와 (다)는 감수 분열 과정 중 각각 한 시기를 나타낸 것이다.

(가) DNA양(상댓값) 그래프: A, B, C, D / 시간 (나) (다)

이에 대한 설명으로 옳지 않은 것은?

① A 시기에 G_1기의 세포가 있다.
② B 시기에 핵상이 $2n$인 세포가 있다.
③ C 시기에 감수 2분열 중기의 세포가 있다.
④ (나)는 (가)의 C 시기에 해당한다.
⑤ (다)는 (가)의 D 시기에 해당한다.

8

표는 유전자형이 AaBb인 어떤 동물($2n=4$)의 G_1기 세포 한 개로부터 생식세포가 형성될 때 서로 다른 세 시기에서 관찰된 세포 (가)~(다)의 세포 한 개당 염색체 수와 유전자 A, a, B, b의 DNA양을 나타낸 것이다. A와 B는 서로 다른 형질에 관여하는 유전자이며, A는 a와 대립유전자 관계이고, B는 b와 대립유전자 관계이다.

세포	세포 한 개당 염색체 수	세포 한 개당 DNA양(상댓값)			
		A	a	B	b
(가)	2	㉠	1	1	㉡
(나)	4	2	2	2	2
(다)	2	2	0	0	2

이에 대한 설명으로 옳은 것만을 〈보기〉에서 있는 대로 고른 것은? (단, (가)~(다)는 세 시기를 순서 없이 나타낸 것이고, (나)와 (다)는 중기의 세포이며, 돌연변이는 고려하지 않는다.)

보기

ㄱ. ㉠+㉡=2이다.
ㄴ. (가)에 2가 염색체가 있다.
ㄷ. 세포 한 개당 염색 분체 수는 (나)가 (다)의 두 배이다.

① ㄱ ② ㄷ ③ ㄱ, ㄴ
④ ㄴ, ㄷ ⑤ ㄱ, ㄴ, ㄷ

9

그림은 어떤 집안의 ABO식 혈액형과 유전병 ㉠에 대한 가계도를 나타낸 것이다. 유전병 ㉠은 정상 대립유전자 T와 유전병 대립유전자 T*에 의해 결정되고, T와 T*의 우열 관계는 분명하다. 1과 2는 T와 T* 중 한 가지만 가지고 있다.

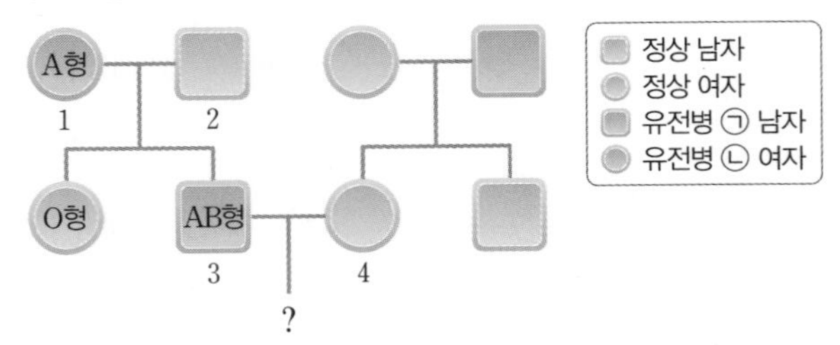

3과 4 사이에 아이가 태어날 때, 이 아이가 B형이며 유전병 ㉠인 아들일 확률은? (단, 2와 4의 ABO식 혈액형의 유전자형은 같고, 돌연변이는 고려하지 않는다.)

① $\frac{1}{16}$ ② $\frac{1}{8}$ ③ $\frac{1}{4}$
④ $\frac{3}{8}$ ⑤ $\frac{1}{2}$

10

다음은 적록 색맹 유전에 대한 학생 A~C의 대화 내용이다.

제시한 내용이 옳은 학생만을 있는 대로 고른 것은?

① A ② C ③ A, B
④ B, C ⑤ A, B, C

11

다음은 유전 형질 (가)의 특징에 대한 자료이다.

> • 서로 다른 상염색체에 존재하는 네 쌍의 대립유전자 A와 a, B와 b, C와 c, D, d에 의해 결정된다.
> • 표현형은 유전자형에서 대문자로 표시되는 대립유전자의 수에 의해서만 결정되며, 이 대립유전자의 수가 다르면 표현형이 다르다.

유전 형질 (가)에 대한 설명으로 옳은 것만을 〈보기〉에서 있는 대로 고른 것은? (단, 돌연변이와 환경의 영향은 고려하지 않는다.)

> 보기
> ㄱ. 다인자 유전이다.
> ㄴ. 표현형의 종류는 최대 8가지이다.
> ㄷ. 유전자형이 AaBbCcDd인 개체와 AABBccdd인 개체의 표현형은 같다.

① ㄱ ② ㄴ ③ ㄱ, ㄷ
④ ㄴ, ㄷ ⑤ ㄱ, ㄴ, ㄷ

12

그림은 질병 A~D를 몇 가지 기준으로 구분하여 나타낸 것이다. A~D는 각각 낫 모양 적혈구 빈혈증, 고양이 울음 증후군, 터너 증후군, 다운 증후군 중 하나이다.

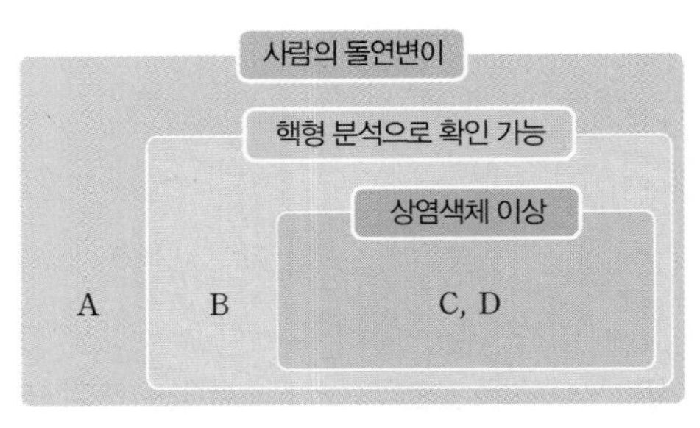

이에 대한 설명으로 옳은 것만을 〈보기〉에서 있는 대로 고른 것은?

> 보기
> ㄱ. A는 남자와 여자 모두에게 나타날 수 있다.
> ㄴ. B가 나타나는 사람의 세포당 성염색체 수는 1이다.
> ㄷ. C와 D는 모두 염색체 비분리에 의해 나타난다.

① ㄱ ② ㄷ ③ ㄱ, ㄴ
④ ㄴ, ㄷ ⑤ ㄱ, ㄴ, ㄷ

서술형

13

그림은 어떤 집안의 ABO식 혈액형에 대한 가계도를 나타낸 것이다.

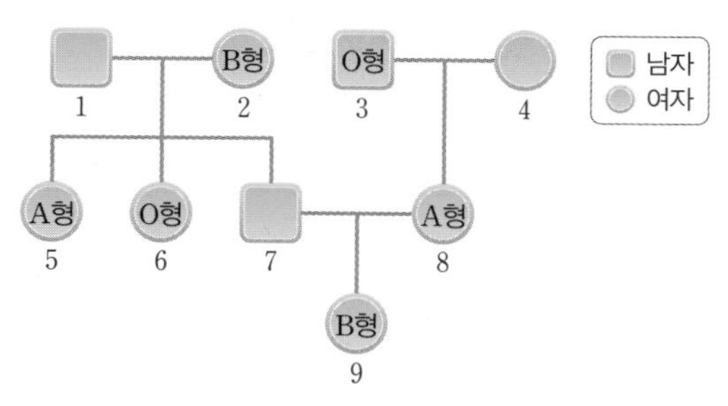

가계도에서 구성원 1, 4, 7의 ABO식 혈액형은 나타내지 않았으며, 4와 7의 ABO식 혈액형은 서로 같다. ABO식 혈액형은 대립유전자 I^A, I^B, i에 의해 결정되고, 돌연변이는 일어나지 않았다.

(1) 1~9 중 대립유전자 I^A를 갖는 구성원을 모두 쓰시오.

(2) 9의 동생이 태어날 때 이 아이의 ABO식 혈액형이 A형일 확률은 얼마인지 쓰고, 그 까닭을 서술하시오.

14

표는 어떤 가족의 유전 형질 (가)에 대한 발현 여부를 나타낸 것이다. 형질 (가)가 발현되는 것이 발현되지 않는 것에 대해 우성이다.

구성원	아버지	어머니	아들
(가) 발현 여부	발현됨	발현 안 됨	발현됨

형질 (가)는 상염색체 유전 형질인지 반성유전 형질인지 쓰고, 그렇게 판단한 근거를 서술하시오.

15

그림은 사람의 정자 형성 과정에서 일어날 수 있는 성염색체의 비분리를 나타낸 것이다. 정자 A~C 형성 과정에서 제시된 염색체 비분리 이외의 돌연변이는 없다.

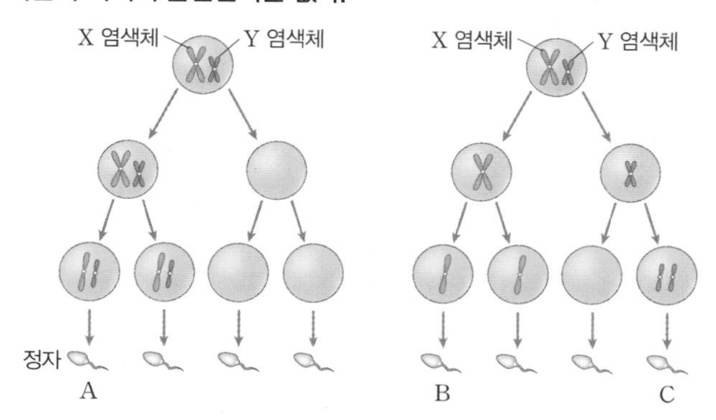

(1) 정자 A~C가 각각 정상 난자와 수정되어 아이가 태어날 때, 아이의 세포당 염색체 수와 성별을 각각 쓰시오.

(2) 감수 분열 중 염색체 비분리가 1회 일어날 때, 감수 1분열에서 일어나는 경우와 감수 2분열에서 일어나는 경우의 차이점을 형성되는 생식세포의 염색체 수를 중심으로 서술하시오.

적중 예상 전략 2회

1

그림은 생태계를 구성하는 요소들 사이의 관계를, 표는 관계 I~III의 예를 나타낸 것이다. I~III은 ㉠~㉢을 순서 없이 나타낸 것이다.

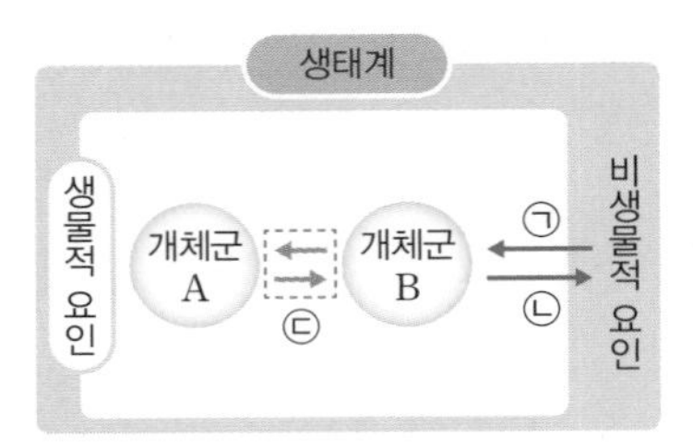

관계	예
I	사막의 선인장은 잎이 가시로 변했다.
II	?
III	지렁이가 토양의 통기성을 높인다.

이에 대한 설명으로 옳은 것만을 〈보기〉에서 있는 대로 고른 것은?

보기
ㄱ. II는 ㉠이다.
ㄴ. 개체군 A는 여러 종으로 구성된다.
ㄷ. 흰동가리와 말미잘이 서로 공생하는 것은 ㉢의 예에 해당한다.

① ㄴ ② ㄷ ③ ㄱ, ㄴ
④ ㄴ, ㄷ ⑤ ㄱ, ㄴ, ㄷ

2

그림 (가)는 생태적 지위가 같은 두 종 A와 B를 혼합 배양할 때 시간에 따른 개체 수를, (나)는 종 C를 단독 배양할 때 시간에 따른 개체 수 증가율을 나타낸 것이다. 개체 수 증가율은 단위 시간당 증가한 개체 수이다.

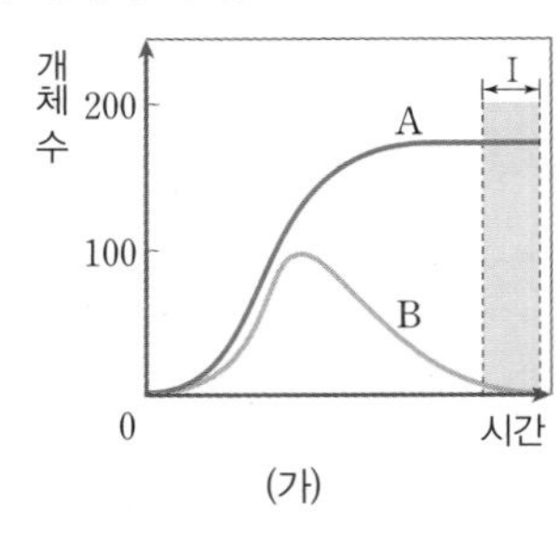

(가)

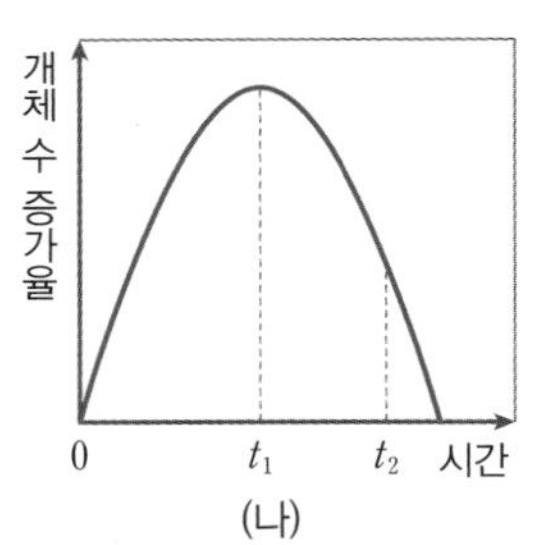

(나)

이에 대한 설명으로 옳은 것만을 〈보기〉에서 있는 대로 고른 것은?

보기
ㄱ. (가)의 구간 I에서 경쟁·배타 원리가 적용되었다.
ㄴ. (나)에서 C의 개체 수는 t_2일 때가 t_1일 때보다 환경 수용력에 가깝다.
ㄷ. (나)의 t_1일 때가 t_2일 때보다 환경 저항이 크다.

① ㄱ ② ㄷ ③ ㄱ, ㄴ
④ ㄴ, ㄷ ⑤ ㄱ, ㄴ, ㄷ

3

그림은 식물 군집의 수평 분포를 나타낸 것이다. A~C는 각각 사막, 열대 우림, 툰드라 중 하나이다.
이에 대한 설명으로 옳은 것만을 〈보기〉에서 있는 대로 고른 것은?

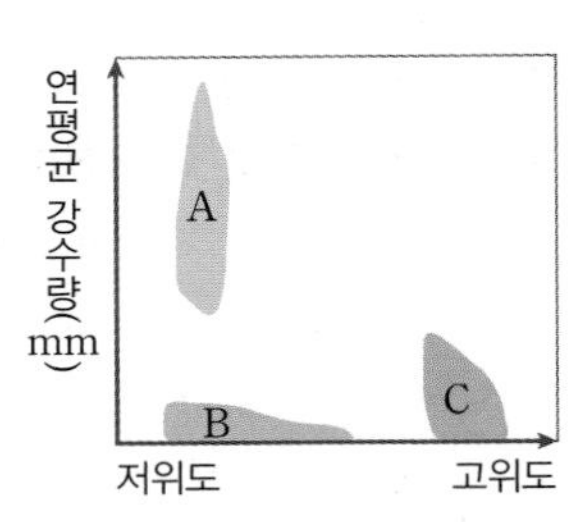

보기
ㄱ. A는 상록 활엽수로 구성된 열대 우림이다.
ㄴ. A~C는 위도에 따른 기온과 강수량의 차이로 형성된 군집의 수평 분포이다.
ㄷ. 연평균 기온과 강수량 모두 B가 C보다 높다.

① ㄱ ② ㄷ ③ ㄱ, ㄴ
④ ㄴ, ㄷ ⑤ ㄱ, ㄴ, ㄷ

4

표는 어떤 지역에서 방형구 10개를 설치하여 시점 t_1과 t_2일 때 식물 군집을 조사한 결과를 나타낸 것이다.

종	t_1			t_2		
	개체 수	빈도	상대 피도(%)	개체 수	빈도	상대 피도(%)
A	40	0.8	45	35	0.6	45
B	25	0.3	ⓐ	20	0.2	15
C	35	0.5	40	45	0.8	40

이에 대한 설명으로 옳은 것만을 〈보기〉에서 있는 대로 고른 것은? (단, 제시된 종 이외의 종은 고려하지 않는다.)

보기
ㄱ. ⓐ는 5이다.
ㄴ. t_1일 때 A의 상대 빈도는 50 %이다.
ㄷ. t_1과 t_2일 때의 우점종의 중요치는 같다.

① ㄱ ② ㄷ ③ ㄱ, ㄴ
④ ㄴ, ㄷ ⑤ ㄱ, ㄴ, ㄷ

5

표 (가)는 종 사이의 상호 작용을 나타낸 것이며, (나)는 콩과식물과 뿌리혹박테리아 사이의 상호 작용에 대한 설명이다. A～C는 종간 경쟁, 기생, 상리 공생을 순서 없이 나타낸 것이다.

상호 작용	종1	종2
A	손해	손해
B	이익	㉠
C	?	손해

(가)

> 콩과식물의 뿌리에 사는 뿌리혹박테리아는 콩과식물에게 질소 화합물을 공급하고, 콩과식물은 뿌리혹박테리아에게 영양분을 공급한다.

(나)

이에 대한 설명으로 옳은 것만을 <보기>에서 있는 대로 고른 것은?

보기
ㄱ. ㉠은 이익이다.
ㄴ. A는 종간 경쟁이다.
ㄷ. (나)에서 콩과식물과 뿌리혹박테리아 사이의 상호 작용은 B에 해당한다.

① ㄱ ② ㄴ ③ ㄱ, ㄷ
④ ㄴ, ㄷ ⑤ ㄱ, ㄴ, ㄷ

6

그림 (가)는 식물 군집 P의 천이 과정의 일부를, (나)는 P가 A 시기일 때 P에 서식하는 종 ㉠과 ㉡의 높이에 따른 개체 수를 나타낸 것이다. 종 ㉠과 ㉡은 각각 소나무와 신갈나무 중 하나이다.

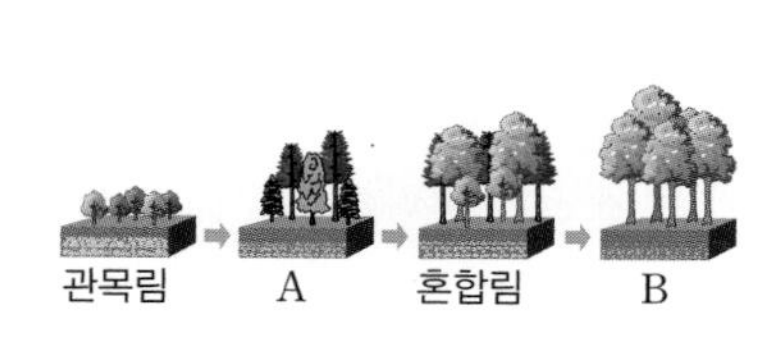

(가)

(나) 개체 수 - 높이 그래프 (㉡, ㉠, 0, h)

이에 대한 설명으로 옳은 것만을 <보기>에서 있는 대로 고른 것은?

보기
ㄱ. ㉠은 양수림에 속한다.
ㄴ. (나)에서 h보다 작은 신갈나무는 없다.
ㄷ. A 시기에 P는 극상인 상태이다.

① ㄱ ② ㄴ ③ ㄷ
④ ㄱ, ㄴ ⑤ ㄴ, ㄷ

7

표는 같은 면적을 차지하고 있는 식물 군집 I과 II에서 1년 동안 조사한 총생산량에 대한 호흡량, 고사·낙엽량, 생장량, 피식량의 백분율을 나타낸 것이다. I의 총생산량은 II의 총생산량의 두 배이다.

(단위: %)

구분	식물 군집	
	I	II
호흡량	67.2	74.2
고사·낙엽량	24.6	19.5
생장량	8.0	6.0
피식량	0.2	0.3

이에 대한 설명으로 옳은 것만을 <보기>에서 있는 대로 고른 것은?

보기
ㄱ. I과 II의 호흡량에는 초식 동물의 동화량이 포함된다.
ㄴ. II에서 총생산량에 대한 순생산량의 백분율은 32.8 %이다.
ㄷ. 피식량은 식물 군집 I이 II보다 크다.

① ㄱ ② ㄴ ③ ㄷ
④ ㄱ, ㄴ ⑤ ㄴ, ㄷ

8

다음은 생태계에서의 물질 순환에 대한 학생 A～C의 대화 내용이다.

옳게 말한 학생만을 있는 대로 고른 것은?

① A ② C ③ A, B
④ B, C ⑤ A, B, C

9

그림은 평형 상태의 안정된 어떤 생태계에서 이동하는 에너지양을 상댓값으로 나타낸 것이다. Ⅰ~Ⅲ은 각각 생산자, 소비자, 분해자 중 하나이며, 생산자의 에너지 효율은 6 %이다.

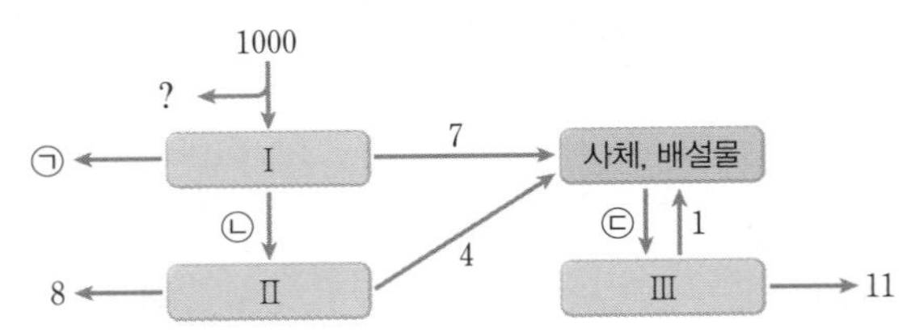

이에 대한 설명으로 옳은 것만을 〈보기〉에서 있는 대로 고른 것은? (단, 제시된 생태계 구성 요소 이외는 고려하지 않는다.)

보기
ㄱ. ㉠+㉡+㉢은 55이다.
ㄴ. Ⅱ는 소비자이다.
ㄷ. Ⅱ의 에너지 효율은 Ⅰ의 에너지 효율의 네 배이다.

① ㄱ ② ㄴ ③ ㄷ
④ ㄱ, ㄴ ⑤ ㄴ, ㄷ

10

그림 (가)는 어떤 생태계 Q에서 평형 상태의 개체 수 피라미드를, (나)는 평형 상태가 일시적으로 파괴된 것을 나타낸 것이다.

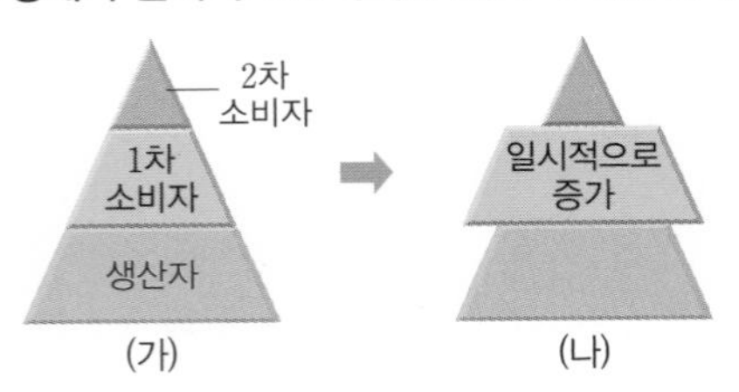

이에 대한 설명으로 옳은 것만을 〈보기〉에서 있는 대로 고른 것은? (단, 개체 수 변화에 영향을 미치는 요인은 먹이 사슬과 먹이 그물에 의한 것만 고려한다.)

보기
ㄱ. Q가 안정된 생태계라면 시간이 지남에 따라 평형이 회복될 것이다.
ㄴ. (나) 단계의 영향으로 생산자는 감소하고 2차 소비자는 증가한다.
ㄷ. 생태계 평형을 회복하는 단계에서 2차 소비자가 감소하고 생산자가 증가하는 단계가 있다.

① ㄱ ② ㄷ ③ ㄱ, ㄴ
④ ㄴ, ㄷ ⑤ ㄱ, ㄴ, ㄷ

11

그림은 어떤 육상 생태계의 에너지 피라미드를 나타낸 것이고, A~D는 각각 3차 소비자, 2차 소비자, 1차 소비자, 생산자 중 하나이다. 일정한 시간(t)이 지난 후 생산자의 개체 수가 감소하여 1차 소비자의 개체 수가 20 % 감소하였고, 그에 따라 2차 소비자의 개체 수가 10 % 감소하였으며, 3차 소비자의 에너지 효율은 변화가 없었다.

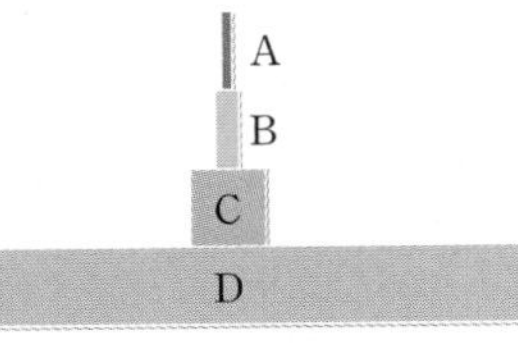

이에 대한 설명으로 옳은 것만을 〈보기〉에서 있는 대로 고른 것은? (단, A~D 각각의 에너지양은 개체 수에 비례한다.)

보기
ㄱ. t 이후 A의 개체 수는 증가하였다.
ㄴ. t 이후 B의 에너지 효율은 감소하였다.
ㄷ. t 이후 D의 에너지양은 감소하였다.

① ㄱ ② ㄴ ③ ㄷ
④ ㄱ, ㄴ ⑤ ㄴ, ㄷ

12

자료는 바나나에 대한 설명이다.

> 현재 전 세계에 몇 그루 남아 있지 않은 바나나 야생종은 ㉠씨를 통해 번식한다. 그러나 우리가 즐겨 먹는 바나나는 야생종을 개량한 것으로, 씨가 없고 ㉡줄기의 일부를 잘라 옮겨 심어 번식시킨다. 이처럼 개량종 바나나는 (㉢) 다양성이 낮으므로 한 나무가 병에 걸리면 다른 나무들 역시 병에 걸리게 된다.

이에 대한 설명으로 옳은 것만을 〈보기〉에서 있는 대로 고른 것은?

보기
ㄱ. ㉠보다 ㉡이 생물 다양성을 높인다.
ㄴ. ㉢은 '유전적'이다.
ㄷ. 씨가 없는 바나나는 사람에 의해 생태계 다양성이 낮아진 대표적인 사례이다.

① ㄴ ② ㄷ ③ ㄱ, ㄴ
④ ㄱ, ㄷ ⑤ ㄱ, ㄴ, ㄷ

서술형

13

그림은 같은 종의 수컷 버들붕어 여러 마리가 하천에 각자의 세력권을 형성하며 서식하는 모습을 나타낸 것이다.

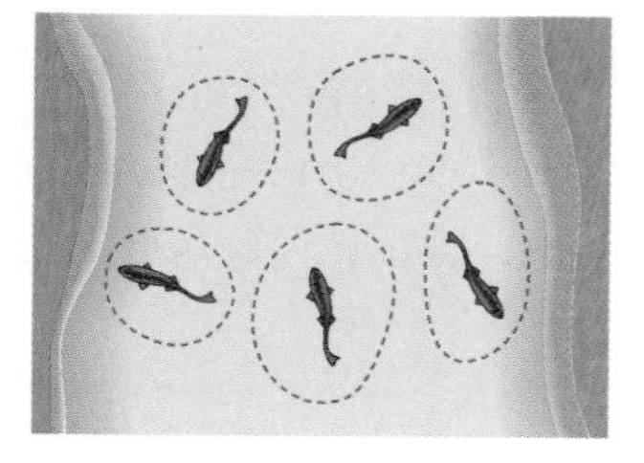

(1) 그림과 같은 개체군 내의 상호 작용은 무엇인지 쓰시오.

(2) 그림과 같은 상호 작용이 개체군 유지에 어떤 도움을 주는지 서술하시오.

14

표는 어떤 안정된 생태계를 구성하는 영양 단계 A~D의 에너지양, 에너지 효율, 생물량을 나타낸 것이다. A~D는 각각 생산자, 1차 소비자, 2차 소비자, 3차 소비자 중 하나이다.

영양 단계	에너지양(상댓값)	에너지 효율(%)	생물량(상댓값)
A	6	20	1.1
B	2000	1	831
C	?	15	14
D	200	?	43

(1) A~D 중 생산자와 2차 소비자는 무엇인지 쓰시오.

(2) 상위 영양 단계로 갈수록 에너지 효율은 어떤 추세로 변화하는지 에너지 효율 수치(%)를 포함하여 서술하시오.

15

그림은 같은 장소에 서식하는 이끼의 분포 면적을 (가)~(다)로 나눈 후, 1년이 지난 뒤 (가)에 서식하는 소형 동물의 종 수에 대한 (나)와 (다)에 서식하는 소형 동물의 종 수 비율을 나타낸 것이다. 제시된 조건 이외의 다른 요인은 고려하지 않으며, 이입과 이출은 없다.

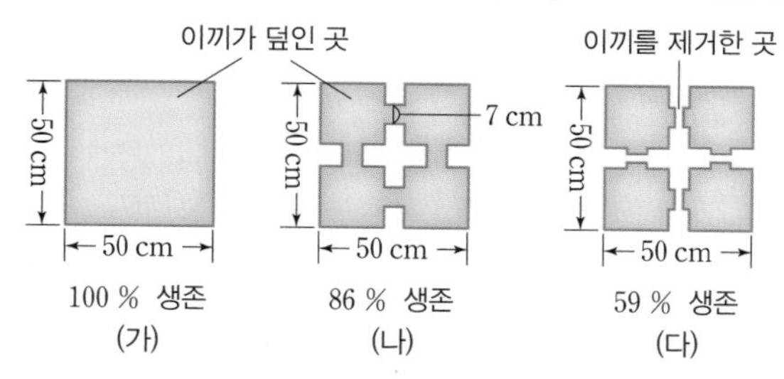

(1) (가)와 (나)를 비교하여 소형 동물의 종 다양성이 감소한 원인을 서술하시오.

(2) (나)와 (다)를 비교하여 소형 동물의 종 다양성이 감소한 원인을 서술하시오.

(3) 서식지가 단편화되면 서식지 가장자리보다 서식지 중앙에 서식하는 생물종 감소가 더 급격하게 일어나는 원인을 서술하시오.

Memo

★고등 **8종** 생명과학Ⅰ 교과서
필수 학습 내용 반영!

중간고사 기말고사 고득점을 예약하자!

시험적중

내신전략

고등 생명과학Ⅰ

BOOK 3

정답과 해설

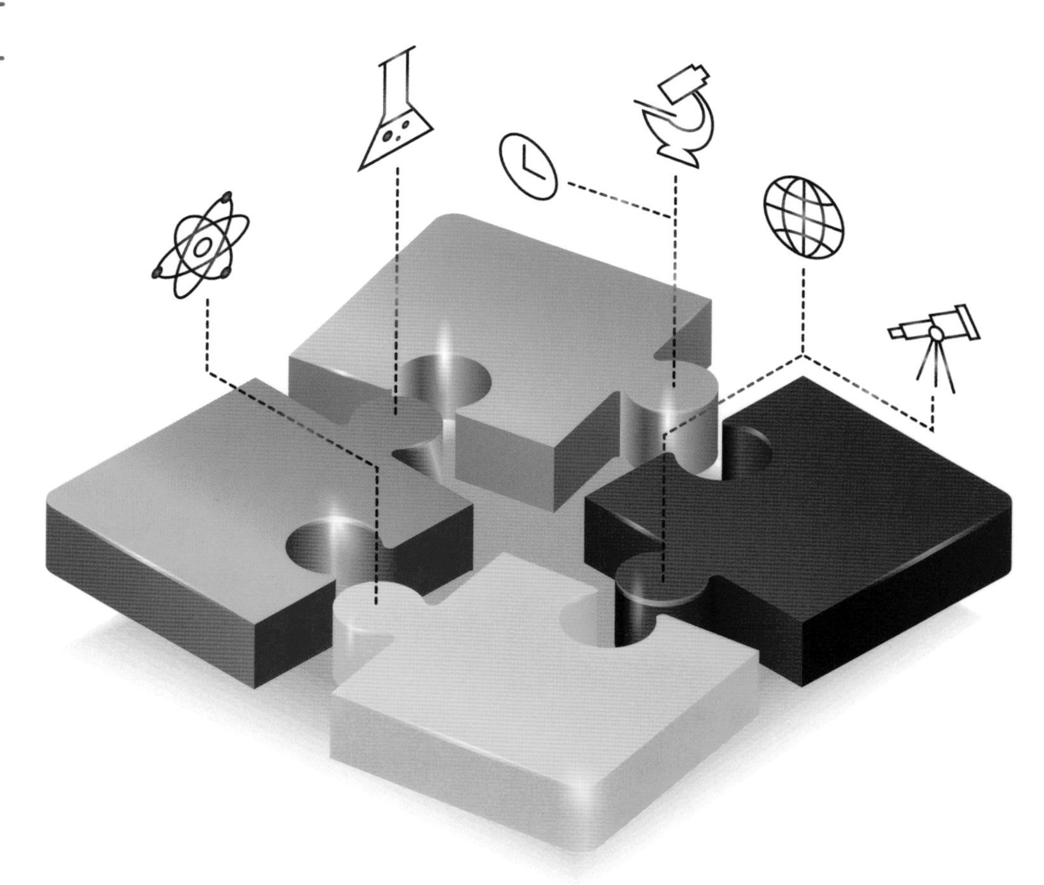

천재교육

정답과 해설 포인트 3가지

- 혼자서도 이해할 수 있는 친절한 문제 풀이
- 문제 해결에 필요한 자료 분석과 오답 넘기 TIP 제시
- 모범 답안과 구체적 채점 기준 제시로 실전 서술형 문항 완벽 대비

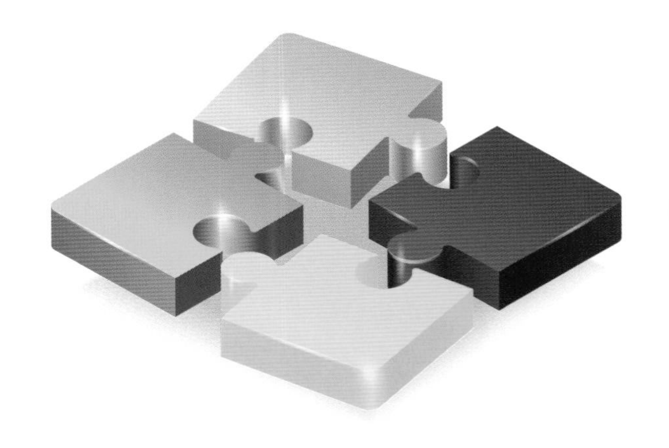

정답과 해설

Book 1

Book 2

1주 Ⅰ. 생명 과학의 이해 ~ Ⅱ. 사람의 물질 대사

1주 1일 개념 돌파 전략 ①

Book 1 9, 11쪽

❶-2 ④ ❷-2 ④ ❸-2 ④ ❹-2 ⑤

❶-2 생물의 특성

대장균은 생물이고, 바이러스는 생물과 무생물의 특징을 모두 나타낸다. ㉠은 바이러스와 대장균(생물)의 공통적인 특징이므로 바이러스의 생물적 특성에 해당한다. 바이러스의 생물적 특성은 핵산을 가지고 있어 숙주 세포 안에서 핵산을 복제해 증식할 수 있다는 것으로, 이 과정에서 유전 현상이 나타난다.

ㄴ. 바이러스와 대장균은 모두 유전 물질인 핵산을 가지고 있다.

ㄷ. 생물은 증식 과정에서 돌연변이가 일어나 진화하는데, 바이러스도 증식 과정에서 돌연변이가 일어난다.

오답 넘기

ㄱ. 바이러스는 숙주 세포 밖에서는 입자 상태로 존재하며, 스스로 물질대사를 하거나 증식할 수 없다.

❷-2 생명 과학의 탐구 방법

귀납적 탐구 방법은 자연 현상을 관찰하여 얻은 자료를 종합하고 분석하여 규칙성을 발견하고, 이로부터 일반적인 원리나 법칙을 이끌어 내는 탐구 방법이다. 귀납적 탐구 과정은 자연 현상의 관찰 → 관찰 주제의 선정 → 관찰 방법과 절차의 고안 → 관찰의 수행 → 결과 분석 및 결론 도출 순이다.

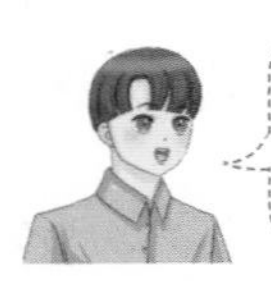

귀납적 탐구 방법은 연역적 탐구 방법과 달리 가설을 설정하지 않는다는 것을 기억하자~.

❸-2 생명 활동과 에너지

A는 ATP 합성 과정이고, B는 세포 호흡 과정으로, A는 동화 작용이고, B는 이화 작용이다. 동화 작용은 흡열 반응이고, 이화 작용은 발열 반응이다.

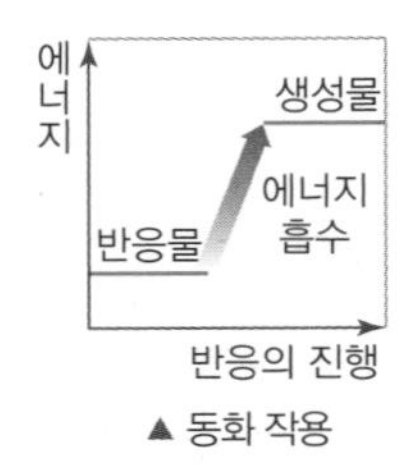

▲ 동화 작용

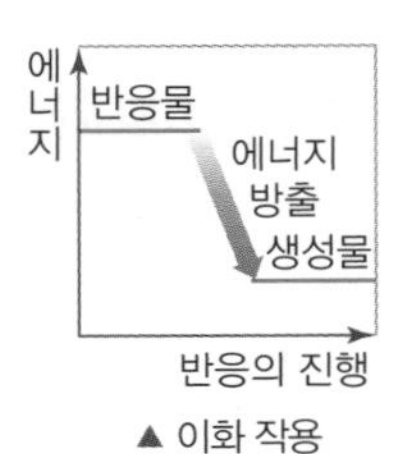

▲ 이화 작용

ㄴ. B는 고분자인 포도당이 저분자인 물과 이산화 탄소로 분해되는 과정이므로 이화 작용이며, 에너지를 방출하는 발열 반응이다.

ㄷ. 모든 물질대사에는 효소가 관여한다.

오답 넘기

ㄱ. A는 ADP와 무기 인산으로 ATP를 합성하는 과정이므로 동화 작용이다.

❹-2 기관계의 통합적 작용

자료 분석 ⊕ 기관계의 통합적 작용

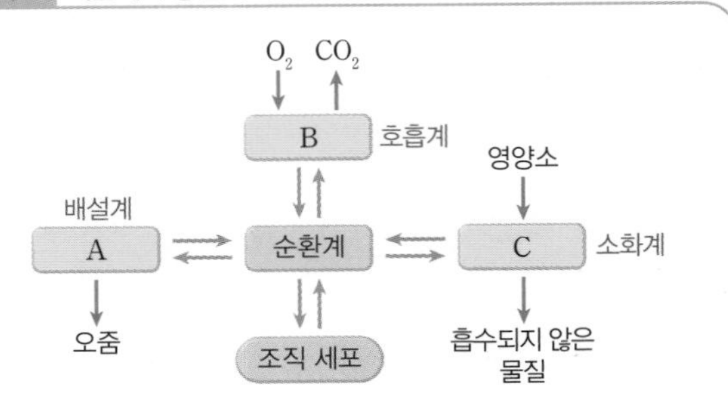

A는 오줌이 만들어지는 배설계, B는 산소와 이산화 탄소의 기체 교환이 일어나는 호흡계, C는 영양소를 흡수하는 소화계이다.

ㄱ. 단백질 분해 과정에서 생성된 암모니아는 간으로 운반되어 요소로 전환되고, 요소는 배설계를 통해 오줌으로 배설된다.

ㄴ. B는 호흡계로 코, 기관, 기관지, 폐 등으로 이루어져 있다. 폐는 호흡계를 구성하는 기관이다.

ㄷ. C는 소화계로 음식물 속의 영양소를 세포가 흡수할 수 있도록 크기가 작은 영양소로 분해한다. 소화계는 입에서 항문까지 소화에 관여하는 기관들로 구성되어 있으며, 대장은 소화계에 속한다.

1주 1일 개념 돌파 전략 ②

Book 1 12~13쪽

1 ⑤ 2 ④ 3 ① 4 ④
5 ⑤ 6 ⑤

1 생물의 특성

벌새의 날개 구조가 공중에서 정지한 상태로 꿀을 빨아 먹기에 적합하게 변한 것은 생물의 특성 중에서 적응과 진화에 해당한다.

⑤ 생물의 특성 중에서 적응과 진화에 해당하는 것은 '더운 지역에 사는 사막여우는 열 방출에 효과적인 큰 귀를 갖는다.'이다.

오답 넘기

① 짚신벌레가 분열법으로 증식하는 것은 생물의 특성 중에서 생식에 해당한다.

② 미모사의 잎을 건드렸을 때 잎이 접히는 것은 생물의 특성 중에서 자극과 반응에 해당한다.

③ 콩이 저장된 녹말을 이용하여 발아하는 것은 생물의 특성 중에서 물질대사에 해당한다.

④ 물을 많이 마시면 오줌의 양이 많아지는 것은 생물의 특성 중에서 항상성에 해당한다.

2 생물의 특성

ㄴ. ㉡은 박테리오파지와 짚신벌레의 공통점에 해당하므로 박테리오파지의 생물적 특성이다. 따라서 '핵산을 가지고 있다.'는 ㉡에 해당한다.

ㄷ. ㉢은 박테리오파지에는 없고 짚신벌레에만 있는 특성이다. 박테리오파지는 효소를 가지고 있지 않아 스스로 물질대사를 하지 못하므로 '스스로 물질대사를 한다.'는 ㉢에 해당한다.

오답 넘기

ㄱ. ㉠은 박테리오파지에만 있는 특성이다. 박테리오파지는 세포로 구성되어 있지 않으므로 '세포 분열로 증식한다.'는 짚신벌레만 가진 특성인 ㉢에 해당한다.

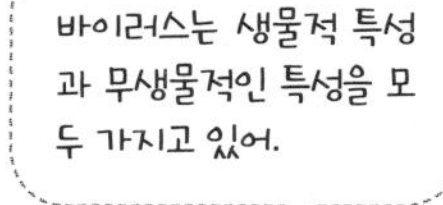

3 생명 과학의 탐구 방법

ㄱ. 플레밍의 페니실린 발견 실험은 '푸른곰팡이는 세균 증식을 멈추게 하는 물질을 만든다.'라는 가설을 세우고 탐구를 진행하므로 연역적 탐구 방법이다.

오답 넘기

ㄴ. 탐구 과정의 순서는 자연 현상을 관찰하면서 생긴 의문(나)에 대한 답을 찾기 위해 가설을 세우고(다), 이를 검증(가)하여 결론을 이끌어 내는 과정이므로 순서는 (나) → (다) → (가) 순이다.

ㄷ. 종속변인은 조작 변인의 영향을 받아 변하는 요인이므로 세균의 증식 여부이다. 변인을 정리해 보면 다음과 같다.

독립 변인	조작 변인	가설 검증을 위해 실험에서 의도적으로 변화시킨 변인
	통제 변인	실험에서 일정하게 유지시키는 변인
종속변인		독립변인에 따라 변화되는 요인으로, 실험 결과에 해당

4 물질대사

ㄴ. ⓑ는 포도당을 이용해서 에너지를 생성하는 세포 호흡이므로 미토콘드리아에서 일어난다.

ㄷ. 광합성과 세포 호흡은 대표적인 물질대사로 모두 효소가 관여한다.

오답 넘기

ㄱ. ⓐ는 광합성이다. 물과 이산화 탄소를 이용하여 고분자인 포도당을 합성하는 과정이므로 동화 작용에 해당한다.

5 에너지 전환

ㄱ. Ⅰ은 ATP 합성 과정이고, Ⅱ는 ATP 분해 과정이다. ㉠은 아데노신에 인산이 2개 결합한 ADP이다.

ㄴ. 과정 Ⅰ을 통해 ATP가 생성되므로 미토콘드리아에서 일어나는 세포 호흡에서 과정 Ⅰ이 일어난다.

ㄷ. ATP가 ADP로 분해되는 과정 Ⅱ에서 방출되는 에너지가 근수축을 포함한 여러 생명 활동에 사용된다.

6 기관계의 통합적 작용

A는 배설계, B는 순환계, C는 소화계이다.

① ㉠은 순환계를 통해 조직 세포로 물질이 이동하는 과정이다. ㉠ 과정을 통해 이동하는 물질에는 영양소와 O_2가 있다.

② A는 노폐물의 생성과 제거를 담당하는 배설계로, 콩팥과 방광은 배설계에 속하는 기관이다.

③ B는 순환계이다. 순환계에 속하는 기관으로는 심장, 혈관 등이 있다.

④ C(소화계)에서는 이화 작용이 일어난다.

오답 넘기

⑤ 암모니아는 조직 세포에서 아미노산을 이용하여 세포 호흡이 일어날 때 생성되며, 간(소화계)에서 요소로 전환된 후 콩팥(배설계)에서 걸러져 오줌으로 배출된다.

1주 2일 필수 체크 전략 ①

Book 1 14~17쪽

1-1 ⑤　　2-1 ④　　3-1 ㄱ, ㄷ　　4-1 ㄴ, ㄷ

1-1 생물의 특성

(가)는 생물의 특성 중에서 물질대사, (나)는 발생과 생장에 해당한다.

ㄱ. (가)는 생물의 특성 중에서 생명체 내에서 일어나는 화학 반응인 물질대사로, 대부분 효소가 이용된다.

ㄴ. 어린 개체가 세포 분열을 통해 몸이 커지고 성체로 되는 것은 생장이다. 따라서 올챙이가 개구리가 되는 것은 생물의 특성 중에서 발생과 생장에 해당한다.

ㄷ. 핀치가 먹이의 종류에 따라 부리 모양이 다른 것은 생물의 특성 중에서 적응과 진화에 해당한다.

2-1 생물과 바이러스의 특성 비교

(가)는 코로나 바이러스, (나)는 대장균이다.

ㄱ. A는 코로나 바이러스와 대장균이 모두 가지고 있는 특징이다. 따라서 '핵산(유전 물질)을 갖는다.' 는 A에 해당한다.

ㄷ. C는 코로나 바이러스는 가지고 있지 않으나, 대장균은 가지고 있는 특징이므로 '스스로 물질대사를 한다.', '세포로 이루어져 있다.', ' 자극에 대해 반응한다.' 등이 C에 해당한다.

오답 넘기

ㄴ. B는 코로나 바이러스에는 있으나, 대장균에는 없는 특징이므로 '세포의 구조를 갖추지 못하였다.' 혹은 '숙주 세포 밖에서는 입자 상태로 존재한다.', '스스로 물질대사를 하거나 증식할 수 없다.' 등이 B에 해당한다.

3-1 과학적 탐구 방법

연역적 탐구 방법은 관찰을 통해 인식된 문제에 대한 답을 얻기 위해 제기된 의문에 대한 잠정적인 해답, 즉 가설을 세우고 이를 검증해 가는 것이다.

ㄱ. 가설을 설정하고 이를 검증하기 위해 실험을 수행해 나가는 연역적 탐구 방법이 이용되었다.

ㄷ. 실험은 가설을 검증하기 위해 수행하는 것이므로, 이 탐구에서 가설은 '암컷이 배우자로 꼬리가 긴 수컷을 좋아할 것이다.'이다.

오답 넘기

ㄴ. 조작 변인은 가설 검증을 위해 변화시켜야 할 요인이므로 꼬리의 길이이다. 짝짓기 빈도는 이 실험에서 종속변인이다.

4-1 대조 실험과 변인

대조 실험은 실험군과 비교하기 위한 기준이 되는 대조군을 설정하여 진행하는 실험이다.

ㄴ. 이 실험에서는 탄저병 백신을 주사한 집단(A)과 탄저병 백신을 주사하지 않은 집단(B)에서의 탄저병 발생 유무가 종속변인에 해당한다.

ㄷ. 가설은 의문에 대한 답을 추측하여 내린 잠정적인 결론이다. 탄저병 백신을 양에게 주사하면 탄저병 예방 효과가 있을 것이라고 가정하는 (라) 단계는 가설을 설정하는 단계이다.

오답 넘기

ㄱ. 대조군은 실험군과 비교하기 위해 아무 요인도 변화시키지 않은 집단이므로 A는 실험군, B는 대조군이다.

1주 2일 필수 체크 전략 ②

Book 1 18~19쪽

1 ③ 2 ⑤ 3 ⑤ 4 ㄱ, ㄷ

1 생물의 특성

서식 환경이 다른 두 토끼의 생김새가 다르게 나타나는 것은 생물의 특성 중에서 적응과 진화에 해당한다.

③ 선인장이 물이 부족한 환경에 적응하여 잎을 가시로 변형시켰으므로 적응과 진화에 해당한다.

오답 넘기

① 짚신벌레가 분열법으로 증식하는 것은 생물의 특성 중에서 생식에 해당한다.

②, ④ 효모가 포도당을 분해하여 에너지를 얻는 것은 세포 호흡으로, 물질대사 중 이화 작용이다. 파리지옥이 벌레를 분해하고 소화하는 것도 물질대사 중 이화 작용이다.

⑤ 혈우병 보인자인 빅토리아 여왕의 딸들로부터 태어난 아들이 혈우병인 것은 혈우병 보인자였던 빅토리아 여왕이 가지고 있던 혈우병 유전자가 딸에게 전달되었고, 딸이 가지고 있던 혈우병 유전자가 다시 아들에게 전달되어 혈우병이 나타난 것이다. 따라서 이와 관련된 생물의 특성은 유전이다.

2 바이러스

ㄱ. 바이러스는 단백질 껍질 속에 유전 물질인 핵산이 들어 있는 구조로 되어 있다. 따라서 바이러스 X는 핵산을 갖는다.

ㄴ. 바이러스는 숙주 세포 밖에서는 입자(결정체)의 형태로 존재하고, 숙주 세포 내에서는 숙주 세포의 효소를 이용하여 증식하고 돌연변이가 나타난다.

ㄷ. X가 시간이 지나면서 증상과 감염율이 다른 다양한 변이종으로 변화하는 특성을 나타내는 것은 생물의 특성 중에서 진화에 해당한다.

3 생명 과학의 탐구 방법

ㄱ. 실험 결과에서 일정 시간 동안 불가사리에게 잡아먹힌 산호의 비율은 딱총새우를 제거한 집단에서가 딱총새우를 제거하지 않은 집단에서보다 높았으므로 이 실험의 결과는 가설을 지지한다.

ㄴ. 딱총새우가 서식하는 산호의 주변에는 산호의 천적인 불가사리가 적게 관찰되는 것을 보고, 딱총새우가 산호를 불가사리로부터 보호해 줄 것이라고 생각하여 잠정적인 결론을 내렸으므로 (나)는 문제를 인식하고 가설을 설정하는 단계이다.

ㄷ. 탐구 과정은 관찰과 가설 설정 단계인 (나), 탐구 설계 및 수행 단계에 해당하는 (다), 결과 정리 및 분석에 해당하는 (가) 순이다.

4 생명 과학의 탐구 방법

지방의 소화에 물질 X와 Y가 관여하는지를 알아보기 위한 실험이다. 실험자가 의도적으로 변화시킨 독립변인은 시험관에 넣은 첨가 용액의 종류이고, 실험 결과에 해당하는 종속변인은 남은 지방의 상대량이다. 실험에서 일정하게 유지하는 변인인 통제 변인은 온도와 pH이다.

ㄱ. 이 실험에서 조작 변인의 영향을 받아 변하는 요인인 종속변인은 남은 지방의 상대량이다.

ㄷ. 이 실험의 모든 시험관에서 온도는 37 ℃, pH는 8로 맞추어 유지하고 있으므로 통제 변인은 온도와 pH이다.

오답 넘기

ㄴ. 시험관 B와 C에서 물질 Y를 첨가했을 때 남은 지방의 상대량이 감소하는 것으로 보아 물질 Y는 지방 분해에 관여한다는 것을 알 수 있다.

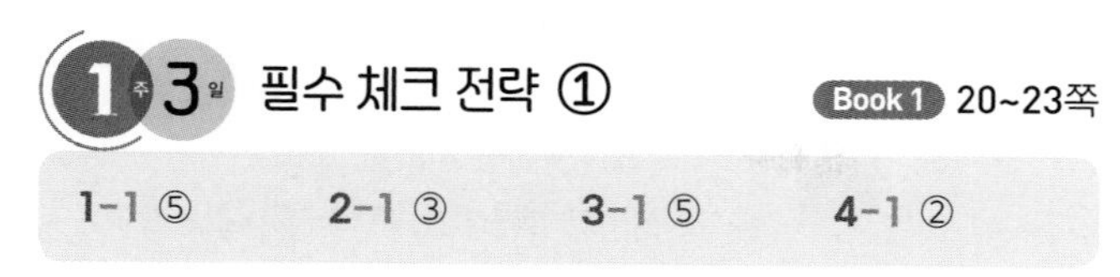

1주 3일 필수 체크 전략 ①

Book 1 20~23쪽

1-1 ⑤　　2-1 ③　　3-1 ⑤　　4-1 ②

1-1 물질대사

자료 분석 ⊕ 동화 작용과 이화 작용

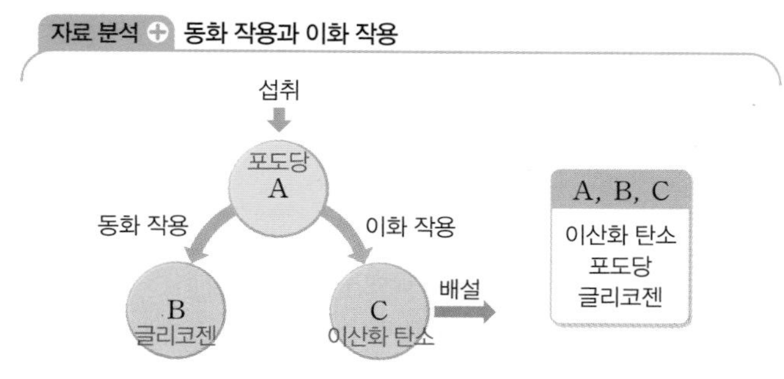

- 저분자인 포도당이 고분자인 글리코젠으로 합성되는 것은 동화 작용으로 에너지가 흡수되는 흡열 반응이다.
- 고분자인 포도당이 저분자인 이산화 탄소로 분해되는 것은 이화 작용으로 에너지가 방출되는 발열 반응이다.

ㄴ. A가 B로 되는 반응은 간단하고 작은 물질을 복잡하고 큰 물질로 합성하는 동화 작용이다. 동화 작용은 에너지가 흡수되는 흡열 반응이다.

ㄷ. 물질대사는 생명체 내에서 일어나는 화학 반응으로 대부분 효소가 관여한다. 따라서 포도당이 글리코젠으로 합성되는 과정과 포도당이 이산화 탄소로 분해되는 과정에서 모두 효소가 관여한다.

오답 넘기

ㄱ. A는 포도당, B는 글리코젠, C는 이산화 탄소이다.

2-1 에너지의 전환과 이용

자료 분석 ⊕ 세포 호흡과 에너지 전환

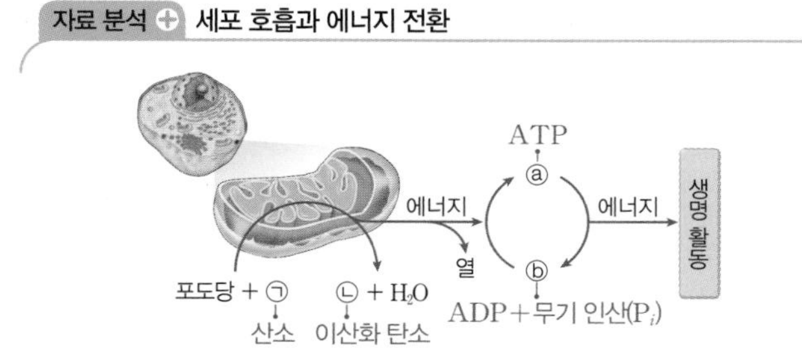

- 세포 호흡은 주로 미토콘드리아에서 일어난다.
- 세포 호흡 과정: 포도당+산소 ⟶ 이산화 탄소+물+에너지
- 세포 호흡 과정에서 나오는 에너지 중 일부는 ADP를 ATP로 전환하는 데 쓰이고, 나머지는 열에너지로 방출된다.

ㄷ. ATP가 분해될 때 방출되는 에너지는 여러 형태의 에너지로 전환되어 발성, 정신 활동, 체온 유지, 근육 유지 등의 생명 활동에 이용된다.

오답 넘기

ㄱ. 미토콘드리아에서 산소와 포도당을 이용해 세포 호흡을 하고, 그 결과 물과 이산화 탄소를 방출한다. 따라서 ㉠은 산소, ㉡은 이산화 탄소이다.

ㄴ. ⓐ는 ATP이고, ⓑ는 ADP+무기 인산이다. 따라서 고분자인 ⓐ가 저분자인 ⓑ로 되는 과정이므로 이화 작용이다.

세포 호흡에 의해 포도당의 화학 에너지 일부는 ATP의 화학 에너지로 저장되고, ATP의 화학 에너지는 여러 형태로 전환되어 생명 활동에 이용된다는 것을 기억해.

3-1 기관계의 통합적 작용

A는 순환계, B는 소화계, C는 호흡계, D는 배설계에 해당한다.

ㄱ. 조직 세포에서 생성된 이산화 탄소(CO_2)를 운반하는 것은 심장, 혈관 등과 같은 순환계(A)이다.

ㄴ. 조직 세포에서 생성된 암모니아는 간(B, 소화계)에서 요소로 전환된 후 콩팥(D, 배설계)에서 걸러져 오줌으로 배설된다.

ㄷ. 폐(C, 호흡계)의 폐포와 모세 혈관 사이에서 기체 교환이 일어난다.

4-1 물질대사와 건강

체온 조절, 심장 박동, 혈액 순환, 호흡 활동과 같은 생명 활동을 유지하는 데 필요한 최소한의 에너지양은 기초 대사량이다. 공부하기, 운동하기 등 다양한 생명 활동을 하면서 소모되는 에너지양은 활동 대사량이다.

ㄴ. (나)는 에너지 섭취량이 에너지 소모량보다 많은 상태로, 이와 같은 상태가 지속되면 비만이 될 확률이 높다.

오답 넘기

ㄱ. (가)는 에너지 섭취량이 에너지 소모량보다 적은 상태로, 이 상태가 오래 지속되면 면역력이 떨어져 각종 질병에 걸릴 확률이 높아진다.

ㄷ. 생명 활동을 유지하는 데 필요한 최소한의 에너지양은 기초 대사량이다.

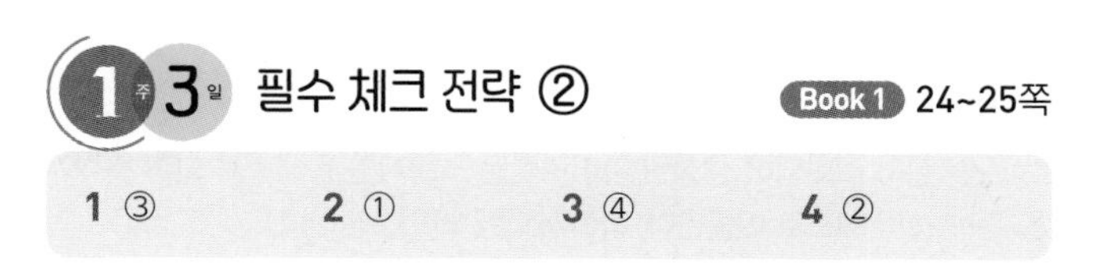

1주 3일 필수 체크 전략 ②

Book 1 24~25쪽

1 ③　　2 ①　　3 ④　　4 ②

1 물질대사

ㄱ. (가)에서 고분자인 글리코젠이 저분자인 포도당으로 분해되므로 (가)는 이화 작용이다.

ㄷ. 식물이 저분자인 빛과 이산화 탄소를 이용하여 고분자인 포도당을 합성하는 것은 광합성 작용으로 동화 작용에 해당한다.

오답 넘기

ㄴ. 인슐린은 혈당량을 낮추는 역할을 하는 호르몬이다. 간에서 글리코젠이 포도당으로 분해되면 혈액 속 포도당의 양이 늘어나 혈당량이 높아진다. 간에서 글리코젠을 포도당으로 분해하는 호르몬은 글루카곤이다.

2 에너지 전환

자료 분석 + ATP와 ADP

ATP는 무기 인산 한 분자를 떨어뜨리고 ADP가 되면서 에너지를 방출한다.

아데닌
ATP
P P P
리보스
아데노신
고에너지 인산 결합
I
II
아데닌
ADP
P P + P_i
리보스

세포 호흡으로 방출된 에너지에 의해 ADP가 무기 인산 한 분자와 결합하여 ATP가 된다.

- ATP는 아데노신(아데닌+리보스)에 3개의 인산기가 결합된 화합물로, 인산기와 인산기 사이의 결합에 많은 에너지가 저장되어 있다.
- ATP의 고에너지 인산 결합이 끊어져 ADP와 무기 인산으로 분해되면서 에너지가 방출된다.

㉠은 ATP, ㉡은 ADP이다. ATP가 ADP로 될 때 에너지를 방출하고, ADP가 ATP로 될 때 에너지를 흡수한다. 과정 I은 ATP가 분해되는 과정이고, 과정 II는 ATP가 합성되는 과정이다.

ㄱ. ATP가 분해되는 과정에서 방출되는 에너지는 다양한 생명 활동에 이용된다.

오답 넘기

ㄴ. ㉠은 ATP, ㉡은 ADP이므로 1분자당 에너지양은 ATP가 ADP보다 많다.

ㄷ. 과정 II는 ADP와 무기 인산이 ATP로 합성되는 과정이므로 동화 작용이다.

3 에너지 전환과 이용

(가)는 소화계, (나)는 호흡계이다. ㉠은 아미노산, ㉡은 이산화 탄소, ㉢은 산소이다.

ㄴ. 단백질이 소화되어 생성된 아미노산은 소장의 융털을 통해 흡수된다. 따라서 (가)를 통해 아미노산이 흡수된다.

ㄷ. ㉡은 이산화 탄소, ㉢은 산소이며, 호흡계를 통해 산소와 이산화 탄소의 교환이 이루어진다.

오답 넘기

ㄱ. 단백질이 소화되어 생성된 아미노산은 소화계를 통해 흡수되어 순환계를 통해 조직 세포로 이동한다. 따라서 ㉠은 아미노산이다.

4 에너지 균형

건강한 생활을 유지하기 위해서는 음식물 섭취로부터 얻는 에너지양과 활동으로 소비하는 에너지양 사이에 균형이 잘 이루어져야 한다.

ㄷ. III에서는 에너지 소비량과 섭취량이 같으므로 에너지 소비량과 에너지 섭취량이 균형을 이루고 있다.

오답 넘기

ㄱ. I에서는 ㉠의 에너지양이 ㉡의 에너지양보다 적은데 체중이 증가한 것으로 보아 ㉠이 에너지 소모량이고, ㉡은 에너지 섭취량이다.

ㄴ. II에서는 에너지 소비량과 섭취량이 같으므로 체중은 그대로 유지된다.

에너지 섭취량과 소비량의 균형이 이루어지지 않으면 비만이나 영양 부족 상태가 될 수 있어.

1주 4일 교과서 대표 전략 ①

Book 1 26~29쪽

1 ④　2 ㄴ, ㄷ　3 ②　4 ③
5 (1) (가) 증류수와 달걀 흰자, (나) 27 ℃ (2) 해설 참조
6 ㄱ, ㄴ, ㄷ　7 ②　8 ㄷ　9 ⑤
10 ㄴ　11 ㄱ, ㄴ, ㄷ　12 ㄱ, ㄷ　13 ㄱ, ㄴ
14 (1) 해설 참조 (2) 해설 참조　15 ⑤

1 생물의 특성

밀렵을 피하기 위해 상아 없이 태어나는 코끼리는 생물의 특성 중에서 적응과 진화에 해당한다.

④ 핀치가 사는 환경에 따라 먹이가 다르며, 먹이의 종류에 따라 부리의 모양이 다른 것은 생물의 특성 중 적응과 진화에 해당한다.

오답 넘기

① 짚신벌레가 분열법으로 번식하는 것은 생물의 특성 중 생식에 해당한다. 짚신벌레와 같은 단세포 생물은 체세포 분열을 하는 것이 자손을 번식하는 생식 과정이다.

② 장구벌레가 번데기를 거쳐 모기가 되는 것은 생물의 특성 중 발생과 생장에 해당한다.

③ 소나무가 빛을 흡수하여 포도당을 합성하는 것은 생물의 특성 중 물질대사에 해당한다.

⑤ 적록 색맹인 어머니에게서 적록 색맹인 아들이 태어나는 것은 생물의 특성 중 유전에 해당한다.

2 생물과 무생물의 비교

(가)는 무생물이고, (나)는 생물이다.

ㄴ. 죽순은 생장과 물질대사를 한다. 따라서 죽순에서는 동화 작용이 일어난다.

ㄷ. 석회암 동굴에서 자라는 석순을 구성하는 기본 단위는 세포가 아니다. 따라서 생물인 죽순에서만 세포의 수가 증가한다.

오답 넘기

ㄱ. 생물에 해당하는 죽순은 물질대사를 통해 생장하지만, 무생물인 석순은 화학 반응에 의해 자란다.

3 바이러스

A는 숙주 바깥의 박테리오파지이고, B는 숙주 안의 박테리오파지이다.

ㄷ. 박테리오파지는 단백질과 핵산으로 구성되어 있다.

오답 넘기

ㄱ. A는 숙주 밖의 박테리오파지로 독립적으로 물질대사를 할 수 없다.

ㄴ. B는 세포 구조를 가지지 않는 박테리오파지이므로, 세포 분열을 통해 증식할 수 없다. 바이러스는 숙주 세포에서 숙주 세포의 효소를 이용하여 증식하는데, 이는 세포 분열과 다르다.

4 생물과 바이러스의 비교

자료 분석 ⊕ 짚신벌레와 독감 바이러스의 비교

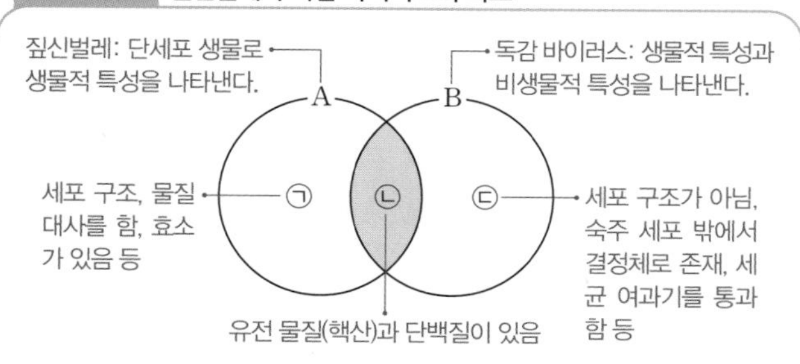

㉠은 생물인 짚신벌레만 가지는 특징, ㉡은 짚신벌레와 독감 바이러스의 공통적인 특징, ㉢은 독감 바이러스만 가지는 특징이다.

ㄱ. 세포로 구성되어 있고 세포 분열을 통해 증식하는 것은 생물만이 가지는 특징이다.

ㄴ. 짚신벌레와 독감 바이러스는 증식 과정에서 모두 돌연변이가 일어난다.

오답 넘기

ㄷ. 독감 바이러스는 독자적인 효소를 가지고 있지 않아 스스로 물질대사를 할 수 없다.

5 변인

(1) 배즙에 단백질을 분해하는 물질이 들어 있는지 알아보는 실험이므로 배즙이 들어 있는 시험관 A는 실험군이다. 시험관 B는 대조군으로 시험관 A와 결과를 비교하기 위해 배즙 대신 증류수를 넣어야 한다. 배즙의 유무(조작 변인)를 제외한 다른 조건(통제 변인)은 모두 일정하게 유지해야 하므로 온도는 시험관 A와 같이 27 ℃를 유지해야 한다.

(2) 가설은 잠정적인 결론에 해당하므로 실험 결과가 가설을 지지하면 가설이 결론으로 도출된다. 아미노산은 단백질의 최종 분해 산물이다. 배즙이 들어 있는 시험관 A에서 아미노산이 더 많이 검출되었으므로 배즙에는 단백질을 분해하는 물질이 들어 있음을 알 수 있다.

모범 답안

배즙에는 단백질을 분해하는 물질이 들어 있다.

채점 기준	배점(%)
모범 답안과 같이 옳게 서술한 경우	100

6 탐구 방법의 비교

(가)는 귀납적 탐구 방법이고, (나)는 연역적 탐구 방법이다.

ㄱ. (가)는 자연 현상을 관찰하여 얻은 자료를 종합하고 분석하여 규칙성을 발견하고, 이로부터 일반적인 원리나 법칙을 이끌어내는 귀납적 탐구 방법이다.

ㄴ. (나)는 가설을 설정하고 탐구를 통해 결론을 도출하는 것으로 보아 연역적 탐구 방법이다. 연역적 탐구 과정에서는 실험 결과의 타당성을 높이기 위해 실험군과 비교하기 위한 대조군을 설정하여 실험하는 대조 실험을 실시한다.

ㄷ. 연역적 탐구 방법은 관찰하면서 생긴 의문에 대한 답을 찾기 위해 가설을 세우고, 이를 실험적으로 검증해 결론을 이끌어내는 탐구 방법이다. 따라서 A는 가설 설정 단계이다.

7 귀납적 탐구 방법

ㄴ. (가)와 (다)에서는 오랜 시간에 걸쳐 얻은 관찰 자료를 종합하고 분석하여 규칙성을 발견하고, 이로부터 일반적인 원리나 법칙을 이끌어내는 귀납적 탐구 방법이 사용되었다.

ㄷ. (나)에서는 가설을 설정하고, 이를 실험으로 검증하는 연역적 탐구 방법이 사용되었다. (나)에서는 실험 결과의 타당성을 높이기 위해 대조 실험을 실시하였다.

오답 넘기

ㄱ. 대조 실험은 연역적 탐구 과정에서 사용된다. (가)는 귀납적 탐구 방법이 사용되었다.

ㄹ. (나)에서 병의 입구를 천으로 막아 실험 조건을 인위적으로 변화시킨 ㉠이 실험군이고, 병의 입구를 막지 않은 것이 대조군이다.

8 물질대사

자료 분석 ⊕ 동화 작용과 이화 작용

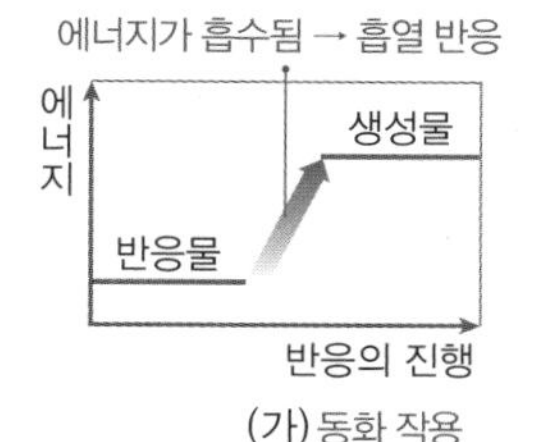

(가) 동화 작용

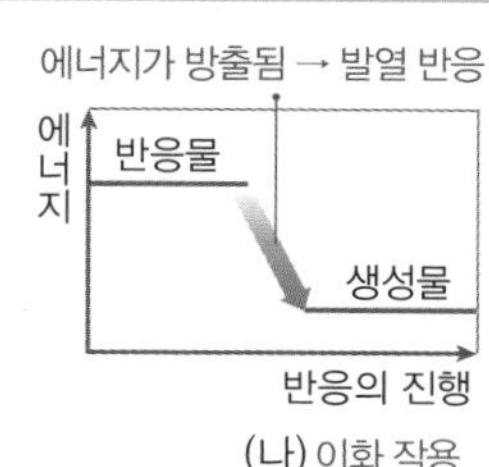

(나) 이화 작용

- (가): 반응물의 에너지양보다 생성물의 에너지양이 많은 것은 반응이 일어날 때 에너지가 흡수되기 때문이다. 따라서 흡열 반응이고, 저분자 물질이 고분자 물질로 합성되는 동화 작용이다.
- (나): 반응물의 에너지양이 생성물의 에너지양보다 많은 것은 반응이 일어날 때 에너지가 방출되기 때문이다. 따라서 발열 반응이고 고분자 물질이 저분자 물질로 분해되는 이화 작용이다.

ㄷ. 동화 작용과 이화 작용은 모두 물질대사이다. 물질대사는 생명체에서 일어나는 화학 반응으로, 생체 촉매인 효소가 관여한다.

오답 넘기

ㄱ. (가)는 동화 작용이다.

ㄴ. 광합성은 빛에너지를 이용하여 물과 이산화 탄소로부터 포도당을 합성하는 과정으로, 동화 작용의 대표적인 예이다. (나)는 이화 작용이며, 이화 작용의 대표적인 예로는 포도당이 산소와 반응하여 물과 이산화 탄소로 분해되는 세포 호흡이 있다.

9 물질대사와 에너지

(가)는 빛에너지를 이용하여 물과 이산화 탄소로부터 포도당을 합성하는 과정이므로 광합성이고, (나)는 포도당이 산소와 반응하여 이산화 탄소와 물로 분해되는 과정이므로 세포 호흡이다.

ㄱ. 광합성과 세포 호흡은 모두 물질대사에 해당하므로 생체 촉매인 효소가 관여한다.

ㄴ. 광합성 과정에 이용된 빛에너지는 포도당의 화학 에너지로 전환된다.

ㄷ. 세포 호흡은 살아 있는 생물의 모든 세포에서 일어난다. 세포 호흡으로 생성된 ATP는 ADP로 분해되면서 에너지가 방출되어 근수축, 물질 합성, 체온 유지 등 다양한 생명 활동에 이용된다.

10 세포 호흡

세포 호흡은 세포 내에서 영양소를 분해하여 생명 활동에 필요한 에너지를 얻는 과정으로, 주로 세포의 미토콘드리아에서 일어난다.

ㄴ. 세포 호흡이 일어나는 이 세포 소기관은 미토콘드리아이며, 동물 세포와 식물 세포에 모두 존재한다.

오답 넘기

ㄱ. 세포 호흡에서는 포도당과 같은 영양소가 조직 세포로 운반된 산소에 의해 산화되어 CO_2와 물로 분해되고, 이 과정에서 에너지가 방출된다. 미토콘드리아로 들어가는 ⓐ는 O_2이다.

ㄷ. 세포 호흡에서 방출하는 에너지의 일부는 ATP에 저장되고, 나머지는 열에너지 형태로 방출된다.

11 에너지의 전환과 이용

자료 분석 ⊕ 에너지의 전환과 이용

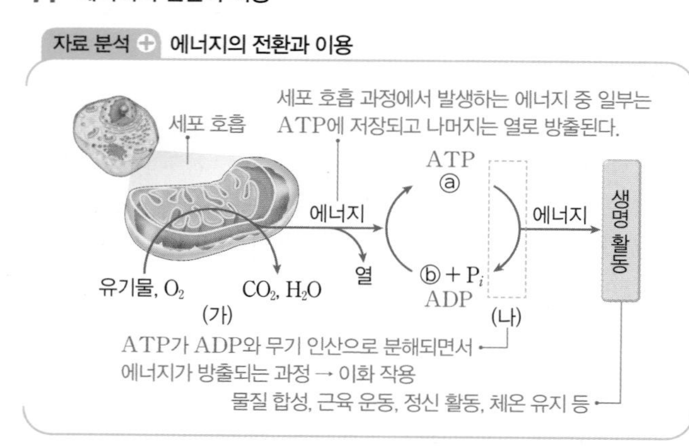

ㄱ. (가)는 유기물이 산소와 반응하여 이산화 탄소와 물로 분해되는 세포 호흡 과정이다. (나)는 ATP가 ADP와 무기 인산(P_i)으로 분해되는 과정이므로, (가)와 (나)는 모두 고분자 물질이 저분자 물질로 분해되는 이화 작용이다.

ㄴ. 세포 호흡에서 방출된 에너지를 이용하여 ADP와 무기 인산이 결합하여 ATP가 합성된다. 따라서 ⓐ는 ATP, ⓑ는 ADP이다. 고에너지 인산 결합의 수는 ATP(ⓐ)에서 2개, ADP(ⓑ)에서 1개이다.

ㄷ. ATP가 분해될 때 방출되는 에너지는 발성, 정신 활동, 체온 유지, 근육 운동, 생장 등의 다양한 생명 활동에 이용된다.

12 노폐물의 생성과 배설

자료 분석 ⊕ 노폐물의 생성과 배설

소화 과정으로 소화계에서 일어난다. 소화 과정은 큰 영양소가 세포막을 통과할 수 있을 정도의 작은 영양소로 분해되는 과정으로 이화 작용이다.

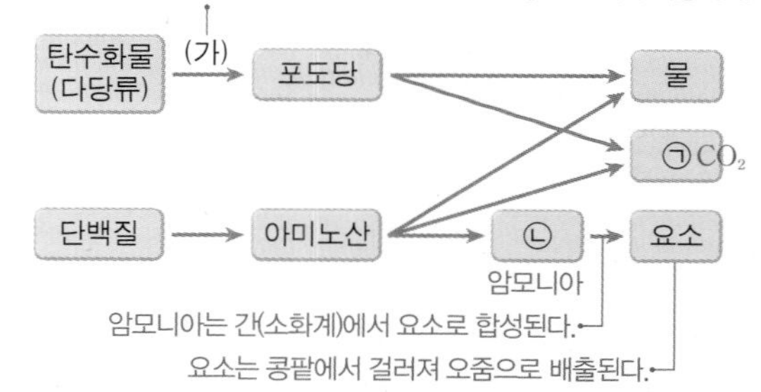

영양소가 세포 호흡으로 분해되면 이산화 탄소, 물, 암모니아 같은 노폐물이 생성되고, 노폐물은 순환계에 의해 호흡계와 배설계로 운반되어 몸 밖으로 나간다.

물	몸속에서 다시 이용되거나 콩팥(배설계)에서 오줌으로, 폐(호흡계)에서 날숨으로 나간다.
이산화 탄소	폐(호흡계)에서 날숨으로 나간다.
암모니아	간(소화계)에서 요소로 전환된 후 콩팥(배설계)에서 오줌으로 나간다.

ㄱ. 탄수화물(다당류)을 분해해서 포도당으로 만드는 과정은 소화 과정으로, 기관계 중 소화계에서 일어난다.

ㄷ. ㉡은 아미노산이 분해되는 과정에서 생성되는 암모니아이다. 암모니아는 간으로 운반되어 독성이 약한 요소로 전환된 다음 콩팥으로 운반되어 오줌으로 배설된다.

오답 넘기

ㄴ. ㉠은 세포 호흡 결과 발생하는 이산화 탄소이다. 이산화 탄소는 혈액에 의해 운반되어 폐(호흡계)에서 날숨으로 배출된다.

13 기관계의 통합적 작용

영양소의 소화는 소화계에서 일어나므로 (가)는 소화계이다. 소화계를 통해 흡수된 영양소와 호흡계를 통해 흡수된 산소는 순환계를 통해 온몸의 조직 세포로 운반된다. 따라서 (나)는 순환계이다. 단백질이 분해될 때 발생하는 암모니아는 독성이 강해 간에서 요소로 전환된 후 콩팥에서 걸러져 오줌으로 배출된다. 따라서 (다)는 배설계이다. 소화계, 호흡계, 순환계, 배설계는 각각 고유의 기능을 수행하면서 서로 협력하여 생명 활동이 원활하게 이루어지도록 한다.

ㄱ. 요소는 간에서 합성되며 순환계를 통해 배설계로 운반된다. 따라서 ㉠에는 요소의 이동이 포함된다.

ㄴ. (나)는 순환계이다. 순환계는 조직 세포에 영양소와 산소를 운반하고, 조직 세포에서 생성된 노폐물과 CO_2를 배설계나 호흡계로 운반한다.

오답 넘기

ㄷ. 소장은 소화계에 속한다. (다) 배설계에 속하는 기관에는 콩팥, 방광, 오줌관, 요도 등이 있다.

14 에너지 대사의 균형

자료 분석 ⊕ 에너지의 전환과 이용

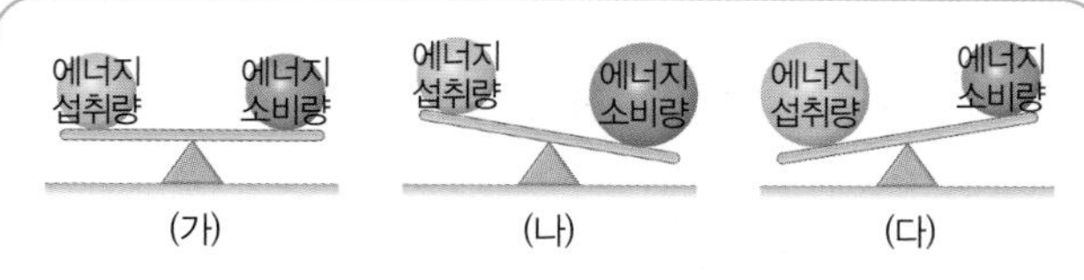

생명 활동을 정상적으로 유지하고 건강한 생활을 하기 위해서는 에너지 섭취량과 에너지 소비량 사이에 균형이 이루어져야 한다.
- (가) 에너지 섭취량=에너지 소비량 → 영양 균형
- (나) 에너지 섭취량<에너지 소비량 → 체중이 감소하고, 영양실조에 걸리거나 면역력이 저하될 수 있다.
- (다) 에너지 섭취량>에너지 소비량 → 체중이 증가하고, 비만이 될 수 있다.

(1) 모범 답안

(가) 체중의 변화가 없을 것이다. (나) 체중이 감소할 것이다. (다) 체중이 증가할 것이다.

채점 기준	배점(%)
(가)~(다)의 체중 변화를 모두 옳게 서술한 경우	100
(가)만 옳게 서술한 경우	50
(나)와 (다)만 옳게 서술한 경우	50

(2) 모범 답안

(나)가 지속되면 영양실조에 걸리거나 면역력이 떨어질 수 있고, (다)가 지속되면 비만이 나타날 수 있다.

채점 기준	배점(%)
(나)와 (다)를 모두 옳게 서술한 경우	100
(나)와 (다) 중 한 가지만 옳게 서술한 경우	50

15 대사성 질환

- 학생 B: 우리 몸에서 물질대사 이상으로 발생하는 질환을 모두 일컬어 대사성 질환이라고 한다.
- 학생 C: 대사성 질환의 종류로는 당뇨병, 고지혈증, 고혈압, 심혈관 질환, 뇌혈관 질환 등이 있다.

오답 넘기

- 학생 A: 생명 활동을 유지하는 데 필요한 최소한의 에너지양을 기초 대사량이라고 한다. 1일 대사량은 기초 대사량과 활동 대사량, 음식물의 소화와 흡수에 필요한 에너지양 등을 더한 값이다.

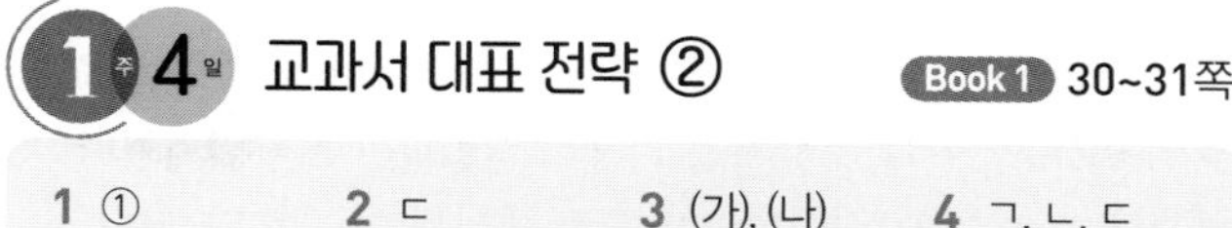

1주 4일 교과서 대표 전략 ②

Book 1 30~31쪽

1 ①	2 ㄷ	3 (가), (나)	4 ㄱ, ㄴ, ㄷ
5 ③	6 ②	7 ㄱ, ㄹ	8 ②

1 생물의 특성

파리지옥의 잎이 곤충이 앉는 자극에 대해 접히는 반응을 나타냈으므로 ㉠은 생물의 특성 중에서 자극에 대한 반응이다. ㉡ 파리지옥이 산과 소화액을 분비하여 곤충을 분해하는 것은 이화 작용으로, 물질대사에 해당한다.

2 바이러스

박테리오파지는 숙주 세포 밖에서는 스스로 증식하지 못하고 숙주의 효소를 이용하여 물질대사를 한다. (가)는 세균 밖의 박테리오파지이고, (나)와 (다)는 세균 내의 박테리오파지이다.

ㄷ. 박테리오파지는 효소가 없어서 스스로 물질대사를 하지 못하지만 숙주인 세균의 효소를 이용하여 물질대사와 증식을 한다.

오답 넘기

ㄱ. 박테리오파지는 단백질 껍질과 유전 물질인 DNA로 구성된다.

ㄴ. (가)는 세균 밖의 박테리오파지이다. (가)가 증식을 하는 동안 돌연변이가 일어나면 (나), (다)는 (가)와 유전적으로 다른 박테리오파지가 된다.

3 생명 과학의 탐구 방법

(가)와 (나)는 관찰을 통해 인식한 문제에 대한 결론을 얻었으므로 귀납적 탐구 방법이다.

오답 넘기

(다)는 가설을 세우고, 실험을 통해 검증하여 결론을 도출하고 있으므로 연역적 탐구 방법이다.

귀납적 탐구 방법은 관찰을 통해 결론을 얻고, 연역적 탐구 방법은 가설을 설정한다는 것을 기억하자!

4 생명 과학의 탐구 방법

효모는 산소가 있을 때는 세포 호흡을 하여 물과 이산화 탄소를 생성하고, 산소가 없을 때는 발효를 하여 이산화 탄소와 에탄올을 생성한다. 이 실험은 효모가 물질대사의 한 종류인 발효를 통해 이산화 탄소를 발생하는 것을 확인하기 위한 것이다. 발효관 입구를 솜으로 막은 것은 산소가 발효관 안으로 공급되는 것을 막아, 효모가 발효를 할 수 있도록 하기 위한 것이다. 효모의 발효로 생성된 이산화 탄소는 맹관부에 모여 맹관부 속 수면의 높이가 낮아진다.

ㄱ. 효모를 이용한 물질대사를 알아보는 실험에서 증류수를 넣은 발효관 A는 대조 실험을 위한 대조군이고, 5 % 포도당 수용액이 든 발효관 B는 실험군이다.

ㄴ. 발효관에 넣은 용액의 종류는 조작 변인이고, 조작 변인(용액의 종류)에 따라 달라지는 기체의 양(㉠)은 종속변인이다. 맹관부에 모인 기체는 효모의 발효로 생성된 이산화 탄소이다.
ㄷ. 발효관 내에서 기체(이산화 탄소)가 발생하였으므로 발효관 내에서 효모는 포도당을 이용하여 물질대사(발효)를 하였음을 알 수 있다.

5 물질대사

(가)는 이화 작용이고, (나)는 동화 작용이다. ㉠은 암모니아이다.
ㄱ. 글리코젠이 포도당으로 분해되는 과정인 (가)와 암모니아가 요소로 전환되는 과정인 (나)는 모두 간에서 일어난다.
ㄴ. 고분자 물질인 글리코젠이 포도당으로 분해되는 과정은 이화 작용이고, 저분자 물질인 암모니아가 요소로 합성되는 과정은 동화 작용이다.

오답 넘기

ㄷ. ㉠은 질소성 노폐물인 암모니아이다. 암모니아는 단백질이 세포 호흡에 사용된 결과 생성되는 노폐물이다.

6 물질대사

ㄷ. 미토콘드리아에서 세포 호흡 결과 생성되는 노폐물에는 물(H_2O)과 이산화 탄소가 있다.

오답 넘기

ㄱ. 미토콘드리아는 세포 호흡이 일어나는 장소이다. 포도당이 녹말이 되는 과정은 식물의 엽록체에서 일어난다.
ㄴ. 포도당은 녹말을 이루는 기본 입자이므로 포도당은 저분자 물질, 녹말은 고분자 물질이다. 저분자 물질인 포도당이 고분자 물질인 녹말로 되는 과정 (가)는 동화 작용이다.

7 순환계

자료 분석 + 순환계의 구조

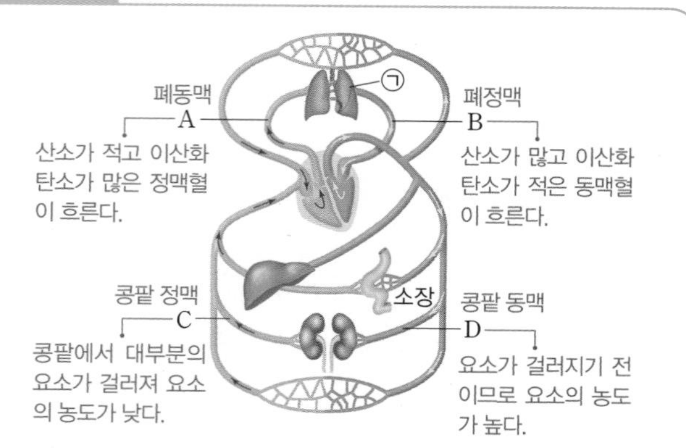

- 폐에서 기체 교환을 통해 산소는 모세 혈관으로 이동하고, 이산화 탄소는 모세 혈관에서 몸 밖으로 나간다. 따라서 폐동맥에는 산소가 적고 이산화 탄소가 많은 정맥혈이 흐르며, 폐정맥에는 산소가 많고 이산화 탄소가 적은 동맥혈이 흐른다.
- 혈액 중의 요소는 콩팥을 거치면서 걸러진다. 따라서 콩팥 동맥(D)보다 콩팥 정맥(C)에서 요소의 농도가 낮다.

ㄱ. ㉠은 폐로 호흡계에 속하는 기관이다.
ㄹ. 콩팥에서 요소가 걸러져 오줌으로 배설되므로 콩팥을 거친 혈액은 요소의 양이 감소한다. 따라서 혈액의 단위 부피당 요소의 양은 C<D이다.

오답 넘기

ㄴ. 폐를 거치면서 산소를 받아 들이므로 폐동맥보다 폐정맥에서 혈액의 단위 부피당 산소의 양이 많다.
ㄷ. 폐동맥(A)에는 산소가 적고 이산화 탄소가 많은 정맥혈이 흐르고, 폐정맥(B)에는 산소가 많고 이산화 탄소가 적은 동맥혈이 흐르므로 혈액의 단위 부피당 $\frac{O_2\text{의 양}}{CO_2\text{의 양}}$은 A<B이다.

8 에너지 대사

'1일 대사량=기초 대사량+활동 대사량+음식물의 소화·흡수에 소모되는 에너지양'이다.
ㄷ. 활동 대사량은 생명 활동을 하면서 소모되는 에너지양이므로 수면 중에 사용되는 에너지도 활동 대사량에 포함된다.

오답 넘기

ㄱ. 1일 대사량은 성별, 나이, 체질, 활동의 종류에 따라 다르다. 따라서 몸무게가 동일한 남자와 여자의 1일 대사량은 다르다.
ㄴ. 1일 대사량에는 음식물의 소화와 흡수에 소모되는 에너지양도 포함된다.

1주 누구나 합격 전략

Book 1 32~33쪽

1 ④	2 ㄱ, ㄴ	3 ⑤	4 ⑤
5 ②	6 ⑤	7 ③	8 ①

1 생물의 특성

백색광을 프리즘에 통과시킨 빛을 해캄에 비추었을 때 호기성 세균의 이동은 자극에 대한 반응이고, 광합성은 물질대사 중에서 동화 작용에 해당한다.
ㄱ. 프리즘에 통과시킨 빛을 해캄에 비추면 해캄에서 빛의 파장에 따라 광합성이 다르게 나타난다. 호기성 세균은 산소가 많은 곳으로 이동하는데, 이는 생물의 특성 중 자극에 대한 반응과 관련이 있다.
ㄴ. 해캄이 빛을 이용하여 광합성을 하는 것은 물질대사 중에서 동화 작용에 해당한다.

오답 넘기

ㄷ. 호기성 세균의 이동은 자극에 대한 반응이고, 광합성은 물질대사 중에서 동화 작용에 해당한다.

2 생물의 특성

유전 물질이 없는 (가)는 로봇 강아지이고, 유전 물질이 있는 (나)는 독감 바이러스이다.

ㄱ. 독감 바이러스는 유전 물질인 핵산을 가지지만 로봇 강아지는 유전 물질을 가지지 않는다. 따라서 (가)는 로봇 강아지이다.
ㄴ. 로봇 강아지는 세포로 이루어져 있지 않으므로 ㉠은 '×'이다.

오답 넘기

ㄷ. (나) 독감 바이러스는 효소가 없으므로 ㉡은 '×'이다.

3 생명 과학의 탐구 과정

연역적 탐구 방법의 과정은 관찰 → 문제 인식 → 가설 설정 → 탐구 설계 및 수행 → 결과 정리 및 분석 → 결론 도출 → 일반화 과정 순이다. 따라서 (가)는 관찰, (나)는 가설 설정, (다)는 탐구 설계 및 수행이다.
ㄱ. 이 탐구 과정에는 가설 설정 과정이 포함되어 있으므로 연역적 탐구 방법이다.
ㄴ. (가)는 관찰 과정이다. 관찰 과정은 귀납적 탐구 방법에도 포함된다.
ㄷ. 대조 실험은 탐구의 설계 및 수행 과정에서 이루어진다.

4 대조 실험과 변인

ㄴ. 대조군은 비교 기준이 되는 실험 집단이므로 비커 I이 대조군이다.
ㄷ. 이 실험에서 조작 변인은 비커에 넣은 물질이고, 종속변인은 용액의 색깔 변화이다.

오답 넘기

ㄱ. 콩에는 오줌 속의 요소를 분해하는 물질이 있을 것이라는 가설을 세우고 실험을 수행하였으므로 이 탐구는 연역적 탐구 방법에 해당한다.

5 에너지 전환과 이용

㉠은 글리코젠, ㉡은 포도당, ㉢은 이산화 탄소이다.
ㄴ. 포도당이 물과 이산화 탄소로 전환되는 과정은 세포 호흡 과정이다. 미토콘드리아에서 일어나는 세포 호흡 과정 II에서 ATP가 합성된다.

오답 넘기

ㄱ. 과정 II에서 물과 이산화 탄소로 분해되는 것으로 보아 세포 호흡 과정이다. 따라서 과정 I은 글리코젠이 포도당으로 전환하는 과정이므로 ㉠은 글리코젠이다.
ㄷ. 과정 I과 과정 II는 모두 고분자 물질이 저분자 물질로 분해되는 과정이므로 이화 작용에 해당한다.

6 기관계의 통합적 작용

(가)는 소화계, (나)는 호흡계를 나타낸 것이다. A는 간이고, B는 폐이다. 간은 소화계, 폐는 호흡계에 속한다.
ㄱ. A는 간이다. 간에서는 암모니아를 요소로 전환하는 동화 작용과 글리코젠을 포도당으로 분해하는 이화 작용이 모두 일어난다.
ㄴ. B는 호흡계에 속하는 기관인 폐이다. 폐에서는 산소와 이산화 탄소의 기체 교환이 일어난다.
ㄷ. 소화계 (가)와 호흡계 (나)를 포함한 모든 기관계를 구성하는 조직 세포는 생명 활동에 에너지가 필요하며, 이러한 에너지 생산을 위한 세포 호흡에 소화계 (가)의 소장에서 흡수된 영양소가 사용된다.

7 ADP와 ATP

㉠은 아데닌이다. 과정 I은 ATP가 ADP+무기 인산으로 분해되는 과정이고, 과정 II는 ATP가 합성되는 과정이다.
ㄱ. ATP는 아데닌, 리보스, 3개의 인산기로 구성된다. ATP를 구성하는 염기인 ㉠은 아데닌이다.
ㄷ. 과정 II는 ADP와 무기 인산이 ATP로 합성되는 과정이다. 세포 호흡을 통한 ATP 합성은 미토콘드리아에서 일어난다.

오답 넘기

ㄴ. 과정 I은 ATP가 ADP와 무기 인산으로 분해되는 과정이므로 이화 작용이다.

8 대사성 질환

(가)는 고혈압이고, (나)는 당뇨병이다. ㉠은 인슐린이다.
ㄱ. 고혈압은 혈압이 정상보다 높은 만성 질환으로, 심혈관계 질환 및 뇌혈관계 질환의 원인이 된다.

오답 넘기

ㄴ. 당뇨병은 혈당량 조절에 필요한 인슐린의 분비가 부족하거나 인슐린이 제대로 작용하지 못해 발생하는 질환으로, 대사성 질환에 해당한다.
ㄷ. ㉠은 인슐린이다. 인슐린은 이자에서 생성되어 분비된다.

1주 창의·융합·코딩 전략

Book 1 34~37쪽

1 ②	2 ①	3 ⑤	4 ③
5 ⑤	6 ⑤	7 ②	8 ⑤

1 생물의 특성

효모는 포도당을 이용하여 세포 호흡을 하고 물과 이산화 탄소(CO_2)를 방출한다. 따라서 당 함량이 높은 음료수일수록 발생하는 이산화 탄소의 양이 많으므로 발생한 기체의 부피가 클수록 당 함량이 높다. A는 대조군이다.
ㄷ. KOH 수용액은 이산화 탄소를 흡수하므로, KOH 수용액을 넣었을 때 기체가 사라지는 것을 통해 발생하는 기체가 이산화 탄소임을 알 수 있다.

오답 넘기

ㄱ. 기체의 발생량이 가장 많은 D가 당 함량이 가장 높은 음료수이다.
ㄴ. D는 당 함량이 가장 높으므로 다이어트에 효과가 가장 없는 음료수이다. 다이어트에 효과가 있는 음료수는 당 함량이 가장 적은 C이다.

2 물질대사

- 학생 A: 방사성 기체($^{14}CO_2$)를 넣고 빛을 비추고 있으므로 화성 토양에 동화 작용(광합성)을 하는 생명체가 있는지 확인하는 실험이다. 화성 토양에 광합성을 하는 생명체가 있다면 ^{14}C를 포함한 유기물이 합성되고, 방사성 기체를 제거한 후 토양을 가열하면 방사성 기체가 발생하여 방사능 계측기로 검출될 것이다.

오답 넘기

- 학생 B: 화성에 유기물을 합성하는 생명체가 존재하는지 확인하는 실험의 과정은 (가) → (마) → (다) → (나) → (라) 순이다.
- 학생 C: 대조 실험이 진행되지 않았다. 대조군을 둔다면 화성 토양과 비교될 수 있는 지구 토양을 가열해야 한다.

3 대조 실험과 변인

시험관 A는 대조군이다. 시험관에 넣은 물질은 조작 변인, 엿당 생성량은 종속변인이다.

ㄱ. 실험에서 다른 시험관과 비교 기준이 되는 시험관 A는 대조군이다.

ㄴ. 시험관에 넣은 물질이 실험자가 임의로 조작하는 조작 변인이고, 물질의 양과 온도는 통제 변인이다.

ㄷ. 엿당 생성량이 많을수록 당도가 높은데, 시험관 B에서 엿당 생성량이 가장 큰 것으로 보아 엿기름으로 만든 식혜의 당도가 가장 높다.

4 생물의 특성

A는 아메바, B는 로봇 강아지이다.

ㄱ. 유전 물질을 갖지 않는 B는 로봇 강아지이다. 유전 물질을 갖는 것 중에서 바이러스를 제외하면 A는 아메바이다.

ㄷ. 분열을 통해 개체 수가 증가하는 것은 아메바(A)이다.

오답 넘기

ㄴ. (가)는 아메바는 가지고 있고, 바이러스는 가지지 않는 특징이다. 단백질은 아메바와 바이러스가 모두 갖고 있으므로 '단백질을 갖는가?'는 (가)에 해당하지 않는다.

5 바이러스

박테리오파지는 핵산과 단백질 껍질로 구성되어 있다. 효소를 가지고 있지 않기 때문에 숙주 세포의 효소를 이용하여 물질대사를 하고, 자신의 유전 물질을 복제하여 증식한다.

ㄱ. 박테리오파지의 모형에서 ㉠은 박테리오파지의 단백질 껍질에 해당한다.

ㄴ. 박테리오파지의 모형에서 ㉡은 박테리오파지의 핵산(DNA)에 해당한다.

ㄷ. 바이러스는 숙주 세포 밖에서는 입자 상태로 존재하지만, 숙주 세포 안에서는 숙주의 효소를 이용하여 물질대사를 하고 증식과 복제도 가능하다.

6 기관계의 통합적 작용

진통제의 흡수 경로에서 ㉠은 소화계를 통해 흡수되고, ㉡은 순환계를 통해 바로 조직 세포로 이동한다.

- 학생 B: 경구 투여는 입으로 먹는 약으로, 약물은 소화계를 통해 흡수되어 순환계를 통해 조직 세포로 이동한다.
- 학생 C: 혈류에 주사하는 진통제를 포함하는 링거액 속의 약물은 혈액으로 바로 주입되기 때문에 순환계를 통해 조직 세포로 전달된다.

오답 넘기

- 학생 A: 진통제는 통증의 근본적인 원인을 제거하는 것이 아니라 통증이 신경계를 통해 뇌로 전달되는 것을 막아주는 역할을 하기 때문에 통증의 원인을 제거하지 못한다.

입으로 먹는 약은 소화계를 통해 흡수되고, 혈류에 주사하는 것은 순환계를 통해 들어가는 거라 차이가 있어.

7 물질대사

ㄷ. ㉠의 일부는 ATP에 저장되고 나머지는 열에너지 형태로 방출된다. ATP는 여러 형태의 에너지로 전환되어 다양한 생명 활동에 사용된다.

오답 넘기

ㄱ. AI 로봇은 생명체가 아니므로 효소가 없어 스스로 물질대사를 통해 ATP를 생성할 수 없다.

ㄴ. 생태계에서 모든 에너지의 근원은 태양 에너지이다. 태양의 빛에너지를 이용하여 식물은 광합성을 통해 포도당을 합성하고 이 영양소가 먹이 연쇄를 통해 동물에게 이동한다.

8 에너지 균형

에너지 섭취량은 학생 A는 $1200+140+440=1780$(kcal), 학생 B는 $1200+560+1500=3260$(kcal), 학생 C는 $1800+290+550=2640$(kcal)이다. 따라서 A는 에너지 섭취량이 1일 권장량보다 적고, B는 에너지 섭취량이 1일 권장량보다 많다.

- 학생 (가): 세 학생 중에서 B는 에너지 섭취량이 에너지 권장량보다 많아 비만이 될 가능성이 가장 높다.
- 학생 (나): 학생 A가 섭취하는 에너지양은 1780 kcal이고, 이 학생의 에너지 권장량은 2100 kcal이므로 에너지 권장량보다 적게 섭취하고 있다. 따라서 영양 실조에 걸릴 확률이 높아지고 정상적인 성장에 장애가 생길 가능성이 높다.
- 학생 (다): 학생 C의 에너지 섭취량은 2640 kcal이고, 에너지 권장량은 2500 kcal이다. 단백질을 통해 얻는 에너지양이 290 kcal이고, 단백질은 1 g당 4 kcal의 에너지를 낼 수 있으므로 단백질의 섭취량은 $290\div4=72.5$(g)이다. 따라서 세 명 중에서 단백질과 에너지양을 권장량에 가장 가깝게 섭취한 사람은 C이다.

2주 Ⅲ. 항상성과 몸의 조절

2주 1일 개념 돌파 전략 ①

Book 1 41, 43쪽

❶-2 ③　❷-2 ④　❸-2 ⑤　❹-2 ④

❶-2 근육 원섬유 마디의 구조

자료 분석 ⊕ 근육 원섬유 마디의 구조

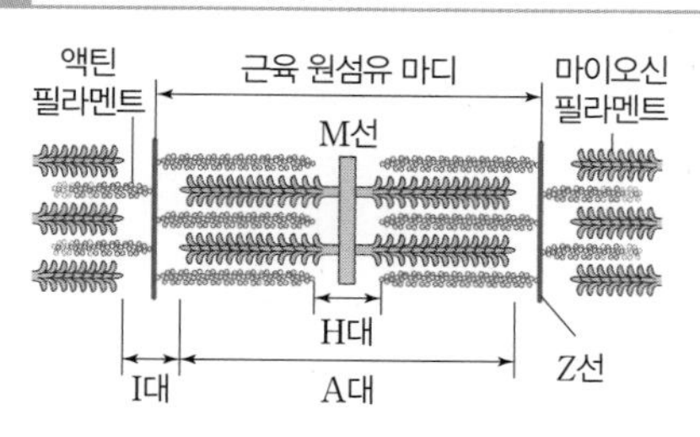

구분	액틴 필라멘트	마이오신 필라멘트
ⓐ I대	있음	㉠ 없음
ⓑ H대	없음	? 있음
ⓒ A대	있음	있음

골격근을 구성하는 근육 원섬유 마디에서 가는 액틴 필라멘트만 있는 부분을 I대, 굵은 마이오신 필라멘트가 있는 부분을 A대, A대 중에서 마이오신 필라멘트만 있는 부분을 H대라고 한다. 따라서 ⓐ는 I대, ⓑ는 H대, ⓒ는 A대이다.

ㄱ. ⓐ는 I대이므로 액틴 필라멘트만 있다. 따라서 ㉠은 '없음'이다.

ㄷ. 마이오신 필라멘트만 있는 ⓑ는 H대이다.

오답 넘기

ㄴ. 전자 현미경으로 관찰할 때 ⓐ(I대)는 ⓒ(A대)보다 밝게 보인다.

❷-2 신경계 이상과 질환

알츠하이머병은 대뇌의 신경 세포가 손상되어 기억력과 인지 기능이 약화되는 질환이고, 근위축성 측삭 경화증(루게릭병)은 골격근을 조절하는 체성 신경이 손상되어 근육이 경직되고 경련을 일으키며 근육이 점차 약화되는 질환이다.

ㄴ. 말초 신경계에 속하는 ㉠(체성 신경)은 골격근에 연결되어 있으며, 골격근에 아세틸콜린을 분비하여 명령을 전달한다.

ㄷ. 뇌는 중추 신경계에 속하므로 대뇌의 신경 세포 손상으로 발병하는 B(알츠하이머병)는 중추 신경계 이상에 의한 질환이다.

오답 넘기

ㄱ. A는 근위축성 측삭 경화증, B는 알츠하이머병이다.

❸-2 티록신의 분비 조절

티록신의 분비는 음성 피드백에 의해 조절된다. 혈중 티록신의 농도가 높아지면 시상 하부에서의 TRH(갑상샘 자극 호르몬 방출 호르몬) 분비와 뇌하수체 전엽에서의 TSH(갑상샘 자극 호르몬) 분비가 각각 억제되어 갑상샘에서 티록신 분비량이 감소한다. 반대로 혈중 티록신의 농도가 낮아지면 시상 하부에서의 TRH 분비와 뇌하수체 전엽에서의 TSH 분비가 각각 촉진되어 갑상샘에서 티록신 분비량이 증가한다. 따라서 티록신이 분비되는 A는 갑상샘, TRH가 분비되는 B는 시상 하부이다.

ㄱ. 음성 피드백에 의해 ㉠(티록신)의 분비가 조절된다.

ㄴ. ㉠(티록신)과 ㉡(TRH)은 모두 내분비샘에서 분비되는 호르몬이므로 혈액을 통해 표적 세포로 이동한다.

ㄷ. ㉡(TRH)은 뇌하수체 전엽을 자극하여 TSH의 분비를 조절하므로 뇌하수체 전엽은 ㉡(TRH)의 표적 기관에 해당한다.

❹-2 혈액형 판정

자료 분석 ⊕ 혈액형 판정

	응집소 α 함유 항 A 혈청	응집소 β 함유 항 B 혈청	Rh 응집소 함유 항 Rh 혈청
철수 (응집원 A 있음)	응집됨	응집 안 됨	응집 안 됨
영희 (응집원 B, Rh 응집원 있음)	응집 안 됨	응집됨	응집됨

철수는 항 A 혈청에서만 응집 반응을 나타내므로 A형, Rh^-형이고, 영희는 항 B 혈청과 항 Rh 혈청에서 응집 반응을 나타내므로 B형, Rh^+형이다.

ㄱ. 철수는 항 A 혈청에서만 응집 반응을 나타내므로 적혈구 표면에 응집원 A가 있고, Rh 응집원은 없다. 따라서 철수의 ABO식 혈액형과 Rh식 혈액형은 A형, Rh^-형이다.

ㄷ. 영희는 항 Rh 혈청에서 응집 반응을 나타내므로 적혈구 표면에 Rh 응집원이 있다. 따라서 영희의 Rh식 혈액형은 Rh^+형이다.

오답 넘기

ㄴ. 영희는 항 A 혈청과 항 B 혈청 중 항 B 혈청에서만 응집 반응을 나타내므로 영희의 ABO식 혈액형은 B형이다. 따라서 영희의 적혈구 표면에는 응집원 B가 있고, 혈장에는 응집소 α가 있다.

2주 1일 개념 돌파 전략 ②

Book 1 44~45쪽

1 ④ 2 ③ 3 ② 4 ③
5 ⑤ 6 ①

1 뉴런의 구조

① ㉠은 신경 세포체에서 나뭇가지 모양으로 뻗어 있는 가지 돌기로 다른 뉴런이나 세포로부터 자극을 받아들인다.
② ㉡은 신경 세포체이다. ㉡(신경 세포체)에는 핵, 미토콘드리아 등이 있어 뉴런에 필요한 물질과 에너지를 생성하며, 뉴런의 생명 활동을 조절한다.
③ 신경 세포체에서 뻗어 나온 긴 돌기인 ㉢은 축삭 돌기이며, 흥분을 다른 뉴런이나 세포에 전달한다.
⑤ 뉴런의 축삭 돌기가 말이집으로 싸여 있으므로 제시된 뉴런은 말이집 뉴런이다.

오답 넘기
④ 말이집 뉴런에서 활동 전위는 랑비에 결절에서만 발생하므로 지점 A에 역치 이상의 자극을 주면 지점 B와 C 중 지점 C에서만 활동 전위가 발생한다.

2 근육 원섬유 마디의 구조

전자 현미경으로 관찰했을 때 액틴 필라멘트만 있어 밝게 보이는 ㉠이 I대(명대), 마이오신 필라멘트가 있어 어둡게 보이는 ㉡이 A대(암대)이다.
ㄱ. ㉠(I대) 중앙에 관찰되는 수직의 선이 Z선이다. Z선을 기준으로 근육 원섬유 마디를 구분한다.
ㄷ. ㉡(A대) 중에서 액틴 필라멘트와 마이오신 필라멘트가 겹치는 부분보다 약간 밝게 보이는 부분이 마이오신 필라멘트만 있는 H대이다. 따라서 그림의 ㉡(A대)에는 H대가 포함된다.

오답 넘기
ㄴ. ㉠(I대)에는 액틴 필라멘트만 있다.

3 말초 신경계

체성 신경은 중추 신경계와 반응기 사이에서 한 개의 원심성 뉴런(운동 뉴런)이 명령을 전달하며, 신경절이 없다. 반면 부교감 신경은 중추 신경계와 반응기 사이에서 두 개의 원심성 뉴런(운동 뉴런)이 명령을 전달하며, 신경절이 존재한다. 따라서 A는 부교감 신경, B는 체성 신경이다.
ㄴ. B(체성 신경)와 자율 신경에 속하는 A(부교감 신경)는 모두 말초 신경계에 속한다.

오답 넘기
ㄱ. A(부교감 신경)는 신경절 이전 뉴런이 신경절 이후 뉴런보다 길다. 신경절 이전 뉴런이 신경절 이후 뉴런보다 짧은 자율 신경은 교감 신경이다.
ㄷ. 골격근에 연결된 B(체성 신경)의 말단에서는 신경 전달 물질로 아세틸콜린이 분비된다.

4 사람의 호르몬과 내분비계 질환

A. 티록신의 분비는 음성 피드백에 의해 조절된다. 따라서 혈중 티록신의 농도가 높아지면 시상 하부에서의 TRH (갑상샘 자극 호르몬 방출 호르몬) 분비와 뇌하수체 전엽에서의 TSH (갑상샘 자극 호르몬) 분비가 각각 억제되어 갑상샘에서 티록신 분비량이 감소한다.
B. 콩팥에서 물의 재흡수를 촉진하여 혈장 삼투압을 낮추는 항이뇨 호르몬(ADH)은 뇌하수체 후엽에서 분비된다.

오답 넘기
C. 갑상샘 기능 저하증은 티록신의 분비량이 너무 적어 나타나는 질환이다. 따라서 이 병에 걸린 환자는 건강한 사람에 비해 대사량이 감소하고, 동작이 느려지며 추위를 많이 탄다. 또 체중이 증가하고 심박수와 심장 박출량이 감소한다.

5 체온 조절

체온 조절 중추인 간뇌의 시상 하부가 체온이 정상 범위보다 낮아진 것을 감지하면 골격근이 빠르게 수축과 이완을 반복하여 몸이 떨리고 열 발생량이 증가한다. 또, 피부 근처 혈관에 연결된 교감 신경의 작용이 강화되어 피부 근처 혈관이 수축되며, 그 결과 단위 시간당 피부 근처 혈관을 흐르는 혈액량이 줄어들어 열 발산량이 감소한다.
ㄱ. ㉠이 주어졌을 때 근육의 떨림이 일어났으므로 ㉠은 저온 자극이고, A는 피부 근처 혈관 수축이다.
ㄴ. A(피부 근처 혈관 수축)가 일어나면 단위 시간당 피부 근처 혈관을 흐르는 혈액량이 줄어들므로 열 발산량이 감소한다.
ㄷ. ㉠(저온 자극)이 주어지면 피부 근처 혈관에 연결된 교감 신경의 작용이 강화되어 A(피부 근처 혈관 수축)가 일어난다.

체온 조절 과정에서 피부 근처 혈관 수축은 교감 신경의 작용이 강화되어 일어난다는 사실을 꼭 기억해 두자!

6 방어 작용

자료 분석 ⊕ 방어 작용

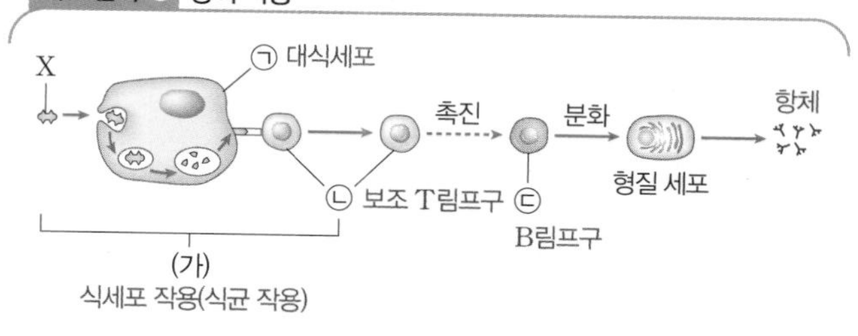

(가)는 ㉠(대식세포)이 X를 안으로 끌어들여 분해하는 식세포 작용(식균 작용)을 나타낸 것이다. ㉠(대식세포)은 식세포 작용(식균 작용)을 통해 분해한 항원 조각을 표면에 제시하여 보조 T림프구를 활성화시킨다.

ㄱ. (가)는 ㉠(대식세포)에 의해 일어나는 식세포 작용(식균 작용)으로, 식세포 작용(식균 작용)은 비특이적 방어 작용이다.

오답 넘기

ㄴ. ㉠은 대식세포, ㉡은 보조 T림프구, ㉢은 B림프구이다.
ㄷ. ㉡(보조 T림프구)은 가슴샘에서 성숙(분화)하지만, ㉢(B림프구)은 골수에서 성숙(분화)한다.

B림프구와 T림프구는 모두 골수에서 생성되지만, 성숙(분화)하는 장소가 달라! B림프구는 골수에서 성숙(분화)하지만, T림프구는 가슴샘에서 성숙(분화)해!

2주 2일 필수 체크 전략 ①

Book 1 46~49쪽

1-1 ㄴ　2-1 ㄱ, ㄴ, ㄷ　3-1 ㄱ　4-1 ㄱ

1-1 흥분의 전도와 전달

자료 분석 ⊕ 흥분의 전도와 전달

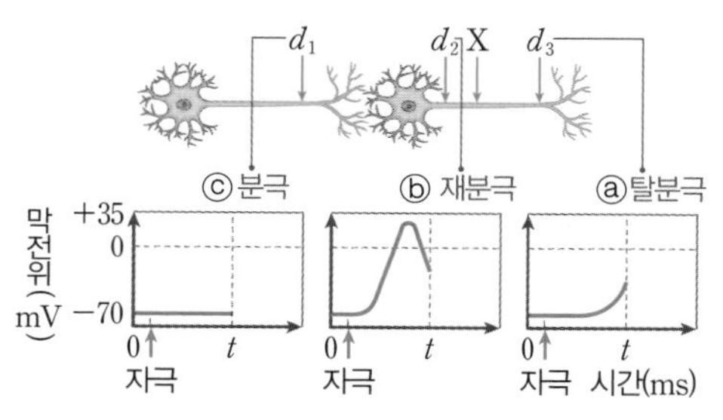

흥분은 시냅스 이전 뉴런에서 시냅스 이후 뉴런으로만 전달되므로 t일 때 d_1에서는 활동 전위가 발생하지 않는다(ⓒ). 그리고 한 뉴런 내에서 흥분은 양방향으로 전도되므로 d_2와 d_3 중 X에 가까운 d_2에 흥분이 먼저 도달하여 막전위가 변화한다. 역치 이상의 자극을 받은 지점에서 막전위는 분극 → 탈분극 → 재분극 순으로 변화하므로 t일 때 d_2에서는 재분극(ⓑ), d_3에서는 탈분극(ⓐ)이 일어나고 있다.

ㄴ. d_2에서의 막전위 변화는 ⓑ이다. 따라서 t일 때 d_2에서는 재분극이 일어나고 있다.

오답 넘기

ㄱ. d_1에서의 막전위 변화는 ⓒ, d_3에서의 막전위 변화는 ⓐ이다.
ㄷ. t일 때 Na^+의 막 투과도는 탈분극이 일어나고 있는 d_3에서가 분극 상태의 d_1에서보다 높다.

2-1 골격근의 수축(활주설)

자료 분석 ⊕ 골격근의 수축

시점	㉠의 길이	㉡의 길이	㉢의 길이	X의 길이
t_1	? 0.7 μm	0.2 μm	0.5 μm	2.6 μm
t_2	0.4 μm	? 0.8 μm	0.8 μm	3.2 μm

좌우 대칭인 X가 수축하여 길이가 $2d$만큼 짧아질 때 ㉠(액틴 필라멘트와 마이오신 필라멘트가 겹치는 부분의 절반)의 길이는 d만큼 길어지고, ㉡(H대)의 길이는 $2d$만큼 짧아지며, ㉢(I대의 절반)의 길이는 d만큼 짧아진다.

ㄱ. 골격근의 수축 과정에서 ATP에 저장된 에너지가 사용된다.

ㄴ. ㉢의 길이는 t_1일 때가 t_2일 때보다 0.3 μm 짧으므로 ㉠의 길이는 t_1일 때가 t_2일 때보다 0.3 μm 길고, H대인 ㉡의 길이는 t_1일 때가 t_2일 때보다 0.6 μm 짧다. 따라서 t_2일 때 H대(㉡)의 길이는 0.8 μm, t_1일 때 ㉠의 길이는 0.7 μm,

A대의 길이 = (㉠의 길이 × 2) + ㉡의 길이
　　　= (0.7 μm × 2) + 0.2 μm = 1.6 μm

이므로 t_1일 때 A대의 길이는 t_2일 때 H대(㉡)의 길이보다 0.8 μm 길다.

ㄷ. X의 길이 = {(㉠의 길이 + ㉢의 길이) × 2} + ㉡의 길이이다. 따라서 t_2일 때 X의 길이 = {(0.4 μm + 0.8 μm) × 2} + 0.8 μm = 3.2 μm이다.

3-1 무릎 반사

자료 분석 ⊕ 무릎 반사에서 흥분 전달 경로

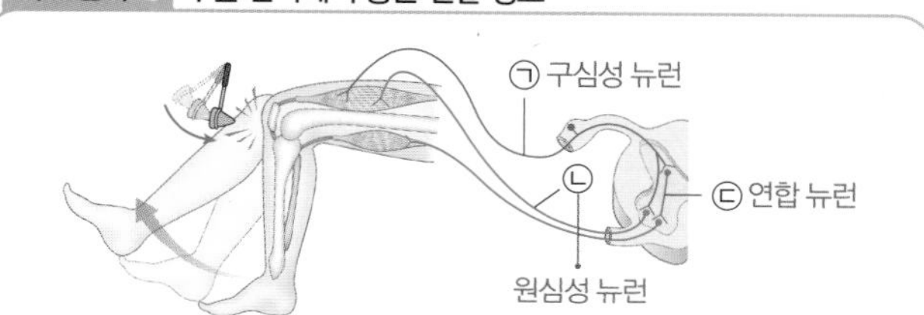

척추의 마디마다 등 쪽으로 ㉠(구심성 뉴런(감각 뉴런)) 다발이 척수의 후근을 이루고, 배 쪽으로 ㉡(원심성 뉴런(운동 뉴런)) 다발이 척수의 전근을 이룬다.

ㄱ. 무릎 반사의 중추는 척수이다. 따라서 척수에 연결된 ㉠(구심성 뉴런)은 척수 신경에 속한다.

오답 넘기

ㄴ. ㉡은 골격근에 연결된 원심성 뉴런(운동 뉴런)이며, 척수의 전근을 통해 나온다.
ㄷ. ㉢은 ㉠(구심성 뉴런)과 ㉡(원심성 뉴런)을 연결하는 연합 뉴런이다.

4-1 말초 신경계의 구조와 기능

ㄱ. 골격근은 체성 신경의 조절을 받으며, 체성 신경은 중추 신경계와 반응기 사이가 한 개의 신경으로 연결되어 있고 신경절이 없다. 따라서 B는 다리의 골격근, A는 심장근이다.

오답 넘기

ㄴ. 위에 연결된 자율 신경은 신경절 이전 뉴런이 신경절 이후 뉴런보다 길므로 부교감 신경이다. 따라서 위에 연결된 ㉠(부교감 신경의 신경절 이전 뉴런)에서 흥분(활동 전위) 발생 빈도가 증가하면 위에서 소화액의 분비량이 증가하여 소화 작용이 촉진된다.
ㄷ. A(심장근)에 연결된 자율 신경은 신경절 이전 뉴런이 신경절 이후 뉴런보다 짧으므로 교감 신경이다. 따라서 A(심장근)에 연결된 ㉡(교감 신경의 신경절 이후 뉴런)의 축삭 돌기 말단에서는 노르에피네프린이 분비되지만, 다리의 골격근에 연결된 ㉢(체성 신경)의 축삭 돌기 말단에서는 아세틸콜린이 분비된다.

2주 2일 필수 체크 전략 ②

Book 1 50~51쪽

1 ④ 2 ③ 3 ⑤ 4 ②

1 흥분의 전도와 전달

ⓐ가 4 ms일 때 d_3에서의 막전위가 −80 mV이며, 이 값은 d_3에 흥분이 도달한 후 3 ms가 경과했을 때의 막전위 값이다. 만일 자극을 준 지점이 P라면 흥분은 d_3보다 d_2에 먼저 도달하므로 ⓐ가 4 ms일 때 d_2에서의 막전위는 흥분이 도달한 후 3 ms보다 더 긴 시간이 경과했을 때의 값인 −70 ~ −80 mV 여야 한다. 하지만 ⓐ가 4 ms일 때 d_2에서의 막전위는 +10 mV이므로 자극을 준 지점은 Q이다.

ㄴ. ⓐ가 4 ms일 때 d_3에서의 막전위가 −80 mV이므로 Q에서 d_3까지 2 cm의 거리를 흥분이 전도되는 데 1 ms가 소요됨을 알 수 있다. 따라서 ㉡에서 흥분 전도 속도는

$\frac{2\text{ cm}}{1\text{ ms}}$=2 cm/ms이다.

ㄷ. 흥분은 시냅스 이전 뉴런에서 시냅스 이후 뉴런으로만 전달되므로 Q에 역치 이상의 자극을 주어도 ㉠의 d_1에서는 흥분이 전달되지 않아 휴지 전위(−70 mV)를 유지한다. 반면에 ㉡에서 흥분 전도 속도는 2 cm/ms이므로 ⓐ가 3 ms일 때 d_2에서의 막전위는 흥분이 도달한 후 1 ms가 경과했을 때의 값이다. 따라서 ⓐ가 3 ms일 때 ㉡의 d_2에서의 막전위는 약 −50 mV이고, ㉠의 d_1에서의 막전위는 −70 mV이므로

$\frac{㉡\text{의 } d_2\text{에서의 막전위}}{㉠\text{의 } d_1\text{에서의 막전위}}$는 1보다 작다.

오답 넘기

ㄱ. 자극을 준 지점은 Q이다.

한 뉴런 내에서 흥분 전도 속도는 $\frac{\text{흥분이 전도되는 거리}}{\text{흥분이 전도되는 데 걸린 시간}}$야! 어느 지점의 막전위를 보고 자극을 준 지점으로부터 그 지점까지 흥분이 전도되는 데 시간이 얼마나 걸리는지 알 수 있어야 흥분 전도 속도를 구할 수 있어!

2 골격근의 수축

자료 분석 ⊕ 골격근의 수축

시점	ⓐ의 길이 ㉡의 길이	ⓑ의 길이 ㉢의 길이	ⓒ의 길이 ㉠의 길이	X의 길이
t_1	0.8 μm	0.2 μm	? 1.6 μm	3.2 μm
t_2	? 0.4 μm	0.6 μm	1.6 μm	2.4 μm

X가 수축하여 길이가 $2d$만큼 짧아질 때 ㉡(I대의 절반)의 길이는 d만큼 짧아지고, ㉢(액틴 필라멘트와 마이오신 필라멘트가 겹치는 부분의 절반)의 길이는 d만큼 길어지므로 ⓑ는 ㉢이다. ㉠(A대)의 길이는 변하지 않고, t_2일 때 H대의 길이는 0 μm보다 크므로 ⓒ는 ㉠, ⓐ는 ㉡이다.

ㄱ. X의 길이는 t_1일 때가 t_2일 때보다 길다고 했으므로 ㉡의 길이는 t_1일 때가 t_2일 때보다 길고, ㉢의 길이는 t_1일 때가 t_2일 때보다 짧은데 ⓑ의 길이는 t_1일 때가 t_2일 때보다 짧으므로 ⓑ는 ㉢이다. X가 수축할 때 ㉠(A대)의 길이는 변하지 않으므로 만일 ⓐ가 ㉠(A대)이라면 t_2일 때 ⓐ의 길이는 0.8 μm이다. 그런데 ㉠(A대)의 길이=(㉢의 길이×2)+H대의 길이이고, t_2일 때 ⓑ(㉢)의 길이는 0.6 μm이므로 t_2일 때 H대의 길이는 0 μm보다 큰 값을 가질 수 없다. 따라서 ⓒ가 ㉠(A대), ⓐ가 ㉡이다.

ㄷ. t_1일 때 ㉠(A대)의 길이=(㉢의 길이×2)+H대의 길이=(0.2 μm×2)+H대의 길이=1.6 μm이고, ⓑ(㉢)의 길이는 t_1일 때가 t_2일 때보다 0.4 μm 짧으므로 ⓐ(㉡)의 길이는 t_1일 때가 t_2일 때보다 0.4 μm 길다. 따라서 t_1일 때 H대의 길이는 1.2 μm이고, t_2일 때 ⓐ(㉡)의 길이는 0.4 μm이므로 t_1일 때 H대의 길이는 t_2일 때 ⓐ(㉡)의 길이보다 0.8 μm 길다.

3 중추 신경계의 구조와 기능

㉠은 대뇌, ㉡은 연수, ㉢은 척수이다. 하품, 침 분비에 관여하는 A는 연수이고, 겉질이 회색질, 속질이 백색질인 B는 대뇌이며, 회피 반사의 중추인 C는 척수이다.

ㄱ. A(연수)는 뇌교의 아래쪽과 척수의 위쪽 사이에 위치하며 B(대뇌)와 연결되는 대부분의 신경이 좌우로 교차되는 장소이다.

ㄴ. 알츠하이머병은 B(대뇌)의 신경 세포가 손상되어 B(대뇌)의 기능이 저하됨에 따라 인지 기능과 기억력이 약화되는 질환이다.

ㄷ. ㉠(대뇌)은 B, ㉡(연수)은 A, ㉢(척수)은 C이다.

4 자율 신경의 구조와 기능

자료 분석 ⊕ 자율 신경의 구조

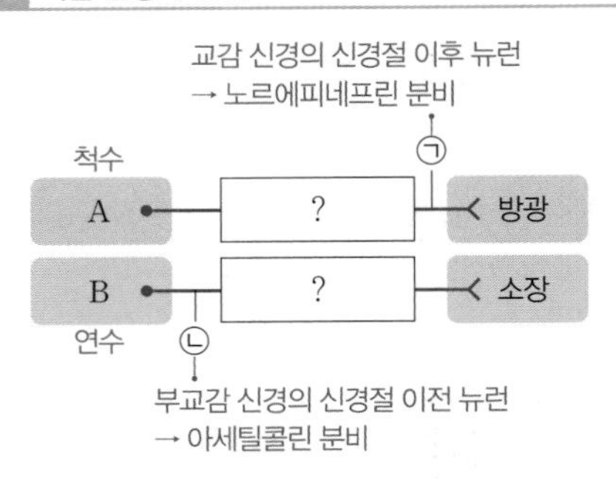

㉠과 ㉡의 축삭 돌기 말단에서 분비되는 신경 전달 물질이 다르다고 했으므로 ㉠은 방광에 연결된 교감 신경의 신경절 이후 뉴런, ㉡은 소장에 연결된 부교감 신경의 신경절 이전 뉴런이고, A는 척수, B는 연수이다.

자율 신경에서 교감 신경의 신경절 이전 뉴런, 부교감 신경의 신경절 이전 뉴런과 신경절 이후 뉴런에서는 모두 아세틸콜린이 분비되고, 교감 신경의 신경절 이후 뉴런에서는 노르에피네프린이 분비된다. 따라서 ㉠은 교감 신경의 신경절 이후 뉴런,

㉡은 부교감 신경의 신경절 이전 뉴런이다.

ㄴ. 소장에 연결된 부교감 신경은 연수에서 나오므로 B는 연수이고, B(연수)는 중간뇌, 뇌교와 함께 뇌줄기에 속한다.

오답 넘기

ㄱ. 방광에 연결된 자율 신경은 모두 척수에서 나온다. 따라서 A는 척수이다.

ㄷ. 방광에 연결된 ㉠(교감 신경의 신경절 이후 뉴런)이 흥분하면 방광이 확장(이완)된다.

자율 신경에서 노르에피네프린은 교감 신경의 신경절 이후 뉴런에서만 분비된다는 점을 기억해 두면 문제 풀 때 도움이 될 거야!

2주 3일 필수 체크 전략 ①

Book 1 52~55쪽

1-1 ㄱ　　2-1 ㄴ, ㄷ　　3-1 ⑤　　4-1 ③

1-1 혈당량 조절

ㄱ. X를 처리했을 때 세포 밖 포도당 농도가 증가함에 따라 세포 안 포도당 농도가 증가하고 있으므로 X는 포도당을 세포 밖에서 세포 안으로 이동시키는 과정을 촉진한다. 따라서 X는 혈액에서 조직 세포로의 포도당 흡수를 촉진하는 인슐린이다.

오답 넘기

ㄴ. X(인슐린)는 간에서 포도당이 글리코젠으로 합성되는 과정을 촉진한다.

ㄷ. X(인슐린)의 분비는 정상적이나, X(인슐린)의 표적 세포가 X(인슐린)에 정상적으로 반응하지 못할 때 발병하는 경우는 2형 당뇨병에 해당한다. 1형 당뇨병은 이자의 β세포가 파괴되어 X(인슐린)를 생성하지 못하는 경우에 발병한다.

2-1 혈장 삼투압 조절

자료 분석 ⊕ 혈장 삼투압 조절

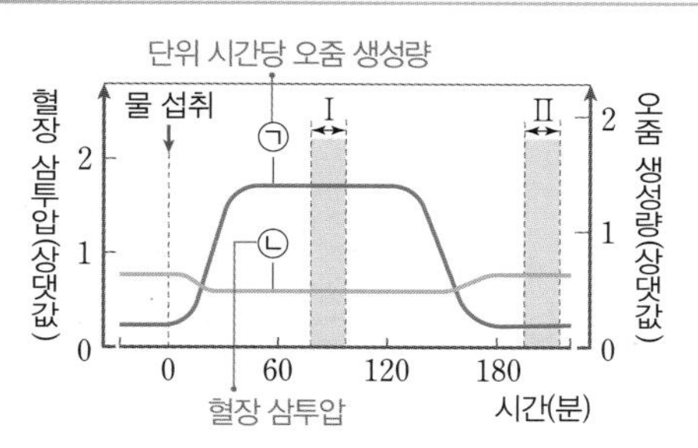

물을 다량 섭취하면 혈장 삼투압(㉡)이 낮아지고, 그에 따라 항이뇨 호르몬(ADH)의 분비량이 감소하여 콩팥에서 물의 재흡수량이 줄어들므로 단위 시간당 오줌 생성량(㉠)은 많아진다.

ㄴ, ㄷ. 혈중 항이뇨 호르몬(ADH)의 농도가 높을수록 ㉠(단위 시간당 오줌 생성량)은 줄어들고, 생성되는 오줌의 삼투압은 높아진다. ㉠(단위 시간당 오줌 생성량)은 구간 Ⅰ에서가 구간 Ⅱ에서보다 많으므로 혈중 항이뇨 호르몬(ADH)의 농도는 구간 Ⅰ에서가 구간 Ⅱ에서보다 낮고, 생성되는 오줌의 삼투압은 구간 Ⅰ에서가 구간 Ⅱ에서보다 낮다.

오답 넘기

ㄱ. ㉠은 단위 시간당 오줌 생성량, ㉡은 혈장 삼투압이다.

3-1 병원체와 감염성 질병

독감의 병원체는 바이러스, 무좀의 병원체는 곰팡이, 탄저병의 병원체는 세균이다. 세포 구조로 되어 있지 않은 바이러스와 달리 곰팡이와 세균은 세포 구조로 되어 있고, 진핵생물인 곰팡이는 원핵생물인 세균과 달리 핵막을 가지므로 A는 무좀, B는 독감, C는 탄저병이다.

ㄴ. A(무좀), B(독감), C(탄저병)는 모두 다른 사람에게 전염될 수 있는 감염성 질병이다.

ㄷ. B(독감)의 병원체인 바이러스는 핵산과 단백질을 가지고, C(탄저병)의 병원체인 세균에는 물질대사에 필요한 효소를 비롯한 다양한 단백질이 있다. 따라서 B(독감)와 C(탄저병)의 병원체는 모두 단백질을 가지고 있다.

오답 넘기

ㄱ. A는 무좀, B는 독감, C는 탄저병이다.

4-1 백신과 2차 면역 반응

자료 분석 ⊕ 백신과 2차 면역 반응

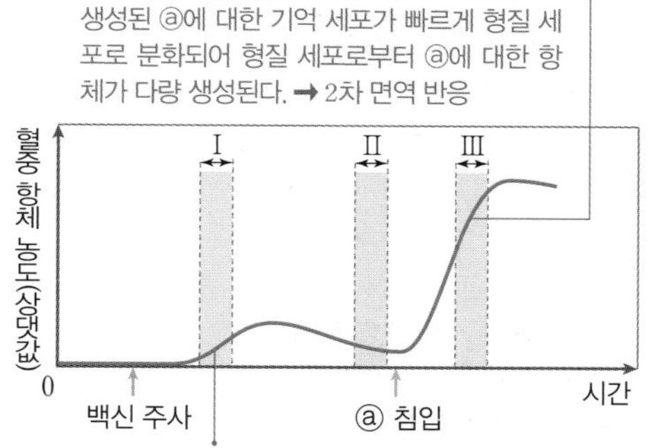

백신에 포함된 항원에 의해 1차 면역 반응이 일어나 ⓐ에 대한 기억 세포와 형질 세포가 생성되며, 형질 세포로부터 ⓐ에 대한 항체가 생성된다.

백신은 1차 면역 반응을 일으키기 위해 체내에 주사하는 항원을 포함하는 물질이다.

ㄱ. 백신을 주사하면 백신에 포함된 항원에 대한 1차 면역 반응이 일어나 적은 양의 항체와 기억 세포가 만들어진다. 따라서 구간 Ⅰ에서는 ⓐ에 대한 1차 면역 반응이 일어나 ⓐ에 대한 기억 세포와 형질 세포가 생성되며, 형질 세포로부터 ⓐ에 대한 항체가 생성된다.

ㄴ. ⓐ가 침입했을 때 ⓐ에 대한 항체가 빠르게 다량 생성되는 2차 면역 반응이 일어나는 것으로 보아 구간 Ⅱ에는 ⓐ에 대한 기억 세포가 있음을 알 수 있다.

오답 넘기

ㄷ. 구간 Ⅲ에서는 ⓐ에 대한 기억 세포가 형질 세포로 빠르게 분화하여 ⓐ에 대한 항체를 다량 생성하는 2차 면역 반응이 일어난다.

2차 면역 반응에서는 1차 면역 반응에서 생성된 그 항원에 대한 기억 세포가 빠르게 분화하여 기억 세포와 형질 세포를 생성한다는 점을 꼭 기억해 두자!

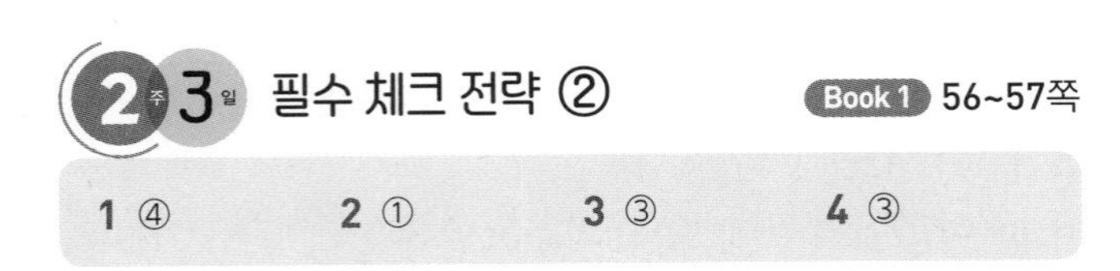

Book 1 56~57쪽

1 ④ 2 ① 3 ③ 4 ③

1 혈당량 조절과 당뇨병

자료 분석 ⊕ 혈당량 조절과 당뇨병

혈중 ㉠ 농도(상댓값)
건강한 사람
A 1형 당뇨병 환자
식사
t
시간

A는 식사 후 건강한 사람과 다르게 ㉠(인슐린)이 정상적으로 생성되지 않아 혈중 ㉠(인슐린)의 농도가 낮게 유지된다.
→ A의 당뇨병은 (나)(1형 당뇨병)에 해당한다.

㉠은 인슐린이고, (가)는 ㉠(인슐린)의 분비는 정상이나, ㉠(인슐린)의 표적 세포가 ㉠(인슐린)에 반응하지 못하여 발병하는 2형 당뇨병, (나)는 이자의 β세포가 파괴되어 ㉠(인슐린)이 정상적으로 생성되지 않아 발병하는 1형 당뇨병이다. 식사 후, A에서는 건강한 사람과 다르게 ㉠(인슐린)이 정상적으로 생성되어 분비되지 않고 있으므로 A의 당뇨병은 (나)(1형 당뇨병)에 해당한다.

ㄴ. 이자에 연결된 부교감 신경이 흥분하면 이자의 β세포에서 ㉠(인슐린)의 분비가 촉진된다.

ㄷ. A는 ㉠(인슐린)이 제대로 생성되지 않아 혈당량이 조절되지 않는 것이므로 식사 직후 A에게 ㉠(인슐린)을 투여하면 t일 때의 혈당량은 투여하기 전보다 낮아진다.

오답 넘기

ㄱ. A의 당뇨병은 이자의 β세포가 파괴되어 ㉠(인슐린)이 정상적으로 생성되지 않아 발병하는 (나)(1형 당뇨병)에 해당한다.

2 혈장 삼투압 조절

자료 분석 ⊕ 전체 혈액량과 혈중 ADH 농도

ⓐ가 안정 상태보다 감소하면 혈중 X(ADH)의 농도가 높아져 콩팥에서 물의 재흡수가 증가한다. 그 결과, 혈액 내 물의 양이 많아져 전체 혈액량이 증가하므로 ⓐ는 전체 혈액량이다.

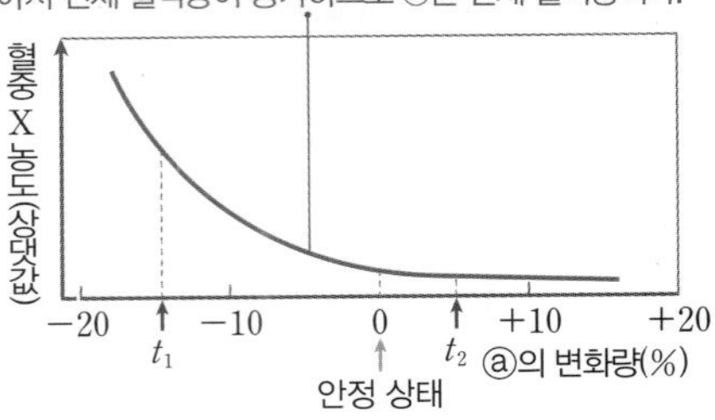

ㄱ. 혈장 삼투압을 조절하는 데 관여하는 X는 뇌하수체 후엽에서 분비되는 ADH(항이뇨 호르몬)이다. 따라서 뇌하수체 후엽은 ㉠에 해당한다.

오답 넘기

ㄴ. X(ADH)는 콩팥에서 물의 재흡수를 촉진하여 혈장 삼투압을 낮추므로 혈장 삼투압이 정상 범위보다 높아지면 X(ADH)의 분비가 증가한다. 하지만 (나)에서 ⓐ가 증가할수록 혈중 X(ADH)의 농도는 낮아지므로 ⓐ는 전체 혈액량이다.

ㄷ. 혈중 X(ADH)의 농도가 높을수록 콩팥에서 재흡수되는 물의 양이 많아지므로 단위 시간당 오줌 생성량은 줄어든다. 따라서 혈중 X(ADH)의 농도는 t_1일 때가 t_2일 때보다 높으므로 단위 시간당 오줌 생성량은 t_1일 때가 t_2일 때보다 적다.

3 병원체와 감염성 질병

광우병, 말라리아, 홍역은 모두 감염성 질병이다. 광우병의 병원체는 단백질성 감염 입자인 변형된 프라이온이므로 핵산을 가지지 않는다. 말라리아의 병원체는 원생생물이고, 홍역의 병원체는 바이러스이며, 말라리아의 병원체와 홍역의 병원체는 모두 핵산을 가진다. 따라서 A는 말라리아, B는 홍역, C는 광우병, ㉠은 '병원체가 원생생물에 속한다.', ㉡은 '병원체가 핵산을 가진다.', ㉢은 '감염성 질병이다.'이다.

ㄱ. A(말라리아)의 병원체는 모기와 같은 매개 곤충을 통하여 사람 몸 안으로 들어가 질병을 일으킨다.

ㄷ. B(홍역)의 병원체인 바이러스는 스스로 물질대사를 하지 못하며, 숙주 세포 내에서만 증식한다. C(광우병)의 병원체인 변형된 프라이온은 단백질이므로 독립적으로 물질대사를 하지 못한다.

오답 넘기

ㄴ. C(광우병)의 병원체는 핵산을 가지지 않으므로 '병원체가 핵산을 가진다.'는 ㉡에 해당하는 특징이다.

병원체(원생생물)가 매개 곤충을 통해 전염된다는 점이 말라리아의 중요한 특징 중 하나이니까 잘 기억해 두자!

4 특이적 방어 작용과 2차 면역 반응

ㄱ. ㉠을 주사한 B에서만 X를 주사했을 때 X에 대한 2차 면역 반응이 일어났으므로 ㉠은 X에 대한 기억 세포이고, C에 주사한 ㉡은 X에 대한 항체이다.

ㄷ. X를 주사한 A에서 X에 대한 항체와 기억 세포가 생성되었다. 따라서 X를 주사한 A에서는 대식세포와 같은 항원 제시 세포에 의해 보조 T림프구가 활성화되었고, 활성화된 보조 T림프구의 도움을 받아 B림프구가 X에 대한 기억 세포와 형질 세포로 분화되었으며, 형질 세포로부터 X에 대한 항체가 생성되었음을 알 수 있다.

오답 넘기

ㄴ. ㉡(X에 대한 항체)이 항원인 X와 결합하여 X를 무력화시키는 방어 작용은 체액성 면역에 해당한다. 세포성 면역은 활성화된 세포독성 T림프구가 병원체에 감염된 세포를 제거하는 방어 작용이다.

2주 4일 교과서 대표 전략 ①

Book 1 58~61쪽

1 ㄴ	**2** ㄴ, ㄷ	**3** ①	**4** ㄱ, ㄷ
5 A	**6** ㄱ, ㄴ	**7** (1) ㉠의 신경 세포체가 있는 곳: 척수, ㉢의 신경 세포체가 있는 곳: 척수 (2) 해설 참조	
8 ③	**9** ㄱ, ㄴ	**10** 해설 참조	**11** ㄴ
12 ④	**13** ⑤	**14** ㄴ	
15 (가) B형, (나) O형, (다) AB형			

1 뉴런의 구조와 종류

신경 세포체가 축삭 돌기 중간 부분에 있는 (다)는 구심성 뉴런(감각 뉴런)이고, (가)는 원심성 뉴런(운동 뉴런)이며, (가)(원심성 뉴런)와 (다)(구심성 뉴런)를 연결하는 (나)는 연합 뉴런이다.

ㄴ. (나)(연합 뉴런)는 뇌와 척수에 있으며 (다)(구심성 뉴런)로부터 흥분을 전달받아 정보를 처리하고, 그에 따라 (가)(원심성 뉴런)에 반응 명령을 전달한다.

오답 넘기

ㄱ. (가)는 원심성 뉴런, (나)는 연합 뉴런, (다)는 구심성 뉴런이다.

ㄷ. 감각기에서 발생한 흥분은 (다)(구심성 뉴런) → (나)(연합 뉴런) → (가)(원심성 뉴런) 순으로 전달된다.

2 흥분의 발생

뉴런의 한 지점에 역치 이상의 자극이 주어지면 Na^+ 통로가 열리면서 Na^+이 세포 밖에서 세포 안으로 확산되어 막전위가 상승하고, 이후 K^+ 통로가 열려 K^+이 세포 안에서 세포 밖으로 확산되면서 막전위가 하강한다. 따라서 자극이 주어진 후, 막 투과도가 먼저 상승하는 ㉠이 Na^+, ㉡이 K^+이다.

ㄴ. t_1일 때 Na^+ 통로를 통해 ㉠(Na^+)이 세포 밖에서 세포 안으로 확산된다.

ㄷ. 뉴런에서 ㉡(K^+)의 농도는 항상 세포 밖에서가 세포 안에서보다 낮다.

오답 넘기

ㄱ. ㉠은 Na^+, ㉡은 K^+이다.

흥분(활동 전위)이 발생하는 과정에서 Na^+의 막 투과도가 먼저 상승하고, 이후 K^+의 막 투과도가 상승해! 자주 출제되는 내용이니까 흥분(활동 전위) 발생 과정에서 막전위의 변화(분극 → 탈분극 → 재분극)와 연관지어 꼭 기억해 두자!

3 흥분의 전도와 전달

자료 분석 + 흥분의 전도와 전달

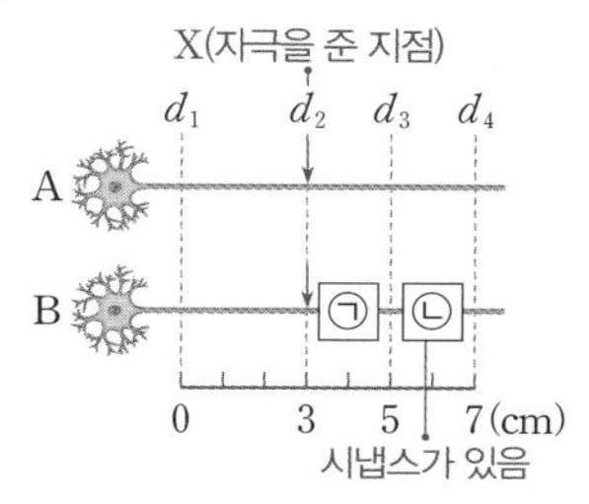

신경	4 ms일 때 측정한 막전위(mV)		
	d_2	d_3	d_4
A	?-70	?-80	$+30$
B	?-70	-80	-60 탈분극

- ⓐ가 4 ms일 때 A의 d_4에서의 막전위가 +30 mV이므로 X는 d_2이고, A에서 흥분 전도 속도는 2 cm/ms이다.
- ⓐ가 4 ms일 때 A의 d_3에서의 막전위는 B의 d_3에서의 막전위와 같이 −80 mV이므로 시냅스는 ㉡에 있다.

ㄱ. ⓐ가 4 ms일 때 자극을 준 지점에서의 막전위는 −70 mV여야 하는데 A의 d_4에서의 막전위는 +30 mV이므로 자극을 준 지점 X는 d_2이다.

오답 넘기

ㄴ. ⓐ가 4 ms일 때 A의 d_4에서의 막전위는 +30 mV이며, 이 값은 A의 d_4에 흥분이 도달한 후 2 ms가 경과했을 때의 막전위이므로 X(d_2)로부터 A의 d_4까지 흥분이 전도되는 데 2 ms가 소요됨을 알 수 있다. 따라서 A에서 흥분 전도 속도는 $\frac{4\text{ cm}}{2\text{ ms}}$=2 cm/ms이고, X($d_2$)로부터 A의 d_3까지 흥분이 전도되는 데 1 ms가 소요되므로 ⓐ가 4 ms일 때 A의 d_3에서의 막전위는 흥분이 도달한 후 3 ms가 경과했을 때의 값인 −80 mV이다. 만일 ㉠에 시냅스가 있다면 일반적으로 축삭 돌기를 통한 흥분의 전도 속도가 시냅스를 통한 흥분의 전달 속도보다 빠르므로 A의 d_3에서의 막전위와 B의 d_3에서의 막전위가 서로 달라야 하지만 ⓐ가 4 ms일 때 A의 d_3과 B의 d_3에서의 막전위가 서로 같으므로 모순이다. 따라서 시냅스는 ㉡에 있다.

ㄷ. ⓐ가 4 ms일 때 B의 d_4에서의 막전위는 −60 mV(탈분극 상태)이며, 이 값은 B의 d_4에 흥분이 도달한 후 1 ms가 경과했을 때의 막전위이므로 X(d_2)로부터 B의 d_4까지 흥분이 도달하는 데 3 ms가 소요됨을 알 수 있

다. 제시된 자료에서 A와 B를 구성하는 뉴런의 흥분 전도 속도는 모두 같다고 했으므로 B를 구성하는 뉴런에서 흥분 전도 속도는 모두 2 cm/ms이다. 따라서 X(d_2)로부터 B의 d_3까지 흥분이 전도되는 데 1 ms가 소요되고, B의 d_3에서 B의 d_4로 흥분이 전달되는 데 2 ms가 소요된다. 그러므로 B의 d_3에 역치 이상의 자극을 주고 경과한 시간이 4 ms일 때 B의 d_4에서의 막전위는 흥분이 도달한 후 2 ms일 때의 값인 +30 mV이다.

시냅스로 연결된 두 뉴런에서 흥분이 전달되는 구간은 흥분 전달 속도를 구하려 하지 말고, 막전위 값을 토대로 시냅스 이전 뉴런의 한 지점에서 시냅스 이후 뉴런의 한 지점까지 흥분이 전달되는 데 걸리는 시간을 알아내서 문제를 해결하면 돼!

4 골격근의 수축

X가 수축하여 X의 길이가 $2d$만큼 짧아질 때 ㉠(I대의 절반)의 길이와 ㉡(H대의 절반)의 길이는 모두 d만큼 짧아지고, ㉢의 길이는 d만큼 길어진다. 따라서 ㉠의 길이는 t_1일 때가 t_2일 때보다 0.2 μm 길므로 ㉡의 길이는 t_1일 때가 t_2일 때보다 0.2 μm 길고, ㉢의 길이는 t_1일 때가 t_2일 때보다 0.2 μm 짧다. 그런데 t_1일 때 ㉢의 길이는 t_2일 때 ㉡의 길이보다 0.2 μm 길다고 했으므로 t_2일 때 ㉡의 길이를 x라고 하면 각 구간의 길이는 표와 같이 정리할 수 있다.

시점	㉠의 길이	㉡의 길이	㉢의 길이
t_1	0.5 μm	x+0.2 μm	x+0.2 μm
t_2	0.3 μm	x μm	x+0.4 μm

t_2일 때 ㉡+㉢=x+(x+0.4)=0.8 μm이므로 이를 계산하면 x는 0.2 μm이고, 이를 토대로 각 구간의 길이를 구하면 표와 같다.

시점	㉠의 길이	㉡의 길이	㉢의 길이
t_1	0.5 μm	0.4 μm	0.4 μm
t_2	0.3 μm	0.2 μm	0.6 μm

ㄱ. X(근육 원섬유 마디)의 수축 과정에서 ATP에 저장된 에너지가 사용된다.

ㄷ. t_2일 때 X의 길이=(㉠의 길이+㉡의 길이+㉢의 길이)×2=(0.3 μm+0.2 μm+0.6 μm)×2=2.2 μm이다.

오답 넘기

ㄴ. t_1일 때 H대의 길이는 ㉡의 길이의 2배인 0.8 μm이고, t_2일 때 ㉢의 길이는 0.6 μm이다. 따라서 t_1일 때 H대의 길이는 t_2일 때 ㉢의 길이보다 0.2 μm 길다.

근수축 문제에서는 다양한 자료가 제시될 수 있어! 근육 원섬유 마디를 이루는 각각의 구간도 문제마다 다르게 제시될 수 있으니까 그림과 자료를 꼼꼼히 살펴보고 길이 변화를 따져서 실수하지 않도록 주의해야 돼!

5 신경계의 구조와 신경계 이상

A. 대뇌는 언어, 기억, 추리, 감정 등의 고등 정신 활동과 의식적인 반응(수의 운동)의 중추이다.

오답 넘기

B. 뇌 신경은 말초 신경계에 속한다.

C. 골격근에 연결된 체성 신경이 손상되어 나타나는 질병은 근위축성 측삭 경화증이다. 파킨슨병은 중간뇌에서 신경 전달 물질 중 도파민 분비에 이상이 생겨 몸이 경직되고 자세가 불안정해지는 질환이다.

6 중추 신경계의 구조와 기능

A는 간뇌, B는 중간뇌, C는 연수이다.

ㄱ. A(간뇌)는 시상과 시상 하부로 구분된다.

ㄴ. B(중간뇌)에서는 동공의 크기 조절에 관여하는 부교감 신경이 나온다.

오답 넘기

ㄷ. 배뇨 반사의 중추는 척수이다. C(연수)는 심장 박동, 호흡 운동, 소화 운동과 소화액 분비 등을 조절하는 중추이며, 기침, 재채기, 하품, 침 분비 등에 관여한다.

7 말초 신경계의 구조와 기능

(1) ㉠의 길이는 ㉡의 길이보다 짧으므로 ㉠과 ㉡은 교감 신경을 이룬다. ㉢의 길이는 ㉣의 길이보다 길므로 ㉢과 ㉣은 부교감 신경을 이룬다. 심장에 연결된 교감 신경은 척수에서 나오고, 방광에 연결된 부교감 신경도 척수에서 나오므로 심장에 연결된 ㉠(교감 신경의 신경절 이전 뉴런)의 신경 세포체와 방광에 연결된 ㉢(부교감 신경의 신경절 이전 뉴런)의 신경 세포체는 모두 척수에 있다.

(2) 심장에 연결된 ㉡(교감 신경의 신경절 이후 뉴런)이 흥분하면 심장 박동이 촉진되고, 방광에 연결된 ㉣(부교감 신경의 신경절 이후 뉴런)이 흥분하면 방광이 수축된다.

모범 답안

㉡에 역치 이상의 자극이 주어지면 심장 박동이 촉진되고, ㉣에 역치 이상의 자극이 주어지면 방광이 수축된다.

채점 기준	배점(%)
심장과 방광에서 일어나는 변화를 모두 옳게 서술한 경우	100
심장과 방광에서 일어나는 변화 중 한 가지만 옳게 서술한 경우	50

8 항상성 유지 원리(음성 피드백)

ㄱ. TRH(갑상샘 자극 호르몬 방출 호르몬)가 분비되는 A는 시상 하부, TSH(갑상샘 자극 호르몬)가 분비되는 B는 뇌하수체 전엽이다.

ㄷ. 갑상샘에서 분비되는 티록신은 혈액을 통해 표적 세포로 이동하여 표적 세포에서 물질대사를 촉진한다.

오답 넘기

ㄴ. 티록신의 분비는 음성 피드백에 의해 조절된다. 따라서 혈중 티록신의 농도가 낮아지면 A(시상 하부)와 B(뇌하수체 전엽)에서 각각 TRH와 TSH의 분비가 촉진된다.

9 체온 조절

자료 분석 ⊕ 체온 조절

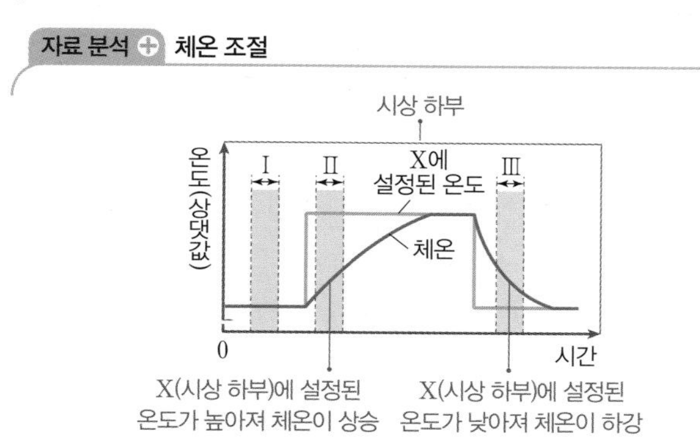

체온 조절 중추인 X(시상 하부)에 설정된 온도는 열 발생량과 열 발산량을 변화시켜 체온을 조절하는 데 기준이 되는 온도이다.

체온 조절 중추인 간뇌의 시상 하부는 자율 신경과 호르몬을 통해 열 발생량과 열 발산량을 조절하여 체온을 일정하게 유지한다.

ㄱ. 체온 조절 중추인 X는 간뇌의 시상 하부이다.

ㄴ. 구간 I에서는 열 발생량과 열 발산량이 균형을 이루어 체온이 일정하게 유지되고 있지만, 구간 II에서는 열 발생량은 증가하고 열 발산량은 감소하여 체온이 상승하고 있다. 따라서 $\frac{\text{열 발산량}}{\text{열 발생량}}$은 구간 I에서가 구간 II에서보다 크다.

오답 넘기

ㄷ. 구간 III에서는 구간 II에서와 반대로 X(시상 하부)에 설정된 온도가 낮아져 체온이 하강하고 있다. 따라서 골격근의 떨림에 의한 열 발생은 구간 II에서가 구간 III에서보다 활발하게 일어난다.

10 혈당량 조절과 당뇨병

식사 후 A에서는 건강한 사람과 마찬가지로 인슐린이 분비되나 혈당량은 건강한 사람보다 높으므로 A에서 인슐린의 분비는 이상이 없고 인슐린의 표적 세포가 인슐린에 제대로 반응하지 못함을 알 수 있다. 따라서 A의 당뇨병은 2형 당뇨병이다.

모범 답안

식사 후 A에서는 건강한 사람과 마찬가지로 인슐린이 생성되나, 혈당량이 정상적으로 조절되지 못해 건강한 사람보다 높다. 따라서 A의 당뇨병은 인슐린의 표적 세포가 인슐린에 정상적으로 반응하지 못해 나타나는 2형 당뇨병이다.

채점 기준	배점(%)
A의 당뇨병 유형과 그렇게 판단한 까닭을 제시된 자료를 근거로 옳게 서술한 경우	100
A의 당뇨병 유형만 옳게 쓴 경우	40

11 혈장 삼투압 조절

자료 분석 ⊕ 혈장 삼투압 조절

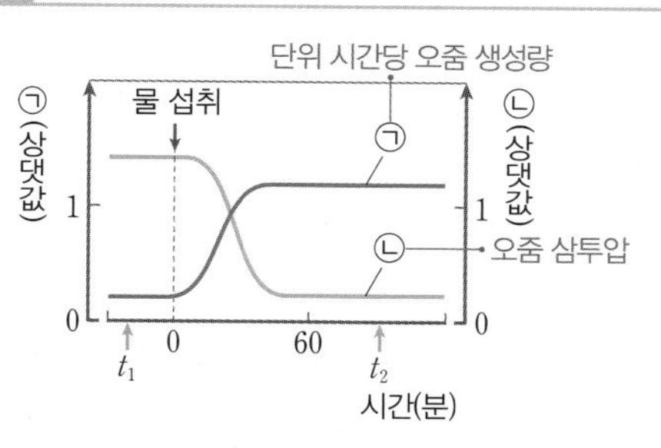

물을 다량 섭취하면 혈장 삼투압이 낮아져 ADH(항이뇨 호르몬)의 분비량이 줄어든다. 그 결과 단위 시간당 오줌 생성량은 많아지고, 생성되는 오줌의 삼투압은 낮아지므로 ㉠은 단위 시간당 오줌 생성량, ㉡은 오줌 삼투압이다.

ㄴ. 혈중 ADH의 농도가 높을수록 콩팥에서 물의 재흡수가 촉진되어 단위 시간당 오줌 생성량은 적어진다. 제시된 그림에서 ㉠(단위 시간당 오줌 생성량)은 t_1일 때가 t_2일 때보다 적으므로 혈중 ADH의 농도는 t_1일 때가 t_2일 때보다 높다.

오답 넘기

ㄱ. ㉠은 단위 시간당 오줌 생성량, ㉡은 오줌 삼투압이다.

ㄷ. 물을 다량 섭취하면 혈장 삼투압이 낮아져 ADH의 분비량이 줄어들므로 생성되는 오줌의 삼투압은 낮아진다. 제시된 그림에서 ㉡(오줌 삼투압)은 t_1일 때가 t_2일 때보다 높으므로 혈장 삼투압은 t_1일 때가 t_2일 때보다 높다.

12 병원체와 질병

결핵과 콜레라의 병원체는 세균이고, 독감과 홍역의 병원체는 바이러스이다. 당뇨병과 고지혈증은 비감염성 질병이다.

ㄱ. ㉠(결핵)은 세균성 질병이므로 ㉠(결핵)의 치료에 항생제가 사용된다.

ㄴ. II에 속하는 당뇨병과 고지혈증은 모두 물질대사 장애에 의해 발생하는 대사성 질환에 속한다.

오답 넘기

ㄷ. I에 속하는 질병의 병원체(세균)는 세포막을 가지지만, III에 속하는 질병의 병원체(바이러스)는 세포막을 가지지 않는다.

13 방어 작용

(가)는 염증 반응, (나)는 ⓐ(세포독성 T림프구)가 X에 감염된 세포를 직접 공격하여 제거하는 방어 작용이므로 세포성 면역에 해당한다.

ㄴ. ⓐ는 세포독성 T림프구이다.

ㄷ. 활성화된 보조 T림프구는 ⓐ(세포독성 T림프구)를 활성화시키는 과정에 관여한다.

오답 넘기

ㄱ. (가)(염증 반응)는 비특이적 방어 작용에 해당하고, (나)(세포성 면역)는 특이적 방어 작용에 해당한다.

14 2차 면역 반응

X에 노출된 적이 없는 사람에 X가 1차 침입했을 때 X에 대한 항체가 생성되었으며, X가 1차 침입했을 때보다 X가 2차 침입했을 때 X에 대한 항체가 신속하게 다량 생성되었으므로 구간 Ⅰ에서는 1차 면역 반응, 구간 Ⅱ에서는 2차 면역 반응이 일어났다.

ㄴ. 1차 면역 반응이 일어나고 있는 구간 Ⅰ에서는 활성화된 T림프구의 도움을 받아 B림프구가 ㉠(X에 대한 기억 세포)과 ㉡(형질 세포)으로 분화한다.

오답 넘기

ㄱ, ㄷ. ㉠(X에 대한 기억 세포)이 ㉡(형질 세포)으로 분화하는 과정 (가)는 2차 면역 반응에서 일어난다. 따라서 (가)는 구간 Ⅰ과 Ⅱ 중 Ⅱ에서만 일어난다.

15 ABO식 혈액형

자료 분석 ABO식 혈액형

(가)의 혈액에는 응집원 B와 응집소 α가 있으므로 (가)는 B형

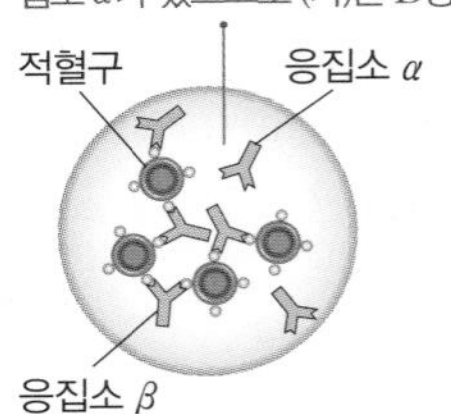

(나)의 혈장에는 응집소 β가 있으므로 (나)는 A형 또는 O형

(나)의 적혈구를 응집소 α가 있는 (가)의 혈장과 섞었을 때 응집 반응이 나타나지 않으므로 (나)는 O형

구분	(가)의 혈장	(나)의 혈장	항 B 혈청
(나)의 적혈구	X	?	X
(다)의 적혈구	○	○	○

(○: 응집됨, X: 응집 안 됨)

(다)의 적혈구를 응집소 α가 있는 (가)의 혈장, 응집소 β가 있는 항 B 혈청과 섞었을 때 모두 응집 반응이 나타나므로 (다)는 AB형

(가)는 응집원 B와 응집소 α를 가지므로 B형이다. (나)는 응집소 β를 가지며, (나)의 적혈구는 (가)의 혈장과 섞었을 때 응집되지 않으므로 O형이다. (다)의 적혈구는 (가)의 혈장과 항 B 혈청에 섞었을 때 모두 응집되므로 AB형이다.

2주 4일 교과서 대표 전략 ②

Book 1 62~63쪽

1 ㄱ, ㄴ, ㄷ **2** ㉠ 4 ms, A에서의 흥분 전도 속도: 3 cm/ms
3 ㄱ **4** ㄴ, ㄷ **5** ㄴ, ㄷ **6** ㄱ, ㄷ
7 ㄴ **8** ㄱ, ㄴ

1 흥분의 발생

(가)에서 t_1일 때 탈분극, t_2일 때 재분극이 일어나고 있으며, t_3에서는 분극 상태를 유지하고 있다. 탈분극 과정에서 Na^+은 Na^+ 통로를 통해 세포 밖에서 세포 안으로 확산되어 막전위가 상승하므로 ㉠은 세포 안, ㉡은 세포 밖이다.

ㄱ. t_1일 때 Na^+이 Na^+ 통로를 통해 세포 밖에서 세포 안으로 확산되어 막전위가 상승하므로 Na^+의 막 투과도는 탈분극이 일어나고 있는 t_1일 때가 분극 상태인 t_3일 때보다 크다.

ㄴ. t_2일 때 K^+이 K^+ 통로를 통해 ㉠(세포 안)에서 ㉡(세포 밖)으로 확산된다.

ㄷ. 뉴런의 세포막에 있는 Na^+-K^+ 펌프는 항상 Na^+은 세포 밖으로, K^+은 세포 안으로 능동 수송시킨다. 따라서 분극 상태인 t_3에서도 Na^+-K^+ 펌프에 의해 세포막을 통한 Na^+과 K^+의 이동이 일어난다.

2 흥분의 전도

A의 P_1에서의 막전위는 $+30$ mV이므로 ㉠은 A의 P_1에 흥분이 도달한 후 2 ms가 경과된 시간이다. 반면에 B의 P_2에서의 막전위는 -80 mV이므로 ㉠은 B의 P_2에 흥분이 도달한 후 3 ms가 경과된 시간이다. 따라서 A에서의 흥분 전도 속도를 V_A, B에서의 흥분 전도 속도를 V_B라고 하면

㉠$=\dfrac{6\text{ cm}}{V_A}+2\text{ ms}$, ㉠$=\dfrac{2\text{ cm}}{V_B}+3\text{ ms}$이고, 이를 연립하여 정리하면 $\dfrac{6\text{ cm}}{V_A}-\dfrac{2\text{ cm}}{V_B}=1\text{ ms}$이다. $V_A=1.5V_B$라고 했으므로 이를 대입하여 계산하면 V_A는 3 cm/ms, V_B는 2 cm/ms이고, ㉠은 4 ms이다.

3 회피 반사

ㄱ. A는 감각기와 척수 사이에 연결된 구심성 뉴런(감각 뉴런), B는 척수와 골격근 사이에 연결된 원심성 뉴런(운동 뉴런)이므로 두 뉴런 모두 말초 신경계에 속한다.

오답 넘기

ㄴ. 회피 반사의 조절 중추는 척수이다. 뇌줄기는 중간뇌, 뇌교, 연수를 포함하며, 척수는 뇌줄기에 속하지 않는다.

ㄷ. ㉠이 일어나는 동안 골격근 ⓐ는 수축한다. 하지만 골격근의 수축 과정에서 액틴 필라멘트와 마이오신 필라멘트 자체의 길이는 변하지 않으므로 ㉠이 일어나는 동안 ⓐ의 근육 원섬유 마디에서 액틴 필라멘트의 길이는 변화가 없다.

반사 행동의 중추와 뇌줄기의 구성 요소를 묻는 문제는 자주 출제되니까 꼭 공부해서 기억해 두어야 해!

4 자율 신경의 구조와 기능

자료 분석 ⊕ 자율 신경의 구조와 기능

B가 부교감 신경의 신경절 이후 뉴런이므로 신경절은 ㉡에 위치한다.

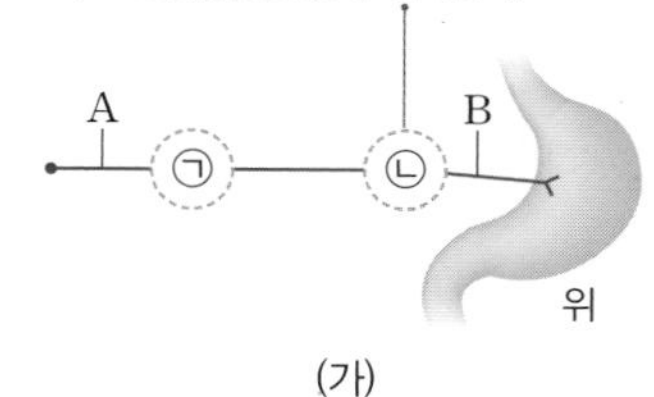

B를 자극했을 때 위에서 소화액 분비가 촉진되어 pH가 감소했으므로 B는 부교감 신경의 신경절 이후 뉴런이다.

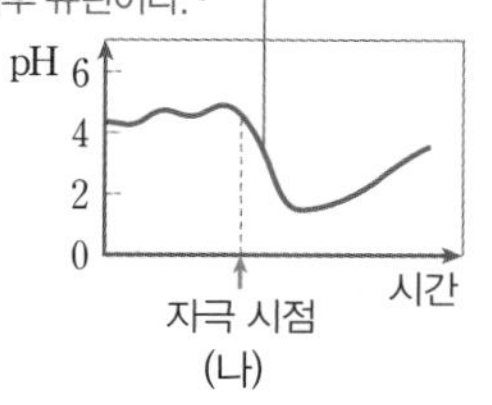

ㄴ. A는 부교감 신경의 신경절 이전 뉴런이므로 A의 신경 세포체는 연수에 있다.

ㄷ. A(부교감 신경의 신경절 이전 뉴런)와 B(부교감 신경의 신경절 이후 뉴런)의 축삭 돌기 말단에서는 모두 신경 전달 물질로 아세틸콜린이 분비된다.

오답 넘기

ㄱ. 부교감 신경에서 신경절 이전 뉴런의 길이는 신경절 이후 뉴런의 길이보다 길다. 따라서 신경절은 ㉠과 ㉡ 중 ㉡에 있다.

5 혈당량 조절

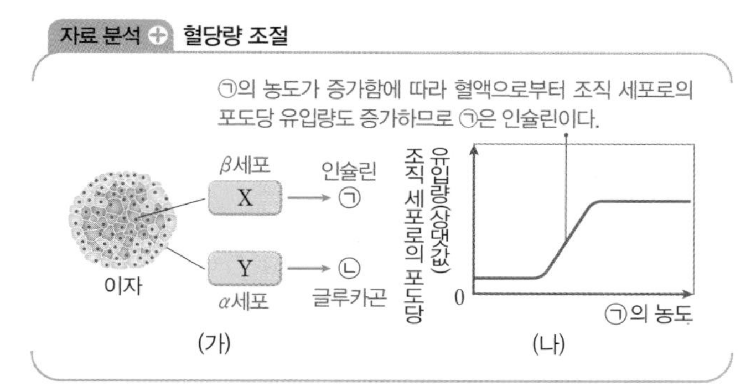

ㄴ. 이자에 연결된 교감 신경이 흥분하면 이자의 Y(α세포)에서 ㉡(글루카곤)의 분비가 촉진된다.

ㄷ. 간에서 ㉠(인슐린)은 포도당이 글리코젠으로 합성되는 과정을 촉진하여 혈당량을 낮춘다.

오답 넘기

ㄱ. ㉠(인슐린)이 분비되는 X는 β세포, ㉡(글루카곤)이 분비되는 Y는 α세포이다.

6 혈장 삼투압 조절

혈중 ADH(항이뇨 호르몬)의 농도가 높아지면 콩팥에서 물의 재흡수가 촉진되어 혈장 삼투압이 낮아지고 전체 혈액량이 많아진다. 따라서 전체 혈액량이 정상보다 많아지게 되면 정상 상태일 때보다 ADH의 분비량은 감소한다.

ㄱ. 혈장 삼투압에 따른 혈중 ADH의 농도는 ㉠일 때가 정상 상태일 때보다 낮으므로 ㉠은 전체 혈액량이 정상보다 증가한 상태이다.

ㄷ. 전체 혈액량이 정상 상태일 때 혈중 ADH의 농도는 p_1일 때가 p_2일 때보다 낮으므로 콩팥에서 단위 시간당 물의 재흡수량은 p_1일 때가 p_2일 때보다 적다.

오답 넘기

ㄴ. 혈중 ADH의 농도가 높을수록 생성되는 오줌의 삼투압은 높아진다. ㉠(전체 혈액량이 정상보다 증가한 상태)일 때 혈중 ADH의 농도는 p_1일 때가 p_2일 때보다 낮으므로 생성되는 오줌의 삼투압은 p_1일 때가 p_2일 때보다 낮다.

7 병원체와 질병

알레르기는 특정 항원에 대한 면역 반응이 과민하게 나타나는 비감염성 질병이고, 파상풍과 후천성 면역 결핍증(AIDS)은 모두 감염성 질병이며, 파상풍의 병원체는 세균, 후천성 면역 결핍증(AIDS)의 병원체는 바이러스이다. 세포 구조로 되어 있는 세균은 분열법으로 스스로 증식하지만, 바이러스는 세포 구조로 되어 있지 않으므로 분열법으로 스스로 증식하지 못한다. 따라서 (가)는 파상풍, (나)는 알레르기, (다)는 후천성 면역 결핍증(AIDS)이다.

ㄴ. 꽃가루, 먼지, 약물 등은 (나)(알레르기)를 일으키는 원인에 해당한다.

오답 넘기

ㄱ. (가)(파상풍)는 감염성 질병, (나)(알레르기)는 비감염성 질병이다.

ㄷ. (다)(AIDS)의 병원체는 바이러스이므로 독립적으로 물질대사를 하지 못한다.

8 면역 반응

ㄱ. 비특이적 방어 작용은 태어날 때부터 갖고 있는 선천적 면역으로, 병원체의 종류나 감염 경험의 유무와 관계없이 감염이 일어나면 신속하게 작동한다. 따라서 X가 침입한 후 구간 I에서는 비특이적 방어 작용이 일어난다.

ㄴ. 구간 II와 III에서 모두 X에 대한 항체가 생성된다. 따라서 구간 II와 III에서 모두 체액성 면역이 일어난다.

오답 넘기

ㄷ. X가 2차 침입했을 때는 X가 1차 침입했을 때보다 X에 대한 항체가 신속하게 다량 생성되므로 구간 III에서는 X에 대한 2차 면역 반응이 일어나고 있음을 알 수 있다. 따라서 구간 III에서는 X에 대한 기억 세포가 형질 세포로 빠르게 분화되어 형질 세포로부터 X에 대한 항체가 다량 생성된다.

2주 누구나 합격 전략

Book 1 64~65쪽

1 ①	2 ③	3 ④	4 ⑤
5 ⑤	6 ①	7 ④	8 ①

1 뉴런의 구조와 특징

ㄱ. ㉠은 신경 세포체이다. ㉠(신경 세포체)에는 핵, 미토콘드리아 등이 있어 뉴런에 필요한 물질과 에너지를 생성하며, 뉴런의 생명 활동을 조절한다.

오답 넘기

ㄴ. 말이집 뉴런에서 활동 전위는 말이집으로 싸여 있지 않은 랑비에 결절에서만 발생하고, 한 뉴런에서 흥분은 양방향으로 전도된다. 따라서 B에 역치 이상의 자극을 주었을 때 C에서는 활동 전위가 발생하지만 A에서는 활동 전위가 발생하지 않는다.

ㄷ. 일반적으로 축삭 돌기를 통한 흥분의 전도 속도는 시냅스를 통한 흥분의 전달 속도보다 빠르다. 따라서 C에 역치 이상의 자극을 주었을 때 활동 전위는 D보다 B에서 먼저 발생한다.

2 흥분의 발생

뉴런에서 Na^+의 농도는 항상 세포 밖이 세포 안보다 높고, K^+의 농도는 항상 세포 안이 세포 밖보다 높다. 따라서 ㉠은 K^+, ㉡은 Na^+이다.

ㄱ. t_2에서는 재분극이 일어나고 있고, t_3에서는 분극 상태를 유지하고 있다. 따라서 ㉠(K^+)의 막 투과도는 t_2일 때가 t_3일 때보다 크다.

ㄷ. 분극 상태인 t_3에서는 Na^+-K^+ 펌프에 의해 ㉠(K^+)과 ㉡(Na^+)의 능동 수송이 일어나고 있다. 따라서 t_3일 때 세포막을 통한 ㉡(Na^+)의 이동이 일어난다.

오답 넘기

ㄴ. 활동 전위가 발생하는 동안에도 ㉡(Na^+)의 농도는 항상 세포 밖에서가 세포 안에서보다 높다.

탈분극 과정에서 Na^+ 통로를 통해 Na^+이 세포 안으로 유입되었다고 해서 Na^+의 세포 안 농도가 세포 밖 농도보다 높아졌다고 생각하면 안돼! Na^+의 농도는 항상 세포 밖이 세포 안보다 높다는 사실을 꼭 잊지마!

3 근육 원섬유 마디의 구조와 골격근의 수축

Ⅰ에는 액틴 필라멘트만 있으므로 I대(명대)의 단면에 해당하고, Ⅱ에는 액틴 필라멘트와 마이오신 필라멘트가 모두 있으므로 Ⅱ는 A대(암대) 중 H대를 제외한 나머지 부분의 단면에 해당한다.

ㄴ. X가 수축하여 길이가 짧아질 때 I대의 길이도 짧아진다. 따라서 X가 수축할 때 단면이 Ⅰ과 같은 부분의 길이는 짧아진다.

ㄷ. 전자 현미경으로 관찰했을 때 단면이 Ⅰ과 같은 부분(I대)은 단면이 Ⅱ와 같은 부분(A대 중 H대를 제외한 나머지 부분)보다 밝게 보인다.

오답 넘기

ㄱ. H대에는 마이오신 필라멘트만 있으므로 Ⅱ는 H대의 단면에 해당하지 않는다.

4 자율 신경의 구조와 기능

자료 분석 ⊕ 자율 신경의 구조와 기능

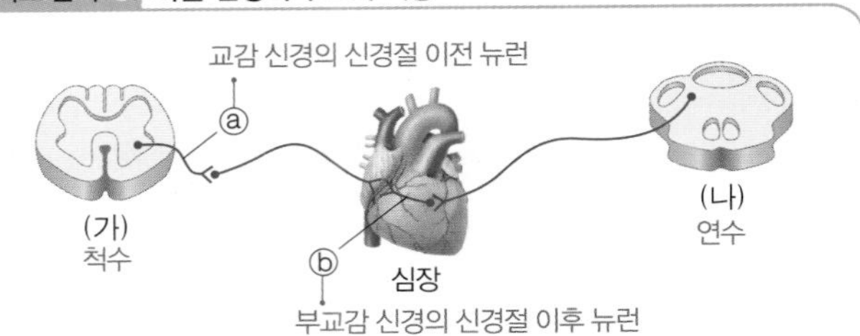

- 심장에 연결된 교감 신경은 척수에서 나오고, 부교감 신경은 연수에서 나오므로 (가)는 척수, (나)는 연수이다.
- ⓐ는 교감 신경의 신경절 이전 뉴런, ⓑ는 부교감 신경의 신경절 이후 뉴런이다.

ㄱ. (가)(척수)의 겉질은 주로 축삭 돌기가 모인 백색질이고, 속질은 주로 신경 세포체가 모인 회색질이다.

ㄴ. (나)(연수)는 기침, 재채기, 하품, 침 분비 등에 관여하고, 심장 박동, 호흡 운동, 소화액 분비와 소화 운동의 중추이다.

ㄷ. ⓐ(교감 신경의 신경절 이전 뉴런)와 ⓑ(부교감 신경의 신경절 이후 뉴런)의 축삭 돌기 말단에서는 모두 신경 전달 물질로 아세틸콜린이 분비된다.

자율 신경을 구성하는 신경절 이전 뉴런과 신경절 이후 뉴런 중에서 교감 신경의 신경절 이후 뉴런에서만 노르에피네프린이 분비되고, 나머지에서는 모두 아세틸콜린이 분비된다는 것을 알아 둬!

5 항상성 유지

(가)는 뉴런을 통해 뉴런과 연결된 세포에 작용하므로 신경에 의한 조절 방법이고, (나)는 내분비샘 세포에서 분비된 물질이 혈액을 통해 운반되어 표적 세포에 작용하므로 호르몬에 의한 조절 방법이다.

ㄴ, ㄷ. (가)(신경에 의한 조절 방법)는 신경을 통해 인접한 세포(기관)에 신호를 전달하므로 (나)(호르몬에 의한 전달 방법)보다 신호 전달 속도가 빠르지만, 효과는 일시적이다. 반면에 (나)(호르몬에 의한 전달 방법)는 혈액을 통해 온몸에 운반되어 멀리 떨어진 표적 세포(기관)에도 작용하므로 (가)(신경에 의한 조절 방법)보다 신호 전달 속도는 느리지만 효과 지속 시간은 길다.

오답 넘기

ㄱ. (가)는 신경에 의한 조절 방법, (나)는 호르몬에 의한 조절 방법이다.

6 체온 조절

자료 분석 ⊕ 체온 조절

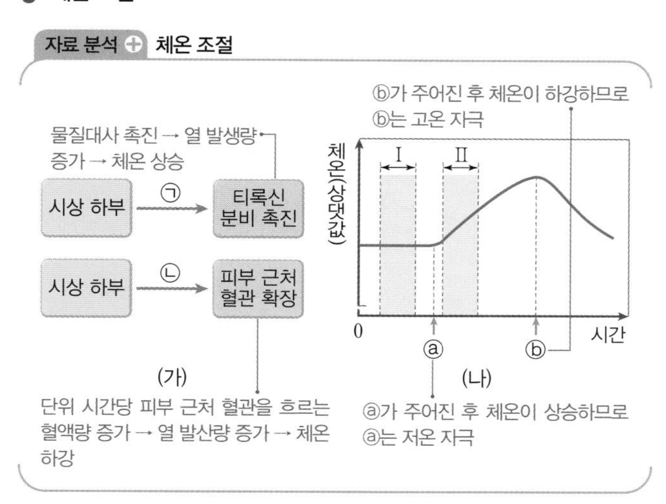

ㄱ. 체온 조절 중추인 간뇌의 시상 하부에 ⓐ가 주어진 후 체온이 상승하므로 ⓐ는 저온 자극이다.

오답 넘기

ㄴ. ㉠이 일어나면 물질대사가 촉진되어 열 발생량이 증가하며 그에 따라 체온이 상승한다. 반면에 ㉡이 일어나면 단위 시간당 피부 근처 혈관을 흐르는 혈액량이 증가하여 열 발산량이 증가하며 그에 따라 체온이 하강한다. 체온 조절 중추에 ⓐ(저온 자극)가 주어지면 티록신의 분비는 촉진되어 열 발생량은 증가하고, 피부 근처 혈관은 수축되어 열 발산량은 감소하므로 체온이 상승한다. 따라서 과정 ㉠은 구간 Ⅱ에서가 구간 Ⅰ에서보다 활발하게 일어나고, 구간 Ⅱ에서는 구간 Ⅰ에서보다 피부 근처 혈관 수축이 활발하게 일어난다.

ㄷ. 과정 ㉡은 교감 신경의 작용이 완화되어 일어난다.

체온 조절 과정에서 피부 근처 혈관의 수축은 교감 신경의 작용이 강화되어 일어나! 그렇다고 해서 피부 근처 혈관의 확장(이완)이 부교감 신경의 작용으로 일어나는 건 아니야! 잘 기억해 두자!

7 혈장 삼투압 조절

혈중 ADH(항이뇨 호르몬)의 농도가 높을수록 콩팥에서 물의 재흡수가 촉진되므로 혈장 삼투압은 낮아지고, 생성되는 오줌의 삼투압은 높아진다. 따라서 ㉠은 오줌 삼투압이다.

ㄴ. 간뇌의 시상 하부가 ADH의 분비를 조절하는 중추이다.

ㄷ. 혈중 ADH의 농도가 높을수록 단위 시간당 오줌 생성량은 적어진다. 혈중 ADH의 농도는 C_1일 때가 C_2일 때보다 낮으므로 단위 시간당 오줌 생성량은 C_1일 때가 C_2일 때보다 많다.

오답 넘기

ㄱ. ㉠은 오줌 삼투압이다.

8 방어 작용

자료 분석 ⊕ 방어 작용

형질 세포 ⓐ　항체　(가)

대식세포　ⓑ 보조 T림프구　(나)

보조 ⓑ T림프구　ⓒ B림프구　(다)

X　대식세포　(라)

- (가): ⓐ(형질 세포)에서 항체가 생성된다.
- (나): 대식세포가 표면에 제시한 항원 조각을 ⓑ(보조 T림프구)가 인식하여 활성화된다.
- (다): 활성화된 ⓑ(보조 T림프구)가 ⓒ(B림프구)의 분화를 촉진한다.
- (라): 대식세포가 병원체(X)를 삼킨 후 분해한다(식세포 작용(식균 작용)).

ㄱ. ⓐ(형질 세포)는 항체를 생성하여 X를 무력화시키므로 체액성 면역에 관여한다.

오답 넘기

ㄴ. ⓑ(보조 T림프구)는 가슴샘에서 성숙(분화)하고, ⓒ(B림프구)는 골수에서 성숙(분화)한다.

ㄷ. P의 체내에 X가 침입했을 때 일어나는 방어 작용은 (라) → (나) → (다) → (가) 순으로 진행된다.

2주 창의·융합·코딩 전략 Book 1 66~69쪽

1 ①	2 ③	3 ④	4 ②
5 ⑤	6 ①	7 ③	8 ④

1 뉴런의 구조와 신경계 기능에 영향을 주는 약물

A. 말이집 뉴런에서 말이집으로 싸여 있는 부분에서는 세포막을 통한 이온의 이동이 막혀 활동 전위가 발생하지 않고, 말이집으로 싸여 있지 않아 축삭 돌기가 노출되어 있는 랑비에 결절에서만 활동 전위가 연쇄적으로 발생한다. 따라서 말이집 뉴런에서는 흥분이 랑비에 결절에서 다음 랑비에 결절로 건너뛰듯이 전도되는 도약전도가 일어난다.

오답 넘기

B. 신경 전달 물질이 들어 있는 시냅스 소포는 뉴런의 축삭 돌기 말단에만 있어서 흥분은 시냅스 이전 뉴런의 축삭 돌기 말단에서 시냅스 이후 뉴런의 가지 돌기나 신경 세포체로만 전달된다.

C. 시냅스에서 흥분의 전달을 억제하여 긴장과 통증을 완화시켜 주는 약물은 진정제이다.

2 골격근의 수축

액틴 필라멘트만 있는 ㉠은 I대의 단면, 마이오신 필라멘트만 있는 ㉡은 H대의 단면에 해당한다. 액틴 필라멘트와 마이오신 필라멘트가 모두 있는 ㉢은 A대 중에서 H대를 제외한 나머지 부분(액틴 필라멘트와 마이오신 필라멘트가 겹치는 부분)의 단면에 해당한다. 골격근 수축 과정에서 ⓐ에서는 t_1일 때 ㉡과 같은 단면 모양이 관찰되었지만, t_2일 때 ㉢과 같은 단면 모양이 관찰되었으므로 X는 t_1일 때가 t_2일 때보다 이완된 상태임을 알 수 있다.

A. ㉠에는 액틴 필라멘트만 있으므로 I대에서 관찰되는 단면이다.

B. 골격근이 수축하여 X의 길이가 짧아지면 액틴 필라멘트와 마이오신 필라멘트가 겹치는 부분의 길이는 길어진다. 따라서 X의 길이는 t_1일 때가 t_2일 때보다 길므로 단면 모양이 ㉢과 같은 부분의 길이는 t_1일 때가 t_2일 때보다 짧다.

오답 넘기

C. 골격근의 수축과 이완 여부에 관계없이 액틴 필라멘트와 마이오신 필라멘트 자체의 길이는 변하지 않는다. 따라서 X의 길이는 t_1일 때가 t_2일 때보다 길지만, 마이오신 필라멘트의 길이는 t_1일 때와 t_2일 때가 같다.

골격근이 수축할 때 액틴 필라멘트와 마이오신 필라멘트 자체의 길이는 변하지 않고, 액틴 필라멘트가 마이오신 필라멘트 사이로 미끄러져 들어간다는 점을 잘 이해하고 있어야 해! 그래야 단면 모양의 변화를 통해 골격근의 수축 여부를 파악할 수 있어!

3 뇌의 구조와 기능

문제 ㉠의 정답은 척수, 문제 ㉡의 정답은 중간뇌, 문제 ㉢의 정답은 연수이다.

ㄴ. 중간뇌는 안구 운동과 홍채 운동을 조절하는 중추이다. 따라서 '안구 운동과 홍채 운동을 조절하는 중추는?'은 문제 ㉡에 해당한다.

ㄷ. 연수는 소화 운동과 소화액 분비, 심장 박동, 호흡 운동을 조절하는 중추이다. 따라서 '소화 운동과 소화액 분비를 조절하는 중추는?'은 문제 ㉢에 해당한다.

오답 넘기

ㄱ. 뇌교, 연수와 함께 뇌줄기를 구성하는 부위는 척수가 아니라 중간뇌이다. 따라서 '뇌교, 연수와 함께 뇌줄기를 구성하는 부위는?'은 문제 ㉠이 아니라 문제 ㉡에 해당한다.

4 자율 신경에 의한 심장 박동 조절 실험

자료 분석 ⊕ 자율 신경에 의한 심장 박동 조절

ⓐ를 자극했을 때 심장 세포의 활동 전위 발생 빈도가 자극 전보다 감소하므로 ⓐ는 심장 박동을 억제하는 부교감 신경이다.

ⓑ를 자극했을 때 심장 세포의 활동 전위 발생 빈도가 자극 전보다 증가하므로 ⓑ는 심장 박동을 촉진하는 교감 신경이다.

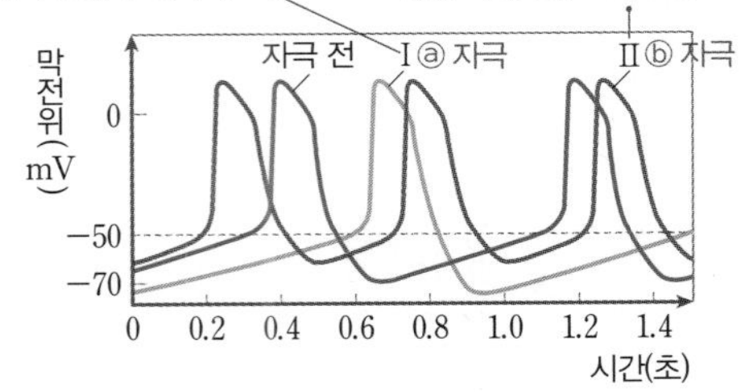

ㄷ. ⓑ(교감 신경)의 신경절 이후 뉴런의 축삭 돌기 말단에서 심장으로 노르에피네프린이 분비되어 심장 박동이 촉진된다.

오답 넘기

ㄱ. ⓐ(부교감 신경)의 신경절 이전 뉴런의 신경 세포체는 연수에 있고, ⓑ(교감 신경)의 신경절 이전 뉴런의 신경 세포체는 척수에 있다.

ㄴ. ⓐ(부교감 신경)는 신경절 이전 뉴런이 신경절 이후 뉴런보다 길고, ⓑ(교감 신경)는 신경절 이전 뉴런이 신경절 이후 뉴런보다 짧다. 따라서 $\frac{\text{신경절 이후 뉴런의 길이}}{\text{신경절 이전 뉴런의 길이}}$는 ⓐ(부교감 신경)가 ⓑ(교감 신경)보다 작다.

5 티록신 분비 조절과 갑상샘 기능 저하증

자료 분석 ⊕ 갑상샘 기능 저하증

	구분	Ⅰ (B(갑상샘)에 이상)	Ⅱ (A(뇌하수체 전엽)에 이상)
티록신	㉠	−	−
TRH	㉡	+	+
TSH	㉢	+	−

(+ : 건강한 사람보다 높음, − : 건강한 사람보다 낮음)

- 갑상샘 기능 저하증은 건강한 사람보다 티록신 분비량이 적어 발병하므로 Ⅰ과 Ⅱ에서 모두 건강한 사람보다 혈중 농도가 낮은 ㉠이 티록신이다.
- 티록신의 분비는 음성 피드백에 의해 조절되므로 티록신의 분비량이 감소하면 시상 하부에서 TRH(갑상샘 자극 호르몬 방출 호르몬)의 분비가 촉진된다. Ⅰ과 Ⅱ에서 모두 시상 하부는 정상이므로 혈중 농도가 건강한 사람보다 높은 ㉡이 TRH이고, ㉢이 TSH(갑상샘 자극 호르몬)이다.
- TRH는 뇌하수체 전엽을 자극하여 TSH가 분비되도록 한다. 만일 뇌하수체 전엽에 이상이 있다면 혈중 TRH 농도가 높아져도 TRH에 의해 뇌하수체 전엽에서 TSH의 분비가 촉진되지 못하므로 혈중 TSH 농도와 혈중 티록신 농도가 건강한 사람보다 낮을 것이다. 반면에 갑상샘에 이상이 있다면 혈중 TRH 농도와 혈중 TSH 농도가 높아져도 TSH에 의해 갑상샘에서 티록신의 분비가 촉진되지 못하므로 혈중 티록신 농도가 건강한 사람보다 낮을 것이다. 따라서 Ⅰ이 B(갑상샘)에 이상이 있는 환자이고, Ⅱ가 A(뇌하수체 전엽)에 이상이 있는 환자이다.

ㄴ. ㉢(TSH)은 B(갑상샘)를 자극하여 ㉠(티록신)의 분비를 촉진하므로 B(갑상샘)는 ㉢(TSH)의 표적 기관이다.

ㄷ. 갑상샘 기능 저하증 환자는 건강한 사람에 비해 대사량이 적고, 동작이 느려지며 추위를 많이 탄다. 또 체중이 증가하고, 심박수와 심장 박출량이 감소한다. 따라서 표적 기관 X에서의 물질대사는 갑상샘 기능 저하증 환자인 Ⅱ에서가 건강한 사람에서보다 적게 일어난다.

오답 넘기

ㄱ. Ⅰ은 B(갑상샘)에 이상이 있다.

6 체온 조절

체온보다 낮은 온도의 물에 들어가면 체온이 낮아지고, 시상 하부에서 이를 감지하면 땀 분비량을 감소시키고 열 발생량을 증가시켜 체온을 정상 범위로 높인다. 반대로 체온보다 높은 온도의 물에 들어가면 체온이 높아지고, 시상 하부에서 이를 감지하면 땀 분비량을 증가시키고 열 발생량을 감소시켜 체온을 정상 범위로 낮춘다.

ㄱ. ㉠에 들어갔을 때 체온이 낮아지므로 ㉠은 '체온보다 낮은 온도의 물'이다.

오답 넘기

ㄴ. 체온 조절 중추인 시상 하부에서 체온이 정상 범위보다 낮아진 것을 감지하면 땀 분비량을 감소시키고 열 발생량을 증가시킨다. 따라서 A는 열 발생량, B는 땀 분비량이다.

ㄷ. 체온이 정상 범위보다 낮아지면 시상 하부는 골격근의 떨림을 통해 열 발생량을 증가시킨다. A(열 발생량)는 구간 Ⅱ에서가 구간 Ⅰ에서보다 많으므로 골격근의 떨림은 구간 Ⅱ에서가 구간 Ⅰ에서보다 활발하게 일어난다.

7 병원체와 질병

자료 분석 ⊕ 병원체와 질병의 구분

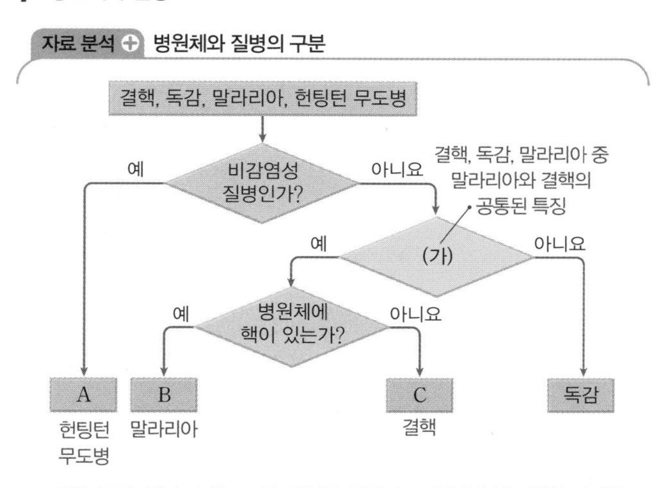

• 결핵, 독감, 말라리아는 모두 감염성 질병이고, 헌팅턴 무도병은 비감염성 질병이므로 A는 헌팅턴 무도병이다.
• 말라리아의 병원체는 진핵생물인 원생생물이고, 결핵의 병원체는 원핵생물인 세균이다. 따라서 병원체에 핵이 있는 B가 말라리아, 병원체에 핵이 없는 C가 결핵이다.

ㄱ. 비감염성 질병인 A는 헌팅턴 무도병이다.

ㄴ. B(말라리아)의 병원체인 원생생물과 C(결핵)의 병원체인 세균은 모두 세포 구조로 되어 있어 세포 분열을 한다. 하지만 독감의 병원체인 바이러스는 세포 구조로 되어 있지 않으므로 세포 분열을 하지 않는다. 따라서 '병원체가 세포 분열을 하는가?'는 (가)에 해당한다.

오답 넘기

ㄷ. B(말라리아)의 병원체는 원생생물, C(결핵)의 병원체는 세균이다.

8 ABO식 혈액형

아버지와 자녀 1의 혈액을 응집소 α가 있는 항 A 혈청과 섞었을 때 모두 응집 반응이 일어나므로 아버지와 자녀 1은 각각 A형과 AB형 중 하나이다. AB형인 사람은 응집소 α와 응집소 β를 모두 가지지 않지만, 자녀 1은 ㉡을 가지므로 자녀 1은 A형이고, ㉠은 응집원 A, ㉡은 응집소 β이다. 이 가족의 ABO식 혈액형은 서로 다르다고 했으므로 아버지는 AB형이고, ㉡(응집소 β)을 가지지 않는 자녀 2는 B형이며, 어머니는 O형이다.

ㄴ. 어머니는 O형이므로 적혈구 표면에 응집원 A와 응집원 B가 모두 없고, 혈장에 응집소 α와 ㉡(응집소 β)이 모두 있다.

ㄷ. B형인 자녀 2의 혈장에는 응집소 α가 있고, AB형인 아버지의 적혈구 표면에는 ㉠(응집원 A)과 응집원 B가 모두 있다. 따라서 아버지의 적혈구를 자녀 2의 혈장과 섞으면 응집 반응이 일어난다.

오답 넘기

ㄱ. 자녀 1의 ABO식 혈액형은 A형이다.

신유형·신경향·서술형 전략

Book 1 72~75쪽

1 ⑤　2 ⑤　3 ④　4 ①
5 (1) (가) 소화계, (나) 배설계, (다) 호흡계 (2) 해설 참조
6 해설 참조　7 (1) 해설 참조 (2) 해설 참조
8 (1) 해설 참조 (2) 해설 참조　9 (1) 해설 참조 (2) 해설 참조
10 (1) 해설 참조 (2) 해설 참조

1 바이러스

코로나바이러스감염증−19(COVID−19)의 병원체는 바이러스로, 증식 과정에서 돌연변이가 일어나지만 핵산의 종류는 동일하다.

• 학생 A: 바이러스는 숙주 세포 내에서 증식을 한다. 숙주는 바이러스가 기생하는 생명체를 의미하는데, 오미크론 변이 바이러스는 사람을 숙주로 증식하므로 오미크론 변이 바이러스의 숙주는 사람이다.
• 학생 B: 코로나바이러스감염증−19 바이러스의 변이로 스텔스 오미크론과 델타크론과 같은 돌연변이가 발생하는 것은 생물의 특성 중에서 진화에 해당한다.

• 학생 C: 핵산의 종류에는 DNA와 RNA가 있다. 돌연변이가 발생하여 구조나 염기 서열은 달라지더라도 핵산의 종류에는 변함이 없다.

2 에너지 균형

• 학생 A: 섭취한 3대 영양소의 총 질량을 보면 학생 ㉠은 탄수화물 2000 g, 지방 1000 g, 단백질은 2500 g이고, 학생 ㉡은 탄수화물 2000 g, 지방 2000 g, 단백질 1500 g이다. 따라서 학생 ㉠이 섭취한 3대 영양소의 총 질량은 5500 g이고, 학생 ㉡도 5500 g으로 같다.
• 학생 B: 학생 ㉡이 섭취한 에너지양이 133500 kJ로 1일 영양 권장량인 100000 kJ보다 많다. 따라서 이 상태가 지속되면 비만이 되기 쉽다.
• 학생 C: 학생 ㉠의 에너지 섭취량은 113500 kJ, 학생 ㉡의 에너지 섭취량은 133500 kJ, 학생 ㉢의 에너지 섭취량은 105000 kJ이다. 따라서 1일 영양 권장량에 가장 가깝게 섭취한 학생은 ㉢이다.

3 흥분의 전도

자료 분석 ⊕ 흥분의 전도

구분	d_w d_3	d_x d_4	d_y d_1	d_z d_2
3 ms일 때 막전위(mV)	−60	?	−80	0 탈분극
4 ms일 때 막전위(mV)	+30	0 탈분극	−70	0 재분극

• d_1에 자극을 주고 경과된 시간이 3 ms일 때 d_1에서의 막전위는 −80 mV이다. 따라서 d_y가 d_1이므로 y는 1이다.
• A에서 활동 전위가 발생할 때 막전위는 분극 → 탈분극 → 재분극의 순으로 변화한다. 따라서 d_1에 자극을 주고 경과된 시간이 3 ms일 때와 4 ms일 때 d_z에서의 막전위는 0 mV로 같지만, d_1에 자극을 주고 경과된 시간이 3 ms일 때 d_z에서는 탈분극이 일어나고 있고, 4 ms일 때 d_z에서는 재분극이 일어나고 있다.
• d_1에 자극을 주고 경과된 시간이 4 ms일 때 d_x와 d_z에서의 막전위는 0 mV로 같지만 d_z에서는 재분극이 일어나고 있으므로 d_x에서는 탈분극이 일어나고 있다. 따라서 흥분은 d_x보다 d_z에 먼저 도달하므로 d_z는 d_x보다 d_1에 가깝다.
• d_1에 자극을 주고 경과된 시간이 4 ms일 때 d_w에서의 막전위는 +30 mV이므로 흥분은 d_w보다 d_z에 먼저 도달하고, d_x보다 d_w에 먼저 도달한다. 따라서 d_z는 d_2, d_w는 d_3, d_x는 d_4이므로 w는 3, x는 4, z는 2이다.

④ w는 3, x는 4, y는 1, z는 2이므로 자물쇠의 비밀번호는 3412이다.

4 면역 반응 실험

자료 분석 ⊕ 면역 반응 실험

구분	A	B	C
㉠ ⓑ	X	○	○
㉡ ⓐ	○	X	○
㉢ ⓒ	○	○	○

(○: 반응함, X: 반응 안 함)

• ㉠은 B, C와 항원 항체 반응을 하므로 ㉠에는 B와 C의 항원과 결합할 수 있는 항체가 있다. 따라서 ㉠은 Ⅱ로부터 얻은 혈청 ⓑ이다.
• ㉡은 A, C와 항원 항체 반응을 하므로 ㉡에는 A와 C의 항원과 결합할 수 있는 항체가 있다. 따라서 ㉡은 Ⅰ로부터 얻은 혈청 ⓐ이다.
• ㉢은 A, B, C와 항원 항체 반응을 하므로 ㉢에는 A, B, C의 항원과 결합할 수 있는 항체가 있다. 따라서 ㉢은 Ⅲ으로부터 얻은 혈청 ⓒ이다.

ㄱ. B, C와 항원 항체 반응을 하는 ㉠은 Ⅱ로부터 얻은 혈청 ⓑ이다.

오답 넘기

ㄴ. 혈청은 혈장에서 혈액 응고에 관여하는 단백질을 제거한 것이며, 혈청에는 항원은 없고 항체가 있다. 따라서 ㉡(ⓐ)과 ㉢(ⓒ)에는 항체만 있으므로 이들을 섞어도 항원 항체 반응은 일어나지 않는다.
ㄷ. ⓐ(㉡)에는 A, C와 결합할 수 있는 항체가 있다. 따라서 ⓐ(㉡)에 있는 항체를 이용하여 만든 진단 키트는 A~C 중 A와 C의 감염 여부만 검출할 수 있다.

5 기관계의 통합적 작용

(1) 소화계를 통해 들어온 영양소와 호흡계를 통해 들어온 산소를 이용하여 세포 호흡을 한다.
(2) 단백질은 질소를 포함하고 있기 때문에 세포 호흡 결과 질소성 노폐물인 암모니아가 생성된다.

모범 답안

소화계를 통해 섭취한 단백질이 아미노산으로 최종 분해되고 흡수되어 순환계를 통해 조직 세포로 이동하고, 세포 호흡을 통해 노폐물인 암모니아가 생성되며, 암모니아는 간에서 요소로 전환되어 배설계를 통해 배설된다.

채점 기준	배점(%)
소화계, 순환계, 배설계를 모두 포함하여 옳게 서술한 경우	100
소화계, 순환계, 배설계 중 두 가지를 포함하여 옳게 서술한 경우	50
소화계, 순환계, 배설계 중 한 가지만 포함하여 옳게 서술한 경우	30

6 배설계

생콩즙에는 요소를 암모니아와 이산화 탄소로 분해하는 효소인 유레이스가 들어 있어 B와 섞으면 요소를 분해한다. 요소가 분해되어 나온 암모니아로 인해 용액은 염기성을 띠므로 pH가 높아진다.

모범 답안

A에서는 pH가 낮아지고, B에서는 pH가 높아진다. A에서는 생콩즙이 약산성을 띠기 때문이며, B에서는 생콩즙에 들어 있는 효소인 유레이스가 요소를 암모니아로 분해하기 때문이다.

채점 기준	배점(%)
pH의 변화와 까닭을 모두 옳게 서술한 경우	100
pH의 변화만 옳게 서술한 경우	50

7 생명 과학의 탐구 방법

자료 분석 ⊕ 물질대사와 세포 호흡

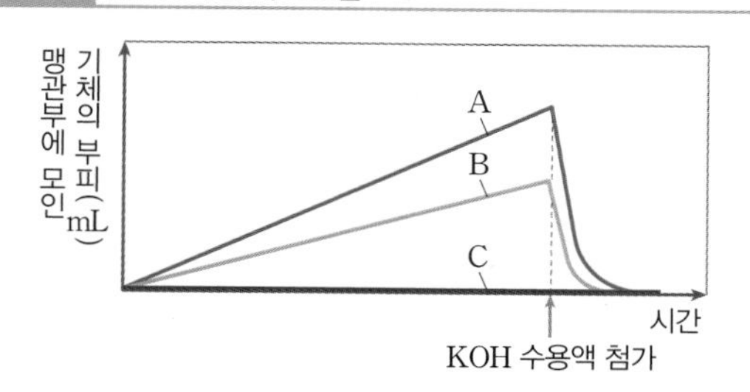

• 맹관부에 모인 기체의 부피가 클수록 세포 호흡을 통해 발생한 이산화 탄소의 양이 많다는 것을 의미한다. 따라서 A에서 가장 많은 세포 호흡이 일어났음을 알 수 있다.
• C에서는 맹관부에 모인 기체의 부피가 0으로 변화가 없으므로 대조군에 해당한다.

(1) 맹관부에 모인 기체는 이산화 탄소(CO_2)이다.

모범 답안

(다) 과정, KOH은 이산화 탄소를 흡수하기 때문에 KOH 수용액을 넣었을 때 맹관부에 모인 기체의 부피가 감소한다.

채점 기준	배점(%)
과정과 원리를 모두 옳게 서술한 경우	100
과정과 원리 중 하나만 옳게 서술한 경우	50

(2) A와 B는 실험군이고, C는 실험군과 비교하기 위한 대조군이다.

모범 답안

A의 맹관부에 모인 기체의 부피가 B보다 큰 것으로 보아 포도당 농도가 높을수록 효모의 세포 호흡에 많이 이용되고 있음을 알 수 있다. C는 맹관부에 모인 기체의 부피 변화가 없는 것으로 보아 대조군이다. 등

채점 기준	배점(%)
실험 결과를 통해 알 수 있는 내용 두 가지를 모두 옳게 서술한 경우	100
실험 결과를 통해 알 수 있는 내용 중 한 가지만 옳게 서술한 경우	50

8 중추 신경계의 구조와 기능

(1) 동공 반사의 중추는 중간뇌이다. A와 B 중 A에서만 중간뇌의 기능이 상실되었다.

모범 답안

A와 B 중 B에서만 동공 반사가 일어난다. 동공 반사의 중추인 중간뇌의 기능이 A에서는 상실되었지만, B에서는 정상이기 때문이다.

채점 기준	배점(%)
동공 반사가 일어나는 환자를 옳게 쓰고, 그렇게 판단한 까닭을 제시된 자료를 토대로 중간뇌의 기능 상실과 관련지어 옳게 서술한 경우	100
동공 반사가 일어나는 환자만 옳게 쓴 경우	40

(2) 자발적인 호흡 운동의 조절에 관여하는 부위는 연수와 뇌교이다. 연수와 뇌교는 A와 B 중 A에서만 기능이 상실되었으므로 A는 인공 호흡기의 도움 없이는 호흡을 할 수 없다.

모범 답안

A와 B 중 A에게 인공 호흡기가 필요하다. 호흡 운동의 조절에 관여하는 연수와 뇌교의 기능이 A에서는 상실되었지만, B에서는 정상이기 때문이다.

채점 기준	배점(%)
인공 호흡기가 필요한 환자를 옳게 쓰고, 그렇게 판단한 까닭을 제시된 자료를 토대로 연수, 뇌교의 기능 상실과 관련지어 옳게 서술한 경우	100
인공 호흡기가 필요한 환자만 옳게 쓴 경우	40

9 자율 신경의 구조와 기능

(1) 연수에서 나오는 ㉠은 부교감 신경, 척수에서 나오는 ㉡은 교감 신경이다. ㉠(부교감 신경)은 신경절 이전 뉴런이 신경절 이후 뉴런보다 길고, ㉡(교감 신경)은 신경절 이전 뉴런이 신경절 이후 뉴런보다 짧다.

모범 답안

㉠이 크다. ㉠은 연수에서 나오는 부교감 신경이고, ㉡은 척수에서 나오는 교감 신경이다. 부교감 신경은 신경절 이전 뉴런이 신경절 이후 뉴런보다 길지만, 교감 신경은 신경절 이전 뉴런이 신경절 이후 뉴런보다 짧다.

채점 기준	배점(%)
$\frac{\text{신경절 이전 뉴런의 길이}}{\text{신경절 이후 뉴런의 길이}}$의 값이 큰 자율 신경을 옳게 쓰고, 그렇게 판단한 까닭을 제시된 자료를 토대로 ㉠과 ㉡에서 각각 신경절 이전 뉴런의 길이와 신경절 이후 뉴런의 길이를 비교하여 옳게 서술한 경우	100
$\frac{\text{신경절 이전 뉴런의 길이}}{\text{신경절 이후 뉴런의 길이}}$의 값이 큰 자율 신경만 옳게 쓴 경우	40

(2) A는 부교감 신경의 신경절 이후 뉴런, B는 교감 신경의 신경절 이후 뉴런이다. A와 B 중 하나를 자극했을 때 소장 근육의 수축력(운동 정도)이 감소했으므로 자극을 준 뉴런은 소장의 소화 운동을 억제하는 B(교감 신경의 신경절 이후 뉴런)이다.

모범 답안

자극을 준 뉴런은 B이다. (나)에서 뉴런을 자극했을 때 소장 근육의 수축력이 감소하여 소화 운동이 억제되었다. 따라서 자극을 준 뉴런은 소화 운동을 억제하는 ㉡(교감 신경)의 신경절 이후 뉴런인 B이다.

채점 기준	배점(%)
자극을 준 뉴런을 옳게 쓰고, 그렇게 판단한 까닭을 제시된 자료를 토대로 소장의 소화 운동을 억제하는 교감 신경의 기능과 연관지어 옳게 서술한 경우	100
자극을 준 뉴런만 옳게 쓴 경우	40

10 혈장 삼투압 조절

(1) 물을 섭취하면 혈장 삼투압이 낮아지고, 소금물을 섭취하면 혈장 삼투압이 높아진다. 혈장 삼투압이 낮아지면 ADH(항이뇨 호르몬) 분비량이 감소하여 단위 시간당 오줌 생성량이 늘어난다.

모범 답안

㉠은 물, ㉡은 소금물이다. 물을 섭취하면 혈장 삼투압이 낮아져 단위 시간당 오줌 생성량이 증가하지만, 소금물을 섭취하면 혈장 삼투압이 높아져 단위 시간당 오줌 생성량이 감소한다.

채점 기준	배점(%)
㉠과 ㉡을 옳게 쓰고, 그렇게 판단한 까닭을 제시된 자료를 토대로 혈장 삼투압 조절 과정과 연관지어 옳게 서술한 경우	100
㉠과 ㉡만 옳게 쓴 경우	40

(2) 뇌하수체 후엽에서 분비되는 ADH는 콩팥에서 물의 재흡수를 촉진시켜 단위 시간당 오줌 생성량을 감소시킨다. 단위 시간당 오줌 생성량은 t_1일 때가 t_2일 때보다 많으므로 혈중 ADH 농도는 t_1일 때가 t_2일 때보다 낮다.

모범 답안

t_2, ADH는 콩팥에서 물의 재흡수를 촉진하므로 혈장 삼투압과 단위 시간당 오줌 생성량을 감소시킨다. 따라서 혈중 ADH의 농도는 단위 시간당 오줌 생성량이 상대적으로 적은 t_2일 때가 t_1일 때보다 높다.

채점 기준	배점(%)
혈중 ADH 농도가 높은 시점을 옳게 쓰고, 그렇게 판단한 까닭을 제시된 자료를 토대로 ADH의 기능과 관련지어 옳게 서술한 경우	100
혈중 ADH 농도가 높은 시점만 옳게 쓴 경우	40

적중 예상 전략 1회

Book 1 76~79쪽

1 ②	2 ③	3 ②	4 ②
5 ②	6 ⑤	7 ④	8 ②
9 ②	10 ⑤	11 ④	12 ②

13 (1) 잎에 곤충이 앉으면 잎이 갑자기 접히며 (2) 해설 참조
14 (1) 해설 참조 (2) 해설 참조
15 (1) (가) 소화계, (나) 호흡계, (다) 순환계, (라) 배설계 (2) 해설 참조

1 생물의 특성

생물의 특성 중에서 (가)는 자극에 대한 반응, (나)는 생식과 유전이다.

ㄴ. 짚신벌레가 분열법으로 번식하는 것은 생물의 특성 중에서 생식과 유전에 해당한다.

오답 넘기

ㄱ. 혈당량이 감소하면 글루카곤의 분비가 촉진되어 글리코젠을 포도당으로 분해해서 혈당량을 증가시킨다. 글루카곤은 이자의 α세포에서 분비된다.
ㄷ. 개구리알이 올챙이를 거쳐 개구리가 되는 것은 생물의 특성 중에서 발생과 생장의 예에 해당한다.

2 과학적 탐구 방법

파스퇴르가 양의 탄저병에 대해 실험한 과정에서 (가)는 대조군이고, (나)는 실험군이다.

ㄱ. 병원성이 약화된 탄저균을 이용하여 탄저병을 예방할 수 있는지 실험을 통해 검증하는 과정은 과학의 탐구 방법 중에서 연역적 탐구 방법에 해당한다.

ㄷ. (나)의 실험 과정에서 병원성이 약화된 탄저균을 주사하면 탄저균이 침입해도 탄저병에 걸리지 않는다는 결과를 얻었으므로, 이 실험의 가설은 '탄저병 백신은 탄저병 예방 효과가 있을 것이다.'이다.

오답 넘기

ㄴ. 실험군과 비교하기 위해 아무 요인도 변화시키지 않은 집단이 대조군이므로 병원성을 약화시키지 않은 탄저균을 주사한 (가) 실험이 대조군이다.

탐구를 수행할 때는 대조군을 설정하고 실험군과 비교하는 대조 실험을 해야 결과의 타당성이 높아져!

3 생물의 특성

ㄷ. 생물인 대장균(B)과 생물의 세포인 적혈구(C)는 모두 효소를 가지고 있어 물질대사를 한다.

오답 넘기

ㄱ. A는 바이러스로 단백질 껍질과 내부의 핵산으로 구성되어 있다. 대장균은 생물로 세포 구조를 가지지만, 바이러스는 세포 구조를 가지지 않는다.
ㄴ. 대장균에 침입한 바이러스는 숙주 세포의 효소를 이용하여 증식하지만, 적혈구는 분화된 세포로 더 이상 분열하지 않는다.

4 연역적 탐구 방법

에이크만의 각기병 실험은 가설을 세우는 연역적 탐구 방법에 해당한다.

ㄷ. 가설은 의문에 대한 답을 추측하여 내린 잠정적인 결론이므로 가설에서 설정하고 실험에서 얻은 결과를 토대로 '현미에는 각기병을 예방하는 물질이 들어 있다.'라는 결론을 내릴 수 있다.

오답 넘기

ㄱ. 종속변인은 조작 변인의 영향을 받아 변화하는 요인으로 실험 결과에 해당한다. 이 실험에서 조작 변인은 먹이의 종류이고, 각기병 발병 유무가 종속변인이다.
ㄴ. 연역적 탐구 과정은 관찰 – 문제 인식 – 가설 설정 – 탐구 설계 및 수행 – 결과 정리 및 분석 – 결론 도출 – 일반화이다. 따라서 탐구 과정은 (나)–(다)–(가)–(마)–(라)의 순이다.

5 물질대사

아미노산은 단백질을 구성하는 기본 단위이다. 아미노산이 단백질로 합성되는 Ⅰ은 동화 작용, 단백질이 아미노산으로 분해되는 Ⅱ는 이화 작용이다.

ㄴ. (나)에서는 반응물의 에너지가 생성물의 에너지보다 낮으므로 에너지가 흡수된다.

오답 넘기

ㄱ. (가)에서 Ⅰ은 동화 작용, Ⅱ는 이화 작용에 해당한다.

ㄷ. (나)는 에너지가 흡수되는 동화 작용인 Ⅰ의 에너지 변화를 나타낸 것이다. Ⅱ는 고분자인 단백질이 저분자인 아미노산으로 분해되는 이화 작용으로, 이 과정에서 에너지는 방출된다.

동화 작용은 에너지를 흡수하는 흡열 반응이고, 이화 작용은 에너지를 방출하는 발열 반응이야. 이 반응들은 반응물과 생성물의 에너지 준위를 보면 알 수 있어!

6 노폐물의 생성과 배설

세포 호흡 결과 생성되는 노폐물 중 A는 이산화 탄소, B는 물, C는 요소이다.

ㄱ. B와 C는 피부를 통해 몸 밖으로 내보내질 수 있지만 A는 폐를 통해서만 배출되므로 이산화 탄소에 해당한다.

ㄴ. B는 폐, 피부, 콩팥을 통해 몸 밖으로 내보내질 수 있다. 물은 폐를 거쳐 날숨을 통해, 피부에서는 땀을 통해, 콩팥을 거쳐 오줌 형태로 몸 밖으로 배출될 수 있다.

ㄷ. C는 암모니아가 전환된 요소이다. 암모니아는 간에서 요소로 전환된다. 간은 인슐린에 의해 포도당이 글리코젠으로 합성되는 장소이기도 하다.

7 에너지의 전환과 이용

세포 호흡에 필요한 ㉠은 O_2(산소)이고, 세포 호흡 결과 발생하는 ㉡은 CO_2(이산화 탄소)이다. ⓐ는 ATP가 합성되는 과정이고, ⓑ는 ATP가 분해되는 과정이다.

ㄴ. ATP가 합성되는 장소는 세포 호흡이 일어나는 미토콘드리아이다. 따라서 ⓐ 과정은 미토콘드리아에서 일어난다.

ㄷ. ATP가 ADP와 무기 인산으로 분해되는 ⓑ 과정에서 발생하는 에너지는 여러 형태로 전환되어 다양한 생명 활동에 이용된다. 근육 수축 과정에도 ATP에 저장된 에너지가 사용된다.

오답 넘기

ㄱ. 세포 호흡에는 소화를 통해 흡수한 포도당과 같은 영양소와 호흡을 통해 흡수한 산소가 필요하다. 따라서 세포 호흡에 필요한 ㉠은 O_2이고, 세포 호흡 결과 발생하는 ㉡은 CO_2이다.

8 물질대사와 에너지 전환

자료 분석 + 물질대사와 에너지 전환

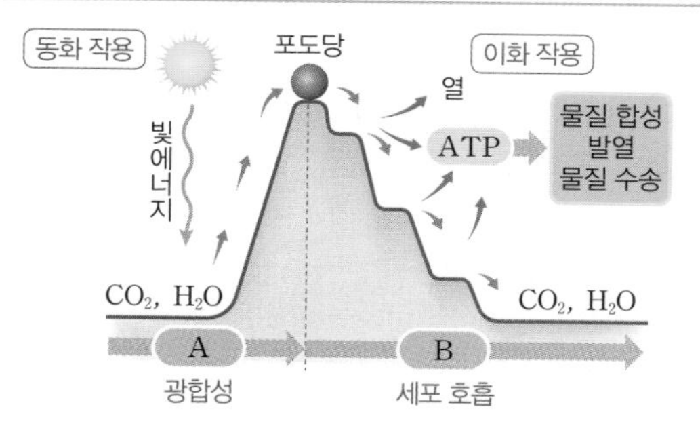

- 광합성을 통해 물(H_2O)과 이산화 탄소(CO_2)를 이용하여 포도당을 합성하는 A 과정은 동화 작용이고, 세포 호흡을 통해 포도당을 분해하여 ATP를 얻는 B 과정은 이화 작용이다.
- 세포 호흡을 통해 만들어진 ATP는 다양한 생명 활동에 이용된다.

물과 이산화 탄소를 이용하여 포도당을 합성하는 A는 광합성이고, 포도당을 이용하여 ATP를 생성하는 B는 세포 호흡이다.

ㄴ. B 과정은 식물과 동물에서 모두 일어난다.

오답 넘기

ㄱ. A 과정은 저분자인 물과 이산화 탄소를 이용하여 고분자인 포도당을 합성하므로 동화 작용에 해당한다.

ㄷ. 열에너지는 방출되면서 체온 유지 등에 활용되지만, ATP 형태의 화학 에너지로 전환되지 않는다. 반면 ATP가 분해되면 저장된 에너지가 방출되어 다양한 생명 활동에 이용된다.

9 에너지의 전환과 이용

세포 호흡에 이용되는 ㉠은 아미노산이고, 세포 호흡 결과 생성되는 암모니아(NH_3)가 전환된 ㉡은 요소이다.

ㄷ. ATP에 저장된 화학 에너지는 ATP가 분해될 때 방출되어 체온 유지, 근육 운동, 생장, 정신 활동 등의 다양한 생명 활동에 이용된다.

오답 넘기

ㄱ. 세포 호흡에는 소화를 통해 분해된 영양소가 이용된다. 따라서 ㉠은 단백질의 소화 산물인 아미노산이다.

ㄴ. 암모니아가 전환된 ㉡은 요소이다. 요소는 간에서 생성되고 혈액을 통해 이동하다가 콩팥에서 걸러져서 몸 밖으로 배설된다.

10 대사성 질환

대사성 질환은 우리 몸에서 물질대사 장애에 의해 발생하는 질환을 모두 일컫는다.

- 학생 A: 대사 증후군은 체내 물질대사 장애로 인해 높은 혈압, 높은 혈당량, 비만, 정상 범위를 넘는 혈액 속 중성 지방 등의 증상이 동시에 나타나는 것을 말한다.
- 학생 B: 고혈압은 혈압이 정상보다 높은 만성 질환으로 심혈관계 질환 및 뇌혈관계 질환의 원인이 되고, 고지혈증은 혈액 속에 콜레스테롤이나 중성 지방이 많은 상태로 이 성분이 혈관 내벽에 쌓이면서 동맥벽의 탄력이 떨어지고 혈관이

좁아져 동맥 경화 등과 같은 심혈관계 질환의 원인이 된다. 따라서 고혈압과 고지혈증은 모두 심혈관계 질환의 원인이 된다.

- 학생 C: 대사성 질환을 방치하면 여러 가지 합병증을 일으킬 가능성이 있으므로 대사성 질환이 발생하지 않도록 예방하는 것이 필요하다.

대사 증후군을 방치하면 당뇨병, 심혈관계 질환 등으로 발전할 가능성이 높으므로 예방이 가장 중요해!

11 기관계의 통합적 작용

A는 배설계이고, B는 소화계이다.

ㄴ. 교감 신경과 부교감 신경은 소화, 배설, 호흡에 모두 관여한다. 따라서 소화계에는 교감 신경이 작용하는 기관이 있다. 교감 신경의 작용을 받는 소화 기관으로는 위, 소장 등이 있다.

ㄷ. 순환계를 통해 조직 세포로 전달되는 ㉠에는 영양소와 산소 등이 있다. 따라서 ㉠에는 단백질의 소화 산물인 아미노산의 이동이 포함된다.

오답 넘기

ㄱ. A는 배설계이다. 배설계는 조직 세포에서 세포 호흡의 결과 생성된 노폐물을 몸 밖으로 내보내는 기관계로, 대장은 소화계에 속한다. 배설계에 속하는 기관으로는 콩팥, 방광 등이 있다.

12 노폐물의 생성과 배설

자료 분석 ⊕ 생콩즙으로 오줌 속 요소 분해

[BTB 용액을 떨어뜨린 후 색깔 변화 결과]

시험관	A	B	C	D	E
용액	요소 용액 +증류수	요소 용액 +생콩즙	오줌 +생콩즙	증류수	증류수 +생콩즙
결과	연두색	파란색	파란색	초록색	노란색

- BTB 용액은 산성일 때 노란색, 중성일 때 초록색, 염기성일 때 파란색을 띠는 지시약이다. 생콩즙에 들어 있는 효소인 유레이스가 요소를 분해하면 암모니아가 생성되어 용액의 색깔이 파란색을 띠게 된다.
- 요소가 들어 있는 시험관에 생콩즙을 넣으면 유레이스가 요소를 분해하여 암모니아가 생성되는 것을 알아보기 위한 대조군은 생콩즙 대신에 증류수를 넣은 A이다.

생콩즙에 들어 있는 효소가 요소를 분해해서 암모니아가 생성되면 용액이 염기성을 띠게 된다.

ㄴ. BTB 용액을 떨어뜨렸을 때 시험관 B와 C의 색깔이 모두 파란색으로 바뀌었으므로 B와 C에서 모두 암모니아가 생성되었다고 볼 수 있다.

오답 넘기

ㄱ. A에서는 효소에 의한 요소 분해가 일어나지 않았으므로 촉매 반응이 일어나지 않았다. B에서는 요소 용액과 생콩즙을 섞은 결과 시험관의 색깔이 파란색으로 변했으므로 효소에 의한 촉매 반응이 일어났다는 것을 알 수 있다.

ㄷ. '생콩즙에는 요소를 분해하는 효소가 있다.'는 가설을 검증하기 위한 실험군은 요소 용액에 생콩즙을 넣은 시험관 B이고, 비교 기준이 되는 대조군은 요소 용액에 증류수를 넣은 A이다.

13 생물의 특성

(1) 생물은 환경 변화를 자극으로 받아들이고, 적절히 반응한다.

(2) ㉠은 생물의 특성 중에서 물질대사에 해당한다. 물질대사는 생명체에서 일어나는 모든 화학 반응이다.

모범 답안

식물이 빛에너지를 이용하여 이산화 탄소와 물을 원료로 포도당과 산소를 만든다. 세포 호흡을 통해 에너지를 얻는다. 등

채점 기준	배점(%)
물질대사에 해당하는 사례를 두 가지 모두 옳게 서술한 경우	100
물질대사에 해당하는 사례를 한 가지만 옳게 서술한 경우	50

14 바이러스

(1) 바이러스는 숙주 밖에서는 단백질과 핵산 결정체로 존재한다.

모범 답안

Y, 숙주가 없을 때는 개체 수가 증가하지 않고 숙주가 있을 때만 개체 수가 증가한다.

채점 기준	배점(%)
바이러스에 해당하는 것을 옳게 쓰고, 그렇게 판단한 근거를 옳게 서술한 경우	100
해당하는 바이러스만 옳게 쓴 경우	30

(2) 바이러스는 숙주의 효소를 이용하여 증식한다.

모범 답안

바이러스는 살아 있는 숙주가 없으면 증식할 수 없기 때문에 지구상에 생긴 최초의 생물이라고 볼 수 없다.

채점 기준	배점(%)
바이러스가 숙주를 이용하여 증식한다는 내용을 포함하여 옳게 서술한 경우	100
옳게 서술하지 못한 경우	0

15 기관계의 통합적 작용

(1) 소화계, 호흡계, 순환계, 배설계는 유기적인 관계를 유지하면서 서로 통합적으로 작용한다.

(2) A는 음식물의 소화, 호흡, 순환, 배설 과정을 통해 생명 활동에 필요한 에너지를 얻는다.

모범 답안

A가 섭취한 음식물은 소화 과정을 통해 분해되어 흡수된다. 흡수된 영양소는 호흡을 통해 받아들인 산소와 함께 순환계를 통해 순환하다가 조직 세포

로 들어간다. 조직 세포에서는 세포 호흡을 통해 산소와 반응하여 영양소를 분해하는 과정에서 에너지가 발생하는데 이 과정에서 물, 이산화 탄소, 암모니아와 같은 노폐물이 생성된다. 생성된 노폐물 중 암모니아는 간에서 요소로 전환되어 배설계를 통해 몸 밖으로 배설된다.

채점 기준	배점(%)
소화, 순환, 호흡, 배설을 모두 사용하여 옳게 서술한 경우	100
소화, 순환, 호흡, 배설 중 세 가지만 사용하여 옳게 서술한 경우	75
소화, 순환, 호흡, 배설 중 두 가지만 사용하여 옳게 서술한 경우	50
소화, 순환, 호흡, 배설 중 한 가지만 사용하여 옳게 서술한 경우	25

적중 예상 전략 2회

Book 1 80~83쪽

1 ④	2 ③	3 ③	4 ⑤
5 ②	6 ②	7 ⑤	8 ③
9 ⑤	10 ③	11 ⑤	12 ②

13 해설 참조 14 (1) A: 척수, B: 중간뇌 (2) 해설 참조

15 (1) 해설 참조 (2) 해설 참조

16 (1) A: 무좀, B: 홍역, C: 결핵 (2) 해설 참조

1 흥분의 발생과 막 투과도 변화

활동 전위가 발생하는 과정에서 이온의 막 투과도는 Na^+이 K^+보다 먼저 변화하므로 ㉠은 Na^+, ㉡은 K^+이다. 뉴런에서 Na^+-K^+ 펌프는 ㉠(Na^+)을 세포 안에서 세포 밖으로, ㉡(K^+)을 세포 밖에서 세포 안으로 능동 수송시킨다. 따라서 Ⅰ은 세포 안, Ⅱ는 세포 밖이다.

ㄴ. 뉴런에서 ㉠(Na^+)의 농도는 항상 Ⅰ(세포 안)에서가 Ⅱ(세포 밖)에서보다 낮다.

ㄷ. ㉡(K^+)의 막 투과도가 큰 t_2에서는 재분극이 일어나고 있다. 따라서 t_2일 때 ㉡(K^+)은 K^+ 통로를 통해 Ⅰ(세포 안)에서 Ⅱ(세포 밖)로 확산된다.

오답 넘기

ㄱ. ㉠은 Na^+, ㉡은 K^+이다.

2 흥분의 전도

ㄱ. ㉠이 3 ms일 때 d_2에서의 막전위와 ㉠이 4 ms일 때 d_3에서의 막전위는 모두 +30 mV이다. 이 막전위 값은 흥분이 도달한 후 2 ms가 경과했을 때의 값이므로 d_1로부터 d_2까지 흥분이 전도되는 데 1 ms가 소요되고, d_1로부터 d_3까지 흥분이 전도되는 데 2 ms가 소요된다. 따라서 d_2에서 d_3까지 흥분이 전도되는 데 소요되는 시간은 1 ms이고 d_2와 d_3 사이의 거리는 3 cm이므로 A에서 흥분 전도 속도는 $\frac{3\text{ cm}}{1\text{ ms}}$=3 cm/ms이다.

ㄴ. A에서 흥분 전도 속도는 3 cm/ms이고 d_1로부터 d_2까지 흥분이 전도되는 데 1 ms가 소요되므로 d_1과 d_2 사이의 거리는 3 cm이다. 따라서 ㉠이 4 ms일 때 d_2에서의 막전위는 흥분이 도달한 후 3 ms가 경과했을 때의 막전위인 −80 mV이다.

오답 넘기

ㄷ. ㉠이 6 ms일 때 d_3에서의 막전위는 흥분이 도달한 후 4 ms가 경과했을 때의 막전위인 −70 mV이며 d_3에서는 휴지 전위를 유지하고 있다. 따라서 ㉠이 6 ms일 때 d_3에서는 Na^+-K^+ 펌프를 통한 Na^+의 이동이 일어난다.

막전위 변화 그래프의 한 시점에서만 나타나는 막전위 값 +30 mV가 ㉠에 따라 어느 지점에서 측정되는지 살펴보면 흥분 전도 속도를 구할 수 있어!

3 골격근의 수축

자료 분석 ⊕ 물질대사

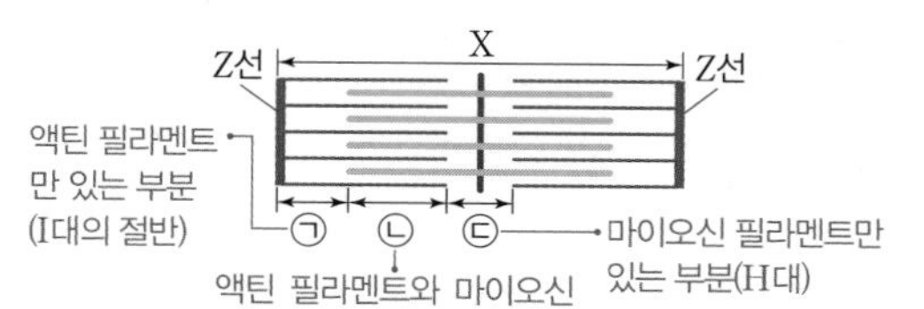

시점	X−ⓐ(㉢)	ⓑ(㉠)−ⓒ(㉡)
t_1	2.6 μm	0.1 μm
t_2	2.6 μm	0.5 μm

• X가 이완하여 X의 길이가 $2d$만큼 길어질 때 ㉠의 길이는 d만큼 길어지고 ㉡의 길이는 d만큼 짧아지며 ㉢의 길이는 $2d$만큼 길어진다. X의 길이가 변하는 만큼 ㉢의 길이가 변하므로 골격근 수축 과정에서 X−㉢의 값은 일정하다. 따라서 ⓐ는 ㉢이다.

• ㉢에 마이오신 필라멘트가 있으므로 ⓒ는 ㉡, ⓑ는 ㉠이다.

ㄱ. ㉠은 ⓑ, ㉡은 ⓒ, ㉢은 ⓐ이다.

ㄴ. X가 이완하여 X의 길이가 $2d$만큼 길어질 때 ⓑ(㉠)−ⓒ(㉡)의 값도 $2d$만큼 길어진다. ⓑ(㉠)−ⓒ(㉡)의 값은 t_1일 때가 t_2일 때보다 0.4 μm 짧으므로 X의 길이도 t_1일 때가 t_2일 때보다 0.4 μm 짧다.

오답 넘기

ㄷ. X의 길이={(㉠의 길이+㉡의 길이)×2}+㉢의 길이이므로 X−ⓐ(㉢)의 값은 (㉠의 길이+㉡의 길이)×2이다. 따라서 X−ⓐ(㉢)의 값은 t_1일 때와 t_2일 때 모두 2.6 μm이므로 (㉠의 길이+㉡의 길이)는 t_1일 때와 t_2일 때 모두 1.3 μm이다. ⓑ(㉠)−ⓒ(㉡)의 값은 t_1일 때 0.1 μm, t_2일 때 0.5 μm이므로 이를 토대로 t_1과 t_2일 때 ⓑ(㉠)와 ⓒ(㉡)의 길이를 구하면 표와 같다.

시점	ⓑ(㉠)	ⓒ(㉡)
t_1	0.7 μm	0.6 μm
t_2	0.9 μm	0.4 μm

따라서 t_2일 때 ㉠(ⓑ)의 길이는 t_1일 때 ㉡(ⓒ)의 길이의 1.5배이다.

4 중추 신경계의 구조와 기능

소뇌는 대뇌와 함께 수의 운동을 조절하고, 간뇌는 시상과 시상 하부로 구성되며, 대뇌에는 학습, 언어, 기억, 상상 등 고도의 정신 활동을 담당하는 영역이 있다. 따라서 A는 소뇌, B는 간뇌, C는 대뇌이다.

ㄱ. A(소뇌)는 몸의 평형 감각 기관으로부터 오는 정보에 따라 몸의 자세와 균형을 유지하는 몸의 평형 유지 중추이다.

ㄴ. B(간뇌)는 체온, 혈장 삼투압을 조절하는 중추로서 항상성 유지에 중요한 역할을 한다.

ㄷ. C(대뇌)에는 감각 기관으로부터 오는 정보를 받아 처리하는 영역인 감각령이 있다.

5 무릎 반사의 경로

무릎 반사의 조절 중추는 척수이고, ㉠은 구심성 뉴런(감각 뉴런), ㉡은 원심성 뉴런(운동 뉴런)이다.

ㄴ. 척수의 속질은 주로 신경 세포체가 모여 있는 회색질이다. 따라서 ㉡(원심성 뉴런)의 신경 세포체는 척수의 회색질(속질)에 있다.

오답 넘기

ㄱ. ㉠(구심성 뉴런)은 척수의 후근을 이룬다.

ㄷ. 골격근에 연결된 ㉡(원심성 뉴런)은 체성 신경에 속한다.

6 자율 신경의 구조와 기능

A는 연수, B는 척수이다. 요도의 골격근에 연결된 ⓐ는 체성 신경을 이루는 원심성 뉴런, 방광에 연결된 ⓑ는 부교감 신경의 신경절 이후 뉴런이다.

ㄷ. ⓐ(체성 신경을 이루는 원심성 뉴런)와 ⓑ(부교감 신경의 신경절 이후 뉴런)의 축삭 돌기 말단에서는 모두 신경 전달 물질로 아세틸콜린이 분비된다.

오답 넘기

ㄱ. 방광에 연결된 부교감 신경은 B(척수)에서 나오며, B(척수)는 뇌줄기에 속하지 않는다.

ㄴ. 배뇨 반사의 중추는 A(연수)가 아니라 B(척수)이다.

7 내분비샘과 호르몬

갑상샘 자극 호르몬(TSH)은 뇌하수체 전엽에서 분비되고, 에피네프린은 부신 속질에서 분비되어 혈당량을 높인다. 따라서 A는 갑상샘 자극 호르몬(TSH), B는 에피네프린, C는 티록신이다.

ㄱ. ㉠(뇌하수체 전엽)에서 분비되는 호르몬에는 생장 호르몬, 갑상샘 자극 호르몬(TSH), 부신 겉질 자극 호르몬(ACTH), 생식샘 자극 호르몬 등이 있다.

ㄴ. 부신 속질에서 분비되며 간에서 글리코젠이 포도당으로 분해되는 과정을 촉진하여 혈당량을 높이는 B는 에피네프린이다.

ㄷ. C(티록신)의 분비는 음성 피드백에 의해 조절된다. 따라서 건강한 사람에서 C(티록신)의 혈중 농도가 높아지면 시상 하부와 ㉠(뇌하수체 전엽)에서 각각 TRH와 A(TSH)의 분비가 억제된다.

8 체온 조절

시상 하부는 체온을 조절하는 중추이다. 시상 하부에 저온 자극이 주어져 시상 하부의 온도가 하강하면 시상 하부에서는 열 발생량을 증가시키고 열 발산량을 감소시켜 체온을 높인다. 반대로 시상 하부에 고온 자극이 주어져 시상 하부의 온도가 상승하면 시상 하부에서는 열 발생량을 감소시키고 열 발산량을 증가시켜 체온을 낮춘다.

ㄱ. 간뇌의 시상 하부는 체온을 조절하는 중추이다.

ㄴ. 시상 하부의 온도가 정상 체온보다 낮아지면 골격근의 떨림이 일어나 열 발생량이 증가한다. 따라서 골격근의 떨림은 체온이 상승하는 구간 Ⅰ에서가 체온이 하강하는 구간 Ⅱ에서보다 활발하게 일어난다.

오답 넘기

ㄷ. 피부 근처 혈관에 연결된 교감 신경의 작용이 강화되어 피부 근처 혈관이 수축하면 단위 시간당 피부 근처 혈관을 흐르는 혈액량이 줄어들어 열 발산량이 감소한다. 따라서 피부 근처 혈관에 연결된 교감 신경에서의 활동 전위 발생 빈도는 체온이 상승하는 구간 Ⅰ에서가 체온이 하강하는 구간 Ⅱ에서보다 높다.

9 혈장 삼투압 조절

혈중 ADH(항이뇨 호르몬)의 농도가 높을수록 콩팥에서 물의 재흡수가 촉진되어 혈장 삼투압은 낮아지고 전체 혈액량은 증가한다. 제시된 그림에서 ⓐ가 증가함에 따라 혈중 ADH 농도도 높아지므로 ⓐ는 혈장 삼투압이다.

ㄴ. 혈중 ADH 농도가 높을수록 단위 시간당 오줌 생성량은 적어진다. 혈중 ADH 농도는 ⓐ(혈장 삼투압)가 ㉠일 때가 ㉡일 때보다 낮으므로 단위 시간당 오줌 생성량은 ⓐ(혈장 삼투압)가 ㉠일 때가 ㉡일 때보다 많다.

ㄷ. 혈중 ADH 농도가 높을수록 생성되는 오줌의 삼투압은 높

아진다. 혈중 ADH 농도는 갈증의 강도가 t_1일 때가 t_2일 때보다 높으므로 생성되는 오줌의 삼투압은 갈증의 강도가 t_1일 때가 t_2일 때보다 높다.

오답 넘기

ㄱ. ⓐ는 혈장 삼투압이다.

10 ABO식 혈액형

자료 분석 ⊕ ABO식 혈액형

구분	응집소 α	응집원 B
I A형	×	×
II B형	○	?○
III AB형	?×	○

(○: 있음, ×: 없음)

(가)

구분	I의 혈청 β	III의 혈청 없음
I의 혈액 A, β	?−	−
II의 혈액 B, α	+	−

(+: 응집됨, −: 응집 안 됨)

(나)

- I은 응집원 B와 응집소 α를 모두 가지지 않으므로 A형이다.
- II의 혈액을 응집소 β가 있는 I의 혈청과 섞었을 때 응집 반응이 나타나므로 II의 혈액에는 응집원 B가 있고, 응집소 α가 있다고 했으므로 II는 B형이다.
- III의 혈청을 응집원 A를 가지는 I의 혈액, 응집원 B를 가지는 II의 혈액과 각각 섞었을 때 응집 반응이 나타나지 않으므로 III의 혈청에는 응집소 α와 응집소 β가 모두 없다. 따라서 III은 AB형이다.

ㄱ. 응집원 B와 응집소 α를 가지는 II는 B형이다.

ㄷ. A형인 I의 적혈구에는 응집원 A가 있고, B형인 II의 혈장에는 응집소 α가 있으므로 이들을 섞으면 응집 반응이 일어난다.

오답 넘기

ㄴ. III(AB형)의 혈액에는 응집소 α와 응집소 β가 모두 없다.

11 방어 작용

대식세포는 체내에 침입한 병원체를 식세포 작용(식균 작용)을 통해 분해하여 항원 조각을 표면에 제시하고, 활성화된 보조 T림프구는 B림프구의 분화를 촉진하며, 형질 세포에서는 항체를 생성한다. 그리고 활성화된 세포독성 T림프구는 병원체에 감염된 세포를 공격하여 제거한다. 따라서 ㉠은 형질 세포, ㉡은 대식세포, ㉢은 보조 T림프구, ㉣은 세포독성 T림프구이다.

① X가 재침입했을 때 일어나는 2차 면역 반응에서는 X에 대한 기억 세포가 ㉠(형질 세포)으로 빠르게 분화하여 다량의 항체를 신속하게 생성한다.

② ㉡(대식세포)에 의해 일어나는 식세포 작용(식균 작용)은 비특이적 방어 작용에 해당한다.

③ ㉡(대식세포)이 식세포 작용(식균 작용)을 통해 분해한 X의 조각을 표면에 제시하면 ㉢(보조 T림프구)이 인식하여 활성화된다.

④ ㉣(세포독성 T림프구)은 X에 감염된 세포를 직접 공격하여 제거한다. 따라서 ㉣(세포독성 T림프구)은 세포성 면역에 관여하는 세포이다.

오답 넘기

⑤ ㉢(보조 T림프구)과 ㉣(세포독성 T림프구)은 모두 가슴샘에서 성숙(분화)한다.

12 1차 면역 반응과 2차 면역 반응

A에서 분리한 ㉠을 B에게 주사한 직후에 B의 X에 대한 혈중 항체 농도는 0보다 높아졌다가 시간이 지남에 따라 0이 되었으므로 ㉠에는 X에 대한 항체가 포함되어 있다. 따라서 ㉠은 혈청이다.

ㄷ. X에 대한 혈중 항체 농도는 X를 1차 주사했을 때보다 X를 2차 주사했을 때 빠르게 증가하므로 구간 II에서는 1차 면역 반응이 일어났고, 구간 III에서는 2차 면역 반응이 일어났다.

오답 넘기

ㄱ. ㉠은 혈청이다.

ㄴ. ㉠(혈청)에는 형질 세포가 아니라 X에 대한 항체가 들어 있다. 따라서 구간 I에는 X에 대한 형질 세포가 없다.

13 흥분의 전도와 전달

한 뉴런에서 흥분은 양방향으로 전도되므로 P에 역치 이상의 자극을 주면 ㉢에서 활동 전위가 발생하고, 시냅스를 이루고 있는 두 뉴런에서 흥분은 시냅스 이전 뉴런에서 시냅스 이후 뉴런으로만 전달되므로 ㉠과 ㉡에서는 활동 전위가 발생하지 않는다. 말이집 뉴런에서는 랑비에 결절에서만 활동 전위가 발생하므로 ㉣과 ㉤ 중 ㉤에서만 활동 전위가 발생한다.

모범 답안

㉢과 ㉤에서 활동 전위가 발생한다. 한 뉴런에서 흥분은 양방향으로 전도되므로 ㉢에서 활동 전위가 발생하고, 흥분은 시냅스 이전 뉴런에서 시냅스 이후 뉴런으로만 전달되며, 말이집 뉴런에서는 랑비에 결절에서만 활동 전위가 발생하므로 ㉤에서 활동 전위가 발생한다.

채점 기준	배점(%)
활동 전위가 발생한 지점을 옳게 쓰고, 그렇게 판단한 까닭을 옳게 서술한 경우	100
활동 전위가 발생한 지점만 옳게 쓴 경우	40

14 동공의 크기 조절

(1) 동공의 크기 조절에 관여하는 교감 신경은 척수에서 나오고, 부교감 신경은 중간뇌에서 나온다. 따라서 A는 척수, B는 중간뇌이다.

(2) ㉠은 노르에피네프린이 분비되는 교감 신경의 신경절 이후 뉴런, ㉡은 아세틸콜린이 분비되는 부교감 신경의 신경절 이후 뉴런이다. 교감 신경이 흥분하면 동공의 크기는 커지고, 부교감 신경이 흥분하면 동공의 크기는 작아진다.

모범 답안

㉠에서는 노르에피네프린, ㉡에서는 아세틸콜린이 분비된다. 빛의 세기가 P_1에서 P_2로 변할 때 동공의 크기가 작아지므로 ㉠에서 분비되는 노르에피네프린의 양은 감소하고, ㉡에서 분비되는 아세틸콜린의 양은 증가한다.

채점 기준	배점(%)
㉠과 ㉡에서 분비되는 신경 전달 물질을 옳게 쓰고, 빛의 세기가 변할 때 ㉠과 ㉡에서 신경 전달 물질 분비량의 변화를 동공의 크기 변화와 관련지어 옳게 서술한 경우	100
빛의 세기가 변할 때 ㉠과 ㉡에서 신경 전달 물질 분비량의 변화만 옳게 서술한 경우	50
㉠과 ㉡에서 분비되는 신경 전달 물질만 옳게 쓴 경우	30

15 혈당량 조절

(1) 운동을 시작하면 평소보다 많은 양의 포도당이 소비되어 혈당량이 감소하므로 글루카곤의 분비가 촉진된다. 글루카곤은 이자의 α세포에서 분비되어 혈당량을 높이는 역할을 한다.

모범 답안

㉠은 글루카곤이다. 운동을 시작하면 평소보다 많은 양의 포도당이 소비되므로 혈당량이 감소한다. 따라서 이를 보충하기 위해 ㉠(글루카곤)의 분비량이 증가한다.

채점 기준	배점(%)
㉠을 옳게 쓰고, 그렇게 판단한 까닭을 운동 시작 후 혈당량의 변화와 관련지어 옳게 서술한 경우	100
㉠만 옳게 쓴 경우	40

(2) 운동을 시작한 후 혈중 농도가 감소하는 ㉡은 인슐린이다. 인슐린은 이자의 β세포에서 분비되어 혈당량을 낮추는 역할을 한다.

모범 답안

㉡은 인슐린이다. ㉡(인슐린)은 간에서 포도당을 글리코젠으로 합성하는 과정을 촉진하고, 혈액에서 조직 세포로의 포도당 흡수를 촉진하여 혈당량을 낮춘다.

채점 기준	배점(%)
㉡을 옳게 쓰고, ㉡이 혈당량을 조절하는 작용 두 가지를 모두 옳게 서술한 경우	100
㉡을 옳게 쓰고, ㉡이 혈당량을 조절하는 작용 중 한 가지만 옳게 서술한 경우	70
㉡만 옳게 쓴 경우	40

16 병원체와 질병

(1) 결핵의 병원체는 원핵생물인 세균이고, 무좀의 병원체는 진핵생물인 곰팡이이며, 홍역의 병원체는 바이러스이다. 결핵과 무좀의 병원체는 모두 세포 구조로 되어 있고, 무좀의 병원체는 핵을 가지고 있다. 따라서 ㉠은 결핵, 무좀, 홍역이 모두 가지는 특징이어야 하며, (가)의 특징 중 세 가지를 모두 가지는 A가 무좀, 두 가지를 가지는 C가 결핵, 한 가지를 가지는 B가 홍역이다.

(2) ㉠은 결핵, 무좀, 홍역이 모두 가지는 특징이다.

모범 답안

감염성 질병이다. 병원체가 핵산(유전 물질)을 가진다. 병원체가 단백질을 가진다. 중에서 두 가지

채점 기준	배점(%)
㉠에 해당하는 특징을 두 가지 모두 옳게 서술한 경우	100
㉠에 해당하는 특징을 한 가지만 옳게 서술한 경우	50

정답과 해설 | Book 2

1주 IV. 유전

1주 1일 개념 돌파 전략 ①

Book 2 9, 11쪽

❶-2 ⑤ ❷-2 ㄱ, ㄴ ❸-2 ② ❹-2 ③

❶-2 염색체와 세포 분열

S기에 DNA가 복제되어 G_2기 세포의 DNA양은 G_1기의 두 배가 되고, 분열기에 염색 분체가 두 가닥인 염색체가 형성된다. 체세포 분열 결과 염색체 수에는 변화가 없다.

❷-2 감수 분열

자료 분석 + 감수 분열 과정에서 DNA양 변화

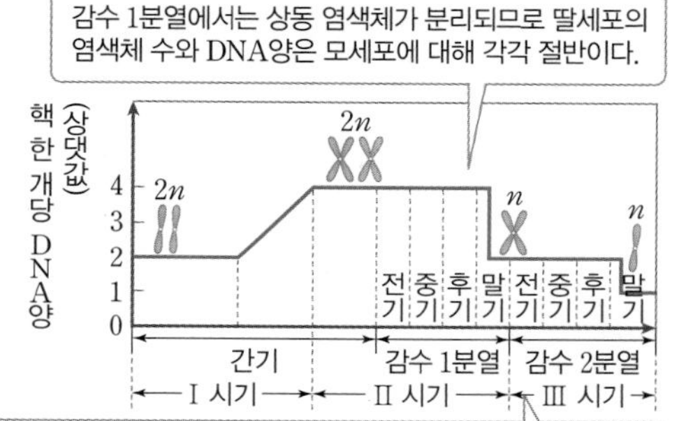

ㄱ. I 시기는 간기 중 G_1기와 S기, II 시기는 간기 중 G_2기와 감수 1분열, III 시기는 감수 2분열이 일어나는 시기이다.
ㄴ. II 시기 중 감수 1분열 후기에 상동 염색체가 분리되고, 말기에 핵상이 n인 딸세포가 형성된다.

DNA양과 염색체 수의 변화는 달라. DNA양은 분열기의 말기 때마다 반감되고, 염색체 수는 핵상 변화와 일치해!

오답 넘기
ㄷ. 2가 염색체는 감수 1분열 전기에 형성되어 중기까지 관찰된다.

❸-2 단일 인자 유전

ㄷ. ABO식 혈액형 유전은 세 가지 대립유전자 중 한 쌍에 의해 형질이 결정되므로 단일 인자 유전에 해당한다.

오답 넘기
ㄱ. 단일 인자 유전은 한 쌍(두 개)의 대립유전자에 의해 형질이 결정된다.
ㄴ. 형질을 결정하는 대립유전자가 세 가지 이상인 복대립 유전도 단일 인자 유전에 해당한다.

❹-2 유전자 이상에 의한 유전병

③ 제시된 질환은 모두 유전자 돌연변이에 의한 유전병이다.

오답 넘기
① 헌팅턴 무도병은 정상에 대해 우성이고, 다른 것들은 정상에 대해 열성이다.
② 염색체 비분리가 일어나면 염색체 수 이상에 의한 유전병이 나타난다.
④ DNA 염기 서열에 저장된 특정 형질에 대한 유전 정보가 유전자이며, DNA 염기 서열에 이상이 생겨 형질이 정상적으로 발현되지 않는 것이 유전자 이상에 의한 유전병이다.
⑤ 핵형 분석은 염색체의 수, 모양, 종류 등을 분석하는 것으로, 유전자 이상인 사람의 핵형은 정상인 사람과 동일하므로 핵형 분석을 통해 유전자 이상에 의한 유전병을 확인할 수 없다.

1주 1일 개념 돌파 전략 ②

Book 2 12~13쪽

1 ④ 2 ③ 3 ③ 4 ③
5 ⑤ 6 ⑤

1 사람의 염색체

ㄴ. ㉠과 ㉡은 DNA 복제로 형성된 염색 분체로, 체세포 분열 후기에 분리되어 각각 딸세포로 들어간다.
ㄷ. 같은 형질에 관여하는 대립유전자 쌍은 상동 염색체의 같은 위치에 있다.

오답 넘기
ㄱ. 남자의 성염색체인 X 염색체와 Y 염색체는 크기와 모양이 다르다.

2 세포 주기

A는 세포질 분열, B는 G_1기, C는 S기, D는 G_2기이다. S기에 DNA가 복제되어 G_2기의 DNA양은 G_1기의 두 배가 된다.
ㄱ. 분열기는 핵분열과 세포질 분열로 진행된다.
ㄴ. C는 S기이며, S기에 DNA가 복제된다.

오답 넘기
ㄷ. G_2기의 DNA양은 G_1기의 두 배이므로 D 시기의 DNA양은 B 시기의 두 배이다.

3 감수 분열 과정

2가 염색체가 형성되어 있고 염색체가 세포의 중앙에 배열되어 있는 것은 감수 1분열 중기의 상태이다.
① 2가 염색체가 세포의 중앙에 배열되어 있는 것은 감수 1분열 중기의 상태이며, 핵상은 $2n$이다.
② 상동 염색체가 접합한 상태를 2가 염색체라고 한다.
④ G_1기 세포의 DNA양을 1이라고 할 때, S기에 DNA가 복제되어 G_2기에는 DNA양이 2가 되고, 분열기까지 2를 유지하다가 감수 1분열 말기에 1이 된다.

⑤ 생식 기관에서 감수 분열이 일어난다.

오답 넘기

③ 감수 2분열 중기 세포의 핵상은 n으로, 2가 염색체가 존재하지 않는다.

4 상염색체 유전 가계도 분석

ㄱ. 정상인 3과 4로부터 유전병인 딸 7이 태어났으므로 유전병은 정상에 대해 열성이다.

ㄷ. 정상인 1, 3, 4, 6에게서 유전자형이 열성 동형접합성인 5, 7, 9가 태어났으므로 1, 3, 4, 6의 유전자형은 이형접합성이다. 또한, 정상인 10은 열성 동형접합성인 5로부터 태어났으므로 유전자형이 이형접합성이다.

오답 넘기

ㄴ. 우성인 아버지 4로부터 열성인 딸 7이 태어났으므로 유전병 유전자는 상염색체에 있다.

5 적록 색맹 유전 가계도 분석

자료 분석 ⊕ 적록 색맹 유전 가계도

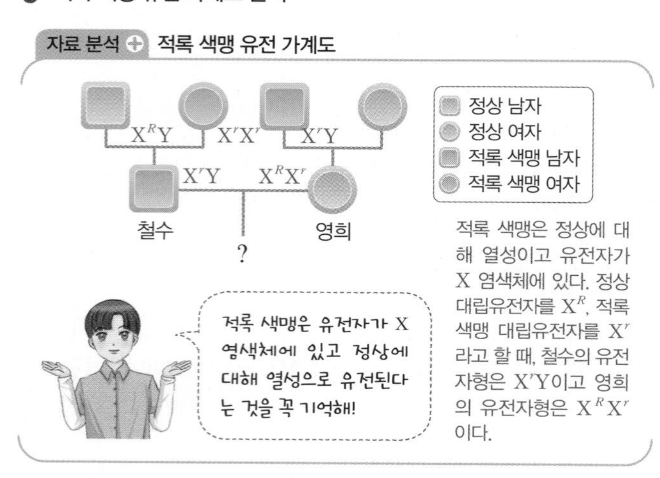

정상 대립유전자를 X^R, 적록 색맹 대립유전자를 X^r라고 할 때 철수의 유전자형은 X^rY이고 영희의 유전자형은 X^RX^r이므로 자손의 유전자형 비는 X^RX^r(정상 딸) : X^rX^r(적록 색맹 딸) : X^RY(정상 아들) : X^rY(적록 색맹 아들)$=1:1:1:1$이다. 따라서 태어난 아들이 적록 색맹일 확률은 $\frac{1}{2}$이다.

6 유전자 이상과 염색체 이상

ㄱ. 5번 염색체의 특정 부분이 결실되면 고양이 울음 증후군이 나타난다.

ㄴ. 유전자 이상에 의한 유전병은 염색체의 모양과 구조를 분석하는 핵형 분석 결과가 정상인과 같아 핵형 분석으로는 확인할 수 없다. 낫 모양 적혈구 빈혈증은 헤모글로빈 유전자 이상으로 나타나는 유전병이다.

ㄷ. 감수 분열 시 성염색체가 비분리된 생식세포의 수정으로 성염색체 구성이 XXY인 클라인펠터 증후군이 나올 수 있다.

1주 2일 필수 체크 전략 ①

Book 2 14~17쪽

1-1 ㄱ 2-1 ㄱ, ㄴ 3-1 ㄱ, ㄴ 4-1 ㄴ, ㄷ

1-1 염색체와 유전 물질

ㄱ. ㉠은 DNA와 히스톤 단백질로 구성된 뉴클레오솜이며, DNA의 단위체는 뉴클레오타이드이다.

오답 넘기

ㄴ. 하나의 염색체를 구성하는 두 염색 분체인 ㉡과 ㉢은 DNA 복제로 형성되었으므로 유전 정보가 동일하다. ㉡에 대립유전자 A가 있다고 하였으므로 ㉢에도 대립유전자 A가 있다.

ㄷ. 염색 분체는 DNA 복제로 형성된 것이며, 크기와 모양이 같은 상동 염색체 쌍은 각각 부모로부터 하나씩 유래된 것이다.

2-1 사람의 염색체

성별에 따라 구성이 다른 염색체가 성염색체이고, 상동 염색체 쌍이 세포에 존재할 때 핵상은 $2n$이다.

ㄱ. (가)에는 상염색체가 세 쌍 있고, 크기와 모양이 다른 염색체가 두 개 있다. 이 두 개의 염색체가 X 염색체와 Y 염색체이므로 ㉠은 성염색체이다.

ㄴ. (가)는 상동 염색체가 쌍을 이루고 있는 $2n=8$의 체세포이고, (나)는 감수 분열이 끝난 $n=4$의 생식세포이다.

오답 넘기

ㄷ. (가)의 염색체 수는 8이고 (나)의 염색체 수는 4이므로 (가)의 염색체 수는 (나)의 두 배이다.

3-1 체세포 분열 과정

Ⅰ 시기는 간기의 G_1기이고, Ⅱ 시기는 G_2기와 분열기이다.

ㄱ. DNA와 히스톤 단백질이 결합한 뉴클레오솜은 간기와 분열기에 항상 존재한다.

ㄴ. ⓐ와 ⓑ는 각각 분열기의 중기와 전기의 세포이므로 Ⅱ 시기에 관찰된다.

오답 넘기

ㄷ. ⓑ는 전기의 세포이며, 체세포 분열의 후기에 염색 분체가 분리된다.

세포 주기는 G_1기–S기–G_2기–분열기의 순으로, 분열기는 핵분열과 세포질 분열 순으로 진행되지.

핵분열은 전기–중기–후기–말기 순으로 진행되고, 체세포 분열 후기에는 염색 분체가 분리되니까 유전적으로 동일한 딸세포가 생성되는 거야.

4-1 감수 분열 과정

(가)는 상동 염색체가 접합한 상태의 2가 염색체가 있으므로 감수 1분열 중기의 세포이고, (나)는 감수 2분열 중기의 세포이다.

ㄴ. 두 염색 분체의 유전자 구성은 같으므로 ㉠은 A이다.
ㄷ. (가)의 염색체 수와 DNA양은 (나)의 두 배이다.

오답 넘기

ㄱ. (가)의 핵상은 $2n$이고, (나)의 핵상은 n이다.

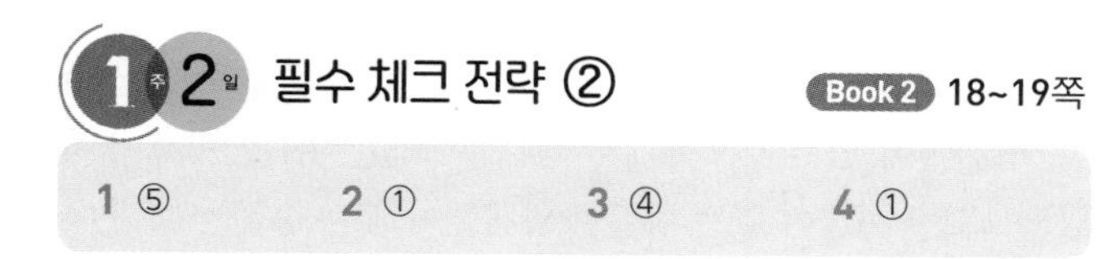

1 핵형과 염색체의 구조

ㄴ. A는 히스톤 단백질에 DNA가 감겨 있는 뉴클레오솜이다.
ㄷ. 염색체의 구조와 수를 관찰하기 위해 응축된 염색체가 있는 분열기의 세포를 핵형 분석에 이용한다.

오답 넘기

ㄱ. ㉠과 ㉡은 DNA 복제로 형성된 염색 분체이다.

2 염색체 구성과 핵상

ㄴ. (가)는 상동 염색체 쌍이 들어 있는 $2n$ 상태의 세포로, 염색체 수는 6이다. 따라서 (가)는 A의 세포이고, (나)는 $n=6$인 세포로 B의 세포이다. B의 세포가 $2n$일 때 염색체 수는 12이다.

오답 넘기

ㄱ. (가)의 핵상은 $2n$이고, (나)의 핵상은 n이다.
ㄷ. (가)의 감수 2분열 중기 세포는 핵상이 n이고, 각 염색체는 염색 분체가 두 개인 상태이므로 염색 분체 수는 $3\times2=6$이다.

3 체세포 분열 각 시기의 세포당 DNA양

자료 분석 ⊕ 체세포 분열 각 시기의 세포당 DNA양

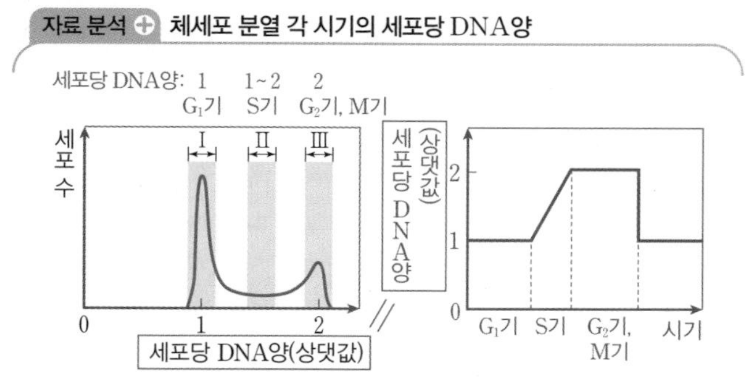

- 세포당 DNA양이 1인 세포: DNA 복제 전인 G_1기 세포
- 세포당 DNA양이 1~2인 세포: DNA 복제 과정에 있는 S기 세포
- 세포당 DNA양이 2인 세포: DNA가 복제된 후인 G_2기 세포와 분열기의 세포

ㄱ. 구간 Ⅰ의 세포당 DNA양이 1인 세포들은 DNA 복제 전 G_1기의 세포이며, G_1기를 포함하여 간기의 세포에는 핵막이 있다.
ㄷ. DNA 복제가 일어나고 있는 세포의 DNA양은 1~2이며, 구간 Ⅱ에 있다.

오답 넘기

ㄴ. G_1기의 세포는 세포당 DNA양이 1인 구간 Ⅰ에 있다.

4 감수 분열

Ⅰ은 G_1기 세포로, 핵상이 $2n$이고 유전자형이 AABb이므로 DNA 상대량은 A가 2이고 b가 1이다. Ⅱ는 감수 2분열 중기의 세포로, 핵상은 n이고 DNA 상대량이 A는 2, b는 2 혹은 0이다. Ⅲ은 감수 분열이 모두 끝난 딸세포로, DNA 상대량이 A는 1, b는 0 혹은 1이다. 따라서 (가)는 Ⅱ, (나)는 Ⅲ, (다)는 Ⅰ이다.
ㄴ. (나)는 Ⅲ에 해당하며, 유전자형이 Ab이므로 ㉠은 1이다.

오답 넘기

ㄱ. Ⅰ은 핵상이 $2n$이며, DNA 복제 전의 상태이다. 유전자형이 AABb이므로 DNA 상대량은 A가 2, B가 1, b가 1로 (다)에 해당한다.
ㄷ. A가 2인 세포 (가)는 감수 2분열 중기인 Ⅱ에 해당하며, 핵상이 n이다. (다)의 핵상은 $2n$이므로 (가)와 (다)의 핵상은 다르다.

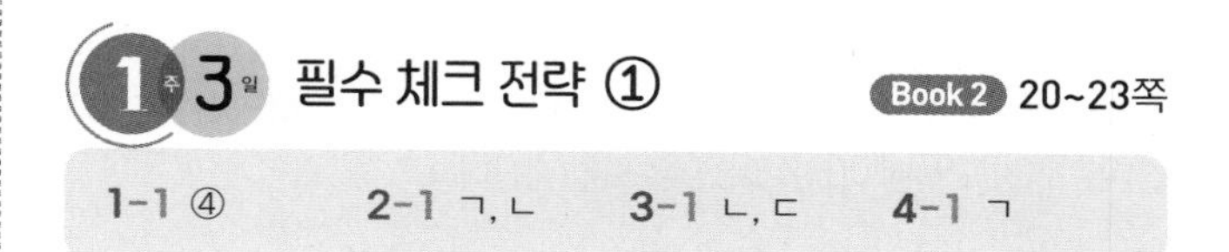

1-1 복대립 유전

① 한 쌍의 대립유전자에 의해 형질이 결정되는 유전 현상을 단일 인자 유전이라고 한다.
② 대립유전자의 종류가 세 가지 이상인 단일 인자 유전을 복대립 유전이라고 한다.
③ 표현형은 X, Y, Z, XY의 4종류이다.
⑤ X는 Z에 대해 우성이므로 유전자형이 XZ인 개체의 표현형은 X이고, Y가 Z에 대해 우성이므로 유전자형이 YZ인 개체의 표현형은 Y이다.

오답 넘기

④ 유전자형은 XX, YY, ZZ, XY, XZ, YZ의 6종류이다.

2-1 적록 색맹 유전

자료 분석 ⊕ 적록 색맹 유전의 가계도

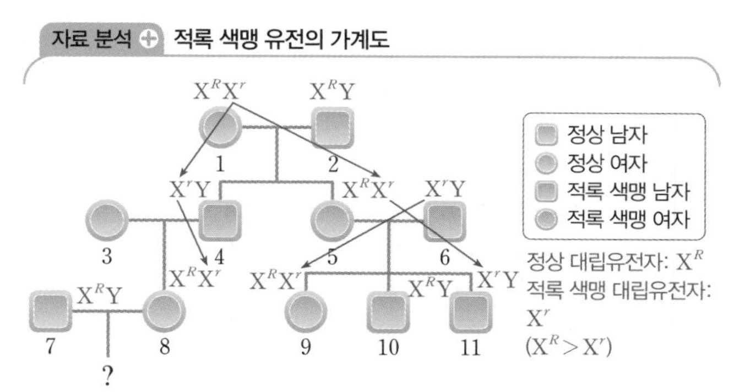

- 4와 5의 부모 중 2는 적록 색맹 대립유전자를 가지고 있지 않으므로 4와 5의 적록 색맹 대립유전자는 1로부터 유래되었다.
- 5의 적록 색맹 대립유전자는 11에게 전달되었다.
- 8은 4로부터, 9는 6으로부터 적록 색맹 대립유전자를 받은 보인자이다.

적록 색맹 유전에서 남자의 유전자형은 적록 색맹과 정상으로 뚜렷하게 구별되니까 적록 색맹 가계도에서는 남자부터 유전자형을 표시해 나가자.

적록 색맹 대립유전자는 X 염색체에 있고 정상 대립유전자에 대해 열성이다. 아들은 X 염색체를 어머니로부터 물려받는다.

ㄱ. 1의 아들 4와 5의 아들 11의 적록 색맹 대립유전자는 각각 어머니인 1과 5로부터 물려받은 것이므로 정상으로 표현된 1과 5의 적록 색맹 유전자형은 이형접합성이다.

ㄴ. 11의 적록 색맹 대립유전자는 어머니인 5로부터 유래되었고, 5의 아버지인 2가 정상이므로, 5의 적록 색맹 대립유전자는 보인자인 1로부터 물려받은 것이다.

오답 넘기

ㄷ. 정상 대립유전자를 X^R, 적록 색맹 대립유전자를 X^r라고 할 때 7의 유전자형은 X^RY이고 8의 유전자형은 X^RX^r이다. 따라서 7과 8 사이에서 태어나는 자손의 유전자형은 X^RX^R(정상 딸), X^RY(정상 아들), X^RX^r(정상 딸), X^rY(적록 색맹 아들)이며, 딸은 모두 정상이다.

3-1 다인자 유전

ㄴ. AaBbCc와 AaBBcc에서 대문자로 표시된 대립유전자의 수는 세 개로 같으므로 표현형이 같다.

ㄷ. 유전자형이 AaBbCc인 부모에게서는 모든 표현형이 나올 수 있으며, 대문자로 표시된 대립유전자의 수가 0, 1, 2, 3, 4, 5, 6인 경우가 가능하므로 표현형은 최대 7가지이다.

오답 넘기

ㄱ. 세 쌍의 대립유전자에 의해 형질이 결정되므로 다인자 유전에 해당한다.

4-1 염색체 구조 이상

ㄱ. 염색체의 구조에 이상이 나타났고 염색체의 수에는 이상이 없으므로 체세포인 백혈구의 세포당 염색체 수는 46이다.

오답 넘기

ㄴ. 생식세포에 이상이 생겼을 경우 자손에게 유전될 수 있지만, 백혈구는 체세포이고 체세포는 자손에게 물려줄 수 없으므로 이 환자의 만성 골수성 백혈병은 자손에게 유전되지 않는다.

ㄷ. 9번과 22번 염색체는 상동 염색체가 아니며, 전좌는 상동 염색체가 아닌 염색체 사이에서 염색체의 일부가 교환되는 염색체 구조 이상이다.

 필수 체크 전략 ②

Book 2 24~25쪽

1 ③　2 ⑤　3 ③　4 ①

1 상염색체 유전

상염색체 유전에서 부모에게 나타나지 않은 표현형이 자손에게 나타난 경우 자손의 표현형은 열성이며, 부모의 유전자형은 둘 다 이형접합성이다.

ㄱ. 쌍꺼풀이 있는 부모에게서 쌍꺼풀이 없는 아들 A가 태어났으므로 쌍꺼풀이 있는 형질이 쌍꺼풀이 없는 형질에 대해 우성이고, A의 부모는 쌍꺼풀이 없는 열성 대립유전자를 하나씩 아들에게 물려주었다.

ㄴ. 보조개가 있는 부모에게서 보조개가 없는 딸 B가 태어났으므로 보조개가 있는 형질이 보조개가 없는 형질에 대해 우성이다.

오답 넘기

ㄷ. 쌍꺼풀에 대해 우성 대립유전자를 R(쌍꺼풀 있음), 열성 대립유전자를 r(쌍꺼풀 없음)라고 하고, 보조개에 대해 우성 대립유전자를 T(보조개 있음), 열성 대립유전자를 t(보조개 없음)라고 할 때, 쌍꺼풀과 보조개에 대한 유전자형은 A가 rrTt이고, B가 rrtt이다. 두 형질은 독립적으로 유전되므로, 자손의 유전자형이 형성되는 과정을 (rr × rr)(Tt × tt)로 나타내면 자손의 쌍꺼풀 유전자형은 항상 rr(쌍꺼풀 없음)이고, 보조개 유전자형은 Tt(보조개 있음)와 tt(보조개 없음)가 1 : 1이며, 딸과 아들이 1 : 1이므로 쌍꺼풀이 없고 보조개가 있는 아들일 확률은 25 %이다.

2 성염색체 유전

대립 형질을 가진 부모에게서 나온 자손의 형질이 성별에 따라 다르게 나타나는 것은 유전자가 성염색체에 있기 때문이다. 암수에 모두 나타나는 형질이므로 초파리 눈 색깔 유전자는 X 염색체에 있다.

ㄱ. F_1에서 유전자형이 이형접합성인 초파리 암컷의 형질이 빨간색 눈이므로 빨간색 눈이 주황색 눈에 대해 우성이다.

ㄴ. 우성인 빨간색 눈 대립유전자를 X, 열성인 주황색 눈 대립유전자를 X′이라고 할 때, F_1의 주황색 눈 수컷 유전자형은 X′Y이고 빨간색 눈 암컷 유전자형은 XX′이다. 이들의 교배로 나오는 F_2는 XX′(빨간색 눈 암컷), XY(빨간색 눈 수컷), X′X′(주황색 눈 암컷), X′Y(주황색 눈 수컷)이 모두 같은 비율로 나타난다. 따라서, F_2에서 빨간색 눈 초파리와 주황색 눈 초파리의 비는 1 : 1이다.

ㄷ. F_2에서 빨간색 눈 암컷의 유전자형은 이형접합성이며, F_1의 빨간색 눈 암컷도 P의 주황색 눈 암컷의 대립유전자를 받아 이형접합성이다.

3 피부색 유전 모델

ㄱ. 다인자 유전은 하나의 형질이 여러 쌍의 대립유전자에 의

해 결정된다. 피부색은 세 쌍의 대립유전자에 의해 형질이 결정되므로 다인자 유전에 해당한다.

ㄴ. ㉠의 유전자형은 AaBbCc이므로 ㉠에게서 ABC를 포함한 8종류의 생식세포가 형성된다.

오답 넘기

ㄷ. 유전자형이 aabbcc인 남자에게서 생성된 유전자형이 abc인 생식세포와 ㉠의 생식세포가 수정되어 태어난 자손의 유전자형에서 대문자인 대립유전자의 수는 0, 1, 2, 3의 네 종류가 가능하므로 피부색 표현형도 네 종류가 가능하다.

4 염색체 수 이상

자료 분석 ⊕ 감수 분열 시 염색체 비분리 현상

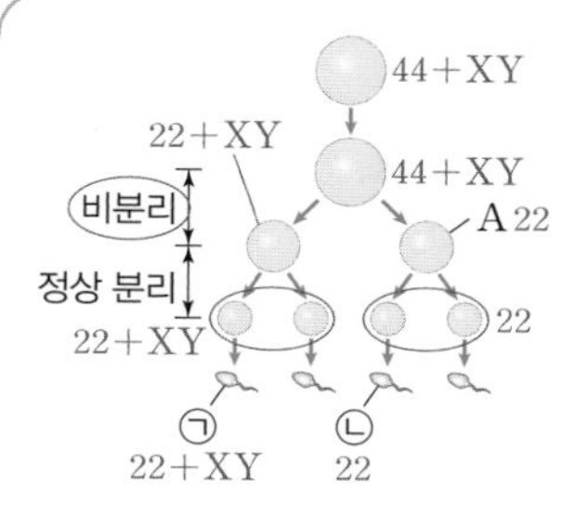

정상 정자: 22+X 혹은 22+Y

정자	X 염색체 수
㉠ 22+XY	1
㉡ 22	0

정자 형성 과정 중 감수 1분열에서 성염색체 비분리가 일어나면 성염색체가 XY이거나 성염색체가 없는 정자가 형성된다.

ㄱ. A에는 성염색체는 없고 상염색체가 22개 들어 있다.

오답 넘기

ㄴ. ㉠은 ㉡보다 X 염색체와 Y 염색체가 갖는 DNA양만큼 많다.

ㄷ. ㉡에는 성염색체가 없고 상염색체가 22개 있다. 정상 난자에는 성염색체 X와 상염색체 22개가 있으므로 ㉡과 정상 난자가 수정되면 44+X인 터너 증후군인 아이가 나온다.

1주 4일 교과서 대표 전략 ①

Book 2 26~29쪽

1 ㄱ, ㄴ **2** ㄱ **3** B, C **4** (1) ㉠: A, ㉡: B, ㉢: d (2) 해설 참조 **5** ㄱ, ㄴ, ㄷ **6** ㄱ, ㄴ, ㄷ **7** A−D−B−C **8** ㄱ, ㄴ, ㄷ **9** ㄱ, ㄷ **10** ㄱ, ㄷ **11** ㄴ, ㄷ **12** (1) 1, 2, 4, 5, 6 (2) 해설 참조 **13** ㄱ, ㄷ **14** ④ **15** ㄱ, ㄷ **16** (1) (가): 낫 모양 적혈구 빈혈증, (나): 터너 증후군, (다): 다운 증후군, (라): 클라인펠터 증후군 (2) (가): DNA 염기 서열 이상, (나)~(라): 염색체 비분리

1 염색체의 구조

ㄱ. A는 히스톤 단백질에 DNA가 감겨 있는 뉴클레오솜이다.

ㄴ. Ⅰ과 Ⅱ는 간기의 S기에 DNA 복제로 형성된 염색 분체이며, 분열기에 응축된 상태로 관찰된다.

오답 넘기

ㄷ. 염색 분체는 DNA 복제로 형성되었으므로 유전자 구성이 같다.

2 염색체의 종류

(가)에는 크기와 모양이 같은 두 쌍의 상염색체와 크기와 모양이 다른 한 쌍의 염색체가 있는데, 크기와 모양이 다른 염색체는 성염색체인 X 염색체와 Y 염색체라고 볼 수 있으므로 ㉠은 성염색체이다.

오답 넘기

ㄴ. (나)는 핵상이 n인 세포이므로 ㉡과 ㉢은 서로 다른 염색체이다.

ㄷ. (가)의 핵상은 $2n$이고, (나)의 핵상은 n이다.

3 염색체와 핵형 분석

- B: 간기의 S기에 DNA가 복제되어 두 개의 염색 분체로 구성된 염색체가 형성된다.
- C: 핵형 분석은 분열기 중기 세포의 염색체 사진을 통해 세포에 들어 있는 염색체의 수, 모양, 크기 등을 분석하는 것이다.

오답 넘기

- A: 염색체는 간기에는 실 모양의 형태로 존재하고, 분열기에는 응축되며, 뉴클레오솜은 항상 존재한다.

4 대립유전자와 상동 염색체

A와 a, B와 b, D와 d는 대립유전자로, 상동 염색체의 같은 위치에 있다. 하나의 염색체를 구성하는 두 염색 분체에는 서로 같은 유전자가 있다.

(1) ㉠에는 염색 분체에 있는 유전자와 같은 유전자 A가 있고, ㉡에는 b의 대립유전자인 B가, ㉢에는 D의 대립유전자인 d가 들어 있다.

(2) 염색체에는 여러 유전자가 특정 염기 서열의 형태로 포함되어 있는 DNA가 들어 있으므로 하나의 염색체에는 여러 개의 유전자가 존재한다.

모범 답안

염색체의 수보다 유전자의 수가 많다. 그 까닭은 하나의 염색체에 여러 개의 유전자가 있기 때문이다.

채점 기준	배점(%)
염색체의 수보다 유전자의 수가 많다는 것과 하나의 염색체에 여러 유전자가 있다는 사실을 모두 옳게 서술한 경우	100
염색체의 수보다 유전자의 수가 많다는 사실은 옳게 서술하였으나 그 까닭을 옳게 서술하지 못한 경우	50

5 체세포 분열 시 DNA양

G_1기 세포의 DNA양이 1이라면, S기 세포의 DNA양은 1~2이고, G_2기와 분열기 세포의 DNA양은 2이다.

ㄱ. G_1기 세포는 DNA양이 1인 구간 Ⅰ에 있다.

ㄴ. DNA 복제가 일어나는 세포는 S기 세포들이며, 세포들의 DNA 복제 정도에 따라 DNA양은 1~2 사이에 다양하게 존재한다.

ㄷ. 분열기는 G_2기 다음에 진행되므로 분열기 세포는 DNA양이 2인 구간 Ⅲ에 있다.

DNA 복제가 진행되고 있는 S기에 속한 세포들의 DNA양은 DNA 복제 정도에 따라 달라.

6 세포 주기

㉠은 분열기, ㉡은 G_1기, ㉢은 S기이다.

ㄱ. 분열기인 ㉠은 Ⅱ 시기이다.

ㄴ. ㉡은 G_1기이며, G_1기를 포함한 간기에는 핵막이 관찰된다.

ㄷ. 세포의 생장은 간기에 일어나며, 특히 G_1기에 활발하다. Ⅰ 시기는 G_1기이다.

7 감수 분열 과정

자료 분석 감수 분열의 관찰

세포가 한 개: 감수 1분열
염색체 형성: 전기

세포 네 개: 감수 2분열이 끝남

A B C D

세포가 두 개: 감수 2분열
염색체가 세포 중앙에 배열: 중기

세포가 한 개: 감수 1분열
염색체가 세포 양극으로 이동: 후기

생식 기관인 꽃에서 감수 분열이 일어나며, 감수 1분열 결과 유전자 구성이 다른 딸세포 두 개가 형성되고, 감수 2분열을 거쳐 네 개의 딸세포가 형성된다.

8 체세포 분열과 감수 분열의 비교

(가)는 감수 1분열 중기의 세포이고, (나)는 체세포 분열 중기의 세포이다.

ㄱ, ㄴ. 감수 1분열 중기와 체세포 분열 중기의 세포는 둘 다 핵상이 $2n$이다.

ㄷ. (가)와 (나)에서 네 개의 염색체가 각각 염색 분체 두 개로 되어 있으므로 염색 분체 수는 모두 8이다.

오답 넘기

ㄹ. 2가 염색체는 감수 1분열에서만 관찰된다.

9 단일 인자 유전

ㄱ. 한 쌍의 대립유전자에 의해 형질이 결정되므로 단일 인자 유전에 해당한다.

ㄷ. A와 B는 유전병인 딸에게 열성 대립유전자를 한 개씩 물려주었으므로 유전자형이 이형접합성이고, C는 유전병인 어머니로부터 열성 대립유전자를 물려받아 유전자형이 이형접합성이다. 열성 형질이 발현된 D는 유전자형이 열성 동형접합성이다.

오답 넘기

ㄴ. 정상인 A와 B로부터 유전병인 딸이 나왔으므로 유전병이 정상에 대해 열성이다.

10 복대립 유전

ABO식 혈액형 유전은 복대립 유전으로 세 가지 대립유전자가 관여한다. 응집원의 형성에 관여하는 유전자는 상염색체에 있으며, 대립유전자를 I^A, I^B, i라고 할 때 대립유전자 사이의 우열 관계는 $I^A=I^B>i$이다.

ㄱ. O형인 5는 1과 2로부터, 세원이는 6과 7로부터 열성 대립유전자 i를 하나씩 받았으므로 1과 6의 유전자형은 둘 다 I^Ai이다.

ㄷ. B형인 4와 AB형인 3 사이에서 A형인 8이 나왔으므로 4의 유전자형은 I^BI^B가 아니라 I^Bi이다. 유전자형이 ii인 세원이와 유전자형이 I^Bi인 사람 사이에서 태어나는 아이의 유전자형은 I^Bi(B형)와 ii(O형)가 1 : 1이므로 B형일 확률은 50 %이다.

오답 넘기

ㄴ. 6과 7의 유전자형은 각각 I^Ai, I^Bi이므로 자손에게서 네 가지 혈액형이 모두 같은 비율인 25 %로 나오며, 아들일 확률이 50 %이므로 세원이의 동생이 태어날 때 이 아이가 AB형인 아들일 확률은 12.5 %이다.

11 상염색체 유전

유전병 X인 부모로부터 정상인 자녀가 나왔으므로 유전병 X는 정상에 대해 우성이며, 우성 형질인 아버지로부터 열성 형질의 딸이 나왔으므로 유전병 X 유전자는 상염색체에 있다.

ㄴ. 우성 형질인 (가) 부부로부터 열성 형질인 자녀가 나왔으므로 (가) 부부의 유전자형은 둘 다 이형접합성이다.

ㄷ. B형인 (가)와 A형인 남편 사이에서 A형 아들이 나왔으므로 (가)의 유전자형은 이형접합성이고, B형인 (나)로부터 O형인 딸이 나왔으므로 (나)의 유전자형도 이형접합성이다.

오답 넘기

ㄱ. 유전병 X 유전자는 상염색체에 있으므로 남자와 여자에게서 나타나는 확률에 차이가 없다.

12 적록 색맹 유전

(1) 적록 색맹은 유전자가 X 염색체에 있고, 정상에 대해 열성이므로 적록 색맹인 아버지 1의 딸인 5, 6은 적록 색맹 대립유전자를 가지며, 적록 색맹인 4의 어머니인 2도 적록 색맹 대립유전자를 갖는다. 따라서 적록 색맹인 남자(1)와 여자(4), 정상이지만 보인자인 여자(2, 5, 6)는 모두 적록 색맹 대립유전자를 갖는다.

(2) 정상인 남자 3은 우성인 정상 대립유전자가 있는 X 염색체를 갖고, 적록 색맹인 여자 4의 유전자형은 열성인 적록 색맹 대립유전자로만 구성된 동형접합성이다.

모범 답안

50 %, 정상 대립유전자를 X^R, 적록 색맹 대립유전자를 X^r라고 할 때 3의 유전자형은 X^RY이고 4는 X^rX^r이므로 이들 자손의 유전자형 비는 X^RX^r(정상 딸) : X^rY(적록 색맹 아들)=1 : 1이다.

채점 기준	배점(%)
50 %라는 값을 옳게 쓰고, 3과 4 사이에서 태어나는 자녀의 유전자형과 비율을 옳게 서술한 경우	100
50 %라는 값을 옳게 쓰고, 3과 4 사이에서 태어나는 자녀의 유전자형을 서술하는 과정에서 적록 색맹 대립유전자와 정상 대립유전자를 기호로 가정하지 않고 서술한 경우	80
50 %라는 값은 옳게 쓰고, 3과 4 사이에서 태어나는 자녀의 유전자형과 비율을 옳게 서술하지 못한 경우	50

13 반성유전

ㄱ. 유전병 대립유전자 D와 d는 X 염색체에 있으므로 이 유전병은 반성유전 형질이다.

ㄷ. 유전병 대립유전자 d를 갖고 있더라도 정상 대립유전자 D를 갖고 있는 여자는 정상이며, 남자는 유전병 대립유전자 d가 있으면 유전병으로 나타나므로 유전병이 나타날 확률은 여자보다 남자에서 높게 나타난다.

오답 넘기

ㄴ. 유전자형이 이형접합성인 여자가 정상으로 표현되므로 정상이 유전병에 대해 우성이다.

14 다인자 유전

자료 분석 ⊕ 다인자 유전의 예

- X는 서로 다른 상염색체에 존재하는 두 쌍의 대립유전자 A와 a, B와 b에 의해 결정된다. (다인자 유전)
- X의 표현형은 유전자형에서 대문자로 표시되는 대립유전자의 수에 의해서만 결정되며, 이 대립유전자의 수가 다르면 X의 표현형도 다르다.
  예 대문자로 표시되는 대립유전자의 수가 2개인 경우
  유전자형 AAbb의 표현형=유전자형 AaBb의 표현형

④ 유전자형에서 대문자로 표시되는 대립유전자의 수에 의해서만 표현형이 결정된다고 하였으므로, 대문자로 표시되는 대립유전자의 수가 2개인 AAbb인 사람과 AaBb인 사람의 표현형은 동일하다.

오답 넘기

① 네 개의 유전자로 표시되는 유전자형에서 대문자로 표시되는 대립유전자는 0, 1, 2, 3, 4개가 가능하므로 표현형은 5가지가 있다.
② 유전자형은 (AA, Aa, aa)×(BB, Bb, bb)이므로 9가지가 있다.
③ 두 쌍의 대립유전자에 의해 형질이 결정되므로 다인자 유전이다.
⑤ 유전자형이 AaBb인 사람에게서 형성되는 생식세포의 유전자형은 최대 2×2=4가지(AB, aB, Ab, ab)가 가능하다.

15 염색체 구조 이상

ㄱ. (나)에서 염색체 구조 이상이 일어났고 염색체 수에는 이상이 없으므로 정상인 (가)와 염색체 수는 같다.

ㄷ. ㉡은 (가)의 정상 염색체와 비교했을 때 E가 있는 부위가 반복되어 있으므로 염색체 구조 이상 중 중복이 일어난 염색체이다.

오답 넘기

ㄴ. ㉠에서 염색체의 일부가 떨어졌다가 거꾸로 붙는 역위가 일어났다.

16 유전자 이상과 염색체 이상

유전 정보가 변하는 돌연변이가 생식세포에 생기면 다음 세대에 돌연변이 형질이 나타날 수 있다. 돌연변이는 염색체 수나 구조가 변하는 염색체 이상에 의한 염색체 돌연변이와 유전자를 구성하는 염기 서열이 변하는 유전자 이상에 의한 유전자 돌연변이로 구분한다.

(1) (가)는 핵형이 정상이므로 유전자 이상으로 나타나는 낫 모양 적혈구 빈혈증이고, (나)는 성염색체 구성이 X이므로 터너 증후군이다. (다)는 21번 염색체가 세 개이므로 다운 증후군이고, (라)는 성염색체 구성이 XXY이므로 클라인펠터 증후군이다.

(2) DNA 염기 서열 이상에 의한 유전병은 핵형이 정상인과 같으므로 (가)에 해당하고, 염색체 비분리 현상에 의한 염색체 수 이상은 핵형 분석 결과로 확인할 수 있으므로 (나)~(라)에 해당한다.

1주 4일 교과서 대표 전략 ②

Book 2 30~31쪽

1 ③	2 ④	3 ㉠ : ⓒ, ㉡ : ⓐ, ㉢ : ⓑ, ㉣ : ⓓ	
4 ⑤	5 ④	6 ①	7 $\frac{3}{8}$
8 ③			

1 염색체의 구조

ㄷ. 하나의 염색체를 구성하는 두 가닥의 염색체를 염색 분체라고 한다.

오답 넘기

ㄱ. ⓐ는 히스톤 단백질이다. 뉴클레오솜은 히스톤 단백질에 DNA가 감겨 있는 것이다.
ㄴ. DNA 복제가 일어나는 S기에 염색체는 응축되지 않는다. 분열기에 ⓑ가 응축되어 막대 모양의 염색체 ⓒ가 형성된다.

2 체세포 분열

ㄱ. 구간 I의 세포는 DNA양이 1에서 2로 증가하고 있으므로 S기의 세포이다. S기를 포함한 간기의 세포에는 핵막이 있다.

ㄴ. (나)는 두 쌍의 상동 염색체가 있는 핵상이 $2n$인 세포이며, 2가 염색체가 아닌 염색체가 세포의 중앙에 배열되어 있으므로 체세포 분열 중기 상태이다. (가)에서 체세포 분열 중기의 세포는 DNA양이 4인 구간 II에서 관찰된다.

오답 넘기

ㄷ. 체세포 분열에서는 2가 염색체가 형성되지 않는다. 2가 염색체는 감수 1분열 전기에 형성되어 중기에 세포의 중앙에 배열된다.

3 감수 분열 과정

자료 분석 ⊕ 감수 분열 과정

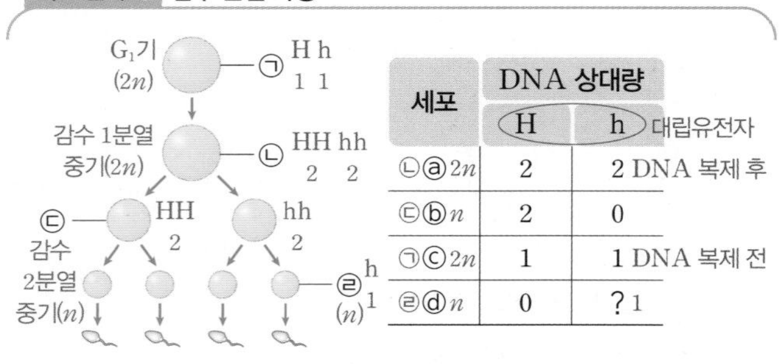

세포	DNA 상대량	
	H	h (대립유전자)
㉡ⓐ $2n$	2	2 DNA 복제 후
㉢ⓑ n	2	0
㉠ⓒ $2n$	1	1 DNA 복제 전
㉣ⓓ n	0	? 1

H와 h를 모두 가진 세포의 핵상은 $2n$이고, 둘 중 하나만 갖는 세포의 핵상은 n이다.

㉠과 ㉡의 핵상은 $2n$으로 H와 h가 모두 들어 있고, ㉢과 ㉣의 핵상은 n으로 H와 h 중 한 가지만 들어 있다. ㉢에 H가 있다면 ㉣에는 H가 없고 h가 있다.

4 감수 분열과 유전적 다양성

㉠은 G_1기, ㉡은 감수 1분열 중기, ㉢은 감수 2분열 중기, ㉣은 분열이 끝난 딸세포이다.

ㄱ. ㉠은 G_1기 세포이며, S기에 DNA 복제가 일어난 후 분열기 세포인 ㉡이 된다.

ㄴ. h의 DNA 상대량은 ㉡이 2이고, ㉣은 1이다.

ㄷ. 감수 2분열 중기 세포와 감수 분열이 모두 끝난 딸세포의 핵상은 둘 다 n이다.

5 사람의 유전 원리

ㄴ. 유전자가 성염색체에 있는 반성유전은 성별에 따라 형질 발현 빈도가 다르다.

ㄷ. 대립유전자 쌍을 구성하는 대립유전자의 종류가 세 가지 이상인 경우를 복대립 유전이라고 한다.

오답 넘기

ㄱ. ABO식 혈액형 유전은 대립유전자의 종류가 세 가지인 복대립 유전으로 (다)의 유전 원리를 따르며, 세 쌍의 대립유전자에 의해 형질이 결정되는 것은 다인자 유전이다.

6 두 가지 형질의 가계도

유전병에 대해 정상인 부모로부터 유전병인 영희의 오빠가 태어났으므로 유전병은 정상에 대해 열성이며, 영희 부모의 유전병 유전자형은 둘 다 이형접합성이다. 또한, 영희의 오빠는 O형이므로 AB형인 영희의 부모는 각각 이형접합성인 A형과 B형이며, 영희 외할아버지(㉠)는 이형접합성이다.

철수가 유전병이므로 유전병에 대해 정상인 아버지의 유전병 유전자형은 이형접합성이며, ㉠과 ㉡의 ABO식 혈액형 유전자형이 같다고 하였으므로, 철수 아버지의 혈액형 유전자형은 이형접합성이다.

유전병에 대해 정상인 대립유전자를 T, 유전병 대립유전자를 t, ABO식 혈액형의 대립유전자를 각각 I^A, I^B, i라고 한다면 영희 부모는 I^AiTt, I^BiTt이고, 철수의 부모는 I^BiTt, $iitt$이다.

영희의 동생이 유전병일 확률은 $\frac{1}{4}$, B형일 확률은 $\frac{1}{4}$이므로 유전병이면서 B형일 확률은 $\frac{1}{4}\times\frac{1}{4}=\frac{1}{16}$이고, 철수의 동생이 유전병일 확률은 $\frac{1}{2}$, B형일 확률은 $\frac{1}{2}$이므로 유전병이면서 B형일 확률은 $\frac{1}{2}\times\frac{1}{2}=\frac{1}{4}$이다. 따라서 영희의 동생과 철수의 동생이 모두 유전병이면서 B형일 확률은 $\frac{1}{16}\times\frac{1}{4}=\frac{1}{64}$이다.

7 다인자 유전

AaBb인 부모로부터 각각 네 가지 유전자형의 생식세포가 형성되며, 이들의 수정으로 대문자로 표시되는 대립유전자의 수가 0, 1, 2, 3, 4인 자손이 나올 수 있다.

암컷 \ 수컷		생식세포의 유전자형			
		AB	Ab	aB	ab
생식 세포의 유전자형	AB	AABB (대문자 4)	AABb (대문자 3)	AaBB (대문자 3)	AaBb (대문자 2)
	Ab	AABb (대문자 3)	AAbb (대문자 2)	AaBb (대문자 2)	Aabb (대문자 1)
	aB	AaBB (대문자 3)	AaBb (대문자 2)	aaBB (대문자 2)	aaBb (대문자 1)
	ab	AaBb (대문자 2)	Aabb (대문자 1)	aaBb (대문자 1)	aabb (대문자 0)

암컷과 수컷에서 형성되는 생식세포의 수정으로 형성되는 자손의 유전자형 경우의 수 16가지 중에서 대문자로 표시되는 대립유전자의 수가 0인 경우는 $1\left(\frac{1}{16}\right)$, 1인 경우는 $4\left(\frac{1}{4}\right)$, 2인 경우는 $6\left(\frac{3}{8}\right)$, 3인 경우는 $4\left(\frac{1}{4}\right)$, 4인 경우는 $1\left(\frac{1}{16}\right)$이므로, 자손의 표현형이 부모와 같을 확률은 대문자로 표시되는 대립유전자의 수가 2인 경우로 $\frac{3}{8}$이다.

8 성염색체 비분리

감수 1분열에서 성염색체 비분리가 일어나 형성된 정자의 성염색체 구성은 XY, 성염색체가 없는 것이 있고, 감수 2분열에서 성염색체 비분리가 일어나 형성된 정자의 성염색체 구성은 XX, YY, 성염색체가 없는 것이 있다.

ㄱ. (가)의 성염색체 구성은 XX이므로 감수 2분열에서 비분리가 일어나 형성된 것이다.

ㄴ. (나)의 성염색체 구성은 XY이고, 성염색체가 X인 정상 난자와 수정되면 성염색체 구성이 XXY인 클라인펠터 증후군의 아이가 나타난다.

오답 넘기

ㄷ. (다)는 상염색체 수가 정상 정자와 같고 Y 염색체가 두 개이므로 DNA양은 Y 염색체를 가진 정상 정자보다 Y 염색체 하나만큼 더 많다.

1주 누구나 합격 전략

Book 2 32~33쪽

1 ⑤	2 ⑤	3 ④	4 ⑤
5 ②	6 ③	7 ④	8 ①

1 염색체의 구조

염색체는 DNA 가닥과 단백질로 이루어진 복합체이다. 각각의 염색체는 하나의 긴 이중 나선 DNA로 구성되어 있고, 이 DNA 가닥의 여러 부분에 유전 정보가 저장되어 있다.

ㄴ. ㉡은 히스톤 단백질이며, 단백질의 단위체는 아미노산이다.

ㄷ. ㉢은 DNA이며, DNA의 특정 염기 서열에 생물의 형질에 관한 유전 정보가 저장되어 있다.

오답 넘기

ㄱ. ㉠은 뉴클레오솜이며, 간기와 분열기에 항상 존재한다.

2 상동 염색체와 대립유전자

① 두 쌍의 상동 염색체가 있으므로 핵상은 $2n$이다.

② 성염색체가 XX이면 암컷인데, 제시된 염색체 두 쌍이 모두 크기와 모양이 같으므로 이 세포의 성염색체 구성은 XX이다.

③ A와 a는 상동 염색체의 같은 위치에 있으므로 두 유전자는 대립유전자이다.

④ (가)와 (나)는 크기와 모양이 같고 같은 위치에 대립유전자가 있으므로 상동 염색체이다.

오답 넘기

⑤ B와 b는 대립유전자이며, 대립유전자는 감수 1분열 과정에서 분리되어 서로 다른 딸세포로 들어간다.

3 세포 주기

ㄱ. 세포 주기는 G_1기-S기-G_2기-분열기의 순으로 진행되므로 (가)는 S기이다.

ㄴ. (나)는 분열기이며, 분열기는 핵분열과 세포질 분열로 구분된다.

오답 넘기

ㄷ. S기에 DNA가 복제되므로 G_2기의 세포당 DNA양은 (다) 시기의 두 배이다.

4 체세포 분열과 감수 분열의 비교

자료 분석 + 세포 분열 시 염색체의 이동

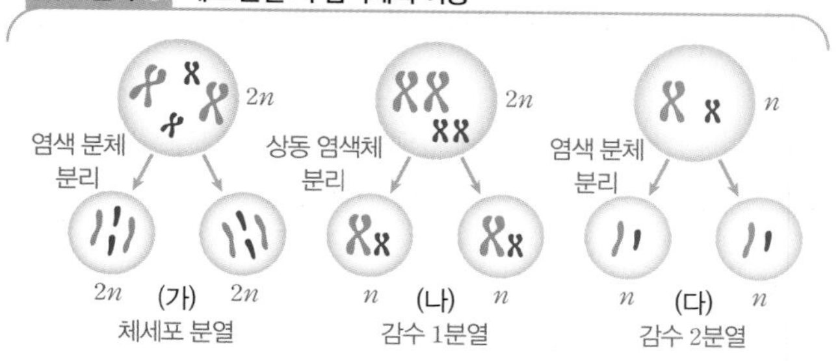

- 모세포와 딸세포의 핵상 변화
  - (가): $2n \rightarrow 2n$, (나): $2n \rightarrow n$, (다): $n \rightarrow n$
- 후기에 염색체 분리
  - (가): 염색 분체 분리, (나): 상동 염색체 분리, (다): 염색 분체 분리

⑤ 감수 2분열에서는 염색 분체가 분리되므로 두 딸세포의 유전자 구성은 같다.

오답 넘기

① (가)는 체세포 분열이며, 2가 염색체는 감수 1분열에서 형성된다.

② 체세포 분열은 모세포와 딸세포의 핵상이 모두 $2n$이다.

③ 감수 1분열에서는 상동 염색체가 분리되어 유전자 구성이 서로 다른 딸세포가 형성된다.

④ (다)는 감수 2분열이다.

5 상염색체 유전

② 귓불 모양 유전은 상염색체 단일 인자 유전으로, 열성인 부착형의 유전자형은 동형접합성이고, 우성인 분리형의 유전자형은 동형접합성일 수도 있고 이형접합성일 수도 있다.

오답 넘기

① 두 가지 대립유전자에 의해 결정되는 유전이라고 했으므로 세 종류 이상의 대립유전자가 관여하는 복대립 유전이 아니다.

③ 이형접합성일 때는 우성 형질이 나타나므로 귓불 모양에 대한 유전자형이 이형접합성인 사람은 분리형 귓불이다.

④ 열성인 일자형 이마 선을 가진 사람은 일자형 대립유전자만 가지므로 V자형인 자녀가 태어날 수 없다.

⑤ 이마 선 모양에서 일자형은 열성이므로 이마 선이 일자형인 사람의 유전자형은 열성 동형접합성이다.

6 적록 색맹 유전

자료 분석 ⊕ 적록 색맹 유전 가계도

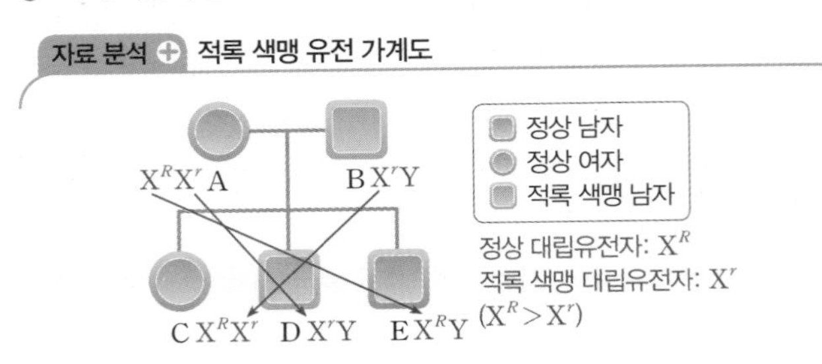

- 적록 색맹 유전자는 X 염색체에 있으며, 아들은 X 염색체를 어머니로부터 물려받는다.
- D의 적록 색맹 대립유전자는 A로부터 물려받은 것이다.

ㄱ. A는 D에게 적록 색맹 대립유전자를 물려주었고, C는 B로부터 적록 색맹 대립유전자를 물려받았으므로 A와 C는 둘 다 유전자형이 이형접합성이다.

ㄷ. 정상 대립유전자를 X^R, 적록 색맹 대립유전자를 X^r라고 할 때, 어머니인 A의 유전자형은 X^RX^r이고, 아버지인 B의 유전자형은 X^rY이다. 이들의 자녀 중 아들의 유전자형은 X^RY(정상)와 X^rY (적록 색맹)가 1 : 1이므로 적록 색맹일 확률은 50 %이다.

오답 넘기

ㄴ. 아들의 X 염색체는 어머니로부터 물려받는다.

7 염색체 이상

ㄴ. (다)는 성염색체 구성이 X인 터너 증후군이며, 사람의 성은 Y 염색체가 있을 때 남자로 결정되므로 터너 증후군은 여자에게만 나타난다.

ㄷ. 유전 질환 중 성염색체 구성이 XXY인 경우를 클라인펠터 증후군이라고 한다.

오답 넘기

ㄱ. (나)는 21번 염색체가 세 개인 경우로, 상염색체 수는 정상인(44)보다 한 개 더 많은 45이다.

8 염색체 구조 이상

① 결실, 중복, 역위, 전좌 등 염색체 구조 이상은 염색체 수에는 영향을 미치지 않는다.

염색체의 특정 부위가 반복되는 것을 중복이라고 해.

오답 넘기

② 감수 분열 중 염색체 비분리가 일어나면 염색체 수 이상이 나타난다.

③ 염색체의 수, 모양, 크기 등을 분석하는 핵형 분석으로 염색체 구조 이상을 확인할 수 있다.

④ 전좌는 염색체의 일부가 떨어져 나가 상동이 아닌 다른 염색체로 이동하여 연결되는 것이다.

⑤ 낫 모양 적혈구 빈혈증은 DNA 염기 서열 이상으로 인한 유전자 돌연변이의 예이다.

2주 창의·융합·코딩 전략

Book 2 34~37쪽

1 ②	2 ④	3 ④	4 ③
5 ⑤	6 ④	7 ④	8 ⑤

1 상동 염색체와 대립유전자

- 학생 C: 염색체 수가 같더라도 서로 다른 종일 경우 염색체의 모양 등 구성이 다르므로 핵형이 다르고, 같은 종이라도 성별이 다르면 성염색체의 구성이 다르므로 핵형이 다르다. 따라서 핵형이 같은 두 개체는 같은 종, 같은 성별이다.

오답 넘기

- 학생 A: 상동 염색체는 부계와 모계로부터 하나씩 물려받은 것이며, 크기와 모양이 같지만 유전자의 구성은 다를 수 있다. DNA 복제로 형성된 두 염색체 가닥을 염색 분체라고 한다.

대립유전자는 상동 염색체의 같은 자리에 위치해.

- 학생 B: 대립유전자는 한 가지 형질에 관여하면서 상동 염색체의 같은 위치에 있는 유전자로, 동형접합성인 경우 서로 같고, 이형접합성인 경우 서로 다르다.
- 학생 D: 핵상은 세포에 존재하는 상동 염색체의 조합 상태로, 체세포와 같이 상동 염색체 쌍이 존재하는 세포의 핵상은 $2n$이고, 생식세포와 같이 상동 염색체 중 하나씩만 있는 세포의 핵상은 n이다.

2 핵형 분석

- 학생 B: 21번 염색체가 세 개이므로 정상인보다 상염색체가 한 개 더 많아 상염색체가 45개이며, 성염색체가 XY이므로 남자이다. 핵형 분석으로는 혈액형을 확인할 수 없다.
- 학생 C: 21번 염색체가 세 개인 경우는 다운 증후군의 염색체 구성에 해당한다.

오답 넘기

- 학생 A: 적혈구는 핵이 없어 핵형 분석에 이용할 수 없고, 혈액 성분으로 핵형 분석을 할 때는 핵이 있는 백혈구를 염색하여 사용한다.

3 감수 분열 과정

자료 분석 ⊕ 감수 1분열 후기의 염색체 상태

〈이름 카드〉	〈핵상 카드〉	〈특징 카드〉
감수 1분열 후기	$2n$ 염색체 수가 4이므로 상동 염색체가 두 쌍이 있음	방추사에 의해 상동 염색체가 분리되어 세포의 양극으로 이동한다.

〈염색체 모형 카드〉

?

- 방추사는 염색체의 동원체에 부착되어 있고 양극의 중심체와 연결되어 있음
- 크기와 모양이 같은 상동 염색체가 두 쌍 있음
- 상동 염색체가 분리되어 방추사에 의해 양극으로 이동함

④ 상동 염색체가 두 쌍 있으며, 각각 세포의 양극으로 이동하므로 감수 1분열 후기의 모습이다.

오답 넘기

① 핵상이 n이고 염색 분체가 분리되어 양극으로 이동하므로 감수 2분열 후기의 모습이다.
② 2가 염색체를 형성하지 않고 $2n$인 상태에서 염색체가 세포의 중앙에 배열되어 있으므로 체세포 분열 중기의 모습이다.
③ $2n$인 상태에서 염색 분체가 분리되어 양극으로 이동하므로 체세포 분열 후기의 모습이다.
⑤ 핵막이 형성되고, 염색 분체가 분리된 $2n$ 상태의 딸핵이 두 개 형성되므로 체세포 분열의 세포질 분열 시기이다.

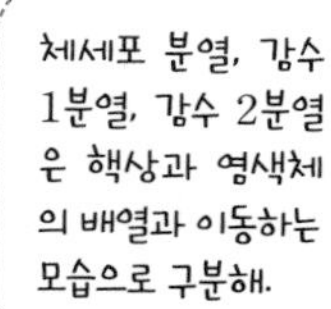

4 세포 분열의 구분

ㄱ. (가)에 들어갈 특징은 감수 1분열 중기와 체세포 분열 중기의 공통점이면서 감수 2분열 중기에 없는 특징이어야 하므로 '세포의 핵상이 $2n$인가?'는 (가)에 해당한다.
ㄷ. 2가 염색체는 감수 1분열 중기에만 있으므로 체세포 분열 중기에는 없고 감수 1분열 중기의 특징인 (나)에 해당한다.

오답 넘기

ㄴ. 감수 1분열 중기, 감수 2분열 중기, 체세포 분열 중기 모두 염색 분체 두 개로 이루어진 염색체가 세포의 중앙에 배열되어 있다.

5 유전 용어

⑤ 잡종(이형접합성)일 때 표현형으로 나타나는 형질이 우성이고, 유전자가 성염색체에 있어 형질의 표현 빈도가 성별에 따라 다르게 나타나는 경우를 반성유전이라고 한다.

오답 넘기

①, ②, ③, ④. 복대립 유전은 한 쌍의 대립유전자에 의해 형질이 결정되지만 대립유전자의 종류가 여러 개인 경우이고, 단일 인자 유전은 한 쌍의 대립유전자에 의해 형질이 결정되는 경우이며, 전좌는 상동이 아닌 염색체로 유전자 일부가 이동하는 것이고, 유전자형은 형질에 대한 대립유전자의 조합을 기호로 나타낸 것이다.

6 적록 색맹 유전의 가계도

적록 색맹은 유전자가 X 염색체에 있고, 정상에 대해 열성이다.
④ 정상(보인자)인 어머니와 적록 색맹인 아버지 사이에서 정상인 아들과 딸이 태어날 수 있다.

오답 넘기

① 적록 색맹인 어머니는 적록 색맹 대립유전자가 있는 X 염색체만 가지므로 정상인 아들이 나올 수 없다.
② 적록 색맹인 어머니와 적록 색맹인 아버지는 모두 적록 색맹 대립유전자가 있는 X 염색체만 갖고 있으므로 정상인 딸이 나올 수 없다.
③ 적록 색맹인 어머니로부터 정상인 아들이 나올 수 없으며, 정상인 아버지로부터 적록 색맹인 딸이 나올 수 없다.
⑤ 정상인 아버지로부터 적록 색맹인 딸이 나올 수 없다.

7 단일 인자 유전과 다인자 유전

- 학생 B: 귓불 모양과 이마 선 모양, ABO식 혈액형 유전은 한 쌍의 대립유전자에 의해 형질이 결정되는 단일 인자 유전 형질로, 대립 형질이 뚜렷하게 나타난다. 키는 다인자 유전 형질로, 여러 쌍의 대립유전자에 의해 형질이 결정되므로 표현형이 매우 다양하게 나타난다.
- 학생 C: 다인자 유전의 형질은 매우 다양하여 연속적인 변이로 나타난다.

오답 넘기

- 학생 A: 형질을 나타내는 개체 수로 우열을 판단할 수 없고, 우열이 없거나 분명하지 않은 것도 있다.

8 유전자 돌연변이에 의한 유전병의 발생 과정

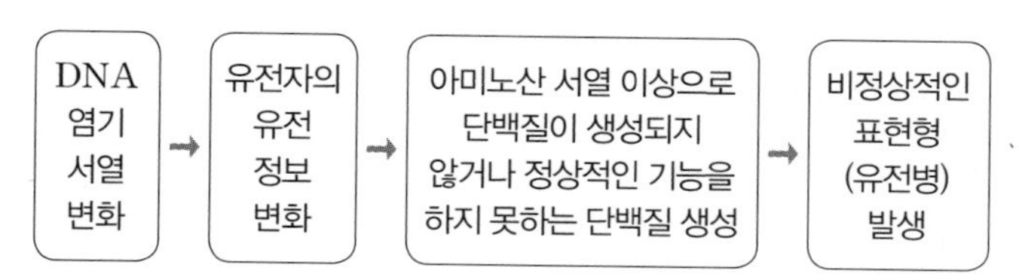

ㄱ. 헤모글로빈 유전자 이상으로 비정상적인 구조의 헤모글로빈이 형성되어 낫 모양 적혈구 빈혈증이 나타난다.
ㄴ. DNA 염기 서열에 이상이 생기면 아미노산 서열에 이상이 생겨 비정상적인 단백질이 생성된다.
ㄷ. 페닐케톤뇨증은 페닐알라닌 대사에 관여하는 효소 단백질에 대한 유전자에 이상이 생겨 발생하는 유전자 돌연변이에 의한 유전병이다.

2주 V. 생태계와 상호 작용

2주 1일 개념 돌파 전략 ①

Book 2 41, 43쪽

❶-2 ③ ❷-2 ② ❸-2 ② ❹-2 ⑤

❶-2 개체군의 특성

자료 분석 + 개체군의 생장 곡선

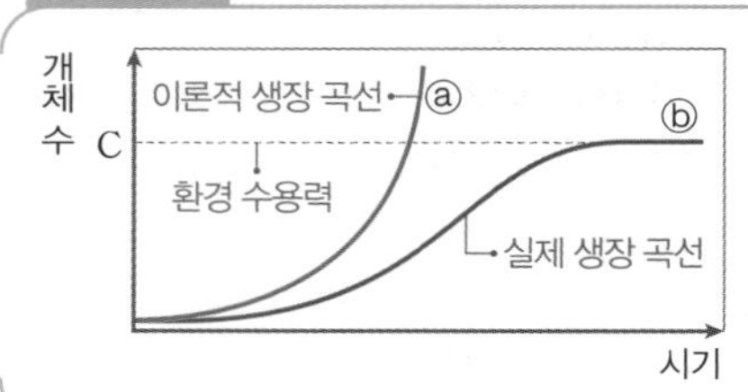

그림의 ⓐ는 이론적 생장 곡선, ⓑ는 실제 생장 곡선, C는 주어진 환경 조건에서 서식할 수 있는 개체군의 최대 크기인 환경 수용력이다.

개체군의 개체 수가 시간에 따라 증가하는 것을 개체군의 생장이라 하고, 개체군의 개체 수 변화를 시간에 따라 나타낸 것을 생장 곡선이라고 한다.

ㄷ. 실제 개체군의 개체 수가 증가하면 먹이, 서식 공간 등이 부족해지고 개체 사이의 경쟁이 심해지는 등 개체군의 성장을 억제하는 환경 저항이 커지게 된다. 따라서 개체 수가 증가할수록 개체군의 생장 속도가 느려지고 나중에는 개체 수가 더 이상 증가하지 않고 일정하게 유지되는 S자형의 생장 곡선을 나타낸다.

오답 넘기

ㄴ. ⓐ는 먹이, 서식 공간 등의 자원 제한이 없는 이상적인 환경에서 개체 수가 기하급수적으로 늘어나 J자형의 생장 곡선을 나타내는 이론적 생장 곡선이다.

❷-2 군집의 구조

ㄷ. 특정 군집에서만 발견되어 군집의 특징을 나타내는 종을 지표종이라고 한다. 지표종의 예로는 이산화황의 오염 정도를 예측할 수 있는 지의류, 고산 지대에 서식하여 고도와 온도의 범위를 예측할 수 있는 식물인 에델바이스 등이 있다.

오답 넘기

ㄱ. 식물 군집의 우점종은 각 식물 종의 상대 밀도, 상대 빈도, 상대 피도를 모두 합한 값인 중요치가 가장 큰 종이다.

ㄴ. 식물 군집의 특정 종의 피도는 특정 종의 점유 면적을 전체 방형구의 면적으로 나눈 값이다.

군집을 구성하는 종 중에는 그 군집을 대표하는 우점종 외에도 우점종은 아니지만 군집의 구조에 중요한 역할을 하는 핵심종, 군집을 구성하는 개체군 중 개체 수가 매우 적은 희소종, 군집의 특징을 나타내는 지표종이 있으니까 기억해 두자.

❸-2 생태 피라미드

ㄷ. 생태 피라미드는 먹이 사슬에서 각 영양 단계에 속하는 생체량, 개체 수, 에너지양을 하위 영양 단계부터 상위 영양 단계로 차례로 쌓아 올린 것을 말한다. 생태 피라미드에는 생물의 개체 수를 기준으로 한 개체 수 피라미드, 생체량(생물량)을 기준으로 한 생물량 피라미드, 각 영양 단계별로 저장하고 있는 에너지양을 기준으로 한 에너지양 피라미드가 있다.

오답 넘기

ㄱ. 에너지가 먹이 사슬을 따라 이동할 때 각 영양 단계가 받은 에너지 중 일부만 상위 영양 단계로 이동한다. 따라서 먹이 사슬에서 각 단계가 가지는 에너지양은 상위 영양 단계로 갈수록 줄어든다.

ㄴ. 에너지 효율은 일반적으로 상위 영양 단계로 갈수록 증가하는 경향이 있다. 그러나 에너지 피라미드를 비롯한 생태 피라미드의 형태는 생태계에 따라 다양하게 나타나므로 에너지 효율은 상위 영양 단계로 올라갈수록 반드시 높아지는 것은 아니다.

❹-2 생물 다양성의 보전

ㄱ. 생물 다양성 보전을 위한 국제적 수준의 실천 방안에는 람사르 협약과 같은 다양한 국제 협약을 통한 생물 다양성 보전 활동과, 이를 통한 생물 다양성에 대한 사람들의 인식을 제고하는 활동이 있다.

ㄴ. 생물 다양성 보전을 위한 개인적 수준의 실천 방안으로는 에너지 절약 생활화, 쓰레기 분리수거를 통한 자원 재활용, 친환경 제품 사용 등이 있다.

ㄷ. 국가적 수준의 실천 방안으로는 국립 공원 지정 및 관리, 멸종 위기종 복원 사업 외에도 야생 동물 보호와 같은 관련 법률의 제정과 시행, 종자 은행 운영과 같은 생물의 유전자 관리 사업 등이 있다.

2주 1일 개념 돌파 전략 ②

Book 2 44~45쪽

1 ② 2 ③ 3 ⑤ 4 ②
5 ① 6 ⑤

1 생태계의 구성 요소

ㄴ. 위도에 따라 식물 군집의 분포가 달라지는 현상은 비생물적 요인이 생물적 요인에 영향을 주는 경우로 ㉢에 해당한다.

오답 넘기

ㄱ. 은어가 텃세권을 형성하는 것은 개체군 내의 상호 작용으로 ㉠에 해당한다.

ㄷ. 곰팡이는 생태계에서 분해자의 역할을 하는 생물적 요인이다.

2 군집의 수직 분포

자료 분석 ⊕ 식물 군집의 수직 분포

관목대
침엽수림
혼합림
고도
낙엽활엽수림
상록활엽수림

한 지역 내에서 고도에 따라 기온이 차이나 고도마다 서로 다른 군집이 나타나는데 이를 군집의 수직 분포라고 한다.

ㄴ. A는 관목대, B는 침엽수림, C는 낙엽활엽수림이다. 고도가 높은 곳은 기온이 낮고 바람이 강한 곳으로, 키가 작은 관목대가 발달한다.

오답 넘기

ㄷ. 식물 군집의 수직 분포는 주로 기온의 차이에 의해 나타난다.

3 군집의 천이

①, ② 제시된 천이는 생물이 없고 토양이 형성되지 않은 곳에서 시작되는 1차 천이 중 건조한 용암 대지와 같은 곳에서 시작하는 건성 천이이다.

③ A는 양수림, B는 음수림이다.

④ 건성 천이에서는 지의류가 개척자로 들어와 바위의 풍화를 촉진시켜 토양을 형성한다.

오답 넘기

⑤ 음수림은 양수림에 비해 약한 빛에서도 잘 자라는데, 혼합림에서 음수림이 번성하여 혼합림이 점차 음수림으로 전환된다.

4 생태계에서의 물질의 생산과 소비

ㄷ. ㉠은 순생산량 중 1차 소비자(초식 동물)에게 먹히는 양을 의미하는 피식량인데, 피식량은 초식 동물의 섭식량과 같다. 초식 동물의 섭식량은 배출량과 동화량으로 이루어진다.

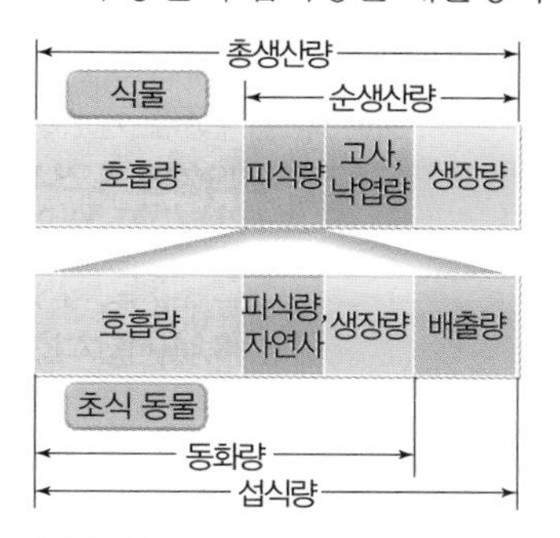

고사 · 낙엽량은 말라 죽거나 낙엽으로 없어지는 유기물의 양이야. 잘 기억해 두자.

오답 넘기

ㄱ. A는 총생산량, B는 호흡량, C는 순생산량이다.

ㄴ. 호흡량은 총생산량에서 순생산량을 제외한 유기물의 양이다. 호흡량의 의미는 생물이 에너지를 얻기 위한 호흡에 소비한 유기물의 양이다.

5 에너지 효율

ㄱ. 에너지 효율은 생태계의 한 영양 단계에서 다음 영양 단계로 이동하는 에너지의 비율로, 아래와 같이 나타낸다.

$$에너지\ 효율(\%) = \frac{현\ 영양\ 단계의\ 에너지양}{전\ 영양\ 단계의\ 에너지양} \times 100$$

따라서 C의 에너지 효율이 10 %이면 ㉡은 4000이다. A의 에너지 효율은 20 %이므로 ㉠은 12이다.

오답 넘기

ㄴ. B의 에너지 효율은 $\frac{60}{400} \times 100 = 15$ %이다.

ㄷ. 이 생태계에서 1차 소비자(C), 2차 소비자(B), 3차 소비자(A)의 에너지 효율은 각각 10 %, 15 %, 20 %이다. 그러므로 에너지 효율은 상위 영양 단계로 갈수록 증가한다.

6 생물 다양성

- 학생 A: 유전적 다양성은 개체군 내의 개체들에게 유전자의 변이로 인해 다양한 형질이 나타나는 것을 의미한다.
- 학생 B: 종 다양성은 군집에 서식하는 생물종의 다양한 정도를 말하는데, 종의 수를 의미하는 종 풍부도와 군집을 구성하는 종들의 개체 수가 균일한 정도를 나타내는 종 균등도를 모두 고려하여 나타낸다.
- 학생 C: 개체군 내의 유전적 다양성은 군집의 종 다양성을 유지하는 데 중요한 역할을 하고, 군집의 종 다양성은 전체 생태계의 안정성과 다양성을 유지하는 원천이 된다.

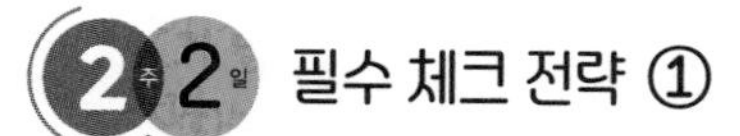

2주 2일 필수 체크 전략 ①

Book 2 46~49쪽

1-1 ⑤	2-1 ③	3-1 ⑤	4-1 ④

1-1 생태계의 구성

ㄱ, ㄴ. A는 생산자, B는 1차 소비자, C는 2차 소비자이며, A~C 모두의 물질이 버섯에게 전달되는 것을 통해 버섯이 분해자임을 알 수 있다.

ㄷ. '빛이 강한 곳에 위치한 생산자인 A의 잎의 조직이 두껍게 발달하는 것'에서 빛은 비생물적 요인이고 생산자인 A는 생물적 요인이므로 이는 작용의 예이다.

2-1 개체군 생장 곡선

③ 종 내의 개체 간 경쟁과 같은 환경 저항이 클수록 개체군의 생장 속도는 느려진다. 구간 Ⅲ은 환경 저항이 매우 커서 개체군의 생장이 거의 일어나지 않는 환경 수용력에 도달한 시점이다. 반면 구간 Ⅰ은 구간 Ⅲ에 비해 상대적으로 환경 저항이 적기 때문에 개체군의 생장 속도가 높은 구간이다.

오답 넘기

① A가 이론적 생장 곡선이고, B가 실제 생장 곡선이다.

② 주어진 환경 조건에서 서식할 수 있는 개체군의 최대 크기를 의미하는 환경 수용력은 이론적 생장 곡선에서는 무한대에 가깝다.
④ 실제 생장 곡선인 B에서 개체 수의 증가 속도는 환경 저항이 상대적으로 적은 구간 I이 구간 II보다 빠르다.
⑤ 구간 I에서의 개체 수가 A보다 B에서 적은 것은 환경 저항 때문이다.

3-1 방형구법을 이용한 식물 군집 조사

ㄱ. A, B의 빈도는 1, C의 빈도는 0.5이며, 이로부터 A의 상대 빈도는 40 %이고 C의 상대 빈도는 20 %이므로 A의 상대 빈도는 C의 상대 빈도의 두 배이다.
ㄴ, ㄷ. A~C의 중요치는 다음과 같다.

구분	A	B	C
상대 밀도(%)	50	30	20
상대 빈도(%)	40	40	20
상대 피도(%)	10	55	35
중요치	100	125	75

따라서 중요치가 가장 높은 B가 우점종이다.

4-1 군집 내 개체군 사이의 상호 작용

A와 C를 혼합 배양할 때 C의 최대 개체 수가 C만 단독 배양한 경우와 같은 것으로 보아 C는 A에 영향을 받지 않고 A와 C의 관계는 편리 공생 관계로, A만 이득을 얻어서 개체 수가 늘어나게 된다. 따라서 A와 B의 관계는 포식과 피식 관계이고 A가 다른 개체군과 포식과 피식 관계일 때 A는 피식자라고 했으므로 B는 A의 천적인 포식자로서 이득을 얻고 A는 피식자로서 피해를 본다.

오답 넘기

ㄱ. A는 B의 피식자이므로 ㉠은 100보다 작고, A는 C에 편리 공생하므로 ㉡은 100보다 크다.

2주 2일 필수 체크 전략 ② Book 2 50~51쪽

1 ③ 2 ② 3 ⑤ 4 ④

1 개체군의 주기적 변동

자료 분석 ⊕ 돌말 개체군의 계절적 변동

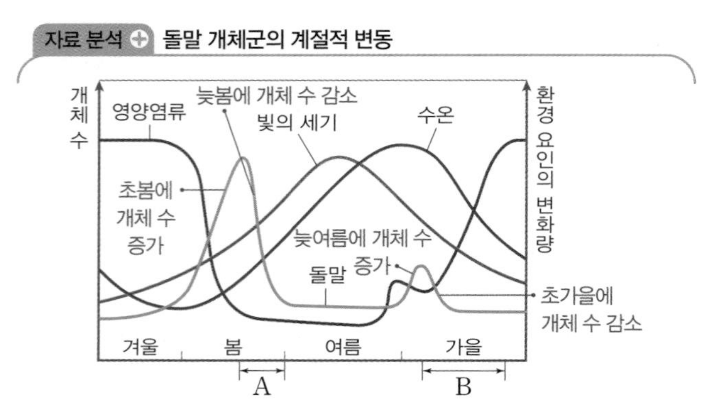

육상의 호수나 유속이 느린 하천에 사는 돌말은 초봄에 영양염류가 많은 환경에서 빛의 세기가 강해지고 수온이 높아져 개체 수가 급격히 늘어난다. 그 결과 영양염류의 양이 적어져 늦봄에는 개체 수가 감소한다. 늦여름에는 영양염류의 양이 다소 많아져 다시 개체 수가 늘어나고, 겨울이 되면 빛의 세기가 약해지고 수온이 낮아져 개체 수가 다시 줄어든다. 이처럼 환경 요인이 계절에 따라 주기적으로 변하면 개체군의 크기도 계절에 따라 주기적으로 변동한다.

ㄱ. A 구간에서 돌말의 개체 수가 감소하는 까닭은 영양염류가 부족하여 나타나는 현상이므로, 만일 영양염류의 양이 늘어난다면 돌말의 개체 수는 다시 증가할 것이다.
ㄴ. 초가을에 돌말의 개체 수가 감소하는 것은 수온이 낮아지고 빛의 세기가 감소하기 때문이다.

오답 넘기

ㄷ. 개체군의 주기적 변동에는 변동 주기가 짧은 단기적 변동도 있지만, 수십 년에 걸쳐서 일어나는 장기적 변동도 있다. 계절에 따른 환경 요인의 변화로 1년 주기로 개체군의 크기가 변하며, 포식과 피식에 의해 두 개체군의 수가 수년의 주기로 변하기도 한다. 돌말 개체군의 변동은 환경 요인이 계절에 따라 주기적으로 변함에 따라 개체군의 크기가 주기적으로 변동하는 개체군의 계절적 변동의 예이다. 개체군 크기의 장기적 변동의 예로는 눈신토끼와 스라소니의 피식과 포식의 관계에 따른 개체 수 변동이 있다.

2 식물 군집 조사

ㄴ. 일정 공간에 서식하는 개체 수는 해당 식물 종의 밀도를 의미한다.

오답 넘기

ㄱ. 우점종은 상대 밀도, 상대 빈도, 상대 피도의 합인 중요치가 가장 높은 종을 의미한다. 상수리나무의 중요치는 81.4로 조사한 종 중에서 가장 높으므로 식물 군집 A의 우점종이다.
ㄷ. A의 우점종인 상수리나무는 음수림이다. 음수림이 우점종인 식물 군집은 천이 단계 중 극상에 도달한 상태로, 군집의 생장 속도는 천이 초기에 비해 느리다.

3 생태계 내 생물의 상호 작용

ㄱ. 은어 A와 B는 같은 개체군에 속한 같은 종의 개체들이다.
ㄴ. 개체군 내에서 한 개체가 일정한 생활 공간(세력권)을 확보하고 다른 개체의 침입을 막는 것을 텃세라고 한다.
ㄷ. ㉡은 포식과 피식, ㉢은 분서이다. 이들 모두 군집 내 개체군 사이 상호 작용의 예이며, 이 밖에도 종간 경쟁, 공생, 기생 등이 있다.

4 군집의 천이

Ⅰ은 빈영양호에서 시작하는 습성 천이, Ⅱ는 용암 대지에서 시작하는 건성 천이 과정이다. A는 건성 천이의 개척자인 지의류이며, 토양을 형성한다. B는 주로 초본으로 이루어진 초원으로, 2차 천이가 일어날 때의 개척자는 주로 초원을 구성하는 식물이다. C는 키가 작은 관목림, D는 양수림, E는 혼합림, F는 극상 상태인 음수림이다.

오답 넘기

④ 키 작은 관목림 시기를 지나 숲 형성 초기에는 양수림이 형성되면서 숲의 하층에 도달하는 빛의 세기가 관목림 시기에 비해 약해진다.

2주 3일 필수 체크 전략 ①

Book 2 52~55쪽

1-1 ②　2-1 ①　3-1 ③　4-1 ②

1-1 식물 군집의 물질 생산과 소비

자료 분석 ⊕ 식물 군집의 물질 생산과 소비

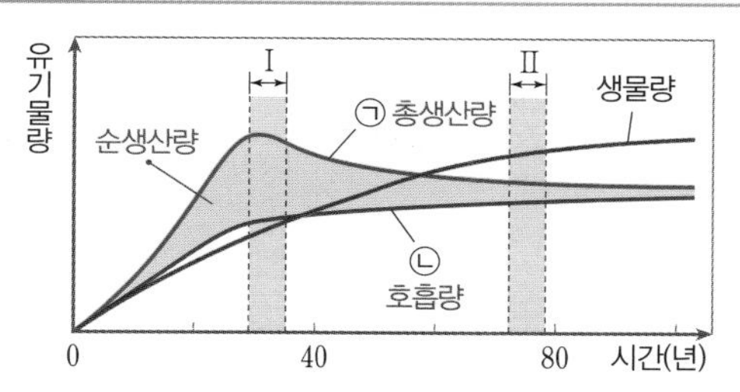

총생산량은 순생산량과 호흡량으로 이루어지므로 ㉠은 총생산량, ㉡은 호흡량이다. 구간 Ⅰ은 구간 Ⅱ에 비해 순생산량이 더 크므로 상대적으로 군집의 생장 속도가 빠르게 일어나고 있는 구간이다. 반면, 구간 Ⅱ는 순생산량이 상대적으로 매우 적으므로 천이가 많이 진행되어 점차 극상에 다가가는 과정의 식물 군집이라고 할 수 있다.

ㄷ. 순생산량은 총생산량인 ㉠에서 호흡량인 ㉡을 뺀 값으로, $\frac{\text{순생산량}}{\text{총생산량}}$은 총생산량에서 순생산량이 차지하는 비율을 의미한다. 이 비율은 구간 Ⅰ이 구간 Ⅱ보다 크다.

오답 넘기

ㄱ. ㉠은 총생산량이다.

ㄴ. ㉡은 호흡량으로 총생산량에서 순생산량을 뺀 값이다.

2-1 질소 순환

ㄱ. A는 분해자이고, 암모늄 이온과 질산 이온을 모두 동화 작용에 이용하는 B는 생산자이다.

오답 넘기

ㄴ. 질소 기체는 대부분 남세균, 아조토박터, 뿌리혹박테리아와 같은 질소 고정 세균에 의해 물에 녹을 수 있는 암모늄 이온으로 전환되며, 이를 식물이 흡수하여 이용한다.

ㄷ. ㉡은 암모늄 이온이 질산화 세균에 의해 질산 이온으로 전환되는 과정이다.

3-1 에너지 흐름

A는 생산자, B는 1차 소비자, C는 2차 소비자이다.

ㄱ. 생산자에서 1차 소비자로 이동한 에너지양은 2이다. 그중 분해자에게 이동한 것이 0.7이고 2차 소비자로 이동한 에너지양이 0.4이므로 열에너지의 형태로 방출된 에너지양인 ㉠은 0.9이다.

ㄷ. A에서 B로 이동한 에너지양은 물질의 관점에서는 피식량에 해당한다. 즉, 1차 소비자가 생산자인 식물을 섭식함으로써 유기물의 형태로 에너지가 이동하게 된다.

생태계 내에서의 각 생물은 자신이 가진 에너지 중 일부는 세포 호흡에 사용하고 일부는 열에너지로 전환하여 생태계 밖으로 방출하지.

오답 넘기

ㄴ. 1차 소비자의 에너지 효율은 20(생산자가 보유한 에너지양)에 대한 2(1차 소비자가 보유한 에너지양)의 비율인 10 %이다.

4-1 생물 다양성

자료 분석 ⊕ 종 다양성

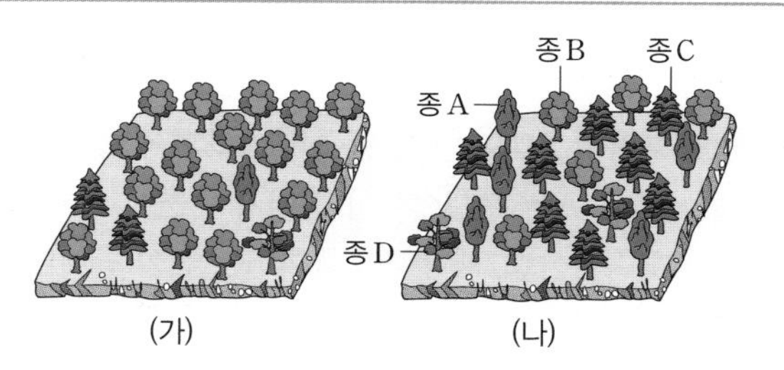

• (가)와 (나) 모두 총 네 개의 식물종(A~D)이 서식하고 있다. 즉, (가)와 (나)의 종 풍부도는 같다.

• (가)와 (나)에 서식하는 종 A~D의 개체 수는 다음과 같다.

구분	A	B	C	D	총 개체 수
(가)	1	16	2	1	20
(나)	5	5	8	2	20

군집을 구성하는 종들의 개체 수가 균일한 정도인 종 균등도는 (나)가 (가)보다 높다.

• 종 풍부도는 같지만 종 균등도가 높은 (나)가 (가)에 비해 종 다양성이 높다.

ㄷ. 종 다양성이 높은 (나)가 (가)에 비해 환경이 급격히 변하거나 전염병이 발생했을 때 식물 종이 멸종될 확률이 낮다.

오답 넘기

ㄱ. 종 다양성은 (나)가 (가)보다 높다.

ㄴ. B의 상대 밀도는 (가)에서 $\frac{16}{20}\times100=80(\%)$, (나)에서 $\frac{5}{20}\times100=25(\%)$이므로 (나)보다 (가)가 더 높다.

2주 3일 필수 체크 전략 ② Book 2 56~57쪽

1 ⑤ 2 ① 3 ④ 4 ③

1 식물 군집의 물질 생산과 소비

자료 분석 ⊕ 식물 군집의 물질 생산과 소비

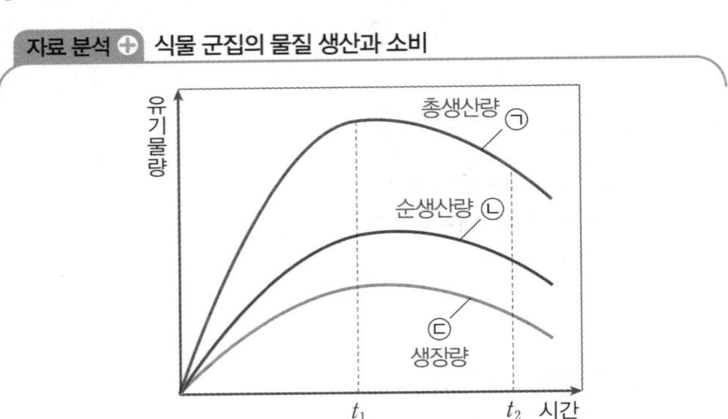

- 총생산량은 생산자가 일정 기간 동안 광합성을 통해 합성한 유기물의 총량이다.
- 순생산량은 총생산량에서 호흡량을 제외한 유기물의 총량으로, 피식량(초식 동물에게 섭식되는 양), 고사·낙엽량(말라 죽거나 낙엽으로 소모되는 양), 생장량으로 이루어진다.

ㄴ. 생산자의 피식량은 1차 소비자의 섭식량과 같다. 1차 소비자의 동화량은 섭식량에서 배출량을 제외한 유기물의 양이다. 1차 소비자의 동화량에는 호흡량, 피식·자연사량, 생장량이 포함된다.

ㄷ. 식물 군집의 천이가 진행될수록 지표면에 도달하는 빛의 양은 줄어든다. t_1은 순생산량이 최대치인 천이 단계이고 t_2는 총생산량과 순생산량, 생장량이 줄어드는 천이 단계인데, 이는 천이가 점점 극상의 단계로 가고 있음을 의미한다. 양수림, 혼합림, 음수림의 단계로 천이가 진행될수록 지표면에 도달하는 빛의 양은 점점 줄어든다.

오답 넘기

ㄱ. 총생산량(㉠)은 순생산량(㉡)에 호흡량을 합한 값이다.

2 탄소와 질소의 순환

A는 질소 고정 세균, B는 식물, C는 질산화 세균, D는 초식 동물, ㉠은 질소(N_2), ㉡은 암모늄 이온(NH_4^+), ㉢은 질산 이온(NO_3^-), ㉣은 이산화 탄소(CO_2), ㉤은 포도당이다.

오답 넘기

ㄱ. (가)는 질소 순환 과정이고, (나)는 탄소 순환 과정이다.
ㄷ. B는 생산자인 식물이다.

3 생태계에서의 에너지 흐름

A는 생산자, B는 1차 소비자, C는 2차 소비자이다. ㉠은 700, ㉡은 10, ㉢은 263이다.

ㄴ. 1차 소비자 B의 에너지 효율은 $\frac{50}{1000} \times 100 = 5\ \%$이다.

ㄷ. 2차 소비자 C의 에너지 효율은 $\frac{10}{50} \times 100 = 20\ \%$이므로 1차 소비자의 에너지 효율보다 높다.

오답 넘기

ㄱ. 2차 소비자가 보유한 에너지양은 10(=7+3)이므로 생산자에서 1차 소비자로 전달되는 에너지양은 5배인 50이고, ㉠은 700(=1000−50−250)이다.

4 서식지 단편화

ㄱ. 서식지가 단편화되면 생물의 서식 면적이 감소하고 생물이 이동할 수 있는 영역이 좁아져 생존에 필요한 자원을 얻기 어렵고, 단편화된 서식지에서만 교배가 일어나 유전적 다양성이 감소한다. 결국 멸종에 이르는 종이 늘어나서 종 다양성이 감소한다.

ㄷ. A에서 C로 갈수록 서식지 단편화가 진행되었으며, 서식지 단편화에 따라 ㉠은 밀도가 감소하였고 ㉡은 밀도가 증가하였다.

오답 넘기

ㄴ. 서식지 단편화에 따라 서식 면적이 좁아져도 ㉡은 밀도가 증가하였다. 따라서 ㉡은 ㉠보다 좁은 서식지에서 살기에 적합하다고 할 수 있다.

 교과서 대표 전략 ① Book 2 58~61쪽

1 ㄴ 2 ㄴ, ㄷ 3 ㄱ 4 ㄷ 5 ㄴ 6 ㄱ, ㄴ 7 (1) A의 밀도: $0.05/cm^2$, B의 빈도: 1, D의 피도: 0.3 (2) A의 상대 피도: 15, B의 상대 피도: 30, C의 상대 피도: 25, D의 상대 피도: 30 (3) 우점종: B, 중요치: 95 8 ㄱ, ㄴ 9 ㄴ, ㄷ 10 (1) 100 (2) 해설 참조 (3) 해설 참조 11 ㄴ 12 ㄱ, ㄷ 13 ㄷ 14 ㄱ, ㄴ, ㄷ

1 생태계의 구성 요소

㉠은 개체군 내의 상호 작용, ㉡은 생물적 요인이 비생물적 요인에 영향을 주는 반작용, ㉢은 군집 내의 개체군 사이의 상호 작용이다.

ㄴ. 지렁이에 의해 토양의 통기성이 증가하는 것은 반작용의 대표적인 사례에 해당한다.

오답 넘기

ㄱ. 사회생활, 텃세는 개체군 내의 상호 작용으로 ㉠에 해당하지만, 분서는 군집 내의 개체군 간의 상호 작용인 ㉢에 해당한다.
ㄷ. 얼룩말이 일정한 서식 공간을 차지하고 다른 얼룩말 개체의 침입을 경계하는 것은 텃세의 사례로, 개체군 내의 상호 작용인 ㉠에 해당하다.

2 개체군 내의 상호 작용

(나)는 사회생활, (다)는 리더제이므로 (가)는 텃세에 해당한다.

ㄴ. 꿀벌 개체군 내의 분업화는 개미 개체군 내의 분업화와 유사한 사회생활의 사례이다.

ㄷ. 텃세, 사회생활, 리더제 모두 개체군 내의 상호 작용에 속한다.

오답 넘기

ㄱ. 두 개체군 사이의 먹고 먹히는 포식과 피식 관계는 개체군 내의 상호 작용이 아니라 군집을 구성하는 개체군 사이의 상호 작용에 해당한다.

3 개체군의 연령 분포

연령 분포는 개체군 내의 전체 개체 수에 대한 각 연령별 개체 수의 비율을 나타낸 거야.

그걸 낮은 연령층부터 차례대로 쌓아 올린 그림을 연령 피라미드라고 하는데, 발전형, 안정형, 쇠퇴형으로 구분할 수 있지.

자료 분석 ⊕ 연령 피라미드 유형

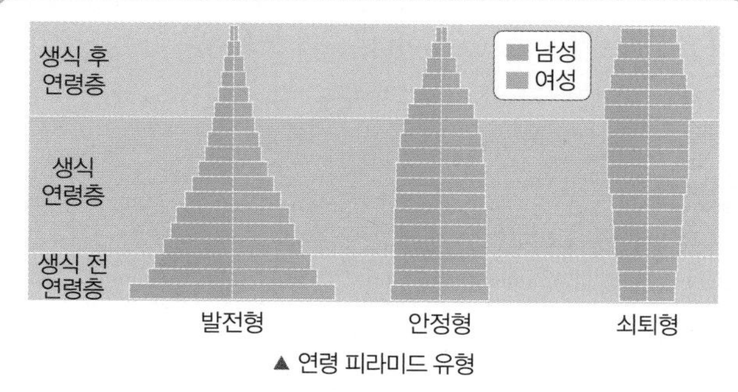

▲ 연령 피라미드 유형

- 발전형: 생식 전 연령층의 개체 수가 많아 앞으로 개체군의 크기가 증가함
- 안정형: 생식 전 연령층과 생식 연령층의 개체 수가 비슷하여 개체군의 크기 변화가 적음
- 쇠퇴형: 생식 전 연령층의 개체 수가 적어 앞으로 개체군의 크기가 점차 감소함

ㄱ. 1985년의 연령 피라미드는 생식 전 연령층의 인구 수가 가장 많아 발전형에 해당한다.

오답 넘기

ㄴ. 1985년은 발전형이고 2015년은 쇠퇴형이어서 생식 전 연령층의 비율은 1985년이 높다.

ㄷ. 2015년은 쇠퇴형으로, 생식 전 연령층의 인구 수가 적기 때문에 앞으로 인구가 감소할 가능성이 크다.

4 군집의 특성

ㄷ. (나)에서 방아깨비의 천적인 쥐의 개체 수가 증가하면 방아깨비의 개체 수가 일시적으로 감소할 것이다. 방아깨비의 개체 수가 감소하면 늘어났던 쥐의 개체 수도 감소할 것이다. 안정된 생태계는 이러한 방식으로 일시적으로 생태계 평형에 이상이 오더라도 다시 평형 상태를 회복하게 된다.

오답 넘기

ㄱ. 개구리는 (가)와 (나)에서 모두 2차 소비자이다.

ㄴ. (가)의 먹이 사슬은 (나)에 비해 단순하여 메뚜기가 사라지면 개구리도 사라질 것이다. 반면 (나)에는 개구리의 먹이가 메뚜기뿐만 아니라 방아깨비도 있으므로 메뚜기가 사라진다고 해서 개구리의 먹이가 완전히 사라지는 것은 아니다.

5 군집 내 개체군 사이의 상호 작용

ㄴ. 산호 1과 권총새우, 산호 2와 권총새우는 상리 공생 관계임을 알 수 있다. 권총새우는 산호 1, 2를 모두 서식지로 삼고 있고, 권총새우가 있을 때 산호 1, 2가 포식자에게 포식되는 비율이 낮아지므로 양쪽 모두 이익을 얻는 상리 공생 관계이다.

오답 넘기

ㄱ. 서로 다른 종인 산호 1과 산호 2의 관계를 알 수 있는 자료가 제시되어 있지 않다.

ㄷ. 먹이 지위가 겹쳐서 생태 지위 분화로 경쟁을 피하는 것을 분서라고 한다. 권총새우와 산호 1의 관계는 상리 공생이다.

6 군집의 천이

ㄱ. ㉠은 개척자인 지의류, ㉡은 양수림, ㉢은 음수림이다.

ㄴ. A에서 토양을 생성하는 개척자인 지의류가 등장하여 초원, 양수림, 음수림 순으로 천이가 진행되었으므로 토양이 없는 곳에서 시작된 1차 천이라는 것을 알 수 있다.

군집의 천이 과정 중 양수림이 형성되면 숲의 상층에서 많은 빛이 흡수되어 하층에 도달하는 빛의 세기가 약해져.

참나무와 같은 음수는 양수에 비해 약한 빛에서도 잘 자라기 때문에 양수와 음수의 혼합림이 형성되고 결국 음수가 번성하여 음수림이 되지.

오답 넘기

ㄱ. 지표면에 도달하는 빛의 세기는 양수림의 형성 초기인 t_1일 때보다 음수림이 우점종이 되어가는 t_2일 때 더 약하다.

7 군집의 구조

(1) A의 밀도는 $\frac{10+15+15+10}{1000\ cm^2}=0.05/cm^2$이다.

B의 빈도는 $\frac{1+1+1+1}{4}=1$이다.

D의 피도는 $\frac{(60+80+40+120)\ cm^2}{1000\ cm^2}=0.3$이다.

(2) A~D의 피도는 순서대로 0.15, 0.3, 0.25, 0.3이다. 따라서 A~D의 상대 피도는 순서대로 15 %, 30 %, 25 %, 30 %이다.

(3) A~D의 밀도, 빈도, 피도, 상대 밀도, 상대 빈도, 상대 피도를 표로 정리하면 아래와 같다.

구분	A	B	C	D
밀도	0.05	0.2	0.1	0.15
상대 밀도(%)	10	40	20	30
빈도	1	1	1	1
상대 빈도(%)	25	25	25	25
피도	0.15	0.3	0.25	0.3
상대 피도(%)	15	30	25	30
중요치	50	95	70	85

따라서 우점종은 중요치가 95로 가장 큰 B이다.

8 생태계에서 물질의 생산과 소비

ㄱ. A의 시간에 따른 유기물량을 나타낸 그림에서 ㉠은 총생산량이고, ㉡은 순생산량이다.
ㄴ. 식물 군집의 총생산량 중 순생산량에 속하는 피식량은 초식 동물의 섭식량과 같다.

오답 넘기

ㄷ. t_1에서는 총생산량 중 순생산량이 절반 정도 차지하고 t_2에서는 순생산량이 매우 적으므로 $\frac{\text{호흡량}}{\text{총생산량}}$은 t_1일 때가 t_2일 때보다 작다.

9 물질 순환

자료 분석 + 질소 순환

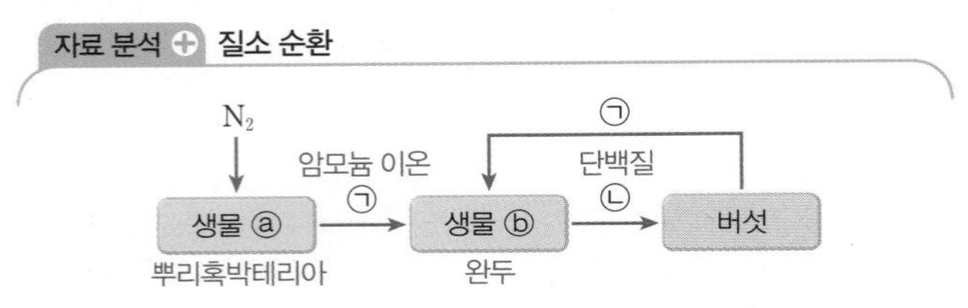

- 생물 ⓐ는 대기 중 질소를 식물이 이용할 수 있는 암모늄 이온(NH_4^+)으로 고정하는 뿌리혹박테리아이고, 생물 ⓑ는 완두(식물)로 암모늄 이온을 이용해 단백질(㉡)과 같은 질소 화합물로 전환하며, 이러한 화합물은 버섯으로 이동한다.
- 생태계에서 버섯은 분해자이며, 단백질과 같은 유기물을 암모늄 이온과 같은 무기물로 전환함으로써 생산자가 이를 다시 이용하게 된다.

오답 넘기

ㄱ. 생물 ⓐ는 대기 중 질소를 암모늄 이온(NH_4^+)으로 고정하는 뿌리혹박테리아이다.

10 생태 피라미드와 에너지 효율

(1) (나)의 1차 소비자의 에너지 효율이 10 %이므로

$\frac{㉠}{1000}\times100=10$이다. 그러므로 ㉠은 100이다.

(2) (가)의 3차 소비자의 에너지 효율은 $\frac{3}{15}\times100=20$ %이고, (나)의 2차 소비자의 에너지 효율은 $\frac{20}{100}\times100=20$ %이므로 에너지 효율은 모두 20 %로 같다.

모범 답안

에너지 효율은 모두 20 %로 같다.

채점 기준	배점(%)
에너지 효율의 비교와 단위를 모두 옳게 썼을 경우	100
에너지 효율의 비교만 옳게 썼을 경우	50

(3) 상위 영양 단계로 갈수록 (가)에서는 10 %, 15 %, 20 % 순으로 에너지 효율이 증가하고, (나)에서는 10 %, 20 %, 25 % 순으로 에너지 효율이 증가한다.

모범 답안

(가)와 (나) 모두 상위 영양 단계로 갈수록 에너지 효율이 증가한다.

채점 기준	배점(%)
(가), (나) 모두 에너지 효율의 증감을 옳게 서술한 경우	100
(가), (나) 중 한 가지만 에너지 효율의 증감을 옳게 서술한 경우	50

11 생태계의 에너지 흐름

만일 B가 1차 소비자이면 에너지 효율이 20 %이므로 ㉠은 200이다. 이럴 경우 C가 2차 소비자인데, 이 경우 C의 에너지 효율은 7.5 %이므로 1차 소비자의 에너지 효율의 1.5배가 성립하지 않는다. A가 1차 소비자라면 A의 에너지양은 100이고, C가 2차 소비자라면 C의 에너지 효율은 15 %로 문제의 조건과 맞는다. 이 경우 B가 3차 소비자가 되며, B의 에너지 효율은 20 %이므로 ㉠은 3이다. 그러므로 A가 1차 소비자, C가 2차 소비자, B가 3차 소비자이며, 상위 영양 단계로 갈수록 에너지 효율은 증가한다.

오답 넘기

ㄱ. A는 1차 소비자이다.
ㄷ. 2차 소비자인 C의 에너지 효율은 15 %이다.

12 생물 다양성

ㄱ. 개체군의 유전적 다양성이 높다는 것은 개체 사이의 유전적 변이가 다양하여 다양한 형질이 나타난다는 것을 의미한다.
ㄷ. 어떤 지역에 강, 습지, 삼림, 초원 등이 다양하게 나타나는 것은 해당 지역의 생태계 다양성이 높다는 것을 의미하며, 생태계 다양성이 높으면 생물 다양성이 높아서 서식지의 환경 특성과 생물의 종류, 생물의 상호 작용이 다양하게 나타난다.

생물 다양성 중 생태계 다양성은 일정 지역에서 나타나는 생태계의 다양함을 의미해.

종 다양성은 한 지역에 사는 생물종의 다양한 정도와 각각의 종 개체 수가 균등한 정도를 의미하지.

오답 넘기

ㄴ. 한 지역에서 종의 수가 일정할 때, 각각의 종 개체 수 비율이 균등할수록 종 다양성이 높다. 종 다양성이 높다는 의미는 종 풍부도와 종 균등도가 모두 높다는 것을 의미한다.

13 생물 다양성의 감소 원인

외래종인 가시박은 광합성에 필요한 빛에너지를 두고 기존에 서식하던 식물들과 종간 경쟁을 벌여 경쟁·배타 원리에 의해 살아남은 종이라고 할 수 있다.

ㄷ. 생물 다양성은 유전적 다양성, 종 다양성, 생태계 다양성의 요소로 이루어진다.

오답 넘기

ㄱ, ㄴ. 가시박과 가시박 아래에 서식하는 여러 종의 작은 식물은 빛에너지를 두고 경쟁하는 군집의 개체군들이다. 즉, ㉠과 ㉡은 생태적 지위가 비슷한 개체군 사이의 종간 경쟁 관계에 있다고 할 수 있다.

14 생물 다양성의 보전

ㄱ. 최근 인간의 활동에 의한 생물 다양성이 감소하는 원인으로는 외래종의 도입, 서식지 파괴와 단편화, 야생 생물의 불법 포획과 남획, 환경 오염과 기후 변화 등이 있다.

ㄴ. 서식지 단편화가 일어난 곳에 생태 통로를 만드는 것은 생물 다양성 보전을 위한 국가적 차원의 실천 방안이다.

ㄷ. 습지 보호를 위한 람사르 협약과 같은 생물 다양성 보전을 위한 국제 협약을 통해 다양한 보전 활동을 펼치고 생물 다양성의 중요성을 인식하기 위한 활동을 하는 것은 국제적인 차원의 노력에 해당한다.

2주 4일 교과서 대표 전략 ②

Book 2 62~63쪽

1 ①	2 해설 참조	3 ③	4 ⑤
5 ①	6 ⑤	7 ④	8 해설 참조

1 비생물적 요인이 생물적 요인에 미치는 영향

자료 분석 + 작용의 사례

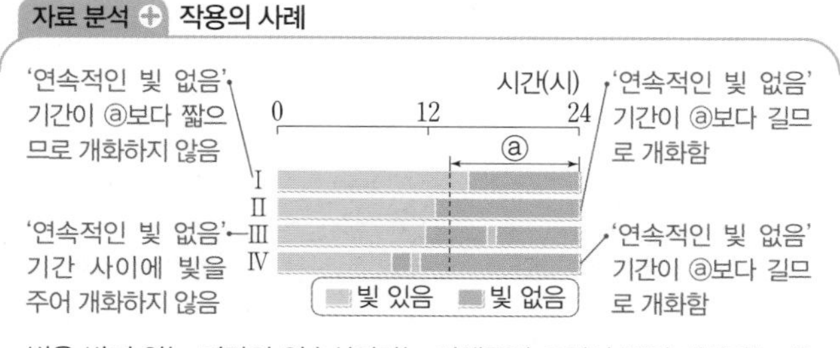

빛을 받지 않는 기간의 연속성이라는 비생물적 요인이 꽃의 개화라는 생물적 요인에 영향을 미치는 작용의 사례이다.

ㄱ. Ⅳ에서는 '연속적인 빛 없음' 기간이 ⓐ보다 길므로 ㉣은 개화한다.

오답 넘기

ㄴ. 비생물적 요인이 생물적 요인에게 영향을 주는 것이므로 작용의 사례이다.

ㄷ. A는 '연속적인 빛 없음' 기간이 ⓐ보다 길 때 개화한다.

2 군집 내 개체군 사이의 상호 작용

A~C는 서로 다른 종의 새로서, 생태적 지위가 겹치는 문제를 숲에서의 활동 영역을 달리하여 경쟁을 피했다.

모범 답안

분서(생태 지위 분화), 생태적 지위가 비슷한 개체군이 서로 서식지나 먹이의 종류, 활동 시간 등을 달리하여 경쟁을 피하는 현상이다.

채점 기준	배점(%)
상호 작용의 종류와 그 의미를 모두 옳게 서술한 경우	100
상호 작용의 종류는 옳게 썼으나 그 의미를 옳지 않게 서술한 경우	50

3 개체군 사이의 상호 작용

ㄱ. A는 S자형 생장 곡선을 나타내는데, 이는 환경 저항에 의해 환경 수용력에 도달하는 전형적인 개체군의 실제 생장 곡선이다.

ㄴ. t_2일 때 A의 개체 수는 2, B의 개체 수는 1이고 이 지역의 면적이 일정하므로 A의 밀도가 B의 두 배이다.

A는 B의 존재와 관계없이 서식지의 환경 저항에 의한 환경 수용력에 도달했어.

맞아. A는 B의 도입에 영향을 받지 않는 것으로 보아 A와 B는 경쟁, 포식과 피식, 기생과 같은 관계로 보기는 어려워. 단지 편리 공생 관계는 가능하지.

오답 넘기

ㄷ. 구간 I에서 A와 B 사이에 경쟁·배타가 일어났다면 두 종 중 한 종이 군집 내에서 사라졌어야 하는데, 두 종의 개체 수는 구간 I에서 변화가 없었으므로 경쟁·배타가 일어났다고 볼 수는 없다.

4 군집의 천이

㉠은 총생산량이고 ㉡은 순생산량이다. t_1은 양수림이 출현하기 전의 천이 단계이고, t_2는 음수림이 출현하기 직전의 천이 단계이다. t_1 단계에 비해 t_2 단계에서는 총생산량 중 순생산량이 차지하는 비율이 작음을 알 수 있다. 이로부터 호흡량의 경우 t_1 단계에 비해 t_2 단계에서 총생산량 중 더 높은 비율을 차지하고 있음을 알 수 있다.

⑤ 음수림이 출현하기 직전인 t_2에서 $\frac{\text{순생산량}}{\text{총생산량}}$은 t_1보다 작다.

오답 넘기

① t_1 이후에 양수림이 출현하므로 t_1일 때 이 군집의 우점종은 양수림 이전의 관목, 풀 등이다.

② t_1일 때 A에서 1차 소비자의 호흡량은 식물 군집의 순생산량 중 피식량에 포함되는 에너지양이므로 ㉡보다 클 수 없다.

③ 이 식물 군집에서의 $\frac{\text{호흡량}}{\text{총생산량}}$은 t_1일 때가 t_2일 때보다 작다.

④ 이 식물 군집에서의 생체량(생물량)은 극상인 음수림으로 진행함에 따라 증가하게 되는데, t_1은 아직 천이의 초기 단계에 속하므로 음수림이 출현하기 직전인 t_2일 때보다 생체량은 적다.

5 탄소와 질소의 순환

ㄱ. ㉠, ㉡은 모두 생산자와 소비자에 있던 유기물이 세포 호흡에 의해 이산화 탄소로 분해되어 대기로 돌아가는 과정이다.

오답 넘기

ㄴ. ㉢은 식물의 뿌리를 통해 질산 이온(NO_3^-)을 흡수하는 과정이다. 질산화 작용은 토양 속 일부 암모늄 이온(NH_4^+)이 질산화 세균(질산균, 아질산균)에 의해 질산 이온(NO_3^-)으로 전환되는 과정이다.

ㄷ. ㉣은 뿌리혹박테리아, 아조토박터(남세균)와 같은 질소 고정 세균에 의해 대기 중의 질소가 식물이 이용할 수 있는 암모늄 이온(NH_4^+)으로 전환되는 과정이다. 탈질산화 작용은 토양 속 일부 질산 이온(NO_3^-)이 탈질산화 세균의 작용으로 질소 기체(N_2)로 전환되는 과정이다.

6 생태계에서의 에너지 이동

생태계의 생물적 구성 요소가 아닌 외부로부터 에너지를 받는 B가 생산자이고 A가 소비자, 사체와 배설물로부터 에너지를 얻는 C가 분해자이다. 생산자 B의 에너지 출입량을 보면, 열+㉠+㉡=30이고 ㉡은 ㉠의 두 배라고 했으므로 열+3㉠=30이다. 소비자인 A의 에너지 출입량은 ㉠=㉢+1이다. 분해자 C의 에너지 출입량은 ㉣+1=2+㉡이다. 문제에 주어진 조건으로 바꾸어 보면 3㉢+1=2+2㉠이다. 이를 A의 에너지 출입량 식과 연립방정식으로 풀면 ㉠은 4, ㉢은 3임을 알 수 있다. 그러므로 ㉡은 8, ㉣은 9이고 생산자인 B의 열로 나가는 에너지양은 18이다.

⑤ C는 분해자로서 유기물을 무기물로 분해하는 역할을 한다.

오답 넘기

① ㉠은 4이다.
② ㉢은 3이다.
③ 생태계에서 호흡을 통해 열에너지로 전환되어 생태계 밖으로 방출된 에너지는 다시 순환하지 않고 지구 생태계 밖으로 방출된다.
④ B는 광합성을 통해 유기물을 만드는 생산자이다. A는 B의 유기물을 섭취하여 에너지를 얻는 소비자이다.

7 생태계의 평형

자료 분석 + 안정된 생태계의 평형 유지 과정

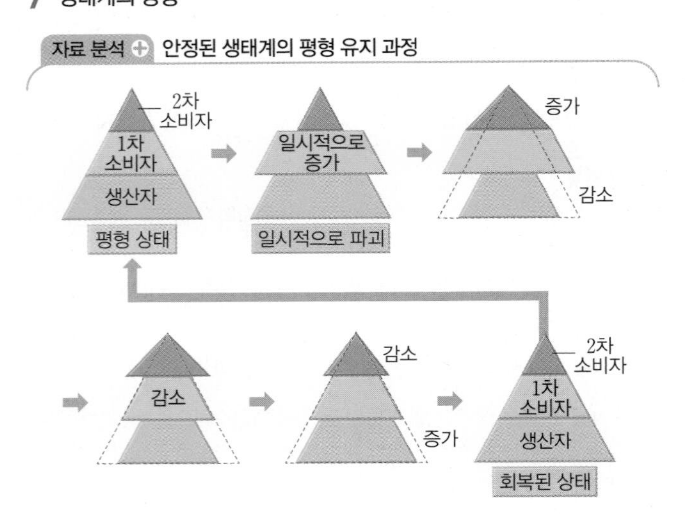

- 안정된 생태계에서 일시적으로 먹이 사슬의 어느 단계에 변동이 일어나도 시간이 지나면 평형이 회복된다.
- 일시적으로 1차 소비자가 증가 → 2차 소비자가 증가하고, 생산자가 감소 → 2차 소비자가 증가함에 따라 1차 소비자가 감소 → 이에 따라 2차 소비자가 감소하고 생산자가 증가하여 점차 생태계가 회복된다.

(가)는 1차 소비자가 변화 없는 가운데 2차 소비자가 증가하고 있으므로 A이고, 이 시기에 생산자는 감소하게 된다. (나)는 1차 소비자만 감소하는 시기이므로 B에 해당하고, (다)는 1차 소비자는 변화 없는 상태로 2차 소비자는 감소하고 생산자가 증가하는 C에 해당한다.

ㄴ. A 단계에서의 생산자 ⓐ와 C 단계에서 2차 소비자 ⓑ는 모두 '감소'이다.

ㄷ. C에서 이전 단계인 1차 소비자의 에너지양은 변화가 없고 2차 소비자의 에너지양은 감소하므로 2차 소비자의 에너지 효율은 감소한다.

오답 넘기

ㄱ. A는 (가)이다.

8 생물 다양성

도로, 철도 등을 건설할 때 동물들이 이동할 수 있는 생태 통로를 만들어 서식지를 연결해 줌으로써 개체의 이동을 원활하게 하여 개체군이 넓은 지역에 분포할 수 있도록 한다.

모범 답안

생태 통로, 도로나 철도 등으로 인한 단편화된 서식지를 이어 줌으로써 생물 다양성 감소를 방지한다.

채점 기준	배점(%)
생태 통로를 답하고, 생물 다양성 보존과 연관지어 기능을 옳게 서술한 경우	100
생태 통로는 답했으나 생물 다양성 보존과 연관지어 서술하지 못한 경우	30

2주 누구나 합격 전략

Book 2 64~65쪽

1 ⑤	2 ③	3 ④	4 ①
5 ①	6 ①	7 ⑤	8 ③

1 생태계 구성 요소 사이의 상호 관계

ㄱ, 은행나무와 부레옥잠은 모두 식물로서 생산자이다.

ㄷ. 사막에 사는 여우의 몸집이 작은 것과 몸의 말단부가 큰 것은 더운 날씨에 열을 잘 발산하기 위한 적응의 결과이며, 이는 비생물적 요인 중 온도의 작용에 의한 것이다.

오답 넘기

ㄴ. 반작용은 생물적 요인이 비생물적 요인에 영향을 준 것이다. (가)~(다)는 모두 작용의 사례이다.

2 개체군의 밀도

동물성 플랑크톤 종 A~D의 계절별 개체 수와 상대 밀도는 표와 같다.

계절 \ 종	A	B	C	D	합
봄의 개체 수	4003	1650	850	2956	9459
봄의 상대 밀도(%)	42.3	17.4	9.0	31.3	100.0
여름의 개체 수	4565	1485	851	3455	10356
여름의 상대 밀도(%)	44.1	14.3	8.2	33.4	100.0
가을의 개체 수	3160	1570	848	1444	7022
가을의 상대 밀도(%)	45.0	22.3	12.1	20.6	100.0

ㄱ. 봄에 밀도가 가장 높은 종은 개체 수가 가장 많은 A이다.

ㄷ. 가을에 A의 밀도는 $\frac{\text{A의 개체 수}}{\text{저수지 물 1 L}}$로부터 단위 부피당 3160마리이고, B의 밀도는 단위 부피당 1570마리이다. A의 밀도는 B의 밀도보다 두 배 이상 크다.

오답 넘기

ㄴ. B의 상대 밀도는 봄에 17.4 %, 가을에 22.3 %로 다르다.

3 생물 사이의 상호 작용

ㄱ. (가)는 텃세, 순위제와 같이 개체군 내의 개체들 사이의 상호 작용이고, (나)는 분서, 공생과 같이 군집 내의 개체군 사이의 상호 작용이다.

ㄷ. 얼룩말이 일정한 서식 공간을 차지하고 세력권을 형성하여 다른 개체가 침입하는 것을 경계하는 것은 텃세의 대표적인 예이다.

오답 넘기

ㄴ. 공생에는 양쪽 개체군 모두 이익을 얻는 상리 공생과 한쪽만 이익을 얻고 다른 한쪽은 이익도 손해도 없는 편리 공생이 있다. 따라서 공생 관계인 두 종에서는 손해를 입는 종은 없다.

4 군집의 2차 천이

자료 분석 ⊕ 2차 천이

- 기존의 식물 군집이 있던 곳에 산불, 산사태, 벌목 등이 일어나 군집이 파괴된 후에 시작되는 천이를 말한다.
- 기존에 남아 있던 토양에서 시작한다는 점이 1차 천이에 비해 다른 점이다.
- 토양 속에 이미 식물의 종자, 뿌리 등이 남아 있어서 보통 1차 천이보다 빠른 속도로 진행된다.
- 주로 초본(풀)이 개척자로 들어오고 초원이 형성된 후에는 1차 천이와 같은 과정으로 일어난다.

ㄱ. A는 초원, B는 양수림, C는 음수림이다.

오답 넘기

ㄴ. 약한 빛에서 음수림(C)의 묘목은 양수림(B)의 묘목보다 잘 자란다.

ㄷ. 이미 토양이 형성된 곳에서 시작하는 천이를 2차 천이라고 한다. 토양이 형성되지 않았고 생물이 서식하지 않는 곳에서 시작하는 1차 천이 중 호수나 연못같이 습한 곳에서 시작하는 천이는 습성 천이이다.

5 군집의 물질 생산과 소비

ㄱ. ㉠은 생물이 생활에 필요한 에너지를 얻기 위해 호흡에 소비한 유기물의 양을 의미하는 호흡량, ㉡은 총생산량에서 호흡량을 뺀 순생산량이다. ㉢은 순생산량 중 생물의 생장에 이용된 유기물의 총량인 생장량이며, 순생산량 중에서 피식량, 고사·낙엽량을 제외하고 생물체에 남아 있는 유기물의 양이다.

오답 넘기

ㄴ. 생산자가 광합성을 통해 생산한 유기물의 총량은 총생산량이다.

ㄷ. ㉢은 생장량으로, 1차 소비자의 동화량과 관련이 없다. 피식량은 1차 소비자의 섭식량과 같으며, 1차 소비자의 동화량은 섭식량에서 배출량을 뺀 유기물의 양이다.

6 생태계에서의 물질의 순환

- 학생 A: 대기 중의 이산화 탄소는 광합성을 통해 유기물로 합성된다.

오답 넘기

- 학생 B: 대기 중의 질소가 식물이 이용할 수 있는 형태로 고정되는 방법에는 질소 고정 세균에 의해 암모늄 이온이 되는 방법 외에도 공중 방전에 의해 질산 이온으로 고정되는 방법이 있다.
- 학생 C: 생태계에서 물질은 순환하며, 에너지는 순환하지 않고 한 방향으로 흐른다.

수중 식물은 물속에 녹은 탄산수소 이온(HCO_3^-)을 광합성에 이용하지.

7 생태 피라미드

ㄴ. 상위 영양 단계로 갈수록 에너지양이 감소하므로 전체적으로 삼각형 피라미드의 형태를 이룬다.

ㄷ. 1차 소비자의 에너지 효율은 $\frac{26.8}{280} \times 100 ≒ 9.6$ %이고, 2차 소비자의 에너지 효율은 $\frac{1.2}{26.8} \times 100 ≒ 4.8$ %이다. 따라서 1차 소비자의 에너지 효율이 2차 소비자의 에너지 효율보다 크다.

오답 넘기

ㄱ. 생태계에서 에너지는 순환하지 않고 한 방향으로만 흐른다.

8 생태 피라미드

㉠~㉢의 식물 종별 개체 수와 상대 밀도(%)는 아래 표와 같다.

지역 \ 식물 종	A	B	C	D	합
㉠	20	0	19	11	50
㉠ 상대 밀도(%)	40.0	0.0	38.0	22.0	100
㉡	29	0	26	25	80
㉡ 상대 밀도(%)	36.2	0.0	32.5	31.3	100
㉢	29	18	0	23	70
㉢ 상대 밀도(%)	41.4	25.7	0.0	32.9	100

ㄷ. 주어진 자료로부터 종 풍부도와 종 균등도를 구해 종 다양성을 비교할 수 있다. 종 풍부도는 ㉠~㉢ 모두 같고, 종 균등도를 비교해 보면 ㉡에 서식하는 식물 3종의 상대 밀도가 가장 비슷함을 알 수 있다. 따라서 ㉡의 종 다양성이 가장 높으며, 주어진 자료에서 가장 안정적인 생태계라고 할 수 있다.

오답 넘기

ㄱ. 종 다양성은 ㉡이 세 곳 중 가장 높다.

ㄷ. A의 상대 밀도는 ㉡에서 36.2 %, ㉢에서 41.4 %로 서로 같지 않다.

2주 창의·융합·코딩 전략

Book 2 66~69쪽

1 ③	2 ④	3 ③	4 ④
5 ②	6 ⑤	7 ③	8 ④

1 개체군의 생장 곡선

효모 개체군의 생장 곡선은 아래와 같다.

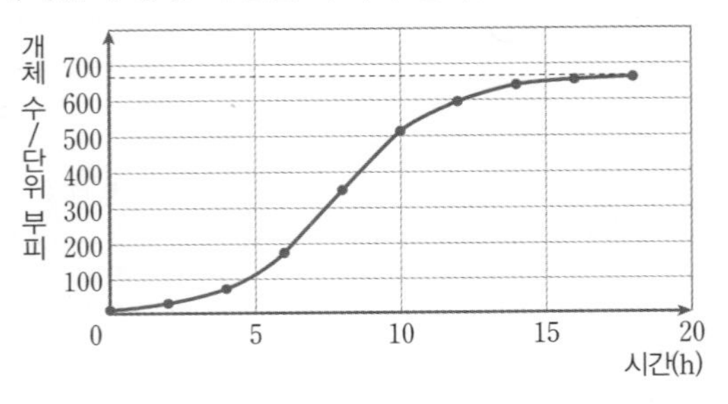

효모 개체군은 시간이 갈수록 환경 수용력에 도달하는 실제 개체군의 생장 곡선인 S자형 생장 곡선을 나타내고 있다.

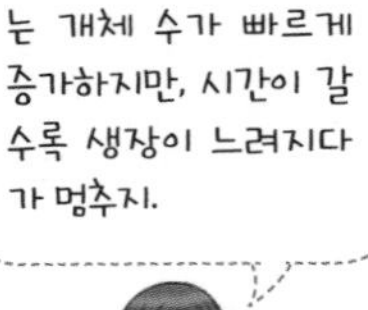

- 학생 A: 시간이 갈수록 먹이, 서식 공간과 같은 환경 저항이 커짐에 따라 개체군의 생장이 느려지다가 환경 수용력에서 멈추게 된다.
- 학생 C: 먹이 부족, 노폐물 축적, 전염병 확산 등 개체군 생장을 제한하는 요인을 환경 저항이라고 한다. 개체군이 생장함에 따라 점차 환경 저항이 커지게 된다.

오답 넘기

- 학생 B: 실제 개체군의 생장 곡선은 S자형 생장 곡선을 나타낸다.

2 군집의 종류

- 학생 A: 육상 군집은 기온과 강수량의 차이로 형성되며, 강수량이 매우 적고 건조하여 식물이 자라기 어려운 곳에 형성된 사막 군집이 있다.
- 학생 B: 초원은 삼림보다 강수량이 적은 곳에 형성되며 ,주로 초본 식물로 이루어져 있다. 기온에 따라 열대 초원과 온대 초원이 있다.
- 학생 D: 수생 군집에는 하천, 호수에 형성되는 담수 군집과 바다에 형성되는 해수 군집이 있다.

오답 넘기

- 학생 C: 육상 군집은 해당 지역의 기온과 강수량에 의해 삼림, 초원, 사막으로 구분된다.

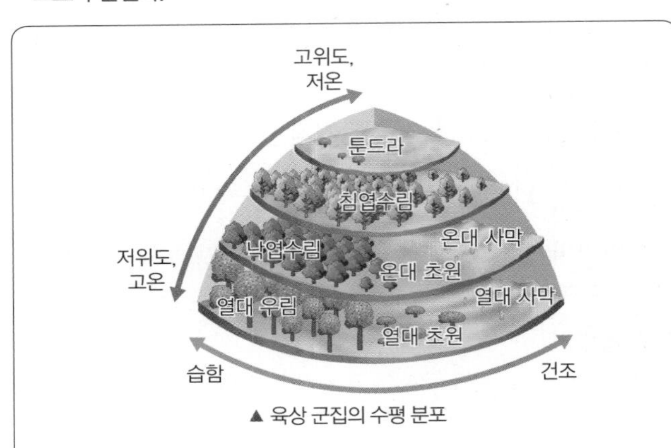

▲ 육상 군집의 수평 분포

- 육상 군집: 기온과 강수량의 차이로 삼림, 초원, 사막으로 구분된다.
  - 삼림: 여러 나무와 초본 식물로 이루어진 군집으로, 강수량이 많은 지역에 형성된다.
    예 열대 우림, 온대림, 침엽수림 등
  - 초원: 주로 초본 식물로 이루어진 군집으로, 삼림보다 강수량이 적은 지역에 형성된다.
    예 열대 초원, 온대 초원 등
  - 사막: 강수량이 매우 적고 건조하여 식물이 자라기 어려운 지역에 형성된다.
    예 열대 사막, 온대 사막, 툰드라 등
- 수생 군집: 담수 군집(하천, 호수, 강에 형성됨)과 해수 군집(바다에 형성됨)이 있다.

3 군집을 구성하는 개체군 사이의 상호 작용

I 시기에는 A와 B가 섬의 (가)와 (나) 지역에 각각 서식지를 달리해서 사는 분서를 이루어 경쟁을 피하였다. II 시기에 C가 (나)로 유입되어 (나)에 서식하던 B를 잡아먹게 되고, 이에 III 시기에 B는 C를 피해 (가)로 이주하였다. 그러자 IV 시기에 (가)에서 A와 B 사이에 종간 경쟁이 일어났고, 경쟁·배타 원리에 의해 A가 사라졌다.

- 학생 A: I 시기에 A와 B는 서식지를 달리하는 분서를 택하여 경쟁을 피하였다.
- 학생 C: IV 시기에 (가)에서 A와 B 사이의 종간 경쟁 결과 경쟁·배타 원리에 의해 A가 사라졌다.

오답 넘기

- 학생 B: III 시기에 (가)로 이주한 B와 원래 (가)에 살고 있던 A는 서로 다른 종으로, 생태적 지위가 비슷하여 이전에는 분서를 통해 종간 경쟁을 피했던 종들이다. 개체군은 한 종의 생물로 이루어진다.

4 군집의 천이 과정의 구분

그림의 빈칸을 채우면 다음과 같다.

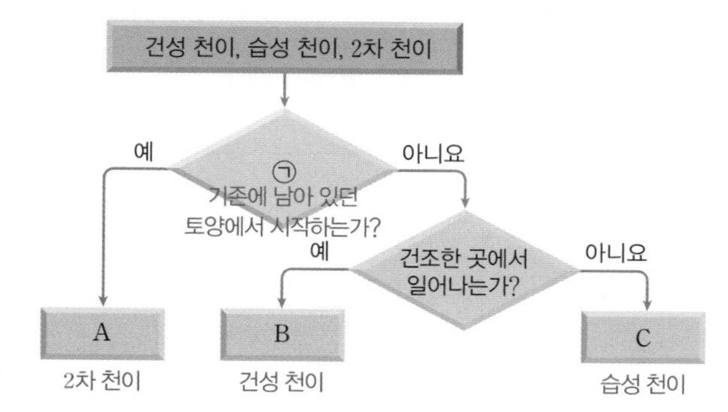

오답 넘기

ㄷ. C는 1차 천이 중 습성 천이이다. 습성 천이는 빈영양호에 유기물과 퇴적물이 쌓여 형성된 습지에 개척자인 이끼류가 들어오며 시작된다. 초본류가 들어와 습원과 초원 단계를 거친 이후에는 건성 천이와 유사한 과정으로 천이가 진행된다.

5 질소 순환

농사에 콩과식물을 이용하는 것은 콩과식물의 뿌리에 공생하는 뿌리혹박테리아의 질소 고정 작용을 통해 토양 내 암모늄 이온(NH_4^+)의 양을 높임으로써 농사에 사용되는 작물의 질소 동화 작용이 활발하게 일어나게 하기 위한 것이다.

- 학생 B: 자운영의 뿌리에 공생하는 뿌리혹박테리아에 의해 대기 중의 질소가 식물이 이용할 수 있는 암모늄 이온으로 고정되어 토양이 비옥해진다.

오답 넘기

- 학생 A: 토양 중의 암모늄 이온을 질산 이온으로 전환시키는 것은 아질산균이나 질산균과 같은 질산화 세균의 작용이다.
- 학생 C: 대기 중의 질소는 식물이 직접 질소 동화 작용에 이용할 수 없다. 식물은 토양의 암모늄 이온이나 질산 이온을 흡수하여 단백질 합성과 같은 질소 동화에 이용한다.

6 식물 군집 조사와 종 다양성

지역에 따른 식물종의 개체 수와 상대 밀도는 표와 같다.

지역 \ 식물종	A	B	C	D	E	F
㉠	50	40	35	45	55	75
㉠ 상대 밀도(%)	16.7	13.3	11.7	15.0	18.3	25.0
㉡	110	35	10	0	45	0
㉡ 상대 밀도(%)	55.0	17.5	5.0	0.0	22.5	0.0

ㄱ, ㄴ. ㉠이 종 풍부도와 ⓐ(종 균등도) 모두 ㉡보다 높으므로 종 다양성이 ⓑ(높다).

ㄷ. ㉠에서 B의 상대 밀도는 13.3 %로, ㉡에서 E의 상대 밀도 22.5 %보다 작다.

7 생물 다양성 보전

서식지 파괴에 의해 Q의 개체 수가 감소하고 형질당 대립 유전자 개수의 평균치가 감소하는 현상은 유전적 다양성 감소 현상이라고 할 수 있다. 유전적 다양성이 감소함에 따라 알의 부화율이 감소한 것은 Q의 멸종 가능성이 커지는 것을 의미한다.

ㄱ. 숲의 벌채와 개간, 습지의 매립이 서식지 파괴의 대표적인 사례이다.

ㄷ. 다른 지역에 살고 있던 Q 개체군 일부를 이 지역으로 이주시켜 개체 수를 확보하고 유전적 다양성을 높이는 것은 개체군의 멸종을 막을 수 있는 대책에 해당한다.

오답 넘기

ㄴ. t_1일 때가 개체 수도 많고 형질당 대립유전자의 평균 개수도 많으므로 t_1일 때가 t_2일 때보다 유전적 다양성이 높다.

8 서식지 단편화와 종 다양성

서식지 단편화 전후 종 A~C의 상대 밀도 변화는 표와 같다.

지역 \ 동물종	A	B	C
(가)	273	173	89
(가) 상대 밀도(%)	51.0	32.3	16.6
(나)	41	3	52
(다)	12	0	27
(나)+(다)	53	3	79
(나)+(다) 상대 밀도(%)	39.3	2.2	58.5

ㄴ. 서식지 단편화 이후 (가)와 (나), (다)의 종 풍부도는 변하지 않았으나, 종 균등도는 크게 감소하였다. 따라서 종 다양성이 감소했다고 할 수 있다.

ㄷ. 서식지가 분할되면 분할 전보다 $\frac{\text{가장자리 면적}}{\text{내부 면적}}$이 증가한다. 서식지 단편화 이후 상대 밀도가 증가한 C는 서식지의 가장자리를 서식지로 삼고 있는 동물종일 가능성이 크다.

오답 넘기

ㄱ. A~C 중 상대 밀도 감소 폭이 가장 큰 종은 B이다. 반면, C는 상대 밀도가 크게 증가하였다.

신유형·신경향·서술형 전략

Book 2 72~75쪽

1 ③ 2 ④ 3 ⑤ 4 ④
5 해설 참조 6 해설 참조 7 (1) ㉠-Ⅲ, ㉡-Ⅱ, ㉢-Ⅰ, ㉣-Ⅳ
(2) 해설 참조 8 해설 참조 9 해설 참조
10 (1) ㉠: 질소(N_2), ㉡: 이산화 탄소(CO_2), ㉢: 암모늄 이온(NH_4^+)
(2) 해설 참조 (3) 해설 참조

1 사람의 유전

ㄱ. (가)는 ABO식 혈액형과 적록 색맹 유전의 공통점이면서 피부색 유전에 없는 특징이다. 한 쌍의 대립유전자에 의해 형질이 결정되는 단일 인자 유전에 대한 설명은 (가)에 해당한다.
ㄴ. (나)는 세 가지 유전 현상에서 공통적으로 나타나는 특징이다. ABO식 혈액형에서 A형과 B형으로 표현되는 사람의 유전자형은 동형접합성일 수도 있고 이형접합성일 수도 있다. 적록 색맹에서 정상으로 표현되는 여자의 경우 유전자형이 동형접합성일 수도 있고 이형접합성일 수도 있다. 피부색에서 유전자형이 달라도 대문자로 표시된 대립유전자의 수가 같으면 같은 피부색이 나타날 수 있다.

오답 넘기

ㄷ. (다)는 ABO식 혈액형과 피부색 유전의 공통점이면서 적록 색맹 유전에는 없는 특징이다. 복대립 유전은 ABO식 혈액형에만 해당되는 특징이다.

2 유전 현상 모의실험

나무 막대는 염색체에 해당하고, 나무 막대를 뽑는 것은 대립유전자가 무작위로 생식세포에 들어가는 것을 의미한다.
ㄴ. 미맹, 혀 말기, 보조개, 귓불 모양 유전은 한 쌍의 대립유전자에 의해 형질이 결정되므로 각 형질에 대해 두 개의 나무 막대를 뽑아 대립유전자 쌍을 표현한다.
ㄷ. 부모의 컵에서 염색체에 해당하는 나무 막대를 뽑아 첫째 아이에 대해 활동한 후 염색체 수가 줄어들지 않도록 다시 컵에 넣고 둘째 아이에 대한 활동을 한다.

오답 넘기

ㄱ. 유전자를 표시한 부분이 보이면 생식세포의 무작위 수정이라는 원리를 나타낼 수 없으므로 표시한 부분이 보이지 않도록 막대를 컵에 넣어야 한다.

3 생태계 구성 요소와 개체군 간의 상호 작용

ㄱ. 말똥게는 버드나무 군락에 서식하고, 버드나무는 말똥게가 토양에 굴을 파서 서식함으로 인해 토양 내부에 산소를 공급받게 되고 말똥게의 배설물로부터 유기물을 공급받게 된다. 말똥게와 버드나무 모두에게 이익이 되는 관계이므로 상리 공생 관계이다.
ㄴ. 생물적 요인은 생태계의 모든 생물로, 그 역할에 따라 생산자, 소비자, 분해자로 구분된다. 비생물적 요인은 빛, 온도, 공기, 토양과 같이 생물을 둘러싼 환경이다. 버드나무, 말똥게는 한강 하구 습지 생태계를 구성하는 생물적 요인이며, 이들이 사는 토양과 그 속의 산소는 비생물적 요인이다.
ㄷ. 생물적 요인인 말똥게가 비생물적 요인인 토양 속에 굴을 파서 토양에 산소를 공급하는 역할을 하는 것은 생물적 요인이 비생물적 요인에게 영향을 주는 것이므로 반작용의 사례이다. 반면, 작용은 비생물적 요인이 생물적 요인에 영향을 주는 것이다.

4 생태계 구성 요소와 개체군의 특성

(가)에서 ㉠은 반작용, ㉡은 상호 작용, ㉢은 작용이다. (나)의 생존 곡선 중 Ⅰ형에는 사람, 대형 포유류 등, Ⅱ형에는 다람쥐, 히드라 등, Ⅲ형에는 굴, 어류 등이 해당한다.

자료 분석 ⊕ 개체군의 생존 곡선

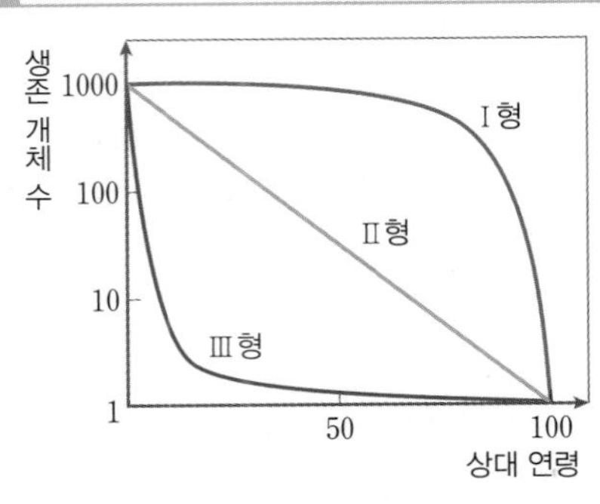

- 개체군의 생존 곡선: 같은 시기에 태어난 개체 중 생존한 개체 수를 상대 연령(상대 수명)에 따라 나타낸 그래프이다. 종에 따라 연령별 사망률이 다르며, 이러한 차이는 서로 다른 유형의 생존 곡선으로 나타난다.
  - Ⅰ형: 새끼 때 부모의 보호를 받아 초기 사망률이 낮고 수명이 길며 자손의 수가 적다.
    예 사람, 코끼리, 사자와 같은 대형 포유류
  - Ⅱ형: 연령대별 사망률이 일정하다.
    예 다람쥐와 같은 설치류, 참새와 같은 조류
  - Ⅲ형: 보통 많은 자손을 낳지만 어린 개체의 사망률이 매우 높다.
    예 굴, 고등어와 같은 어류

ㄴ. 개체군 B는 Ⅰ형 생존 곡선에 해당하므로 대부분의 개체가 생리적 수명을 다하고 죽게 된다.
ㄷ. 어류(생물적 요인)가 집단으로 죽어 물속 산소의 양(비생물적 요인)이 줄어드는 것은 생물적 요인이 비생물적 요인에게 영향을 주는 것이므로 반작용(㉠)의 예에 해당한다.

오답 넘기

ㄱ. 구간 ⓐ에서 사망률은 Ⅲ형이 Ⅰ형보다 높으므로, 개체군 B의 사망률이 개체군 A의 사망률보다 낮다.

5 세포 주기와 세포 분열

핵막은 분열기 전기에 사라졌다가 말기에 다시 형성되며, 분열기에 응축된 염색체가 관찰된다. 방추사는 분열기에 형성되어 염색체의 이동에 관여한다.

모범 답안

(가)는 G_1기, (나)는 S기, (다)는 분열기이다. (가)(G_1기)와 (나)(S기)에 핵막, 뉴클레오솜이 있고, (다)(분열기)에 핵막, 뉴클레오솜, 방추사, 응축된 염색체가 있다.

채점 기준	배점(%)
(가)~(다)의 명칭을 옳게 쓰고, 각 시기의 구성 요소를 모두 옳게 서술한 경우	100
(가)~(다)의 명칭을 옳게 쓰고, (가)~(다) 중 두 가지 시기의 구성 요소를 옳게 서술한 경우	50
(가)~(다)의 명칭을 옳게 쓰고, (가)~(다) 중 한 가지 시기의 구성 요소를 옳게 서술한 경우	30

6 체세포 분열과 감수 분열의 비교

자료 분석 ⊕ 시간에 따른 핵 한 개당 DNA 상대량의 변화

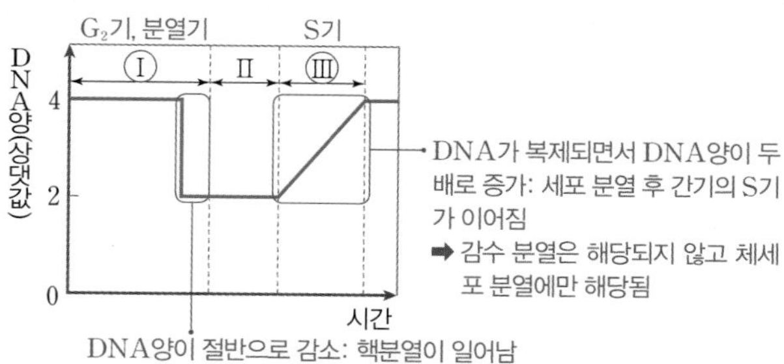

- 핵이 두 개로 나누어질 때 핵 한 개당 DNA양은 절반으로 감소하고, S기에 DNA 복제가 일어날 때 DNA양은 두 배로 증가한다.
- 감수 분열은 생식세포가 형성될 때 생식 기관에서 일어나며, 분열이 끝난 딸세포는 다시 분열하지 않는다.

감수 분열은 생식세포를 형성할 때 일어나고, 생장이나 재생을 위한 체세포 분열이 일어날 때는 간기와 분열기를 반복해.

감수 분열의 경우 분열이 끝난 딸세포가 생식세포이므로 다시 분열을 시작할 수 없고, 체세포 분열의 경우 분열이 끝난 딸세포는 DNA 복제가 일어나 반복적으로 분열할 수 있다.

모범 답안

Ⅰ에서 핵 한 개당 DNA양이 절반으로 감소한 후 Ⅲ에서 DNA가 복제되면서 DNA양이 다시 증가하므로 이 세포는 체세포 분열을 한다.

채점 기준	배점(%)
DNA양의 감소와 증가의 까닭을 서술하면서 체세포 분열이라는 결론을 도출한 경우	100
체세포 분열이라는 결론은 옳게 서술하였으나 그 까닭을 DNA양 변화로 서술하지 못한 경우	50

7 감수 분열과 염색체 비분리

(1) ㉡과 ㉢에는 모두 A와 a가 있으며, A의 DNA 상대량이 ㉢이 ㉡의 절반이므로 ㉢은 DNA가 복제되기 전인 I, ㉡은 DNA가 복제된 후인 Ⅱ이다.

(2) 모세포의 유전자형이 이형접합성이고 염색체 비분리가 일어날 때, 두 종류의 대립유전자가 모두 들어 있는 비정상 딸세포는 감수 1분열에서 비분리가 일어나 형성되고, 한 종류의 대립유전자가 두 개 들어 있는 비정상 딸세포는 감수 2분열에서 비분리가 일어나 형성된다. 이처럼 염색체 비분리에 따른 염색체 이상은 상염색체와 성염색체 모두 나타날 수 있다.

모범 답안

감수 2분열, A와 a가 있는 Ⅱ에서 감수 1분열이 일어나 Ⅲ에 A가 있고, a가 있는 Ⅳ의 모세포에서 감수 2분열이 일어나 Ⅳ가 형성될 때 염색 분체가 모두 Ⅳ로 들어가 a의 DNA 상대량이 2인 정자 (가)가 형성되었다.

채점 기준	배점(%)
감수 2분열이라는 시기를 옳게 쓰고, 그 까닭을 감수 1분열과 감수 2분열에서의 유전자 이동으로 옳게 서술한 경우	100
감수 2분열이라는 시기만 옳게 쓴 경우	50

8 개체군의 생장 곡선

먹이, 서식 공간 등의 조건이 최적이고, 아무 제약 없이 생식 활동을 할 수 있다면 개체 수가 기하급수적으로 늘어나 J자형 생장 곡선을 나타낸다. 그러나 개체군의 개체 수가 증가할수록 서식 공간, 먹이 등의 자원에 대한 경쟁이 심해지고, 노폐물이 축적되며, 전염병의 확산이 증가하기 때문에 개체 수는 더 이상 증가하지 않고 점차 일정해져 실제 생장 곡선인 S자형 생장 곡선이 나타난다. 문제에서 개체군의 크기가 환경 수용력인 1200마리 이상 증가하지 못하는 원인으로 먹이, 노폐물, 서식 공간의 세 가지가 제시되었다.

모범 답안

먹이가 부족해지고 노폐물이 축적되며, 서식 공간이 부족해졌기 때문이다.

채점 기준	배점(%)
먹이, 노폐물, 서식 공간을 모두 포함하여 옳게 서술한 경우	100
먹이, 노폐물, 서식 공간 중 두 가지를 포함하여 옳게 서술한 경우	50
먹이, 노폐물, 서식 공간 중 한 가지만 포함하여 옳게 서술한 경우	30

9 방형구를 이용한 식물 군집 조사

개체군의 밀도는 특정 종의 개체 수를 전체 방형구의 면적으로 나눈 값이며, 상대 밀도는 특정 종의 밀도를 모든 종의 밀도 합으로 나눈 값의 백분율이다.

모범 답안

참나무, 개망초, 패랭이꽃의 상대 밀도는 모두 $\frac{100}{3}$ %로 같다.

채점 기준	배점(%)
세 종의 상대 밀도를 포함하여 모두 같다고 옳게 서술한 경우	100
세 종의 상대 밀도를 포함하지 않고 모두 같다고 서술한 경우	50

10 생태계에서의 물질 순환

(1) 그림의 ㉠~㉢과 Ⅰ~Ⅲ은 다음과 같다.

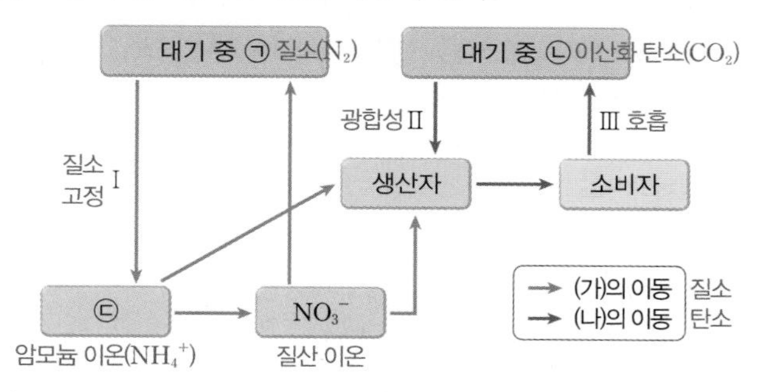

(2) Ⅰ은 대기 중의 질소가 뿌리혹박테리아, 남세균, 아조토박터와 같은 질소 고정 세균에 의해 암모늄 이온으로 고정되는 질소 고정이다.

모범 답안

질소 고정 세균에 의해 대기 중의 질소(N_2)가 암모늄 이온(NH_4^+)으로 고정되는 질소 고정이다.

채점 기준	배점(%)
질소 고정 세균에 의해 대기 중의 질소가 고정되는 질소 고정 작용임을 옳게 서술한 경우	100
질소 고정 세균에 의한 작용이라고만 서술한 경우	50

(3) 탄소는 광합성과 호흡을 통해 생물과 대기 사이를 순환한다. 육상 식물 등의 생산자는 광합성으로 대기 중의 이산화 탄소를 포도당과 같은 유기물로 전환한다. 생물의 호흡 결과 유기물이 이산화 탄소로 분해되어 대기 중으로 방출되고, 배설물이나 사체, 낙엽과 같은 유기물은 분해자의 호흡으로 분해되어 대기 중에 이산화 탄소로 방출된다.

모범 답안

Ⅱ는 대기 중의 이산화 탄소가 광합성을 통해 유기물로 합성되는 과정이고, Ⅲ은 유기물이 호흡을 통해 이산화 탄소로 분해되어 대기로 돌아가는 과정이다.

채점 기준	배점(%)
Ⅱ는 광합성이고 Ⅲ은 호흡이며, 각각의 의미를 포함하여 옳게 서술한 경우	100
Ⅱ는 광합성이고 Ⅲ은 호흡이라고만 서술한 경우	50
Ⅱ와 Ⅲ 중 한 가지만 옳게 서술한 경우	30

적중 예상 전략 1회

Book 2 76~79쪽

1 ②	2 ⑤	3 ①	4 ④
5 ③	6 ④	7 ④	8 ②
9 ②	10 ③	11 ③	12 ③

13 (1) 1, 4, 5, 7, 8 (2) 해설 참조 14 해설 참조

15 (1) 정자 A: 세포당 염색체 수는 47이고 남자이다. 정자 B: 세포당 염색체 수는 46이고 여자이다. 정자 C: 세포당 염색체 수는 47이고 남자이다. (2) 해설 참조

1 염색체의 구조

ㄴ. DNA의 염기 서열에 저장된 특정 형질에 대한 유전 정보를 유전자라고 한다.

오답 넘기

ㄱ. 세포 주기 중 S기에 염색체가 실처럼 풀어진 상태에서 DNA가 복제된다.

ㄷ. A와 B는 하나의 염색체를 구성하는 두 개의 염색 분체로, DNA 복제로 형성된 것이다.

2 사람의 염색체

⑤ c와 d는 각각 X 염색체와 Y 염색체로 모양과 크기는 다르지만, 아버지와 어머니로부터 각각 물려받아 쌍을 이루며 감수 분열 시 2가 염색체를 형성하므로 상동 염색체로 간주한다. 따라서 감수 1분열 전기에 접합하였다가 후기에 분리되어 서로 다른 생식세포로 들어간다.

오답 넘기

① (가)와 (나)는 둘 다 사람의 핵형이지만, 성염색체 구성이 다르므로 핵형이 다르다.

② (가)는 핵상이 $2n$인 체세포의 핵형을 분석한 것이다. 생식세포인 정자의 핵상은 n이다.

③ 핵형 분석을 할 때는 응축된 염색체가 뚜렷하게 관찰되는 분열기 중기의 세포를 이용한다.

④ a와 b는 크기와 모양이 같은 상동 염색체로, 부모에게서 하나씩 물려받아 유전자 구성이 다르다.

3 유전자와 염색체

㉠은 염색체, ㉡은 유전자이고, ⓐ는 히스톤 단백질, ⓑ는 DNA이다.

ㄱ. 히스톤 단백질과 DNA가 뭉친 뉴클레오솜이 수백만 개 모여 염색체를 구성한다.

오답 넘기

ㄴ. DNA의 단위체는 뉴클레오타이드이며, 뉴클레오타이드는 인산, 당, 염기로 구성되어 있으므로 단백질은 포함되어 있지 않다.

ㄷ. 유전자는 DNA에 염기 서열의 형태로 유전 정보를 저장하고 있다.

4 체세포 분열 시 DNA양 변화

ㄴ. 구간 Ⅱ에 있는 분열기 세포에 방추사가 있다.

ㄷ. 핵막은 간기에 있다가 분열기의 전기에 사라지고 말기에 다시 형성되므로 핵막이 있는 세포는 구간 Ⅱ보다 간기의 세포 수가 많은 구간 Ⅰ에 더 많다.

오답 넘기

ㄱ. 구간 Ⅰ에 G_1기의 세포가 있고, Ⅱ에 G_2기와 분열기의 세포가 있다.

5 세포 주기와 체세포 분열의 과정

자료 분석 + 체세포 분열 각 시기의 특징과 세포 주기

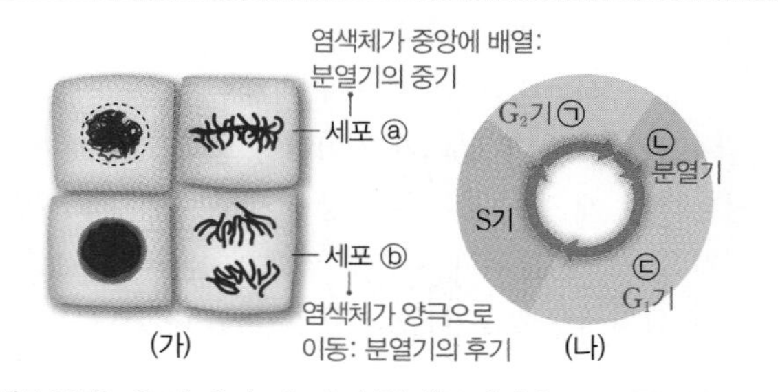

- 세포 주기는 G_1기–S기–G_2기–분열기(M기)의 순으로 진행된다.
- 분열기는 핵분열과 세포질 분열로 구분되고, 핵분열은 전기–중기–후기–말기의 순으로 진행된다.

㉠은 G_2기, ㉡은 분열기, ㉢은 G_1기이다.

ㄱ. ⓐ와 ⓑ는 각각 분열기의 중기와 후기로, 세포 주기의 분열기에 해당한다.

ㄷ. S기에 DNA가 복제되므로 S기의 이후 단계인 G_2기(㉠)의 DNA양이 S기의 이전 단계인 G_1기(㉢)의 두 배이다.

오답 넘기

ㄴ. 방추사는 세포의 양극에 있는 중심체와 염색체의 동원체를 연결하고 있으므로 방추사의 길이는 중기(ⓐ)에서가 가장 길고 후기(ⓑ)가 진행되면서 짧아진다.

6 체세포 분열

제시된 세포는 핵상이 $2n$이면서 염색 분체가 분리되고 있으므로 체세포 분열 후기를 나타낸 것이다.

ㄴ. 유전자형이 Rr이면서 핵상이 $2n$인 세포에는 상동 염색체에 각각 R와 r가 있으므로 ⓑ에 r가 존재한다.

ㄷ. 감수 2분열 중기의 세포는 핵상이 n이면서 각 염색체가 염색 분체 두 개로 되어 있다. 핵상이 n일 때 염색체 수는 2이므로 염색 분체 수는 총 4이다.

오답 넘기

ㄱ. 동원체는 염색체의 잘록한 부위로 방추사가 붙는 자리이다. ⓐ에는 방추사가 형성되는 중심체가 있다.

7 감수 분열 과정과 DNA양 변화

자료 분석 ⊕ 감수 분열 시 DNA양 변화와 각 시기의 특징

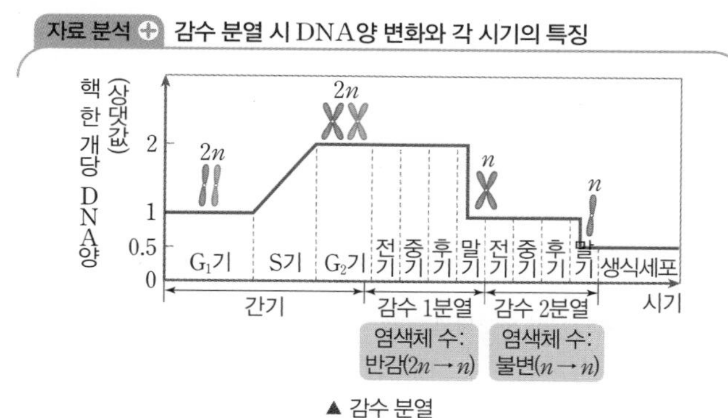

▲ 감수 분열

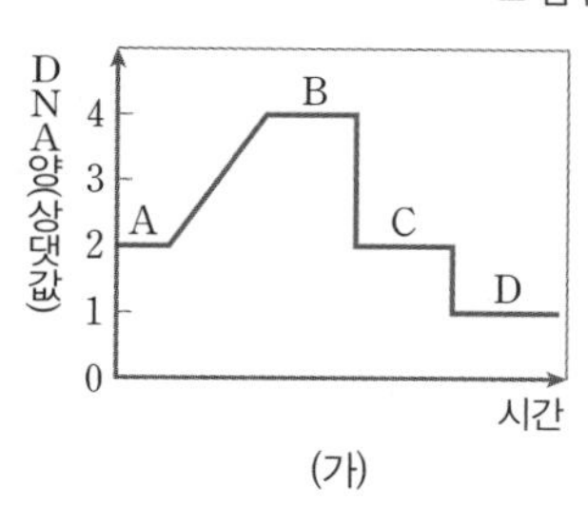

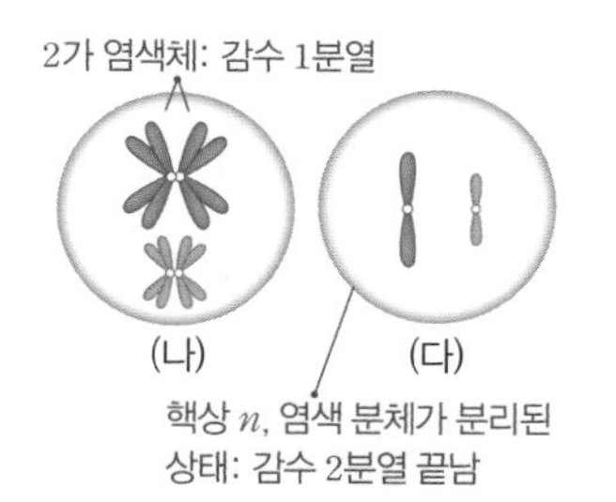

- 2가 염색체는 감수 1분열 전기에 형성되어 중기에 세포 중앙에 배열된다.
- 감수 1분열에서 상동 염색체가 분리되고, 감수 2분열에서 염색 분체가 분리된다.

① A 시기는 DNA가 복제되기 전의 상태이므로 G_1기 세포에 해당하는 시기이다.

② B 시기에 G_2기 세포와 핵상이 $2n$인 감수 1분열의 분열기 세포가 있다.

③ C 시기에 감수 1분열이 끝나고 감수 2분열이 진행 중인 세포가 있다.

⑤ (다)는 핵상이 n이고 염색 분체가 분리된 상태로, 감수 2분열이 끝난 딸세포이므로 (가)의 D 시기에 해당한다.

오답 넘기

④ (나)에 2가 염색체가 있으므로 감수 1분열 시기에 해당하는 세포이다. 감수 1분열의 전기와 중기, 후기 세포는 (가)의 B 시기에 있다.

8 감수 분열과 대립유전자

자료 분석 ⊕ 감수 분열 시 핵상과 대립유전자의 분리

대립유전자 쌍: $2n$인 세포에는 둘 다 존재, n인 세포에는 둘 중 하나만 존재

세포	세포 한 개당 염색체 수	세포 한 개당 DNA양(상댓값)			
		A	a	B	b
(가)	2 (n)	㉠	1	1	㉡
(나)	4 ($2n$)	2	2	2	2
(다)	2 (n)	2	0	0	2

- (가): 감수 2분열이 끝난 상태
- (나): $2n$이면서 염색 분체가 분리되기 전의 상태: 감수 1분열 중기
- (다): n이면서 염색 분체가 분리되기 전의 상태: 감수 2분열 중기

- 감수 1분열 중기 세포의 핵상은 $2n$이고, 감수 2분열 중기 세포의 핵상은 n이다.
- 감수 2분열이 끝난 세포의 핵상은 n이고, 감수 2분열 중기 세포와 핵상은 같지만 대립유전자의 DNA양이 절반이다.

(가)는 감수 2분열이 끝난 세포, (나)는 감수 1분열 중기, (다)는 감수 2분열 중기의 세포이다.

ㄷ. 감수 1분열 중기와 감수 2분열 중기 세포는 염색체가 염색 분체 두 개로 구성되어 있으며, 감수 1분열 중기 세포의 핵상은 $2n$, 감수 2분열 중기 세포의 핵상은 n이므로 감수 1분열 중기 세포의 염색체 수는 감수 2분열 중기 세포의 두 배이다.

오답 넘기

ㄱ. (가)의 핵상은 n이므로 A와 a 중 하나, B와 b 중 하나의 대립유전자만 존재한다. 따라서 ㉠과 ㉡의 값은 둘 다 0이다.

ㄴ. (가)는 감수 2분열이 끝난 세포이므로 2가 염색체가 존재하지 않는다. 2가 염색체는 감수 1분열의 전기와 중기에 존재한다.

9 상염색체 유전과 성염색체 유전

자료 분석 ⊕ 두 가지 형질의 가계도 분석

1: $X^{T^*}X^{T^*}$, I^Ai (A형)
2: X^TY, I^Bi
3: $X^{T^*}Y$, I^AI^B (AB형)
4: $X^TX^{T^*}$, I^Bi
O형
?

정상 남자 / 정상 여자 / 유전병 ㉠ 남자 / 유전병 ㉡ 여자

- 1과 2가 각각 T*와 T 중 한 가지만 가지고 있는데 자손 중 유전병 ㉠인 아들과 정상인 딸이 모두 나왔으므로 유전병 ㉠ 유전자는 X 염색체에 있다.
- 유전병 ㉠인 아버지로부터 정상인 딸(4)이 나왔으므로 유전병 ㉠은 정상에 대해 열성이다.

유전자형은 3이 $X^{T^*}YI^AI^B$이고, 4가 $X^TX^{T^*}I^Bi$이므로 이들의 자손의 유전자형은

$(X^{T^*}Y \times X^TX^{T^*})(I^AI^B \times I^Bi) = \{X^{T^*}X^T$(정상 딸), $X^{T^*}X^{T^*}$ (유전병 ㉠ 딸), X^TY(정상 아들), $X^{T^*}Y$(유전병 ㉠ 아들)$\} \times \{(I^AI^B$(AB형), I^Ai(A형), I^BI^B(B형), I^Bi(B형)$\}$이다.

따라서 자손이 B형일 확률은 $\frac{1}{2}$, 유전병 ㉠인 아들일 확률은 $\frac{1}{4}$이므로, B형이면서 유전병 ㉠인 아들일 확률은 $\frac{1}{2} \times \frac{1}{4} = \frac{1}{8}$이다.

10 적록 색맹 유전

- 학생 A: 적록 색맹은 유전자가 X 염색체에 있는 반성유전 형질이다.
- 학생 B: 적록 색맹은 정상에 대해 열성으로 유전되는 열성 반성유전 형질로, 적록 색맹 대립유전자가 있어도 발현되지 않는 여자(보인자)가 있기 때문에 여자보다 남자의 발현 빈도가 더 높다.

오답 넘기

- 학생 C: 아버지가 적록 색맹이어도 어머니가 정상이거나 보인자이면 정상인 딸이 나올 수 있다.

11 다인자 유전

ㄱ. 네 쌍의 대립유전자가 형질에 관여하므로 다인자 유전에 해당한다.

ㄷ. 유전자형이 AaBbCcDd와 AABBccdd인 개체의 대문자로 표시되는 대립유전자의 수가 4로 같으므로 표현형도 같다.

오답 넘기

ㄴ. 표현형의 종류는 대문자로 표시되는 대립유전자의 수가 0, 1, 2, 3, 4, 5, 6, 7, 8이 가능하므로 최대 9가지이다.

12 유전자 이상과 염색체 이상

ㄱ. A는 사람의 돌연변이 중 핵형 분석으로 확인할 수 없는 DNA 염기 서열 이상으로 나타나는 낫 모양 적혈구 빈혈증에 해당한다. 성별과 관련된 질병이 아니므로 남자와 여자 모두에게 나타날 수 있다.

ㄴ. B는 핵형 분석으로 확인할 수 있는 염색체 이상이면서 상염색체가 아닌 성염색체 이상으로 나타나는 터너 증후군이다. 터너 증후군의 성염색체 구성은 X이다.

오답 넘기

ㄷ. C와 D는 각각 5번 염색체 결실로 나타나는 염색체 구조 이상에 의한 유전병인 고양이 울음 증후군과 21번 염색체가 세 개인 염색체 수 이상에 의한 유전병인 다운 증후군 중 하나이다. 염색체 수 이상은 염색체 비분리에 의해 나타나지만, 염색체 구조 이상은 염색체 비분리로 나타나는 것이 아니다.

13 ABO식 혈액형 유전

자료 분석 ⊕ ABO식 혈액형의 가계도 분석

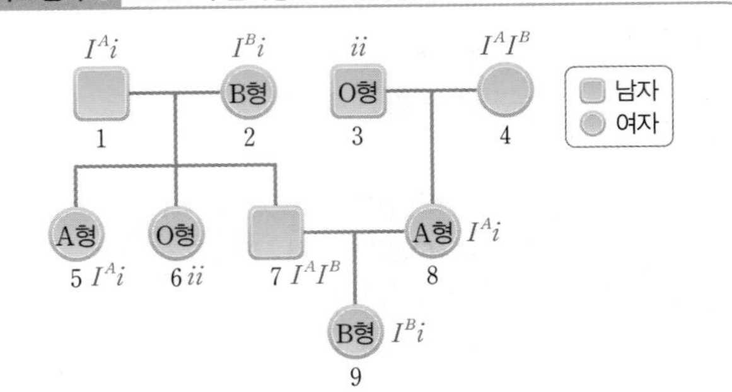

- 1과 2(B형) 사이에서 A형과 O형이 나왔으므로 1은 A형이며, 유전자형이 이형접합성이다.
- 4와 7의 혈액형이 같다고 하였는데 4에게는 8에게 물려준 대립유전자 I^A를 갖고 있어야 하고 7은 9에게 물려준 대립유전자 I^B를 갖고 있으므로 4와 7은 AB형이다.

(1) 대립유전자 I^A는 A형과 AB형이 갖는다. 따라서 I^A는 1, 4, 5, 7, 8에게 있다.

(2) 7의 혈액형 유전자형은 I^AI^B이고, 8은 I^Ai이다.

모범 답안

50 %, 7의 유전자형이 I^AI^B이고 8의 유전자형이 I^Ai이므로 7로부터 I^A를 받으면 A형이 된다.

채점 기준	배점(%)
A형일 확률을 옳게 쓰고, 까닭을 옳게 서술한 경우	100
A형일 확률은 옳게 썼으나 까닭을 옳게 서술하지 못한 경우	50

14 상염색체 유전과 성염색체 유전

형질 (가)를 결정하는 유전자가 성염색체인 X 염색체에 있다면 어머니로부터 X 염색체를 물려받아 우성 형질이 나타난 아들의 어머니는 우성 형질을 나타내어야 한다. 그러나 어머니는 형질 (가)가 발현되지 않은 열성 형질을 나타내므로 형질 (가)를 결정하는 유전자는 상염색체에 있다.

모범 답안

상염색체 유전 형질이다. 어머니는 형질 (가)가 발현되지 않은 열성 형질인데 아들이 우성 형질이므로 아들은 아버지로부터 형질 (가) 발현 대립유전자를 물려받았다. 따라서 형질 (가)를 결정하는 유전자는 상염색체에 있다.

채점 기준	배점(%)
상염색체 유전이라는 사실을 옳게 쓰고, 근거를 옳게 서술한 경우	100
상염색체 유전이라는 사실은 옳게 썼으나 근거를 옳게 서술하지 못한 경우	50

15 염색체 비분리

(1) 성염색체 구성은 정자 A가 XY, 정자 B가 X, 정자 C가 YY이며, 정상 난자에 상염색체 22개와 성염색체 X가 있다. 성염색체로 Y 염색체가 있으면 남자이고, X 염색체만 있으면 여자이다. 따라서 정자 A와 정상 난자가 수정되면 세포당 염색체 수는 47이고 남자이다. 정자 B와 정상 난자가 수정되면 세포당 염색체 수는 46이고 여자이다. 정자 C와 정상 난자가 수정되면 세포당 염색체 수는 47이고 남자이다.

(2) 감수 분열이 일어날 때 모세포 한 개로부터 감수 1분열과 감수 2분열을 거쳐 네 개의 딸세포가 형성된다.

모범 답안

감수 1분열에서 비분리되는 경우 생식세포는 염색체 수가 정상보다 많거나 적은 것만 형성되지만, 감수 2분열에서 비분리되는 경우 생식세포는 염색체 수가 정상보다 많은 것과 적은 것 외에 정상인 것도 형성될 수 있다.

채점 기준	배점(%)
감수 1분열 비분리와 감수 2분열 비분리의 차이점을 서술하면서 염색체 비분리로 인한 생식세포의 염색체 수를 각각 옳게 서술한 경우	100
생식세포의 염색체 수 차이점을 서술하였으나, 감수 1분열과 감수 2분열에서의 생식세포 염색체 수를 각각 구분하여 서술하지 않은 경우	50

적중 예상 전략 2회

Book 2 80~83쪽

1 ② 2 ③ 3 ③ 4 ④
5 ⑤ 6 ① 7 ③ 8 ⑤
9 ② 10 ⑤ 11 ③ 12 ①
13 (1) 텃세 (2) 해설 참조 14 (1) 생산자: B, 2차 소비자: C
(2) 해설 참조 15 (1) 해설 참조 (2) 해설 참조 (3) 해설 참조

1 생태계를 구성하는 요소들 사이의 관계

㉠은 작용, ㉡은 반작용, ㉢은 생물적 요인인 개체군 사이의 상호 작용을 의미한다. Ⅰ은 건조한 날씨에 적응한 선인장의 잎이 가시로 변한 것으로, ㉠의 예에 해당한다. Ⅲ은 생물적 요인인 지렁이가 비생물적 요인인 토양의 통기성을 높인 것으로, ㉡의 예에 해당한다. 따라서 Ⅱ는 군집 내의 개체군 A와 B 사이의 상호 작용의 예이다.

ㄷ. 공생은 군집 내의 개체군 사이의 상호 작용의 한 종류이다.

오답 넘기

ㄱ. Ⅱ는 ㉢이다.

ㄴ. 개체군은 한 종으로 이루어져 있다.

2 군집 내의 개체군 사이의 상호 작용과 개체군의 특성

(가)에서 서로 다른 두 종 A와 B를 혼합 배양했을 때 B가 사라지는데, 이는 A와 B가 종간 경쟁을 통해 한 종이 살아남고 한 종이 사라지는 경쟁·배타 원리가 적용된 것이다. (나)는 종 C의 시간대별 개체 수 증가율을 나타낸 것이다.

ㄱ. (가)의 구간 Ⅰ에서 A는 살아남고 B는 사라지는 경쟁·배타 원리가 적용되었다.

ㄴ. (나)에서 C는 t_1에서 개체 수 증가율이 가장 높고 이후 점차 낮아져 t_2를 거쳐 0에 이르게 된다. 개체 수 증가율이 0인 시점은 더 이상 개체군의 생장이 일어나지 않는 환경 수용력에 도달했음을 의미한다.

(나)에서 개체 수 증가율이 0보다 큰 경우 개체군의 크기는 계속 증가하고 있다는 의미야.

오답 넘기

ㄷ. (나)의 t_1까지는 개체 수 증가율이 커지는데, 이 구간은 먹이, 노폐물, 서식 공간 등이 아직 환경 저항으로 크게 작용하지 않는 구간이다. t_1 이후 개체 수 증가율이 줄어드는 것은 이 구간부터 개체 수가 늘어날수록 환경 저항이 크게 작용하기 때문이다. 따라서 t_2일 때가 t_1일 때보다 환경 저항이 크다.

3 식물 군집의 수평 분포

자료 분석 ⊕ 군집의 수평 분포

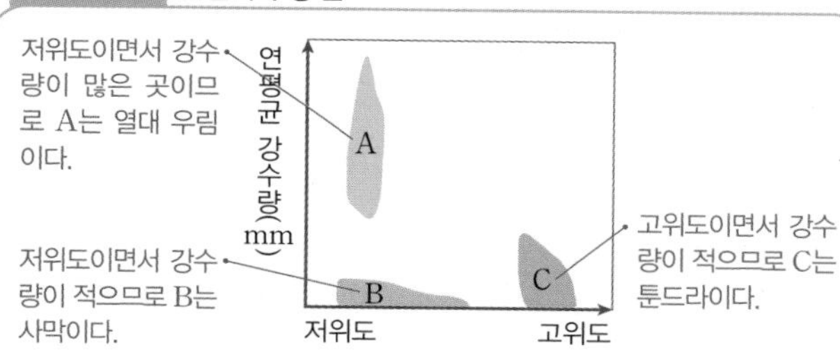

군집의 수평 분포는 위도에 따라 나타나는 분포로, 기온과 강수량의 차이에 의해 나타난다.

ㄱ. A는 고온 다습한 곳에서 발달하는 열대 우림이다.

ㄴ. 이들 군집을 결정하는 요인은 위도에 따른 기온과 강수량의 차이이다.

오답 넘기

ㄷ. B가 C보다 연평균 기온은 높으나 강수량은 적다.

4 식물 군집 조사

t_1, t_2일 때 종 A, B, C의 상대 밀도, 상대 빈도, 상대 피도는 표와 같다.

종	t_1			t_2		
	상대 밀도 (%)	상대 빈도 (%)	상대 피도 (%)	상대 밀도 (%)	상대 빈도 (%)	상대 피도 (%)
A	40	50	45	35	37.5	45
B	25	18.75	15	20	12.5	15
C	35	31.25	40	45	50	40

ㄴ. t_1일 때 A의 상대 빈도는 50 %이다.
ㄷ. t_1일 때의 우점종은 A이고 중요치는 135이다. t_2일 때의 우점종은 C이고 중요치는 135이다.

오답 넘기
ㄱ. ⓐ는 150이다.

5 군집 내 개체군 사이의 상호 작용

자료 분석 ⊕ 군집 내 개체군 사이의 상호 작용

• 군집 내 개체군 사이의 상호 작용 방식에 따른 각 개체군의 이익과 손해는 표와 같다.

상호 작용	종 1	종 2
종간 경쟁	손해	손해
포식과 피식	이익	손해
상리 공생	이익	이익
편리 공생	이익	이익도 손해도 없음
기생	이익	손해

• 포식과 피식에서 종 1이 포식자, 종 2가 피식자이다.
• 기생에서 종 1이 기생하는 생물이고, 종 2가 숙주이다.

ㄱ. B는 상리 공생이고, ㉠은 이익이다.
ㄴ. A는 두 종 모두 손해를 보는 상호 작용으로 종간 경쟁이다.
ㄷ. (나)의 콩과식물과 뿌리혹박테리아의 관계는 상리 공생이다.

6 식물 군집의 천이

소나무는 양수에 속하고, 신갈나무는 음수에 속한다. A 시기는 양수림이 우점종인 천이 과정이므로 ㉠이 양수인 소나무이고 ㉡이 음수인 신갈나무이다.
ㄱ. ㉠은 양수림 시기에 우점종을 이루는 양수인 소나무이다.

오답 넘기
ㄴ. (나)에서 A(양수림) 시기에 신갈나무 개체는 모두 h보다 키가 작다.
ㄷ. 일반적으로 식물 군집의 극상은 음수가 우점종을 이루는 음수림 시기인데, A 시기에 P는 아직 양수림이 우점종인 시기이므로 극상에 이르렀다고 할 수 없다.

7 물질의 생산과 소비

ㄷ. 총생산량 중 피식량은 Ⅰ에서는 0.2 %, Ⅱ에서는 0.3 %로 비율은 Ⅱ가 더 크지만, Ⅰ의 총생산량이 Ⅱ의 총생산량의 두 배이므로 실제 유기물양은 Ⅰ이 Ⅱ보다 많다.

오답 넘기
ㄱ. Ⅰ과 Ⅱ의 피식량에 초식 동물의 동화량이 포함된다.

초식 동물의 동화량은 초식 동물의 섭식량에서 배출량을 뺀 값으로, 호흡량, 피식·자연사량, 생장량으로 이루어져.

ㄴ. Ⅱ에서 총생산량에 대한 순생산량의 백분율은 25.8 %이다.

8 생태계에서의 물질 순환

• 학생 A: 생물적 요인인 생산자, 소비자, 분해자의 유기물 중 일부는 호흡을 통해 이산화 탄소로 분해되어 대기로 방출된다.
• 학생 B: 생태계에서 탄소, 질소와 같은 물질은 생물적 요인과 비생물적 요인을 거치며 순환한다.
• 학생 C: 질산화 작용이란 토양 속의 암모늄 이온이 아질산균, 질산균과 같은 질산화 세균에 의해 질산 이온으로 전환되는 것을 말한다.

9 생태계에서의 에너지 흐름

ㄴ. Ⅰ은 생산자, Ⅱ는 소비자, Ⅲ은 분해자이다. 생산자의 에너지 효율이 6 %라고 했으므로 생산자가 보유한 에너지양은 60이고, 소비자가 보유한 에너지양인 ㉡이 12이므로 ㉠은 41이다. 분해자가 보유한 에너지양인 ㉢은 7+4+1=12이다. 이를 포함하여 각 에너지양을 숫자로 나타내면 아래와 같다.

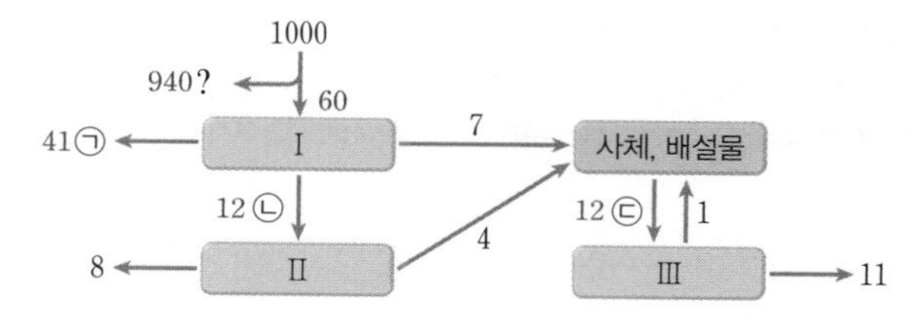

오답 넘기
ㄱ. ㉠+㉡+㉢=41+12+12=65이다.
ㄷ. 소비자(Ⅱ)의 에너지 효율은 $\frac{12}{60}\times100=20$ %이다. 생산자(Ⅰ)의 에너지 효율은 6 %이므로 Ⅱ의 에너지 효율은 Ⅰ의 에너지 효율의 $\frac{10}{3}$배이다.

10 생태계의 평형

ㄱ. 안정된 생태계에서는 1차 소비자가 일시적으로 증가하더라도 시간이 지나면 평형이 회복되며, 그 과정은 다음과 같다.

> 1차 소비자 일시적 증가 → 2차 소비자 증가, 생산자 감소 → 1차 소비자 감소 → 2차 소비자 감소, 생산자 증가 → 원래 상태로 회복

ㄴ. 1차 소비자가 일시적으로 증가하면 피식자가 많아진 2차 소비자는 증가하고 생산자는 감소한다.
ㄷ. 생태계 평형을 회복하는 직전 단계는 2차 소비자가 감소하고 생산자가 증가하는 단계이다.

11 에너지 피라미드

t 이후 생산자의 개체 수가 감소하여 1차 소비자의 개체 수가 20 % 감소하였고, 그에 따라 2차 소비자의 개체 수가 10 % 감소하였다. 3차 소비자의 에너지 효율은 변화가 없다고 했으므로 3차 소비자도 2차 소비자의 개체 수 감소에 따라 일부 감소하였을 것이다.
ㄷ. t 이후 생산자의 개체 수가 감소하였으므로 생산자인 D의 에너지양도 감소하였다.

오답 넘기

ㄱ. A는 3차 소비자이고 2차 소비자의 개체 수가 10 % 감소하였는데 에너지 효율에 변화가 없으므로 A의 개체 수도 어느 정도 감소하였을 것이다.
ㄴ. 1차 소비자의 개체 수가 20 % 감소하였는데 2차 소비자의 개체 수가 10 % 감소하였으므로 1차 소비자가 보유한 에너지양의 감소 폭이 더 크다. 그러므로 2차 소비자의 에너지 효율은 증가한다.

만일 t 이후 A의 개체 수가 증가했다면 A의 에너지 효율은 증가했을 거야.

12 생물 다양성

ㄴ. 개량종 바나나는 줄기 일부를 잘라 옮겨 심어 번식시키는 무성 생식을 통해 개체 수가 늘어났고, 각 개체는 유전적으로 같기 때문에 유전적 다양성이 낮다.

오답 넘기

ㄱ. 씨를 통해 번식하는 유성 생식은 특정 형질에 대한 다양한 변이가 생겨 유전적 다양성이 높아지지만, 무성 생식을 통해 재배되는 개량종은 모든 개체가 같은 유전 정보를 가지고 있어서 유전적 다양성이 낮다.
ㄷ. 씨가 없는 바나나는 사람에 의해 개체군의 유전적 다양성이 낮아진 대표적인 사례이다.

13 개체군 내의 상호 작용

(1) 버들붕어의 경우처럼 개체군 내에서 각각의 개체들이 먹이, 서식 공간, 배우자 독점 등을 목적으로 세력권을 형성하여 다른 개체의 침입을 적극적으로 막는 것을 텃세라고 한다.
(2) 텃세, 순위제, 리더제, 사회생활, 가족생활과 같은 개체군 내의 상호 작용은 개체군 내에서 개체 사이의 불필요한 경쟁을 피하고 질서를 유지하기 위한 것이다.

모범 답안

개체군 내에서 개체 사이의 불필요한 경쟁을 피하고 질서를 유지할 수 있게 된다.

채점 기준	배점(%)
경쟁을 피하고 질서를 유지한다는 내용을 모두 포함하여 옳게 서술한 경우	100
경쟁 피하기와 질서 유지 중 한 가지 내용만 포함하여 옳게 서술한 경우	50

14 생태계에서의 에너지 흐름

(1) 생물량과 에너지양으로부터 B가 생산자, D가 1차 소비자, C가 2차 소비자, A가 3차 소비자임을 알 수 있다.
(2) 에너지 효율은 한 영양 단계에서 다음 영양 단계로 이동하는 에너지의 비율이다. 따라서 1차 소비자인 D의 에너지 효율은 $\frac{200}{2000} \times 100 = 10\ \%$이다.

모범 답안

생산자에서 3차 소비자로 갈수록 에너지 효율은 1 %, 10 %, 15 %, 20 % 순으로 증가한다.

채점 기준	배점(%)
에너지 효율 수치(%)와 증가 경향성 모두 포함하여 옳게 서술한 경우	100
증가 경향성만을 포함하여 옳게 서술한 경우	50

15 서식지 단편화와 생물 다양성

(1) 그림에서 제시한 생물 다양성의 위기와 감소 원인으로 서식지 파괴 및 단편화가 있는데, (나)의 경우에는 서식지 면적이 감소된 것이 변화된 부분이다.

모범 답안

(가)에 비해 (나)의 서식지 면적이 감소하여 종 다양성이 감소하였다.

채점 기준	배점(%)
서식지 면적 감소에 따른 종 다양성 감소를 옳게 서술한 경우	100

(2) 생물 다양성의 위기와 감소 원인으로 서식지 파괴 및 단편화가 있는데, (다)의 경우에는 서식지가 단편화된 것이 변화된 부분이다.

서식지 단편화는 서식지의 면적을 줄이고 생물의 이동을 제한하여 개체군의 크기를 감소시켜.

모범 답안

(나)에 비해 (다)는 서식지가 단편화되면서 생물의 이동이 제한되어 종 다양성이 감소하였다.

채점 기준	배점(%)
서식지 단편화에 따른 종 다양성 감소를 옳게 서술한 경우	100

(3) 서식지가 단편화되면 서식지 가장자리의 길이와 면적은 늘어나는 반면, 서식지 중앙의 면적은 줄어든다. 따라서 서식지 중앙에 주로 서식하는 생물종의 감소가 더 크게 일어난다.

모범 답안

서식지가 단편화되면 가장자리 면적이 늘어나고 중앙의 면적은 상대적으로 더 많이 줄어들기 때문이다.

채점 기준	배점(%)
서식지 가장자리와 서식지 중앙의 면적 변화량을 모두 포함하여 옳게 서술한 경우	100
서식지 가장자리와 서식지 중앙의 면적 변화량 중 한 가지만 포함하여 옳게 서술한 경우	30

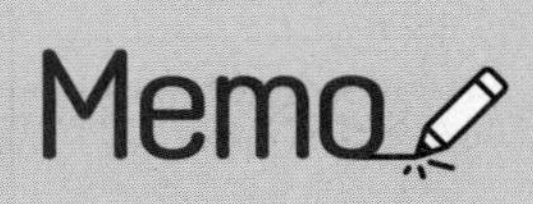
Memo

정답은
이안에
있어!